2025年版

全国一级造价工程师职业资格考试培训教材

建设工程技术与计量

（安装工程）

◎ 全国造价工程师职业资格考试培训教材编审委员会 编

中国计划出版社

·北 京·

图书在版编目（CIP）数据
建设工程技术与计量. 安装工程 / 全国造价工程师职业资格考试培训教材编审委员会编. -- 4版. -- 北京 : 中国计划出版社, 2025. 5. -- (2025年版全国一级造价工程师职业资格考试培训教材). -- ISBN 978-7-5182-1792-2
Ⅰ. TU723.3
中国国家版本馆CIP数据核字第2025BH7097号

建设工程技术与计量（安装工程）
JIANSHE GONGCHENG JISHU YU JILIANG（ANZHUANG GONGCHENG）

责任编辑：刘　涛　　封面设计：韩可斌

中国计划出版社出版发行
网址：www. jhpress. com
地址：北京市西城区木樨地北里甲 11 号国宏大厦 C 座 4 层
邮政编码：100038　电话：（010）63906433（发行部）
三河富华印刷包装有限公司印刷

787mm×1092mm　1/16　33.25 印张　824 千字
2025 年 5 月第 4 版　2025 年 5 月第 1 次印刷

定价：100.00 元

编 写 组

主　　编： 荀志远　青岛理工大学

副 主 编： 梁宝臣　天津理工大学

编写人员： 赵志曼　昆明理工大学　合编第一章

荀志远　青岛理工大学　合编第二、三、四、五、六章

梁宝臣　天津理工大学　合编第二、四、五章

刘　维　北京市建设工程招标投标和造价管理协会　合编第四、五章

栾高阳　山东省工程建设标准造价中心　合编第一、四章

赵金煜　北京建筑大学　合编第三章

陈志华　山西大学　合编第五章

潘爱先　青岛理工大学　合编第六章

审查人员： 杨志生　王美林　董士波　张宗辉　霍海娥

前　言

根据《国家职业资格目录》，为统一造价工程师职业资格的设置和管理，提高工程造价从业人员素质，提升建设工程造价管理水平，2018 年 7 月 20 日住房城乡建设部、交通运输部、水利部、人力资源社会保障部印发了《造价工程师职业资格制度规定》《造价工程师职业资格考试实施办法》（建人〔2018〕67 号），明确国家设置造价工程师准入类职业资格，工程造价咨询企业应配备造价工程师，工程建设活动中有关工程造价管理岗位应按需要配备造价工程师。

2025 年 4 月，《全国一级造价工程师职业资格考试大纲》进行了局部修订，主要变化为：一是“建设工程造价案例分析”（土木建筑工程、安装工程）科目增加了客观题的类型；二是“建设工程技术与计量（安装工程）”科目不再区分管道和设备工程、电气和自动化控制工程 2 个专业组，取消了选考的规定。

为帮助工程造价从业人员学习、掌握一级造价工程师职业资格考试的内容，提升职业能力，全国造价工程师职业资格考试培训教材编审委员会依据 2025 年版考试大纲，编写了 2025 年版全国一级造价工程师职业资格考试培训教材。

本教材的编写充分吸收了最新颁布的有关工程造价管理的法规、规章、政策、标准，力求体现行业最新发展水平和一级造价工程师职业资格考试特点。

本教材的编写参考了许多专家、学者的研究成果，并在编审过程中得到了编审专家的大力支持与配合，在此一并致谢！

因工程造价管理工作涉及面广，专业技术性强，本教材在使用中如存在不足之处，请读者提出宝贵意见和建议。

全国造价工程师职业资格考试培训教材编审委员会

2025 年 5 月

兑换增值服务说明

为了提供更优质、更高效的知识服务，我社为购买正版造价工程师考试用书的读者提供网上视频增值服务，由专业老师对考试的相关内容进行讲解，帮助读者掌握理解，提高应试水平。网上增值服务使用方法如下：

1. 移动端用户

扫描上面微课程二维码 → 关注“计划社微课程”服务号 → 点击菜单“我的服务”—“兑换增值服务” → 扫描或输入封面二维码涂层下的20位数字，验证兑换 → 在个人中心“我的增值服务”享受增值服务

2. 计算机用户

访问weike.jhpress.com → 注册用户并登录 → 进入个人中心点击“兑换增值服务” → 输入封面二维码涂层下的20位数字，验证兑换 → 在个人中心“我的增值服务”享受增值服务

注：增值服务从兑换之日起12个月内有效，提供形式为在线观看。如果输入卡号或扫码后无法通过验证，可扫码联系客服。

3. 联系我们

客服微信：

网上增值服务如有不完善之处，敬请广大读者提出宝贵意见和建议！

目　录

免费听课

第一章　安装工程材料

第一节　建设工程材料

工程材料种类繁多，应用广泛，有着多种不同的分类方法。一般将工程材料按化学成分划分为金属材料、非金属材料和复合材料三大类，如表 1.1.1 所示。

表 1.1.1　常用的工程材料分类

<table>
<tr><td rowspan="2">金属材料</td><td colspan="2">黑色金属</td><td>铁、碳素钢、合金钢</td></tr>
<tr><td colspan="2">有色金属</td><td>铝、铅、铜、镁和镍等及其合金</td></tr>
<tr><td rowspan="7">非金属材料</td><td rowspan="4">无机非金属材料</td><td>耐火材料</td><td>耐火砌体材料、耐火水泥及耐火混凝土</td></tr>
<tr><td>耐火隔热材料</td><td>硅藻土、蛭石、玻璃纤维（矿渣棉）、石棉制品</td></tr>
<tr><td>耐蚀（酸）非金属材料</td><td>铸石、石墨、耐酸水泥、天然耐酸石材和玻璃等</td></tr>
<tr><td>陶瓷材料</td><td>电器绝缘陶瓷、化工陶瓷、结构陶瓷和耐酸陶瓷等</td></tr>
<tr><td rowspan="3">高分子材料</td><td>橡胶</td><td>天然橡胶、丁苯橡胶、氯丁橡胶、硅橡胶等</td></tr>
<tr><td>塑料</td><td>聚四氟乙烯、ABS、聚丙烯、聚砜和聚乙烯等</td></tr>
<tr><td>合成纤维</td><td>聚酯纤维和聚酰胺纤维等</td></tr>
<tr><td rowspan="3">复合材料</td><td colspan="2">无机-有机材料</td><td>玻璃纤维增强塑料、聚合物混凝土、沥青混凝土等</td></tr>
<tr><td colspan="2">非金属-金属材料</td><td>钢筋混凝土、钢丝网水泥、塑铝复合管、铝箔面油毡等</td></tr>
<tr><td colspan="2">其他复合材料</td><td>水泥石棉制品、不锈钢包覆钢板等</td></tr>
</table>

一、金属材料

金属材料是最重要的工程材料，包括金属和以金属为基的合金。工业上把金属及其合金分为黑色金属材料和有色金属材料两大部分。

（一）黑色金属材料

黑色金属材料一般是指铁和以铁为基的合金，即钢铁材料。

钢铁材料是工业中应用最广、用量最多的金属材料。含碳量小于 2.11%（重量）的铁合金称为钢；而含碳量大于 2.11%（重量）的铁合金称为生铁。钢和铸铁中除了含铁、碳以外，还含有一些其他元素，其中一类是杂质元素，如硫、磷、氧、氮等；另一类是根据使用性能和工艺性能的需要，在其生产过程中适量添加的合金元素，常见有铬、镍、锰和钛等，铁碳合金中加入这些合金元素就成为合金钢或合金铸铁。

1. 钢的分类和用途

钢具有许多优良特性，如材质均匀、性能可靠，具有较高的强度和良好的塑性、韧性和延展性，可承受各种性质的荷载；加工性能优良（如可焊、可铆、可制成各种形状的型材和零件）。

钢中主要化学元素为铁，另外还含有少量的碳、硅、锰、硫、磷、氧和氮等，这些少量元素对钢的性质影响很大。钢中碳的含量对钢的性质有决定性影响，含碳量低的钢材强度较低，但塑性大，延伸率和冲击韧性高，质地较软，易于冷加工、切削和焊接；含碳量高的钢材强度高（当含碳量超过1.00%时，钢材强度开始下降）、塑性小、硬度大、脆性大且不易加工。硫、磷为钢材中有害元素，含量较多就会严重影响钢材的塑性和韧性，磷使钢材显著产生冷脆性，硫则使钢材产生热脆性。硅、锰等为有益元素，它们能使钢材强度、硬度提高，而塑性、韧性不显著降低。

钢材的力学性能（如抗拉强度、屈服强度、伸长率、冲击韧度和硬度等）取决于钢材的成分和金相组织。钢材的成分一定时，其金相组织主要取决于钢材的热处理，如退火、正火、淬火加回火等，其中淬火加回火的影响最大。

（1）钢的分类。《钢分类　第1部分：按化学成分分类》GB/T 13304.1—2008按照化学成分将钢材分为非合金钢、低合金钢和合金钢三类，其部分合金元素规定含量界限值如表1.1.2所示。

表1.1.2　非合金钢、低合金钢和合金钢部分合金元素规定含量界限值

合金元素	合金元素规定含量界限值/%		
	非合金钢	低合金钢	合金钢
Al	<0.10	—	≥0.10
Cr	<0.30	≥0.30且<0.50	≥0.50
Mn	<1.00	≥1.00且<1.40	≥1.40
Ni	<0.30	≥0.30且<0.50	≥0.50
Pb	<0.40	—	≥0.40
Ti	<0.05	≥0.05且<0.13	≥0.13
Zr	<0.05	≥0.05且<0.12	≥0.12
Mo	<0.05	≥0.05且<0.10	≥0.10
Cu	<0.10	≥0.10且<0.50	≥0.50
Si	<0.50	≥0.50且<0.90	≥0.90
V	<0.04	≥0.04且<0.12	≥0.12

低合金钢又分为普通质量低合金钢、优质低合金钢、特殊质量低合金钢。各类低合金钢常用牌号见表1.1.3。

表 1.1.3　低合金钢分类与常用牌号

序号	分类	常用牌号	分类依据
1	普通质量低合金钢	Q295、Q335	《低合金高强度结构钢》GB/T 1591—2018
2	优质低合金钢	Q355B（C、D）、Q390B（C、D）	《低合金高强度结构钢》GB/T 1591—2018
		Q235NHA（B、C、D）	《耐候结构钢》GB/T 4171—2008
		Q420B（C、D）、Q460B	《低合金高强度结构钢》GB/T 1591—2018
3	特殊质量低合金钢	12MnNiVR	《压力容器用调质高强度钢板》GB/T 19189—2011
		16Mn、Q345R、L390Q	《石油天然气工业　油气开采中用于含硫化氢环境的材料　第 2 部分：抗开裂碳钢、低合金钢和铸铁》GB/T 20972.2—2008

合金钢可分为优质合金钢、特殊质量合金钢，合金钢分类与常用牌号见表 1.1.4。

表 1.1.4　合金钢分类与常用牌号

序号	分类	常用牌号	分类依据
1	优质合金钢	20Mn、12CrMo、35CrMnA ZG120Mn7Mo1 BT4	《合金结构钢》GB/T 3077—2015 《奥氏体锰钢铸件》GB/T 5680—2010 《电磁纯铁》GB/T 6983—2008
2	特殊质量合金钢	06Cr19Ni10N、022Cr17Ni7 022Cr17Ni12Mo2N、 12Cr19Mn12Ni3N	《不锈钢　牌号及化学成分》GB/T 20878—2024 《耐蚀合金牌号》GB/T 15007—2017

（2）钢牌号的表示方法。《钢铁产品牌号表示方法》GB/T 221—2008 中规定：

1）碳素结构钢和低合金结构钢。碳素结构钢和低合金结构钢的牌号通常由四部分组成：

第一部分：前缀符号＋强度值（以 N/mm^2 或 MPa 为单位），其中通用结构钢前缀符号为代表屈服强度的拼音字母“Q”，专用结构钢的前缀符号见表 1.1.5。

第二部分（必要时）：钢的质量等级，用英文字母 A、B、C、D、E、F、…表示；质量等级英文字母由前往后，表示质量由低到高。

第三部分（必要时）：脱氧方式表示符号，即沸腾钢（F）、镇静钢（Z）、特殊镇静钢（TZ）。镇静钢、特殊镇静钢表示符号通常可以省略。

第四部分（必要时）：产品用途、特性和工艺方法表示符号，见表 1.1.6。

表 1.1.5 专用结构钢的前缀符号

产品名称	采用的汉字及汉语拼音或英文单词			采用字母	位置
	汉字	汉语拼音	英文单词		
热轧光圆钢筋	热轧光圆钢筋	—	Hot Rolled Plain Bars	HPB	牌号头
热轧带肋钢筋	热轧带肋钢筋	—	Hot Rolled Ribbed Bars	HRB	牌号头
细晶粒热轧带肋钢筋	热轧带肋钢筋＋细	—	Hot Rolled Ribbed Bars＋Fine	HRBF	牌号头
冷轧带肋钢筋	冷轧带肋钢筋	—	Cold Rolled Ribbed Bars	CRB	牌号头
预应力混凝土用螺纹钢筋	预应力、螺纹、钢筋	—	Prestressing、Screw、Bars	PSB	牌号头
焊接气瓶用钢	焊瓶	HAN PING	—	HP	牌号头
管线用钢	管线	—	Line	L	牌号头
煤机用钢	煤	MEI	—	M	牌号头

表 1.1.6 产品用途、特性和工艺方法表示符号

产品名称	采用的汉字及汉语拼音或英文单词			采用字母	位置
	汉字	汉语拼音	英文单词		
锅炉和压力容器用钢	容	RONG	—	R	牌号尾
锅炉用钢（管）	锅	GUO	—	G	牌号尾
低温压力容器用钢	低容	DI RONG	—	DR	牌号尾
桥梁用钢	桥	QIAO	—	Q	牌号尾
耐候钢	耐候	NAI HOU	—	NH	牌号尾
高耐候钢	高耐候	GAO NAI HOU	—	GNH	牌号尾
高性能建筑结构用钢	高建	GAO JIAN	—	GJ	牌号尾
低焊接裂纹敏感性钢	低焊接裂纹敏感性	—	Crack Free	CF	牌号尾
保证淬透性钢	淬透性	—	Hardenability	H	牌号尾
矿用钢	矿	KUANG	—	K	牌号尾

例如：Q235AF 表示最小屈服强度 235N/mm²、质量等级为 A 级的沸腾碳素钢。专业用低合金高强度钢应在钢牌号最后标明。如 16Mn 钢，用于桥梁的专用钢种为“16MnQ”，压力容器的专用钢种为“16MnR”。HRB335 表示最小屈服强度为 335N/mm² 的热轧带肋钢筋，L415 表示最小规定总延伸强度 415MPa 的管线用钢。

2）低合金高强度结构钢。钢的牌号由代表屈服强度“屈”字的汉语拼音首字母 Q、规定的最小上屈服强度值、交货状态代号、质量等级符号（B、C、D、E、F）四个部分组成。交货状态为热轧时，交货状态代号为 AR 或 WAR，可省略；交货状态为正火或正火轧制状态时，交货状态代号均用 N 表示；Q+规定的最小上屈服强度值+交货状态代号，简称为“钢级”。

例如：Q355ND 表示最小上屈服强度值 355MPa、交货状态为正火或正火轧制、质量等级为 D 级的低合金高强度结构钢。

3）优质碳素结构钢。优质碳素结构钢牌号通常由五部分组成：

第一部分：以二位阿拉伯数字表示平均含碳量（以万分之几计）。

第二部分（必要时）：较高含锰量的优质碳素结构钢，加锰元素符号 Mn。

第三部分（必要时）：钢材冶金质量，即高级优质钢、特级优质钢分别以 A、E 表示，优质钢不用字母表示。

第四部分（必要时）：脱氧方式表示符号，即沸腾钢（F）、镇静钢（Z），但镇静钢表示符号通常可以省略。

第五部分（必要时）：产品用途、特性和工艺方法表示符号，见表 1.1.6。

例如，优质碳素结构钢：08F 表示碳含量为 0.085%～0.11%，锰含量为 0.25%～0.50%的沸腾钢；优质碳素结构钢：50MnE 表示碳含量为 0.48%～0.56%，锰含量为 0.70%～1.00%的特级优质镇静钢。

4）合金结构钢。合金结构钢牌号通常由四部分组成：

第一部分：以二位阿拉伯数字表示平均含碳量（以万分之几计）。

第二部分：合金元素含量，以化学元素符号及阿拉伯数字表示。具体表示方法为：平均含量小于 1.50%时，牌号中仅标明元素，一般不标明含量；平均含量为 1.50%～2.49%、2.50%～3.49%、3.50%～4.49%、4.50%～5.49%、…时，在合金元素后相应写成 2、3、4、5、…。

第三部分：钢材冶金质量，钢材的冶金质量分为优质钢、高级优质钢和特级优质钢。优质钢不另加表示符号；高级优质钢分为 A、B、C、D 四个质量等级；“E”表示特级优质钢。

第四部分（必要时）：产品用途、特性或工艺方法表示符号，见表 1.1.6。

例如，25Cr2MoVA：表示碳含量为 0.22%～0.29%，铬含量为 1.50%～1.80%、钼含量为 0.25%～0.35%、钒含量为 0.15%～0.30%的高级优质合金结构钢。

（3）工程中常用钢及其合金的性能和特点。

1）碳素结构钢。碳素结构钢为非合金钢，分为普通碳素结构钢和优质碳素结构钢。

①普通碳素结构钢。根据国家标准《碳素结构钢》GB/T 700—2006，以碳素结构钢屈服强度下限分为四个级别：Q195、Q215、Q235 和 Q275。普通碳素结构钢的碳、磷、硫及其他残余元素的含量控制较宽，某些性能如低温韧性和时效敏感性较差。

普通碳素结构钢生产工艺简单，有良好的工艺性能（如焊接性能、压力加工性能等）、必要的韧性、良好的塑性以及价廉和易于大量供应，通常在热轧后使用。Q195 钢强度不高，塑性、韧性、加工性能与焊接性能较好，主要用于轧制薄板和盘条等；Q215 钢主要用于制作管坯、螺栓等；Q235 钢强度适中，有良好的承载性，又具有较好的塑性和韧性，可焊性和可加工性也好，是钢结构常用的牌号；Q235 钢大量制作成钢筋、型钢和钢板用于建造房屋和桥梁等；Q275 钢强度和硬度较高，耐磨性较好，但塑性、冲击韧性和可焊性差，主要用于制造轴类、耐磨零件和垫板等。

②优质碳素结构钢。优质碳素结构钢是含碳小于0.8%的碳素钢，这种钢中所含的硫、磷及非金属夹杂物比碳素结构钢少。与普通碳素结构钢相比，优质碳素结构钢塑性和韧性较高，并可通过热处理强化，多用于较重要的零件，是广泛应用的机械制造用钢。根据含碳量的不同，优质碳素钢分为低碳钢、中碳钢和高碳钢。低碳钢强度和硬度低，但塑性和韧性高，加工性和焊接性能优良，用于制造承载较小和要求韧性高的零件以及小型渗碳零件；中碳钢强度和硬度较高，塑性和韧性较低，切削性能良好，但焊接性能较差，冷热变形能力良好，主要用于制造荷载较大的机械零件，常用的中碳钢为40#、45#和50#钢，但由于碳素钢的淬透性不高，零件的尺寸越大，调质处理的强化效果越差，因此只有中小型零件采用调质处理才能获得较好的强化效果。

2）低合金结构钢。低合金结构钢是指合金成分总量在5.0%以下的合金结构钢。这种钢的含碳量与低碳钢相似，主要靠少量合金元素进行强化，改善钢材的韧性和可焊性，其强度要比同等级的碳素钢高得多。广泛用于压力容器、化工设备、锅炉及大型钢结构，合金元素锰、硅、钼等起到强化作用，钒和铌可细化晶粒、改善韧性。

低合金结构钢包括可焊接的低合金高强度结构钢、低合金耐候钢、钢筋用低合金钢等。

根据国家标准《低合金高强度结构钢》GB/T 1591—2018，低合金高强度结构钢分为热轧钢，正火、正火轧制钢，热机械轧制钢。其牌号分别为：热轧钢牌号为Q355、Q390、Q420、Q460，正火、正火轧制钢牌号为Q355N、Q390N、Q420N、Q460N，热机械轧制钢牌号为Q355M、Q390M、Q420M、Q460M、Q500M、Q550M、Q620M、Q690M。

3）不锈钢。根据国家标准《不锈钢　牌号及化学成分》GB/T 20878—2024，不锈钢是以不锈、耐腐蚀性为主要特征，铬元素含量至少为10.5%（质量分数），且碳元素含量最大不超过1.2%（质量分数）的钢。

不锈钢按金相组织和加工工艺可分为铁素体不锈钢、马氏体不锈钢、奥氏体不锈钢、奥氏体-铁素体（双相）不锈钢、沉淀硬化不锈钢五类。现将各类不锈钢的定义和特点简述如下：

①铁素体不锈钢。基体以体心立方晶体结构的铁素体组织为主，一般不能通过热处理硬化，但冷加工能使其轻微强化。此钢有良好的抗高温氧化能力，在氧化性酸溶液（如硝酸溶液）中有良好的耐蚀性，故其在硝酸和氮肥工业中广泛使用。另外，0Cr13不锈钢在弱腐蚀介质（如淡水）中也有良好的耐蚀性。其缺点是钢的缺口敏感性和脆性转变温度较高，钢在加热后对晶间腐蚀也较为敏感。

②马氏体不锈钢。基体以畸变体心立方晶体结构的马氏体组织为主，能通过热处理调整其力学性能。此钢具有较高的强度、硬度和耐磨性。通常用于弱腐蚀性介质环境中，如海水、淡水和水蒸气中，以及使用温度小于或等于580℃的环境中；通常也可作为受力较大的零件和工具的制作材料。但由于此钢焊接性能不好，故一般不用作焊接件。

③奥氏体不锈钢。基体以面心立方晶体结构的奥氏体组织为主，主要通过冷加工或氮合金化使其强化。钢中主要合金元素为铬、镍、钛、铌、钼、氮和锰等。此钢具有较高的韧性、良好的耐蚀性、高温强度和较好的抗氧化性，以及良好的压力加工和焊接性能。但

是这类钢的屈服强度低。

④奥氏体-铁素体（双相）不锈钢。基体兼有奥氏体和铁素体两相组织（其中较少相的含量至少为25%），能通过冷加工使其强化。这类钢的屈服强度约为奥氏体不锈钢的两倍，可焊性良好，韧性较高，应力腐蚀、晶间腐蚀及焊接时的热裂倾向均小于奥氏体不锈钢。

⑤沉淀硬化不锈钢。基体以马氏体或奥氏体组织为主，并能通过沉淀硬化（又称时效硬化）处理使其硬（强）化。这类钢的突出优点是经沉淀硬化热处理以后具有较高的强度，耐蚀性优于铁素体不锈钢。它主要用于制造高强度和耐蚀的容器、结构和零件，也可用作高温零件。

4）铸钢。铸钢具有较高的强度、塑性和韧性。某些冷、热变形性能差或难切削加工的钢，可由铸钢成型。用于轧材和锻件的钢号原则上都可用于铸钢件。为满足铸造工艺要求，少数钢号在成分上应适当调整。铸钢件的物理和化学性能、焊接性能与锻件相近，这主要取决于钢的成分，如铸件的碳含量和合金元素含量增加，铸件的焊接性能变差。

根据国家标准《铸钢牌号表示方法》GB/T 5613—2014，铸钢牌号及表示方法如表1.1.7所示。

表1.1.7　各种铸钢名称、代号及牌号表示方法实例

铸钢名称	代号	牌号表示方法实例
铸造碳钢	ZG	ZG270-500
焊接结构用铸钢	ZGH	ZGH230-450
耐热铸钢	ZGR	ZGR40Cr25Ni20
耐蚀铸钢	ZGS	ZGS06Cr16Ni5Mo
耐磨铸钢	ZGM	ZGM30CrMnSiMo

以力学性能表示的铸钢牌号。在牌号中“ZG”后面的两组数字表示力学性能，第一组数字表示该牌号铸钢的屈服强度最低值，第二组数字表示其抗拉强度最低值，单位均为MPa。两组数字间用“-”隔开。

以化学成分表示的铸钢牌号。①当以化学成分表示铸钢的牌号时，碳含量（质量分数）以及合金元素符号和含量（质量分数）排列在铸钢代号“ZG”之后。②在牌号中“ZG”后面以一组（两位或三位）阿拉伯数字表示铸钢的名义碳含量（以万分之几计）。③平均碳含量小于0.1%的铸钢，其第一位数字为“0”，牌号中名义碳含量用上限表示；碳含量大于或等于0.1%的铸钢，牌号中名义碳含量用平均碳含量表示。④在名义碳含量后面排列各主要合金元素符号，在元素符号后用阿拉伯数字表示合金元素名义含量（以百分之几计）。合金元素平均含量小于1.50%时，牌号中只标明元素符号，一般不标明含量；合金元素平均含量为1.50%～2.49%、2.50%～3.49%、3.50%～4.49%、4.50%～5.49%…时，在合金元素符号后面相应写成2、3、4、5…。⑤当主要合金化元素多于三种时，可以在牌号中只标注前两种或前三种元素的名义含量值；各元素符号的标注顺序按它们的平均含量的递减顺序排列。若两种或多种元素平均含量相同，则按元素符号的英文字母顺序排列。⑥铸钢中常规的锰、硅、磷、硫等元素一般在牌号中不标明。⑦在特殊情况下，当同一牌号分几个品种时，可在牌号后面用“-”隔开，用阿拉伯数字标注品种序号。

例如：ZG270－500 表示铸钢最低屈服强度为 270MPa，最低抗拉强度为 500MPa；ZG15Cr2MoV 表示：铸钢，碳的名义含量为 0.15%，铬的名义含量为 2%，钼、钒平均含量小于 1.50%；ZGR40Cr25Ni20 表示耐热铸钢，碳的名义含量为 0.4%，铬的名义含量为 25.0%，镍名义含量为 20.0%。

2. 铸铁的分类和用途

铸铁是含碳量大于 2.11%的铁碳合金，并且还含有较多量的硅、锰、硫和磷等元素。铸铁是应用最广泛的铸造材料。它具有生产设备和工艺简单、价格便宜等优点。大部分机械设备的箱体、壳体、机座、支架和受力不大的零件多用铸铁制造。某些承受冲击不大的重要零件，如小型柴油机的曲轴，多用球墨铸铁制造。其原因是铸铁切削性能和铸造性能优良，有利于节约材料，减少机械加工工时，且有必要的强度和某些优良性能，如高的耐磨性、吸震性和低的缺口敏感性等。

铸铁与钢相比，其成分特点是碳、硅含量高，杂质含量也较高。但杂质在钢和铸铁中的作用完全不同，如磷在耐磨铸铁中是提高其耐磨性的主要合金元素，锰和硅都是铸铁中的重要元素，唯一有害的元素是硫。铸铁的组织特点是含有石墨，组织的其余部分相当于碳含量小于 0.80%钢的组织。铸铁的韧性和塑性主要决定于石墨的数量、形状、大小和分布，其中石墨形状的影响最大。铸铁的其他性能也与石墨密切相关。基体组织是影响铸铁硬度、抗压强度和耐磨性的主要因素。

（1）铸铁的分类。按碳存在的形式分类，铸铁可分为灰口铸铁、白口铸铁（BT）和麻口铸铁三大类。

1）灰口铸铁中的碳除微量溶入铁素体外，全部或大部以石墨形式存在，因断口呈灰色，故名灰口铸铁。按照石墨的形状特征，灰口铸铁可分为普通灰铸铁（石墨呈片状）、蠕墨铸铁（石墨呈蠕虫状）、可锻铸铁（石墨呈团絮状）和球墨铸铁（石墨呈球状）四大类。

2）白口铸铁中的碳完全以渗碳体的形式存在，断口呈亮白色。白口铸铁很难切削加工，主要作炼钢原料使用。但由于它的硬度和耐磨性高，也可以铸成表面为白口组织的铸件，如轧辊、球磨机的磨球等。

3）麻口铸铁中的碳以石墨和渗碳体的混合形式存在，断口呈灰白色。这种铸铁有较大的脆性，工业上很少使用。

（2）铸铁牌号的表示方法。

根据《铸铁牌号表示方法》GB/T 5612—2008，铸铁牌号表示方法如下：

1）铸铁代号。①铸铁基本代号由表示该铸铁特征的汉语拼音字的第一个大写正体字母组成，当两种铸铁名称的代号字母相同时，可在该大写正体字母后加小写正体字母来区别。②当要表示铸铁的组织特征或特殊性能时，代表铸铁组织特征或特殊性能的汉语拼音字的第一个大写正体字母排列在基本代号的后面。

2）元素符号、名义含量及力学性能。合金化元素符号用国际化学元素符号表示，混合稀土元素用符号“RE”表示。名义含量及力学性能用阿拉伯数字表示。例如：QTM Mn 8－300 表示抗磨球墨铸铁，锰的名义含量为 8%，抗拉强度为 300MPa。

3）以化学成分表示的铸铁牌号。①当以化学成分表示铸铁的牌号时，合金元素符号及名义含量（质量分数）排列在铸铁代号之后。②在牌号中常规碳、硅、锰、硫、磷元素一般不标注，有特殊作用时，才标注其元素符号及含量。③合金化元素的含量大于或等于1%时，在牌号中用整数标注，数值的修约按《数值修约规则与极限数值的表示和判定》GB/T 8170—2008 执行。小于1%时，一般不标注，只有对该合金特性有较大影响时，才标注其合金化元素符号。④合金化元素按其含量递减次序排列，含量相等时按元素符号的字母顺序排列。例如：HTS Si15Cr4RE 表示耐蚀铸铁，硅名义含量为15%，铬名义含量为4%，混合稀土。

4）以力学性能表示的铸铁牌号。①当以力学性能表示铸铁的牌号时，力学性能值排列在铸铁代号之后。当牌号中有合金元素符号时，抗拉强度值排列于元素符号及含量之后，之间用"-"隔开。②牌号中代号后面有一组数字时，该组数字表示抗拉强度值，单位为MPa；当有两组数字时，第一组表示抗拉强度值，单位为MPa，第二组表示伸长率值，单位为%，两组数字间用"-"隔开。例如：QT400－18 表示球墨铸铁，抗拉强度为400 MPa，伸长率为18%。

(3) 工程中常用铸铁的性能和特点。

按照石墨的形状特征，工程中常用铸铁有：

1）灰铸铁（HT）。灰铸铁的组织由石墨和基体两部分组成。基体可以是铁素体，珠光体或铁素体加珠光体，相当于钢的组织。因此铸铁的组织可以看成是钢基体上分布着石墨。

灰铸铁包括普通灰铸铁（HT）、奥氏体灰铸铁（HTA）、冷硬灰铸铁（HTL）、耐磨灰铸铁（HTM）、耐热灰铸铁（HTR）和耐蚀灰铸铁（HTS）六种，灰铸铁价格便宜，应用非常广泛。在各类铸铁的总产量中，灰铸铁占80%以上。影响灰铸铁组织和性能的因素主要是化学成分和冷却速度。灰铸铁中的碳、硅含量一般控制在碳为2.5%～4.0%，硅为1.0%～3.0%。

2）球墨铸铁（QT）。球墨铸铁包括奥氏体球墨铸铁（QTA）、冷硬球墨铸铁（QTL）、抗磨球墨铸铁（QTM）、耐热球墨铸铁（QTR）、耐蚀球墨铸铁（QTS）。球墨铸铁的综合机械性能接近于钢，其铸造性能很好，成本低廉，生产方便，在工业中得到了广泛的应用。球墨铸铁的成分要求比较严格，与灰铸铁相比，它的含碳量较高，通常在4.5%～4.7%范围内变动，以利于石墨球化。

球墨铸铁的抗拉强度远远超过灰铸铁，而与钢相当。因此对于承受静载的零件，使用球墨铸铁比铸钢还节省材料，而且重量更轻，并具有较好的耐疲劳强度。实验表明，球墨铸铁的扭转疲劳强度甚至超过45#钢。在实际工程中常用球墨铸铁来代替钢制造某些重要零件，如曲轴、连杆和凸轮轴等，也可用于高层建筑室外进入室内给水的总管或室内总干管。

3）蠕墨铸铁（RuT）。蠕墨铸铁的强度接近于球墨铸铁，并具有一定的韧性和较高的耐磨性；同时又有灰铸铁良好的铸造性能和导热性。蠕墨铸铁是在一定成分的铁水中加入适量的蠕化剂经处理而炼成的。蠕墨铸铁主要用于生产汽缸盖、汽缸套、钢锭模和液压阀等铸件。

4）可锻铸铁（KT）。可锻铸铁具有较高的强度、塑性和冲击韧性，可以部分代替碳钢。这种铸铁有黑心可锻铸铁、白心可锻铸铁、珠光体可锻铸铁三种类型。黑心可锻铸铁依靠石墨化退火来获得，白心可锻铸铁利用氧化脱碳退火来制取。可锻铸铁常用来制造形状复杂、承受冲击和振动荷载的零件，如管接头和低压阀门等。与球墨铸铁相比，可锻铸铁具有成本低，质量稳定，处理工艺简单等优点。

按照铸铁特定性能，工程中常用的铸铁有：

1）耐磨铸铁。分为减磨铸铁和抗磨铸铁。前者在有润滑剂、受黏着磨损条件下工作，如机床导轨和拖板，发动机的缸套和活塞，各种滑块等。后者是在无润滑剂、受磨料磨损条件下工作，如轧辊、铧犁、球磨机磨球等。耐磨铸铁应具有高而均匀的硬度，白口铸铁就属于这类耐磨铸铁。但白口铸铁脆性较大，不能承受冲击荷载，因此在生产上常采用激冷的办法来获得耐磨铸铁。

2）耐热铸铁。耐热铸铁是在高温下工作的铸件，如炉底板、换热器、坩埚、热处理炉内的运输链条等。在灰口铸铁中加入铝、硅和镉等元素，一方面在铸件表面形成致密的氧化膜，阻碍继续氧化；另一方面提高铸铁的临界温度，使基体变为单相铁素体，不发生石墨化过程，因此铸铁的耐热性得到改善。

3）耐蚀铸铁。耐蚀铸铁是主要用于化工部件，如阀门、管道、泵、容器等。在铸铁中加入硅、铬、铝、钼、铜和镍等合金元素，在铸件表面形成保护膜，或使基体电极电位升高，可以提高铸铁的耐蚀性能。常用耐蚀铸铁有高硅、高硅钼、高铝和高铬等耐蚀铸铁。

（二）有色金属材料

有色金属是指黑色金属以外的所有金属及其合金。不同有色金属具有不同的优良性能，如钛合金的耐蚀性优于不锈钢；铜和铝的导电性明显高于铁合金；镍铬合金的比电阻较高，同时还有较高的抗氧化性能和塑性，电阻温度系数小；铅具有较高的抗 X 射线和 γ 射线穿透的能力；铅锡基合金、铝铜基合金具有优良的减摩性能等。对于力学性能，多数有色金属塑性好，尤其是铝钛基合金的比强度和比刚度均比铁基合金高。

1. 有色金属及其合金牌号表示方法

常用有色金属及其合金牌号的表示方法如表 1.1.8 所示。

表 1.1.8 常用有色金属及其合金牌号的表示方法

产品种类	牌号表示方法	产品名称	牌号
黄铜	用“H”加基元素铜的含量表示，三元以上黄铜用“H”加第二个主加元素符号及除锌以外的成分数字组表示	68 黄铜 59 - 1 铅黄铜 77 - 2 铝黄铜	H68 HPb59 - 1 HAl77 - 2
青铜	用“Q”加第一个主加元素符号及除基元素铜以外的成分数字组表示	6.5 - 0.1 锡青铜 1.9 铍青铜	QSn6.5 - 0.1 QBe1.9
白铜	用“B”加镍含量表示，三元以上白铜用“B”加第二个主加元素符号及除基元素铜以外的成分数字组表示	3 - 12 锰白铜 30 - 1 - 1 铁白铜 15 - 20 锌白铜	BMn3 - 12 BFe30 - 1 - 1 BZn15 - 20

续表 1.1.8

产品种类	牌号表示方法	产品名称	牌号
镍合金	用“N”加第一个主加元素符号及除基元素镍以外的成分数字组表示	9 镍铬合金 0.19 镍硅合金	NCr9 NSi0.19
钛及其合金	用“T”加金属或合金组织类型的字母及顺序号表示，A、B、C 分别表示 α 型、β 型和 α+β 型钛合金	1 号 α 型钛 5 号 α 型钛合金 4 号 α+β 型钛合金	TA1 TA5 TC4
铝合金	用“L”加合金组织类型的汉语拼音字母及顺序号表示	2 号防锈铝 4 号超硬铝	LF2 LC4
镁合金	用“M”加表示变形加工的汉语拼音字母“B”及顺序号表示	2 号变形镁合金	MB2
其他合金	除上述合金外的其他合金用基元素的化学元素符号加第一个主加元素符号及除基元素外的成分数字组表示	2 铅锑合金 13.5－2.5 锡铅合金 1.5 锌铜合金	PbSb2 SnPb13.5－2.5 ZnCu1.5

2. 工程中常用有色金属的性能和特点

常用有色金属主要特性如表 1.1.9 所示。

表 1.1.9 常用有色金属主要特性

合金名称	主要特性
铝及其合金	密度小（$\rho=2.7g/cm^3$），比强度高、耐蚀性好、导电、导热、反光性能良好、磁化率极低、塑性好、易加工成型和铸造各种零件
镁及其合金	密度小（$\rho=1.7g/cm^3$）、比强度和比刚度高、能承受大的冲击荷载、有良好的机械加工性能和抛光性能，对有机酸、碱类和液体燃料有较高的耐蚀性
铜及其合金	有优良的导电性和导热性、较好的耐蚀性和抗磁性、优良减摩性和耐磨性、较高的强度和塑性、高的弹性极限和疲劳极限、易加工成型和铸造各种零件
镍及其合金	有良好的力学性能、耐热性和耐蚀性好、具有特殊的电、磁和热膨胀性能
钛及其合金	密度小（$\rho=4.5g/cm^3$）、比强度高、耐高温、硬度高、耐蚀性优良
铅及其合金	熔点低、耐磨和减磨性能好、耐蚀性高、抗 X 射线和 γ 射线穿透能力强、塑性好、强度低

（1）铝及铝合金。铝及铝合金在采用各种强化手段后可以达到与普通低合金钢相近的强度，而且其强度要比普通钢高得多。铝及铝合金在电气工程、一般机械和轻工业中都有

广泛的用途。

纯铝材料按纯度可分为高纯铝、工业高纯铝和工业纯铝三类。高纯铝主要用于科学研究及制作电容器等；工业高纯铝用于制作铝箔、包铝及冶炼铝合金的原料；工业纯铝可制作电线、电缆、器皿及配制合金。纯铝的强度很低，不作为结构材料使用。

铝合金是在铝中加入合金元素获得，具有较高强度，同时保持良好的加工性能。许多铝合金不仅可通过冷变形提高强度，而且可用热处理来大幅地改善性能。

根据成分及工艺特点，铝合金分为变形铝合金和铸造铝合金两类。变形铝合金塑性较好，适于变形加工；铸造铝合金流动性较好，适于铸造生产。

变形铝合金包括防锈铝合金、硬铝合金、超硬铝合金及锻铝合金等。在工程中一般常用的是防锈铝合金（LF），该合金抗蚀性能高，塑性和焊接性能好，主要用于焊接件、容器、管道，以及承受中等荷载的零件及制品，也可用作铆钉。

铸造铝合金（ZL）分为 Al－Si 铸造铝合金、Al－Cu 铸造铝合金、Al－Mg 铸造铝合金和 Al－Zn 铸造铝合金。各铸造铝合金在工程使用中表现出不同的特性，如 Al－Mg 铸造铝合金强度高，密度小，有良好的耐蚀性，但铸造性能不佳，耐热性不良。该合金多用于制造承受冲击荷载，以及在腐蚀性介质中工作的外形不太复杂的零件，如氨用泵体等。

（2）铜及铜合金。纯铜呈紫红色，常称紫铜，主要用于制作电导体及配制合金。纯铜的强度低，不宜用作结构材料。

在铜中加入合金元素后，可获得较高的强度，同时保持纯铜的某些优良性能。一般铜合金分黄铜、青铜和白铜三大类。

1）黄铜（H）。以锌为主加元素的铜合金称为黄铜。按照化学成分，黄铜分普通黄铜和复杂黄铜两种。

为了获得更高的强度、抗蚀性和良好的铸造性能，在铜锌合金中加入铝、硅、锰和镍等元素，形成各种复杂黄铜，如铅黄铜、锰黄铜和铝黄铜等。铅黄铜主要用于要求良好切削性能及耐磨性能的零件；锰黄铜常用于制造轴承等耐磨件；铝黄铜可制作耐蚀零件，还可用于制造大型蜗杆等重要零件。

2）青铜（Q）。青铜包括有锡青铜、铝青铜和硅青铜等。锡青铜在化工、机械、仪表等工业中广泛应用，主要用于制造轴承、轴套等耐磨零件和弹簧等弹性元件，以及抗蚀、抗磁零件等；铝青铜可制造齿轮、轴套和蜗轮等在复杂条件下工作的高强度抗磨零件，以及弹簧和其他高耐蚀性弹性元件；硅青铜可制作弹簧、齿轮、蜗轮、蜗杆等耐蚀和耐磨零件。

3）白铜（B）。白铜是以镍为主要添加元素的铜合金。铜镍二元合金称为普通白铜。在普通白铜中加有锰、铁、锌、铝等元素称复杂白铜。分别称为铁白铜、锰白铜、锌白铜和铝白铜。白铜延展性好、硬度高、色泽美观、耐腐蚀、有深冲性能，广泛用于造船、石油化工、电器、仪表、医疗器械、日用品、工艺品等领域，是重要的电阻及热电偶合金。

（3）镍及镍合金。镍及镍合金是用于化学、石油、有色金属冶炼、高温、高压、高浓度或混有不纯物等各种苛刻腐蚀环境的比较理想的金属材料。

由于镍的标准电势大于铁，可获得耐蚀性优异的镍基耐蚀合金。镍力学性能良好，尤其塑性、韧性优良，能适应多种腐蚀环境。广泛应用于化工、制碱、冶金、石油等行业中的压力容器、换热器、塔器、蒸发器、搅拌器、冷凝器、反应器和储运容等。镍在许多有机酸中也较稳定，可用于制药和食品工业等。

（4）钛及钛合金。钛的许多优异性能是其他材料所不及的，且钛资源丰富，储量仅次于铝、铁和镁，为四大金属元素之一。钛合金不仅在飞机、导弹、航天和舰船等方面广泛应用，而且也正向民用领域推广。

钛在高温下化学活性极高，非常容易与氧、氮和碳等元素形成稳定的化合物，所以在大气中工作的钛及钛合金只在540℃以下使用；钛具有良好的低温性能，可作低温材料；常温下钛具有极好的抗蚀性能，在大气、海水、硝酸和碱溶液等介质中十分稳定。但在任何浓度的氢氟酸中均能迅速溶解，所以工作介质为氢氟酸的设备容器或管道系统中不能应用钛合金。

工业纯钛的棒材、板材和挤压型材用于化工等行业，可制造各种耐蚀、500℃以下耐热零件，如热交换器等。

（5）铅及铅合金。在铅中加入锑、铜、锡和砷等元素可提高铅的再结晶温度、细化晶粒、提高硬度和强度等，并保持合金的良好耐蚀性。铅在大气、淡水、海水中很稳定，铅对硫酸、磷酸、亚硫酸、铬酸和氢氟酸等则有良好的耐蚀性。铅与硫酸作用时，在其表面产生一层不溶解的硫酸铅，它可保护内部铅不再被继续腐蚀。铅不耐硝酸的腐蚀，在盐酸中也不稳定。

（6）镁及镁合金。镁及镁合金的主要特性是密度小、化学活性强、强度低，但纯镁一般不能用于结构材料。虽然镁合金相对密度小，且强度不高，但它的比强度和比刚度却可以与合金结构钢相媲美，镁合金能承受较大的冲击、振动荷载，并有良好的机械加工性能和抛光性能。其缺点是耐蚀性较差、缺口敏感性大及熔铸工艺复杂。

二、非金属材料

非金属材料也是重要的工程材料。它包括无机非金属材料和高分子材料。无机非金属材料包括耐火材料、耐热保温和绝热材料、耐蚀（酸）非金属材料和陶瓷材料等；高分子材料包括橡胶、塑料和合成纤维等。

（一）无机非金属材料

1. 耐火材料

耐火材料是指能承受高温作用而不易损坏的材料，它是炼钢、炼铁及其他冶炼炉和锅炉内衬的基础材料之一。常用的耐火材料有耐火砌体材料、耐火水泥及耐火混凝土。

（1）耐火砌体材料。按材质高低分为普通耐火材料和特种耐火材料；按材料密度分为重质耐火材料和轻质耐火材料；按耐火材料的主要化学特性分为酸性、中性和碱性耐火材料。

1）酸性耐火材料。以硅砖和黏土砖为代表。硅砖抗酸性炉渣侵蚀能力强，但易受碱性渣的侵蚀，它的软化温度很高，接近其耐火度，重复煅烧后体积不收缩，甚至略有膨胀，但是抗热震性差。硅砖主要用于焦炉、玻璃熔窑、酸性炼钢炉等热工设备。黏土砖中含30%～46%氧化铝，它以耐火黏土为主要原料，耐火度高达1 580～1 770℃。抗热震性好，属于弱酸性耐火材料。

2）中性耐火材料。以高铝质制品为代表，其主晶相是莫来石和刚玉。铬砖主晶相是铬铁矿，它对钢渣的耐蚀性好，但抗热震性差。用铬矿和镁砂按不同比例制成的铬镁砖抗热震性好，主要用作碱性平炉顶砖。

碳质制品是另一类中性耐火材料，根据含碳原料的成分不同，分为碳砖、石墨制品和碳化硅质制品三类。碳质制品的热膨胀系数很低，导热性高，耐热震性能好，高温强度高。在高温下长期使用也不软化，不受任何酸碱的侵蚀，有良好的抗盐性能，也不受金属和熔渣的润湿，质轻，是优质的耐高温材料。缺点是在高温下易氧化，不宜在氧化气氛中使用。碳质制品广泛用于高温炉炉衬（炉底、炉缸、炉身下部等）、熔炼有色金属炉的衬里。石墨制品可以用于反应槽和石油化工的高压釜内衬。碳化硅与石墨制品还可以制成熔炼铜合金和轻合金用的坩埚。

3）碱性耐火材料。以镁质制品为代表，它含氧化镁80%～85%以上，以方镁石为主晶相。生产镁砖的主要原料有菱镁矿等，对碱性渣和铁渣有很好的抵抗性。纯氧化镁的熔点高达2 800℃。因此，镁砖的耐火度较黏土砖和硅砖都高。在炼钢工程中，如吹氧转炉和碱性平炉的炉顶广泛采用碱性耐火材料。另外，碱性耐火材料还主要用于有色金属冶炼，以及一些高温热工设备。

（2）耐火水泥及耐火混凝土。低钙铝酸盐耐火水泥是用优质铝矾土和石灰石，按一定比例配合经烧结、磨细制成。低钙铝酸盐水泥与耐火砖细块掺和，可制成耐火混凝土，用于某些高温窑炉和加热炉的内衬；也可与轻质耐火砖细块掺和制成耐火隔热材料，或与石棉掺和制成石棉耐火水泥制品。

耐火混凝土与普通耐火砖比较，具有施工简便、价廉和炉衬整体密封性强等优点，但强度较低。按照胶结料的不同，耐火混凝土分为水硬性耐火混凝土、火硬性耐火混凝土和气硬性耐火混凝土；按照密度的高低，可分为重质耐火混凝土和轻质耐火混凝土。

2. 耐热保温和绝热材料

（1）耐热保温材料。耐热保温材料又称为耐火隔热材料。它是各种工业用炉的重要筑炉材料。常用的有硅藻土、蛭石、矿渣棉、石棉，以及它们的制品如板、管、砖等。

1）硅藻土。该材料是目前应用最多、最广的耐热保温材料。硅藻土耐火保温砖、板、管，具有气孔率高，耐高温及保温性能好，密度小等特点。采用这种材料，可以减少热损失，降低燃料消耗，减薄炉墙厚度，降低工程造价，缩短窑炉周转时间，提高生产效率。

硅藻土砖、板广泛用于电力、冶金、机械、化工、石油、金属冶炼电炉和硅酸盐等工业的各种热体表面及各种高温窑炉、锅炉、炉墙中层的保温绝热部位。硅藻土管广泛用于各种气体、液体高温管道及其他高温设备的保温绝热部位。

2）硅酸铝耐火纤维。硅酸铝耐火纤维是轻质耐火材料之一。它形似棉花，呈白色纤维状，具有密度小、耐高温、热稳定性好、热导率低、比热容小、抗机械振动好、体胀系数小和优良的隔热性能等特点。硅酸铝耐火纤维及其制品（毡、板、砖、管等）广泛用于冶金、机械、建筑、化工和陶瓷工业中的热力设备，如锅炉、加热炉和导管等的耐火隔热材料。

3）微孔硅酸钙保温材料。微孔硅酸钙保温材料制品是用硅藻土、石灰、石棉和水玻璃等混合材料压制而成。其表观密度小、强度高、传热系数低，且不燃烧、不腐蚀、无毒和无味，可用于高温设备、热力管道的保温隔热工程。

4）矿渣棉制品。矿渣棉制品可用作保温、隔热和吸音材料。

（2）绝热材料。绝热材料一般是轻质、疏松、多孔的纤维状材料。它既包括保温材料，也包括保冷材料。

1）按其成分不同，可分为有机材料和无机材料两大类。

热力设备及管道保温用的材料多为无机绝热材料，此类材料具有不腐烂、不燃烧、耐高温等特点。如石棉、硅藻土、珍珠岩、玻璃纤维、泡沫混凝土和硅酸钙等。

低温保冷工程多采用有机绝热材料，此类材料具有表观密度小、导热系数低、原料来源广等特点，但不耐高温、吸湿时易腐烂，如软木、聚苯乙烯泡沫塑料、聚氨基甲酸酯、牛毛毡和羊毛毡等。

2）按照绝热材料使用温度，可分为高温、中温和低温用绝热材料。

高温用绝热材料，使用温度可在700℃以上。这类纤维质材料有硅酸铝纤维和硅纤维等；多孔质材料有硅藻土、蛭石加石棉和耐热黏合剂等制品。

中温用绝热材料，使用温度在100～700℃。中温用纤维质材料有石棉、矿渣棉和玻璃纤维等；多孔质材料有硅酸钙、膨胀珍珠岩、蛭石和泡沫混凝土等。

低温用绝热材料，用于温度在100℃以下的绝热工程中。

3）按照施工方法不同可分为湿抹式、填充式、绑扎式、包裹及缠绕式绝缘材料。

3. 耐蚀（酸）非金属材料

耐蚀（酸）非金属材料的主要成分是金属氧化物、氧化硅和硅酸盐等，它们的耐蚀性能高于金属材料（包括耐酸钢和耐蚀合金），还具有良好的耐磨性和耐热性能，但是脆性大、承受冲击和震动能力差，抗拉强度低。在某些情况下它们是不锈钢和耐蚀合金的理想代用品，用于制造受力小、不受冲击及震动、使用温度不高或温度变化不剧烈的容器。常用的非金属耐蚀材料有铸石、石墨、耐酸水泥、天然耐蚀石料和玻璃等。

(1) 铸石。铸石是以辉绿岩、玄武岩、页岩等天然岩石为主要原料，经熔化、浇注、结晶、退火而成的一种硅酸盐结晶材料。铸石具有极优良的耐磨性、耐化学腐蚀性、绝缘性及较高的抗压性能。其耐磨性能比钢铁高十几倍至几十倍。在各类酸碱设备中的应用效果，高于不锈钢、橡胶、塑性材料及其他有色金属十倍到几十倍；但脆性大、承受冲击荷载的能力低。因此，在要求耐蚀、耐磨或高温条件下，当不受冲击震动时，铸石是钢铁（包括不锈钢）的理想代用材料，不但可节约金属材料、降低成本，而且能有效地提高设备的使用寿命。

铸石可生产各类平板、异型和特型铸石板材，长短不一的铸石直管、异型套管和复合铸石管，以及铸石粉和以铸石粉为主要原料的铸石复合制品等；铸石粉是用来调制耐酸胶泥的粉料。采用铸石粉调制的胶泥具有吸水性小、收缩性小、耐腐蚀性高和黏结力强等特点。

(2) 石墨。石墨按照来源不同可分为天然石墨和人造石墨。防腐材料中应用的主要是人造石墨。人造石墨经过不透性处理，即通过浸渍、压型浇注等方法制得的新型结构材料称为不透性石墨。它不仅具有高度的化学稳定性，还具有极高的导热性能。

石墨材料具有高熔点（3 700℃），在高温下有高的机械强度。当温度增加时，石墨的强度随之提高。石墨在3 000℃以下具有还原性，在中性介质中有很好的热稳定性，在急剧改变温度的条件下，石墨比其他结构材料都稳定，不会炸裂破坏。石墨的导热系数比碳钢的大2倍多，所以石墨材料常用来制造传热设备。

石墨具有良好的化学稳定性。人造石墨材料的耐腐蚀性能良好，除了强氧化性的酸（如硝酸、铬酸、发烟硫酸和卤素）之外，在所有的化学介质中都很稳定，甚至在熔融的碱中也很稳定。

不透性石墨是由人造石墨浸渍酚醛或呋喃树脂而成的。优点是导热性优良、温差急变性好、易于机械加工、耐腐蚀性好。缺点是机械强度较低，价格较贵。用于制造各种类型的热交换器、盐酸合成炉、膜式吸收器、管道、管件、阀门、泵类以及衬里用的砖板等。

（3）玻璃。按形成玻璃的氧化物可分为硅酸盐玻璃、磷酸盐玻璃、硼酸盐玻璃和铝酸盐玻璃等，其中硅酸盐玻璃是应用最为广泛的玻璃品种。硅酸盐玻璃的化学稳定性很高，抗酸性强，组织紧密而不透水，但它若长期在某些介质作用下也会受到侵蚀。玻璃长时期在温水或水汽作用下能使硅酸盐水解，玻璃表面分离出二氧化硅凝胶和苛性碱，使玻璃混浊变色、表面粗糙。硅酸盐玻璃具有较好的光泽、透明度、化学稳定性和热稳定性（石英玻璃使用温度达 1 000～1 100℃），其机械强度高（如块状玻璃的抗压强度为 600～1 600MPa，玻璃纤维抗拉强度为 1 500～4 000MPa）、硬度大（莫氏硬度为 5.5～6.5）、电绝缘性强，但可溶解于氢氟酸。一般用于制造化学仪器、高级玻璃制品、无碱玻璃纤维和绝缘材料等。

（4）天然耐蚀石料。天然耐蚀石料组成中，二氧化硅含量的质量分数大于 55.0%以上，其含量越高，耐酸性能越好。氧化镁、氧化钙含量的质量分数在 50.0%以上的石料，有较好的或好的耐碱性能，但不耐酸侵蚀。而某些耐酸石料含 SiO_2 虽然很高，由于结构致密也能耐碱侵蚀。如花岗岩强度高，耐久性好，但热稳定性较差；石英岩强度高、耐久性好、硬度高、难以加工；辉绿岩及玄武岩密度高、耐磨性好、脆性大、强度极高、加工较难；石灰岩热稳定性好、硬度较低。

（5）水玻璃耐酸水泥。水玻璃耐酸水泥具有能抵抗大多数无机酸和有机酸腐蚀的能力，但不耐碱及氢氟酸。水玻璃耐酸水泥是将耐酸填料（如石英岩、熔融辉岩、陶瓷碎片）和硬化剂（如氟硅酸钠），按适当配比粉磨后再混合均匀制得的粉状物料。使用时再用适量的水玻璃溶液搅匀，能在空气中硬化，具有抵抗大多数无机酸和有机酸腐蚀的能力。用于硫酸、盐酸、磷酸（除 30℃以上热磷酸）、醋酸、氯气、二氧化硫、三氧化硫、蚁酸和草酸等生产设备。

（6）耐酸陶瓷。耐酸陶瓷见“陶瓷材料”部分。

4. 陶瓷材料

陶瓷材料是用黏土、石灰石、长石、石英和砂子等原料烧结而成的制品，陶瓷材料也属于硅酸盐材料制品。陶瓷材料具有结构致密、表面平整光洁，耐酸、耐热、绝缘性能良好等特点。陶瓷材料具有许多区别于其他材料的物理化学性能，如高温化学稳定性（用氧化硅做成的坩埚可在 1 700℃高温下不沾污金属）。氧化硅具有超硬的特点，可用作刀具材料，其硬度是硬质合金等切削工具所不及的。另外，有一些陶瓷还具有能量转换的功能。但脆性明显、抗冲击能力差、急冷急热时易产生裂纹。陶瓷材料制品被广泛应用在石油、化工、电力、建材、冶金以及民用众多领域。常用的有绝缘陶瓷、化工陶瓷、结构陶瓷和耐酸陶瓷以及建筑陶瓷等。

陶瓷一般分为普通陶瓷和新型陶瓷两大类。普通陶瓷包括电器绝缘陶瓷、化工陶瓷、结构陶瓷和耐酸陶瓷等；新型陶瓷包括除氧化硅以外的其他氧化物、碳化物和氮化物。其中，耐酸陶瓷制品具有结构致密、表面平整光洁等特点，其耐酸性能良好、形状种类繁多（砖、板、罐、管及其他）和使用范围广等优点，但性脆、抗冲击能力差、急冷急热时易开裂。其分类如表 1.1.10 所示。

表 1.1.10 耐酸陶瓷制品的分类

分类	耐酸陶瓷制品
表面是否施釉	无釉耐酸陶瓷制品和带釉耐酸陶瓷制品
使用功能	耐酸瓷砖、耐酸瓷板、耐酸瓷粉、耐酸陶砖、耐酸陶板和耐酸陶管

耐酸瓷砖、耐酸瓷板具有结构致密、气孔率低和吸水率较小等优点。而耐酸陶砖、耐酸陶板和耐酸陶管的气孔率和吸水率较大，强度和耐酸性均低于瓷制品，表面较粗糙，主要用于铺地面、砌沟槽和储罐及其容器。

（二）高分子材料

1. 高分子材料的基本概念

高分子材料一般分为天然和人工合成两大类。天然高分子材料有蚕丝、羊毛、纤维素和橡胶以及存在于生物组织中的淀粉和蛋白质等。工程上的高分子材料主要是人工合成的各种有机材料。通常根据机械性能和使用状态将其分为塑料、橡胶和合成纤维三大类。

2. 高分子材料的基本性能及特点

（1）质轻。密度平均为 1.45g/cm^3，约为钢的 1/5，铝的 1/2。

（2）比强度高。接近或超过钢材，是一种优良的轻质高强材料。

（3）有良好的韧性。高分子材料在断裂前能吸收较大的能量。

（4）减摩、耐磨性好。有些高分子材料在无润滑和少润滑的条件下，它们的耐磨、减摩性能是金属材料无法比拟的。

（5）电绝缘性好。电绝缘性可与陶瓷、橡胶相媲美。

（6）耐蚀性好。化学稳定性好，对一般的酸、碱、盐及油脂有较好的耐腐蚀性。

（7）导热系数小。如泡沫塑料的导热系数只有 0.02～0.046W/(m·K)，约为金属的 1/1 500，是理想的绝热材料。

（8）易老化。高分子材料在光、空气、热及环境介质的作用下，分子结构会产生逆变，机械性能变差，寿命缩短。

（9）易燃。塑料不仅可燃，而且燃烧时发烟，产生有毒气体。

（10）耐热性。高分子材料的耐热性是指温度升高时其性能明显降低的抵抗能力。主要包括机械性能和化学性能两方面，而一般多指前者，所以耐热性实际常用高分子材料开始软化或变形的温度来表示。

（11）刚度小。如塑料弹性模量只有钢材的 1/10～1/20，且在长期荷载作用下易产生蠕变。但在塑料中加入纤维增强材料，其强度可大幅提高，甚至可超过钢材。

3. 工程中常用高分子材料

（1）塑料。

1）塑料的组成。常用的塑料制品都是以合成树脂为基本材料，再按一定比例加入填料、增塑剂、着色剂和稳定剂等材料，经混炼、塑化，并在一定压力和温度下制成的。因而塑料是一种以树脂为主要成分的多组分材料，但也有少部分塑料制品例外，如聚甲基丙烯酸甲酯（PMMA）合成树脂。塑料的应用十分广泛，按制品的形态，塑料可分为板材、管材、泡沫塑料、模制品、溶液或乳液。

①树脂。树脂按产源分为天然树脂和合成树脂。天然树脂有松香、虫胶等，由于产源有限，在塑料制品中很少使用。合成树脂是以石油或煤等为基本原料，经加工而成。在所有的塑料制品中几乎都是采用合成树脂。树脂是塑料组成材料中的基本组分，在一般塑料中占30%～60%，有的甚至更多。

树脂在塑料中主要起胶结作用，通过胶结作用把填充料等胶结成坚实整体。因此，塑料的性质主要取决于树脂的性质。

按分子中的碳原子之间结合形式的不同，合成树脂分子结构分为直线型、支链型和体型（或称为网状型）三种。聚苯乙烯（PS）属于直线型，低密度聚乙烯（LDPE）属于支链型，酚醛树脂（PF）、不饱和聚酯树脂（UP）和环氧树脂（EP）等属于网状结构。

按受热时状态不同，树脂可分为热塑性树脂和热固性树脂。热塑性树脂是指分子结构的几何形状为直线型、支链型，在加热时树脂具有一定的流动性或可塑性，冷却后又重新硬化而化学成分没有发生变化，且这一过程可以反复进行。常用的热塑性树脂如聚乙烯、聚氯乙烯和聚酰胺等，长期使用温度一般在100℃以下；热固性树脂的耐热性比热塑性树脂高。热固性树脂是指分子结构的几何形状为体型（或称为网状型），热固性树脂在成型前分子量较低，为线型或支链型分子，具有可溶或可熔性，在成型时因各种作用影响，分子发生交联成为体型结构而固化。这一过程是不可逆的，并成为不溶或不熔的物质。因此固化后的热固性树脂是不能重新再加工的，热固性树脂如酚醛树脂，耐高温树脂如有机硅树脂等（可在200～300℃使用）。

②填料。填料又称填充剂，填料常占塑料组成的40%～70%。其作用是提高塑料的强度和刚度，减少塑料在常温下的蠕变（又称冷流）现象及提高热稳定性，对降低塑料制品的成本、增加产量有显著的作用，并可提高塑料制品的耐磨性、导热性、导电性及阻燃性，改善加工性能。填料的种类很多，常用的有有机和无机两大类，如矾土、氧化铝、氧化钛、氧化镁、石棉、氢氧化钙、炭黑、石墨、玻璃纤维和碳纤维等。

③增塑剂。增塑剂的作用是提高塑料加工时的可塑性及流动性，改善塑料制品的柔韧性。常用的增塑剂为酯类和酮类等。

④着色剂。着色剂的种类按其在着色介质中的溶解性分为染料和颜料两大类。

染料按产源分为天然或人工合成两类，皆为有机化合物，可溶于被着色树脂中，透明度好，着色力强，色调和色泽亮度好，但光泽的光稳定性及化学稳定性差，主要用于透明的塑料制品。常见的染料品种有酞青蓝和酞青绿、联苯胺黄和甲苯胺红等。

颜料分为有机和无机两种，与染料相比，其突出的特点是不溶于被着色介质中。在塑料制品中，常用的是无机颜料。无机颜料不仅对塑料具有着色性，同时又兼有填料和稳定剂的作用。如炭黑既是颜料，又有光稳定作用。

⑤稳定剂。许多塑料制品在成型加工和使用过程中，由于受热、光或氧的作用，随时间的延长产生降解、氧化断链和交联等现象，使材料性能变坏。为延长塑料制品的使用寿命，通常在其组分中加入稳定剂。如在聚氯乙烯（PVC）制品中可加入铅白、硫酸铅等无机化合物或二苯基硫脲等有机化合物，以提高PVC的耐热性和耐光性。

2）工程中常用塑料制品。

①热塑性塑料。

a. 低密度聚乙烯（LDPE）。又称为高压聚乙烯。它是高纯度乙烯在高压（130～

250MPa）、高温（160～330℃）和引发剂存在下聚合而制得的。低密度聚乙烯具有质轻、吸湿性小、电绝缘性好、延伸性和透明性强、耐寒性好和化学稳定性强等特点，但其强度低、耐老化性能较差。常用于输送生活用水，还可用作一般耐蚀材料、小荷载零件（齿轮、轴承）及电缆包皮等。

b. 高密度聚乙烯（HDPE）。又称为低压聚乙烯。它是乙烯在催化剂存在下聚合制得。高密度聚乙烯具有良好的耐热性和耐寒性，力学性能优于低密度聚乙烯，介电性能优良，但略低于低密度聚乙烯，耐磨性及化学稳定性良好，能耐多种酸、碱、盐类腐蚀，吸水性和水蒸气渗透性很低，但耐老化性能较差，表面硬度高，尺寸稳定性好。高密度聚乙烯主要用于制作单口瓶、运输箱、储罐、电缆护套、压力管道等。

c. 聚丙烯（PP）。聚丙烯是由丙烯聚合而得的结晶型热塑性塑料，其刚性、强度、硬度和弹性等机械性能均优于聚乙烯。聚丙烯具有质轻、不吸水，介电性、化学稳定性和耐热性良好（可在100℃以上使用。若无外力作用，温度达到150℃时不会发生变形），力学性能优良等特点，但是耐光性能差，易老化，低温韧性和染色性能不好。聚丙烯主要用于制作受热的电气绝缘零件、防腐包装材料以及耐腐蚀的（浓盐酸和浓硫酸除外）化工设备，如法兰、齿轮、风扇叶轮、泵叶轮、接头、各种化工容器、管道、阀门配件、泵壳等。使用温度为－30～100℃。

d. 聚氯乙烯（PVC）。聚氯乙烯刚度和强度比聚乙烯高，常见制品有硬、软两种。加入增塑剂的为软聚氯乙烯，未加的为硬聚氯乙烯。后者密度小，抗拉强度较好，有良好的耐水性、耐油性和耐化学药品侵蚀的性能。因此，硬聚氯乙烯（UPVC）塑料常被用在建设工程中的排水系统，可制作化工、纺织等工业的废气排污排毒塔，以及常用于气体、液体输送管。另外，硬聚氯乙烯塑料板在常温下容易加工，又有良好的热成型性能，用途很广。软聚氯乙烯塑料常制成薄膜，用于工业包装等，但不能用来包装食品，因增塑剂或稳定剂有毒，能溶于油脂中，污染食品。当UPVC管加工制作采用独特的绿色环保无铅配方体系时，其可以应用于给水系统。

e. 聚四氟乙烯（PTFE，F-4）。聚四氟乙烯俗称塑料王，它是由四氟乙烯用悬浮法或分散法聚合而成，具有非常优良的耐高、低温性能，可在－180～260℃的范围内长期使用。几乎耐所有的化学药品，在侵蚀性极强的王水中煮沸也不起变化，摩擦系数极低，仅为0.04。聚四氟乙烯不吸水、电性能优异，是目前介电常数和介电损耗最小的固体绝缘材料。缺点是强度低、冷流性强。主要用于制作减摩密封零件、化工耐蚀零件、热交换器、管、棒、板制品和各种零件，以及高频或潮湿条件下的绝缘材料；分散法聚四氟乙烯可制成薄壁管、细棒、异型材、电线和电缆包覆层。

f. 聚苯乙烯（PS）。聚苯乙烯是苯乙烯经本体或悬浮法聚合制得的聚合物。可采用注射、挤出、吹塑和发泡等方法成型，能切削加工和胶接。聚苯乙烯制品具有极高的透明度，透光率可达90%以上，电绝缘性能好，刚性好及耐化学腐蚀。普通聚苯乙烯的不足之处在于性脆，冲击强度低，易出现应力开裂，耐热性差及不耐沸水等。聚苯乙烯塑料广泛用于轻工市场，日用装潢，照明指示等领域。在电气方面更是良好的绝缘材料，可以制作各种仪表外壳、灯罩、光学化学仪器零件、透明薄膜、电容器介质层等。

以聚苯乙烯树脂为主体，加入发泡剂等添加剂可制成聚苯乙烯泡沫塑料，它是目前使用最多的一种缓冲材料。它具有闭孔结构，吸水性小，有优良的抗水性；密度小，聚苯乙烯泡沫的表观密度一般为18～25kg/m^3；机械强度好，缓冲性能优异；加工性好，易于模塑成型；着色性好，温度适应性强，抗放射性优异等优点，在外墙保温中占有率很高。但燃烧时会放出污染环境的苯乙烯气体。

g. 工程塑料（ABS）。普通ABS是丙烯腈、丁二烯和苯乙烯的三元共聚物，其耐腐蚀、耐高温及耐冲击性能均优于聚氯乙烯。具有“硬、韧、刚”的混合特性，综合机械性能良好。同时尺寸稳定，容易电镀和易于成型，耐热和耐蚀性较好，在－40℃的低温下仍有一定的机械强度。此外，它的性能可以根据要求通过改变单体的含量来进行调整。丙烯腈的增加可提高塑料的耐热、耐蚀性和表面硬度；丁二烯可提高弹性和韧性；苯乙烯则可改善电性能和成型能力。ABS在机械工业中可制造齿轮、泵叶轮、轴承、管道、储槽内衬、电机外壳、仪表壳、仪表盘、蓄电池槽和水箱外壳等。

h. 聚甲基丙烯酸甲酯（PMMA）。以丙烯酸及其酯类聚合所得到的聚合物统称丙烯酸类树脂，相应的塑料统称聚丙烯酸类塑料，其中以聚甲基丙烯酸甲酯应用最广泛，俗称亚克力或有机玻璃，其透明度比无机玻璃还高，透光率达92.0%；密度只有后者的一半，为1.18g/cm^3。机械性能比普通玻璃高得多（与温度有关），拉伸强度为50～80MN/m^2。具有抗稀酸、稀碱、润滑油和碳氢燃料的作用，在自然条件下老化发展缓慢。在80℃开始软化，在105～150℃塑性良好，可以进行成型加工。缺点是表面硬度不高，易擦伤。由于导热性差和热膨胀系数大，易在表面或内部引起微裂纹，因而比较脆。此外，易溶于有机溶液中。

PMMA树脂是无毒环保的材料，可用于生产餐具，卫生洁具等，具有良好的化学稳定性和耐候性。广泛用于航空、汽车、仪表和光学等领域中，可以制作风挡、舷窗、电视和雷达的屏幕、仪表护罩、外壳、光学元件和透镜等。

②热固性塑料。

a. 酚醛树脂（PF）。俗称电木粉，是一种硬而脆的热固性塑料。由苯酚与甲醛缩聚而得。酚醛树脂耐弱酸和弱碱，遇强酸发生分解，遇强碱发生腐蚀。酚醛树脂最重要的特征是耐高温性，即使在非常高的温度下，也能保持其结构的整体性和尺寸的稳定性；正因为这个原因，酚醛树脂被应用于一些高温领域，如耐火材料、摩擦材料、黏结剂和铸造行业。另外，与其他树脂相比，在燃烧的情况下酚醛树脂会缓慢分解产生氢气、碳氢化合物、水蒸气和碳氧化物。分解过程中所产生的烟相对较少，毒性也相对低。这些特点使酚醛树脂适用于公共运输和安全要求非常严格的领域，如矿山，防护栏和建筑业等。

酚醛树脂还可以制成发泡材料，酚醛泡沫产品与早期占市场主导地位的聚苯乙烯泡沫、聚氯乙烯泡沫、聚氨酯泡沫等材料相比，在阻燃方面它具有特殊的优良性能。其重量轻，刚性大，尺寸稳定性好，耐化学腐蚀，耐热性好，难燃，自熄，低烟雾，耐火焰穿透，遇火无洒落物，价格低廉，缺点是脆性大，开孔率高，是电器、仪表、建筑、石油化工等行业较为理想的绝缘隔热保温材料，广泛应用于中央空调系统、轻质保温彩钢板、房屋隔热降能保温、化工管道的保温材料（尤其是深低温的保温）等领域。

b. 环氧树脂（EP）。环氧树脂的品种很多，按类型大致可分为以下四类：双酚A型环氧树脂、酚醛环氧树脂、脂环族环氧树脂及其他类型环氧树脂。其中双酚A型环氧树脂是最常用的一种。主要型号有E-42、E-44和E-51等。

环氧树脂强度较高、韧性较好、尺寸稳定性高和耐久性好，并具有优良的绝缘性能；

耐热、耐寒，可在－80～155℃温度范围内长期工作；化学稳定性很高，成型工艺性能好。

环氧树脂是很好的胶黏剂，对各种材料（金属及非金属）都有很强的胶黏能力。环氧树脂可用于制作塑料模具、精密量具，灌封电器和电子仪表装置，配制油船漆和罐头涂料等。

c. 呋喃树脂。呋喃树脂是以糠醛为基本原料制成的高分子材料的总称。它能耐强酸、强碱和有机溶剂腐蚀，并能适用于其中两种介质的结合或交替使用的场合。但呋喃树脂不耐强氧化性介质。其耐热可达 180～200℃，是现有耐热树脂中耐热性能最好的树脂之一。呋喃树脂的储存期比酚醛树脂长，在常温下储存 1～2 年时黏度变化仍不大。呋喃树脂具有良好的阻燃性，燃烧时发烟少。其缺点是固化工艺不如环氧树脂和不饱和树脂那样方便，为使其固化完全，一般需加热后处理。呋喃树脂可制成洗涤器、储槽和池子等设备，也可用于制作玻璃钢设备和管道，特别适用于农药、人造纤维、染料、纸浆和有机溶剂的回收，以及废水处理系统等工程，也可以用呋喃树脂作为衬砌耐酸砖板的胶泥以及耐蚀地坪。

d. 不饱和聚酯树脂（UP）。不饱和聚酯树脂一般是由不饱和二元酸、饱和二元酸和二元醇缩聚而成的线型聚合物。不饱和聚酯树脂主要特点是工艺性能优良，这是不饱和聚酯树脂最突出的优点。可在室温下固化成型，因而施工方便，特别适合于大型和现场制造玻璃钢制品，固化后的树脂综合性能良好。该树脂的力学性能略低于环氧树脂，但优于酚醛树脂和呋喃树脂；耐腐蚀性能优于环氧树脂，但固化时体积收缩率较大。

（2）橡胶。

1）橡胶的分类。橡胶是一种具有良好耐酸、耐碱性的高分子防腐蚀材料，广泛用于制造轮胎、软管、板材和棒材及多种零件（如减震、密封单件等），其品种繁多，性能各异。

通常将橡胶分为天然橡胶和合成橡胶两大类。

2）工程中常用橡胶制品。

①天然橡胶（NR）。天然橡胶具有优良的弹性、拉伸强度、伸长率、耐屈挠性、耐磨性、耐撕裂性和压缩永久变形性能，以及良好的电工绝缘性能；但耐油、耐候性、耐臭氧和氧的性能较差，收缩变形大，耐油性差，用于胶管、胶带、特种胶布，以及电线、电缆的保护外皮和铺地胶板等。

②丁基橡胶（IIR）。丁基橡胶耐候性好、耐臭氧、耐蒸汽、耐酸（碱）和氧化剂，还具有优良的绝缘性能，透气性极小。用于轮胎内胎、门窗密封条，以及磷酸酯液压油系统的零件、胶管、电线的绝缘层、胶布、减震阻尼器、耐热输送带和化工设备衬里等。

③氯丁橡胶（CR）。氯丁橡胶耐候性好，耐臭氧老化，有自熄性，耐油性良好，仅次于丁腈橡胶，拉伸强度、伸长率、弹性优良，与金属和织物的黏着性优良，但电绝缘性、储存稳定性差，使用温度为－35～13℃。用于重型电缆护套、耐油耐蚀胶管、胶带、化工容器衬里、电缆绝缘层和胶黏剂等。

④氟硅橡胶（MFQ）。氟硅橡胶耐油、耐化学品腐蚀，耐热、耐寒、耐辐射、耐高真空性能和耐老化性能优良；但强度较低，价格昂贵。使用温度为－65～250℃。用于燃料油、双酯润滑油和液压油系统的密封件。

（3）合成纤维。合成纤维的品种繁多，而且新的品种还在不断开发出现。但从性能、应用范围和技术成熟角度来看，目前国内外大量开发的主要有聚酰胺纤维、聚酯胺纤维及聚丙烯腈纤维三大类，这三类合成纤维的产量占合成纤维总量的90.0%以上。

合成纤维具有密度小、强度高、耐磨和不霉不腐等特点，一般用于高级缆绳、运输带，以及制作碳纤维和石墨纤维原料等。

三、复合材料

（一）复合材料组成、分类和特点

1. 复合材料的组成

复合材料中至少包括基体相和增强相两大类。基体相能起到黏结、保护增强相并把外加荷载造成的应力传递到增强相上去的作用，基体相可以由金属、树脂和陶瓷等构成，在承载时基体相承受应力作用的比例不大；增强相是主要承载相，并起着提高强度（或韧性）的作用，增强相的形态各异，有纤维状、细粒状和片状等。

2. 复合材料的分类

工程上开发应用较多的是纤维增强复合材料。通常有如下分类方法。

（1）按基体材料类型可分为有机材料基、无机非金属材料基和金属基复合材料三大类，如图1.1.1所示。

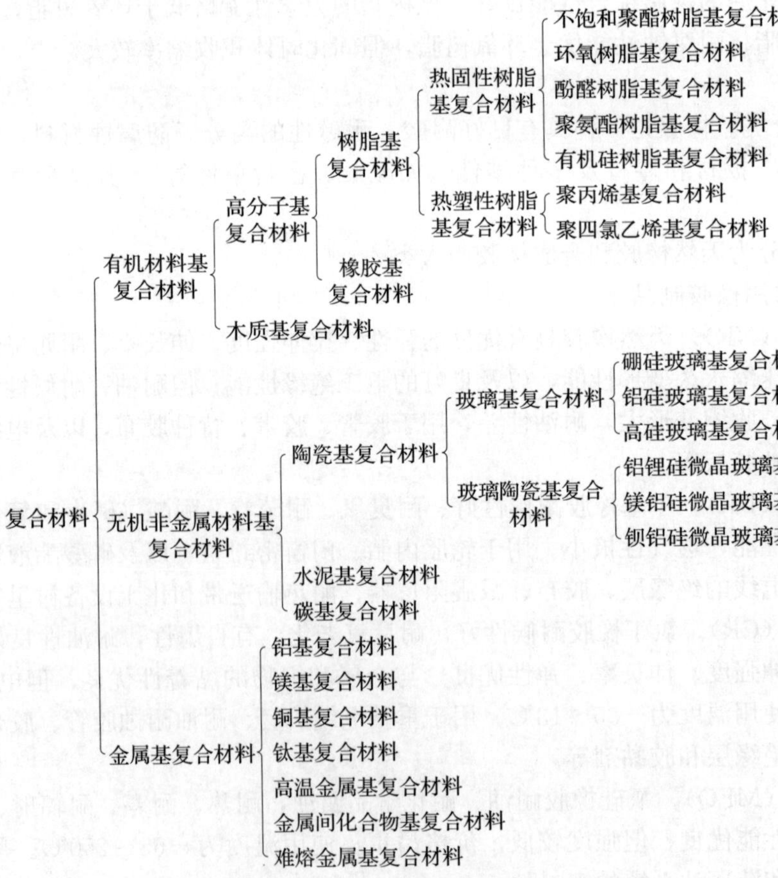

图1.1.1 复合材料按基体类型分类

（2）按增强体类型可分为颗粒增强型、纤维增强型和板状增强型复合材料三大类。

（3）按用途可分为结构复合材料与功能复合材料两大类。结构复合材料指以承受荷载为主要目的，作为受力结构使用的复合材料；功能复合材料指具有除力学性能以外其他物理性能的复合材料，即具有各种电学性能、磁学性能、光学性能、热学性能、声学性能、摩擦性能、阻尼性能，以及化学分离性能等的复合材料。

（4）按增强纤维类型分为碳纤维复合材料、玻璃纤维复合材料、有机纤维复合材料、复合纤维复合材料和混杂纤维复合材料等。

3. 复合材料的特点

与普通材料相比，复合材料具有许多特性，具体表现在：

（1）高比强度和高比模量。复合材料的突出优点是比强度和比模量高。如碳纤维增强树脂复合材料的比模量比钢和铝合金高五倍，其比强度也高三倍以上。

（2）耐疲劳性高。纤维复合材料，特别是树脂基复合材料对缺口、应力集中敏感性小，而且纤维和基体的界面可以使扩展裂纹尖端变钝或改变方向，即阻止了裂纹的迅速扩展，因而疲劳强度较高，碳纤维不饱和聚酯树脂复合材料疲劳极限可达其拉伸强度的70%～80%，而金属材料只有40%～50%。

（3）抗断裂能力强。纤维复合材料中有大量独立存在的纤维，一般每平方厘米有几千到几万根，由具有韧性的基体把它们结合成整体，当纤维复合材料构件由于超载或其他原因使少数纤维断裂时，荷载就会重新分配到其他未断裂的纤维上，使构件不至于在短时间内发生突然破坏。因此复合材料都具有比较高的抗断裂韧性。

（4）减振性能好。结构的自振频率与结构本身的质量和形状有关，并与材料比模量的平方根成正比。若材料的自振频率高，就可避免在工作状态下产生共振及由此引起的早期破坏。

（5）高温性能好，抗蠕变能力强。由于纤维材料在高温下仍能保持较高的强度，所以纤维增强复合材料，如碳纤维增强树脂复合材料的耐热性比树脂基体有明显提高。而金属基复合材料在耐热性方面更显示出其优越性，如铝合金的强度随温度的增加下降得很快，而用石英玻璃增强铝基复合材料，在500℃下能保持室温强度的40%。碳化硅纤维、氧化铝纤维与陶瓷复合，在空气中能耐1 200～1 400℃高温，要比所有超高温合金的耐热性高出100℃以上。

（6）耐腐蚀性好。很多种复合材料都能耐酸碱腐蚀，如玻璃纤维增强酚醛树脂复合材料，在含氯离子的酸性介质中能长期使用，可用来制造耐强酸、盐、酯和某些溶剂的化工管道、泵、阀、容器和搅拌器等设备。

（7）较优良的减摩性、耐磨性、自润滑性和耐蚀性。由于复合材料构件制造工艺简单，表现出良好的工艺性能，适合整体成型。在制造复合材料的同时也就获得了制品，从而减少了零部件、紧固件和接头的数目，并可节省原材料和工时。

（二）复合材料基体

（1）树脂基体。树脂基复合材料是复合材料中最主要的一类，通常称为增强塑料。常用的热塑性树脂主要有通用型和工程型树脂两类。前者仅能作为非结构材料使用，产量大、价格低，但性能一般，主要品种有聚氯乙烯、聚乙烯、聚丙烯和聚苯乙烯等。后者则可作为结构材料使用，通常在特殊的环境中使用。一般具有优良的机械性能、耐磨性能、尺寸稳定性、耐热性能和耐腐蚀性能。主要品种有聚酰胺、聚甲醛和聚苯醚等。

（2）金属基体。金属基复合材料主要有三类：颗粒增强、短纤维或晶须增强、连续纤维或薄片增强。多种金属及其合金可用作基体材料，按金属基体可分为铝基、钛基、镍基、镁基、耐热金属基等复合材料。铝合金由于密度低和优异的强度、韧性及抗腐蚀性能在许多工业领域得到了大量的应用；钛合金具有高比强度和高比模量，以及优良的抗氧化和抗腐蚀性能，使其成为一种理想的化工材料，钛合金可用于化工方面的喷气发动机（涡轮机和压气机叶片）和机身部件等；镁合金是另一类非常轻的材料，铸造镁合金可用于电子设备等；铜和铜合金主要用作电导体，它的导热性能优良，容易铸造和加工，铜在复合材料中的主要用途之一是作为铌基超导体的基体材料。

此外，还有金属间化合物，如镍铝化合物等。用金属间化合物作为基体材料可提高复合材料的韧性。

（3）陶瓷基体。制作陶瓷基复合材料的主要目的是增加韧性。适用于陶瓷基复合材料的基体材料主要有氧化物陶瓷基体（氧化铝陶瓷基体和氧化锆陶瓷基体等）。非氧化物陶瓷基体（氮化硅陶瓷基体、氮化铝陶瓷基体、碳化硅陶瓷基体及石英玻璃）。

（三）复合材料增强体

1. 纤维增强体

复合材料中的纤维增强体，不单指纤维束丝，还包括纺织布、带、毡等纤维制品。纤维增强体按其组成可以分为无机纤维增强体和有机纤维增强体两大类，无机纤维包括玻璃纤维、碳纤维、硼纤维及碳化硅纤维等；有机纤维包括芳纶、尼龙纤维和聚烯烃纤维等。按其性能可以分为高性能纤维增强体和一般纤维增强体两种，高性能纤维增强体是指具有超高强度和超高模量的各种纤维增强体，包括碳纤维、芳纶、全芳香族聚酯，以及其他具有伸直链结晶结构的纤维。一般纤维增强体是指强度不高，产量较大，来源较丰富的纤维，主要有玻璃纤维、石棉纤维、矿物纤维、棉纤维、亚麻纤维和合成纤维等。

在纤维增强体中，玻璃纤维是应用最为广泛的增强体。可作为树脂基或无机非金属基复合材料的增强材料，玻璃纤维具有成本低、不燃烧、耐热、耐化学腐蚀、拉伸强度和冲击强度高、断裂延伸率小、绝热性及绝缘性好等特点。

除上述纤维增强体外，金属纤维增强体、晶须增强体也被用作增强体。

2. 颗粒增强体

复合材料中的颗粒增强体按颗粒尺寸的大小可以分为两类，一类是颗粒尺寸在 0.1～1.0μm 以上的颗粒增强体，它们与金属基体或陶瓷基体复合的材料在耐磨性能、耐热性能及超硬性能方面都有很好的应用前景；另一类是颗粒尺寸在 0.01～0.10μm 范围内的微粒增强体，其强化机理与第一类不同，由于微粒对基体位错运动的阻碍而产生强化，属于弥散强化。

3. 片状增强体

片状增强体通常为长与宽尺度相近的薄片。片状增强体有天然、人造和在复合工艺过程中自身生长出来的三种类型。天然片状增强体的典型代表是云母，人造的片状增强体有玻璃、铝和银等。

（四）复合材料应用

（1）玻璃纤维增强聚酰胺复合材料的刚度、强度和减磨性好，可制造轴承、轴承架和齿轮等精密机械零件，还可以制造电工部件等。玻璃纤维增强聚丙烯复合材料的强度、耐热性和抗蠕变性能好，耐水性优良，可用来制造干燥器壳体等。

(2) 碳纤维增强酚醛树脂-聚四氟乙烯复合材料，常用作各种机器中的齿轮、轴承等受载磨损零件，活塞、密封圈等受摩擦件，也用作化工零件和容器等。碳纤维复合材料还可用于高温技术领域、化工和热核反应装置中。

(3) 石墨纤维增强铝基复合材料，可用于结构材料，制作涡轮发动机的压气叶片等。

(4) 合金纤维增强的镍基合金，用于制造涡轮叶片，在可承受较高工作温度的同时，还可大幅提高承载能力。

(5) 颗粒增强的铝基复合材料已在民用工业中得到应用。其主要优点是生产工艺简单，可以像生产一般金属零件那样进行生产，用该材料制造的发动机活塞使用寿命大幅提高。

(6) 塑料-钢复合材料。主要是由聚氯乙烯塑料膜与低碳钢板复合而成，有单面塑料复合材料和双面塑料复合材料两种。它综合了低碳钢的强度和塑料的美观、防腐和绝缘的特点。在一定范围内可以代替不锈钢和木材，其性能如下：

1) 化学稳定性好，耐酸、碱、油及醇类的侵蚀，耐水性也好；

2) 塑料与钢材间的剥离强度大于或等于 20MPa；

3) 深冲加工时不剥离，冷弯 120°不分离开裂（$d=0$）；

4) 绝缘性能和耐磨性能良好；

5) 具有低碳钢的冷加工性能；

6) 在−10～60℃可长期使用，短时间使用可耐 120℃。

(7) 塑料-青铜-钢材三层复合材料。塑料-青铜-钢材三层复合材料以低碳钢为基体，以多孔性青铜为中间层，以塑料为表面层的复合材料，具有较高的结合力，优于一般喷涂层和粘贴层。一旦塑料磨损并露出青铜层，也不至于严重磨损。它们适用于尺寸精度要求高、无油或少油润滑的轴承、垫片、球座、涡轮叶片轴承、各种机车车辆和矿山机械轴承等。

(8) 塑料-铝合金。塑料-铝合金的中间骨架层为薄壁铝管（板），内外层为 PE 或 PEX 塑料层，铝管（板）与塑料层之间采用与聚乙烯（交联聚乙烯）及铝合金均能亲和的热熔胶黏结。塑料-铝合金集中了铝合金和聚乙烯（交联聚乙烯）的优点。它耐压、抗破裂性能好、重量轻，具有一定的弹性、耐温性能好、防紫外线、抗热老化能力强、耐腐蚀性优异，常温下不溶于任何溶剂，且隔氧、隔磁、抗静电、抗音频干扰。

第二节　安装工程常用材料

一、型材、板材和管材

(一) 型材

型材是铁或钢及具有一定强度和韧性的材料（如塑料、铝、玻璃纤维等）通过轧制、挤出、铸造等工艺制成的具有一定几何形状的物体。常见有型钢、塑钢型材等。

普通型钢主要用于建筑结构，如桥梁、厂房结构，但个别也用于粗大的机械构件。

普通型钢可分为冷轧和热轧两种，其中热轧最为常用。按《热轧型钢》GB/T 706—2016 将热轧型钢分为工字钢、圆钢、扁钢、角钢和 H 型钢等。普通型钢截面如表 1.2.1 所示。

表 1.2.1 普通型钢截面示意表

型钢名称	断面形状	规格表示方法	型钢名称	断面形状	规格表示方法
圆钢	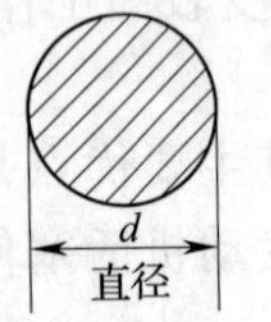	直径 d	扁钢	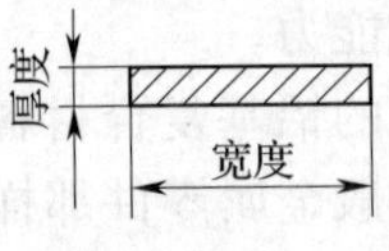	厚度×宽度
方钢	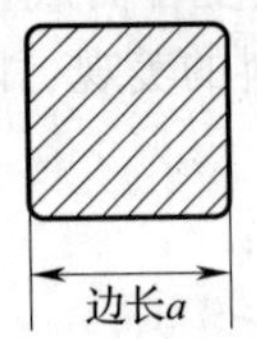	边长 a	六角钢 八角钢	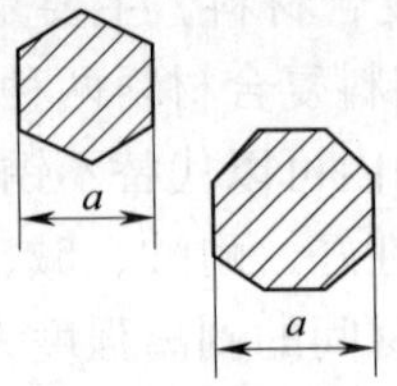	内切圆直径 a （即对边距离）
工字钢	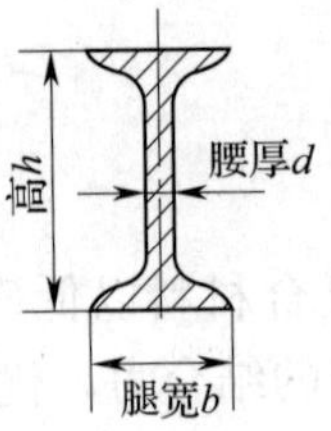	高×腿宽×腰厚 $h\times b\times d$	等边角钢	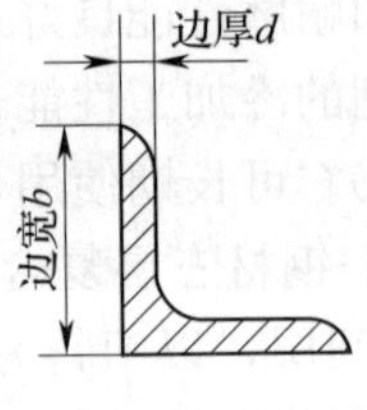	边宽×边宽×边厚 $b\times b\times d$
槽钢	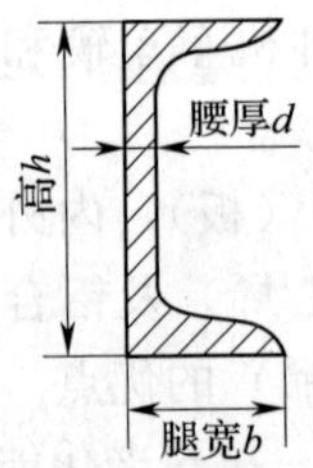	高×腿宽×腰厚 $h\times b\times d$	不等边 角钢	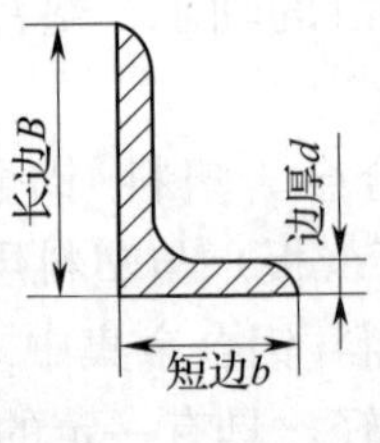	长边×短边×边厚 $B\times b\times d$

型材的规格以反映其断面形状的主要轮廓尺寸来表示，圆钢的规格以其直径（mm）来表示，六角钢的规格以其对边距离（mm）来表示，工字钢和槽钢的规格以其高×腿宽×腰厚（mm）来表示，扁钢的规格以厚度×宽度（mm）来表示。热轧型钢的标记方式通常为：

$$型钢名称\frac{型钢规格－型钢标准号}{原材牌号－原材标准号}$$

（二）板材

1. 钢板

在安装工程中金属薄板是应用较多的材料，如制作风管、气柜、水箱及维护结构。普通钢板（黑铁皮）、镀锌钢板（白铁皮）、塑料复合钢板和不锈耐酸钢板等为常用钢板。普通钢板具有良好的加工性能，结构强度较高，且价格便宜，应用广泛。常用厚度为0.5～1.5mm的薄板制作风管及机器外壳防护罩等，厚度为2.0～4.0mm的薄板可制作空调机箱、水箱和气柜等。空调、超净等防尘要求较高的通风系统，一般采用镀锌钢板和塑料复合钢板。镀锌钢板表面有保护层起防锈作用，一般不再刷防锈漆。

根据《碳素结构钢》GB/T 700—2019和《冷轧钢板和钢带的尺寸、外形、重量及允许偏差》GB/T 708—2006的规定，钢板按轧制方式分为热轧钢板和冷轧钢板。钢板规格表示方法为宽度×厚度×长度（mm）。钢板分厚板（厚度＞4mm）和薄板（厚度≤4mm）两种。

（1）厚钢板。厚钢板的厚度一般为4.6～60mm，宽度一般为600～3 000mm，长度一般为1 200～12 000mm。

厚钢板按钢的质量可分为普通钢厚钢板、优质钢厚钢板和复合钢厚钢板。普通钢厚钢板以普通钢为原料热轧而成，多用于容器、桥梁、建筑结构、设备外壳及设备维修等。优质厚钢板主要是优质碳素结构钢厚板和不锈耐酸钢厚钢板等。优质碳素结构钢厚钢板是用优质碳素结构钢热轧而成；不锈耐酸钢是用合金结构钢1Cr13、2Cr13等热轧而成，不锈耐酸钢板主要用于化工高温环境下的耐腐蚀通风系统。复合钢厚钢板是由不同钢号的表层钢板和心部钢板复合而成。

（2）薄钢板。薄钢板按钢的质量可以分为普通薄钢板和优质薄钢板；按生产方法可分为热轧薄钢板和冷轧薄钢板。

热轧薄钢板的规格：厚度为0.35～4mm，宽度为500～1 500mm，长度为500～4 000mm。

冷轧薄钢板的规格：厚度为0.2～4.0mm，宽度为500～1 500mm，长度为500～12 000mm。

（3）钢带。钢带按钢的质量分为优质和普通两类，按轧制方法分为热轧和冷轧两类。

热轧钢带的厚度为2.0～6.0mm、宽度为20～300mm，其长度规定为厚度2.0～4.0mm的钢带，其长度大于6.0m；厚度为4.0～6.0mm的钢带，其长度大于4.0m。冷轧普通钢带的分类比较复杂，它是按照制造精度、表面状态和边缘状态等进行分类，并以一定代号表示。

钢带可用普通碳素钢、碳素结构钢、弹簧钢、工具钢和不锈钢等钢种制造，大多成卷供应，广泛应用于制造焊缝钢管、弹簧、锯条、刀片和电缆外壳等。

（4）硅钢片。硅钢是含硅量0.5％～4.8％的铁硅合金。电工用硅钢常轧制成标准尺寸的大张板材或带材使用，俗称硅钢片，广泛用于电动机、发电机、变压器、电磁机构、继电器电子器件及测量仪表中。

硅钢片分热轧、冷轧两种，使用较多的是冷轧硅钢片。

1）热轧硅钢片。热轧硅钢片是将Fe－Si合金用平炉或电炉熔融，进行反复热轧成薄板，最后在800～850℃退火后制成。热轧硅钢片主要用于发电机的制造，故又称热轧电机硅钢片，但其可利用率低，能量损耗大，属淘汰产品。

2）冷轧硅钢片。

①冷轧无取向硅钢片。冷轧无取向硅钢片最主要的用途是用于发电机制造，故又称冷

轧电机硅钢。其含硅量0.5%～3.0%。与热轧硅钢片相比，其厚度均匀，尺寸精度高，表面光滑平整，从而提高了填充系数和材料的磁性能。

②冷轧取向硅钢片。冷轧取向硅钢片最主要的用途是用于变压器制造，所以又称冷轧变压器硅钢。与冷轧无取向硅钢相比，取向硅钢的磁性具有强烈的方向性；在易磁化的轧制方向上具有优越的高磁导率与低损耗特性。取向钢带在轧制方向的铁损仅为横向的1/3，磁导率之比为6∶1，其铁损约为热轧带的1/2，磁导率为后者的2.5倍。

2. 铝合金板

铝合金板延展性能好，适宜咬口连接、耐腐蚀，且具有传热性能良好，在摩擦时不易产生火花的特性，所以铝合金板常用于防爆的通风系统。

3. 塑料复合钢板

塑料复合钢板是在普通薄钢板表面喷涂一层厚度为0.2～0.4mm且具有较好耐腐蚀性的涂料，在保证强度的同时增加耐腐蚀性，故在建筑工程中应用广泛。

（三）管材

1. 金属管材

（1）无缝钢管。无缝钢管可以用普通碳素钢、普通低合金钢、优质碳素结构钢、优质合金钢和不锈钢制成。无缝钢管是用一定尺寸的钢坯经过穿孔机、热轧或冷拔等工序制成的中空而横截面封闭的无焊接缝的钢管。所以无缝钢管比焊缝钢管有较高的强度，一般能承受3.2～7.0MPa的压力。

1）一般无缝钢管。主要适用于高压供热系统和高层建筑的冷、热水管和蒸汽管以及各种机械零件的坯料，通常压力在0.6MPa以上的管路都应采用无缝钢管。由于用途不同，所以钢管所承受的压力也不同，要求管壁的厚度差别也很大，无缝钢管的规格是用外径×壁厚来表示。

2）锅炉及过热器用无缝钢管。其外径和壁厚尺寸应符合《低中压锅炉用无缝钢管》GB/T 3087—2008和《高压锅炉用无缝钢管》GB/T 5310—2017的规定。如用10#或20#优质碳素结构钢制造的无缝钢管，工作温度小于或等于450℃，工作压力小于或等于2.5MPa，多用于过热蒸汽和高温高压热水管。热轧无缝钢管通常长度为3.0～12.0m，冷拔无缝钢管通常长度为3.0～10.0m。

锅炉用高压无缝钢管是用优质碳素钢和合金钢制造，可以耐高压和超高压。用于制造锅炉设备与高压超高压管道，也可用来输送高温、高压气、水等介质或高温高压含氢介质。

3）不锈钢无缝钢管。不锈钢无缝钢管主要用于化工、石油和机械用管道的防腐蚀部位，以及输送强腐蚀性介质、低温或高温介质以及纯度要求很高的其他介质。

（2）焊接钢管。焊接钢管分为焊接钢管（黑铁管）和镀锌钢管（白铁管）。按焊缝的形状可分为直缝钢管、螺纹缝钢管和双层卷焊钢管；按其用途不同又可分为水、煤气输送钢管；按其壁厚分薄壁管和加厚管等。

1）直缝电焊钢管。按材料状态分为软状态钢管（R）和低硬状态钢管（DY）。直缝电焊钢管主要用于输送水、暖气和煤气等低压流体和制作结构零件等。电线套管是用易焊接的软钢制造的，它是保护电线用的薄壁焊接钢管。直径5.0～150mm的直缝电焊钢管，主要用途是做各种结构零件（如变压器管）和输送液体管道。

2）螺旋缝钢管。按照生产方法可以分为单面螺旋缝焊管和双面螺旋缝焊管两种。单面螺旋缝焊管用于输送水等一般用途，双面螺旋焊管用于输送石油和天然气等特殊用途。

3）双层卷焊钢管。双层卷焊钢管是用优质冷轧钢带经双面镀铜，纵剪分条、卷制缠绕后在还原气氛中钎焊而成，它具有高的爆破强度和内表面清洁度，有良好的耐疲劳抗震性能。双层卷焊钢管适于冷冻设备、电热电器工业中的刹车管、燃料管、润滑油管、加热器或冷却器管等。

焊接钢管内、外表面的焊缝应平直光滑，符合强度要求，焊缝不得有开裂现象。镀锌钢管的镀锌层应完整、均匀。两头带有螺纹的焊接钢管及镀锌钢管的长度一般为 4.0～9.0m，带一个管接头（管箍）无螺纹的焊接钢管长度一般为 4.0～12.0m。焊接钢管和镀锌钢管的最大直径为 150.0mm。按照《低压流体输送用焊接钢管》GB/T 3091—2015 的规定，钢管的理论重量（钢的密度为 7.85g/cm^3）按下式计算：

$$W = 0.0246615 \times (D - t) \times t \tag{1.2.1}$$

式中：W——钢管的单位长度理论重量（kg/m）；

D——钢管的外径（mm）；

t——钢管的壁厚（mm）。

（3）合金钢管。合金钢管用于各种锅炉耐热管道和过热器管道等。合金钢强度高，在同等条件下采用合金钢管可达到节省钢材的目的。耐热合金钢管具有强度高、耐热的优点。其规格范围公称直径为 15.0～500.0mm，适应温度范围为－40～570℃。几种常用的高温耐热合金钢管的钢号有 0Cr2Ni80、1Cr25Ni20Si2、2Cr28Ni12NRe、3Cr28Ni48W5 等。但合金钢管的焊接都有特殊的工艺要求，焊后要对焊口部位采取热处理。

（4）铸铁管。按其制造方法可分为砂型离心承插直管、连续铸铁直管及砂型铁管，按其所用的材质不同可分为灰口铸铁管、球墨铸铁管及高硅铸铁管，按其用途可分为给水铸铁管、水及煤气输送铸铁管、排水铸铁管等。

1）给水铸铁管。给水铸铁管是采用 18 号以上的铸造铁水经添加球化剂后，经过离心球墨铸铁机高速离心铸造而成的管道。球墨铸铁管具有防腐性能优异、延展性能好、密封效果可靠、安装简易等特点，主要用于市政、工矿企业给水、输气、输油等，是给水管材的首选，具有很高的性价比。

2）砂型离心铸铁直管。砂型离心铸铁直管材质为灰口铸铁，适用于水及煤气等压力流体的输送。

3）连续铸铁直管。连续铸铁直管为连续铸造的灰口铸铁管，适用于水及煤气等压力流体的输送。

4）排水铸铁管。铸铁排水管材可以分为直管、管件、辅件，按材质分为球墨铸铁排水管，灰口铸铁排水管。

灰口铸铁管的公称直径为 75～1 200mm。直管长度有 4m、5m 和 6m；按壁厚不同分 LA、A 和 B 三级。砂型离心灰口铸铁管的公称直径为 200～1 000mm，有效长度有 5m 和 6m；按壁厚不同分 P、G 两级。特点为强度大、韧性好、管壁薄、金属用量少、能承受较高的压力。

球墨铸铁管的公称直径为 80～2 200mm，与灰口铸铁管相比，强度大、韧性好、管壁薄、金属用量少、能承受较高的压力，有效长度有 5m、6m 和 8m；按壁厚不同分 P、G 两级，是铸铁管材的发展方向。

铸铁排水管按接口形式可分为W型柔性铸铁排水管、B型柔性铸铁排水管、A型柔性铸铁排水管。W型柔性铸铁排水管是我国常用的连接方式，具有径向尺寸小（无法兰盘）、便于布置、节省空间、长度可以在现场按需套裁、节省管材、拆装方便、便于维修更换等优点。除具有连接的可曲挠性和抗震性能良好的特点外，还具有可同步施工、管材利用率高、便于管道清通、减少水压试验次数、缩短工期、提高经济效益的特点。

5）连接方法。铸铁管的连接一般采用承插式或法兰盘式接口形式。按功能又可分为柔性接口和刚性接口两种。柔性接口用橡胶圈密封，允许有一定限度的转角和位移，因而具有良好的抗震性和密封性，比刚性接口安装简便快速。

（5）有色金属管。有色金属管通常用外径×壁厚来表示。不同材质有色金属管分述如下：

1）铅及铅合金管。铅管分为纯铅管和合金铅管两种，纯铅管也称为软铅管，牌号为Pb2、Pb3等；合金铅管也称硬铅管，常用的牌号为PbSb0.5、PbSb2、PbSb4等。

铅管在化工、医药等方面使用较多，其耐蚀性能强，用于输送15%～65%的硫酸、二氧化硫、60%氢氟酸、浓度小于80%的醋酸，但不能输送硝酸、次氯酸、高锰酸钾和盐酸。铅管最高工作温度为200℃，当温度高于140℃时，不宜在压力下使用。铅管的机械性能不高，但自重大，是金属管材中最重的一种。

2）铜及铜合金管。铜管分为紫铜管和黄铜管两种，紫铜管的牌号有T2、T3、T4和TUP等，黄铜管的牌号有H62、H68等。铜管的导热性能良好，适用工作温度在250℃以下，多用于制造换热器、压缩机输油管、低温管道、自控仪表以及保温伴热管和氧气管道等。

3）铝及铝合金管。铝管多用于耐腐蚀性介质管道，食品卫生管道及有特殊要求的管道。铝管输送的介质操作温度在200℃以下，当温度高于160℃时，不宜在压力下使用。铝管分为纯铝管L2、L6和防锈铝合金管LF2、LF6。铝管的特点是重量轻，不生锈，但机械强度较低，不能承受较高的压力，铝管常用于输送浓硝酸、醋酸、脂肪酸、过氧化氢等液体及硫化氢、二氧化碳气体。它不耐碱及含氯离子的化合物，如盐水和盐酸等介质。

4）钛及钛合金管。根据《钛及钛合金无缝管》GB/T 3624—2010牌号有TA1、TA2、TA3等，产品标记按名称、牌号、状态、规格、标准编号的顺序。如某管牌号为TA2M ϕ30×1.5×3 500，表示该管为按标准生产的TA2无缝管，退火状态，外径为30mm，壁厚为1.5mm，长度为3 500mm。钛管具有重量轻、强度高、耐腐蚀性强和耐低温等特点，常被用于其他管材无法胜任的工艺部位，如输送强酸、强碱及其他材质管道不能输送的介质。钛管虽然具有许多优点，但因价格昂贵，焊接难度大，所以没有被广泛采用。

2. 非金属管材

（1）混凝土管。混凝土管有预应力钢筋混凝土管和自应力钢筋混凝土管两种。主要用于输水管道，管道连接采取承插接口，用圆形截面橡胶圈密封。预应力钢筋混凝土管规格范围为内径400～1 400mm，适用压力范围为0.4～1.2MPa。自应力钢筋混凝土管，其规格范围为内径100～600mm，适用压力范围为0.4～1.0MPa。钢筋混凝土管可以代替铸铁管和钢管，输送低压给水和气等。另外还有混凝土排水管，包括素混凝土管和轻、重型钢筋混凝土管，主要用于输送水。

（2）陶瓷管。陶瓷管分为陶瓷复合管、普通陶瓷管、耐酸陶瓷管三种。一般都是承插接口。普通陶瓷管的规格范围为内径100～300mm；耐酸陶瓷管的规格范围为内径25～

800mm；陶瓷复合管的规格范围为公称直径 50～600mm。

普通陶瓷管多用于建筑工程室外排水管道。耐酸陶瓷管用于化工和石油工业输送酸性介质的工艺管道，以及工业中蓄电池间酸性溶液的排水管道等。耐酸陶瓷管耐腐蚀，用于输送除氢氟酸、热磷酸和强碱以外的各种浓度的无机酸和有机溶剂等介质。

(3) 玻璃管。玻璃管具有表面光滑，不易挂料，输送流体时阻力小，耐磨且价格低廉，并具有保持产品高纯度和便于观察生产过程等特点。玻璃管一般分为普通玻璃管、化工玻璃管、中性硼硅玻璃管、高硼硅玻璃管四种。普通玻璃管主要用于实验室试验；中性硼硅玻璃管是高端药物用包材，化学稳定性和热稳定性好。化工玻璃管由热稳定性和耐腐蚀性良好的硼玻璃制成，其透明、易于清洗、流动阻力小、价格低廉，但耐压力低，容易破坏，适用温度－30～130℃、温度急变不超过 80℃的场合；高硼硅玻璃管耐酸耐碱性强，抗腐蚀性能优越，热稳定性、化学稳定性和电学性能良好，故具有抗化学侵蚀性、抗热冲击性，以及机械性能优异和承受高温等特性。

(4) 石墨管。石墨管热稳定性好，能导热、线膨胀系数小，不污染介质，能保证产品纯度，抗腐蚀，具有良好的耐酸性和耐碱性，主要用于高温耐腐蚀生产环境中。

(5) 铸石管。铸石管的特点是耐磨、耐腐蚀，具有很高的抗压强度。多用于承受各种强烈磨损、强酸和碱腐蚀的地方。

(6) 橡胶管。橡胶具有较好的物理机械性能和耐腐蚀性能。根据用途不同可分为输水胶管、耐热胶管、耐酸碱胶管、耐油胶管和专用胶管（氧乙炔焊接专用管等）。

(7) 塑料管。塑料管具有重量轻、耐腐蚀、易成型和施工方便等特点。常用的塑料管有聚氯乙烯（PVC）管、硬聚氯乙烯（UPVC）管、氯化聚氯乙烯（CPVC）管、聚乙烯（PE）管、超高分子量聚乙烯（UHMWPE）管、交联聚乙烯（PEX）管、聚丙烯（PP）管、聚丁烯（PB）管、工程塑料（ABS）管和耐酸酚醛塑料管等。

聚氯乙烯（PVC）管具有抗腐蚀性强、易于粘接、价格低廉、质地坚硬等优点，适用于输送温度不超过 45℃的给水系统。被广泛应用于排水、废水处理、化学品输送、食品加工、气体输送等领域。PVC 管材主要有 UPVC 和 CPVC。

1) 硬聚氯乙烯（UPVC）管。硬聚氯乙烯管分轻型管和重型管两种，其直径范围为 8.0～200.0mm。硬聚氯乙烯管具有耐腐蚀性强、重量轻、绝热、绝缘性能好和易加工安装等特点。可输送多种酸、碱、盐和有机溶剂。使用温度范围为－10～40℃，最高温度不能超过 60℃。使用的压力范围为轻型管在 0.6MPa 以下，重型管在 1.0MPa 以下，硬聚氯乙烯管使用寿命较短。

硬聚氯乙烯管材的安装采用承插焊（粘）接、法兰、丝扣和热熔焊接等方法。

2) 氯化聚氯乙烯（CPVC）管。氯化聚氯乙烯冷热水管道是新型的输水管道。该管与其他塑料管材相比具有刚性高、耐腐蚀、阻燃性能好、导热性能低、热膨胀系数低及安装方便等特点。

3) 聚乙烯（PE）管。PE 管材无毒、重量轻、韧性好、可盘绕，耐腐蚀，在常温下不溶于任何溶剂，低温性能、抗冲击性和耐久性均比聚氯乙烯好。目前 PE 管主要应用于饮用水管、雨水管、气体管道、工业耐腐蚀管道等领域。PE 管强度较低，一般适宜于压力较低的工作环境，且耐热性能不好，不能作为热水管使用。

4) 超高分子量聚乙烯（UHMWPE）管。是指分子量在 150 万以上的线型结构 PE

（普通 PE 的分子量仅为 2 万～30 万）。UHMWPE 管的许多性能是普通塑料管无法相比的，耐磨性为塑料之冠，断裂伸长率可达 410%～470%，管材柔性、抗冲击性能优良，低温下能保持优异的冲击强度，抗冻性及抗震性好，摩擦系数小，具有自润滑性，耐化学腐蚀，热性能优异，可在－169～110℃下长期使用，适合于寒冷地区。UHMWPE 管适用于输送散物料、输送浆体、冷热水、气体等。

5）交联聚乙烯（PEX）管。在普通聚乙烯原料中加入硅烷接枝料，使塑料大分子链从线性分子结构转变成三维立体交联网状结构。PEX 管耐温范围广（－70～110℃）、耐压、化学性能稳定、抗蠕变强度高、重量轻、流体阻力小、能够任意弯曲安装简便、使用寿命长可达 50 年之久，且无味、无毒。PEX 管适用于建筑冷热水管道、供暖管道、雨水管道、燃气管道以及工业用的管道等。

6）聚丙烯（PP）管。PP 管材无毒，价廉，但抗冲击性差。通过共聚合的方法使聚丙烯改性，可提高管材的抗冲击强度等性能。改性聚丙烯管有三种，即均聚聚丙烯（PP－H）管、嵌段共聚聚丙烯（PP－B）管、无规共聚聚丙烯（PP－R）管。PP－R 管是第三代改性聚丙烯管。PP－R 管是最轻的热塑性塑料管，相对聚氯乙烯管、聚乙烯管来说，PP－R 管具有较高的强度，较好的耐热性，最高工作温度可达 95℃，在 1.0MPa 下长期（50 年）使用温度可达 70℃，另外 PP－R 管无毒、耐化学腐蚀，在常温下无任何溶剂能溶解，目前它被广泛地用在冷热水供应系统中。但其低温脆化温度仅为－15～0℃，在北方地区其应用受到一定限制。每段长度有限，且不能弯曲施工。

7）聚丁烯（PB）管。PB 管具有很高的耐久性、化学稳定性和可塑性，重量轻，柔韧性好，用于压力管道时耐高温特性尤为突出（－30～100℃），抗腐蚀性能好、可冷弯、使用安装维修方便、寿命长（可达 50～100 年），适于输送热水。但紫外线照射会导致老化，易受有机溶剂侵蚀。聚丁烯管可采用热熔连接。小口径管也可采用螺纹连接。

8）工程塑料（ABS）管。ABS 管是丙烯腈、丁二烯、苯乙烯三种单体共聚物组成的热塑性塑料管，具有质优耐用的特性。其中，丙烯腈具有耐热性、抗老性、耐化学性；丁二烯具有耐撞击性、高坚韧性、低温性能好的特点；苯乙烯具有施工容易及管面光滑之特性。工程塑料管用于输送饮用水、生活用水、污水、雨水，以及化工、食品、医药工程中的各种介质。目前还广泛用于中央空调、纯水制备和水处理系统中的各用水管道，但该管道对于流体介质温度一般要求小于 60℃。

9）耐酸酚醛塑料管。耐酸酚醛塑料是一种具有良好耐腐蚀性和热稳定性的非金属材料，是用热固性酚醛树脂为黏合剂，耐酸材料如石棉、石墨等作填料制成。耐酸酚醛塑料管用于输送除氧化性酸（如硝酸）及碱以外的大部分酸类和有机溶剂等介质，特别能耐盐酸、低浓度和中等浓度硫酸的腐蚀。

3. 复合材料管材

（1）铝塑复合管。铝塑复合管是中间为一层焊接铝合金，内外各一层聚乙烯，经胶合层黏结而成的三层管子，具有聚乙烯塑料管耐腐蚀和金属管耐高压的优点，采用卡套式铜配件连结。铝塑复合管按聚乙烯材料不同分为两种：适用于热水的交联聚乙烯铝塑复合管和适用于冷水的高密度聚乙烯铝塑复合管。目前铝塑复合管常用的规格是直径为 16mm、20mm、25mm 的管道，主要用于建筑内配水支管和热水器管。

（2）钢塑复合管。钢塑复合管是由镀锌管内壁复合 UPVC 塑料而成，因而同时具有钢管和塑料管材的优越性。规格为外径×壁厚，其范围为 DN15mm×1.8mm～DN150mm×4.5mm，以铜配件丝扣连结，使用水温为50℃以下，多用作建筑给水冷水管。

（3）钢骨架聚乙烯管。钢骨架聚乙烯管是在聚乙烯芯管上交叉缠绕经过热熔胶涂覆的高强度钢丝，并挤出一层高强度热熔胶，形成增强层，外层包覆聚乙烯保护套的一种新型复合管材。该管耐压等级高，壁管可承压（10～35MPa）；该管具有较强的耐酸、碱、盐等化学介质的腐蚀，有良好的刚性、耐冲击性能、柔韧性，无毒，可承压（10～35MPa），使用寿命可达50年以上的特点。在同等温度下，强度下降幅度比聚乙烯管低100%以上；重量在同等压力等级下，比同等规格的实壁管轻；无毒，解决了饮用水二次污染问题；该管刚性、耐冲击性能良好，安装使用时不怕碰撞，又有良好的柔韧性，可随地势起伏布置；使用寿命可达50年以上。另外，钢骨架聚乙烯管在埋设地下后可用普通磁性控测设备查找定位，避免受其他工程施工时的破坏。根据《给水用钢骨架聚乙烯塑料复合管》CJ/T 123—2016，该管规格按公称压力分为PN1.0、PN1.6、PN2.0、PN2.5四个等级，公称内径范围为50～600mm，管长分为6m、8m、10m和12m，连接方式为承插连接或法兰连接。

（4）涂塑钢管是采用改性聚乙烯进行热浸塑或环氧树脂进行钢管内外涂覆的管道。它具有优良的耐腐蚀性能、电气绝缘性，机械强度高，吸水率低，摩擦系数小，耐水流冲击的特点，设计寿命可达50年。主要缺点是安装时不得进行弯曲、热加工和电焊切割等作业。根据《给水涂塑复合钢管》CJ/T 120—2016，管径公称尺寸为15～2 000mm，定尺长度宜为6～12m，使用环境温度一般为－30～120℃，法兰连接。聚乙烯涂塑钢管广泛应用于石油、化工、天然气、城市给水排水等领域；环氧树脂涂塑钢管适用于给排水、海水、温水、油、气体等介质的输送，聚氯乙烯涂塑钢管适用于排水、海水、油、气体等介质的输送。

（5）玻璃钢管采用合成树脂与玻璃纤维材料，使用模具复合制造而成。玻璃钢管具有较强的耐酸、碱气体腐蚀性能，内表面光滑、坚固耐用、重量轻、输送能耗低、使用寿命50年以上、运输安装方便、维护成本低及综合造价低等诸多优势，在石油、电力、化工、造纸、城市给排水、工厂污水处理、海水淡化、煤气输送等行业广泛应用。在工业生产中，常用于输送潮湿和酸、碱等腐蚀性气体的通风系统。玻璃钢管的标准有效长度为6m和12m，压力等级PN有0.1MPa、0.6MPa、1.0MPa、1.6MPa、2.0MPa、2.5MPa，刚度级SN有1 250N/m^2、2 500N/m^2、5 000N/m^2、10 000N/m^2。

（6）UPVC/FRP复合管。UPVC/FRP复合管是由UVPC（硬聚氯乙烯）薄壁管作内衬层，外用高强度FRP纤维缠绕多层呈网状结构作增强层，通过界面黏合剂，经过特定机械缠绕制造而成。性能集UPVC耐腐蚀和FRP强度高、耐温性好的优点能在小于80℃时耐一定压力。产品用于油田、化工、机械、冶金、轻工、电力等行业。

（7）陶瓷钢管。陶瓷钢管是一种使陶瓷和金属有机结合起来形成的复合管材，具有优异的耐磨、耐蚀、耐热和抗热冲击及抗机械冲击性能，主要用于电厂煤粉、灰渣、矿山矿粉、尾矿、回填料，以及煤矿和选矿厂的煤、焦化厂焦粒、烧结厂物料的输送，寿命比普通钢管高15倍以上，也可用于铝液、腐蚀介质的输送。

二、焊接材料

（一）手工电弧焊焊接材料

1. 焊条的组成

焊条就是涂有药皮的供电弧焊使用的熔化电极。它是由焊芯和药皮两部分组成。

（1）焊芯。焊条中被药皮包覆的金属芯称为焊芯。焊接时，焊芯有两个作用：一是传导焊接电流，产生电弧把电能转换成热能；二是焊芯本身熔化为填充金属与母材金属熔合形成焊缝。

焊条焊接，焊芯金属成为焊缝金属的一部分，所以焊芯的化学成分直接影响焊缝的质量。因此，作为焊芯用的钢丝都单独规定了它的牌号与成分。如果用于埋弧自动焊、电渣焊、气体保护焊和气焊等熔焊方法作填充金属时，则称为焊丝。

焊芯的分类是根据国家标准《非合金钢及细晶粒钢焊条》GB/T 5117—2012、《热强钢焊条》GB/T 5118—2012 和《不锈钢焊条》GB/T 983—2012 的规定分类的，用于焊接的焊丝可分为非合金钢及细晶粒钢焊丝、热强钢焊丝和不锈钢焊丝三类。

（2）药皮。压涂在焊芯表面的涂层称为药皮。药皮是由各种矿物类、铁合金、有机物和化工产品（水玻璃类）原料组成。焊条药皮的组成成分相当复杂，一种焊条药皮的配方中组成物有七八种之多。药皮在焊接过程中起着极为重要的作用。若采用无药皮的光焊条焊接，则在焊接过程中，空气中的氧和氮会大量侵入熔化金属，将金属铁和有益元素碳、硅、锰等氧化和氮化，并形成各种氧化物和氮化物残留在焊缝中，造成焊缝夹渣或裂纹。而熔入熔池中的气体可能使焊缝产生大量气孔，这些因素都能使焊缝的力学性能（强度、冲击值等）大幅降低，同时使焊缝变脆。此外，采用光焊条焊接，电弧很不稳定，飞溅严重，焊缝成形很差。在光焊条外面涂一层由各种矿物等组成的药皮，能使电弧燃烧稳定，焊缝质量得到提高。

药皮虽然具有机械保护作用，但液态金属仍不可避免地受到少量空气侵入并氧化，此外，药皮中某些物质受电弧高温作用而分解放出氧，使液态金属中的合金元素烧毁，导致焊缝质量降低。因此在药皮中要加入一些还原剂，使氧化物还原，以保证焊缝质量。还可以在焊条药皮中加入铁合金或其他合金元素，使之随着药皮的熔化而过渡到焊缝金属中去，以弥补合金元素烧损和提高焊缝金属的力学性能。此外，药皮还可改善焊接工艺性能使电弧稳定燃烧、飞溅少、焊缝成形好、易脱渣和熔敷效率高。

总之，药皮的作用是保证被焊接金属获得具有符合要求的化学成分和力学性能，并使焊条具有良好的焊接工艺性能。

2. 焊条的分类

焊条可按用途和熔渣特性进行分类。

（1）按焊条的用途分类。

1）非合金钢及细晶粒钢焊条和热强钢焊条（简称结构钢焊条）。这类焊条的熔敷金属在自然气候环境中具有一定的力学性能。

2）不锈钢焊条。这类焊条的熔敷金属在常温、高温或低温中，具有不同程度的抗大气或抗腐蚀性介质腐蚀的能力和一定的力学性能。

3）堆焊焊条。这类焊条是用于金属表面堆焊的焊条，其熔敷金属在常温或高温中具有一定程度的耐不同类型磨耗或腐蚀等性能。

4）低温钢焊条。这类焊条的熔敷金属在不同的低温介质条件下，具有一定的低温工作能力。

5）铸铁焊条。这类焊条是指专用作焊补或焊接铸铁的焊条。

6）镍及镍合金焊条。这类焊条用于镍和镍合金的焊接、焊补或堆焊。

7）铜及铜合金焊条。这类焊条用于铜及铜合金的焊接、焊补或堆焊。

8）铝及铝合金焊条。这类焊条用于铝及铝合金的焊接、焊补或堆焊。

（2）按焊条药皮熔化后的熔渣特性分类。

1）酸性焊条。其熔渣的成分主要是酸性氧化物（SiO_2、TiO_2、Fe_2O_3）及其他在焊接时易放出氧的物质，药皮里的造气剂为有机物，焊接时产生保护气体。

酸性焊条药皮中含有多种氧化物，具有较强的氧化性，促使合金元素氧化；同时电弧气中的氧电离后形成负离子与氢离子有很强的亲和力，生成氢氧根离子，从而防止氢离子溶入液态金属里，所以这类焊条对铁锈、水分不敏感，焊缝很少产生由氢引起的气孔。但酸性熔渣脱氧不完全，也不能有效地清除焊缝的硫、磷等杂质，故焊缝的金属的力学性能较低，一般用于焊接低碳钢和不太重要的碳钢结构。

2）碱性焊条。其熔渣的主要成分是碱性氧化物（如大理石、萤石等），并含有较多的铁合金作为脱氧剂和合金剂，焊接时大理石分解产生的二氧化碳气体作为保护气体。由于焊条的脱氧性能好，合金元素烧损少，焊缝金属合金化效果较好。但由于电弧中含氧量低，如遇焊件或焊条存在铁锈和水分时，容易出现氢气孔。在药皮中加入一定量的萤石，在焊接过程中与氢化合生成氟化氢，具有去氢作用。但是萤石不利于电弧的稳定，必须采用直流反极性进行焊接。若在药皮中加入稳定电弧的组成物碳酸钾（K_2CO_3）等，便可使用交流电源。

碱性焊条的熔渣脱氧较完全，又能有效地消除焊缝金属中的硫，合金元素烧损少，所以焊缝金属的力学性能和抗裂性均较好，可用于合金钢和重要碳钢结构的焊接。

3. 焊条型号

（1）非合金钢及细晶粒钢焊条型号。根据《非合金钢及细晶粒钢焊条》GB/T 5117—2012 的规定，非合金钢及细晶粒钢焊条型号根据熔敷金属的力学性能、药皮类型、焊接位置、焊接电流类型和熔敷金属化学成分和焊后状态来确定。字母“E”表示焊条；前两位数字表示熔敷金属抗拉强度的最小值；第三位数字表示焊条的焊接位置，“0”及“1”表示焊条适用于全位置焊接（平焊、立焊、仰焊、横焊），“2”表示焊条适用于平焊及平角焊，“4”表示焊条适用于向下立焊；第三位和第四位数字组合时表示焊接电流类型及药皮类型。焊后状态以“无标记”表示焊态，“P”表示热处理状态，“AP”表示焊态和焊后热处理两种状态均可。可选附加代号“U”和“HX”，字母“U”表示在规定试验温度下，冲击吸收能量可以达到 47J 以上；“HX”为扩散氢代号，其中 X 代表 15、10 或 5，分别表示每 100g 熔敷金属中扩散氢含量的最大值（mL）。

非合金钢及细晶粒钢焊条举例如下：

型号示例 1：E5515－N5PUH10。“E”表示焊条；“55”表示熔敷金属抗拉强度最小值为 550MPa；“15”表示药皮类型为碱性，适用于全位置焊接，采用直流反接；“N5”表示熔敷金属化学成分分类代号；“P”表示焊后状态代号，此处表示热处理状态；“U”为可选附加代号，表示在规定温度下（－60℃），冲击吸收能量 47J 以上；“H10”可选附加代号，表示熔敷金属扩散氢含量不大于 10mL/100g。

型号示例 2：E4303。“E”表示焊条；“43”表示熔敷金属抗拉强度最小值为 430MPa；“03”表示药皮类型为钛型，适用于全位置焊接，采用交流或直流正反接。

（2）热强钢焊条型号。热强钢焊条主要为低合金焊条。根据《热强钢焊条》GB/T 5118—2012 的规定，焊条型号根据熔敷金属的力学性能、药皮类型、焊接位置、电流类型和熔敷金属化学成分确定。

字母“E”表示焊条；前两位数字表示熔敷金属抗拉强度的最小值；第三位数字表示焊条的焊接位置，“0”及“1”表示焊条适用于全位置焊接（平焊、立焊、仰焊、横焊），“2”表示焊条适用于平焊及平角焊；第三位和第四位数字组合时表示焊接电流类型及药皮类型；熔敷金属化学成分用“×C×M×”表示，标识“C”前的整数表示铬（Cr）的名义含量，“M”前的整数表示钼（Mo）的名义含量，对于铬（Cr）或者钼（Mo），如果名义含量少于1%，则字母前不标记数字。如果在铬（Cr）和钼（Mo）之外还加入了钨（W）、钒（V）、硼（B）、铌（Nb）等合金成分，则按照此顺序加于铬（Cr）和钼（Mo）之后。

热强钢焊条举例：E6215-2C1MH10。“E”表示焊条；“62”表示熔敷金属抗拉强度最小值为620MPa；“15”表示药皮类型为碱性，适用于全位置焊接，采用直流反接；“2C1M”表示熔敷金属化学成分分类代号；“H10”可选附加代号，表示熔敷金属扩散氢含量不大于10mL/100g。

（3）不锈钢焊条型号。根据《不锈钢焊条》GB/T 983—2012的规定，焊条型号根据熔敷金属的化学成分、药皮类型、焊接位置和焊接电流种类确定。字母“E”表示焊条；“E”后面的数字表示熔敷金属化学成分分类代号；如有特殊要求的化学成分，该化学成分用元素符号表示放在数字后面，后面的两位数字表示焊条药皮类型、焊接位置和焊接电流类型。

不锈钢焊条举例如下：E410NiMo15。“E”表示焊条；“41”表示熔敷金属化学成分分类代号；“NiMo”表示熔敷金属中Ni和Mo的含量有特殊要求；“15”表示药皮类型为碱性，适用于全位置焊接，采用直流反接。

（二）电弧刨割条

电弧刨割条的外形与普通焊条相同，是利用药皮在电弧高温下产生的喷射气流，吹除熔化金属，达到刨割的目的。工作时只需交、直流弧焊机，不用空气压缩机。操作时其电弧必须达到一定的喷射能力，才能除去熔化金属。

（三）埋弧焊焊接材料

埋弧焊也是利用电弧作为热源的焊接方法。埋弧焊时电弧是在一层颗粒状的可熔化焊剂覆盖下燃烧，电弧不外露，埋弧焊由此得名。它是由焊丝和焊剂两部分组成，所用的金属电极是不间断送进的光焊丝。

1. 焊丝

埋弧焊所用焊丝有实心焊丝与药芯焊丝两种。普遍使用的是实心焊丝，有特殊要求时使用药芯焊丝。焊丝一般由电动机驱动的送丝滚轮送进，随应用的不同，焊丝数目可以有单丝、双丝或多丝。

根据所焊金属材料的不同，埋弧焊用焊丝有碳素结构钢焊丝、合金结构钢焊丝、高合金钢焊丝、各种有色金属焊丝和堆焊焊丝。按焊接工艺的需要，除不锈钢焊丝和非铁金属焊丝外，焊丝表面均镀铜，以利于防锈并改善导电性能。

焊丝的牌号表示意义：如H08Mn2SiA。“H”表示焊接用焊丝（实心），“08”表示含碳量约0.8%，“Mn2”表示含锰量约2%，“Si”表示含硅量小于或等于1%，“A”表示优质品（硫磷含量低）。焊丝的型号表示的意义：如ER55B2Mn。“ER”表示焊丝；“55”

表示不熔敷金属抗拉强度的最小值为 55MPa；“B2”化学成分代号；“Mn”焊丝中含有Mn元素。

焊丝直径的选择根据用途而定。半自动埋弧焊用的焊丝较细，一般直径为 1.6mm、2mm、2.4mm。自动埋弧焊一般使用直径 3～6mm 的焊丝，以充分发挥埋弧焊的大电流和高熔敷率的优点。对于一定的电流值可使用不同直径的焊丝。同一电流使用较小直径的焊丝时，可获得加大焊缝熔深、减小熔宽的效果。当工件装配不良时，宜选用较粗的焊丝。

焊丝表面应当干净光滑，焊接时能顺利地送进，以免给焊接过程带来干扰。除不锈钢焊丝和非铁金属焊丝外，各种低碳钢和低合金钢焊丝的表面镀铜层既可起防锈作用，也可改善焊丝与导电嘴的电接触状况。

2. 焊剂

埋弧焊焊剂按用途分为钢用焊剂和非铁金属用焊剂，按制造方法分为熔炼焊剂、烧结焊剂和陶质焊剂。

（1）对焊剂的要求。

1）具有良好的冶金性能。是指与选用的焊丝相配合，通过适当的焊接工艺来保证焊缝金属获得所需的化学成分和力学性能以及抗热裂和冷裂的能力。

2）具有良好的工艺性能。即要求有良好的稳弧、焊缝成形和脱渣等性能，并且在焊接过程中生成的有毒气体少。

（2）焊剂的分类。埋弧焊焊剂除按其用途分为钢用焊剂和有色金属用焊剂；按制造方法分有熔炼焊剂、烧结焊剂和陶质焊剂；按化学成分分有：碱性焊剂、酸性焊剂和中性焊剂。

（3）焊剂型号。

1）熔炼焊剂。熔炼焊剂牌号为 HJ×××，“HJ”表示埋弧焊用熔炼焊剂，后加三个阿拉伯数字分别表示：第一位数字表示焊剂中 MnO 的含量，1、2、3、4 代表无锰、低锰、中锰和高锰焊剂；第二位数字表示焊剂中 SiO_2、CaF_2的含量，1～9 依次代表低硅低氟、中硅低氟、高硅低氟、低硅中氟、中硅中氟、高硅中氟、低硅高氟、中硅高氟和其他类型焊剂；第三位数字表示同一类型焊剂的不同牌号，按 0、1、2、…、9 的顺序排列；对同一牌号焊剂生产两种颗粒度时，在细颗粒焊剂牌号后面加“X”字。

2）烧结焊剂。烧结焊剂由 SJ×××表示埋弧焊用烧结焊剂，后加三个阿拉伯数字分别表示：第一位数字表示焊剂熔渣的渣系，1～6 依次代表氟碱型、高铝型、硅钙型、硅锰型、铝钛型和其他型焊剂；第二位、第三位数字表示同一渣系类型焊剂中的不同牌号的焊剂，按 01、02、…、09 顺序排。

三、防腐材料

在安装工程中常用的防腐材料主要有各种涂料、玻璃钢、橡胶制品、无机板材等。

1. 涂料

涂料可分为油基漆（成膜物质为干性油类）和树脂基漆（成膜物质为合成树脂）两类。

（1）涂料的基本组成。涂料大体上可分为三部分，即主要成膜物质、次要成膜物质和辅助成膜物质，如图 1.2.1 所示。

- 涂料
  - 主要成膜物质
    - 油基漆
      - 干性油
      - 半干性油
    - 树脂基漆
      - 天然树脂
      - 合成树脂
  - 次要成膜物质
    - 着色颜料
    - 防锈颜料
    - 体质颜料
  - 辅助成膜物质
    - 溶剂
    - 稀料
    - 稀释剂
  - 辅助材料
    - 催干剂、固化剂
    - 增塑剂、触变剂

图 1.2.1　涂料的基本组成

1）主要成膜物质。

①油料。油料来自植物种子和动物的脂肪。油料的干燥固化反应主要是空气中的氧和油料中不饱和双键起聚合作用。

天然油料耐腐蚀、耐老化性能比不上许多合成树脂，目前很少用它单独作防腐蚀涂料，但它能与一些金属氧化物或金属皂化物在一起对金属起防锈作用，所以油料可用来改性各种合成树脂以制取配套防锈底漆。

②天然树脂和合成树脂。天然树脂是指沥青、生漆、天然橡胶等。合成树脂是指环氧树脂、酚醛树脂、呋喃树脂、聚酯树脂、聚氨酯树脂、乙烯类树脂、过氯乙烯树脂和含氟树脂等，它们都是常用的耐蚀涂料中的主要成膜物质。

2）次要成膜物质—颜料。颜料是涂料的主要成分之一，在涂料中加入颜料不仅使涂料具有装饰性，更重要的是能改善涂料的物理和化学性能，提高涂层的机械强度、附着力、抗渗性和防腐蚀性能等，还有滤去有害光波的作用，从而增进涂层的耐候性和保护性。

①防锈颜料。防锈颜料主要用在底漆中起防锈作用。按照防锈机理的不同，一类为化学防锈颜料，如红丹、锌铬黄、锌粉、磷酸锌和有机铬酸盐等，这类颜料在涂层中是借助化学或电化学的作用起防锈作用的；另一类为物理性防锈颜料，如铝粉、云母氧化铁、氧化锌和石墨粉等，其主要功能是提高漆膜的致密度，降低漆膜的可渗性，阻止阳光和水分的透入，以增强涂层的防锈效果。

②体质颜料和着色颜料。体质颜料可以在不同程度上提高涂层的耐候性、抗渗性、耐磨性和物理机械强度等。常用的有滑石粉、碳酸钙、硫酸钡、云母粉和硅藻土等。着色颜料在涂料中主要起着色和遮盖膜面的作用。

3）辅助成膜物质。

①溶剂。溶剂在涂料中主要起着溶解成膜物质、调整涂料黏度、控制涂料干燥速度等作用。溶剂对涂料的一些特性，如涂刷阻力、流平性、成膜速度、流淌性、干燥性、胶凝性、浸润性和低温使用性能等都会产生影响。因此，要想得到一个好涂料，正确选择和使用溶剂同样重要。

②其他辅助材料。为了提高涂层的性能和满足施工要求，在涂料中还常常添加增塑剂

（用来提高漆膜的柔韧性、抗冲击性和克服漆膜硬脆性，易裂的缺点）、触变剂（使涂料在刷涂过程中有较低的黏度，以易于施工）。另外，还有催干剂（加速漆膜的干燥）、表面活性剂、防霉剂、紫外线吸收剂和防污剂等辅助材料。

（2）涂料命名原则。涂料的型号分三个部分：第一部分是成膜物质；第二部分是基本名称，用两位数字表示；第三部分是序号，如表 1.2.2～表 1.2.4 所示。

例如：醇酸磁漆 C53—2，“C”表示成膜物质为醇酸树脂，“53”表示基本名称为磁漆，“2”表示配制方法 2。

表 1.2.2　成膜物质分类编号表

序号	代号	名称	序号	代号	名称
1	Y	油脂	10	X	乙烯树脂
2	T	天然树脂	11	B	丙烯酸树脂
3	F	酚醛树脂	12	Z	聚酯树脂
4	L	沥青	13	H	环氧树脂
5	C	醇酸树脂	14	S	聚氨基甲酸酯
6	A	氨基树脂	15	W	元素有机聚合物
7	Q	硝基纤维	16	J	橡胶
8	M	纤维酯及醚类	17	E	其他
9	G	过氧乙烯树脂	18		辅助材料

表 1.2.3　辅助材料按其不同用途分类表

序号	代号	名称	序号	代号	名称
1	X	稀释剂	4	T	脱漆剂
2	F	防潮剂	5	H	固化剂
3	G	催干剂			

表 1.2.4　基本名称编号表

代号	名称	代号	名称
00	清油	07	腻子
01	清漆	08	水溶漆、乳胶漆
02	厚漆	09	大漆
03	调和漆	14	透明漆
04	磁漆	22	木器漆
05	烘漆	30	（浸渍）绝缘漆
06	底漆	31	（覆盖）绝缘漆

续表 1.2.4

代号	名称	代号	名称
40	防污漆、防蛆漆	62	变色漆
50	耐酸漆	63	涂布漆
51	耐碱漆	64	可剥漆
52	防腐漆	65	粉末涂料
53	防锈漆	80	地板漆
54	耐油漆	82	锅炉漆
55	耐水漆	98	胶液
60	防火漆	99	其他
61	耐热漆	—	—

(3) 常用涂料。涂料按其所起的作用，可分成底漆和面漆两种。防锈漆和底漆都能防锈。它们的区别是：底漆的颜料较多，可以打磨，漆料对物体表面具有较强的附着力；而防锈漆其漆料偏重于满足耐水、耐碱等性能的要求。防锈漆一般分为钢铁表面防锈漆和有色金属表面防锈漆两种；底漆不但能增强涂层与金属表面的附着力，而且对防腐蚀也起到一定的作用。

目前常用的底漆主要有：

1) 生漆（也称大漆）。生漆为灰褐色黏稠液体，具有耐酸性、耐溶剂性、抗水性、耐油性、耐磨性和附着力很强等优点。缺点是不耐强碱及强氧化剂。漆膜干燥时间较长，毒性较大，施工时易引起人体中毒。生漆的使用温度约 150℃。生漆耐土壤腐蚀，是地下管道的良好涂料，生漆在纯碱系统中也有较多的应用。

2) 漆酚树脂漆。漆酚树脂漆是生漆经脱水缩聚用有机溶剂稀释而成。它改变了生漆的毒性大，干燥慢，施工不便等缺点，但仍保持生漆的其他优点，适用于大型快速施工的需要，广泛应用在化肥、氯碱生产中，防止工业大气如二氧化硫、氨气、氯气、氯化氢、硫化氢和氧化氮等气体腐蚀，也可作为地下防潮和防腐蚀涂料，但它不耐阳光中紫外线照射，应用时应考虑到用于受阳光照射较少的部位。同时涂料不能久置（约 6 个月）。

3) 酚醛树脂漆。酚醛树脂漆是把酚醛树脂溶于有机溶剂中，并加入适量的增韧剂和填料配制而成。酚醛树脂漆具有良好的电绝缘性和耐油性，能耐浓度为 60% 的硫酸、盐酸，一定浓度的醋酸、磷酸、大多数盐类和有机溶剂等介质的腐蚀，但不耐强氧化剂和碱。其漆膜较脆，温差变化大时易开裂，与金属附着力较差，在生产中应用受到一定限制。其使用温度一般为 120℃。

4) 环氧-酚醛漆。环氧-酚醛漆是环氧树脂和酚醛树脂溶于有机溶剂中（如二甲苯和醋酸丁酯等）配制而成。环氧-酚醛漆是热固性涂料，其漆膜兼有环氧和酚醛两者的长处，既有环氧树脂良好的机械性能和耐碱性，又有酚醛树脂的耐酸、耐溶和电绝缘性。

5) 环氧树脂涂料。环氧树脂涂料是由环氧树脂、有机溶剂、增韧剂和填料配制而成，在使用时再加入一定量的固化剂。按其成膜要求不同，可分为冷固型环氧树脂涂料和热固型环氧树脂涂料。常用的环氧树脂有 6101 型、601 型和 634 型。其中以环氧树脂 601 型为基料的环氧树脂涂料性能较好，以环氧树脂 634 型为基料的涂料其漆膜硬度高，强度大，但性较脆，附着力较差。

环氧树脂涂料具有良好的耐腐蚀性能，特别是耐碱性，并有较好的耐磨性。与金属和非金属（除聚氯乙烯、聚乙烯等外）有极好的附着力，漆膜有良好的弹性与硬度，收缩率也较低，使用温度一般为 90～100℃。若在环氧树脂中加入适量的呋喃树脂改性，可以提高其使用温度。热固型环氧涂料其耐温性和耐腐蚀性均比冷固型环氧涂料好，由于冷固型涂料便于施工，所以一般采用冷固型涂料。

6）过氯乙烯漆。过氯乙烯漆是以过氯乙烯树脂为主要成膜材料的涂料。它具有良好的耐酸性气体、耐海水、耐酸、耐油、耐盐雾、防霉、防燃烧等性能。但不耐酚类、酮类、脂类和苯类等有机溶剂介质的腐蚀。其最高使用温度约 70℃，若温度过高，则会导致漆膜破坏。该清漆不耐光，容易老化，而且不耐磨和不耐强烈的机械冲击。此外，它与金属表面附着力不强，特别是光滑表面和有色金属表面更为突出。在漆膜没有充分干燥下往往会有漆膜揭皮现象。

7）沥青漆。沥青漆是用天然沥青或石油沥青和干性油溶于有机溶剂而成。沥青漆由于价格低廉，使用较多。它在常温下能耐氧化氮、二氧化硫、三氧化硫、氨气、酸雾、氯气、低浓度的无机盐和浓度 40％以下的碱、海水、土壤、盐类溶液以及酸性气体等介质腐蚀。但不耐油类、醇类、脂类、烃类等有机溶剂和强氧化剂等介质腐蚀。

沥青漆膜对阳光稳定性较差，耐热度在 60℃。常用于设备和管道的表面，防止工业大气、土壤和水的腐蚀。常用的沥青漆有沥青耐酸漆、沥青清漆、铝粉沥青防锈漆等。

8）呋喃树脂漆。呋喃树脂漆是以糠醛为主要原料制成的。它具有优良的耐酸性、耐碱性及耐温性，原料来源广泛，价格较低。

呋喃树脂漆必须在酸性固化剂的作用和加热下才能固化。但酸类固化剂对金属（或混凝土）有酸性腐蚀作用，故不宜直接涂覆在金属或混凝土表面上，必须用其他涂料作为底漆，如环氧树脂底漆、生漆等。呋喃树脂漆能耐大部分有机酸、无机酸、盐类等介质的腐蚀，并有良好的耐碱性、耐有机溶剂性、耐水性、耐油性，但不耐强氧化性介质（硝酸、铬酸、浓硫酸等）的腐蚀。由于呋喃树脂漆存在性脆，与金属附着力差，干后会收缩等缺点，因此大部分是采用改性呋喃树脂漆。

9）聚氨基甲酸酯漆。聚氨基甲酸酯漆是以甲苯二异氰酸酯为主要原料的新型漆。它具有良好的耐化学腐蚀性、耐油性、耐磨性和附着力，漆膜韧性和电绝缘性均较好。最高耐热度为 155℃。

10）无机富锌漆。无机富锌漆是由锌粉及水玻璃为主配制而成的。施工简单，价格便宜。它具有良好的耐水性、耐油性、耐溶剂性及耐干湿交替的盐雾。适用于海水、清水、海洋大气、工业大气和油类等介质。在有酸、碱腐蚀介质中使用时，一般需涂上相应的面漆，如环氧-酚醛漆、环氧树脂漆，过氯乙烯漆等，面漆层数不得少于两层。耐热度为 160℃。

11）聚氨酯漆。聚氨酯漆是多异氰酸酯化合物和端羟基化合物进行预聚反应而生成的高分子合成材料。它广泛用于石油、化工、矿山、冶金等行业的管道、容器、设备以及混凝土构筑物表面等防腐领域。聚氨酯漆具有耐盐、耐酸、耐各种稀释剂等优点，同时又具有施工方便、无毒、造价低等特点。

12）环氧煤沥青。它主要是由环氧树脂、煤沥青、填料和固化剂组成。它综合了环氧树脂机械强度高、黏结力大、耐化学介质侵蚀和煤沥青耐腐蚀等优点。涂层使用温度可以在−40～150℃。在酸、碱、盐、水、汽油、煤油、柴油等一般稀释剂中长期浸泡无变化，防腐寿命可达到50年以上。环氧煤沥青广泛用于城市给水管道、煤气管道以及炼油厂、化工厂、污水处理厂等设备、管道的防腐处理。

13）三聚乙烯防腐涂料。主要由聚乙烯、炭黑、改性剂和助剂组成，经熔融混炼造粒而成，具有良好的机械强度、电性能、抗紫外线、抗老化和抗阳极剥离等性能，防腐寿命可达到20年以上。该涂料广泛用于天然气和石油输配管线、市政管网、油罐、桥梁等防腐工程。

14）氟-46涂料。氟-46涂料为四氟乙烯和六氟丙烯的共聚物，它具有优良的耐腐蚀性能，对强酸、强碱及强氧化剂在高温下也不发生任何作用。它的耐热性仅次于聚四氟乙烯涂料，耐寒性很好，具有杰出的防污和耐候性，因此可维持15～20年不用重涂。故特别适用于对耐候性要求很高的桥梁或化工厂设施，在赋予被涂物美观外表的同时避免基材的锈蚀。

2. 玻璃钢

玻璃钢一般是指用不饱和聚酯树脂、环氧树脂与酚醛树脂为基体，以玻璃纤维或其制品作增强材料的增强塑料。玻璃钢由于有玻璃纤维的增强作用，具有较高的机械强度和整体性，受到机械碰击等也不容易出现损伤。

根据使用的树脂品种不同，玻璃钢的种类有环氧玻璃钢、聚酯玻璃钢、环氧酚醛玻璃钢、环氧煤焦油玻璃钢、环氧呋喃玻璃钢和酚醛呋喃玻璃钢等。玻璃钢质轻而硬，不导电，机械强度高，回收利用少，耐腐蚀。可以代替钢材制造机器零件等。

3. 橡胶

目前主要用于防腐的橡胶主要是天然橡胶。一般硬橡胶的长期使用温度为0～65℃，软橡胶、半硬橡胶的使用温度为−25～75℃。橡胶的使用温度与使用寿命有关，温度过高会加速橡胶的老化，破坏橡胶与金属间的结合力，导致脱落；温度过低橡胶会失去弹性（橡胶的膨胀系数比金属大3倍）。由于两种基材收缩不一，导致应力集中而拉裂橡胶层。由于软橡胶的弹性比硬橡胶好，故它的耐寒性也较好。

用作化工衬里的橡胶是生胶经过硫化处理而成。经过硫化后的橡胶具有一定的耐热性能、机械强度及耐腐蚀性能。它可分为软橡胶、半硬橡胶和硬橡胶三种。橡胶硫化后具有优良的耐腐蚀性能，除强氧化剂（如硝酸、浓硫酸、铬酸）及某些溶剂（如苯、二硫化碳、四氯化碳等）外，能耐大多数无机酸、有机酸、碱、各种盐类及酸类介质的腐蚀。

目前用于化工防腐蚀的主要有聚异丁烯橡胶，它具有良好的耐腐蚀性、耐老化性、耐氧化性及抗水性，不透气性比所有橡胶都好，但强度和耐热性较差。聚异丁烯橡胶使用最高温度一般为50～60℃，它在低温下仍有良好的弹性及足够的强度。在50℃时由于聚异丁烯板开始软化，因而不能经受机械作用。它能耐各种浓度的盐酸、浓度小于80%的硫酸、稀硝酸、浓度小于40%的氢氟酸、碱液及各种盐类溶液等介质的腐蚀。不耐氟、氯、溴及部分有机溶剂如苯、四氯化碳、二硫化碳、汽油、矿物油及植物油等介质的腐蚀。

第三节 安装工程常用管件和附件

一、管件

管件是管道系统中起连接、控制、变向、分流、密封、支撑等作用的零部件的统称。常用的管件有弯头、三通、异径管和管接头等。管件的种类很多，可根据用途、连接、材料、加工方式分类。

按用途分为管道互连的管件（法兰、活接、管箍、夹箍、卡套、喉箍等）、改变管道方向的管件（弯头、弯管）、改变管道管径的管件［变径（异径管）、异径弯头、支管台、补强管］、增加管路分支的管件（三通、四通）、管路密封的管件（垫片、生料带、线麻，法兰盲板，管堵，盲板、封头、焊接堵头）、管路固定的配件（卡环、拖钩、吊环、支架、托架、管卡等）。

按连接分为焊接管件、螺纹管件、卡套管件、卡箍管件、承插管件、粘接管件、热熔管件、曲弹双熔管件、胶圈连接式管件等。

按材料分为铸钢管件、铸铁管件、不锈钢管件、锻钢管件、合金管件、橡胶管件、石墨管件、PVC 管件、PPR 管件、PE 管件、ABS 管件等。

1. 螺纹连接管件

常用螺纹连接管件分镀锌和非镀锌两种，一般均采用可锻铸铁制造。常用的螺纹连接管件有：

（1）管接头。用于管道、管件、管道附件等相互间的连接。管接头有管箍（内丝）和对丝（外丝）。

（2）异径管（大小头）。用于连接两根直径不同的管道。

（3）等径与异径三通、等径与异径四通。用于两根管道平面垂直交叉时的连接。

（4）活接头。用于需经常拆换的管道和管道附件连接的地方。

（5）补心。又称内外螺纹管接头，用于直线管路变径处。一般立管变径采用大小头，支管可以采用补心连接，如水表变径处的连接。

螺纹连接管件主要用于煤气管道、供暖和给排水管道。在工艺管道中，除需要经常拆卸的低压管道外，其他物料管道上很少使用。

2. 冲压和焊接弯头

（1）冲压无缝弯头。该弯头是用优质碳素钢、不锈耐酸钢和低合金钢无缝钢管在特制的模具内压制成型的，有 90°和 45°两种。

（2）冲压焊接弯头。该弯头采用与管道材质相同的板材用模具冲压成半块环形弯头，然后组对焊接而成。通常按组对的半成品出厂，施工时根据管道焊缝等级进行焊接。冲压焊接弯头的材质有碳钢、不锈钢、合金钢等材质。碳钢的冲压弯头价格便宜，使用量大。

（3）焊接弯头。该弯头制作方法有两种，一种是用钢板下料，切割后卷制焊接成型，多数用于钢板卷管的配套；另一种是用管材下料，经组对焊接成型。

3. 高压弯头

高压弯头采用优质碳素钢或低合金钢锻造而成。根据管道连接形式，弯头两端加工成螺纹或坡口，加工精度要求很高。

二、附件

1. 吹扫接头

吹扫接头（胶管活动接头）有以下两种连接形式：

（1）接头的一端与胶管相连，另一端与丝扣阀相连。

（2）接头的一端与胶管相连，另一端与钢管相连。

2. 管端封堵

用在管端起封闭作用的管件，有管帽、管堵和盲板三种。

（1）管帽。指焊接在管端或装在管端外螺纹上以用来封闭管路的帽状管件。

（2）管堵。指用于堵塞有内螺纹的管道端部的外螺纹管件，亦称丝堵。管堵形状有方形和六角形。

（3）盲板。盲板按连接方式分为焊接盲板（亦称死盲板、平盖封头）及法兰盲板（亦称法兰盖）两种。焊接盲板有两种焊接方式，一种是焊接盲板外径等于或略大于管外径，在管端外壁进行焊接封闭，另一种是焊接盲板外径略小于管内径，在管端内进行焊接封闭；法兰盲板是中间不带孔的法兰，采用螺栓连接，供封堵管端用，其优点是易于拆卸。法兰盲板密封面的形式依据所连接的法兰确定，其种类较多，有平面、凸面、凹凸面、榫槽面等。

3. 凸台

也称管嘴，是自控仪表在工艺管道上的一次性部件，用于连接主管和其他部件。

三、法兰

法兰连接是由法兰、垫片及螺栓螺母连接组成。是一种可拆连接，可用于管道与阀门、管道与管道、管道与设备的连接。采用法兰连接既有安装拆卸的灵活性，又有可靠的密封性、较高的强度，且结构简单，成本低廉，可多次重复拆卸，应用较广。

1. 法兰种类及特点

（1）按连接方式分类。法兰按照连接方式可分为整体法兰、平焊法兰、对焊法兰、松套法兰和螺纹法兰。

1）整体法兰。整体法兰系指泵、阀、机等机械设备与管道连接的进出口法兰，通常和这些管道设备制成一体，作为设备的一部分。

2）平焊法兰。平焊法兰又称搭焊法兰。平焊法兰与管道固定时，是将管道端部插至法兰承口底或法兰内口且低于法兰内平面，焊接法兰外口或里口和外口，使法兰与管道连接。其优点在于焊接装配时较易对中，且成本较低，因而得到了广泛的应用。平焊法兰只适用于压力等级比较低，压力波动、振动及震荡均不严重的管道系统中。

3）对焊法兰。对焊法兰又称为高颈法兰。它与其他法兰不同之处在于从法兰与管道焊接处到法兰盘有一段长而倾斜的高颈，此段高颈的壁厚沿高度方向逐渐过渡到管壁厚度，改善了应力的不连续性，因而增加了法兰强度。对焊法兰主要用于工况比较苛刻的场合，如管道热膨胀或其他荷载而使法兰处受的应力较大，或应力变化反复的场合；压力、温度大幅度波动的管道和高温、高压及零下低温的管道。

4）松套法兰。松套法兰俗称活套法兰，分为焊环活套法兰，翻边活套法兰和对焊活套法兰，多用于铜、铝等有色金属及不锈钢管道上。这种法兰连接的优点是法兰可以旋转，易于对中螺栓孔，在大口径管道上易于安装，也适用于管道需要频繁拆卸以供清洗和检查的地方。其法兰附属元件材料与管道材料一致，而法兰材料可与管道材料不同（法兰的材料多为 Q235、Q255 碳素钢），因此比较适合于输送腐蚀性介质的管道。但松套法兰耐压不高，一般仅适用于低压管道的连接。

5）螺纹法兰。螺纹法兰是将法兰的内孔加工成管螺纹，并和带外螺纹的管道配合实现连接，是一种非焊接法兰。与焊接法兰相比，它具有安装、维修方便的特点，可在一些现场不允许焊接的场合使用。法兰厚度大，造价较高，可用于高压管道的连接。但在温度高于 260℃和低于−45℃的条件下，建议不使用螺纹法兰，以免发生泄漏。

（2）按密封面形式分类。法兰的密封面主要根据工艺条件、密封口径以及垫片等进行选择。

1）容器法兰的密封面形式有平面、凹凸面、榫槽面等形式，其中以凹凸面、榫槽面最为常用。

2）管法兰密封面形式有平面、突面、凹凸面、榫槽面、O 形圈面和环连接面六种。法兰密封面形式和代号见表 1.3.1。

表 1.3.1　法兰密封面形式和代号

密封面形式		代号		EN 标准代号	简图
平面		FF		A	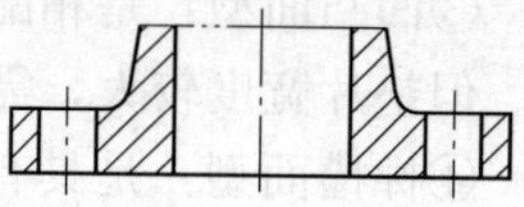
突面		RF		B	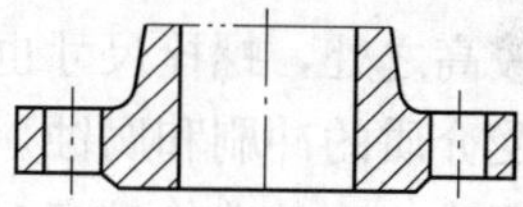
凹凸面	凸面	MF	M	E	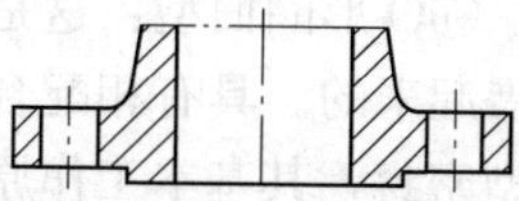
	凹面		r	r	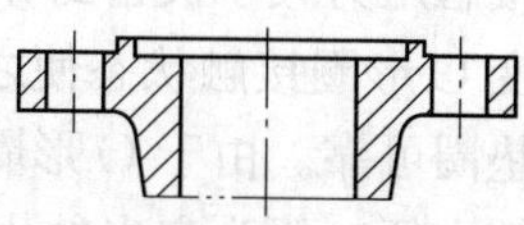
榫槽面	榫面	TG	T	G	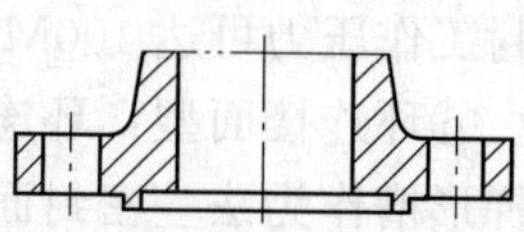
	槽面		G	D	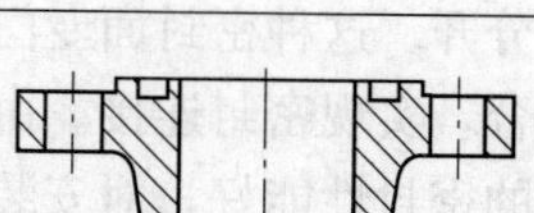

续表 1.3.1

密封面形式		代号		EN 标准代号	简图
O形圈面	O形圈凸面	OSG	OS	G	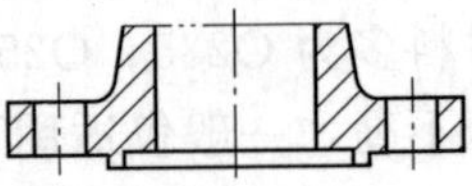
	O形圈槽面		OG	H	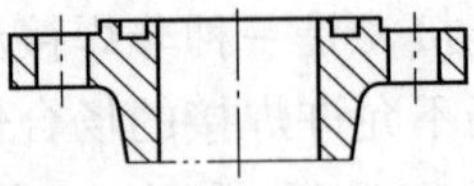
环连接面		RJ		—	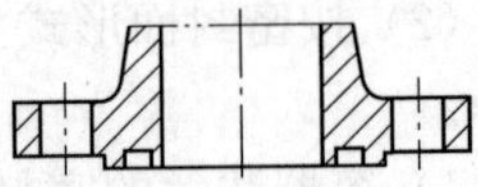

①平面型：是在平面上加工出几道浅槽，其结构简单，但垫圈没有固定，不易压紧。适用于压力不高、介质无毒的场合。

②突面型：与平面型密封面相近，其表面是一个光滑的平面，也可车制密纹水线。密封面结构简单，加工方便，且便于进行防腐衬里。但是，这种密封面垫片接触面积较大，预紧时垫片容易往两边挤，不易压紧。

③凹凸面型：是相配合的凹形和凸形密封面。安装时便于对中，还能防止垫片被挤出。但垫片宽度较大，需较大压紧力。适用于压力稍高的场合。

④榫槽面型：是具有相配合的榫面和槽面的密封面，垫片放在槽内，由于受槽的阻挡，不会被挤出。垫片比较窄，因而压紧垫片所需的螺栓力也就相应较小。即使应用于压力较高之处，螺栓尺寸也不致过大。安装时易对中。垫片受力均匀，故密封可靠。垫片很少受介质的冲刷和腐蚀。适用于易燃、易爆、有毒介质及压力较高的重要密封。但更换垫片困难，法兰造价较高。此外，榫面部分容易损坏，在拆装或运输过程中应加以注意。

⑤O形圈面型：这是一种较新的法兰连接形式，它是随着各种橡胶O形圈的出现而发展起来的。具有相配合的凸面和槽面的密封面，O形圈嵌在槽内。O形密封圈是一种挤压型密封，其基本工作原理是依靠密封件发生弹性变形，在密封接触面上造成接触压力，当接触压力大于被密封介质的内压，不发生泄漏，反之则发生泄漏。像这种借介质本身来改变O形圈接触状态使之实现密封的过程，称为“自封作用”。O形圈密封效果上比一般平垫圈可靠。由于O形圈的截面尺寸都很小、重量轻，消耗材料少，且使用简单，安装、拆卸方便，更为突出的优点还在于O形圈具有良好的密封能力，压力使用范围很宽，静密封工作压力可达100MPa以上，适用温度为−60～200℃，可满足多种介质的使用要求。

⑥环连接面型：环连接面密封的法兰，也属于窄面法兰，其在法兰的突面上开出一环状梯形槽作为法兰密封面，和榫槽面法兰一样，这种法兰在安装和拆卸时必须在轴向将法兰分开。这种密封面专门与用金属材料加工成截面形状为八角形或椭圆形的实体金属垫片配合，实现密封连接。由于金属环垫可以依据各种金属的固有特性来选用。因而这种密封面的密封性能好，对安装要求也不太严格，适合于高温、高压工况，但密封面的加工精度较高。

2. 垫片种类及特点

垫片按材质可分为非金属垫片、半金属垫片和金属垫片三大类，用于管道之间的密封连接、机器设备的机件与机件之间的密封连接。

(1) 非金属垫片。非金属垫片质地柔软、耐腐蚀、价格便宜，但耐温和耐压性能差。多用于常温和中温的中低压容器或管道的法兰密封。非金属垫片包括橡胶垫、石棉垫、石棉橡胶垫、柔性石墨垫和塑料垫片等。

1) 橡胶垫片。制作橡胶垫片的主要原料有天然橡胶、丁腈橡胶、氯丁橡胶等。橡胶具有组织致密质地柔软，回弹性好，容易剪切成各种形状且价格便宜等特点。但它不耐高压，容易在矿物油中溶解和膨胀且耐腐蚀性较差，在高温下容易老化失去回弹性。常用于输送低压水、低浓度酸和碱等介质的管道法兰连接。

2) 石棉垫片。石棉耐热、耐碱性好、抗拉强度高，但耐酸性能较差。石棉垫片正常使用温度在550℃以下。直径较大的低压容器可以使用石棉带或石棉绳。

3) 石棉橡胶垫片。石棉橡胶垫片由石棉、橡胶和填料压制而成。一般石棉纤维占60%～85%。根据其加工工艺、性能及用途不同，有高压石棉橡胶板、中低压石棉橡胶板和耐油石棉橡胶板。石棉橡胶板有适宜的强度、弹性、柔软性等性质，用它制作垫片既便宜又方便，在化工企业中得到推广和应用。

4) 柔性石墨垫片。柔性石墨是一种新颖的密封材料，具有良好的回弹性、柔软性和耐温性，在化工企业中得到迅速的推广和应用。

5) 塑料垫片。塑料垫片适用于输送各种腐蚀性较强介质的管道的法兰连接。常用的塑料垫片有聚氯乙烯垫片、聚乙烯垫片和聚四氟乙烯垫片等。聚四氟乙烯垫片的耐腐蚀性、耐热性、耐寒性和耐油性优于其他塑料垫片，具有“塑料之王”之称。它不易老化、不燃烧、吸水性近乎为零。聚四氟乙烯垫片用于接触面可以做到平整光滑，对金属法兰不黏附。除受熔融碱金属以及含氟元素气体侵蚀外，它能耐多种酸、碱、盐、油脂类溶液介质的腐蚀。其使用温度一般小于200℃，但不能用于压力较高的场合。

(2) 半金属垫片。半金属垫片又称金属复合垫片，主要有金属包覆垫片、金属缠绕垫片等。

1) 金属包覆垫片。该垫片以非金属材料为材芯、外包厚度为0.25～0.5mm的金属薄板。按包覆状态可分为全包覆、半包覆、波形包覆和双层包覆等。

金属薄板根据材料的弹塑性、耐热性、耐蚀性取材。主要有铜、镀锌铁皮、不锈钢等。作为金属包覆垫的芯材，耐热性是主要考核指标。一般采用石棉板或低橡胶石棉板、耐高温性能好的碳纤维或瓷制纤维及柔性石墨板等。

金属包覆垫片能制成各型号垫片，可以满足各种热交换器管箱和非圆形压力容器密封的需要。

2) 金属缠绕垫片。金属缠绕式垫片是由金属带和非金属带螺旋复合绕制而成的一种半金属平垫片。其特性是压缩、回弹性能好，具有多道密封和一定的自紧功能，对于法兰压紧面的表面缺陷不太敏感，不粘接法兰密封面，容易对中，因而拆卸便捷。能在高温、低压、高真空、冲击振动等循环交变的各种苛刻条件下，保持其优良的密封性能。在石油化工工艺管道上被广泛采用。

(3) 金属垫片。在高温、高压以及荷载循环频繁等苛刻操作条件下，各种金属材料是密封垫片的首选材料。金属垫片常用的材料有铜、铝、低碳钢、不锈钢、铬镍合金钢等。

1）平形金属垫片。平形金属垫片分为宽垫片和窄垫片两种。宽垫片因预紧力大，易引起螺栓、法兰变形，在压力超过 1.96MPa 时光滑面的法兰上很少使用。窄垫片容易预紧，可在压力为 6.27～9.8MPa 的管道上使用。

2）波形金属垫片。波形金属垫片的金属板厚度一般为 0.25～0.8mm。垫片厚度一般为波长的 40%～50%。适宜在光滑密封面且公称压力超过 3.34MPa 的管道上使用。

3）齿形金属垫片。齿形垫片是利用同心圆的齿形密纹与法兰密封面相接触，构成多道密封环，因此密封性能较好，使用周期长。常用于凹凸式密封面法兰的连接。缺点是在每次更换垫片时，都要对两法兰密封面进行加工，费时费力。另外，垫片使用后容易在法兰密封面上留下压痕，故一般用于较少拆卸的部位。齿形垫的材质有普通碳素钢、低合金钢和不锈钢等。其密封性能比平形密封垫好，压紧力也比平形垫片小一些。

4）环形金属垫片。环形金属垫片是用金属材料加工成截面为八角形或椭圆形的实体金属垫片，具有径向自紧密封作用。金属环形垫片主要应用于环连接面型法兰连接，金属环形垫片是靠与法兰梯槽的内外侧面（主要是外侧面）接触，并通过压紧而形成密封的。按制造材质分为低碳钢、不锈钢、紫铜、铝和铅等。依据材料的不同，最高使用温度可达 800℃。

3. 法兰用螺栓

用于连接法兰的螺栓有单头螺栓和双头螺栓两种，其螺纹一般都是三角形公制粗螺纹。单头螺栓分为半精制和精制两种，常用的材质有 Q235、25# 钢和 25Cr2MoV 钢等。双头螺栓多数采用等长双头精制螺栓，制造材质有 35#、40# 钢和 37SiMn2MoV 钢等。螺母分为半精制和精制两种，按螺母形式又分为 a 型和 b 型两种，半精制单头螺栓多采用 a 型螺母，精制双头螺栓多采用 b 型螺母。

四、阀门

阀门一般由阀体、阀瓣、阀盖、阀杆及手轮等部件组成。

(一) 阀门型号及表示方法

在设备及工业管道系统中，常用阀门有闸阀、截止阀、节流阀、球阀、蝶阀、隔膜阀、旋塞阀、止回阀、安全阀、柱塞阀、减压阀和疏水阀等。

阀门的型号表示方法如图 1.3.1 所示。

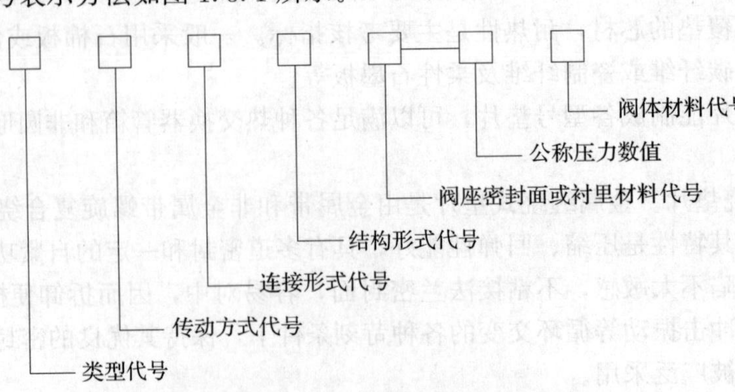

图 1.3.1 阀门的型号表示方法

1. 类型代号

阀门类型代号用汉语拼音首字母表示，若有重复，用第二个汉字拼音首字母。闸阀—Z，止回阀—H，节流阀—L。低温（低于−40℃）、保温（带加热套）和带波纹管的阀门，在类型代号前分别加汉语拼音字母“D”“B”和“W”。

2. 传动方式代号

传动方式代号用阿拉伯数字表示，电磁动—0，电—液动—1，液动—7 等。

（1）手轮、手柄和扳手传动以及安全阀、减压阀、疏水阀省略本代号。

（2）对于气动或液动，常开式用 6K、7K 表示；常闭式用 6B、7B 表示；气动带手动用 6S 表示；防爆电动用 9B 表示。

3. 阀座密封面或衬里材料代号

阀座密封面或衬里材料代号用汉语拼音首字母表示，若有重复，用第二个汉字拼音首字母。如铜合金—T，橡胶—X。由阀体直接加工的阀座密封面材料代号用“W”表示；当阀座和阀瓣（阀板）密封面材料不同时，用低硬度材料代号表示（隔膜阀除外）。

4. 阀体材料代号

阀体材料代号用汉语拼音首字母表示，若有重复，用第二个汉字拼音首字母。

5. 连接形式代号

连接形式代号用阿拉伯数字表示。如内螺纹—1，外螺纹—2 等。

6. 阀门命名省略的内容

以下几种形式在命名中均予省略。

（1）连接形式为“法兰”。

（2）结构形式为闸阀的“明杆”“弹性”“刚性”和“单闸板”；截止阀、节流阀的“直通式”；球阀的“浮动”和“直通式”；蝶阀的“垂直板式”；隔膜阀的“屋脊式”；旋塞阀的“填料”和“直通式”；止回阀的“直通式”和“单瓣式”；安全阀的“不封闭式”。

（3）阀座密封面材料。

7. 型号和名称表示方法示例

（1）电动机传动、法兰连接、明杆楔式双闸板、阀座密封面材料由阀体直接加工，公称压力 0.1MPa，阀体材料为灰铸铁的闸阀，示例如 Z942W-1 为电动楔式双闸板闸阀。

（2）手动、外螺纹连接、浮动直通式，阀座密封材料为氟塑料，公称压力 4.00MPa，阀体材料为 1Cr18Ni9Ti 的球阀，示例如 Q21F-40P 为外螺纹球阀。

（3）气动常开式、法兰连接、屋脊式、衬里材料为衬胶，公称压力 0.60MPa，阀体材料为灰铸铁的隔膜阀，示例如 G6K41J-6 为气动常开式衬胶隔膜阀。

（4）液动、法兰连接、垂直板式、阀座密封面材料为铸铜，阀瓣密封面材料为橡胶，公称压力 0.25MPa，阀体材料为灰铸铁的蝶阀，如 D741X-2.5 为液动蝶阀。

（5）电动机传动、焊接连接、直通式、阀座密封面材料为堆焊硬质合金，温度在 540℃时，其公称压力为 17.00MPa，阀体材料为铬钼钒钢的截止阀，如 J61Y-P54170 为电动焊接截止阀。

（二）各种阀门的种类及特点

阀门的种类很多，按其动作特点分为两大类，即驱动阀门和自动阀门。

驱动阀门是用手操纵或其他动力操纵的阀门。如截止阀、节流阀（针型阀）、闸阀、旋塞阀等均属这类阀门。

自动阀门是借助于介质本身的流量、压力或温度参数发生变化而自行动作的阀门。如止回阀、安全阀、浮球阀、减压阀、跑风阀和疏水器等均属于自动阀门。

工程中管道与阀门的公称压力划分为：$0<P\leqslant1.60$MPa为低压；$1.60<P\leqslant10.00$MPa为中压；$10.00<P\leqslant42.00$MPa为高压。蒸汽管道P大于或等于9.00MPa，工作温度大于或等于500℃时升为高压。一般水、暖工程均为低压系统，大型电站锅炉及各种工业管道采用中压、高压或超高压系统。

这里仅介绍冷热水、蒸汽等一般管路的常用阀门，对于其他工业管道因输送介质不同，有各种不同要求，应按其要求选用阀门。常用阀门分为：

1. 截止阀

截止阀主要用于热水供应及蒸汽管路中，它结构简单，严密性较高，制造和维修方便。流体经过截止阀时要改变流向，阻力较大。安装时要注意流体“低进高出”，方向不能装反。

选用特点：结构比闸阀简单，制造、维修方便，也可以调节流量，应用广泛。但流动阻力大，为防止堵塞和磨损，不适用于带颗粒和黏性较大的介质。

2. 闸阀

闸阀又称闸门或闸板阀，它是利用闸板升降控制开闭的阀门，流体通过阀门时流向不变，因此阻力小。它广泛用于冷、热水管道系统中。

闸阀与截止阀相比，在开启和关闭时省力，水流阻力较小，阀体比较短，当闸阀完全开启时，其阀板不受流动介质的冲刷磨损。但由于闸板与阀座之间密封面易受磨损，其缺点是严密性较差；另外，在不完全开启时，水流阻力较大。因此闸阀一般只作为截断装置，即用于完全开启或完全关闭的管路中，而不宜用于需要调节大小和启闭频繁的管路上。

选用特点：流体阻力小，开启、关闭力较小，并且能从阀杆的升降高低看出阀的开度大小，主要用在一些大口径管道上。

3. 止回阀

止回阀又名单流阀或逆止阀，它是一种根据阀瓣前后的压力差而自动启闭的阀门。它有严格的方向性，只许介质向一个方向流通，而阻止其逆向流动。用于防止介质倒流的管路上，如用于水泵出口的管路上作为水泵停泵时的保护装置。

根据结构不同，止回阀可分为升降式和旋启式，升降式的阀体与截止阀的阀体相同。升降式止回阀只能应用在水平管道上，在水平或垂直管路上均可选用旋启式止回阀，安装时应注意介质的流向，不能装反。

选用特点：一般适用于清洁介质，对于带固体颗粒和黏性较大的介质不适用。

4. 蝶阀

蝶阀结构简单、体积小、质量轻，只由少数几个零件组成，只需旋转90°即可快速启闭，操作简单，同时具有良好的流体控制特性。蝶阀处于完全开启位置时，蝶板厚度是介质流经阀体时唯一的阻力，通过该阀门所产生的压力降很小，具有较好的流量控制特性。

常用的蝶阀有对夹式蝶阀和法兰式蝶阀两种。

蝶阀适合安装在大口径管道上。蝶阀不仅在石油、煤气、化工、水处理等一般工业上得到广泛应用，而且还应用于热电站的冷却水系统。

5. 旋塞阀

旋塞阀又称考克或转心门。它主要由阀体和塞子（圆锥形或圆柱形）构成。旋塞阀构造简单，开启和关闭迅速，旋转 90°就全开或全关，阻力较小，但保持其严密性比较困难。旋塞阀通常用于温度和压力不高的管路上。热水龙头也属旋塞阀的一种。

选用特点：结构简单，外形尺寸小，启闭迅速，操作方便，流体阻力小，便于制造三通或四通阀门，可作分配换向用。但密封面容易磨损，开关力较大。此种阀门不适用于输送高压介质（如蒸汽），只适用于一般低压流体作开闭用，也不适宜于作调节流量用。

6. 球阀

球阀分为气动球阀、电动球阀和手动球阀三种。球阀阀体可以是整体的，也可以是组合式的。

球阀是由旋塞阀演变而来的，它的启闭件作为一个球体，利用球体绕阀杆的轴线旋转 90°实现开启和关闭的目的。球阀在管道上主要用于切断、分配和改变介质流动方向，设计成 V 形开口的球阀还具有良好的流量调节功能。

球阀具有结构紧凑、密封性能好、重量轻、材料耗用少、安装尺寸小、驱动力矩小、操作简便、易实现快速启闭和维修方便等特点。

选用特点：适用于水、溶剂、酸和天然气等一般工作介质，而且还适用于工作条件恶劣的介质，如氧气、过氧化氢、甲烷和乙烯等，且适用于含纤维、微小固体颗料等介质。

7. 节流阀

节流阀的构造特点是没有单独的阀盘，而是利用阀杆的端头磨光代替阀盘。节流阀多用于小口径管路上，如安装压力表所用的阀门常用节流阀。

选用特点：阀的外形尺寸小巧，重量轻，该阀主要用于节流。制作精度要求高，密封较好。不适用于黏度大和含有固体悬浮物颗粒的介质。该阀可用于取样，其公称直径小，一般在 25.00mm 以下。

8. 安全阀

安全阀是一种安全装置，当管路系统或设备（如锅炉、冷凝器）中介质的压力超过规定数值时，便自动开启阀门排汽降压，以免发生爆炸危险。当介质的压力恢复正常后，安全阀又自动关闭。

安全阀一般分为弹簧式和杠杆式两种。

选用安全阀的主要参数是排泄量，排泄量决定安全阀的阀座口径和阀瓣开启高度。由操作压力决定安全阀的公称压力，由操作温度决定安全阀的使用温度范围，由计算出的安全阀定压值决定弹簧或杠杆的调压范围，再根据操作介质决定安全阀的材质和结构形式。

9. 减压阀

减压阀又称调压阀，用于管路中降低介质压力。常用的减压阀有活塞式、波纹管式及薄膜式等几种。各种减压阀的原理是介质通过阀瓣通道小孔时阻力增大，经节流造成压力损耗从而达到减压目的。减压阀的进、出口一般要伴装截止阀。

选用特点：减压阀只适用于蒸汽、空气和清洁水等清洁介质。在选用减压阀时要注意，不能超过减压阀的减压范围，保证在合理情况下使用。

10. 疏水阀

疏水阀又称疏水器，它的作用在于阻气排水，属于自动作用阀门。它的种类有浮桶式、恒温式、热动力式以及脉冲式等。

五、其他附件

管道系统的附件种类很多，它们在工艺管道系统中各自起着不同的作用，这里对几种主要的管道系统附件介绍如下：

1. 除污器

除污器是在石油化工工艺管道中应用较广的一种部件。其作用是防止管道介质中的杂质进入传动设备或精密部位，使生产设备发生故障或影响产品的质量。其结构形式有Y形除污器、锥形除污器、直角式除污器和高压除污器，其主要材质有碳钢、不锈耐酸钢、锰钒钢、铸铁和可锻铸铁等。内部的过滤网有铜网和不锈耐酸钢丝网。

2. 阻火器

阻火器是化工生产常用的部件，安装在易燃易爆气体的设备及管道上，以防止管内或设备内气体直接与外界火种接触引起火灾或爆炸。按用途分为储罐阻火器、加油站阻火器、加热炉阻火器、火炬阻火器、放空管阻火器、煤气输送管阻火器等，按安装位置分为管端阻火器和管道阻火器，按阻止火焰速度分为防爆燃阻火器和防爆轰阻火器。

阻火器主要由壳体和滤芯两部分组成。壳体应具有足够的强度，安装于管端的阻火器壳体宜采用铸铁和含镁量不大于0.5%的铸铝合金；安装于管道中的阻火器壳体应采用铸钢焊接；阻火层芯件和安装于管道中的阻火器芯壳及芯件压环应采用不锈钢；安装于管端的阻火器芯壳及芯件压环宜采用铸铁或铸铝。滤芯是阻止火焰传播的主要构件，常用的有金属网滤芯和波纹型滤芯两种。

阻火圈是由金属材料制作外壳，内填充阻燃膨胀芯材，火灾发生时芯材受热迅速膨胀，挤压塑料管道，封堵管道穿过的洞口，阻止火势沿洞口蔓延。

3. 视镜

视镜又称为窥视镜，是指用来观察容器及设备内部物料情况的装置，属于安全附件。按形状分为圆形和长方形视镜；按用途分为窥视镜和照明视镜；按结构分为带衬里和不带衬里、带颈、带罩、双层安全、保温、带刮板、带冲洗装置视镜，以及适合于粉状物料用视镜。阀门视镜是主要视镜之一，分为两大类：管道视镜与设备视镜。阀门视镜主要由视镜底板、视镜玻璃、阀门组件等组成，可用于温度高、腐蚀性强、易中毒、危险性较大、易结晶的化工塔器中，以保证其安全生产。

4. 阀门操纵装置

阀门操纵装置是为了在适当的位置能够操纵距离比较远的阀门而设置的一种装置。

5. 套管

套管分为柔性套管、刚性套管、钢管套管及铁皮套管等几种，柔性套管和刚性套管用填料密封，适用于穿过水池壁、防爆车间的墙壁等。钢管套管及铁皮套管只适用于穿过一般建筑物楼层或墙壁不需要密封的管道。

6. 补偿器

（1）自然补偿。自然补偿是利用管路几何形状所具有的弹性来吸收管道的热变形。最常见的管道自然补偿法是将管道两端以任意角度相接，多为两管道垂直相交。自然补偿的缺点是管道变形时会产生横向位移，而且补偿的管段不能很大。

自然补偿器分为L形和Z形两种，安装时应正确确定弯管两端固定支架的位置。

（2）人工补偿。人工补偿是利用补偿器来吸收管道热变形的补偿方式，常用的有方形补偿器、填料式补偿器、波形补偿器、球形补偿器等。

1）方形补偿器。该补偿器由管道弯制或由弯头组焊而成，利用刚性较小的回折管挠性变形来补偿两端直管部分的热伸长量。其优点是制造容易，运行可靠，维修方便，补偿能力大，轴向推力小，缺点是占地面积较大。

2）填料式补偿器。该补偿器又称套筒式补偿器，主要由三部分组成：带底脚的套筒、插管和填料函。在内外管间隙之间用填料密封，内插管可以随温度变化自由活动，从而起到补偿作用。其材质有铸铁和钢质两种。铸铁制的适用于压力在1.3MPa以下的管道，钢制的适用压力不超过1.6MPa的热力管道上，其形式有单向和双向两种。

填料式补偿器安装方便，占地面积小，流体阻力较小，补偿能力较大。缺点是轴向推力大，易漏水漏气，需经常检修和更换填料。如管道变形有横向位移时，易造成填料圈卡住。这种补偿器主要用在安装方形补偿器时空间不够的场合。

3）波纹补偿器。波纹补偿器习惯上也叫膨胀节或伸缩节，由构成其工作主体的波纹管（一种弹性元件）和端管、支架、法兰、导管等附件组成。波纹补偿器利用波纹管的伸缩变形，吸收管线、导管、容器等由热胀冷缩等原因而产生的尺寸变化，补偿管线、导管、容器等的轴向、横向和角向位移，也可用于降噪减振。

波纹补偿器主要用在各种管道中，它能够补偿管道的热位移、机械变形和吸收各种机械振动，起到降低管道变形应力和提高管道使用寿命的作用。连接方式分为法兰连接和焊接两种，直埋管道补偿器一般采用焊接方式（地沟安装除外）。

4）球形补偿器。球形补偿器主要依靠球体的角位移来吸收或补偿管道一个或多个方向上横向位移，该补偿器应成对使用，单台使用没有补偿能力，但它可作管道万向接头使用。

球形补偿器具有补偿能力大，流体阻力和变形应力小，且对固定支座的作用力小等特点。球形补偿器用于热力管道中，补偿热膨胀，其补偿能力为一般补偿器的5～10倍；用于冶金设备（如高炉、转炉、电炉、加热炉等）的汽化冷却系统中，可作万向接头用；用于建筑物的各种管道中，可防止因地基产生不均匀下沉或震动等意外原因对管道产生的破坏。

第四节 常用电气和通信材料

一、电气材料

（一）导线

导线一般采用铜、铝、铝合金和钢等材料制造。按照导线线芯结构一般可以分为单股导线和多股导线两大类，按照有、无绝缘和导线结构可以分成裸导线和绝缘导线两大类。

1. 裸导线

裸导线是没有绝缘层的导线，其散热好，可输送较大电流，包括铜线、铝线、铝绞线、铜绞线、钢芯铝绞线和各种型线等。裸导线主要用于户外架空电力线路以及室内配电柜、箱内汇流排等用途。依据《建筑电气与智能化通用规范》GB 55024—2022，民用建筑内不应采用裸导体布线。

（1）单圆线：包括圆铜线、圆铝线、镀锡圆铜线、铝合金圆线、铝包钢圆线、铜包钢圆线和镀银圆线等。

（2）裸绞线：包括铝绞线、钢芯铝绞线、轻型钢芯铝绞线、加强型钢芯铝绞线、防腐钢芯铝绞线、扩径钢芯铝绞线、铝合金绞线和硬铜绞线等。

（3）软接线：包括铜电刷线、铜天线、铜软绞线、铜特软绞线和铜编织线等。

（4）型线：包括扁铜线、铜母线、铜带、扁铝线、铝母线、管型母线（铝锰合金管）、异形铜排和电车线等。

裸导线的表示方法：裸导线的型号、类别、用途等用汉语拼音表示，字母含义见表 1.4.1。

表 1.4.1　裸导线产品型号各部分代号及其含义

类别 （以导体区分）	特征				派生
	形状	加工	类型	软硬	
C：电车线 G：钢（铁线） HL：热处型铝镁硅合金线 L：铝线 M：母线 S：电刷线 T：铜线 TY：银铜合金	B：扁形 D：带形 G：沟形 K：空心 P：排状 T：梯形 Y：圆形	F：防腐 J：绞制 X：纤维编织 X：镀锡 YD：镀银 Z：编织	J：加强型 K：扩径型 Q：轻型 Z：支撑式 C：触头用	R：柔软 Y：硬 YB：半硬	A：第一种 B：第二种 1：第一种 2：第二种 3：第三种 4：第四种

裸导线主要用于户外架空电力线路以及箱内汇流排等。依据《建筑电气与智能化通用规范》GB 55024—2022，民用建筑内不应采用裸导体布线，民用建筑红线内的室外供配电路线不应采用架空线敷设方式。

在架空配电线路中，铜绞线因其具有优良的导线性能和较高的机械强度，且耐腐蚀性强，一般应用于电流密度较大或化学腐蚀较严重的地区；铝绞线的导电性能和机械强度不及铜导线，一般应用于档距比较小的架空线路；钢芯铝绞线具有较高的机械强度，导电性能良好，适用于大档距架空线路敷设；防腐钢芯铝绞线适用于沿海、咸水湖、含盐质砂土区及工业污染区等输配电线路；扩径钢芯铝绞线适用于高海拔、超高压、有无线电干扰地区的输电线路。

依据《建筑防火通用规范》GB 55037—2022，架空电力线路不应跨越生产或储存易燃、易爆物质的建筑，仓库区域，危险品站台及其他有爆炸危险的场所，相互间的最小水平距离不应小于电杆或电塔高度的 1.5 倍。1kV 及以上的架空电力线路不应跨越可燃性建筑屋面。

2. 绝缘导线

绝缘导线由导电线芯、绝缘层和保护层组成，常用于电气设备、照明装置、电工仪表、输配电线路的连接等。

绝缘电线按绝缘材料可分为聚氯乙烯绝缘、聚乙烯绝缘、交联聚乙烯绝缘、橡皮绝缘和丁腈聚氯乙烯复合物绝缘等。电磁线（绕组线）也是一种绝缘线，它的绝缘层是涂漆或包缠纤维，如丝包、玻璃丝及纸等。

绝缘导线按工作类型可分为普通型、防火阻燃型、屏蔽型及补偿型等。

导线芯按使用要求的软硬又可分为硬线、软线和特软线等结构类型。其绝缘型号、名称和用途表示方法如表 1.4.2 所示。

表 1.4.2　常用绝缘导线的型号、名称和用途

型号	名称	用途
BX（BLX） BXF（BLXF） BXR	铜（铝）芯橡皮绝缘电线 铜（铝）芯氯丁橡皮绝缘电线 铜芯橡皮绝缘软线	适用交流 500V 及以下，或直流 1 000V 及以下的电气设备及照明装置之用。电线的长期允许工作温度不应超过 65℃
BV（BLV） BVV（BLVV） BVVB（BLVVB） BVR BV-105 ZR-BV（BLV） NH-BV WDZ-BY WDZ-BYJ	铜（铝）芯聚氯乙烯绝缘电线 铜（铝）芯聚氯乙烯绝缘聚氯乙烯护套圆形电线 铜（铝）芯聚氯乙烯绝缘聚氯乙烯护套平形电线 铜芯聚氯乙烯绝缘软线 铜芯耐热 105℃聚氯乙烯绝缘电线 阻燃铜（铝）芯聚氯乙烯绝缘电线 铜芯聚氯乙烯绝缘耐火电线 铜芯低烟无卤阻燃聚烯烃绝缘电线 铜芯低烟无卤阻燃交联聚烯烃绝缘电线	适用于各种交流、直流电气装置，电工仪表、仪器，电信设备，动力及照明线路固定敷设之用。电线长期允许工作温度不超过 70℃（BV-105 型除外）。电线敷设温度不低于 0℃
RV RVB RVS RV-105 RFS CRV RXS RX	铜芯聚氯乙烯绝缘软线 铜芯聚氯乙烯绝缘平形软线 铜芯聚氯乙烯绝缘绞型连接软电线 铜芯耐热 105℃聚氯乙烯绝缘连接软电线 铜芯丁腈聚氯乙烯复合物绝缘软线 铜芯聚氯乙烯绝缘清洁软电线 铜芯橡皮绝缘棉纱编织绞型软电线 铜芯橡皮绝缘棉纱编织圆形软电线	适用于各种交、直流电器、电工仪器、家用电器、小型电动工具、动力及照明装置的连接。电线长期允许工作温度不超过 70℃（RV-105 型除外）
BBX BBLX	铜芯橡皮绝缘玻璃丝编织电线 铝芯橡皮绝缘玻璃丝编织电线	适用电压分别有 500V 及 250V 两种，用于室内外明装固定敷设或穿管敷设

注：B（B）—第一个字母表示布线，第二个字母表示玻璃丝编织；L—铝芯，无字母则表示铜芯；X—橡皮绝缘，V（V）—第一个字母表示聚氯乙烯（塑料）绝缘，第二个字母表示聚氯乙烯护套（Y—聚乙烯护套）；F—复合型；R—软线；B—平形电线，无字母则表示圆形；S—双绞；ZR—阻燃，NH—耐火，WDZ—低烟无卤阻燃。

绝缘导线选用时注意：

（1）铜芯电线被广泛采用。相较于铝芯电线，铜芯电线有较多的优势，如电阻率低，导电性能好，电压损失低，能耗低；载流量大，适合应用在用电量大的地方；强度高，能够适应高温环境，抗疲劳，稳定性高，具有更好的耐腐蚀性。发热温度低，在同样的电流下，同截面的铜芯电线的发热量比铝芯电线小得多，使得运行更安全。《民用建筑电气设计标准》GB 51348—2019、《建筑电气与智能化通用规范》GB 55024—2022 规定：消防负荷、导体截面面积在 $10mm^2$ 及以下的线路应选用铜芯，交流 50V 以下或直流 120V 以下的特低电压配电回路的线缆应选用铜芯导体。在民用建筑的下列场合也应选用铜芯导体：火灾时需要维持正常工作的场所，移动式用电设备或有剧烈振动的场所，对铝有腐蚀的场所，易燃、易爆场所，有特殊规定的其他场所。

《国家电气设备安全技术规范》GB 19517—2023 规定，铝导线不应用于电气设备内部布线。虽然铝芯电线的性能不及铜芯电线，但铝芯电线有价格低廉、重量轻等优势。此外，铝芯在空气中能很快生成一层氧化膜，防止电线后续进一步氧化，适用于中压室外架空线路。

（2）塑料绝缘电线（BV 型）基本替代了橡皮绝缘电线（BX 型）。由于橡皮绝缘电线生产工艺比塑料绝缘电线复杂，且橡皮绝缘的绝缘物中某些化学成分会对铜产生化学作用，虽然这种作用轻微，但仍是一种缺陷。塑料绝缘线由于绝缘性能良好，制造工艺简便，价格较低，无论明设或穿管敷设均可替代橡皮绝缘线。但由于塑料对气候适应性能较差，低温时变硬、变脆，高温或日光照射下增塑剂易挥发而使绝缘容易老化，所以塑料绝缘线不宜在室外敷设。

（3）RV 型、RX 型铜芯软线主要用在需柔性连接的可动部位，如吊灯用软线等。

（4）铜芯低烟无卤阻燃交联聚烯烃绝缘电线，在火灾时低烟、低毒、不含卤素，适宜于高层建筑内照明及动力分支线路使用。

（5）在架空配电线路中，按其结构形式一般可分为高、低压分相式绝缘导线、低压集束型绝缘导线、高压集束型半导体屏蔽绝缘导线、高压集束型金属屏蔽绝缘导线等。

（二）电缆

对于一般工业和民用安装工程，常用电缆按用途可分为电力电缆、控制电缆、通信电缆，其中电力电缆用于动力和照明电能的传输和分配；控制电缆用于控制、操作、测量等电气设备、器具、装置之间的连接；通信电缆用于音频、视频模拟或数字信号的传输等。

1. 电力电缆

电力电缆是用于传输和分配电能的一种电缆，电力电缆的使用电压范围宽，可从几百伏到几千伏，并具有防潮、防腐蚀、防损伤、节约空间、易敷设、运行简单方便等特点，广泛用于电力系统、工矿企业、高层建筑及各行各业中。

按电压等级，电力电缆可分为低压、中压、高压和超高压。

按敷设方式和使用性质，电力电缆可分为普通电缆、直埋电缆、海底电缆、架空电缆、矿山井下用电缆和阻燃电缆等种类。

按绝缘方式，电力电缆可分为聚氯乙烯绝缘、交联聚乙烯绝缘、油浸纸绝缘、橡皮绝缘和矿物绝缘等。

（1）电缆型号表示法。电缆型号的内容包含用途类别、绝缘材料、导体材料、铠装保护层等，电缆型号含义如表 1.4.3 所示，一般型号表示如图 1.4.1 所示。

表 1.4.3　电缆型号含义

类别	导体	绝缘	内护套	特征
电力电缆（省略不表示） K：控制电缆 P：信号电缆 YT：电梯电缆 U：矿用电缆 Y：移动式软缆 H：市内电话缆 UZ：电钻电缆 DC：电气化车辆用电缆	T：铜（可省略） L：铝线	V：聚氯乙烯 Y：聚乙烯 YJ：交联聚乙烯 X：天然橡胶 （X）D 丁基橡胶 （X）E 乙丙橡胶 Z：油浸纸 E：乙丙胶	V：聚氯乙烯护套 Y：聚乙烯护套 Q：铅护套 L：铝护套 H：橡胶护套 （H）P：非燃性 HF：氯丁胶 F：复合物 HD：耐寒橡胶	D：不滴油 F：分相 CY：充油 P：屏蔽 C：滤尘用或重型 G：高压

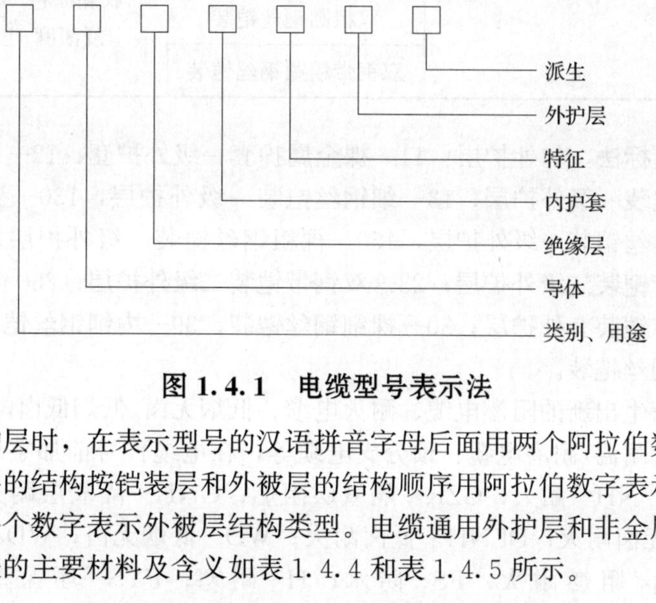

图 1.4.1　电缆型号表示法

电缆如有外护层时，在表示型号的汉语拼音字母后面用两个阿拉伯数字来表示外护层的结构。其外护层的结构按铠装层和外被层的结构顺序用阿拉伯数字表示，前一个数字表示铠装结构，后一个数字表示外被层结构类型。电缆通用外护层和非金属套电缆外护层中每一个数字所代表的主要材料及含义如表 1.4.4 和表 1.4.5 所示。

表 1.4.4　电缆通用外护层型号数字含义

第一个数字		第二个数字	
代号	铠装层类型	代号	外被层类型
0	无	0	无
1	钢带	1	纤维线包
2	双钢带	2	聚氯乙烯护套
3	细圆钢丝	3	聚乙烯护套
4	粗圆钢丝	4	—

表 1.4.5 非金属套电缆外护层的结构组成标准

表示符号	外护层机构		
	内衬型	铠装型	外被型
12	绕包型：塑料带或无纺布带 挤出型：塑料套	连锁铠装	聚氯乙烯外套
22		双钢带铠装	聚氯乙烯外套
23			聚乙烯外套
32		单细圆钢丝铠装	聚氯乙烯外套
33			聚乙烯外套
42	塑料套	单粗圆钢丝铠装	聚氯乙烯外套
43			聚乙烯外套
41			胶黏涂料-聚丙烯或电缆沥青 浸渍麻-电缆沥青-白垩粉
441		双粗圆钢丝铠装	
241		双钢带粗圆钢丝铠装	

还有一些变通标法，如外护层：11—裸金属护套一级外护套；12—钢带铠装一级外护层，20—裸钢带铠装一级外护层；13—细钢丝铠装一级外护层，130—裸细钢丝铠装一级外护层；15—粗钢丝铠装一级外护层，150—裸粗钢丝铠装一级外护层；21—钢带加固麻被护层；22—钢带铠装二级外护层；23—双钢带铠装二级外护层；25—粗钢丝铠装二级外护层；29—内钢带铠装有外护层；30—裸细钢丝铠装；39—内细钢丝铠装；50—裸粗钢丝铠装；59—内粗钢丝铠装。

电缆如今已衍生出新的阻燃电缆、耐火电缆、低烟无卤/低烟低卤电缆、防白蚁/老鼠电缆、耐油/耐寒/耐温/耐磨电缆、预分支电缆等，在电缆代号前加字母表示，字母含义如下：ZR—阻燃；NH—耐火；GZR—隔氧层阻燃；GNH—隔氧层耐火；GDL—隔氧层低卤；WLNH—无卤耐火；DLNH—低卤耐火；WD—低烟无卤；WDZ—低烟无卤阻燃；WDZN—低烟无卤阻燃耐火；FS—防水；H—耐寒；FYS—环保型防白蚁、防鼠；YDF—预分支。

表示方法举例：

ZR－YJ（L）V_{22}－3×120－10－300 表示铜（铝）芯交联聚乙烯绝缘、聚氯乙烯护套、双钢带铠装、三芯、120mm^2、电压 10kV、长度为 300m 的阻燃电力电缆。

NH－VV_{22}（3×25＋1×16）表示铜芯、聚氯乙烯绝缘和护套、双钢带铠装、三芯 25mm^2、一芯 16mm^2的耐火电力电缆。

GZR－VV（GZR－VLV）表示铜（铝）芯聚氯乙烯绝缘、聚氯乙烯护套、隔氧层阻燃电力电缆。

GDL－VV 表示铜芯聚氯乙烯绝缘、聚氯乙烯护套、隔氧层低卤电力电缆。

（2）电缆选择的一般原则。

1）电力电缆的导体材料可采用铜导体、铝或铝合金导体。对于涉及人身安全的重要回路（如消防、保安电源回路等），为确保供电的安全可靠，应采用铜导体电缆。电压等级 1kV 以上的电缆不宜选用铝合金导体。

2）低压电缆宜选用交联聚乙烯或聚氯乙烯挤塑绝缘类型，当环境保护有要求时，不得选用聚氯乙烯绝缘或聚氯乙烯外护层电缆。

3）高压交流电缆宜选用交联聚乙烯绝缘电缆，也可选用自容式充油电缆。

4）高压直流输电电缆可选用不滴流浸渍纸绝缘、自容式充油类型和适用高压直流电缆的交联聚乙烯绝缘类型，不宜选用普通交联聚乙烯绝缘类型。

5）移动式电气设备等经常弯曲移动或有较高柔软性要求的回路应选用橡皮绝缘、橡皮外护层等电缆。

6）放射性作用场所的电缆，选用交联聚乙烯或乙丙橡皮绝缘、聚氯乙烯或氯丁橡皮外护层等耐射线辐照强度的电缆。

7）60℃以上高温场所应按经受高温及其持续时间和绝缘类型要求，选用耐热聚氯乙烯、交联聚乙烯或乙丙橡皮绝缘等耐热型电缆；100℃以上高温环境宜选用矿物绝缘电缆。高温场所不宜选用普通聚氯乙烯绝缘电缆。

8）年最低温度在零下 15℃以下应按低温条件和绝缘类型要求，选用交联聚乙烯、聚乙烯、耐寒橡皮绝缘电缆。低温环境不宜选用聚氯乙烯绝缘电缆。

9）在人员密集场所或有低毒性要求的场所，应选用交联聚乙烯或乙丙橡皮等无卤绝缘、无卤外护层电缆，不应选用聚氯乙烯绝缘、聚氯乙烯外护层电缆。

10）在潮湿、含化学腐蚀环境或易受水浸泡的电缆，其金属套、加强层、铠装上应有聚乙烯外护层，水中电缆的粗钢丝铠装应有挤塑外护层。

11）在地下客运、商业设施等安全性要求高且鼠害严重的场所，空气中固定敷设电缆时，塑料绝缘电缆应具有金属包带或钢带铠装。

12）直埋敷设的电缆承受较大压力或有机械损伤危险时，应具有加强层或钢带铠装。

13）保护管中敷设的电缆应具有挤塑外护层。

14）地铁工程中的地下电力电缆和数据通信线缆、城市综合管廊工程中的电力电缆应采用燃烧性能不低于 B_1 级的电缆或阻燃型电线。

（3）衍生电缆特性。根据《电力工程电缆设计标准》GB 50217—2018 等，衍生电缆特性为：

1）阻燃电缆。具有规定的阻燃性能（如阻燃特性、烟密度、烟气毒性、耐腐蚀性）的电缆。根据阻燃材料的不同，阻燃电缆分为含卤（多为低卤）阻燃电缆及无卤低烟阻燃电缆两大类。具有火灾时低烟、低毒和低腐蚀性酸气释放的特性，不含（或含有低量）卤素并只有很小的火焰蔓延。

2）耐火电缆。具有规定的耐火性能（如线路完整性、烟密度、烟气毒性、耐腐蚀性）的电缆。在结构上带有特殊耐火层，与一般电缆相比，具有优异的耐火耐热性能，适用于高层及安全性能要求高的场所的消防设施。

耐火电缆与阻燃电缆的主要区别是耐火电缆在火灾发生时能维持一段时间的正常供电，而阻燃电缆不具备这个特性。耐火电缆主要使用在应急电源至用户消防设备、火灾报警设备、通风排烟设备、疏散指示灯、紧急电源插座、紧急用电梯等供电回路。

3）隔氧层耐火（阻燃）电力电缆。主要是在电缆绝缘线芯与电缆外护套之间填一层无机金属水合物，具有无毒、无嗅、无卤素的白色胶状物，当电缆遇到火焰时，原先呈软性的金属水合物逐渐转化成不熔也不燃的金属氧化物。金属氧化物包覆在绝缘线芯外，隔绝了灼热的氧气对内层绝缘有机物的侵蚀，使内层绝缘物无法燃烧。与普通电缆相比，电缆外径增加 3mm 左右，重量增大 4%～8%。

4）防水电缆。其绝缘层、填充层以及护套层均采用高密度防水橡皮，故具有很强的防水性能。适用于潜水泵、水下作业、喷水池、水中景光灯等水处理设备。

5）耐寒电缆。广泛应用于恶劣的高寒环境，在高寒气候下仍能保持良好的弹性和弯曲性能。

（4）几种常用电缆。

1）VV（VLV）型：铜（铝）芯聚氯乙烯绝缘聚氯乙烯护套电力电缆，由于聚氯乙烯塑料价格便宜，物理机械性能较好，挤出工艺简单，但绝缘性能一般，因此大量用来制造 1kV 及以下的低压电力电缆，供低压配电系统使用。如采用加了电压稳定剂的绝缘材料，允许生产 6kV 级的电缆。该电缆长期工作温度不超过 70℃，电缆导体的最高温度不超过 160℃，短路最长持续时间不超过 5s，施工敷设最低温度不得低于 0℃，最小弯曲半径不小于电缆直径的 10 倍。

常用于室内的电缆槽盒、线槽、穿管敷设，额定电压 0.6/1kV 的该型电缆及其衍生电缆有 VV（VLV）、ZR－VV（ZR－VLV）、GZR－VV（GZR－VLV）、GDL－VV、NH－VV 等。

常用于室外的电缆直埋、电缆沟敷设、隧道内敷设、穿管敷设，额定电压 0.6/1kV 的该型电缆及其衍生电缆有 VV_{22}（VLV_{22}）、VV_{22}－TP（VLV_{22}－TP）、NH－VV_{22}等。

2）YJV（YJLV）型：铜（铝）芯交联聚乙烯绝缘电力电缆。简称 XLPE 电缆，它是利用化学或物理的方法使电缆的绝缘材料聚乙烯塑料的分子由线型结构转变为立体的网状结构，即把原来是热塑性的聚乙烯转变成热固性的交联聚乙烯塑料，从而大幅提高了电缆的耐热性能和使用寿命，仍保持其优良的电气性能。

交联聚乙烯绝缘电力电缆电场分布均匀，没有切向应力，耐高温（90℃），与聚氯乙烯绝缘电力电缆截面相等时载流量大，重量轻，接头制作简便，无敷设高差限制，适宜于高层建筑。近 20 年来，已成为我国中、高压电力电缆的主导品种，可适用于 6～330kV 的各个电压等级。

常用于室内的电缆槽盒、线槽、穿管敷设，额定电压 0.6/1kV 的该型电缆及其衍生电缆有 ZR－YJV（ZR－YJLV）、GZR－YJV、NH－YJV、GNH－YJV、GNH－YJE、WLNH－YJE、WDZ－YJY、WDZH－YJY 等。

常用于室外的电缆直埋、电缆沟敷设、隧道内敷设、穿管敷设，额定电压 0.6/1kV 的该型电缆及其衍生电缆有 YJV_{22}（$YJLV_{22}$）、NH－YJV_{22}等。

3）橡皮绝缘电力电缆。是一种柔软的、使用中可以移动的电力电缆，主要用于经常需要变动敷设位置的场合。采用天然橡胶绝缘，电压等级主要是 1kV，也可生产 6kV 级。

4）架空绝缘电缆。实质上是一种带有绝缘的架空导线，由于仍架设在电杆上，其绝缘设计裕度可小于电力电缆。绝缘可采用聚氯乙烯或交联聚乙烯。一般制成单芯，但也可将 3～4 相绝缘芯绞合成一束，不加护套，称为集束型架空电缆。

5）矿物绝缘电缆。按照《矿物绝缘电缆敷设技术规程》JGJ 232—2011 的规定，矿物绝缘电缆是用普通退火铜作为导体，氧化镁作为绝缘材料，普通退火铜或铜合金材料作为护套的电缆。适用于工业、民用、国防及其他如高温、腐蚀、核辐射、防爆等恶劣环境中；也适用于工业、民用建筑的消防系统、救生系统等必须确保人身和财产安全的场合。矿物绝缘电缆应具有不低于 B_1 级的难燃性能。

矿物绝缘电缆可在高温下正常运行，当沿墙、支架、顶板等明敷，与其他种类电缆共同敷设在同一桥架、竖井、电缆沟、电缆隧道内，敷设在其他由于电缆护套温度过高易引起人员伤害或设备损坏的场所，电缆载流量应按工作温度为 70℃选择；单独敷设与桥架、电缆沟、穿管等无人触及的场所，电缆载流量宜按工作温度 105℃选择。

矿物绝缘电缆按结构可以分为刚性和柔性两种。国家标准中，刚性矿物电缆有：

BTTQ（BTTZ）——轻型（重型）铜芯铜护套矿物绝缘电缆。

BTTVQ（BTTVZ）——轻型（重型）铜芯铜护套矿物绝缘聚氯乙烯外套电缆。

WD-BTTYQ（WD-BTTYZ）——轻型（重型）铜芯铜护套矿物绝缘低烟无卤外套电缆。

其中，轻型电缆用于额定电压 0.5kV，截面面积为 1.5～4.0mm^2；重型电缆用于额定电压 0.75kV，截面面积为 1.5～240mm^2。

按照国家标准《额定电压 0.6/1kV 及以下云母带矿物绝缘波纹铜护套电缆及终端》GB/T 34926—2017 的规定，柔性矿物电缆有 RTTZ、RTTYZ、RTTVZ，电压等级为 0.6/1kV 或 450/750V。

6）预制分支电缆。是工厂在生产主干电缆时按用户设计图纸预制分支线的电缆，分支线预先制造在主干电缆上，分支线截面大小和分支线长度等是根据设计要求决定。预分支电缆是高层建筑中母线槽供电的替代产品，具有供电可靠、安装方便、占建筑面积小、故障率低、价格便宜、免维修维护等优点，广泛应用于高中层建筑、住宅楼、商厦、宾馆、医院的电气竖井内垂直供电，也适用于隧道、机场、桥梁、公路等额定电压 0.6/1kV 配电线路中。预分支电缆按应用类型分普通型、绝缘型和耐火型三种类型。

用于室内的电缆槽盒、线槽、穿管敷设，额定电压 0.6/1kV 的该型电缆及其衍生电缆有：

YDF-VV（YDF-ZR-VV）——铜芯聚氯乙烯绝缘聚氯乙烯护套（阻燃）预制分支电缆。

YDF-YJV（YDF-ZR-YJV）——铜芯交联聚乙烯绝缘聚氯乙烯护套（阻燃）预制分支电缆。

7）穿刺分支电缆。采用 IPC 绝缘穿刺线夹由主干电缆分接，不需剥去电缆的绝缘层即可做电缆分支，接头完全绝缘，且接头耐用，耐扭曲，防震、防水、防腐蚀老化，安装简便可靠，可以在现场带电安装，不需使用终端箱、分线箱，而且主干电缆从 10～120mm^2，分支电缆从 10～95mm^2 任意组合选用。

2. 控制电缆

控制电缆适用于交流 50Hz，额定电压 450/750V，600/1 000V 及以下的工矿企业、现代化高层建筑等的远距离操作、控制、信号及保护测量回路。作为各类电气控制装置及自动化仪表装置之间的连接线，起着传递各种电气信号、保障系统安全、可靠运行的作用。

控制电缆应采用铜质、多芯电缆，当芯线截面为 1.5mm^2 和 2.5mm^2 时，电缆芯数不宜超过 24 芯；当芯线截面为 4mm^2 和 6mm^2 时，电缆芯数不宜超过 10 芯。控制电缆宜留有备用芯线。备用芯线宜结合电缆长度、芯线截面及电缆敷设条件等因素综合考虑。

依据《电力工程电缆设计标准》GB 50217—2018，控制电缆的截面在强电控制回路中不应小于 1.5mm^2，在弱电控制回路中不应小于 0.5mm^2。

控制电缆按工作类别可分为普通、阻燃（ZR）、耐火（NH）、低烟低卤（DLD）、低烟无卤（DW）、隔氧层阻燃类（GZR）、耐温类、耐寒类控制电缆等。控制电缆表示方法如表 1.4.6 所示。部分常用控制电缆型号、名称及适用范围如表 1.4.7 所示。

表 1.4.6　控制电缆表示方法

类别用途	导体	绝缘材料	护套、屏蔽特征	外护层	派生、特征
K：控制电缆	T：铜芯 L：铝芯	Y：聚乙烯 V：聚氯乙烯 X：橡皮 YJ：交联聚乙烯	Y：聚乙烯 V：聚氯乙烯 F：氯丁胶 Q：铅套 P：编织屏蔽	02，03 20，22 23，30 32，33	80，105 1—铜丝缠绕屏蔽 2—铜带绕包屏蔽

注：铜芯代码字母“T”在型号中一般省略。

表 1.4.7　部分常用控制电缆型号、名称及适用范围

型号	名称	适用范围
KVV（KYJV）	铜芯聚氯乙烯（交联聚乙烯）绝缘聚氯乙烯护套控制电缆	适用于室内、电缆沟、管道等固定场合
KVVP（KYJVP）	铜芯聚氯乙烯（交联聚乙烯）绝缘聚氯乙烯护套纺织屏蔽控制电缆	适用于室内、电缆沟、管道等要求屏蔽的固定场合
KVVP2（KYJVP2）	铜芯聚氯乙烯（交联聚乙烯）绝缘聚氯乙烯护套铜带屏蔽控制电缆	
KVV22（KYJV22）	铜芯聚氯乙烯（交联聚乙烯）绝缘聚氯乙烯护套钢带铠装控制电缆	适用于室内、电缆沟、管道、直埋等承受较大机械外力的固定场合
KVVP2－22（KYJVP2－22）	铜芯聚氯乙烯（交联聚乙烯）绝缘聚乙烯护套铜带屏蔽钢带铠装控制电缆	
KVV32（KYJV32）	铜芯聚氯乙烯（交联聚乙烯）绝缘聚氯乙烯护套钢丝铠装控制电缆	适用于高落差地区，能承受机械外力和相当的机械拉力

控制电缆金属屏蔽选择时，强电回路控制电缆除位于高压配电装置或与高压电缆紧邻并行较长需抑制干扰外，可不含金属屏蔽；弱电信号、控制回路的控制电缆，当位于存在干扰影响的环境又不具备有效抗干扰措施时，应具有金属屏蔽；微机型继电保护及计算机监控系统二次回路的电缆应采用屏蔽电缆；控制和保护设备的直流电源电缆应采用屏蔽电缆。

（三）母线及桥架

1. 母线

母线是各级电压配电装置中的中间环节，它的作用是汇集、分配和传输电能。主要用于电厂发电机出线至主变压器、厂用变压器、变配电室以及配电箱之间的电气主回路的连接，又称它为汇流排。

母线分为裸母线和封闭母线两大类。裸母线分为两类：一类是软母线（多股铜绞线或钢芯铝线）用于电压较高（350kV 以上）的户外配电装置；另一类是硬母线，用于电压较低的户内外配电装置和配电箱之间电气回路的连接，形状有矩形、槽形和管形。铜、铝母线型号、名称及机械性能如表 1.4.8 所示。

表 1.4.8　铜、铝母线型号、名称及机械性能

型号	状态	名称	全部规格		
			布氏硬度 HB	抗拉强度/(N/mm^2)	伸长率/%
TMR TMY	O 退火的 H 硬的	软铜母线 硬铜母线	≥65	≥206	≥35
LMR LMY	O 退火的 H 硬的	软铝母线 硬铝母线	—	≥68.6 ≥118	≥20 ≥3

封闭母线是用金属外壳将导体连同绝缘等封闭起来的母线。封闭母线包括离相封闭母线、共箱（含共箱隔相）封闭母线和电缆母线，广泛用于发电厂、变电所、工业和民用电源的引线。

2. 桥架

桥架由托盘、梯架的直线段、非直线段、附件以及支吊架组合构成，用于支撑电缆的具有连接的刚性结构系统，广泛应用在发电厂、变电站、工矿企业、各类高层建筑、大型建筑及各种电缆密集场所或电气竖井内，集中敷设电缆，使电缆安全可靠运行，减少外力对电缆的损害并方便维修。电缆桥架具有制作工厂化、系列化、质量容易控制、安装方便等优点。

桥架按制造材料分类分为钢制桥架、铝合金桥架、玻璃钢阻燃桥架等，按结构形式分为梯级式、托盘式、槽式（槽盒）、组合式。

托盘指带有连续底盘和翻边但没有盖子的电缆支撑物。梯架指带有牢固地固定在纵向主支撑组件上的一系列横向支撑构件的电缆支撑物。槽盒指用于将绝缘导线、电缆、软电线完全包围起来且带有可移动盖子的底座组成的封闭外壳。

电缆托盘、梯架布线适用于电缆数量较多或较集中的场所；金属槽盒布线一般适用于正常环境的室内明敷工程，不宜在有严重腐蚀及宜受严重机械损伤的场所采用。有盖的封闭金属槽盒可在建筑物顶棚内敷设；难燃封闭槽盒用于电缆防火保护，属轻型封闭式，能阻断燃烧火焰，能维持盒内电缆正常的工作，并具有耐腐蚀、耐油、耐水、强度高、安装简便等优点，适合含潮湿、盐雾、有化学气体和严寒、酷热等各种环境条件下使用，或应用于发电厂、变电所、供电隧道、工矿企业等电缆密集场所，以防止电缆着火延燃和满足重要电缆回路防火、耐火分隔。

耐火槽盒在槽盒主体和盖板的内侧设置无机耐火隔板或在槽盒的内、外喷涂防火涂料，槽盒表面经过喷塑、电镀锌、电镀锌加喷塑或热镀锌处理。

母线槽、电缆桥架穿越建筑物变形缝处时，应设置补偿装置。

二、有线通信材料及器材

有线传输常用双绞线、同轴电缆和光缆等为介质。传输介质是设备、终端间连接的中间介质，也是信号传输的媒体。接续设备是系统中各种连接硬件的统称，包括连接器、连接模块、配线架、管理器等。其中双绞线和同轴电缆传输电信号，光缆传输光信号。

（一）通信电缆

通信电缆是指传输电话、电报、传真文件、电视和广播节目、数据和其他电信号的电缆。由一对以上相互绝缘的导线绞合而成，包括室内通信电缆、数字通信对称电缆和同轴（干线）通信电缆，传输频率为音频几千兆赫。通信电缆具有通信容量大、传输稳定性高、保密性好、少受自然条件和外部干扰影响等优点。

通信电缆常用部分型号和含义见表 1.4.9。

表 1.4.9 通信电缆常用部分型号和含义

类别、用途	导体	绝缘层	内护层	特征	外护层	派生
H：市内话缆 HB：通信线 HD：铁道电气化电缆 HE：长途通信电缆 HJ：局用电缆 HO：同轴电缆 HR：电话软线 HP：配线电缆	G：钢芯 L：铝芯 T：铜芯（省略）	F：复合物 SB：纤维 V：聚氯乙烯 X：橡皮 Y：聚乙烯 YF：泡沫聚乙烯	B：棉纱编织 F：复合物 H：橡套 HF：非燃性橡套 L：铝包 LW：皱纹铝管 Q：铅包 V：塑料 VV：双层塑料 Z：纸（省略）	C：自承式 D：带形 E：话务员耳机用 G：工业用 J：交换机用 P：屏蔽 R：柔软 S：水下 T：弹簧型 Z：综合型	0：相应的裸外护层 1：一级防腐 1：麻被护层 2：二级防腐 2：钢带铠装麻被 3：单层细钢丝铠装麻被 4：双层细钢丝铠装麻被 5：单层粗钢丝铠装麻被 6：双层粗钢丝铠装麻被	1：第一种 2：第二种 18：18 芯 252：252kHz

室内电话通信系统常用 4 芯和 2 芯平行电缆，其材质一般为铜材料。线缆型号有：HYV2×1/0.4CCS、HYV4×1/0.4CCS、HYV2×1/0.4BC、HYV2×1/0.5BC、HYV4×1/0.4BC、HYV4×1/0.5BC、HSYV2×2×0.5BC，其中 CCS 为铜包钢、BC

为全铜。举例说明：

HYV2×1/0.4CCS 中，2 代表 2 芯、1/0.4CCS 代表单支 0.4mm 直径的铜包钢导体。

HYV4×1/0.5BC 中，4 代表 4 芯、1/0.5BC 代表单支 0.5mm 直径的纯铜导体。

HSYV2×2×0.5BC 中，S 代表双绞，2×2 代表 2 对（4 芯）双绞、0.5 代表单支 0.5mm 直径的导体。

双绞电话线与普通的平行电话线相比，传输速度提高，功率损耗更低。

（二）通信光缆

光缆主要是由光导纤维（细如头发的玻璃丝）和塑料保护套管及塑料外皮构成，光缆内没有金属导线，一般无回收价值。光缆是一定数量的光纤按照一定方式组成缆芯，外包有护套，有的还包覆外护层，用于实现光信号传输的一种通信线路。用光缆传输电视信号具有传输损耗小、频带宽、传输容量大、频率特性好、抗干扰能力强、安全可靠等优点，因此通信光缆已逐渐替代了部分通信电缆。

光纤是由中心的纤芯和外围的包层同轴组成的圆柱形细丝。纤芯是一种能够传导光信号的极细而柔软的直径 50～150μm 导光介质，其折射率比包层稍高，损耗比包层更低，光能量主要在纤芯内传输。有许多种玻璃和塑料可用来制造光导纤维。

光缆及光纤型号和含义见表 1.4.10。

表 1.4.10 光缆及光纤型号和含义

光缆型号构成		代号	含义
Ⅰ	分类	GY	通信用室（野）外光缆
		GM	通信用移动式光缆
		GJ	通信用室（局）内光缆
		GS	通信用设备内光缆
		GH	通信用海底光缆
		GT	通信用特殊光缆
Ⅱ	加强构件	无	金属加强构件
		F	非金属加强构件
		G	金属重型加强构件
Ⅲ	光缆结构特性	S	光纤松套被覆结构
		J	光纤紧套被覆结构
		D	光纤带结构
		无	层绞式结构
		G	骨架槽结构
		X	缆中心管（被覆）结构
		T	填充式结构
		B	扁平结构
		Z	阻燃
		C	自承式结构

续表 1.4.10

光缆型号构成			代号	含义
Ⅳ	护套		Y	聚乙烯
			V	聚氯乙烯
			F	氟塑料
			U	聚氨酯
			E	聚酯弹性体
			A	铝带-聚乙烯黏结护层
			S	钢带-聚乙烯黏结护层
			W	夹带钢丝的钢带-聚乙烯黏结护层
			L	铝
			G	钢
			Q	铅
Ⅴ	外护层	铠装层	0	无铠装
			2	双钢带
			3	细圆钢丝
			4	粗圆钢丝
			5	皱纹钢带
			6	双层圆钢丝
		外被层或外套	1	纤维外护套
			2	聚氯乙烯护套
			3	聚乙烯护套
			4	聚乙烯护套加敷尼龙护套
			5	聚乙烯管
Ⅵ	光纤	芯数		直接由阿拉伯数字写出
Ⅶ	光纤	类别	A	多模光纤（因模间色散的原因不能进行长距离光传输，几乎被淘汰）
			B	单模光纤
			B1.1（B1）	非色散位移型光纤
			B1.2	截止波长位移型光纤
			B2	色散位移型光缆
			B4	非零色散位移光纤

按光在光纤中的传输模式可分为多模光纤（用A表示）和单模光纤（用B表示）。

1. 多模光纤

中心玻璃芯较粗（50μm或62.5μm），可传多种模式的光。多模光纤耦合光能量大，发散角度大，对光源的要求低，能用光谱较宽的发光二极管（LED）作光源，有较高的性能价格比。缺点是传输频带较单模光纤窄，多模光纤传输的距离比较近，一般只有几千米。

2. 单模光纤

由于芯线特别细（约为 10μm），只能传一种模式的光，故称为单模光纤。单模光纤的优点是其模间色散很小，传输频带宽，适用于远程通信，每千米带宽可达 10GHz。缺点是芯线细，耦合光能量较小，光纤与光源以及光纤与光纤之间的接口比多模光纤难；单模光纤只能与激光二极管（LD）光源配合使用，而不能与发散角度较大、光谱较宽的发光二极管（LED）配合使用。所以单模光纤的传输设备较贵。

光纤只导光不导电，不怕雷击，也不需用接地保护，而且保密性好。光纤损耗小，一般短波长（0.85μm）的损耗为 2～3dB/km，长波长（1.3μm）的损耗为 0.5dB/km，波长（1.55μm）的损耗为 0.2dB/km，且损耗和带宽不受环境温度影响。

（三）双绞线（双绞电缆）

双绞线是由两根绝缘的导体扭绞封装在一个绝缘外套中而形成的一种传输介质，通常以“对”为单位，并把它作为电缆的内核，根据用途不同，其芯线要覆以不同的护套。扭绞的目的是使对外的电磁辐射和遭受外部的电磁干扰减少到最小。

双绞线按其电气特性的不同进行分级或分类。根据美国电子工业协会/通信工业协会（EIA/TIA）的规定，各类双绞线和双绞电缆的分类和应用范围见表 1.4.11。

表 1.4.11　各类双绞线和双绞电缆的分类和应用范围

分类或型号	描述性名称	技术参数	应用范围
1 类线	ANSI/EIA/TIA－568A 标准中最原始的非屏蔽双绞铜线电缆	最高频率带宽为 750kHz	模拟话音、数字话音，用于电话语音通信
2 类线	ANSI/EIA/TIA－568A 和 ISO 2 类/A 级标准中第一个可用于计算机网络数据传输的非屏蔽双绞线电缆	传输频率为 1MHz，传输速率达 4Mb/s	主要用于旧的令牌网
3 类线	ANSI/EIA/TIA－568A 和 ISO 3 类/B 级标准中专用于 10BASE－T 以太网络的非屏蔽双绞线电缆	传输频率为 16MHz，传输速率可达 10Mb/s	专用于 10BASE－T 以太网络和 4Mb/s 令牌环，目前已淡出市场
4 类线	ANSI/EIA/TIA－568A 和 ISO 4 类/C 级标准中用于令牌环网络的非屏蔽双绞线电缆	传输频率为 20MHz，传输速率达 16Mb/s	主要用于基于令牌的局域网和基于 10BASE－T/100BASE－T 标准的以太网，未被广泛采用
5 类线	ANSI/EIA/TIA－568A 和 ISO 5 类/D 级标准中用于运行 CDDI（CDDI 是基于双绞铜线的 FDDI 网络）和快速以太网的非屏蔽双绞线电缆	传输频率为 100MHz，传输速率达 100Mb/s	主要应用于 100BASE－T/1000BASE－T 标准的以太网，是常用的以太网电缆

续表 1.4.11

分类或型号	描述性名称	技术参数	应用范围
超 5 类线	5 类线的改进版	比 5 类线衰减小，串扰少，更高的衰减与串扰的比值（ACR）和信噪比、更小的时延误差，性能得到很大提高	主要应用于千兆位以太网
6 类线	ANSI/EIA/TIA-568B.2 和 ISO 6 类/E 级标准中规定的一种非屏蔽双绞线电缆	传输频率可达 200～250MHz，是超 5 类线带宽的 2 倍，最大速率可达到 1 000Mb/s，满足千兆位以太网需求	主要应用于百兆位快速以太网和千兆位以太网中
超 6 类线	6 类线的改进版，同样是 ANSI/EIA/TIA-568B.2 和 ISO 6 类/E 级标准中规定的一种非屏蔽双绞线电缆	传输频率方面与 6 类线一样，也是 200～250MHz，最大传输速率也可达到 1 000Mb/s，只是在串扰、衰减和信噪比等方面有较大改善	主要应用于千兆位以太网
7 类线	ISO 7 类/F 级标准中最新的一种双绞线，不再是一种非屏蔽双绞线了，而是一种屏蔽双绞线	传输频率至少可达 500MHz，又是 6 类线和超 6 类线的 2 倍以上，传输速率可达 10Gb/s	主要应用于万兆位以太网

注：1. 10BASE-T 网络于 20 世纪 90 年代开始使用，10 代表传输速率为 10Mbit/s，Base 代表基带，T 代表双对绞线。

2. 目前可供使用的双绞线（双绞电缆）多为 8 芯（4 对），在采用 10Base-T 的情况下，只用 2 对（1、2 芯为接收对，3、6 芯为发送对），另外 2 对（4、5、7、8 芯）不用。

3. 10BASE-T 网络的物理结构是星形，所有工作站（TC）都与中心的集线器（Hub）相连，使用对绞线 2 对，1 对用于发送数据，1 对用于接收数据。集线器与工作站之间的对绞线相连时，所用的连接器称为 RJ45，它由 RJ45 插座（又称 MAU、MDI 连接器、媒体连接单元或媒体相关接口连接器）和 RJ45 插头（又称对绞线链路段连接器）组成。规定插头连接器端接在对绞线上，插座连接器安装在网卡上或集线器中。

4. 10BASE-T 的对绞线应选用直径为 0.4～0.65mm 的非屏蔽导线，在网卡和集线器间使用两对线，其最大长度为 100m。

双绞线（双绞电缆）分屏蔽和非屏蔽两种。

1. 屏蔽双绞线

根据屏蔽方式的不同，屏蔽双绞线又分为两类，即 STP（Shielded Twisted-Pair）和 FTP（Foil Twisted-Pair）。STP 是指每条线都有各自屏蔽层的屏蔽双绞线，而 FTP 则是采用整体屏蔽的屏蔽双绞线。

屏蔽双绞线电缆的外层由铝箔包裹，以减小辐射，但并不能完全消除辐射。屏蔽双绞线价格相对较高，安装时要比非屏蔽双绞线电缆困难。类似于同轴电缆，它必须配有支持屏蔽功能的特殊连结器和相应的安装技术。但它有较高的传输速率，100m 内可达到 155Mbps。

2. 非屏蔽双绞线

非屏蔽双绞线电缆是由多对双绞线和一个塑料外皮构成。国际电气工业协会为双绞线电缆定义了五种不同的质量级别。计算机网络中常使用的是第三类和第五类以及超五类以及目前的六类非屏蔽双绞线电缆。第三类双绞线适用于大部分计算机局域网络，而第五、六类双绞线利用增加缠绕密度、高质量绝缘材料，极大地改善了传输介质的性质。

双绞线可以分为：1 类、2 类、3 类、4 类、5 类、超 5 类、6 类、超 6 类、7 类共 9 种双绞线类型。类型数字越大，版本越新、技术越先进、带宽也越宽，价格也越贵。双绞线技术标准都是由美国通信工业协会（TIA）制定的，其标准是 EIA/TIA-568B。

(四) 同轴电缆

同轴电缆是指有两个同心导体，而导体和屏蔽层又共用同一轴心的电缆。有线通信系统中大量使用同轴电缆作为传输介质，同轴电缆性能的好坏，将直接影响到系统的质量。

同轴电缆由同轴结构的内外导体构成，芯线为单股或多股铜线，外包绝缘物，绝缘物外面为用金属丝编织网或金属箔，最外面用塑料护套或其他特种护套保护。

电缆的芯线越粗，其损耗越小。长距离传输多采用内导体粗的电缆。同轴电缆的损耗与工作频率的平方根成正比。电缆的衰减与温度有关，随着温度增高，其衰减值也增大。我国对电缆型号的符号标注由四部分组成，如图 1.4.2 所示。

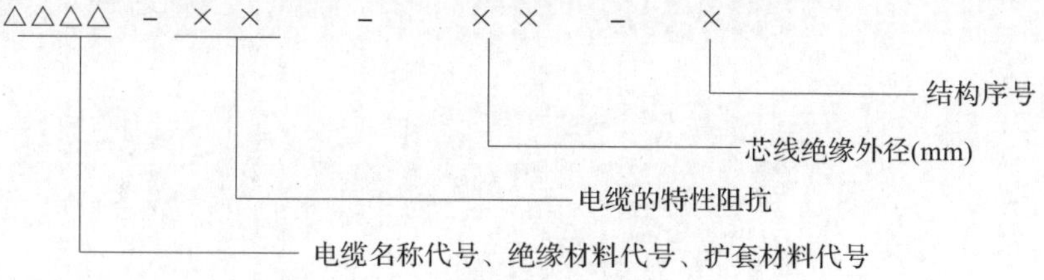

图 1.4.2　电缆型号的符号标注

电缆名称代号、绝缘材料代号、护套材料代号见表 1.4.12。

表 1.4.12　字母代号含义

字母		绝缘材料		护套材料	
符号	含义	符号	含义	符号	含义
S	同轴射频电缆	Y	聚乙烯	V	聚氯乙烯
SE	对称射频电缆	W	稳定聚乙烯	Y	聚乙烯
SJ	强力射频电缆	F	氟塑料	F	氟塑料
SG	高压射频电缆	X	橡皮	M	棉纱
SZ	延迟射频电缆	I	聚乙烯空气绝缘	B	玻璃丝编织浸硅
ST	特性射频电缆	D	稳定聚乙烯空气绝缘	H	橡皮
SS	电视电缆	K	藕芯	—	—

例如，SYV—75-3-1型电缆表示同轴射频电缆，聚乙烯绝缘，聚氯乙烯护套，特性阻抗为75Ω，芯线绝缘外径为3mm，结构序号为1。

目前有两种广泛使用的同轴电缆，一种是50Ω电缆，用于数字传输，由于多用于基带传输，也叫基带同轴电缆；另一种是75Ω电缆，用于模拟传输，也叫宽带同轴电缆。使用有线电视电缆进行模拟信号传输的同轴电缆系统被称为宽带同轴电缆。在计算机网络中，宽带电缆是指任何使用模拟信号进行传输的电缆网。

同轴电缆的带宽取决于电缆长度。1km的电缆可以达到1～2Gbit/s的数据传输速率。还可以使用更长的电缆，但是传输率要降低或使用中间放大器。目前，同轴电缆大量被光纤取代，但仍广泛应用于有线电视和某些局域网。

50Ω基带同轴电缆主要用于基带信号传输，传输带宽为1～20MHz，总线型以太网就是使用50Ω同轴电缆，在以太网中，50Ω细同轴电缆的最大传输距离为185m，粗同轴电缆可达1 000m。

75Ω宽带同轴电缆常用于CATV网，故称为CATV电缆，传输带宽可达1GHz，目前常用CATV电缆的传输带宽为750MHz。

免费听课

第二章　安装工程施工技术

第一节　切割和焊接

一、切割

切割是把原材料截断或者按形状分离而得到毛坯，是焊接生产前备料工序的重要加工方法。常用的切割方法有机械切割、火焰切割、电弧切割、激光切割和水刀切割等。

（一）机械切割

机械切割方法是利用机械方法将工件切断。常用的切割机械主要有剪板机、弓锯床、砂轮切割机、钢筋切断机、电动割管套丝机等。

（1）剪板机是借助于运动的上刀片和固定的下刀片，采用合理的刀片间隙，对各种厚度的金属板材施加剪切力，使板材按所需要的尺寸断裂分离。剪板机主要用于金属板材的切断加工。

（2）弓锯床是以锯条为刀具，利用装有锯条的弓锯作往复运动，以锯架绕一支点摆动的方式进给，锯切金属圆料、方料、管料和型材，是机加工行业的标配。该机床结构简单，体积小，但效率较低。

（3）砂轮切割机采用高速旋转的砂轮片切割钢材。砂轮片是用纤维、树脂或橡胶将磨料黏合制成的。砂轮切割机使用轻巧灵活，简单便捷，在各种场合得到广泛使用，尤其在建筑工地上和室内装修中使用较多。主要用来对一些小直径尺寸的方管、圆管、扁钢、槽钢等型材进行切断加工。但其生产效率低、加工精度低，安全稳定性较差。

（4）钢筋切断机是一种剪切钢筋的机械。主要用于房屋建筑、桥梁、隧道、电站、大型水利等工程中对钢筋的定长切断。与其他切断设备相比，具有重量轻、耗能少、工作可靠、效率高等特点。

（5）电动割管套丝机是用于加工管道外螺纹的电动工具。主要用于 *DN*150 以下钢管管螺纹的加工。它使管道安装时的管螺纹加工变得轻松、快捷，降低了管道安装工人的劳动强度。

（二）火焰切割

火焰切割是利用可燃气体在氧气中剧烈燃烧及被切割金属燃烧所产生的热量而实现连续切割的方法。其工作原理是用氧气与可燃气体混合后燃烧形成的高温火焰，将被割金属表面加热到燃点，然后喷出高速切割氧流，使金属剧烈氧化燃烧并放出大量热量，高压切割氧流同时将氧化燃烧形成的熔渣从割口间隙中吹除，形成割口，随着割炬向前移动使工件形成切口。

火焰切割按所使用的燃气种类，可分为氧-乙炔火焰切割（俗称气割）、氧-丙烷火焰切割、氧-氢火焰切割、氧熔剂切割。实际生产中应用最广的是氧-乙炔火焰切割和氧-丙烧火焰切割。

火焰切割过程包括预热→燃烧→吹渣三个阶段，但并不是所有金属都能满足该过程的要求，可以被气割的金属应该符合下列条件：

（1）金属在氧气中的燃烧点应低于其熔点。

（2）金属燃烧生成氧化物的熔点应低于金属的熔点，且流动性要好。

（3）金属在切割氧流中的燃烧应是放热反应，且金属本身的导热性要低。

符合上述条件的金属有纯铁、低碳钢、中碳钢、低合金钢。其他常用的金属材料如铸铁、不锈钢、铜和铝，由于不满足这三个条件，所以不能采用气割。这些材料常用的切割方法是等离子弧切割。

1. 氧-乙炔火焰切割

氧-乙炔火焰的最高温度可达 3 300℃，对金属表面的加热速度较快。采用不同规格的割炬和割嘴，可以切割不同厚度的低碳钢、中碳钢和低合金钢。氧-乙炔火焰切割是一种传统的切割方法，应用相当广泛，切割厚度的范围为 3～150mm。但如果钢材中含有铬，镍，钼等抗氧化的合金元素且含量过高时，如不锈钢、工具钢等就必须采用氧熔剂切割或等离子弧切割。

氧-乙炔火焰切割由于安全性差，对环境污染严重和乙炔气制取成本高等原因，正逐步被氧-丙烷火焰切割所取代。

2. 氧-丙烷火焰切割

采用氧-丙烷火焰作为预热火焰的切割方法称为氧-丙烷火焰切割。氧-丙烷火焰切割与氧-乙炔火焰切割相比具有以下优点：

（1）丙烷的点火温度为 580℃，大幅高于乙炔气的点火温度（305℃），且丙烷在氧气或空气中的爆炸范围比乙炔窄得多，故氧-丙烷切割的安全性大幅高于氧-乙炔火焰切割。

（2）丙烷气是石油炼制过程的副产品，成本低廉，易于液化和灌装，对环境污染小。

（3）氧-丙烷火焰温度适中，当选用合理的切割参数切割时，切割面上缘无明显的烧塌现象，下缘不挂渣，切割面的粗糙度优于氧-乙炔火焰切割。

氧-丙烷火焰切割的缺点是火焰温度比较低（2 520℃左右），切割预热时间略长，氧气的消耗量也高于氧-乙炔火焰切割，但总的切割成本远低于氧-乙炔火焰切割。

3. 氧-氢火焰切割

氧-氢火焰切割是利用电解水装置产生的氢-氧混合气做燃料的一种火焰切割方法。氢-氧焰温度可达 3 000℃，火焰集中，割口表面光洁度高，无烧塌和圆角现象，不结渣。氧-氢火焰切割具有以下优点：

（1）成本较低。利用氧-氢火焰切割钢材，燃气费用仅为乙炔的 20%，丙烷的 30%～40%，且无须搬运和更换气瓶，减轻了劳动强度，提高了工时利用率。

（2）安全性好。氢-氧发生装置产生的气体压力较低，管理要求低，并设有多级安全保护，以确保操作安全性。由于气体不储存，即产即用，安全性比钢瓶燃气要高。

（3）环保。生产过程无污染，氢气-氧气燃烧后的产物为水，无毒、无味、无烟，给操作工人一个清爽的工作环境。

4. 氧熔剂切割

氧熔剂切割是一种火焰切割方法，是在切割氧流中加入纯铁粉或其他熔剂，利用它们的燃烧热和造渣作用进行切割。此种切割方法烟尘少，切断面无杂质，主要用于切割较厚的不锈钢型材和铸造冒口。

氧熔剂切割虽然设备比较复杂，但在没有等离子弧切割设备的场合，是切割一些难切割材料（如不锈钢、耐热钢等）的快速和经济的切割方法。

（三）电弧切割

电弧切割按生成电弧的不同可分为等离子弧切割和碳弧气割。

1. 等离子弧切割

等离子弧切割是一种常用的切割金属和非金属材料的工艺方法。它是利用高速、高温和高能的等离子气流来加热和熔化（和蒸发）被切割材料，并借高速等离子的动量排除熔融金属以形成切口的一种加工方法。

等离子弧弧区内的气体完全电离，能量高度集中，能量密度很大，可达 10^5～10^6 W/cm^2，电弧温度可高达 15 000～20 000℃，远远超过所有金属以及非金属的熔点。等离子弧切割过程不是依靠氧化反应，而是靠熔化来切割材料，比氧-燃气切割的适用范围大得多，能够切割绝大部分金属和非金属材料，如不锈钢、高合金钢、铸铁、铝、铜、镍钛合金、钨、钼和陶瓷、水泥、耐火材料等。

等离子切割机配合不同的工作气体可以切割各种气割难以切割的金属，尤其是对于有色金属（不锈钢、碳钢、铝、铜、钛、镍）切割效果更佳；其主要优点是切割速度快，切割面光洁、热变形小，几乎没有热影响区。

2. 碳弧气割

碳弧气割是利用碳极电弧的高温，把金属局部加热到熔化状态，同时用压缩空气气流把熔化金属吹掉，从而达到对金属进行切割的一种加工方法。碳弧气割的适用范围及特点为：

（1）在清除焊缝缺陷和清理焊根时，能在电弧下清楚地观察到缺陷的形状和深度，生产效率高。

（2）可用来加工坡口，特别适用于开 U 形坡口。

（3）使用方便，操作灵活。

（4）可以加工多种不能用气割加工的金属，如铸铁、高合金钢、铜和铝及其合金等，但对有耐腐蚀要求的不锈钢一般不采用此种方法切割。

（5）设备、工具简单，操作使用安全。

（6）碳弧气割可能产生的缺陷有夹碳、粘渣、铜斑、割槽尺寸和形状不规则等。

（四）激光切割

激光切割是利用经聚焦的高功率密度激光束熔化或气化被割材料，同时借助与光束同轴的高速气流吹除熔融物质，并使激光束移动而实现的无接触切割方法。

激光切割与其他热切割方法相比较，主要特点有切口宽度小（0.1mm 左右）、尺寸精度高（可达±0.05mm）、速度快，热影响区很小，工件几乎不变形。激光切割可切割多种材料（金属、非金属、金属基和非金属基复合材料、皮革、木材及纤维等）。激光切割由于受激光器功率和设备体积的限制，只能切割中、小厚度的板材和管材，而且随着工件厚度的增加，切割速度明显下降。此外，激光切割设备费用高，一次性投资大。

(五) 水刀切割

水刀，即以水为刀，又称高压水射流切割技术，是一种利用高压水流切割的机器。随着技术的不断改进，在高压水中混入金刚砂、石榴砂等磨料辅助切割，来提高切割速度和切割厚度（可达 200mm）。

水刀切割属于冷切割，切割时产生的热量会立即被高速流动的水射流带走，没有热效应。工作过程中无高温、无明火、无静电发生，杜绝了发生火灾危险的可能。

水刀切割的特点：可以对任何材料进行任意曲线的一次性切割加工；切口质量优异，表面平滑，不存在任何毛刺和氧化残迹，切口不需要二次加工；安全、环保、速度较快、效率较高，广泛应用于陶瓷、石材、玻璃、金属、复合材料、化工等行业。

(六) 几种常用的切割设备

1. 小车式切割机

小车式切割机是切割行业传统的板材下料设备，由于操作简便、使用灵活等特点，在各行业中应用十分广泛，多用于火焰切割和等离子切割。

2. 门式数控切割机

我国门式数控切割机生产技术发展很快，国内仿形切割仍以门式数控切割机为主。目前这类切割机仍以火焰式和普通等离子式切割机为主，大型水下等离子切割，精细等离子切割，激光切割等先进切割技术已开始应用在门式数控切割机中。

二、焊接

焊接是通过加热或加压或二者并用的方法，将两种或两种以上的同种或异种材料，通过原子或分子之间的结合和扩散连接成一体的工艺过程，可以连接金属材料和非金属材料。

(一) 焊接的分类及特点

按照焊接过程中金属所处的状态及工艺的特点，可以将焊接方法分为熔化焊（熔焊）、压力焊（压焊）和钎焊三大类，如图 2.1.1 所示。

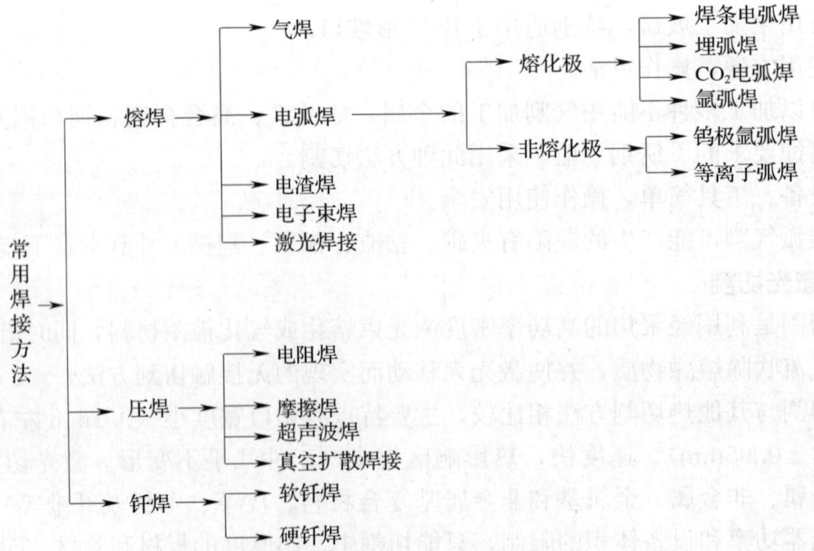

图 2.1.1 焊接方法的分类

1. 熔化焊

熔化焊是利用局部加热的方法将连接处的金属加热至熔化状态，然后冷却结晶成一体的焊接方法，可形成牢固的焊接接头。

（1）气焊。气焊是利用可燃气体在氧气中燃烧时所产生的热量，将母材焊接处熔化而实现连接的一种熔焊方法。气焊所用的可燃气体与气割相同，主要有乙炔、丙烷、天然气和氢气等，氧气为助燃气体。

气焊用的焊丝起填充金属的作用，焊接时与熔化的母材一起组成焊缝金属。因此应根据工件的化学成分和机械性能选用相应成分或性能的焊丝，有时也可以用从被焊板材上切下的条料作焊丝。

焊接有色金属、铸铁和不锈钢时，还应采用焊粉（熔剂），用以消除覆盖在焊材及熔池表面上的难熔的氧化膜和其他杂质，并在熔池表面形成一层熔渣，保护熔池金属不被氧化，排除熔池中的气体、氧化物及其他杂质，提高熔化金属的流动性，使焊接顺利并保证质量和成形。

气焊的主要优点：

①设备简单、操作方便。

②通用性强，对铸铁及某些有色金属的焊接有较好的适应性。

③无须电源，因而在无电源场合和野外工作时有实用价值。

气焊的主要缺点：

①生产效率较低。气焊火焰温度低，加热速度慢。

②焊接热影响区较大，焊接变形大。

③焊接过程中，熔化金属受到的保护差，焊接质量不易保证。

④较难实现自动化。

目前，气焊主要用于薄钢板（厚度0.5～3mm）、铜及铜合金的焊接和铸铁的补焊等。

（2）电弧焊。电弧焊是以电弧作为热源，利用空气放电的物理现象，将电能转换为焊接所需的热能和机械能从而达到连接金属的目的。常用的方法有手工焊条电弧焊、埋弧焊、气体保护电弧焊等，它是应用最广泛、最重要的熔焊方法，占焊接生产总量的60%以上。

1）手工焊条电弧焊（简称手弧焊）。是以手工操纵焊条，利用焊条与工件之间产生的电弧将焊条和工件局部加热到熔化状态，焊条端部熔化后的熔滴和熔化的母材融合一起形成熔池，随着电弧向前移动，熔池液态金属逐步冷却结晶，最终形成焊缝。是目前在工业生产中广泛应用的一种焊接方法。

手弧焊的主要优点：

①操作灵活，可以在任何有电源的地方进行维修及中短焊缝的焊接作业。

②设备简单，投资少，使用方便，无论采用交流弧焊机或直流弧焊机，焊工都能很容易掌握焊接技巧。

③应用范围广。配用相应的焊条可以焊接多种常用的金属材料，如碳钢、不锈钢、铸铁、铜、铝、镍及合金等。

手弧焊的主要缺点：

①焊接生产效率低。这是手弧焊最根本的缺点。由于焊条长度有限，焊接电流的选择受到很大的限制；需要更换焊条、清除焊渣等辅助时间延长了焊接周期；加之焊条电弧焊

是一种浅熔焊接法，厚度大于5mm对接接头必须开坡口及背面清根才能完成全焊透的接头，所以焊条电弧焊是一种低效率焊接法。

②劳动条件差。焊工劳动强度大，还会受到弧光辐射、烟尘、臭氧、氮氧化合物、氟化物等有毒物质的危害。

③焊接质量不够稳定。焊接质量受焊工的操作技术、经验、情绪的影响较大。

2）埋弧焊。埋弧焊的电弧是在一层颗粒状的可熔化焊剂覆盖下燃烧进行焊接的方法。埋弧焊有自动埋弧焊和半自动埋弧焊两种方式。

埋弧焊的主要优点：

①热效率较高，熔深大，工件的坡口可较小（一般不开坡口单面一次熔深可达20mm），减少了填充金属量。

②焊接速度高，焊接厚度为8～10mm的钢板时，单丝埋弧焊速度可达50～80cm/min。

③焊接质量好，焊剂的存在不仅能隔开熔化金属与空气的接触，而且使熔池金属较慢地凝固，减少了焊缝中产生气孔、裂纹等缺陷的可能性。

④在有风的环境中焊接时，埋弧焊的保护效果胜过其他焊接方法。

埋弧焊的缺点：

①由于采用颗粒状焊剂，这种焊接方法一般只适用于水平位置焊缝焊接。

②由于焊接材料的局限，主要用于焊接各种钢板，可堆焊耐磨耐蚀合金或用于焊接镍基合金，也可焊接铜合金，不能焊接铝、钛等氧化性强的金属及其合金。

③由于不能直接观察电弧与坡口的相对位置，容易焊偏。

④只适于长焊缝的焊接，且不能焊接空间位置受限的焊缝。

⑤不适用于薄板、小电流焊接。

由于埋弧焊熔深大，生产效率高，机械化操作的程度高，因而适于焊接中厚板结构的长焊缝和大直径圆筒的环焊缝，尤其适用于大批量生产，是压力容器，管段制造，箱形梁等重要钢结构制作中的主要焊接方法。

3）气体保护电弧焊（气电焊）。在熔焊过程中，当电弧中有空气侵入时，液态金属会发生氧化、氮化，空气中的水分以工件及焊接材料的油、锈、水在电弧高温下分离出的氢原子可溶入液态金属中，导致冷却后在焊缝中形成气孔、夹渣、裂纹等缺陷，接头塑性和韧度降低（氢脆）。为了提高焊接质量，研究出了各种保护方法。气体保护电弧焊，就是用氩、二氧化碳等气体隔绝大气，保护焊接熔池区金属不被氧化，因而可得到优质的焊缝。

气体保护电弧焊与其他熔化焊焊接方法相比，具有以下特点：

①电弧和熔池的可见性好，焊接过程中可根据熔池情况调节焊接参数。

②焊接过程操作方便，没有熔渣或很少有熔渣，焊后基本上不需清渣。

③电弧在保护气流的压缩下热量集中，焊接速度较快，熔池较小，热影响区窄，焊件焊后变形小。

④可以焊接化学活泼性强和易形成高熔点氧化膜的镁、铝、钛及其合金。

⑤有利于焊接过程的机械化和自动化，特别是空间位置的机械化焊接。

⑥在室外作业时，需设挡风装置，否则气体保护效果不好，甚至很差。

⑦电弧的光辐射很强。

⑧焊接设备比较复杂，比焊条电弧焊设备价格高。

气体保护电弧焊通常按照电极是否熔化和保护气体的不同，分为不熔化极（钨极惰性气体保护焊）和熔化极气体保护焊，氧化混合气体保护焊、CO_2气体保护焊和管状焊丝气体保护焊等。

1）钨极惰性气体保护焊（TIG 焊）。钨极惰性气体保护焊是采用纯钨或活化钨（钍钨、铈钨等）作为电极的惰性气体保护电弧焊。使用钨电极的氩弧焊即为钨极氩弧焊。在焊接时惰性气体形成保护层隔绝空气，以防止其对钨极、熔池及邻近热影响区的有害影响，从而可获得优质的焊缝，惰性气体主要采用氩气。

钨极惰性气体保护焊的优点：

①钨极不熔化，只起导电和产生电弧作用，比较容易维持电弧的长度，焊接过程稳定，易实现机械化；保护效果好，焊缝质量高。

②由于能很好地控制热输入，所以它是连接薄板金属和打底焊的一种极好方法，几乎可以用于所有金属的连接，尤其适用于焊接化学活泼性强的铝、镁、钛和锆等有色金属和不锈钢、耐热钢等各种合金；对于某些黑色和有色金属的厚壁重要构件（如压力容器及管道），为了保证高的焊接质量，也常采用钨极惰性气体保护焊。

钨极惰性气体保护焊的缺点：

①熔深浅，熔敷速度小，生产率较低。

②只适用于薄板（6mm 以下）及超薄板材料焊接。

③气体保护幕易受周围气流的干扰，不适宜野外作业。

④惰性气体（氩气、氦气）较贵，生产成本较高。

这种焊接方法的焊缝质量高，但与其他电弧焊相比，其焊接速度较慢。

2）熔化极气体保护焊（MIG 焊）。与钨极惰性气体保护焊不同，熔化极气体保护焊采用可熔化的焊丝作电极，以连续送进的焊丝与被焊工件之间燃烧的电弧作为热源来熔化焊丝和母材金属。在焊接过程中，保护气体——氩气通过焊枪喷嘴连续输送到焊接区，使电弧、熔池及其附近的母材金属免受周围大气的有害作用。焊丝不断熔化并以熔滴形式过渡到熔池中，与熔化的母材金属熔合、冷凝后形成焊缝金属。

熔化极气体保护焊的特点：

①和 TIG 焊一样，它几乎可以焊接所有的金属，尤其适合于焊接有色金属、不锈钢、耐热钢、碳钢、合金钢等材料。

②焊接速度较快，熔敷效率较高，劳动生产率高。

③MIG 焊可直流反接，焊接铝、镁等金属时有良好的阴极雾化作用，可有效去除氧化膜，提高了接头的焊接质量。

④不采用钨极，成本比 TIG 焊低。

3）CO_2气体保护焊。CO_2气体保护电弧焊是利用外加 CO_2气体作为电弧介质并保护电弧与焊接区的电弧焊方法。

CO_2 气体保护焊的主要优点：

①焊接生产效率高，其生产率是手工焊条电弧焊的 1～4 倍。

②焊接热影响区和变形较小、焊接质量较高。

③焊缝抗裂性能高，焊缝低氢且含氮量也较少。

④焊接成本低，只有埋弧焊、焊条电弧焊的 40%～50%。

⑤焊接时电弧为明弧焊，可见性好，操作简便，可进行全位置焊接。

CO_2气体保护焊的缺点：

①焊接飞溅较大，焊缝表面成形较差。

②仅适用于焊接低碳钢、低合金钢、低合金高强钢，不适用于焊接有色金属、不锈钢。

③抗风能力差，给室外作业带来一定困难。

④很难用交流电源进行焊接，焊接设备比较复杂。

（3）等离子弧焊。等离子弧焊也是一种不熔化极电弧焊，是钨极氩弧焊的进一步发展。等离子弧是自由电弧压缩而成的，其功率密度比自由电弧相比可提高100倍以上。其离子气为氩气、氮气、氦气或其中二者之混合气。等离子弧的能量集中，温度高，焰流速度大。这些特性使得等离子弧广泛应用于焊接、喷涂和堆焊。

与钨极惰性气体保护焊相比，等离子弧焊有以下特点：

①等离子弧能量集中、温度高，焊接速度快，生产率高。

②穿透能力强，对于大多数金属在一定厚度范围内都能获得锁孔效应，可一次行程完成8mm以下直边对接接头单面焊双面成型的焊缝。焊缝致密，成形美观。

③电弧挺直度和方向性好，可焊接薄壁结构（如1mm以下金属箔的焊接）。

④设备比较复杂、气体耗量大，费用较高，适宜于室内焊接。

（4）电渣焊。电渣焊是利用电流通过液态熔渣产生的熔渣电阻热作为热源熔化母材和电极（填充金属），利用熔渣保护熔池进行焊接的熔焊方法。液态熔渣既是焊接热源，又是熔池的良好保护层，其保护作用比埋弧焊更强。

电渣焊的优点：

①焊接效率高，比埋弧焊高2～5倍。

②焊接时坡口准备简单，生产率高。

电渣焊的缺点：

①由于焊接熔池大，加热和冷却缓慢，在焊缝及热影响区容易过热形成粗大组织，因此电渣焊通常焊后用正火处理消除接头中的粗晶。

②电渣焊总是以立焊位置进行，不能平焊。

电渣焊可以焊接各种碳素结构钢、低合金钢、耐热钢和中合金钢，主要应用于30mm以上的大厚工件，特别适用于重型机械制造业，如轧钢机、水轮机、水压机及其他大型锻压机械。在高压锅炉、石油高压精炼塔、电站的大型容器、炼铁高炉以及造船工业中也获得大量应用。另外，用电渣焊可进行大面积堆焊和补焊。

（5）电子束焊。电子束焊是以聚焦的高速电子束轰击工件表面时所产生的热能进行焊接的方法。常用的电子束焊有高真空电子束焊、低真空电子束焊和非真空电子束焊。电子束焊与电弧焊相比，主要优点是：

1）能量密度大（可达$5\times10^8W/cm^2$），热量集中，热效率高，热影响区小，焊缝窄而深，焊接变形极小。

2）在真空环境下焊接，金属不与气相物质作用，接头强度高。

3）电子束焦点半径可调节范围大，控制灵活，适应性强，既可焊接0.05mm的薄件，也可焊接200～700mm的厚板。

电子束焊的缺点：

1）设备复杂，成本高。

2）焊件尺寸受真空室限制，装配精度要求高。

3）焊接辅助时间长，生产率低。

电子束焊主要用于要求高质量的产品的焊接，特别适合焊接一些难熔金属、活性金属或高纯度金属以及热敏感性强的金属，但不适于大批量产品焊接。

（7）激光焊。激光焊是利用大功率相干单色光子流聚焦而成的激光束为热源进行焊接的方法。

激光焊的主要优点：

1）激光束能量密度很高，焊速快，热影响区和焊接变形很小，尺寸精度高，特别适用于焊接微型、精密、排列非常密集、对热敏感性强的工件。

2）激光可通过光导纤维、棱镜等光学方法弯曲传输，适用于微型零部件及其他焊接方法难以达到的部位的焊接，还能通过透明材料进行焊接。

3）可焊多种金属、合金、异种金属及某些非金属材料，如各种碳钢、铜、铝、银、钼、镍、钨及异种金属以及陶瓷、玻璃和塑料等。

激光焊的主要缺点：

1）激光焊设备昂贵，养护成本高，能量转化率低（5%～20%），焊机功率受限。

2）对激光束波长吸收率低和含有大量低沸点元素的材料一般不宜采用。

激光焊目前主要用于电子工业和仪表工业中的微型器件的焊接，以及硅钢片、镀锌钢板等的焊接。

2. 压力焊

压力焊是利用焊接时施加一定压力，使两个连接表面的原子相互接近到晶格距离，从而在固态条件下实现连接。

（1）电阻焊。电阻焊是将被焊工件压紧于两电极之间，通以电流，利用电流流经工件接触面及邻近区域产生的电阻热将其加热到熔化或塑性状态，使之形成金属结合的方法。

电阻焊有三种基本类型，即点焊、缝焊和对焊。

1）点焊。点焊是用两柱状电极压紧工件→通电→接触面发生点状熔化（熔核）→断电，在压力下完成一个焊点的结晶过程。点焊是一种高速、经济的连接方法。多用于薄板的非密封性连接。如汽车驾驶室、金属车厢复板的焊接。

2）缝焊。缝焊是用滚轮电极滚压工件，配合断续通电，使相邻的焊点互相重叠，而形成连续致密焊缝。缝焊多用于焊接有密封性要求的薄壁结构（$\delta \leqslant 3$mm），如油桶、罐头罐、暖气片、飞机和汽车油箱的薄板焊接。

3）对焊。对焊是将焊件装配成对接接头，使其端面紧密接触，利用强电流通过接头时产生的电阻热将金属加热至塑性状态，然后迅速施加顶锻力完成焊接的方法。其特点是：接头性能较差，多用于对接头强度和质量要求不很高，直径小于20mm的棒料、管材、门窗等构件的焊接。

（2）电渣压力焊（ESW）。电渣压力焊是将两钢筋安放成竖向或斜向对接形式，利用焊接电流通过两钢筋间隙，在焊剂层下形成电弧过程和电渣过程，产生电弧热和电阻热，熔化钢筋，加压完成的一种压焊方法。

电渣压力焊的焊接过程包括四个阶段：引弧过程、电弧过程、电渣过程和顶压过程。

电渣压力焊适用于现浇钢筋混凝土结构中 $\phi12\sim\phi32$mm 的竖向或斜向（倾斜度不大于 10°）钢筋的连接，与手工电弧焊相比，它工效高、成本低、效果好。

3. 钎焊

钎焊是采用熔点低于焊件（母材）的钎料与焊件一起加热，使钎料熔化（焊件不熔化）后，依靠钎料的流动充填在接头预留空隙中，并与固态的母材相互扩散、溶解，冷却后实现焊接的方法。

钎焊可用于各种黑色金属及有色金属和合金以及异种金属的连接，适宜于小而薄和精度要求高的零件。

（1）钎焊的分类。

1）按钎料熔点的不同，可分为硬钎焊和软钎焊两种。

①硬钎焊。使用硬钎料（熔点高于 450℃）进行的钎焊称为硬钎焊。常用钎料是银基钎料和黄铜钎料。用银基钎料的接头具有较高的强度、导电性和耐蚀性，钎料熔点较低、工艺性良好，但钎料价格较高，多用于要求较高的焊件；一般焊件多采用黄铜钎料。硬钎焊接头强度为 200～490MPa，多用于受力较大的钢和铜合金工件以及工具的焊接，如自行车车架，切削刀具等。

②软钎焊。使用软钎料（熔点低于 450℃）进行的钎焊称为软钎焊。常用的钎料为锡—铅钎料。它具有良好的润湿性和导电性，但接头强度较低，在 40～140MPa，用于受力不大或工作温度较低的工件，如电子产品、电机电器和汽车配件等。

2）按照加热方法的不同分为火焰钎焊、电阻钎焊、感应钎焊。

①火焰钎焊。火焰钎焊是使用气体火焰进行加热，用于碳钢、不锈钢、硬质合金、铸铁、铜及铜合金、铝及铝合金的硬钎焊，所用的设备简单、操作方便。但是这种方法的生产率低、操作技术要求高。氧-炔焰是常用的火焰。

②电阻钎焊。电阻钎焊是将焊件直接通以电流或将焊件放在通电的加热板上利用电阻热进行钎焊的方法。电阻钎焊分为直接加热及间接加热两种方式。由于间接加热较直接加热慢，故适宜于热物理性能差别较大和厚度差别较大焊件的钎焊。

③感应钎焊。感应钎焊是利用高频、中频或工频交流电感应加热所进行的钎焊。感应钎焊的特点是加热快、效率高、可进行局部加热，且容易实现自动化。感应钎焊可用于钎焊碳素钢、不锈钢和铜及铜合金等。感应钎焊适用于具有对称形状的焊件，特别是管、轴类的钎焊。

（2）钎焊的优点。

①对母材的物理化学性能没有明显的不利影响（加热温度一般远低于母材的熔点）；

②钎焊时加热温度低，可对焊件整体加热，引起的应力和变形比较小，容易保证焊件的尺寸精度；

③有对焊件整体加热的可能性，可用于结构复杂、开敞性差的焊件，并可一次完成多缝多零件的连接；

④容易实现异种金属、金属与非金属的连接；

⑤对热源要求较低，工艺过程简单。

(3) 钎焊的缺点。

①钎焊接头的强度一般比较低、耐热能力差;

②多采用搭接接头形式，增加了母材消耗和结构重量。

(二) 常用焊接材料的选择及焊接设备

1. 焊接材料的选用

(1) 焊条的组成和分类（详见本书第一章第二节)。

电弧焊时，通常应根据组成焊接结构钢材的化学成分、力学性能、焊接性和工作环境等要求，以及焊接结构的形状、受力情况和焊接设备类型等方面综合考虑，以决定选用哪种焊条。

(2) 焊条选用的原则。

1) 考虑焊缝金属的力学性能和化学成分。对于非合金钢和低合金钢，通常要求焊缝金属与母材等强度，应选用熔敷金属抗拉强度等于或稍高于母材的焊条；对于合金钢，有时还要求合金成分与母材相同或接近。在焊接结构刚性大、接头应力高、焊缝易产生裂纹的不利情况下，应考虑选用比母材强度低一级的焊条。当母材中碳、硫、磷等元素的含量偏高时，焊缝中易产生裂纹，应选用抗裂性能好的低氢型焊条。

2) 考虑焊接构件的使用性能和工作条件。对承受动荷载和冲击荷载的焊件，除满足强度要求外，主要应保证焊缝金属具有较高的塑性和韧性，可选用塑性、韧性指标较高的低氢型焊条。对接触腐蚀介质的焊件，应根据介质的性质及腐蚀特征选用不锈钢类焊条或其他耐腐蚀焊条。在高温、低温、耐磨或其他特殊条件下工作的焊件，应选用相应的耐热钢、低温钢、堆焊或其他特殊用途焊条。

3) 考虑焊接结构特点及受力条件。对结构形状复杂、刚性大的厚大焊件，在焊接过程中，冷却速度快，收缩应力大，易产生裂纹，应选用抗裂性好、韧性好、塑性高、氢裂纹倾向低的焊条。如低氢型焊条、超低氢型焊条和高韧性焊条。

4) 考虑施焊条件。当焊件的焊接部位不能翻转时，应选用适用于全位置焊接的焊条。对受力不大、焊接部位难以清理的焊件，应选用对铁锈、氧化皮、油污不敏感的酸性焊条。

5) 考虑生产效率和经济性。在酸性焊条和碱性焊条都可满足要求时，应尽量选用酸性焊条。对焊接工作量大的结构，有条件时应尽量选用高效率焊条，如铁粉焊条、重力焊条、底层焊条、立向下焊条和高效不锈钢焊条等。

除了根据上述原则选用焊条外，有时为了保证焊件的质量还需通过试验来最后确定。为了保障焊工的身体健康，在允许的情况下应尽量采用酸性焊条。

2. 焊接参数选择

电弧焊的焊接参数主要有焊条直径、焊接电流、电弧电压、焊接层数、电源种类和极性等。

(1) 焊条直径的选择。焊条直径的选择主要取决于焊件厚度、接头形式、焊缝位置及焊接层次等因素。在不影响焊接质量的前提下，为了提高劳动生产率，一般倾向于选择大直径的焊条。

(2) 焊接电流的选择。焊接电流的大小，对焊接质量及生产率有较大影响。主要根据焊条类型、焊条直径、焊件厚度、接头形式、焊缝空间位置及焊接层次等因素来决定。对含合金元素较多的合金钢焊条，一般电阻较大，热膨胀系数大，焊接过程中电流大，焊条易发红，造成药皮过早脱落，影响焊接质量，而且合金元素烧损多，因此焊接电流相应减小。

（3）电弧电压的选择。电弧电压是由电弧长来决定。电弧长，则电弧电压高；电弧短，则电弧电压低。在焊接过程中，电弧过长，会使电弧燃烧不稳定，飞溅增加，熔深减小，而且外部空气易侵入，造成气孔等缺陷。因此，要求电弧长度小于或等于焊条直径，即短弧焊。在使用酸性焊条焊接时，为了预热待焊部位或降低熔池温度，有时将电弧稍微拉长进行焊接，即所谓的长弧焊。

（4）焊接层数的选择。在中、厚板焊条电弧焊时，往往采用多层焊。层数多些，对提高焊缝的塑性、韧性有利。但要防止接头过热和扩大热影响区的有害影响。另外，层数增加，往往使焊件变形增加。因此，要综合考虑加以确定。

（5）电源种类和极性的选择。直流弧焊机具有电弧稳定、引弧容易、焊接质量较好的优点，缺点是结构复杂、噪声大、成本高、维修困难。在焊接质量要求高或焊接2mm以下薄钢件、有色金属、铸铁时，宜采用直流弧焊机。交流弧焊机具有结构简单、价格便宜、使用可靠、工作噪声小、维护方便等优点，所以焊接时常用交流弧焊机，其主要缺点是焊接时电弧不够稳定。

极性的选择则是根据焊条的性质和焊接特点的不同，利用电弧中阳极温度比阴极温度高的特点，选用不同的极性来焊接各种不同的焊件。当工件接阳极（正极）、焊条接阴极（负极）时，称为直流正接，此时工件受热较大，适合焊接厚大工件。当工件接阴极、焊条接阳极时，称为直流反接，此时工件受热较小，适合焊接薄小工件。

3. 焊接设备

电弧焊机的主要设备是弧焊机。弧焊机可分为交流弧焊机和直流弧焊机两类。交流弧焊机具有结构简单、价格低廉、保养和维护方便等优点。直流弧焊机具有焊接电流稳定，飞溅小，焊接质量高等优点。如何选择应根据实际需要确定。

（1）手弧焊设备。手弧焊使用的设备简单、方法简便灵活、适应性强，但对焊工操作要求高。手弧焊适用于碳钢、低合金钢、不锈钢、铜及铜合金等金属材料的焊接。

（2）埋弧焊设备。埋弧焊设备由焊接电源、埋弧焊机和辅助设备构成。其电源可以用交流、直流或交直流并用。

埋弧焊机分为自动焊机和半自动焊机两大类。

（3）CO_2气体保护焊设备。半自动CO_2气体保护焊设备主要由焊接电源、供气系统、送丝机构和焊枪等组成。CO_2气体保护焊设备还应有控制系统，其作用是对CO_2气体保护焊的供气、送丝和供电系统进行控制。

（4）惰性气体保护焊设备。手工惰性气体保护焊设备包括焊枪、焊接电源与控制装置、供气和供水系统四大部分。如采用手工电弧焊机做电源，则配用单独的控制箱。焊接电流较小时（小于300A）采用空气冷却焊枪，不需要冷却系统。

（5）等离子弧焊设备。等离子弧焊设备主要包括焊接电源、控制系统、焊枪、气路系统和水路系统。根据不同的需要有时还包括送丝系统、机械旋转系统或行走系统以及装夹系统等。

（6）焊接机器人。焊接技术进步的突出表现就是焊接过程由机械化向自动化、智能化和信息化发展。焊接机器人大多为固定位置的手臂式机械，有示教型和智能型两种。

示教型机器人：通过示教，记忆焊接轨迹及焊接参数，并严格按照示教程序完成产品的焊接。只需一次示教，便可以精确地重现示教的每一步操作。这类焊接机器人的应用较为广泛，适宜于大批量生产，主要用于流水线的固定工位上，但对环境变化的应变能力较差。

智能型机器人：可以根据控制指令自动确定焊缝的起点、空间轨迹及有关参数，并能根据实际情况自动跟踪焊缝、焊机姿态、调整焊接参数、控制焊接质量。具有灵巧、轻便、容易移动等特点，能适应不同结构、不同地点的焊接任务。

焊接机器人主要包括机器人和焊接设备两部分。机器人由机器人本体和控制柜（硬件及软件）组成，而焊接装备则由焊接电源（包括其控制系统）、送丝机（弧焊）、焊枪（钳）等部分组成。对于智能机器人还应有传感系统，如激光或摄像传感器及其控制装置等。

（三）焊接接头、坡口及组对

焊接连接形成的焊接接头是焊接结构最基本要素，在多数情况下，它又是焊接结构上的薄弱环节。其突出问题是形成应力集中、劣质区、变形及残余应力的存在。所以焊接接头类型的选择必须正确，制造、使用要参照相应国家标准进行。

1. 焊接接头的分类及基本类型

焊接接头由焊缝、熔合区、热影响区及其相邻的母材组成。焊接接头的作用，一是连接作用，二是传力作用。

按焊接方法不同，焊接接头可以分为熔焊接头、压焊接头和钎焊接头三大类。

焊接接头又可归纳为5种基本类型，即对接接头、T形（十字）接头、搭接接头、角接接头和端接接头，如图2.1.2所示。

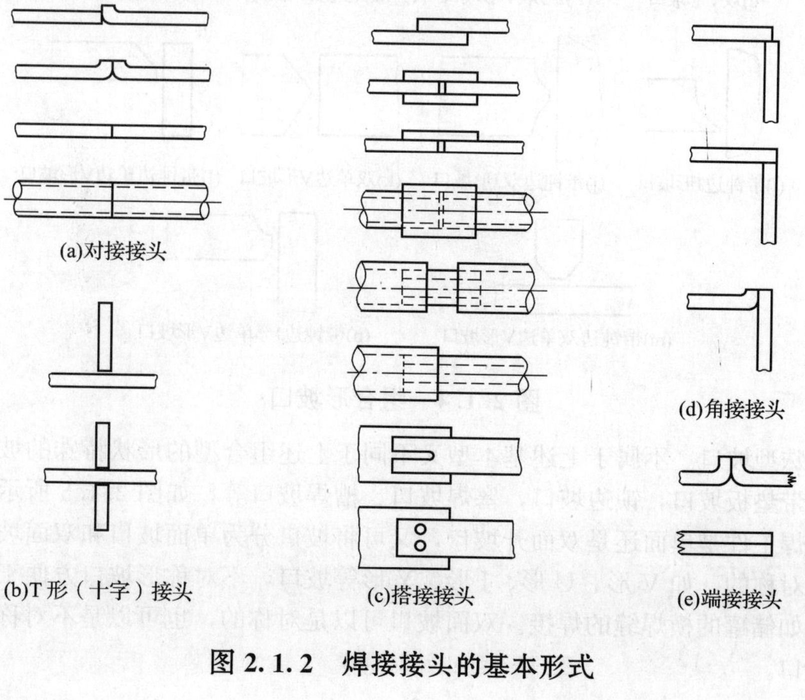

图 2.1.2　焊接接头的基本形式

2. 熔焊接头与坡口

对接接头是熔焊中受力比较理想的接头形式。为保证焊接质量、减少焊接变形和焊接材料消耗，需把被焊工件的边缘加工成各种形式的坡口，进行坡口对焊。

熔焊接头的坡口根据其形状的不同，可分为基本型、组合型和特殊型三类。

（1）基本型坡口。是一种形状简单、加工容易、应用普遍的坡口。主要有 I 形坡口、V 形坡口、单边 V 形坡口、U 形坡口、J 形坡口等，如图 2.1.3 所示。

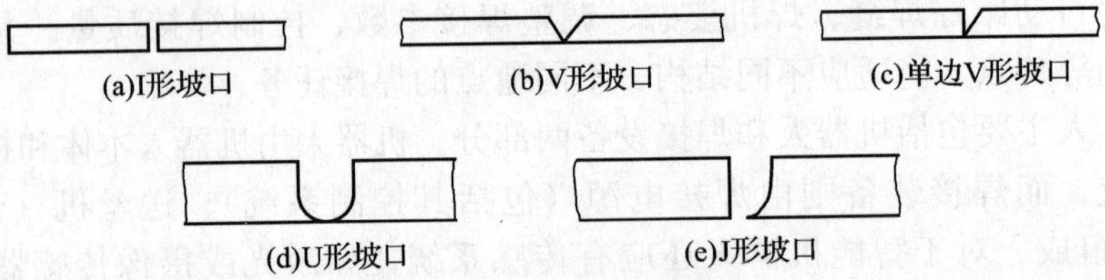

图 2.1.3　基本型坡口

（2）组合型坡口。由两种或两种以上的基本型坡口组合而成。主要有 Y 形坡口、VY 形坡口、带钝边 U 形坡口、双 Y 形坡口、双 V 形坡口、2/3 双 V 形坡口、带钝边双 U 形坡口、UY 形坡口、带钝边 J 形坡口、带钝边双 J 形坡口、双单边 V 形坡口、带钝边单边 V 形坡口、带钝边双单边 V 形坡口和带钝边 J 形单边 V 形坡口等，如图 2.1.4 所示。

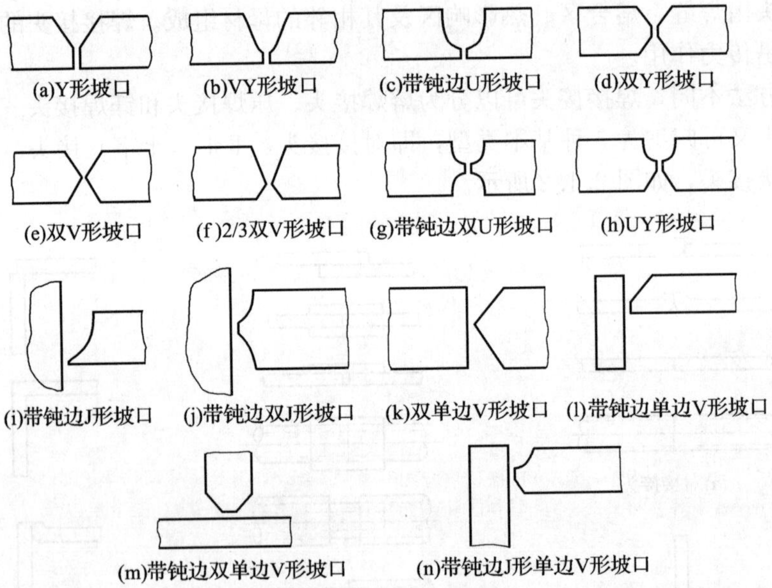

图 2.1.4　组合形坡口

（3）特殊型坡口。不属于上述基本型又不同于上述组合型的形状特殊的坡口。主要有卷边坡口，带垫板坡口，锁边坡口，塞焊坡口、槽焊坡口等，如图 2.1.5 所示。

根据被焊工件是单面还是双面开坡口，又可将坡口分为单面坡口和双面坡口。单面坡口通常是不对称的，如 V 形、U 形、J 形、Y 形等坡口，不对称形坡口方便于特殊位置的焊接操作，如储罐的横焊缝的焊接。双面坡口可以是对称的，也可以是不对称的，例如各种组合型坡口。

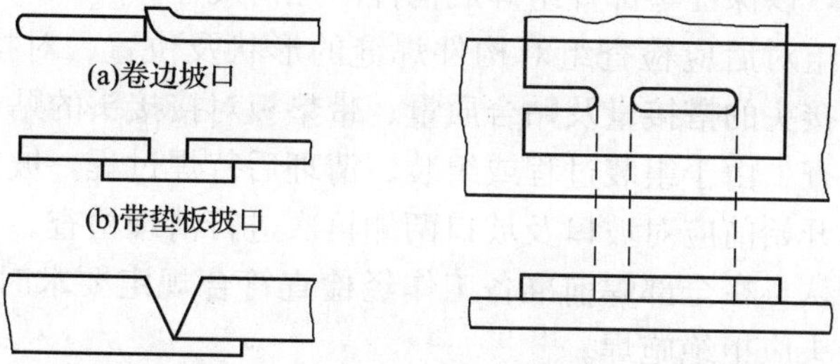

图 2.1.5　特殊形坡口

3. 管材的坡口、组对与焊接

(1) 管材的坡口。管材的坡口主要有三种：I 形坡口、V 形坡口和 U 形坡口。

1) I 形坡口。I 形坡口适用于管壁厚度在 3.5mm 以下的管口焊接。这种坡口管壁不需要倒角，实际上是不需要加工的坡口，只要管材切口的垂直度能够保证对口的间隙要求，就可以对口焊接。

2) V 形坡口。V 形坡口适用于中低压钢管焊接，坡口的角度为 60°～70°，坡口根部有钝边，其厚度为 2mm 左右。

3) U 形坡口。U 形坡口适用于管壁厚度在 20～60mm 的高压钢管焊接。坡口根部有钝边，其厚度为 2mm 左右。

(2) 坡口的加工方法。坡口的加工方法一般有以下几种：

1) 低压碳素钢管，公称直径小于或等于 50mm 的，采用手提砂轮磨坡口；直径大于 50mm 的，用氧-乙炔切割坡口，然后用手提砂轮机打掉氧化层并打磨平整。

2) 中压碳素钢管、中低压不锈钢管和低合金钢管以及各种高压钢管，用坡口机或车床加工坡口。

3) 有色金属管，用手工锉坡口。

(3) 接头组对。

1) 管道、管件组对时，应检查坡口质量，坡口表面不得有裂纹、重皮等缺陷。并对其内外侧进行清理，清理合格后应及时组对施焊。

2) 管口处理。焊接前，手工清理坡口毛刺，管件坡口用破布打光。不锈钢管焊缝两侧分别涂 100mm 长白垩粉，并用丙酮洗净油污。铬钼钢管管壁厚大于或等于 6mm 时，焊前应预热。铜、铝管用破布打去坡口内外氧化膜，用丙酮清洗。氧乙炔预热。

3) 管段组对可以在专用的胎具上进行，也可采用组对机。施工现场常在平台或平地上进行。

三、焊接过程质量检验

(一) 焊接前检验

(1) 母材和焊材。对使用的母材和焊接材料在使用前都应进行检查验收，主要是防止不合格产品用到工程上影响施工质量。

(2) 零部件主要结构尺寸。焊件组对前应检查各零部件的主要结构尺寸，包括主要结构尺寸的校核性检查，以保证零部件组焊成构件的几何尺寸。

（3）组对质量。组对后应检查组对构件焊缝的形状及位置、对接接头错边量、角变形、组对间隙、搭接接头的搭接量及贴合质量、带垫板对接接头的贴合质量。

（4）坡口清理检查。由于组装过程或组装、清理后待焊过程，坡口表面仍可能氧化和被污染，所以在施焊开始前应对坡口及坡口两侧再次进行清理检查。

（5）焊接前的确认。在全部焊前准备工作经检查符合规定要求时方可开始焊接工作；对于不符合规定的接头应拒绝施焊。

（二）施焊过程检验

（1）定位焊缝。定位焊缝存在缺陷可能性较大，在焊接过程中，这些缺陷常常不能全部熔化而滞留在新的焊道中形成根部缺陷。因此，应清除定位焊缝渣皮后进行检查。

（2）焊接线能量。焊接线能量综合了焊接电流、电弧电压和焊接速度三大焊接工艺参数对焊接热循环的影响。对有冲击力韧性要求的焊缝，施焊时应测量焊接线能量并记录。

（3）多层（道）焊。每层（道）焊完后，应立即对层（道）间进行清理，并进行外观检查，检查合格后方可进行下一层（道）的焊接。

（4）后热。对规定进行后热的焊缝，应检查加热范围、后热温度和后热时间，并形成记录。

（三）焊接后检验

1. 外观检验

（1）焊缝表面。

1）焊缝表面的形状尺寸及外观质量应符合设计要求，设计无要求时应符合现行国家有关标准。

2）焊缝表面不允许存在的缺陷包括裂纹、未焊透、未熔合、表面气孔、外露夹渣、未焊满等。

（2）几何尺寸。容器焊接后应检查几何尺寸，包括同一端面最大内直径与最小内直径之差、椭圆度、矩形容器截面上最大边长与最小边长之差等。

2. 无损探伤

（1）表面及近表面缺陷的检查。主要有磁粉探伤和渗透探伤两种，磁粉探伤只适用于检查非合金钢和低合金钢等磁性材料的焊接接头，渗透探伤则更适合于检查奥氏体不锈钢、镍基合金等非磁性材料的焊接接头。

（2）内部缺陷的检查。常用的有射线探伤和超声波探伤。

（3）压力管道、压力容器焊接接头的强度试验。

（4）致密性检查（泄漏试验）。压力管道、压力容器焊接后的致密性主要是对焊缝致密性和结构密封性进行检查。主要检查容器焊缝内是否有裂纹、气孔、夹渣、未焊透等缺陷。按结构设计要求及制造条件分为气密性试验、氨气渗漏试验、煤油试漏、真空箱试验等。

四、焊接热处理

热处理是通过加热和冷却固态金属的操作方法来改变其内部组织结构，并获得所需金属的物理、化学和力学性能的一种工艺。

热处理一般由加热、保温和冷却三阶段组成。热处理工艺是通过确定加热温度、保温时间和冷却介质等参数，来达到改善材料性能的目的。

安装工程施工中，常遇到的热处理是指焊接接头部位的热处理，包括设备、构件全部焊接接头同时进行的热处理。

焊接时，热源的高温不仅使被焊接金属熔化，而且使熔池接邻的母材都受到了热作用的影响（称为热影响区）。焊接接头包括焊缝及热影响区。在焊接条件下，金属被加热的速度很快，其金属内部组织结构来不及全部转化，以致影响冷却过程中接头处的组织与性能，也影响了设备、构件的使用性能等，如焊接部位经常出现脆性破坏、延迟裂纹、应力腐蚀和氢腐蚀等。因此，需要通过热处理工艺来使焊接残余应力松弛、淬硬区软化，降低含氢量，提高耐腐蚀性、冲击韧性、蠕变极限等。

（一）常用热处理方法

安装工程施工中的热处理一般分为焊前预热和焊后热处理两部分。

1. 焊前预热

焊前预热可防止或减少应力的产生。对于焊接某些重要构件，如高压厚壁容器或塑性较差以及淬火倾向很强的焊件，都要进行焊前预热，以防止焊接过程中产生裂纹。预热的作用在于提高焊接接头温度，减少焊缝金属与母材间的温差，降低焊缝冷却速度，控制钢材组织转变，避免在热影响区中形成脆性马氏体，减轻局部硬化，改善焊缝质量。同时由于预热减缓了熔池的冷却速度，有利于排气、排渣，故可减少气孔、夹渣等缺陷。

焊件是否需要预热以及预热的温度，应根据钢材的化学成分、板厚、容器的结构刚性、焊接形式、焊接方法和焊接材料及环境温度等综合考虑。具体情况可参照有关规范。

2. 焊后热处理

焊后热处理应在外观检查和规定的无损探伤合格后进行，对容易产生焊接延迟裂纹的钢材，焊后应及时进行焊后热处理。焊后热处理主要有退火、回火、正火及淬火工艺。

（1）钢的退火工艺。退火工艺通常用于减小残余应力和变形。根据钢材的加热温度、保持时间及冷却状况可分为完全退火、不完全退火、去应力退火三种。

1）完全退火。完全退火是将钢件加热到临界点 A_{c3}（对亚共析钢而言，是指珠光体全部转变为奥氏体、过剩相铁素体也完全消失的温度）以上适当温度，在炉内保温缓慢冷却的工艺方法。其目的是细化组织、降低硬度、改善加工性能、去除内应力。完全退火适用于中碳钢和中碳合金钢的铸件、焊件、轧制件等。

2）不完全退火。不完全退火是将钢件加热到临界点 A_{c1}～A_{c3} 或 A_{cm}（A_{c1} 是指碳素钢加热时，珠光体开始转变为奥氏体的温度；A_{cm} 是指过共析钢中，珠光体完全转变为奥氏体、过剩相渗碳体也全部溶解的温度）之间适当温度，保温后缓慢冷却的工艺方法。其目的是降低硬度、改善切削加工性能、去除内应力。常用于工具钢工件的退火。

3）去应力退火。去应力退火是将钢件加热到临界点 A_{c1} 以下适当温度，保持一定时间后缓慢冷却的方法。其目的是去除由于形变加工、机械加工、铸造、锻造、热处理及焊接等过程中的残余应力。对于焊接钢件，一般其加热温度为 500～550℃。保温时间为 2～4h。

（2）钢的正火工艺。正火是将钢件加热到临界点 A_{c3} 或 A_{cm} 以上适当温度，保持一定时间后在空气中冷却，得到珠光体基体组织的热处理工艺。其目的是消除应力、细化组织、改善切削加工性能及淬火前的预热处理，也是某些结构件的最终热处理。

与退火比较，正火的冷却速度快，过冷度较大，其得到的组织结构不同于退火，经过正火处理的焊接件的晶粒尺寸变小，强度、硬度比退火高，但韧性可能下降。正火工艺生产周期短，能量耗费少，故在可能情况下，应优先考虑正火处理。

（3）钢的淬火工艺。淬火是将钢奥氏体化后以适当的冷却速度（大于临界冷却速度）快速冷却，使工件在横截面内全部或一定范围内发生马氏体不稳定组织结构转变的热处理工艺。其目的是提高钢件的硬度、强度和耐磨性，但韧性可能下降。多用于各种工模具、轴承、零件等。

（4）钢的回火工艺。回火是将经过淬火的工件加热到临界点 A_{c1} 以下适当温度，保持一定时间，随后用符合要求方式冷却（空冷），以获得所需的组织结构和性能。其目的是调整工件的强度、硬度、韧性等力学性能，降低或消除应力，避免变形、开裂，并保持使用过程中的尺寸稳定。回火工艺通常用于改善经过淬火处理的焊接件的韧性。

回火按加热温度的不同可分为：

1）低温回火。将钢件加热到 150～250℃回火，稳定组织，以得到高的硬度与耐磨性，降低内应力及脆性。主要用于各种高碳钢的切削工具、模具、滚动轴承等的回火处理。

2）中温回火。将钢件加热到 250～500℃回火，使工件得到好的弹性、韧性及相应的硬度，一般适用于中等硬度的零件、弹簧等。

3）高温回火。将钢件加热到 500～700℃回火，即调质处理，可获得较高的力学性能，如高强度、弹性极限和较高的韧性，主要用于重要结构零件。钢经调质处理后不仅强度较高，而且塑性、韧性更显著超过正火处理的情况。

3. 热处理方法的选择

热处理方法选择需要综合考虑材料的成分、加工要求和成本等因素。不同的材料和加工要求需要选择不同的热处理方法，以达到最佳的性能和寿命。例如：对于需要高强度和硬度的零件，可以选择淬火；对于需要较高的韧性和抗冲击性的零件，可以选择回火；对于需要在高温下工作的零件，可以选择等温淬火；对于不锈钢等耐腐蚀材料，可以选择稳定化处理。选择焊后热处理的方法有：

（1）焊后热处理一般选用高温回火或正火加高温回火处理。

（2）对于气焊焊口采用正火加高温回火处理。这是因为气焊焊缝及热影响区的晶粒粗大，需细化晶粒，故采用正火处理。然而单一的正火不能消除残余应力，故需再加高温回火，以消除应力。

（3）单一的中温回火只适用于工地拼装的大型普通低碳钢容器的组装焊缝，其目的是部分消除残余应力和去氢。

（二）焊后热处理的加热方法

1. 感应加热

钢材在交变磁场中产生感应电势，因涡流和磁滞作用使钢材发热，即感应加热。

现在工程上多采用设备简单的工频感应加热，其中中频感应加热具有效率高、省电、升温速度快、调节方便、无剩磁等优点，但设备结构复杂、成本高、维护困难。

2. 辐射加热

辐射加热通过热源把热量辐射到金属表面，再由金属表面把热量向其他方向传导。所以，辐射加热温度差别大，其加热效果比感应加热差一些。常用的辐射加热方法有火焰加热法、电阻炉加热法、红外线加热法。

工程上常采用氧—炔焰的高温作为局部焊后热处理方法，采用柴油加热内燃法作为焊后整体热处理的方法。

电阻炉是目前小管径焊缝热处理广泛采用的加热设备，虽然加热效果不及感应加热，但设备简单，使用方便。

红外线加热即是把能量转换为波长 2～20μm 的红外线形式辐射到焊件上，使焊件表面吸收了红外线自身发热，再把热量向其他方向传导。红外线加热可适用于各种尺寸、各种形状的焊接接头的热处理，加热效果仅次于感应加热。

五、无损探伤

无损探伤是在不损害或基本不损害材料或构件的情况下采用物理、化学等方法和手段，对各种工程材料、零部件和结构件进行有效的检验和测试，借以评价它们的完整性、连续性、安全可靠性及某些物理性能。包括探测材料或构件中是否存在缺陷，并判断缺陷的形状、性质、大小、位置、取向、分布和内含物等情况；还能提供涂层厚度、材料成分、组织状态、应力分布等信息。

无损探伤包括两方面的检查。一是表面及近表面缺陷的检查，主要有渗透探伤和磁粉探伤两种，磁粉探伤只适用于检查碳钢和低合金钢等磁性材料的焊接接头；渗透探伤则更适合于检查奥氏体不锈钢、镍基合金等非磁性材料的焊接接头。二是内部缺陷的检查，常用的有射线探伤和超声波探伤。

在工业生产、安装质量检验中，目前应用最广泛的无损探伤方法主要是射线探伤、超声波探伤、涡流探伤、磁粉探伤和渗透探伤等。

1. 射线探伤

射线探伤是利用 X 射线、γ 射线易于穿透物体，但在穿透物体过程中受到吸收和散射而衰减的性质，在感光材料上获得与材料内部结构和缺陷相对应的黑度不同的图像，从而检测出物体内部缺陷的种类、大小、分布状况并做出评价。

X 射线与 γ 射线就本质而言与可见光相同，都是电磁波，只是波长不同，故性质也有差异。γ 射线的波长比 X 射线更短，故其射线穿透力更强。

（1）X 射线底片记录法。从 X 射线发射管发出具有较强穿透能力的 X 射线，照射到需要探伤的工件上，工件的背面放有装在暗匣中的 X 光软片。如焊缝中有气孔、裂纹、未焊透、夹渣等缺陷，照相底片经冲洗后可以看到相应部位是一些黑色的条纹或痹点；而由于焊缝本身比被焊金属厚的缘故，故焊缝处在胶片上显示为白色的条缝，焊缝处缺陷在胶片上形成的黑色条纹或痹点则十分明显，易于检测出。

X 射线探伤的优点是显示缺陷的灵敏度高于 γ 射线探伤，特别是当焊缝厚度小于 30mm 时。其次是照射时间短、速度快。缺点是设备复杂、笨重，使用成本高，操作麻烦，穿透力较 γ 射线小。

（2）X 射线数字成像检测。近年来，随着计算机数字图像处理技术及数字平板射线探测技术的发展，X射线数字成像检测正逐渐运用于容器制造和管道工程中。如用X射线计算机层析摄影技术（CT）可知晓缺陷的断面情况，便于分析处理。用计算机图像处理技术还可使评定分析自动化。数字图像便于储存，检索、统计快速方便，易于实现远程图像传输，结合GPS系统（全球定位系统）可对每道焊口进行精确定位，便于工程质量监督。

（3）γ射线是由放射性同位素或放射性元素蜕变产生的。施工中多采用放射性同位素作为射线源。常用的放射性同位素有钴60、铯137和铱192，其探伤厚度分别为200mm、120mm和100mm。

γ射线探伤的特点是设备轻便灵活，特别是施工现场更为方便，而且投资少，成本低。但其曝光时间长，灵敏度较低。在石油化工行业现场施工时经常采用。

2. 超声波探伤

超声波探伤是利用超声波能透入金属材料的深处，由一截面进入另一截面时，在界面边缘发生反射的特点来检查试件缺陷的一种方法，当超声波束自试件表面由探头通至金属内部，遇到缺陷与试件底面时就分别发生反射波，在荧光屏上形成脉冲波形，根据这些脉冲波形来判断缺陷位置和大小。

超声波探伤技术应用非常广泛，用于探测构件中的不连续性的缺陷，提供不连续三维位置的信息，给出可用来评估缺陷的数据。如检测焊缝的缺陷，传动轴、高强螺栓及材料夹层的缺陷等。

与X射线探伤相比，超声波探伤具有较高的探伤灵敏度、周期短、成本低、灵活方便、效率高、对人体无害等优点。缺点是对试件表面要求平滑、对操作人员的知识水平和专业技能要求较高。超声波探伤适合于厚度较大工件的检验。

3. 涡流探伤

涡流探伤是利用电磁感应原理，检测导电试件（包括铁磁性和非铁磁性金属材料）表面和近表面缺陷的一种探伤方法。其原理是用激磁线圈使导电试件内产生涡电流，借助探测线圈测定涡电流的变化量，从而获得试件缺陷的有关信息。

涡流探伤只能检查金属材料和试件的表面和近表面缺陷。在检测时并不要求探头与试件接触，为实现高速自动化检测提供了条件。涡流法可以一次测量多种参数，如对管材的涡流检测，除了可以检查缺陷的特征，还可以测量管材的内径、外径、壁厚和偏心率等。

涡流探伤的主要优点是检测速度快，探头与试件可不直接接触，无须耦合剂。主要缺点是只适用于导体，对形状复杂试件难做检查，只能检查薄试件或厚试件的表面、近表面缺陷。

4. 磁粉探伤

磁粉探伤是用来检测铁磁性材料表面和近表面缺陷的一种无损检测方法。其基本原理是将铁磁性（铁、钴、镍）试件置于强磁场当中，使其磁化，若试件表面或近表面存在缺陷，就会有部分磁力线外溢形成漏磁场，对施加在其表面的磁粉产生吸附作用，磁粉便在此处显示缺陷的形状和位置，从而判断缺陷的存在。

磁粉探伤设备简单、操作容易、检验迅速、具有较高的探伤灵敏度，几乎不受试件大小和形状的限制；可用来发现铁磁材料的表面或近表面的缺陷，可检出的缺陷最小宽度约为1μm，可探测的深度一般在1～2mm；它适用于薄壁件或焊缝表面裂纹的检验，也能显露出一定深度和大小的未焊透缺陷；但难以发现气孔、夹渣及隐藏在焊缝深处的缺陷。宽而浅的缺陷也难以检测，检测后常需退磁和清洗，试件表面不得有油脂或其他能黏附磁粉的物质。

5. 渗透探伤

渗透探伤一般包括涂覆、渗透、清洗、显像和检查五个基本步骤。首先将含有荧光物质的渗透液涂敷在被探伤工件表面上，如果工件表面有开放性缺陷时，渗透剂则渗透到缺陷中去，然后去除掉表面多余的渗透液，再涂以显影剂，缺陷就显现出痕迹，采用天然光或紫外线光观察，来判断缺陷的种类和大小。

渗透探伤的优点是不受被检试件几何形状、尺寸大小、化学成分和内部组织结构的限制，也不受缺陷方位的限制，一次操作可同时检验开口于表面的所有缺陷；不需要特别昂贵和复杂的电子设备和器械；检验的速度快，操作比较简便，大量的零件可以同时进行批量检验，缺陷显示直观，检验灵敏度高，操作简单，不需要复杂设备，费用低廉，缺陷显示直观，具有相当高的灵敏度，能发现宽度 1μm 以下的缺陷。这种方法由于检验对象不受材料组织结构和化学成分的限制，因而广泛应用于黑色和有色金属锻件、铸件、焊接件、机加工件以及陶瓷、玻璃、塑料等表面缺陷的检查。它能检查出裂纹、冷隔、夹杂、疏松、折叠、气孔等缺陷；最主要的限制是只能检出试件开口于表面的缺陷，且不能显示缺陷的深度及缺陷内部的形状和大小，对于结构疏松的粉末冶金零件及其他多孔性材料不适用。

第二节 除锈、防腐蚀和绝热工程

一、除锈和刷油

为了防止工业大气、水及土壤对金属材料的腐蚀，在设备、管道以及附属钢结构的外部进行涂装是防腐蚀的重要措施之一。

（一）除锈（表面处理）

1. 钢材表面原始锈蚀分级

依据《涂覆涂料前钢材表面处理 表面清洁度的目视评定 第1部分：未涂覆过的钢材表面和全面清除原有涂层后的钢材表面的锈蚀等级和处理等级》GB/T 8923.1—2011，钢材表面的锈蚀程度分为A、B、C、D四级。

A级—大面积覆盖着氧化皮而几乎没有铁锈的钢材表面。

B级—已发生锈蚀并且氧化皮已开始剥落的钢材表面。

C级—氧化皮已因锈蚀而剥落，或者可以刮除，并且在正常视力观察下可见轻微点蚀的钢材表面。

D级—氧化皮已因锈蚀而剥落，并且在正常视力观察下可见普遍发生点蚀的钢材表面。

2. 金属表面处理方法

金属的表面处理方法主要有手工工具方法、机械方法、化学方法及火焰除锈方法。

（1）手工工具方法。手工工具除锈是使用钢丝刷、凿刀、铲锤等手工工具，以及旋转钢丝刷、电动砂轮和磨轮等小型动力工具，对工件表面摩擦以去除锈垢，然后用有机溶剂将浮锈和油污洗净。适用于一些较小的工件表面及没有条件采用机械方法进行表面处理的设备表面处理。

（2）机械方法。机械除锈是利用机械产生的冲击、摩擦作用对工件表面除锈的方法。

1）喷射除锈法。喷射除锈是指用压缩空气将磨料高速喷射到金属表面，依靠磨料的冲击和研磨作用，将金属表面的铁锈和其他污物清除。喷射除锈常以石英砂作为磨料，也称为喷砂除锈。喷射除锈法是目前最广泛采用的除锈方法，多用于施工现场设备及管道涂覆前的表面处理。

喷射除锈的优点是除锈效率高、质量好、设备简单。缺点是操作时灰尘弥漫，劳动条件差，且会影响到喷砂区附近机械设备的生产和保养。

2）抛射除锈法。抛射除锈法是利用抛丸器中高速旋转（2 000rad/min 以上）的叶轮抛出的钢丸（粒径为 0.3～3mm），以一定角度冲撞被处理的工件表面，将金属表面的铁锈和其他污物清除干净。抛射除锈法的自动化程度较高，主要用于涂覆车间工件的金属表面处理。

抛射除锈法的特点是：除锈质量好、效率高，自带除尘装置，钢丸自动回收利用。但只适用于较厚的，不怕碰撞的工件，不适用于大型、异形工件的除锈。

（3）化学除锈方法。又称酸洗法，是将脱脂后的金属制件在酸液中进行浸蚀加工，以除掉金属表面的氧化皮和铁锈，水洗后再用碱液将残余的酸液加以中和，以防残余酸液对钢材的腐蚀，最后用冷水冲洗干净。酸洗常用酸有盐酸、硫酸、磷酸、硝酸、氢氟酸等。酸洗法主要适用于对表面处理要求不高、形状复杂的零部件以及在无喷砂设备条件的除锈场合。化学除锈按照去除锈蚀物的程度可分为 5 个等级进行处理，分别是：①清洗：仅去除表面的油污、脏物等杂质，无法去除明显的锈迹。主要通过清洗液或溶剂清洗表面杂质，常用设备为清洗槽。②去浅锈：除去表面轻微锈斑，表面出现浅灰色。常用的化学去锈方法为酸洗或酸洗加机械除锈，常用设备有酸洗槽、喷射式化学清洗机等。③去中锈：除去表面中等程度的锈斑，表面出现灰色或略带红色的锈迹。常用的化学去锈方法为浸泡式除锈或钝化处理，常用设备有浸泡式除锈槽、酸洗槽等。④去重锈：除去表面明显的锈斑，表面基本没有锈迹。常用的化学去锈方法为浸泡式除锈或电解除锈，常用设备有浸泡式除锈槽、电解除锈槽等。⑤去毛刺：除去表面的锈迹以及毛刺、毛利等缺陷，表面光洁度高，可直接进行下一步工艺处理。常用的化学去锈方法为电解除锈或机械除锈，常用设备有电解除锈槽、机械除锈设备等。

（4）火焰除锈方法。火焰除锈方法的主要工艺是先将基体表面锈层铲掉，再用火焰烘烤或加热，并配合使用动力钢丝刷清理加热表面。此种方法适用于除掉旧的防腐层（漆膜）或带有油浸过的金属表面工程，不适用于薄壁的金属设备、管道，也不能用于退火钢和可淬硬钢的除锈。

3. 钢材表面处理质量等级

手工或动力工具除锈金属表面处理等级分为 St2、St3 两级，喷射或抛射除锈金属表面处理质量等级分为 Sa1、Sa2、Sa2½、Sa3 四级。另外，还有火焰除锈质量等级 FI 和化学除锈质量等级 Pi。

（1）手工或动力工具清理。

等级 St1 的表面不适合涂覆涂料，故不列出。

1）St2 级：彻底的手工和动力工具清理。在不放大的情况下观察时，表面应无可见的油、脂和污物，并且没有附着不牢的氧化皮、铁锈、涂层和外来杂质。

2）St3 级：非常彻底的手工和动力工具清理。同 St2，但表面处理应彻底得多，表面应具有金属底材的光泽。

（2）喷射清理。

1）Sa1 级：轻度的喷射清理。在不放大的情况下观察时，表面应无可见的油、脂和污物，并且没有附着不牢的氧化皮、铁锈、涂层和外来杂质。

2）Sa2 级：彻底的喷射清理。在不放大的情况下观察时，表面应无可见的油、脂和污物，并且几乎没有氧化皮、铁锈、涂层和外来杂质。任何残留污染物应附着牢固。

3）Sa2½ 级：非常彻底的喷射清理。在不放大的情况下观察时，表面应无可见的油、脂和污物，并且没有氧化皮、铁锈、涂层和外来杂质。任何污染物的残留痕迹应仅呈现为点状或条纹状的轻微色斑。

4）Sa3 级：使钢材表观洁净的喷射清理。在不放大的情况下观察时，表面应无可见的油、脂和污物，并且应无氧化皮、铁锈、涂层和外来杂质。该表面应具有均匀的金属色泽。

（3）火焰清理。FI 级：在不放大的情况下观察时，表面应无氧化皮、铁锈、涂层和外来杂质。任何残留的痕迹应仅为表面变色（不同颜色的阴影）。

（4）化学除锈质量等级。Pi 级：金属表面应无可见的油、脂和污物，酸洗未尽的氧化皮、铁锈和油漆涂层的个别残留点允许用手工或机械方法除去，最终该表面应显露金属原貌，无再度锈蚀。

（二）涂料涂层施工方法

涂料涂层施工方法一般可分为刷涂法、滚涂法、空气喷涂法、高压无气喷涂法、静电喷涂法（喷塑）和电泳涂装法等。

（1）刷涂法。刷涂法是一种最简单的手工涂装方法。采用刷涂法施工的主要优点是：漆膜渗透性强，可以深入细孔、缝隙中；工具简单，投资少，操作容易掌握，适应性强；对工件形状要求不严，节省涂料等。缺点是：劳动强度大，生产效率低，涂膜易产生刷痕，外观欠佳。

油性调和漆、酚醛漆等可用这种方法施工。对于防锈底漆，如油性红丹漆采用刷涂法可以增加涂料对钢材的润湿能力，提高防锈效果。对于快干漆和分散性差的涂料，如硝基漆、过氯乙烯等不宜使用刷涂法。刷涂法常用于小面积工件的涂装。

（2）滚涂法。滚涂法是先将滚子（空心圆柱形、表层粘有纤维）在涂料中湿润，然后再将涂料滚涂到工件的表面。滚涂法适用于较大面积工件的涂装，较刷涂法效率高。

（3）空气喷涂法。空气喷涂法利用专门的喷枪工具以压缩空气把涂料吸入，由喷枪的喷嘴喷出并使气流将涂料冲散成微粒射向被涂物体表面，使之附着于工件表面。空气喷涂法是应用最广泛的一种涂装方法，几乎可适用于一切涂料品种，该法的最大特点是可获得厚薄均匀、光滑平整的涂层。但空气喷涂法涂料利用率低，且由于溶剂挥发，对空气的污染也较严重，施工中必须采取良好的通风和安全预防措施。

（4）高压无气喷涂法。高压无气喷涂是使涂料通过加压泵加压后经喷嘴小孔喷出。涂料离开喷嘴后会立即剧烈膨胀，撕裂成极细的颗粒而涂敷于工件表面，它的主要特点是没有一般空气喷涂时发生的涂料回弹和大量漆雾飞扬的现象，因而不仅节省了漆料，而且减少了污染，改善了劳动条件。同时它还具有工效高的特点，比一般空气喷涂要提高数倍至十几倍，而且涂膜的附着力也较强，涂膜质量较好，适宜于大型钢结构、管道、桥梁、车辆和船舶的涂装。

（5）静电喷涂法（喷塑）。静电喷涂法是一种将粉末涂料喷涂在工件表面上的处理方法。用高压静电设备（静电喷塑机）把粉末涂料喷涂到工件的表面，在静电作用下，粉末会均匀地吸附在工件表面；粉状涂层经过高温烘烤后流平固化，形成一层致密的效果各异的最终保护涂层，牢固附着在工件表面，涂膜呈现平光或哑光效果。喷塑粉主要有丙烯酸粉末、聚酯粉末等。

静电喷涂工艺的优势：不需稀料，施工对环境无污染，对人体无害；涂层外观质量优异，附着力及机械强度高；喷涂施工固化时间短；涂层耐腐、耐磨；不需要底漆；施工简便，对工人技术要求低；成本低于喷漆工艺。有些施工场合已经明确提出必须使用静电喷涂工艺处理。

（6）电泳涂装法。电泳涂装是利用外加电场使悬浮于电泳液中的颜料和树脂等微粒定向迁移并沉积于电极之一的工件表面的涂装方法。电泳涂装法的主要特点有：

1）采用水溶性涂料，可节省有机溶剂，降低了大气污染和环境危害，安全卫生，同时避免了火灾隐患；

2）涂装效率高，涂料损失小，涂料的利用率可达90%～95%；

3）涂膜厚度均匀，附着力强，涂装质量好，工件各个部位如内层、凹陷、焊缝等处都能获得均匀、平滑的漆膜，解决了其他涂装方法对复杂形状工件的涂装难题；

4）生产效率高，施工可实现自动化连续生产，大幅提高了劳动效率；

5）设备复杂，投资费用高，耗电量大，施工条件严格，并需进行废水处理。

（三）金属涂层施工方法

设备及管道表面金属涂层主要采用热喷涂法施工。

金属热喷涂（喷镀）是指利用某种热源，将粉末状或丝状的金属涂层材料加热到熔融或半熔融状态，然后借助焰流本身的动力或外加的高速气流雾化，并以一定的速度喷射到经过预处理的基体材料表面，与基体材料结合而形成具有各种功能的表面金属覆盖层。如将金属锌和铝喷镀到钢铁表面上可得到保护性涂层，以获得优良的耐腐蚀性。

因为金属热喷涂所获得的镀覆材料与基体材料之间的结合是纯粹的机械结合，因此基体材料必须进行适当的处理，以便能获得良好的结合。一般钢结构的表面处理应达到Sa3级。

（1）金属热喷涂类型。根据热源的不同，一般将金属热喷涂分为燃烧法和电加热法两大类。

（2）金属热喷涂工艺。金属热喷涂工艺包括基体表面预处理、热喷涂、后处理、精加工等过程。

（3）金属热喷涂用材。金属热喷涂采用的金属材料多是锌、锌铝合金、铝和铝镁合金，分为金属丝和金属粉末两种形式。

（4）金属热喷涂设备。虽然因热喷涂的方法不同其设备也各有差异，但其设备都主要由喷枪、热源、涂层材料供给装置以及控制系统和冷却系统组成。

（四）钢结构表面处理要求

（1）清洁程度要求。

1）达到处理等级要求。当设计对基体表面处理无要求时，对基体表面处理的质量要求应符合表 2.2.1 中的规定。

表 2.2.1　基体表面处理的质量要求

序号	覆盖层类别	表面处理质量等级
1	金属热喷涂层	Sa3 级
2	搪铅、纤维增强塑料衬里、橡胶衬里、树脂胶泥衬砌砖板衬里、塑料板黏结衬里、玻璃鳞片衬里、喷涂聚脲衬里、涂料涂层	Sa2½ 级
3	水玻璃胶泥衬砌砖板衬里、涂料涂层、氯丁胶乳水泥砂浆衬里	Sa2 级或 St3 级
4	衬铅、塑料板非黏结衬里	Sa1 级或 St2 级

2）处理后的基体表面不应含有氯离子等附着物。

3）处理合格的工件，在运输和保管期间应保持干燥和洁净。

4）基体表面处理后，应在规定的时间间隔内及时涂覆。

5）再度污染或锈蚀时，基体表面应重新进行处理。

（2）粗糙度要求。

1）表面处理后，金属基体粗糙度应符合要求。

2）喷射或抛射除锈后的基体表面应呈均匀的粗糙面，除基体原始锈蚀或机械损伤造成的凹坑外，不应产生肉眼明显可见的凹坑和飞刺。

二、衬里

衬里是一种综合利用不同材料的特性、具有较长使用寿命的防腐方法，多是在钢铁或混凝土设备上选衬各种非金属材料，如玻璃钢衬里、橡胶衬里、砖板衬里等。对于温度、压力较高的场合，可衬耐蚀金属，如不锈钢、铅、钛、铜、铝等。

1. 纤维增强塑料衬里

纤维增强塑料衬里（如玻璃钢衬里），是指以树脂为黏结剂，纤维及其织物为增强材料，采用手工铺贴或喷射而形成的设备、管道衬里层及隔离层。用于该类衬里的黏结剂材料主要有环氧树脂、不饱和聚酯树脂、呋喃树脂和酚醛树脂等热固性树脂；纤维主要包括玻璃纤维布、毡、有机纤维及其织物等。

常用的施工方法有铺贴法和喷射法。铺贴法是用手工糊制贴衬纤维增强塑料，可连续施工或间断施工。纤维增强酚醛树脂衬里应采用间断法施工。纤维增强材料的涂胶可以采用刷涂法，也可采用浸揉法处理，即将纤维增强材料放置在配好的胶料里浸泡揉挤，使纤维增强材料完全浸泡透，挤出多余的胶料，将纤维增强材料拉平贴衬。用纤维增强材料做设备管道衬里层时，可不涂刷面层涂料。

喷射法是首先在处理后的基体表面均匀喷涂封底胶料，再将增强纤维无捻粗纱切成25～30mm的小段，与树脂一起喷到基体表面。喷射后采用辊子将表面沉积物滚平压实，表面应达到平整、无气泡。

2. 橡胶衬里

橡胶板衬里的施工一般采用粘贴法，其工艺过程为：

（1）设备表面处理。金属表面不应有油污，杂质。一般采用喷砂除锈，也可采用酸洗处理。对铸铁件，在喷砂前应用蒸汽或其他方法加热除去铸件气孔中的空气及油垢等。

（2）胶浆的配制。胶浆调制时，先将胶料剪成小块放入部分汽油进行调胶，调制时应搅拌均匀，使成糊状，再按配比加入汽油，配成浓度为1∶4～1∶10的胶浆。

（3）涂刷胶浆。一般施工温度不低于15℃，但也不宜超过30～35℃。设备与橡胶板一般至少要涂刷三层胶浆。每层用胶浆浓度不同，第一层较稀，第二层较浓，第三层更浓一些。每次涂刷后的干燥时间一般为10～30min。

（4）硫化。硫化是生胶与硫黄物理化学变化的过程。硫化后的橡胶具有良好的弹性、硬度、耐磨性及耐腐蚀性能。软橡胶含硫量少，它与金属的黏结力比硬橡胶和半硬橡胶差。

硫化的方法有间接硫化（硫化釜内硫化）、直接本体硫化（衬橡胶设备本体硫化）和常压硫化三种。

3. 衬铅和搪铅衬里

衬铅和搪铅是两种覆盖铅的方法。

（1）衬铅。将铅板用搪钉、螺栓或压板固定在设备或被衬工件表面上，再用铅焊条将铅板之间的缝隙焊接起来，形成一层将设备与介质隔离开的铅防腐层，称为衬铅。分别称为搪钉固定法、螺栓固定法和压板条固定法。

（2）搪铅。采用氢-氧焰将铅条熔融后贴覆在被衬的工件或设备表面上形成具有一定厚度密实的铅层，称为搪铅。

搪铅与设备器壁之间结合均匀且牢固，没有间隙，传热性好，适用于负压、回转运动和震动下工作。

衬铅和搪铅相比，衬铅的施工方法比搪铅简单，生产周期短，相对成本也低，适用于立面、静荷载和正压下工作。

4. 块材衬里

块材衬里施工采用胶泥衬砌施工方法。在设备、管道及管件的内壁采用具有一定黏结性和耐蚀性能的胶泥衬砌耐腐蚀砖、板等块状材料，将腐蚀介质与金属表面隔离。常用的块材有铸石、辉绿岩、耐酸瓷砖、不透性石墨板等。常用胶泥主要有水玻璃胶泥和树脂胶泥。

5. 塑料衬里

塑料衬里采用塑料板材或管材，以热风焊接、粘贴等施工方法衬砌在设备或管道的内表面，形成一层隔离保护层。常用的有软聚氯乙烯板衬里设备、氟塑料衬里设备和塑料衬里管道。

6. 氯丁乳胶水泥砂浆衬里

氯丁乳胶水泥砂浆衬里采用整体面层涂覆的施工方法。输水钢管通过离心机或管道喷涂机在钢管内壁形成水泥涂层，主要是延长给水管道的使用寿命，保护水质，提高管道输水能力。考虑到设备、管道内部空间狭窄，氯丁乳胶水泥砂浆衬里只适用于内部结构简单的设备、管道。

三、绝热工程

绝热工程是为了维持或保证正常生产的温度范围，减少热载体（如过热蒸汽、饱和水蒸气、热水和烟气等）和冷载体（如液氨、液氮、冷冻盐水和低温水等）在输送、贮存和使用过程中热量或冷量的散失，对设备和管道采取的保温或保冷措施。

（一）绝热目的

（1）减少热损失，节约热量。

（2）改善劳动条件，保证操作人员安全。

（3）防止设备和管道内液体冻结。

（4）防止设备或管道外表面结露。

（5）减少介质在输送过程中的温度下降。

（6）防止发生火灾。

（7）提高耐火绝缘等级。

（8）防止蒸发损失。

（二）常用绝热材料

绝热材料应选择导热系数小、无腐蚀性、耐热、不易燃、持久、性能稳定、质量轻、有足够强度、吸湿性小、易于施工成型的材料。

绝热材料的种类很多，比较常用的有矿（岩）棉、玻璃棉、硅藻土、膨胀珍珠岩、泡沫玻璃、硬质聚氨酯泡沫塑料、聚苯乙烯泡沫塑料、柔性泡沫橡塑制品等（详见第一章第一节和第二节）。

（三）设备及管道绝热结构组成

1. 保冷结构的组成及各层的功能

保冷结构（由内到外）由防腐层、保冷层、防潮层、保护层组成。

（1）防腐层。将防腐材料（一般采用各种涂料）涂敷在保冷设备及采用碳钢或铁素体合金钢的保冷管道的外表面，防止其因受潮而腐蚀。凡需进行绝热的碳钢设备、管道及其附件应设防腐层；对不锈钢、有色金属及非金属材料制造的设备、管道及其附件则不需设防腐层。

（2）保冷层。保冷层是保冷结构的核心层，将绝热材料敷设在保冷设备及管道的外表面（保证一定厚度），阻止外部环境的热流进入，减少冷量损失，维持保冷功能。

（3）防潮层。防潮层是保冷层的维护层，将防潮材料敷设在保冷层外，阻止外部环境的水蒸气渗入，防止保冷层材料受潮或结冰后降低保冷功效乃至破坏保冷功能。

（4）保护层。保护层是保冷结构的维护层，将保护层材料敷设在保冷层或防潮层外部，保护保冷结构内部免遭水分侵入或外力破坏，使保冷结构外形整洁、美观，延长保冷结构使用年限。

在保护层外表面根据需要可涂刷不同颜色的防腐漆或制作相应色标，以识别设备及管道内介质的类别和流向。

2. 保温结构的组成及各层的功能

（1）保温结构通常由防腐层、保温层及保护层三层组成。各层的功能与保冷结构各层的功能相同。

（2）在潮湿环境或埋地状况下，应增设防潮层。

（四）绝热施工

1. 绝热层施工

（1）涂抹绝热层。涂抹法是将粉状绝热材料如石棉灰、硅藻土等加水调制成胶泥状，采用分层涂抹的方法敷设在设备及管道表面。涂抹法可在被绝热对象处于运行状态下进行施工。涂抹绝热层整体性好，与保温面结合较牢固，不受保温面形状限制，价格也较低，施工作业简单，但劳动强度大，工期较长，不能在0℃以下施工。

（2）充填绝热层充填法。是指由散粒状绝热材料如矿渣棉、玻璃棉、超细玻璃棉以及珍珠岩散料等直接充填到设备及管道壁外的空腔内的施工方法。这种结构常用于表面不规则的管道、阀门、设备的保温。

（3）捆扎绝热层。捆扎法是把绝热材料制品敷于设备及管道表面，再用捆扎材料将其扎紧、定位的方法。该方法适用于软质毡、板、管壳，硬质、半硬质板等各类绝热材料制品的施工。用于大型筒体设备及管道时，需依托固定件或支承件来捆扎、定位。配套的捆扎材料有镀锌铁丝、包装钢带、粘胶带等。对泡沫玻璃、聚氨酯、酚醛泡沫塑料等脆性材料不宜采用镀锌铁丝、不锈钢丝捆扎，宜采用感压丝带捆扎，分层施工的内层可采用粘胶带捆扎。

（4）粘贴绝热层。粘贴法是用各类胶黏剂将绝热材料制品直接粘贴在设备及管道表面的施工方法，适用于各种轻质绝热材料制品，如泡沫塑料类，泡沫玻璃，半硬质或软质毡、板等。常用的黏结剂有沥青玛琋脂、聚氨酯黏结剂、醋酸乙烯乳胶、环氧树脂等。

（5）钉贴绝热层。钉贴法是用保温钉代替黏结剂或捆绑铁丝把绝热预制件钉固在保温面上形成绝热层。主要用于矩形风管、大直径管道和设备容器的绝热层施工中，适用于各种绝热材料加工成型的预制品件，如珍珠岩板、矿渣棉板等。

（6）浇注绝热层。浇注法是将配制好的液态原料或湿料倒入设备及管道外壁设置的模具内，使其发泡定型或养护成型的一种绝热施工方法。目前常采用聚氨酯泡沫树脂在现场发泡。湿料是轻质粒料与胶结料和水的拌合物。该方法较适合异型管件、阀门、法兰的绝热以及室外地面或地下管道绝热。

（7）喷涂绝热层。喷涂法是利用机械和气流技术将料液或粒料混合、输送至特制喷枪口送出，使其附着在绝热面上成型的一种施工方法。适用于以聚苯乙烯泡沫塑料、聚氯乙烯泡沫塑料、聚氨酯泡沫塑料作为绝热层的喷涂施工。这种结构施工方便，施工工艺简单、施工效率高，且不受绝热面几何形状限制，无接缝。整体性好。但要注意施工安全和劳动保护。喷涂聚氨酯泡沫塑料时，应分层喷涂，一次完成。

（8）可拆卸式绝热层。设备或管道上的人孔、观察孔、检测口以及需要维修拆卸的管段法兰、法兰阀门等部位的保温，应采用可拆卸式绝热结构。即将保温材料预制成金属盒等可拆卸的结构，采用钩钉、螺栓等方式固定。

2. 防潮层施工

（1）阻燃性沥青玛琋脂贴玻璃布作防潮隔气层，是在绝热层外面涂抹一层2～3mm厚的阻燃性沥青玛琋脂，接着缠绕一层玻璃布或涂塑窗纱布，然后再涂抹一层2～3mm厚的阻燃性沥青玛琋脂形成。此法适用于硬质预制块做的绝热层或涂抹的绝热层上面使用。

（2）塑料薄膜作防潮隔气层，是在保冷层外表面缠绕聚乙烯或聚氯乙烯薄膜1～2层，注意搭接缝宽度应在100mm左右，一边缠一边用热沥青玛琋脂或专用黏结剂粘接。这种防潮层适用于纤维质绝热层面上。

3. 保护层施工

绝热结构外层必须设置保护层，以阻挡环境和外力对绝热结构的影响，延长绝热结构的使用寿命。保护层应使绝热结构外表整齐、美观，保护层结构应严密和牢固，在环境变化和振动情况下不渗雨、不裂纹、不散缝、不坠落。

用作保护层的材料很多，工程上常用的有塑料薄膜和玻璃丝布、石棉石膏或石棉水泥、金属薄板等。

（1）塑料薄膜或玻璃丝布保护层。它是直接将塑料薄膜或玻璃丝布缠绕在绝热层或防潮层上面制成的。缠绕压接宽度为带宽的1/3～1/2，接头搭接长度为80～100mm，起点和终点用镀锌铁丝绑扎且不少于两圈。缠包面应平整无皱纹，松紧适度。这种保护层适用于纤维制的绝热层上面使用。保护层外面再结合识别标志和环境条件涂刷不同油漆涂料的防腐层。

（2）石棉石膏或石棉水泥保护层。它是将石棉石膏或石棉加水调制成胶泥状直接涂抹在防潮层上而形成的。保护层的厚度：当管径$DN \leqslant 500$mm时，厚度$\delta = 10$mm；当管径$DN > 500$mm时，厚度$\delta = 15$mm。表面光滑无裂纹，干燥后可直接涂刷识别标志漆。这种保护层适用于硬质材料的绝热层上面或要求防火的管道上。

（3）金属薄板保护层。它是用镀锌薄钢板、铝合金薄板、铝箔玻璃钢薄板等按防潮层的外径加工成型，然后固定连接在管道或设备上而成。

1）金属保护层的接缝形式可根据具体情况选用搭接、插接或咬接形式。

2）硬质绝热制品金属保护层纵缝，在不损坏里面制品及防潮层前提下可进行咬接。半硬质或软质绝热制品的金属保护层纵缝可用插接或搭接。插接缝可用自攻螺钉或抽芯铆钉固定，而搭接缝只能用抽芯铆钉固定，钉的间距200mm。

3）金属保护层的环缝，可采用搭接或插接（重叠宽度30～50mm）。搭接或插接的环缝，水平管道一般不使用螺钉或铆钉固定（立式保护层有防坠落要求者除外）。

4）保冷结构的金属保护层接缝宜用咬合或钢带捆扎结构。

5）铝箔玻璃钢薄板保护层的纵缝，不得使用自攻螺钉固定。可同时用带垫片抽芯铆钉（间距小于或等于150mm）和玻璃钢打包带捆扎（间距小于或等于500mm，且每块板上至少捆二道）进行固定。保冷结构的保护层，不得使用铆钉进行固定。

6）金属保护层应有整体防（雨）水功能。对水易渗进绝热层的部位应用沥青玛琋脂或胶泥严缝。

第三节 吊装工程

安装工程中，无论管道还是设备的搬运、移动或安装，都要借助于一些工具和起重机械，能够减轻体力劳动强度和提高劳动生产率，加快安装进度。了解常用的起重吊装机具和起重吊装方法，是非常必要的。

一、吊装机械

(一) 常用的索吊具

常用的索吊具包括绳索（麻绳、尼龙带、钢丝绳）、吊具（吊钩、吊环、吊梁）、滑轮等。

1. 绳索

(1) 麻绳。麻绳有质轻、柔软、易绑扎、价格低、抗拉强度小、易磨损等特点，不仅用于小型设备吊装，也用于做溜绳、平衡绳和缆风绳等。

设备吊装中常用白棕绳以及合成纤维（尼龙）绳。

(2) 尼龙带。尼龙带特别适用于精密仪器及外表面要求比较严格的物件吊装。尼龙带应避免受到锐利器具的割伤，在起吊有锋利的角、边或粗糙表面的物件时，应采取加垫保护物的措施。禁止吊装带打结或用打结的方法来连接，应采用专用的吊装带连接件进行连接。

尼龙带应避免与强酸、强碱等物质接触，以免造成腐蚀。

(3) 钢丝绳。钢丝绳是吊装中的主要绳索。它具有强度高，耐磨性好，挠性好，弹性大，能承受冲击，在高速下运转平稳，无噪声，破裂前有断丝的预兆，便于发现等特点，因此在起重机械和吊装工作中得到广泛的采用，如用于曳引、张拉、捆系吊挂、承载等。

钢丝绳是由许多根直径为0.4～4.0mm，强度1 400～2 000MPa的高强钢丝捻成绳股绕制而成。钢丝绳的规格较多，起重吊装常用6×19＋FC（IWR）、6×37＋FC（IWR）、6×61＋FC（IWR）三种规格的钢丝绳。其中6代表钢丝绳的股数，19（37、61）代表每股中的钢丝数，“＋”后面为绳股中间的绳芯，FC为纤维芯、IWR为钢芯。

2. 吊具

(1) 吊钩。有环眼吊钩、旋转吊钩、羊角滑钩、鼻形钩、钢丝绳夹、S钩、国标钩、D型卸扣、弓形卸扣等。

(2) 吊环。有圆吊环、梨形吊环、长吊环、强力吊环、异型吊环、旋转吊环等。

(3) 吊梁。包括承载梁及连接索具，是对被吊物吊运的专用横梁吊具。有管式、钢板式、槽钢式、桁架式等。

3. 滑轮

滑轮用在起重机上起到省力，改变方向和支撑等作用。对于轻型、中型工作类型的起重机，滑轮采用灰铸铁HT15－33或者球墨铸钢QT－10制造；对于重级以上工作类型的起重机，滑轮采用铸钢ZG25或者ZG35制造；对于大直径（D>800mm）的滑轮可以采用碳钢Q235－A焊接。

(二) 轻小型起重设备

1. 千斤顶

千斤顶是一种普遍使用的起重工具，具有结构轻巧、移动方便、体积小能力大、操作简便等特点。千斤顶的顶升高度一般在100～400mm，起重能力在3～500t。

千斤顶可分为机械千斤顶（包括螺旋千斤顶、齿条千斤顶）和液压千斤顶。

2. 滑车

滑车是被广泛使用的一种小型起重工具，把它与钢丝绳穿绕在一起，配以卷扬机，即可进行重物的起吊运输作业。

按滑车头部结构形式可分为吊钩型、链环型、吊环型；按滑车的轮数可分为单轮滑车、双轮滑车和多轮滑车，其中单轮滑车有闭口和开口两种。

滑车使用方便，用途广泛，可以手动，机动。主要用于工厂、矿山、农业、电力、建筑的生产施工，码头、船坞、仓库的机器安装，货物起吊等。

3. 起重葫芦

可分为手拉葫芦、手扳葫芦、电动葫芦、气动葫芦、液动葫芦等。

4. 卷扬机

在设备吊装中常用的牵引设备有电动卷扬机、手动卷扬机和绞磨。

（1）电动卷扬机。电动卷扬机广泛用于设备吊装中，具有牵引力大、速度快、结构紧凑、操作方便和安全可靠等特点。

（2）手动卷扬机。手动卷扬机通过改变齿轮传动比来改变起重量和升降速度，用于无电源和起重量不大的起重作业。

（3）绞磨。绞磨是一种人力驱动的牵引机械，具有结构简单、易于制作、操作容易、移动方便等优点，一般用于起重量不大、起重速度较慢又无电源的起重作业中。

（三）起重机类型及特点

1. 起重机的分类

起重机可分为桥架型起重机、臂架型起重机、缆索型起重机三大类。起重设备分类详见表2.3.1。

表2.3.1　起重机设备分类

名称	类别		品种
起重机	桥架型	梁式起重机	—
		桥式起重机	带回转臂、带回转小车、带导向架的桥式起重机，同轨、异轨双小车桥式起重机，单主梁、双梁、挂梁桥式起重机，电动葫芦桥式起重机，柔性吊挂桥式起重机，悬挂起重机
		门式起重机	双梁、单梁、可移动主梁门式起重机
		半门式起重机	—
	臂架型	塔式起重机	固定塔式、移动塔式、自升塔式起重机
		流动式起重机	轮胎起重机，履带起重机，汽车起重机
		铁路起重机	蒸汽、内燃机、电力铁路起重机
		门座起重机	港口、船厂、电站门座起重机
		半门座起重机	—

续表 2.3.1

名称	类别		品种
起重机	臂架型	桅杆起重机	固定式、移动式桅杆起重机
		悬臂式起重机	柱式、壁式、旋臂式起重机，自行车式起重机
		浮式起重机	—
		甲板起重机	—
	缆索型	缆索起重机	固定式、平移式、辐射式缆索起重机
		门式缆索起重机	—

（1）桥架型起重机。桥架型起重机的最大特点是以桥形金属结构作为主要承载构件，取物装置悬挂在可以沿主梁运行的起重小车上，通过起升机构的升降运动、小车运行机构和大车运行机构的水平运动，在矩形三维空间内完成对物料的搬运作业。

（2）臂架型起重机。臂架型起重机的结构特点是都有一个悬伸、可旋转的臂架作为主要受力构件。其工作机构除了起升机构外，通常还有旋转机构和变幅机构，通过起升机构、变幅机构、旋转机构和运行机构的组合运动，可以实现在圆形或长圆形空间的起重作业。

（3）缆索型起重机（应用较少，略）。

此外，起重机还可以按行驶性能分为有轨运行起重机和无轨运行起重机。有轨运行起重机装有车轮，可以在铺设的轨道上在有限范围内工作，如各种桥架类型起重机、塔式起重机、门座起重机等。无轨运行起重机的运行装置配备橡胶轮胎或履带，可灵活转换作业场地，如汽车起重机、履带起重机等。

2. 常用起重机的特点及适用范围

常用的起重机有流动式起重机、塔式起重机、桅杆起重机等。

（1）流动式起重机。流动式起重机有履带式起重机、汽车起重机、轮胎起重机、全地面起重机、随车起重机等。

1）特点：适用范围广，机动性好，可以方便地转移场地，但对道路、场地要求较高，台班费较高。

2）适用范围：适用于单件重量大的大、中型设备、构件的吊装，作业周期短。

（2）塔式起重机。塔式起重机是动臂装在高耸塔身上部的旋转起重机。工作范围大，主要用于多层和高层建筑施工中材料的垂直运输和构件安装。由金属结构、工作机构和电气系统三部分组成。

1）特点：吊装速度快，台班费低。但起重量一般不大，并需要安装和拆卸。

2）适用范围：适用于在某一范围内数量多，而每一单件重量较小的设备、构件吊装，作业周期长。

（3）桅杆起重机。桅杆起重机是以桅杆为机身的动臂旋转起重机。桅杆起重机由桅杆本体、动力—起升系统、稳定系统组成。主要部件由桅杆、动臂、支撑装置和起升、变幅、回转机构组成。按支撑方式分斜撑式桅杆起重机和纤缆式桅杆起重机。一般都利用自身变幅滑轮组和绳索自行架设，广泛应用于定点装卸重物和安装大型设备。

1）特点：属于非标准起重机，其结构简单，起重量大，对场地要求不高，使用成本低，但效率不高。

2）适用范围：主要适用于某些特重、特高和场地受到特殊限制的设备、构件吊装。

（4）施工升降机。施工升降机是建筑中经常使用的载人、载货施工机械，主要用于高层建筑的内外装修、桥梁、烟囱等建筑的施工。

1）特点：非标准起重机，施工升降机在工地上通常是配合塔吊使用。一般的施工升降机载重量在 1～10t，运行速度为 1～60m/min。

2）适用范围：主要用于各种工作层间的货物上下运送。

（5）液压升降机。液压升降机是由行走机构、液压机构、电动控制机构、支撑机构组成的一种可升降的机器设备，通过液压油的压力传动实现升降功能。

1）特点：它的剪叉机械结构使升降机起升有较高的稳定性，宽大的作业平台和较高的承载能力使高空作业范围更大，并适合多人同时作业。

2）适用范围：广泛用于工矿企业的房屋维修、高架管道等安装维护，高空清洁等高空作业。

（四）起重机选用的基本参数

起重机选用的基本参数主要有吊装荷载、额定起重量、最大幅度、最大起升高度等，这些参数是制定吊装技术方案的重要依据。

（1）吊装荷载。吊装荷载 Q：被吊物（设备或构件）在吊装状态下的重量和吊、索具重量（流动式起重机一般还应包括吊钩重量和从臂架头部垂下至吊钩的起升钢丝绳重量）总和。

（2）吊装计算荷载。

1）动荷载系数 K_1。起重机在吊装重物的运动过程中所产生的对起吊机具负载的影响而计入的系数。在起重工程计算中，以动荷载系数计入其影响。一般取动荷载系数 K_1 为 1.1。

2）不均衡荷载系数 K_2。在多分支（多台起重机、多套滑轮组等）共同抬吊一个重物时，由于起重机械之间的相互运动可能产生作用于起重机械、重物和吊索上的附加荷载，或者由于工作不同步，各分支往往不能完全按设定比例承担荷载，在起重工程中，以不均衡荷载系数计入其影响。一般取不均衡荷载系数 K_2 为 1.1～1.2。

3）吊装计算荷载 Q_j。起重工程中常以吊装计算荷载作为计算依据。

在起重工程中，当多台起重机联合起吊设备，其中一台起重机承担的计算荷载，需计入荷载运动和荷载不均衡的影响，计算荷载的一般公式为：

$$Q_j = K_1 \cdot K_2 \cdot Q \quad (2.3.1)$$

式中：Q_j——计算荷载；

Q——分配到一台起重机的吊装荷载，包括设备及索吊具重量。

（3）额定起重量。在确定回转半径和起升高度后，起重机能安全起吊的重量。额定起重量应大于计算荷载。

采用多台起重机抬吊时，多台起重机抬吊所受合力不应超过各台起重机单独操作的额定荷载。

采用双机抬吊时，宜选用同类型或性能相近的起重机，负载分配应合理，单机荷载不得超过额定起重量的80%。

(4) 幅度。旋转臂架式起重机的幅度是指旋转中心线与取物装置铅垂线之间的水平距离；非旋转类型的臂架起重机的幅度是指吊具中心线至臂架后轴或其他典型轴线之间的水平距离。当臂架倾角最小或小车位置与起重机回转中心距离最大时的幅度为最大幅度；反之为最小幅度。

(5) 最大起重高度。起重机最大起重高度应满足下式要求：

$$H>h_1+h_2+h_3+h_4 \tag{2.3.2}$$

式中：H——起重机吊臂顶端滑轮的高度（m）；

h_1——设备高度（m）；

h_2——索具高度（包括钢丝绳、平衡梁、卸扣等的高度）（m）；

h_3——设备吊装到位后底部高出地脚螺栓高的高度（m）；

h_4——基础和地脚螺栓高（m）。

（五）流动式起重机的选用

(1) 流动式起重机的种类和性能。

1）汽车起重机。汽车起重机是将起重机构安装在通用或专用汽车底盘上的起重机械，具有汽车的行驶通过性能，机动性强，行驶速度高，可快速转移，是一种用途广泛、适用性强的通用型起重机，特别适应于流动性大、不固定的作业场所。吊装时，靠支腿将起重机支撑在地面上。但不可在360°范围内进行吊装作业，对基础要求也较高。

2）轮胎起重机。轮胎起重机是一种装在专用轮胎式行走底盘上的起重机，它行驶速度低于汽车式，高于履带式；一般使用支腿吊重，在平坦地面也可不用支腿，可吊重慢速行驶；车身短，转弯半径小，可以全回转作业，适宜于作业地点相对固定而作业量较大的场合。轮胎起重机近年来已用得较少。

3）履带起重机。履带起重机是在行走的履带底盘上装有起重装置的起重机械，是自行式、全回转的一种起重机械。一般大吨位起重机较多采用履带式。其对基础的要求也较低，在一般平整坚实的场地上可以荷载行驶作业。但其行走速度较慢，履带会破坏公路路面。转移场地需要用平板拖车运输。较大的履带起重机，转移场地时需拆卸、运输、组装。适用于没有道路的工地、野外等场所。除作起重作业外，在臂架上还可装打桩、抓斗、拉铲等工作装置，一机多用。

(2) 流动式起重机的特性曲线（或起重性能表）。反映流动式起重机的起重能力随臂长、幅度的变化而变化的规律（起重量特性曲线）和反映流动式起重机的最大起重高度随臂长、幅度变化而变化的规律的曲线（起重高度特性曲线或起升高度特性曲线）统称为流动式起重机的特性曲线。它考虑了起重机的整体抗倾覆能力、起重臂的稳定性和各种机构的承载能力等因素。目前一些大型起重机，其特性曲线往往被量化成表格形式，称为起重性能表。每台起重机都有其自身的特性曲线，不能换用，即使起重机型号相同也不允许换用。

流动式起重机的特性曲线是选用流动式起重机的依据。流动式起重机的特性曲线见图2.3.1。

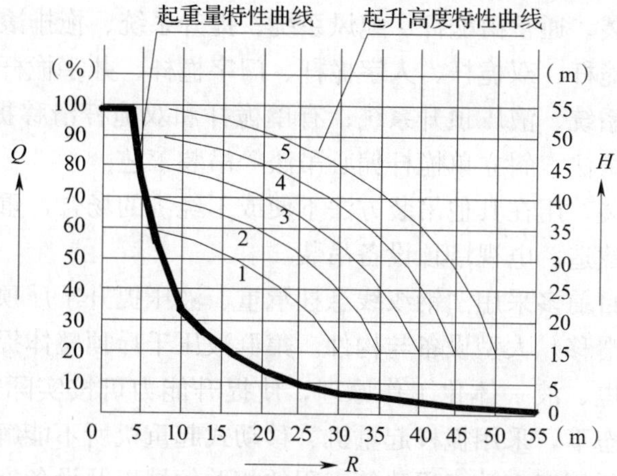

图 2.3.1　流动式起重机的特性曲线

1—36m 臂长；2—42m 臂长；3—48m 臂长；4—54m 臂长；5—60m 臂长。

(3) 流动式起重机的选用步骤。流动式起重机的选用必须依照其特性曲线图（或起重性能表）进行，选择步骤是：

1）根据被吊装设备或构件的就位位置、现场具体情况等确定起重机的站车位置，站车位置一旦确定，其工作幅度也就确定了。

2）根据被吊装设备或构件的就位高度、设备尺寸、吊索高度和站车位置（幅度），由起重机的起升高度特性曲线，确定其臂长。

3）根据上述已确定的幅度、臂长，由起重机的起重量特性曲线（或起重性能表），确定起重机的额定起重量。

4）如果起重机的额定起重量大于计算荷载，则起重机选择合格，否则重新选择。

5）校核通过性能。计算吊臂与设备之间、吊钩与设备及吊臂之间的安全距离，若符合规范要求，则选择合格，否则重选。

二、吊装方法

(1) 塔式起重机吊装。起重能力为 3～100t，臂长在 40～80m，常用在使用地点固定、使用周期较长的场合，较经济。一般为单机作业，也可双机抬吊。

(2) 汽车起重机吊装。液压伸缩臂：起重能力为 8～550t，臂长在 27～120m；钢管结构臂：起重能力在 70～250t，臂长为 27～145m。机动灵活，使用方便。可单机、双机吊装，也可多机吊装。

(3) 履带起重机吊装。起重能力为 30～2 000t，臂长在 39～190m；中、小重物可吊重行走，机动灵活，使用方便，使用周期长，较经济。可单机、双机吊装，也可多机吊装。

(4) 桥式起重机吊装。起重能力为 3～1 000t，跨度在 3～150m，使用方便。多为仓库、厂房、车间内使用，一般为单机作业，也可双机抬吊。

(5) 直升机吊装。起重能力可达 26t，用在其他吊装机械无法完成吊装的地方，如山区，高空。

（6）桅杆系统吊装。通常由桅杆、缆风系统、提升系统、拖排滚杠系统、牵引溜尾系统等组成；桅杆有单桅杆、双桅杆、人字桅杆、门字桅杆、井字桅杆；提升系统有卷扬机滑轮系统、液压提升系统、液压顶升系统；有单桅杆和双桅杆滑移提升法、扳转（单转、双转）法、无锚点推举法、斜立单桅杆偏心吊法等吊装工艺。

（7）缆索系统吊装。用在其他吊装方法不便或不经济的场合，重量不大、跨度、高度较大的场合。如桥梁建造、电视塔顶设备吊装。

（8）液压提升。目前多采用“钢绞线悬挂承重、液压提升千斤顶集群、计算机控制同步”方法整体提升（滑移）大型设备与构件。集群液压千斤顶整体提升（滑移）大型设备与构件技术借助机、电、液一体化工作原理，使提升能力可按实际需要进行任意组合配置，解决了在常规状态下，采用桅杆起重机、移动式起重机所不能解决的大型构件整体提升技术难题，已广泛应用于市政工程建筑工程的相关领域以及设备安装领域。

（9）利用构筑物吊装。利用建筑结构作为吊装点，通过卷扬机、滑轮组等吊具实现设备的提升或移动。

第四节　辅 助 项 目

一、管道压力试验

依据《工业金属管道工程施工规范》GB 50235—2010的规定，管道安装完毕、热处理和无损检测合格后，应对管道系统进行压力试验。目的是检查管道或设备的强度和密封性能。

管道压力试验按使用的介质可分为液压试验和气压试验两种。管道的压力试验一般以液体为试验介质。当管道的设计压力小于或等于0.6MPa时，也可采用气体为试验介质，但应采取有效的安全措施。

（一）液压试验

液压试验应使用洁净水。当对不锈钢、镍及镍合金管道，或对连有不锈钢、镍及镍合金管道或设备的管道进行试验时，试验用水中氯离子含量不得超过25×10^{-6}（25ppm）。也可采用其他无毒液体进行液压试验。当采用可燃液体介质进行试验时，其闪点不得低于50℃，并应采取安全防护措施。

1. 管道水压试验的方法和要求

（1）试压前的准备工作。安装试验用的临时注水和排水管线；在试验管道系统的最高点和管道末端安装排气阀；在管道的最低处安装排水阀；压力表应安装在最高点，试验压力以此表为准。

（2）试验前，注入液体时应排尽空气。向管内注水时要打开排气阀，当发现管道末端的排气阀流水时，立即把排气阀关好，等全系统管道最高点的排气阀见到流水时，说明水已经注满，把最高点的排气阀关好。对管道进行检查，如没有明显的漏水现象就可升压。升压时应缓慢进行，达到规定的试验压力以后，稳压10min，再将试验压力降至设计压力，稳压30min，检查压力表无压降，管道所有部位无渗漏为合格。

（3）试验合格的管道要把管道内的水放掉，放水前，先打开管道最高点的排气阀，再打开排水阀，通过临时排水管道，把水排至排水管道。最后拆除试验用临时管道、连通管及盲板，拆下的阀门及仪表复位，填写好管道系统试验记录。

（4）试验时，环境温度不宜低于5℃。当环境温度低于5℃时，应采取防冻措施。

2. 试验压力的确定

（1）承受内压的地上钢管道及有色金属管道的试验压力应为设计压力的1.5倍，埋地钢管道的试验压力应为设计压力的1.5倍，并不得低于0.4MPa。

（2）当管道的设计温度高于试验温度时，试验压力应符合下列规定：

1）试验压力应按下式计算：

$$P_S = 1.5P\,[\sigma]_1 / [\sigma]_2 \tag{2.4.1}$$

式中：P_S——试验压力（表压）（MPa）；

P——设计压力（表压）（MPa）；

$[\sigma]_1$——试验温度下，管材的许用应力（MPa）；

$[\sigma]_2$——设计温度下，管材的许用应力（MPa）。

2）当试验温度下管材的许用应力与设计温度下管材的许用应力的比值大于6.5时，应取6.5。

3）应校核管道在试验压力条件下的应力。当试验压力在试验温度下产生超过屈服强度的应力时，应将试验压力降至不超过屈服强度时的最大压力。

（3）承受内压的埋地铸铁管道的试验压力，当设计压力小于或等于0.5MPa时，应为设计压力的2倍；当设计压力大于0.5MPa时，应为设计压力加0.5MPa。

（二）气压试验

气压试验是根据管道输送介质的要求，选用气体介质进行的压力试验。试验介质应采用干燥洁净的空气、氮气或其他不易燃和无毒的气体。

1. 气压试验压力

承受内压钢管及有色金属管的试验压力应为设计压力的1.15倍，真空管道的试验压力应为0.2MPa。

2. 气压试验的方法和要求

（1）试验时应装有压力泄放装置，其设定压力不得高于试验压力的1.1倍。

（2）试验前，应用空气进行预试验，试验压力宜为0.2MPa。

（3）试验时，应缓慢升压，当压力升到试验压力的50%时，应暂停升压，对管道进行一次全面检查，如未发现异状或泄漏，应继续按试验压力的10%逐级升压，每级稳压3min，直至试验压力。并应在试验压力下稳压10min，再将压力降至设计压力，用发泡剂检验有无泄漏，停压时间应根据查漏工作需要确定。

3. 泄漏性试验

泄漏性试验是以压缩空气为试验介质，在设计压力下，采用发泡剂、显色剂、气体分子感测仪或其他手段检查管道系统中泄漏点的试验。试验要求如下：

（1）输送极度和高度危害介质以及可燃介质的管道，必须进行泄漏性试验。

（2）泄漏性试验应在压力试验合格后进行。试验介质宜采用空气。

（3）泄漏性试验压力为设计压力。

（4）泄漏性试验应逐级缓慢升压，当达到试验压力，应停压 10min 后，采用涂刷中性发泡剂等方法，巡回检查阀门填料函、法兰或者螺纹连接处、放空阀、排气阀、排水阀等所有密封点应无泄漏。

（5）经气压试验合格后，且在试验后未经拆卸过的管道可不进行泄漏性试验。

4. 管道真空度试验

真空度试验是对管道系统抽真空，使管道系统内部形成负压，以管道系统在规定时间内的增压率符合规定为合格，以此检验管道系统的严密性。

（1）真空系统在压力试验合格后，还应按设计文件规定进行 24h 的真空度试验。

（2）真空度试验按设计文件要求，对管道系统抽真空，达到设计规定的真空度后，关闭系统，24h 后系统增压率不应大于 5%。

二、设备压力试验

依据《石油化工静设备安装工程施工质量验收规范》GB 50461—2008 的规定，石油化工静置设备在设备本体及与本体相焊的焊接和检验工作完成后；需要进行焊后热处理的设备，热处理工作已完成条件下，进行压力试验。压力试验可分为液压试验、气压试验和气密性试验。液压试验、气压试验统称为设备耐压试验。

设备耐压试验压力和气密性试验压力应符合表 2.4.1 的规定。试验压力应以设备或系统最高处的压力表读数为准。

表 2.4.1　设备耐压试验和气密性试验压力/MPa

设计压力	耐压试验压力		气密性试验压力
	液压试验	气压试验	
$p \leqslant -0.02$	$1.25p$	$1.15p$（$1.25p$）	p
$-0.02 < p < 0.1$	$1.25p \cdot [\sigma]/[\sigma]_t$ 且不小于 0.1	$1.15p \cdot [\sigma]/[\sigma]_t$ 且不小于 0.07	$p \cdot [\sigma]/[\sigma]_t$
$0.1 \leqslant p < 100$	$1.25p \cdot [\sigma]/[\sigma]_t$	$1.15p \cdot [\sigma]/[\sigma]_t$	p

注：1. 表中 $[\sigma]$ 表示设备元件材料在试验温度下的许用应力（MPa），$[\sigma]_t$ 表示设备元件材料在设计温度下的许用应力（MPa）。

2. 设备受压元件（圆筒、封头、接管、法兰及紧固件等）所用材料不同时，应取受压元件 $[\sigma]/[\sigma]_t$ 比值中较小者。

3. 括号内的数值 $1.25p$ 仅适用于钢制真空塔式容器。

设备耐压试验应采用液压试验，若采用气压试验代替液压试验时，必须符合下列规定：

（1）压力容器的对接焊缝进行 100%射线或超声检测并合格。

（2）非压力容器的对接焊缝进行 25%射线或超声检测，射线检测为Ⅲ级合格、超声检测为Ⅱ级合格。

（3）有本单位技术总负责人批准的安全措施。

（一）液压试验

液压试验介质宜采用工业用水。对于奥氏体不锈钢制设备，试验用水的氯离子含量不

应超过 25×10^{-6}（25ppm）。试验介质也可采用不会导致发生危险的其他液体。

试验介质的温度：碳素钢、Q345R、Q370R 制设备在液压试验时，液体温度不得低于 5℃；其他低合金钢制设备液压试验时，液体温度不得低于 15℃。

液压试验的方法和要求：

（1）液压试验时，设备外表面应保持干燥，试验充液前应先打开放空阀门。充液后缓慢升压至设计压力；确认无泄漏后继续升压至试验压力，保压时间不少于 30min；然后将压力降至规定试验压力的 80%，对所有焊接接头和连接部位进行全面检查，无可见的变形、无渗漏为合格。

（2）对在基础上做液压试验且容积大于 $100m^3$ 的设备，液压试验的同时，在充液前、充液 1/3 时、充液 2/3 时、充满液后 24h 时、放液后，应作基础沉降观测。基础沉降应均匀，不均匀沉降量应符合设计文件的规定。

（二）气压试验

气压试验所用的气体应为干燥洁净的空气、氮气或惰性气体；脱脂后的容器气压试验时，必须采用不含油气体。

气压试验时气体的温度：碳素钢和低合金钢制设备，气压试验时气体温度不得低于 15℃；其他材料制设备，气压试验时气体的温度按设计文件规定执行。

气压试验的方法和要求：

（1）气压试验时，应缓慢升压至规定试验压力的 10%，且不超过 0.05MPa，保压 5min，对所有焊接接头和连接部位进行初次泄漏检查。

（2）初次泄漏检查合格后，继续缓慢升压至试验压力的 50%，观察有无异常现象。

（3）如无异常现象，继续按规定试验压力的 10%逐级升压，直至达到试验压力为止，保压时间不少于 30min，然后将压力降至规定试验压力的 87%，对所有焊接接头和连接部位进行全面检查。

（4）试验过程无异响，设备无可见的变形，焊缝和连接部位用检漏液检查，无泄漏为合格。

（三）气密性试验

气密性试验目的是检查连接部位的密封性能，主要用于密封性要求高的容器。

对采用气压试验的设备，气密性试验可在气压耐压试验压力降到气密性试验压力后一并进行。设备气密性试验方法及要求：

（1）设备经液压试验合格后方可进行气密性试验。

（2）气密性试验压力见表 2.4.1。

（3）气密性试验时，压力应缓慢上升，达到试验压力后，保压时间不少于 30min，同时对焊缝和连接部位等用检漏液检查，无泄漏为合格。

三、吹洗、脱脂、钝化和预膜

（一）管道吹扫与清洗

管道在压力试验合格后，应进行吹扫与清洗。

1. 管道吹扫与清洗的一般规定

管道吹扫与清洗方法的选用，应根据管道的使用要求、工作介质、系统回路、现场条件及管道内表面的脏污程度确定，除设计文件有特殊要求的管道外，一般应符合下列规定：

（1）$DN \geqslant 600$mm 的液体或气体管道，宜采用人工清理。

（2）$DN<600$mm 的液体管道，宜采用水冲洗。

（3）$DN<600$mm 的气体管道，宜采用压缩空气吹扫。

（4）蒸汽管道应采用蒸汽吹扫，非热力管道不得采用蒸汽吹扫。

（5）需要时可采取高压水冲洗、空气爆破吹扫或其他吹扫与清洗方法。

（6）对不允许吹扫与清洗的设备及管道应进行隔离。

（7）管道吹扫与清洗前，应将系统内的仪表、孔板、喷嘴、滤网、节流阀、调节阀、电磁阀、安全阀、止回阀等管道组件暂时拆除，并应以模拟体或临时短管替代，待管道吹洗合格后再重新复位。对以焊接形式连接的上述阀门、仪表等部件，应采取流经旁路或卸掉阀头及阀座加保护套等保护措施后再进行吹扫与清洗。

（8）吹扫与清洗的顺序应按主管、支管、疏排管依次进行，吹洗出的脏物不得进入已吹扫与清洗合格的管道。

（9）吹扫与清洗时应设置禁区和警戒线，并应挂警示牌。

（10）清洗污水的处理和排放，应采用符合国家现行有关标准的管道，不得随地排放。

（11）管道吹扫与清洗合格后，除规定的检查和恢复工作外，不得再进行其他影响管内清洁的作业。

2. 水冲洗

（1）管道冲洗应使用洁净水，冲洗不锈钢、镍及镍合金管道时，水中氯离子含量不得超过 25×10^{-6}（25ppm）。

（2）管道水冲洗的流速不应低于 1.5m/s，冲洗压力不得超过管道的设计压力。

（3）冲洗排放管的截面面积不应小于被冲洗管截面面积的60%。排水时，不得形成负压。

（4）管道水冲洗应连续进行，以排出口的水色和透明度与入口处的水色和透明度目测一致为合格。

（5）对有严重锈蚀和污染的管道，当使用一般清洗方法未能达到要求时，可采取将管道分段进行高压水冲洗。

（6）管道冲洗合格后，应及时将管内积水排净并吹干。

3. 空气吹扫

（1）空气吹扫宜利用工厂生产装置的大型空压机或大型储气罐进行间断性吹扫。吹扫压力不得大于系统容器和管道的设计压力，吹扫流速不宜小于 20m/s。

（2）吹扫忌油管道时，应使用无油压缩空气或其他不含油的气体进行吹扫。

（3）空气吹扫时，应在排气口设置贴有白布或涂刷白色涂料的木质靶板进行检验，吹扫 5min 后靶板上无铁锈、尘土、水分及其他杂物为合格。

（4）当吹扫的系统容积大、管线长、口径大，并不宜用水冲洗时，可采取“空气爆破法”进行吹扫。爆破吹扫时，向系统充注的气体压力不得超过 0.5MPa，并应采取相应的安全措施。

4. 蒸汽吹扫

（1）蒸汽吹扫前，管道系统的绝热工程应已完成。

（2）蒸汽管道应以大流量蒸汽进行吹扫，流速不应小于30m/s。

（3）蒸汽吹扫前，应先进行暖管，及时疏水。暖管时，应检查管道的热位移，当有异常时，应及时进行处理。

（4）蒸汽吹扫时，管道上及其附近不得放置易燃、易爆物品及其他杂物。

（5）蒸汽吹扫应按加热、冷却、再加热的顺序循环进行。吹扫时宜采取每次吹扫一根和轮流吹扫的方法。

（6）经蒸汽吹扫后应检验靶板，靶板上无铁锈、脏物时为合格。

5. 大管道闭式循环冲洗技术

大管道可采用闭式循环冲洗技术。它利用水在管内流动时所产生的动力和紊流的涡旋及水对杂物的浮力，迫使管内杂质在流体中悬浮、移动，从而使杂质由流体带出管外或沉积于除污短管内。闭式循环冲洗技术应用过程省水、省电、省时、节能环保，适用范围广，经济效益显著。适用于城市供热管网、供水管网和各种以水为冲洗介质的工业、民用管网冲洗。

6. 化学清洗（酸洗）

需要化学清洗的管道，其清洗范围和质量要求应符合设计文件的规定。对管道内壁有特殊清洁要求的，如液压、润滑油管道的除锈可采用化学清洗法。

（1）进行管道化学清洗时，应与无关设备及管道进行隔离。

（2）化学清洗液的配方应经试验鉴定后再采用。

（3）化学清洗时，操作人员应按规定穿戴专用防护服装，并应根据不同清洗液对人体的危害佩戴护目镜、防毒面具等防护用具。

（4）当化学清洗合格的管道不能及时投入运行时，应进行封闭或充氮保护。

（5）化学清洗后的废液处理和排放应符合环境保护的规定。

7. 油清洗

油清洗方法适用于大型机械设备的润滑油、密封油、控制油管道系统的清洗。

（1）润滑油、密封油及控制油管道应在机械及管道酸洗合格后、系统试运转前进行油清洗。不锈钢油系统管道宜采用蒸汽吹净后进行油清洗。

（2）油清洗应采用油循环的方式进行，循环过程中每8h应在40～70℃的范围内反复升降油温2～3次，并及时清洗或更换滤芯。

（3）当设计文件或产品技术文件无规定时，管道油清洗后应采用滤网检验。

（4）清洗合格的管道，应及时采取封闭或充氮等保护措施。

（二）管道脱脂

忌油管道系统应按设计文件规定进行脱脂处理。在进行脱脂前应对设备、附件清扫除锈。

1. 脱脂要求

（1）对有明显油渍或锈蚀严重的管道进行脱脂时，应先采用蒸汽吹扫、喷砂或其他方法清除油渍和锈蚀后，再进行脱脂。

（2）脱脂剂应按设计规定选用。当设计无规定时，应根据脱脂件的材质、结构、工作介质、脏污程度及现场条件选择相应的脱脂剂和脱脂方法。较常用的脱脂溶剂有四氯化碳、精馏酒精、三氯乙烯和二氯乙烷等。

（3）脱脂、检验及安装使用的工器具、量具、仪表等，应按脱脂件的要求预先进行脱脂后再使用。

（4）脱脂后应及时将脱脂件内部的残液排净，并应用清洁、无油压缩空气或氮气吹干，不得采用自然蒸发的方法清除残液。当脱脂件允许时，可采用清洁无油的蒸汽将脱脂残液吹除干净。

（5）有防锈要求的脱脂件经脱脂处理后，宜采取充氮封存或采用气相防锈纸、气相防锈塑料薄膜等措施进行密封保护。

2. 脱脂检验

脱脂完毕后，应按设计规定进行脱脂质量检验。当设计无规定时，脱脂质量检验的方法及合格标准如下：

（1）直接法。

1）用清洁干燥的白滤纸擦拭管道及其附件的内壁，纸上应无油脂痕迹。

2）用紫外线灯照射，脱脂表面应无紫蓝荧光。

（2）间接法。

1）用蒸汽吹扫脱脂时，盛少量蒸汽冷凝液于器皿内，并放入数颗粒度小于 1mm 的纯樟脑，以樟脑不停旋转为合格。

2）有机溶剂及浓硝酸脱脂时，取脱脂后的溶液或酸进行分析，其含油和有机物不应超过 0.03%。

（三）钝化和预膜

1. 钝化

钝化是指在经酸洗后的设备和管道内壁金属表面上用化学的方法进行流动清洗或浸泡清洗以形成一层致密的氧化铁保护膜的过程。

酸洗后的管道和设备，必须迅速进行钝化。钝化结束后，要用偏碱的水冲洗，保护钝化膜，以防管道和设备在空气中再次锈蚀。钝化液通常采用亚硝酸钠溶液。

2. 预膜

预膜即化学转化膜，是金属设备和管道表面防护层的一种类型。方法是用高浓度的缓蚀剂溶液处理已清洗干净的金属表面，生成完整的耐蚀保护膜。正常运行时只需保持低浓度的缓蚀剂即可使保护膜得到维护和修复。预膜比直接采用高浓度缓蚀剂经济有效。其防护功能主要是依靠降低金属本身的化学活性来提高它在介质中的稳定性。此外，也依靠金属表面上的转化产物对介质的隔离而起到防护作用。

形成预膜的方法有电化学法和化学法。

预膜施工的要求类同于酸洗过程。特别强调的是，预膜用的废液不能随意排放，以防止污染环境。

免费听课

第三章 安装工程计量基础

安装工程经济效果的形成主要从两个方面反映，一方面为“工程量计算”，即按照工程设计文件、技术标准、统一的工程量计算标准等，进行工程数量的计算活动；另一方面为“工程计价”，以货币的形式反映工程价值，计算建筑安装工程的费用。我国通用安装工程计量与计价的主要依据是《建设工程工程量清单计价标准》GB/T 50500—2024（以下简称《计价标准》）和《通用安装工程工程量计算标准》GB/T 50856—2024（以下简称《安装工程计量标准》）。

第一节 安装工程计量标准的内容和规定

《安装工程计量标准》的通用安装工程是指工业、房屋建筑及市政基础设施工程中的通用设备及装置、电子与智能化设备、自动化控制仪表、电气、管道、空调、消防、通信设备及管线等的安装工程。通用安装工程采用工程量清单计价模式计算工程量时，应依照《安装工程计量标准》的规定以及附录中设置的清单项目及工程量计算规则进行计算，以工程量清单的形式表现。根据《计价标准》规定，工程量清单是建设工程文件中载明项目编码、项目名称、项目特征、计量单位、工程数量等的明细清单。

一、安装工程计量标准的内容

《安装工程计量标准》适用于通用安装工程施工发承包及实施阶段的工程计量和工程量清单编制，包括正文、附录和条文说明三个部分。其中，正文部分包括总则、术语、工程计量、工程量清单编制。附录分为14部分，附录A～附录M列出了各分部分项工程清单项目的项目编码、项目名称、项目特征、计量单位、工程量计算规则及工作内容；附录N为其他及附属工程，附录P为措施项目，列出了措施项目的项目编码、项目名称、计量单位和工作内容。条文说明部分对条文规定的目的、依据以及执行中需要注意的有关事项进行了说明，供使用者作为理解和把握标准规定的参考。

（一）项目编码

为了提高管理效率，有序管理，规范安装工程项目的计量计价，通过对工程项目进行详细分解后，根据不同的工程特征，科学合理地编制各工程分类顺序码。编码体系是建设项目管理、成本分析和数据积累的基础，是很重要的业务标准。工程量清单的项目编码采用十二位阿拉伯数字表示，一至九位应按《安装工程计量标准》附录的规定设置，十至十二位根据拟建工程的工程量清单项目名称和项目特征设置，同一招标工程中的同一单项工程的项目编码不得有重码。

1. 项目编码的含义

《安装工程计量标准》项目编码，采用十二位阿拉伯数字，分为五个级别，各级别赋予不同的含义。

第一级编码，表示工程分类码，采用两位数字（第一、二位数字）表示。01 表示房屋建筑与装饰工程，02 表示仿古建筑工程，03 表示通用安装工程，04 表示市政工程，05 表示园林绿化工程，06 表示矿山工程，07 表示构筑物工程，08 表示城市轨道交通工程，09 表示爆破工程。

第二级编码，表示各专业工程分类顺序码，采用两位数字（第三、四位数字）表示。如编码 0301 表示《安装工程计量标准》“通用安装工程”（03）中附录 A“机械设备安装工程”（0301）。

第三级编码，表示安装专业中工程的各分部工程顺序码，采用两位数字（第五、六位数字）表示。如 030101 表示《安装工程计量标准》“通用安装工程”（03）中附录 A“机械设备安装工程”（0301）中的“切削设备安装工程”（030101）。

第四级编码，表示分部安装工程中的各分项工程顺序码，采用三位数字（第七、八、九位数字）表示。如 030101001 表示《安装工程计量标准》“通用安装工程”（03）中附录 A“机械设备安装工程”（0301）的“切削设备安装工程”（030101）中的“机床”（030101001）。

第五级编码，表示不同的各分部分项工程顺序码，采用三位数字（第十、十一、十二位数字）表示。该部分由清单编制人员，按照不同的项目特征编列。

例如，030101001001 表示《安装工程计量标准》“通用安装工程”（03）附录的“机械设备安装工程”（0301）的“切削设备安装”（030101）的“机床”（030101001），再添加清单名称顺序码，形成安装分部分项清单中的最终确定的十二位编码（030101001001）。

“机床” 030101001001 编码含义如图 3.1.1 所示。

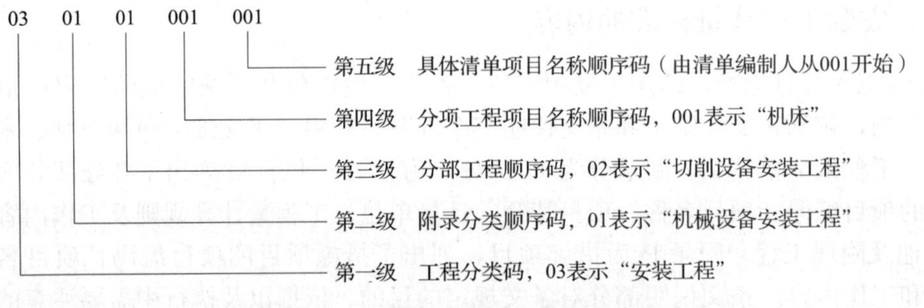

图 3.1.1 安装工程清单编码图示

2. 项目编码的补充

工程建设中新材料、新技术、新工艺、新工法等不断涌现，在编制工程量清单时，若出现《安装工程计量标准》附录中未包括的项目时，编制人可做补充，并应符合下列规定：

（1）补充项目的编码由《安装工程计量标准》的代码 03 与 B 和三位阿拉伯数字组成，并应从 03B001 起顺序编制；

（2）补充的工程量清单应附有补充项目的名称、项目特征、计量单位、工程量计算规则、工作内容。补充的措施项目应附有补充项目的名称、工作内容及包含范围。

（二）项目名称

《安装工程计量标准》中的项目名称是编制工程量清单的项目名称命名基础，要有一定的综合性。例如，附录 D“电气设备安装工程”D. 12“配管、配线”中的“030412001 配管”

项目（表3.1.1）规定，其项目名称为“配管”。在编制工程量清单时，应在项目特征中结合实际将其名称转化为“焊接钢管”“电线管”“镀锌钢管”“紧定式薄壁钢管”“PVC塑料管”等。

表3.1.1 配管、配线（编码：030412）

项目编码	项目名称	项目特征	计量单位	工程量计算规则	工程内容
030412001	配管	1. 名称 2. 材质 3. 规格 4. 配置形式 5. 接地要求 6. 钢索材质、规格 7. 引线材质	m	按设计图示尺寸以长度计算	1. 电线管路敷设 2. 钢索架设（拉紧装置安装） 3. 穿引线 4. 接地

（三）项目特征

项目特征是载明构成工程量清单项目自身的本质及要求，用于说明设计图纸、技术标准规范及招标文件所要求完成的清单项目的文字性描述。项目特征用于区分《安装工程计量标准》同一条目下各个具体的清单项目。由于项目特征直接影响工程实体的自身价值，所以它是履行合同义务的基础，是合理编制综合单价的前提。《安装工程计量标准》给出了各条目应描述的项目特征内容，在实际应用中具有约束和规范作用。

例如，某实际工程的灯头盒用量220个，材质为钢制镀锌，规格为86H，暗装于天棚。查阅《安装工程计量标准》附录D“电气设备安装工程”（0304）的D.12“配管、配线”（030412）中的第六个子目“接线盒（030412006）”项目，见表3.1.2。

表3.1.2 配管、配线（编码：030412）

项目编码	项目名称	项目特征	计量单位	工程量计算规则	工作内容
030412006	接线盒	1. 名称 2. 材质 3. 规格 4. 安装形式	个	按设计图示数量计算	本体安装

依据表3.1.2配管、配线（030412）的项目特征要求，对本例进行工程量清单灯头盒项目特征描述，特征描述见表3.1.3。

表3.1.3 灯头盒清单项目

项目编码	项目名称	项目特征	计量单位	工程数量	……
030412006001	接线盒	1. 名称：灯头盒 2. 材质：钢质镀锌 3. 规格：86H 4. 安装形式：天棚暗装	个	220	……

再如，《安装工程计量标准》附录 H“工业管道工程”（0308）中的 H.1“低压管道”（030801）第 1 个项目“低压碳钢管（030801001）”，项目特征包括材质，规格，连接形式、焊接方法，压力试验、吹扫与清洗，脱脂。在进行项目特征描述时，材质区分钢号；规格区分公称直径；连接方式区分为螺纹、焊接、法兰连接等，区分压力试验、吹扫与清洗、脱脂方式。经过分别描述，即可编列出低压碳钢管（030801001）的各子项，给出十二位编码。

（四）工作内容

《安装工程计量标准》在工程计量部分规定，各项目仅列出了主要工作内容，除另有规定和说明外，应视为已经包括完成该项目所列或未列的全部工作内容。关于清单项目工作内容的说明如下：

(1)《安装工程计量标准》附录中的工作内容仅列出了主要施工内容，施工过程中必然发生的机械移动、材料运输等辅助内容虽然未列出，也应包括。对于工作内容对应的施工工序，除有特殊说明外，不应拆分另列清单。

(2)《安装工程计量标准》附录中的工程量清单项目，除有特殊说明外，均应包括材料（半成品）、构件或设备的场内运输。

工作内容不同于项目特征，项目特征体现的是清单项目质量或特性要求或标准，工作内容体现的是完成一个合格的清单项目需要的施工作业和操作。在编制工程量清单时不需要描述工作内容。

二、安装工程专业分类和计量规定

（一）安装工程专业分类

在《安装工程计量标准》中，将安装工程按专业、设备特征或工程类别分为机械设备安装工程、热力设备安装工程等 14 部分，形成附录 A～附录 P，具体为：

附录 A 机械设备安装工程（0301）；

附录 B 热力设备安装工程（0302）；

附录 C 静置设备与工艺金属结构制作安装工程（0303）；

附录 D 电气设备安装工程（0304）；

附录 E 建筑智能化工程（0305）；

附录 F 自动化控制仪表安装工程（0306）；

附录 G 通风空调工程（0307）；

附录 H 工业管道工程（0308）；

附录 J 消防工程（0309）；

附录 K 给排水、采暖、燃气工程（0310）；

附录 L 通信设备及线路工程（0311）；

附录 M 刷油、防腐蚀、绝热工程（0312）；

附录 N 其他及附属工程（0313）；

附录 P 措施项目（0314）。

每个专业工程又统一划分为若干个分部工程。如附录 D“电气设备安装工程”，又划分为 17 个分部，分别是：

D.1　变压器安装（030401）；
D.2　配电装置安装（030402）；
D.3　母线安装（030403）；
D.4　控制、保护、直流装置安装（030404）；
D.5　低压电器设备安装（030405）；
D.6　光伏组件设备安装（030406）；
D.7　电机检查接线（030407）；
D.8　滑触线装置安装（030408）；
D.9　电缆安装（030409）；
D.10　防雷及接地装置（030410）；
D.11　10kV及以下架空配电线路（030411）；
D.12　配管、配线（030412）；
D.13　照明器具安装（030413）；
D.14　起重运输设备电气装置（030414）；
D.15　附属工程（030415）；
D.16　电气调整试验（030416）；
D.17　其他规定（030417）。

每个分部工程又统一划分为若干分项工程，列于分部工程表格之内。如第G.3节通风管道部件制作安装，见表3.1.4。

表3.1.4　通风管道部件制作安装（编码：030703）

项目编码	项目名称	项目特征	计量单位	工程量计算规则	工程内容
030703001	碳钢阀门	1. 名称 2. 类型 3. 型号 4. 规格	个	按设计图示数量计算	阀体安装
030703002	柔性软风管阀门				
030703003	铝质阀门				
030703004	不锈钢阀门				
030703005	塑料阀门				
030703006	玻璃钢阀门				
……	……	……	……	……	……

(二)《安装工程计量标准》的规定

《安装工程计量标准》旨在规范建设工程的工程计量行为，统一通用安装工程工程量计算规则、工程量清单的编制方法，适用于通用安装工程施工发承包及实施阶段的工程计量和工程量清单编制。工程量清单应由具有编制能力的招标人或受其委托的工程造价咨询人编制。

1. 工程计量依据

《安装工程计量标准》规定，工程计量除依据《安装工程计量标准》各项规定外，还应依据以下文件：

（1）经审定通过的施工设计图纸及其说明。

（2）有关的技术标准。

（3）其他有关技术经济文件。

工程实施过程中的计量，除应符合《安装工程计量标准》的规定外，还应符合《计价标准》的相关规定。

2. 计量单位和有效数字

《安装工程计量标准》规定清单项目的计量单位应按工程量计算标准附录中规定的计量单位确定。

（1）工程计量时每一项目汇总的有效位数应符合下列规定：

1）以“t”为单位，应保留小数点后三位数字，第四位小数四舍五入；

2）以“m”“km”“m^2”“m^3”“kg”为单位，应保留小数点后两位数字，第三位小数四舍五入；

3）以“台”“个”“件”“套”“根”“组”“系统”“室”“部”“支”“座”“点”“箱”“块”“处”“基”“相”“条”“次”“架”“子架”“芯”“副”“张”“口”“盘”“站”“链路”“百线”“端”“端口”“方向·系统”“环·系统”“十线”“载频”“载·扇”“单元”“扇区”“中继段”“数字段”“倒换段”“全电路”“链路”“百对”等为单位，取整数。

（2）《安装工程计量标准》规定，本标准附录中有两个或两个以上计量单位的，应结合拟建工程项目的实际情况，确定最贴切的一个为计量单位。

例如，《安装工程计量标准》附录G.3“通风管道部件制作安装”（030703）中的人防其他部件（030703024），其计量单位有两个，分别是“个”和“套”。如某建设项目的两个单位工程中均有人防其他部件项目，在编制工程量清单时应根据实际情况选择并确定最贴切的一个为计量单位。

3. 工程量

《安装工程计量标准》规定了清单工程量的计算规则，其原则是按施工图图示尺寸（数量）计算工程数量。如《安装工程计量标准》附录K.1“给排水、采暖、燃气管道”（031001）中的031001002镀锌钢管安装的工程量计算规则为“按设计图示管道中心线长度计算”，则清单编制实务中必须遵守规定的工程量计算规则进行工程量计算。

（三）《安装工程计量标准》的工程计量说明

（1）《安装工程计量标准》中涉及的过梁/墙/楼板的钢套管（塑料套管），凿（压、切割）槽、打洞（孔）项目，应按《安装工程计量标准》附录N“其他及附属工程”的相应项目编码列项。

（2）《安装工程计量标准》设备、管道和附件安装项目的工作内容，均应包括安装完毕后底、面漆的修补。若设计说明要求在现场完成油漆的，或改、扩建项目中对原有设备、管道重新刷漆的，按《安装工程计量标准》附录M“刷油、防腐蚀、绝热工程”的相应项目编码列项。

（3）《安装工程计量标准》中，除机械设备安装工程已标注灌浆外，虽其他设备项目的工作内容未标灌浆，但均应包括完成相关项目所需的灌浆的工作内容。

（4）《安装工程计量标准》设备、管道和附件安装项目的工作内容，均包括支架、吊架、基础型钢的制作安装及刷油，若有专项设计（或说明）要求的，按《安装工程计量标准》附录N“其他及附属工程”或附录M“刷油、防腐蚀、绝热工程”的相应项目编码列项。

(5)《安装工程计量标准》内的设备安装工作内容均包括设备的本体调试、单机试运转。

(6)《安装工程计量标准》的项目操作高度超高增加包含在分部分项工程清单项目中。

(四) 与其他计量标准界线划分

《安装工程计量标准》与《市政工程工程量计算标准》GB/T 50857—2024、《房屋建筑与装饰工程工程量计算标准》GB/T 50854—2024 相关内容在执行上的划分界线如下：

(1)《安装工程计量标准》内的电气设备安装工程与市政工程路灯工程的界定：厂区、住宅小区的道路路灯、景观照明、公园、广场、公共庭院等电气设备安装工程，应按《安装工程计量标准》内电气设备安装工程的相应项目编码列项；涉及城市道路照明系统应按《市政工程工程量计算标准》GB/T 50857—2024 的相应项目编码列项。

(2)《安装工程计量标准》内的工业管道与市政工程管网工程的界定：给水管道以厂区入口水表井为界，排水管道以厂区围墙外第一个污水井为界，热力和燃气以厂区入口第一个计量表（阀门）为界。

(3)《安装工程计量标准》内的给水排水、采暖、燃气工程（含消防管道）与市政管网工程的界定：室外给水排水、采暖、燃气管道以市政管道碰头井为界。

(4) 除《安装工程计量标准》另有规定外，通用安装工程涉及的土方开挖、回填、垫层、砌筑、抹灰、沟盖板、现浇基础工程的项目，应按《房屋建筑与装饰工程工程量计算标准》GB/T 50854—2024 的相应项目执行；涉及井、预制管道、管道支墩、新旧管连接、临时放水管线、警示带、警示桩、警示牌、垃圾焚烧炉及辅助设备安装工程的项目，应按《市政工程工程量计算标准》GB/T 50857—2024 的相应项目执行；涉及的喷泉、雾森、灌溉系统工程的项目，应按《园林绿化工程工程量计算标准》GB/T 50858—2024 的相应项目执行。

第二节　安装分部分项工程量清单编制

分部分项工程是单项或单位工程的组成部分，是按结构部位、路段长度以及施工特点或施工任务将单项或单位工程划分为若干分部的工程；分项工程是分部工程的组成部分，是按不同施工方法、材料、工序及路段长度等将分部工程划分为若干个分项或项目的工程。在编制分部分项工程量清单时，应根据《安装工程计量标准》规定的项目编码、项目名称、项目特征、计量单位和工程量计算规则进行编制，各个分部分项工程量清单必须包括五部分：项目编码、项目名称、项目特征、计量单位和工程量，这五个要件在分部分项工程量清单的组成中缺一不可。

一、分部分项工程量清单编制要求

《安装工程计量标准》规定编制工程量清单应依据：①《安装工程计量标准》和《计价标准》；②国家及省级、行业建设主管部门颁发的其他专业工程计量标准和计价规定、补充的工程量计算规则；③建设工程设计文件及技术资料；④与建设工程项目有关的标准、规范；⑤招标文件；⑥施工现场情况和地勘水文资料；⑦其他相关资料。其他项目和增值税项目清单应按照《计价标准》的相关规定编制。

《计价标准》规定编制工程量清单应符合的规定：①《安装工程计量标准》和相关工程国家及行业工程量计算标准；②国家及省级、行业建设主管部门颁发的工程量计量与计价相关规定，以及根据工程需要补充的工程量计算规则；③招标文件、拟订的合同条款及其相关资料；④工程招标图纸及其相关资料；⑤与建设工程有关的技术标准规范；⑥施工现场情况、地勘水文资料、工程特点及交付标准；⑦其他相关资料。

项目名称、项目编码、项目特征描述、计量单位和工程量计量要求分述如下：

1. 项目名称要求

《安装工程计量标准》规定，工程量清单的项目名称应按附录的项目名称，并结合拟建工程的实际描述确定。

2. 项目编码要求

《安装工程计量标准》规定，项目编码应按照《安装工程计量标准》要求的安装工程项目分项编码进行。工程量清单的项目编码应采用前十二位阿拉伯数字表示，一至九位应按附录的规定设置，十至十二位应根据拟建工程的工程量清单项目名称和项目特征设置，同一招标工程中的同一单项工程的项目编码不得有重码。

例如，一个通用安装工程有3个单位工程，每一单位工程中都有项目特征相同的风机安装，需要体现在一个工程量清单中，在工程量清单中又需反映3个不同单位工程的风机工程量时，则第一个单位工程的风机安装的项目编码应为030108001001，第二个单位工程的风机安装的项目编码应为030108001002，第三个单位工程的风机安装的项目编码应为030108001003。

再如，某一机械加工车间，需安装照明灯具：普通灯具45W、60W的各12套；装饰灯100W的8套；工厂灯100W的45套，150W、200W的各8套。该部分照明灯具安装项目的工程量清单项目编码应分别为：030413001001、030413001002；030413002001；30413005001、030413005002、030413005003。

在编制工程量清单时，当出现《安装工程计量标准》附录中未包括的清单项目时，编制人应按《安装工程计量标准》规定进行补充。

3. 项目特征描述要求

工程量清单的项目特征是确定一个清单项目综合单价不可缺少的重要依据，工程量清单项目特征应按《安装工程计量标准》附录中规定的项目特征，并结合拟建工程项目的实际予以描述。因此在编制工程量清单时，必须对项目特征进行准确规范和全面简捷的描述，既要反映工程实际，又要反映设计要求，还要满足计量计价的需要。在描述工程量清单项目特征时应按以下规定进行：

（1）工程量清单的项目特征应结合图纸和规范的要求进行描述。《安装工程计量标准》附录的工作内容仅列出了主要施工内容，除另有规定和说明外，应视为已包含完成该清单项目所需的必要工作。施工过程中必然发生的机械移动、材料运输等辅助内容虽然未列出，也应包括在内。对于工作内容对应的施工工序，除有特殊说明外，不应拆分另列清单。

（2）《安装工程计量标准》附录的工程量清单项目，除另有说明外，均应包括材料（半成品）、构件或设备的场内运输。

（3）若主项项目工程与综合项目内容不对应，项目特征对主项及综合项目的参数、规格、数量均应予以描述。

4. 计量单位和工程计量要求

（1）工程量清单的计量单位应按《安装工程计量标准》附录中规定的计量单位确定。

（2）工程量清单中所列工程量应按《安装工程计量标准》附录中规定的工程量计算规则计算。

（3）在进行安装工程工程量计量时，除应遵守《安装工程计量标准》外，尚应符合国家现行标准的规定。

二、分部分项工程量清单编制过程

安装工程分部分项工程量清单应根据《安装工程计量标准》附录规定的项目编码、项目名称、项目特征、计量单位和工程量计算规则进行编制。

（一）安装工程量清单编制步骤

1. 熟悉施工图

施工图一般由图纸目录、设计说明、主要设备材料表、工艺流程图、系统图、平面图、立（剖）面图、施工详图等组成。

（1）文字表格部分。主要包括图纸目录、设计说明和主要设备材料表。

1）图纸目录。对施工图纸按图名和顺序归纳编排成图纸目录以便查阅。

2）设计说明。在图纸上无法表示的技术和质量要求，一般用文字形式加以说明。

3）主要设备材料表。载明工程所需的各种设备、管线、管件、阀门以及防腐、保温材料名称、规格、型号、数量等的明细表。

（2）工艺流程图，是对一个生产系统的工艺过程表示。

（3）系统图，主要表示系统组成以及各系统之间的相互关系。

（4）平面图，主要表示设备平面布置、管线走向、排列、标高等。

（5）立（剖）面图，表达设备、管线等的立面分布及其垂直方向排列和走向、标高等。

（6）施工详图，包括节点图、大样图和标准图。

1）节点图，是对部分管线、设备的详细结构及尺寸，另画的大样图。

2）大样图，是对节点图无法表达的进一步放大、细化，更具体表达出设计意图。

3）标准图，是具有通用性质的图样，一般由国家或有关部门出版标准图集。

识图时，一般遵循从整体到局部，从大到小，从粗到细，从平面到空间，从二维到三维的原则，将图纸与文字进行对照，再现出图纸上各种线条、符号所代表的管路、附件、器具、设备的空间位置及管路的走向。

2. 分解列项

根据施工图，按照《安装工程计量标准》附录中的规定，对工程项目展开分解至分部分项工程，然后进行各分部分项工程列项，确定项目名称。随后确定项目编码、计量单位。

3. 项目特征描述

根据施工图纸、施工技术与组织等，按照《安装工程计量标准》附录中的相关规定，对已经列项的各分部分项工程项目特征进行描述。

4. 计算工程数量

根据施工图纸和相关标准，《安装工程计量标准》中的工程量计算规则，对各分部分项工程的工程数量逐一进行计算，然后将计算结果填写入工程量清单。

(二) 安装工程量清单编制实例

下面以某空调系统风管安装为例说明安装工程分部分项工程量清单编制过程。背景：矩形镀锌薄钢板通风管，风管规格有 800mm×300mm 和 630mm×300mm 两种，板材厚度为 1.0mm，支架为钢托架（无专项设计），接口形式为咬口连接。《安装工程计量标准》第 G.2 节“通风管道制作安装”（编码：030702）中的碳钢通风管道，见表 3.2.1。现进行清单编制。

表 3.2.1 通风管道制作安装（编码：030702）

项目编码	项目名称	项目特征	计量单位	工程量计算规则	工作内容
030702001	碳钢通风管道	1. 名称 2. 材质 3. 形状 4. 规格 5. 板材厚度 6. 接口形式	m^2	按设计图示内径以展开面积计算	风管、管件、法兰、零件制作、安装

(1) 编制项目编码。

依据表 3.2.1 所列，矩形镀锌薄钢板通风管规格有 800mm×300mm 和 630mm×300mm 两种，二者第一至九位编码相同，均为 030702001，第十至十二位编码根据规格不同，故确定为：矩形镀锌薄钢板通风管规格 800mm×300mm 编码为 030702001001，矩形镀锌薄钢板通风管规格 630mm×300mm 编码为 030702001002，列入表 3.2.2。

(2) 确定项目名称。

《安装工程计量标准》规定了分部分项工程量清单项目的名称应按附录中的项目名称，结合拟建工程的实际描述确定。

本例镀锌薄钢板通风管依据《安装工程计量标准》附录 G.2“通风管道制作安装”，有“碳钢通风管道”名称，故矩形镀锌薄钢板通风管规格 800mm×300mm 和 630mm×300mm 都用“碳钢通风管道”作为项目名称，见表 3.2.2。

(3) 描述项目特征。

安装工程分部分项工程量清单在进行项目特征描述时，应根据《安装工程计量标准》规定的项目特征，结合技术规范、标准图集、施工图纸，按照工程结构、使用材质及规格或安装位置等，予以详细而准确地表述和说明。进行项目特征描述时应按拟安装工程的实际要求，以能满足确定综合单价的需要为前提。对于哪些内容需要描述、哪些内容可以不描述、怎样描述，可参照下列原则执行：

1) 必须描述的内容：涉及计量正确与否的内容必须描述，涉及确定综合单价的内容必须描述，涉及名称、形状、规格、型号的内容必须描述，涉及材质要求的内容必须描述，涉及安装方式的内容必须描述。

2）可不详细描述的内容：应由投标人根据施工方案确定，应由投标人根据项目所在地、施工现场和施工要求确定及应由施工措施解决的内容可以不描述；对标准图集标注已经很明确的，可不再详细描述。如采用标准图集或施工图纸能够全部或部分满足项目特征描述要求的，项目特征描述可直接采用详见××图集或××图号的方式。

按《安装工程计量标准》规定，本例矩形镀锌薄钢板通风管规格 800mm×300mm 和 630mm×300mm 的项目特征描述见表 3.2.2。

（4）计算工程数量。

工程数量（工程量）应按照《安装工程计量标准》中规定的工程量计算规则“按设计图示内径以展开面积计算”计算得到。

本例某镀锌薄钢板通风管，依据表 3.2.1 工程量计算规则和通风管安装施工图，计算工程量，计算结果填入分部分项工程量清单，见表 3.2.2。

表 3.2.2　分部分项工程量清单

工程名称：　　　　　　　　　　　标段：　　　　　　　　　　　第　页　共　页

序号	项目编码	项目名称	项目特征	计量单位	工程量
1	030702001001	碳钢通风管道	1. 名称：薄钢板通风管 2. 材质：镀锌 3. 形状：矩形 4. 规格：800mm×300mm 5. 板材厚度：δ=1.0mm 6. 接口形式：咬口连接	m^2	80.60
2	030702001002	碳钢通风管道	1. 名称：薄钢板通风管 2. 材质：镀锌 3. 形状：矩形 4. 规格：630mm×300mm 5. 板材厚度：δ=1.0mm 6. 接口形式：咬口连接	m^2	106.40

第三节　安装工程措施和其他项目清单编制

本节主要介绍措施项目和其他项目清单的组成和编制。根据《计价标准》，措施项目指为完成工程项目施工，发生于施工准备和施工及验收过程中的技术、生活、安全生产、环境保护等方面的项目。

一、措施和其他项目清单编制要求

根据现行《计价标准》，计价方式有单价计价、总价计价和费率计价三种形式。单价计价是工程量清单中以工程数量乘以综合单价进行价款计算的计价方式；总价计价是工程量清单中以“项”为单位采用总价进行价款计算的计价方式；费率计价是工程量清单中以计费基础乘以相应费率进行价款计算的计价方式。工程量清单的清单项目价款确定可采用单价计价、总价计价方式。根据工程项目特点及实际情况不宜采用单价计价、总价计价方式的，可采用费率计价等其他计价方式，并应在招标文件和合同文件中对其计价要求、价款调整规则等予以说明。

分部分项工程项目清单、措施项目清单中，按单价计价方式计价的，应按其工程数量乘以相应的综合单价计算该工程量清单项目的价格；按总价计价方式计价的，应以项为单位计算其清单项目价格。分部分项工程项目清单计价宜采用单价计价方式，措施项目清单计价宜采用总价计价方式。

1. 措施项目清单编制要求

根据现行《计价标准》，措施项目清单应结合招标工程的实际情况和相关部门的有关规定，依据常规的施工工艺、顺序及生活、安全、环保、临设、文明施工等非工程实体方面的要求，按相关工程国家及行业工程量计算标准的措施项目分类规则，以及补充的工程量计算规则，结合招标文件及合同条款要求进行编制。其中，安全生产措施项目应按国家及省级、行业主管部门的管理要求和招标工程的实际情况列项。

根据《安装工程计量标准》，编制工程量清单时，措施项目应按《安装工程计量标准》附录P规定的项目编码、项目名称和工作内容确定。发包人提供设计图纸并要求承包人按图施工的措施项目，按《安装工程计量标准》的规定编制工程量清单，列入分部分项工程量清单中。

2. 其他项目清单编制要求

根据《计价标准》其他项目清单列项应符合下列规定：

(1) 暂列金额应根据工程特点按招标文件的要求列项，可按用于暂未明确或不能详细说明工程、服务的暂列金额（如有）和用于合同价款调整的暂列金额分别列项。用于暂未明确或不能详细说明工程、服务的暂列金额应提供项目及服务名称，并根据同类工程的合理价格估算暂列金额；用于合同价款调整的暂列金额可按招标图纸设计深度及招标工程实施工期等因素对合同价款调整的影响程度，结合同类工程情况合理估算。

(2) 专业工程暂估价应根据招标文件说明的专业工程分类别和（或）分专业列项，并列出明细表，其暂估价可根据项目情况，结合同类工程的合理价格或概算金额估算。

(3) 直接发包的专业工程应根据招标文件说明发包人直接发包的各专业工程分别列项，并列出明细表。

(4) 发包人提供材料的可按承包人负责安装和承包人不负责安装分别列项，并按《安装工程计量标准》附录的《发包人提供材料一览表》列出材料明细项目及其暂估单价。

(5) 计日工应在项目特征中说明招标工程实施中可能发生的计日工性质的工种类别、材料及施工机具名称、零星工作项目、拆除修复项目等，并列出每一项目相应的名称、计量单位和合理暂估数量。

（6）发包人提供材料、专业分包工程的总承包服务费应分别列项，可按“项”或费率计量。按费率计量的，宜以暂估价作为计价基础；直接发包的专业工程的总承包服务费应按《安装工程计量标准》列项，宜以“项”计量。

（7）出现《计价标准》未包含的其他项目，可根据招标文件要求结合工程实际情况补充列项。

编制工程量清单应按相关要求描述清单项目特征，如工程量清单中的措施项目清单、其他项目清单无法描述项目特征的，措施项目清单可列出项目编码、项目名称和工作内容，其他项目清单只列出项目名称。

二、措施项目清单的内容

《安装工程计量标准》附录P提供了安装专业工程可列的措施项目，专业措施项目工程量清单项目设置、项目特征描述的内容、计量单位及工程量计算规则，应按表3.3.1的规定执行。

表3.3.1　措施项目（编码：031401）

项目编码	项目名称	单位	工作内容
031401001	脚手架	项	搭设脚手架、斜道、上料平台，铺设安全网，铺（翻）脚手板，转运、改制、维修维护，拆除、堆放、整理，外运、归库等
031401002	大型机械设备进出场及安拆		除垂直运输机械以外的大型机械安装、检测、试运转和拆卸，运进、运出施工现场的装卸和运输，轨道、固定装置的安装和拆除等
031401003	临时专用防护棚		临时防护棚制作、安装、拆除
031401004	施工操作平台		场地平整、基础及支墩砌筑、支架型钢搭设、铺设、拆除、清理
031401005	临时支撑架		临时支撑架制作、安装、拆除
031401006	隧道内临时施工的通风、供水、供气、供电、照明及通信设施		通风、供水、供气、供电、照明及通信设施安装、拆除
031401007	吊装加固		大型设备加固、吊装过程中临时加固，加固设施拆除、清理
031401008	胎（模）具		制作、安装、拆除
031401009	安全生产		施工现场安全施工所需的各项措施
031401010	文明施工		施工现场文明施工、绿色施工所需的各项措施
031401011	环境保护		施工现场为达到环保要求所需的各项措施

续表 3.3.1

项目编码	项目名称	单位	工作内容
031401012	临时设施		为进行建设工程施工所需的生活和生产用的临时建筑物、构筑物和其他临时设施，包括临时设施的搭设、移拆、维修、清理、拆除后恢复等，以及因修建临时设施应由承包人所负责的有关内容
031401013	二次搬运		因施工场地条件及施工程序限制而发生的材料、构配件、半成品等一次运输不能到达堆放地点，必须进行二次或多次搬运所发生的内容
031401014	既有建（构）筑物、设施保护		在工程施工过程中，对既有建筑物、构筑物及地上、地下设施进行的遮盖、封闭、隔离等必要临时保护措施
031401015	已完工程及设备保护		建设项目施工过程中直至竣工验收前，对已完工程及设备采取的必要保护措施
031401016	顶升、提升装置	项	安装、拆除
031401017	特殊地区施工增加		在特殊地区（高温、高寒、高原、沙漠、戈壁、沿海、海洋等）及特殊施工环境（邻公路、邻铁路等）下施工时，弥补施工降效所需增加的内容
031401018	安装与生产运行同时进行施工防护		火灾防护、噪声防护
031401019	有害身体健康环境中施工防护		在施工过程中有害化合物防护、粉尘防护、有害气体防护、高浓度氧气防护
031401020	夜间施工增加费		因夜间或在地下室等特殊部位施工时，所采用照明设备的安拆、维护、照明用电及施工人员夜班补助、夜间施工劳动效率降低等内容
031401021	冬雨季施工增加		在冬季或雨季施工，引起防寒、保温、防滑、防潮和排降雨雪等措施的增加，人工、施工机械效率降低等内容
031401022	其他措施		为保证工程施工正常进行所发生的措施

需要说明的是：

（1）发包人提供设计图纸并要求按其施工的措施项目，可参照分部分项工程补充编码列项。

（2）“脚手架”包括工程施工过程中按照相关规范要求及满足施工作业需求所搭设的全部脚手架内容。

（3）“临时设施”“文明施工”“环境保护”“安全生产”工作内容的包含范围，应参考各省、自治区、直辖市或行业建设主管部门的相关规定进行补充。

（4）其他措施项目必须根据实际措施项目名称确定项目名称，明确描述工作内容及包含范围。

第四节　BIM 辅助安装工程计量

安装工程涉及设备、材料种类多，项目杂、计算数据量大、计算规则细、汇总复杂，导致工作难度较大、工作时间较长，计算机辅助工程计量应需而生。随着计算机软硬件的发展，计算机辅助工程计量技术的应用越来越广，安装工程算量软件由最初的表格算量发展至三维算量，具有速度快、准确性高、易用性强、拓展性好、协同管理工作灵活等很多优点，使用软件计算安装工程的工程量成为必然的趋势，也是广大工程造价人员的现实需求。

一、合同工程计量

《计价标准》对合同工程计量提出了规定。

（一）一般规定

（1）合同工程应以承包人按合同要求已完成且应予计量的工程进行计量。工程数量应按发承包双方约定的相关国家及行业工程量计算标准以及补充的工程量计算规则计算。

（2）发承包双方应在合同约定的时间节点、工程形象目标节点或工程进度节点，按照《安装工程计量标准》相关规定进行工程计量。

（3）合同约定执行物价变化价格调整的分部分项工程项目清单，应按约定的调价周期相对应的已完成工程进行分段计量。

（4）承包人实施的下列工程及工作不应予计量：

1）承包人为完成永久工程所实施的临时工程，合同约定应予计量的临时工程除外。

2）承包人原因引起超出合同约定工程范围的工程。

3）承包人所完成、但不符合合同图纸及合同规范要求的工程。

4）承包人拆除及迁离不符合合同图纸及合同规范要求的工程或工作。

5）承包人责任造成的其他返工。

（5）承包人应以书面形式提交相关工程的计量成果给发包人核对，发包人收到承包人的计量成果后，应在约定时间内将核对结果以书面形式通知承包人。发包人未在约定时间内提供核对结果的，可视为承包人提交的计量成果已获得发包人认可，除合同另有约定外，承包人提交的该计量成果可作为工程价款的计算依据，但不应作为相关工程已合格交付的依据。

（6）承包人收到发包人核对结果后应在约定的时间内以书面形式确认，或以书面形式向发包人提交复核结果存在偏差的意见和详细计算资料。承包人提交复核结果意见的，发包人收到后应在约定时间内以书面形式确认，或将复查结果以书面形式通知承包人，发包人未在约定时间内提供复查结果的，可视为承包人提交的复核结果意见已获得发包人认可，可按《安装工程计量标准》相关规定执行。如承包人未在约定时间内对发包人核对的结果予以书面确认或提交复核意见的，可视为发包人核对的计量成果已获得承包人认可。除合同另有规定外，发包人提交的核对计量成果可作为工程价款的计算依据。

（7）发承包双方应在达成一致的相关工程计量成果上签署确认。发承包双方通过核对、复核、复查仍无法达成一致的，可按《安装工程计量标准》规定的争议解决方式处理。

（8）发承包双方签署确认的工程计量成果应作为合同价款调整、工程结算的依据，合同另有约定或发承包双方明确仅作为工程进度款支付依据及工程计量成果为粗略估算的除外。

（二）分部分项工程计量

（1）单价合同的分部分项工程项目清单工程量应按下列规定计算：

1）分部分项工程项目清单的单价计价清单项目应依据发包人提供的工程实际施工图纸及颁发和确认的变更指令，按照合同约定的国家及行业工程量计算标准以及补充的工程量计算规则进行重新计量，可作为计算分部分项工程项目清单价格的依据；依据合同图纸计量的分部分项工程清单项目及其工程量与已标价工程量清单的清单项目及其工程量的差异为工程量清单缺陷，应按《安装工程计量标准》规定调整合同价格，但以“项”计价的分部分项工程清单项目不应重新计量及调整。

2）以综合单价形式计价，在分部分项工程项目清单中所列属于措施项目的模板等工程及合同约定应予计量的其他措施项目，可按《计价标准》的相关规定执行。

（2）总价合同的分部分项工程项目清单工程量应按下列规定计算：

1）分部分项工程项目清单可不重新计量，合同价格不应因分部分项工程项目清单存在工程量清单缺陷而调整，招标工程量清单中说明为暂定数量单价计价的分部分项工程项目清单和工程变更可按《计价标准》的相关规定执行。

2）合同约定的分部分项工程项目清单工程量为暂定数量的单价计价清单项目，应按《计价标准》的相关规定计量。

3）工程变更应按《计价标准》的相关规定计量。

（3）完成发包人要求的暂列金额项目中所含未能完全预见或详细说明的工程的分部分项工程项目清单，应按《计价标准》的相关规定进行计量，可作为《计价标准》规定调整暂列金额价款的依据。

（三）措施项目计量

（1）除合同另有约定及下列规定外，已标价工程量清单的措施项目不应予计量调整：

1）在分部分项工程项目清单列项的措施工程及合同约定应予计量的措施项目，应按《计价标准》相关规定执行。

2）安全生产措施费用应按合同约定执行。

3）工程变更引起的措施项目变化，应按《计价标准》的相关规定执行。

4）工程量清单缺陷引起的措施项目变化，应按《计价标准》的相关规定执行。

5）暂列金额项目中所含未能完全预见或详细说明的工程引起的措施项目变化，应按《计价标准》相关规定执行。

（2）专业工程暂估价已包含其措施项目费用，不应另外计算。

（3）除合同另有约定及《计价标准》相关规定用于工程变更、新增工程、工程索赔的暂列金额按《安装工程计量标准》规定计量、用于未能完全预见或详细说明的工程按《计价标准》的相关规定计量外，暂列金额的措施项目费已包含在已标价工程量清单的措施项目中，不应另外计量调整。

（四）工程变更计量

（1）工程变更引起的应予计量的工程量，应按合同约定的工程量计算规则、适用的国家及行业工程量计算标准计算。

(2) 采用单价合同的工程变更，应按发包人颁发或确认的变更指令及实际施工图纸重新计算分部分项工程清单项目及工程量，并与已纠正工程量清单缺陷的工程量清单项目及其工程量进行比较，确定增减变更项目及其工程量。

(3) 采用总价合同的工程变更，应按发包人颁发或确认的变更指令及实际施工图纸与合同图纸进行比较，差异部分的分部分项工程项目清单即为工程变更项目，应按《计价标准》的相关规定计算变更项目及其工程量。

(4) 由于工程变更引起的措施项目变化，应按发包人批准的承包人专为工程变更拟定的实施方案或实际发生内容，计算其因工程变更而需要增加投入的施工管理人员、增加搭设的临时设施及其他增加的施工措施工程（工作）量；工程变更引起合同工期变化的，应依据发包人批准的工期延长或缩短的时间按《计价标准》的相关规定计算调整，作为《安装工程计量标准》规定计算变更工程价格的依据。

（五）计日工计量

(1) 如承包人认为有关项目或工作不宜按分部分项工程、措施项目、工程变更计量而采用计日工进行计量的，承包人应在合同约定时间内向发包人提出，发包人应在约定时间内批复。如承包人未在约定时间内提出，应视为承包人放弃按计日工方式进行计量的需求；若发包人未在约定时间内批复的，应视为同意承包人按照计日工方式进行计量。

(2) 除合同另有约定外，下列工程项目及零星工作可采用计日工计量计价：

1) 不能依据施工图纸、工程变更及合同约定计量规则进行计量的增加工程或替代工程。

2) 按发包人要求增加的短工期、零星、有限工程范围、少量工程数量的工程项目。

3) 极端变化的工作条件引起的非正常操作。

4) 进行紧急工程引起其他工程损坏的修复。

5) 按发包人要求打开已隐蔽的工程，但相关工程通过检测证明符合合同要求的。

6) 修复其他承包人完成工作后周边受影响工程的费用。

7) 因发包人暂缓（停）工程引起工程延期而必须更换材料的费用。

8) 合同范围外发包人特殊要求的清扫和清场工作。

9) 合同范围外发包人要求的测试运行。

10) 非承包人原因引起的修复和恢复被损坏的微小工程（大规模的损坏恢复应按工程变更规定计量与计价）。

(3) 采用计日工计价的任何一项工作，在该项工作实施过程中的每一天，承包人应将每天发生计日工内容的下列报表和有关凭证报送给发包人核实：

1) 工作名称、内容和数量。

2) 投入该工作所有人员的姓名、工种、级别和耗用工时。

3) 投入该工作的材料名称、类别、规格、品牌和数量。

4) 投入该工作的施工机具型号、台数和耗用台班。

5) 发包人要求提交的其他资料和凭证。

(4) 任何一项非当天完成的计日工工作持续进行时，承包人应在该项工作实施结束后，在约定的时间内向发包人提交计日工签证报告，内容应包括每天计日工记录的汇总。

（5）发包人应在收到承包人提交报表后的约定时间内以书面形式通知承包人相关的核实结果，并在收到承包人提交的计日工签证报告后，在约定时间内进行复核。如发包人未在约定时限内提供核实结果或复核结果的，应视为承包人提交的报表或计日工签证报告中的内容已获得发包人认可。

（6）发承包双方应按照共同确认的内容签署相关的计日工确认结果，作为《计价标准》规定计算相关计日工价格的依据。

（六）返工工程计量

（1）工程变更或发包人责任事件引起承包人已完成的部分或全部工程的返工，或引起承包人已采购及已加工的材料报损或报废的，承包人应在合同约定时间内以书面形式向发包人提出返工确认要求，并提供相关的证明资料。承包人未在约定时间内提出相关返工确认要求的，应视为相关工程变更指令或发包人责任事件未造成工程返工或已采购及已加工材料的报损或报废，返工工程量不应计量，相关的费用不应补偿。

（2）发包人应按约定时间参与承包人完成的返工工程的确认，如发包人未按约定参与返工工程确认且未提出异议的，承包人可与监理人共同完成相关的确认，其确认结果应视为已获得发包人认可。

（3）发承包双方应在完成确认后签署相关的返工确认单。返工确认单应符合下列规定：

1）返工工程的工程量可以按相关的施工图纸或工程变更指令计量的，应在返工确认单中明确用于计算返工工程的施工图纸或变更指令。

2）返工工程的工程量不能按相关的施工图纸或工程变更指令计量的，发承包双方应在返工确认单中确定返工的项目及其工程量。

3）报损或报废的已采购及已加工材料，发承包双方应在返工确认单中确定其材料的名称、规格、品牌、数量、单价或总价及处理方式。

（4）发生返工工程的项目应按合同约定明确发承包双方责任，返工引起的相关费用应由责任方承担。属于工程变更或发包人责任原因的，返工确认单内的返工工程项目及其工程量、报损或报废的已采购及已加工材料及其数量，应为相关返工工程的计量工程量，并作为《计价标准》合同价款调整规定计算返工工程价格的依据；属于承包人责任原因的，返工工程相关工程量不应计量。

（5）返工工程引起合同工期实质性变化的，可按《计价标准》的相关规定计算措施项目费用。

（七）新增工程计量

（1）承包人完成的新增工程可按《计价标准》相关规定计算其分部分项工程项目清单工程量。

（2）承包人为实施新增工程所发生的措施项目，可按《计价标准》的相关规定计量。

二、安装工程算量软件的计量

《计价标准》对建筑信息模型应用进行了如下规定：

（1）建设工程计量计价活动可应用建筑信息模型技术，数据格式应符合国家相关标准。

（2）工程量清单编制应用建筑信息模型技术的，应依据招标人提供的、由设计单位完成的建筑信息模型、招标图纸和招标文件规定使用的国家及行业工程量计算标准，进行工程计量及编制工程量清单。

（3）最高投标限价编制应用建筑信息模型技术的，应按照依据《计价标准》编制的招标工程量清单及相关规定进行工程计价。

（4）工程实施过程的进度款支付、工程变更、施工过程结算、竣工结算等计量与计价活动中应用建筑信息模型技术的，应依据发包人提供的、由设计单位完成的建筑信息模型或经发包人审批的承包人完成的建筑信息模型进行计量与计价。

（一）安装工程算量软件的计量思路

安装工程工程量是根据审定的工程图纸和施工组织设计，按照计量规范有关工程量计算规则计算得到的。基于此，工程量计算软件是根据工程图纸绘制或导入图元，定义构件属性，按照软件内置的工程量计算规则计算工程数量。现阶段，软件计算安装工程工程量的步骤大致分为：建立工程→建立楼层→建立轴网→导入（绘制）图纸信息→建立设备（管线）信息→得到三维模型→汇总计算→复核→查看报表并输出数据。除了绘图输入方式计算工程量外，算量软件通常还提供表格输入方式，使用户能够随时增补工程量，更方便地进行工程量计量。

（二）安装工程算量软件的计量步骤

以国内常用的计量计价软件为例，介绍安装工程算量软件的计量步骤。

1. 新建工程

打开安装工程算量软件，选择新建向导，进入新建工程界面。

2. 工程设置

进行工程信息的设置，对工程的名称、计算规则、定额库、清单库和做法模式进行输入和选择，填写建筑层数、室内外标高等具体工程信息，起到工程标识的作用。

3. 楼层设置

根据工程图纸的楼层信息，建立楼层，进行标高等楼层信息的输入与设置。

4. 轴网管理

在软件中新建轴网，根据图纸尺寸依次输入轴网参数。

5. 导入二维图纸

在图纸管理模块中添加图纸文件，然后对图纸进行分割定位，对应到不同的楼层当中，最后生成分配图纸，作为识别构件的依据。

6. 建立设备、管线模型

一张安装工程的平面图中往往会涉及多个系统，如给水排水平面图中可能会有喷淋、给水、排水等系统，电气平面图中的某个配电箱引出各电气回路，通风平面图中有送风、回风、防排烟等系统。安装工程的工程量计算可通过设置系统编号，得到按某个系统计算的工程量，然后按系统在图中查看、查找已经计算过的图元。

在安装工程算量软件中，构件的识别通常是在分割定位的图纸上，通过鼠标的点、画操作实现。安装工程中的构件主要分为两大类：一类是以个数为单位的点式构件，如水龙头、配电箱、开关、出风口等；另一类是以长度为计量单位的线式构件，如给水管道、通风管道、电线配管等。利用软件识别构件过程中，先识别点式构件，再识别线式构件，这样软件可以根据工程逻辑，自动创建平面图中没有的纵向线式构件，将各个构件连接成为一个完整的系统。此外，先进的智能算量软件利用相应功能，对图纸上的主要设备材料和管道、管线能够实现全图或区域的自动识别，包括图形、图块、管道、管线等识别方式，达到快速计量。

7. 报表输出

在某构件、某层或整个工程绘制完毕后，需要查看工程量时必须先进行“汇总计算”，当修改了某个构件的属性或修改了某个图元后，需要查看修改后的工程量，也需要进行汇总计算。汇总计算相当于手算过程中用计算器求和，软件的汇总计算往往在很短的时间完成，大大提高了工程量计算的效率，并且精确度很高。

汇总计算后，可进行报表预览。构件汇总报表包括工程量汇总表、工程量计算书、工程量明细表等主要报表类别。

三、BIM辅助安装工程计量

依据《建筑信息模型应用统一标准》GB/T 51212—2016，建筑信息模型（Building Information Modeling，BIM）指在建设工程及设施全生命期内，对其物理和功能特性进行数字化表达，并依此设计、施工、运营的过程和结果的总称。

BIM以建筑工程的几何信息、构件的属性信息和规则信息等各项相关信息数据作为模型的基础，建立建筑模型，通过数字信息仿真模拟建筑物所具有的真实信息，也可以反映建筑工程项目的各项相关信息数据。BIM具有信息完备性、信息关联性、信息一致性、可视化、协调性、模拟性、优化性和可出图性八大特点。BIM的基本特征是：

（1）采用参数化来描述建筑单元，以墙、窗、梁、柱等建筑构件为基本对象，而不是CAD（Computer Aided Design）中的点、线、面等几何元素。

（2）在建筑信息模型中，建筑单元可以模拟除几何形状外的一些非几何属性，如材料信息、造价信息、设备信息。

（3）采用关联性来描述建筑单元，建筑师或结构工程师修改某个单元构件的属性，建筑模型将进行信息的自动更新，而且这种更新是相互关联的。关联性不仅提高了设计的工作效率，而且解决了图纸之间信息的错、漏、缺等问题。

通过Microsoft Project编制成的施工进度计划与施工现场BIM 3D模型集成一体，引入时间维度，能够完成对工程施工过程的4D施工模拟。通过建立BIM 5D关联数据库，可以准确快速计算工程量，提升施工预算的精度与效率。由于BIM数据库的数据粒度达到构件级，可以快速提供安装工程所需的数据信息，能自动计算工程实物量。BIM数据库可以实现任一时点上工程基础信息的快速获取，通过合同、计划与实际施工的消耗量、分项单价、分项合价等数据的多算对比，有效了解项目运营状况、消耗量有无超标、进货分包单价有无失控等问题，实现对项目成本风险的有效管控。

依据《建筑信息模型施工应用标准》GB/T 51235—2017，施工BIM应用的目标和范围应根据项目特点、合约要求及工程项目相关方BIM应用水平等综合确定；宜覆盖包括工程项目深化设计、施工实施、竣工验收等的施工全过程，也可根据工程项目实际需要应用于某些环节或任务；应事先制定施工BIM应用策划，并遵照策划进行BIM应用的过程管理。施工模型宜在施工图设计模型基础上创建，也可根据施工图等已有工程项目文件进行创建。工程项目相关方在施工 BIM 应用中应采取协议约定等措施确定施工模型数据共享和协同工作的方式。工程项目相关方应根据 BIM 应用目标和范围选用具有相应功能的 BIM 软件。

BIM 软件应具备下列基本功能：

(1) 模型输入、输出。

(2) 模型浏览或漫游。

(3) 模型信息处理。

(4) 相应的专业应用。

(5) 应用成果处理和输出。

(6) 支持开放的数据交换标准。

建筑信息模型所包含的模型单元应分级建立，可嵌套设置，分级应符合表 3.4.1 的规定。

表 3.4.1　模型单元的分级

模型单元分级	模型单元用途
项目级模型单元	承载项目、子项目或局部建筑信息
功能级模型单元	承载完整功能的模块或空间信息
构件级模型单元	承载单一的构配件或产品信息
零件级模型单元	承载从属于构配件或产品的组成零件或安装零件信息

建筑信息模型包含的最小模型单元应由模型精细度等级衡量，模型精细度基本等级划分应符合表 3.4.2 的规定。根据工程项目的应用需求，可在基本等级之间扩充模型精细度。

表 3.4.2　模型精细度基本等级划分

等级	英文名	代号	包含的最小模型单元
1.0 级模型精细度	Level of Model Definition 1.0	LOD1.0	项目级模型单元
2.0 级模型精细度	Level of Model Definition 2.0	LOD2.0	功能级模型单元
3.0 级模型精细度	Level of Model Definition 3.0	LOD3.0	构件级模型单元
4.0 级模型精细度	Level of Model Definition 4.0	LOD4.0	零件级模型单元

第四章　通用设备工程

第一节　机械设备工程

机械设备种类很多，按功用分类包括：切削设备、锻压设备、铸造设备、起重设备、输送设备、电梯、水泵、风机、压缩机、工业炉和其他常见机械设备等。

一、常用机械设备的分类和安装

（一）机械设备的分类

根据《建设工程分类标准》GB/T 50841—2013，机械设备安装工程分为通用机械设备安装工程、起重设备安装工程、锅炉设备安装工程、专用机械设备安装工程等。

1. 按照使用范围分类

（1）通用机械设备。指在工业生产中通用性强、用途较广的机械设备。如切削设备、锻压设备、铸造设备、输送设备、风机、泵、压缩机等。这类设备一般可以按定型的系列标准由制造厂进行批量生产。

（2）专用机械设备。指专门用于某个领域生产的机械设备。如火力、水力发电设备、核电设备、矿业设备、纺织设备、石油化工设备、冶金设备、建材设备等。

2. 按照在生产中所起的作用分类

（1）液体介质输送和给料机械，如各种泵类。

（2）气体输送和压缩机械，如真空泵、风机、压缩机。

（3）固体输送机械，如提升机、皮带运输机、螺旋输送机、刮板输送机等。

（4）粉碎及筛分机械，如破碎机、球磨机、振动筛等。

（5）冷冻机械，如冷冻机和结晶器等。

（6）搅拌与分离机械，如搅拌机、过滤机、离心机、脱水机、压滤机等。

（7）成型和包装机械，如扒料机，石蜡、沥青、硫黄的成型机械和产品的包装机械等。

（8）起重机械，如桥式起重机、汽车起重机、龙门吊等。

（9）金属加工机械，如切削、研磨、刨铣、钻孔机床以及金属材料试验机械等。

（10）动力机械，如汽轮机、发电机、电动机等。

（11）污水处理机械，如刮油机、刮泥机、污泥（油）输送机等。

（12）其他专用机械，如抽油机、水力除焦机、干燥机等。

3. 按照《安装工程计量标准》分类

机械设备分为切削设备、锻压设备、铸造设备、起重设备、起重机轨道、输送设备、电梯、风机、泵、压缩机、煤气发生设备、制冷设备、其他机械。

（二）机械设备安装

机械设备安装分为整体安装、解体安装和模块化安装。一般安装程序：施工准备→设备开箱检查→基础测量放线→基础检查验收→垫铁设置→设备吊装就位→设备安装调整→设备固定与灌浆→设备零部件清洗与装配→润滑与设备加油→设备试运转→工程验收。

影响机械设备安装精度的因素主要有设备基础、垫铁埋设、设备灌浆、地脚螺栓、设备质量、测量误差、环境因素等。

1. 安装准备工作

（1）技术准备。研读机械设备使用说明书、安装工程施工图、机械设备安装规范和质量标准等，对安装人员进行技术培训，对大中型、特殊的或复杂的安装工程编制施工组织设计或施工方案。根据工程特点和施工部门的具体情况和条件，成立安装施工组织机构。

（2）供应工作准备。备齐技术准备工作中所需机具、材料，并及时将所要安装的机械设备运抵现场；设备开箱检查：成箱设备运输到安装现场后，必须开箱检查、清理。

（3）机械设备拆洗。

1）设备拆卸。设备拆卸前必须熟悉机件的构造，根据拆卸对象选择不同的拆卸工具与拆卸方法。对可以不拆的或拆后可能降低质量的零部件，如密封连接、铆接等应尽量不拆卸。

2）设备清洗。要清除所涂的防锈剂和内部残留的铁屑、锈蚀及灰尘等，当设备及零、部件表面有锈蚀时，应进行除锈处理，除锈方法可按表 4.1.1 选用。

表 4.1.1　金属表面的常用除锈方法

金属表面粗糙度 $Ra/\mu m$	常用除锈方法
＞50	用砂轮、钢丝刷、刮具、砂布、喷砂或酸洗除锈
6.3～50	用非金属刮具、油石或粒度 150# 的砂布沾机械油擦拭或进行酸洗除锈
1.6～3.2	用细油石或粒度为 150#～180# 的砂布沾机械油擦拭或进行酸洗除锈
0.2～0.8	先用粒度为 180# 或 240# 的砂布沾机械油擦拭，然后用干净的绒布沾机械油和细研磨膏的混合剂进行磨光

装配件表面除锈及污垢清除，宜采用碱性清洗液和乳化除油液进行清洗。

清洗设备及装配件表面油脂，宜采用下列方法：

①对设备及大、中型部件的局部清洗，宜采用溶剂油、航空洗涤汽油、轻柴油、乙醇和金属清洗剂进行擦洗和涮洗。

②对中小型形状复杂的装配件，可采用相应的清洗液浸泡，浸洗时间随清洗液的性质、温度和装配件的要求确定，宜为 2～20min，且宜采用多步清洗法或浸、涮结合清洗；采用加热浸洗时，应控制清洗液温度，被清洗件不得接触容器壁。

③对形状复杂、污垢黏附严重的装配件，宜采用溶剂油、蒸汽、热空气、金属清洗剂和三氯乙烯等清洗液进行喷洗；对精密零件、滚动轴承等不得用喷洗法。

④当对装配件进行最后清洗时，宜采用超声波装置，并宜采用溶剂油、清洗汽油、轻柴油、金属清洗剂和三氯乙烯等进行清洗。

⑤对形状复杂、污垢黏附严重、清洗要求高的装配件，宜采用溶剂油、清洗汽油、轻

柴油、金属清洗剂和三氯乙烯和碱液等进行浸—喷联合清洗。

⑥设备加工表面上的防锈漆，应采用相应的稀释剂或脱漆剂等溶剂进行清洗。

在禁油条件下工作的零部件及管路应进行脱脂，脱脂后应将残留的脱脂剂清除干净。

2. 设备基础

设备基础种类很多，一般按基础材料组成、埋置深度、结构形式、使用功能等进行划分。

（1）按组成材料不同分为砖基础、素混凝土基础、钢筋混凝土基础和垫层基础等。

1）砖基础、素混凝土基础适用于承受荷载较小、变形不大的设备基础。

2）钢筋混凝土基础适用于承受荷载较大、变形较大的设备基础。

3）垫层基础适用于使用后允许产生沉降的结构，如大型储罐等。

（2）按埋置深度不同分为浅基础和深基础。

1）浅基础分为扩展基础、联合基础和独立基础。扩展基础是将上部荷载进行扩散并传递到地基上的基础形式；联合基础由组合的混凝土结构，适用于底面积受到限制、地基承载力较低、对允许振动线位移控制较严格的大型动力设备基础，如轧机、铸造生产线、玻璃生产线等；独立基础是配置于上部设备之下的无筋或有筋的整体基础形式。

2）深基础分为桩基础和沉井基础。桩基础是由承台、桩组成的基础形式，适用于需要减少基础振幅、减弱基础振动或控制基础沉降和沉降速率的精密、大型设备的基础，如透平压缩机、汽轮发电机组、锻压设备。沉井基础是用混凝土或钢筋混凝土制成的井筒式基础，如冶炼、石油化工工程的烟囱和火炬，发电厂的洗涤塔等的基础。

（3）按结构形式不同分为大块式基础、箱式基础和框架式基础。大块式基础是以钢筋混凝土为主要材料、刚度很大的块体基础，广泛应用于设备基础；箱式基础由底板、顶板和承重的纵向、横向墙体组成的基础；框架式基础由顶层梁板、立柱和底层梁板结构组成的基础，适用于作为电机、压缩机等设备的基础。

（4）按使用功能不同分为减振基础和绝热层基础。减振基础是增加减震装置或采用减震材料可以消减振动能量的基础；绝热层基础是在基础底部设置隔热、保温层的基础，适用于有特殊保温要求的设备基础。

3. 地脚螺栓和垫铁

在许多机械设备安装工程中，地脚螺栓是不可缺少的附件之一，其作用是将设备与基础牢固地连接起来，对机械设备起到固定作用，避免设备在运转时发生位移和倾覆。

（1）地脚螺栓的分类和适用范围。

地脚螺栓主要包括固定地脚螺栓、活动地脚螺栓、胀锚地脚螺栓、粘接地脚螺栓四类。

1）固定地脚螺栓：又称短地脚螺栓，与基础浇灌在一起，底部做成开叉形、环形、钩形等形状，如直钩螺栓、弯钩螺栓、弯折螺栓、U形螺栓、爪式螺栓、锚板螺栓等，以防止地脚螺栓旋转和拔出。适用于没有强烈震动和冲击的设备。

2）活动地脚螺栓：又称长地脚螺栓，是一种可拆卸的地脚螺栓，这种地脚螺栓比较长，或者是双头螺纹的双头式，或者是一头螺纹、另一头T字形头的形式，如T形头螺栓、拧入式螺栓、对拧式螺栓等。适用于有强烈震动和冲击的重型设备。

3）胀锚地脚螺栓：常用于固定静置的简单设备或辅助设备。胀锚地脚螺栓中心到基础边沿的距离不小于 7 倍的胀锚直径，安装胀锚的基础强度不得小于 10MPa。在混凝土或钢筋混凝土结构有裂缝或容易产生裂缝的部位不应使用胀锚螺栓，使用时不应采用预留孔。

4）粘接地脚螺栓：粘接地脚螺栓为近年常用的一种地脚螺栓，其方法和要求同胀锚地脚螺栓。在粘接时应把孔内的杂物吹净，使用环氧树脂砂浆锚固地脚螺栓。

（2）地脚螺栓的施工。

1）地脚螺栓的埋设。分为直埋和后埋。直埋是先将螺栓定位，混凝土浇筑成型后，螺栓埋设好；后埋是预留埋设螺栓孔洞，待混凝土达到一定强度后，插入螺栓，二次浇筑混凝土。直埋地脚螺栓的优点是混凝土一次浇筑成型，混凝土强度均匀，整体性强，抗剪强度高；缺点是螺栓无固定支撑点，如果螺栓定位出现误差，则处理相当烦琐。后埋地脚螺栓的优点是螺栓有可靠的支撑点，定位准确，不容易出现误差；缺点是预留孔洞部分混凝土浇筑后硬化收缩，容易与原混凝土之间产生裂缝，降低整体的抗剪强度，使结构的整体耐久性受到影响。

2）施工。基准定位；模具与模板固定；螺栓加固安装。地脚螺栓的固定如图 4.1.1 所示。

3）地脚螺栓中心偏差处理。当螺栓中心与设计中心线偏差在 10mm 以内，可以调整柱脚板的螺栓孔位置或搪（割）孔调整。当螺栓直径在 36mm 以内，偏差距离小于 1.5d 时，一般采用热弯螺栓法处理。如果螺栓直径大于或等于 36mm 时，也可用热弯，但需在弯曲部位加焊钢板或钢筋等锚固体，其长度不小于 S 弯上下两切点的距离并验算焊缝长度，使螺栓拉直和拉断等强。

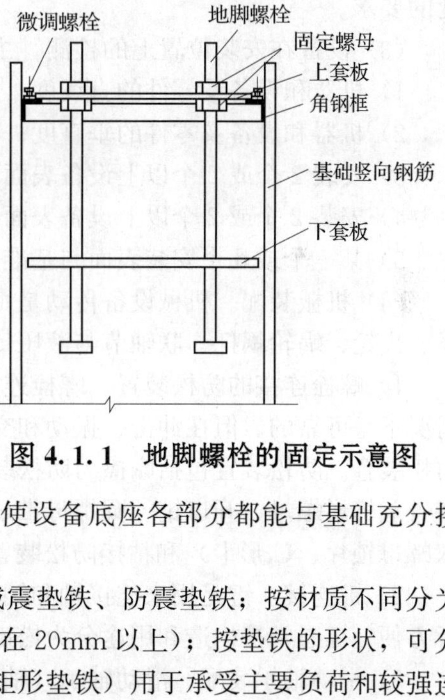

图 4.1.1　地脚螺栓的固定示意图

（3）垫铁。

垫铁是机械设备安装中不可缺少的重要部件。在设备底座下安放垫铁组，通过对垫铁组厚度的调整，使设备达到安装要求的标高和水平度，使设备底座各部分都能与基础充分接触，具有减震、支撑的作用。

1）垫铁的分类。按作用不同分为调整垫铁、减震垫铁、防震垫铁；按材质不同分为钢板垫铁（厚度在 0.3～20mm）和铸铁垫铁（厚度在 20mm 以上）；按垫铁的形状，可分为平垫铁、斜垫铁和螺栓调整垫铁。平垫铁（又名矩形垫铁）用于承受主要负荷和较强连续振动的设备；斜垫铁（又名斜插式垫铁）多用于不承受主要负荷（主要负荷基本上由灌浆层承受）的部位。承受负荷的垫铁组，应使用成对斜垫铁，调平后用定位焊焊接牢固。螺栓调整垫铁，只需拧动调整螺栓即可灵敏调节设备高低。

2）垫铁放置。依据《机械设备安装工程施工及验收通用规范》GB 50231—2009，垫铁放置应符合以下要求：每个地脚螺栓旁边至少应放置一组垫铁，应放在靠近地脚螺栓和底座主要受力部位下方。相邻两组垫铁距离一般应保持 500～1 000mm。每组垫铁内，斜垫铁放在最上面，单块斜垫铁下面应有平垫铁。不承受主要负荷的垫铁组，只使用平垫铁和一块斜垫铁即可；承受主要负荷的垫铁组，应使用成对斜垫铁，找平后用点焊焊牢；承受主要负荷且在设备运行时产生较强连续振动时，垫铁组不能采用斜垫铁，只能采用平垫铁。每组垫铁总数一般不得超过5块，并将各垫铁焊牢。在垫铁组中，厚垫铁放在下面，薄垫铁放在上面，最薄的安放在中间，且不宜小于2mm，以免发生翘曲变形。同一组垫铁几何尺寸要相同。设备调平后，垫铁端面应露出设备底面外缘，平垫铁宜露出10～30mm，斜垫铁宜露出10～50mm。垫铁组伸入设备底座底面的长度应超过设备地脚螺栓的中心。

4. 设备装配

（1）设备吊装。安装工程中，厂房内的机械设备一般由桥式起重机吊装，因此厂房土建部分完成后，首先应安装桥式起重机。桥式起重机吊装能力不足时，可使用汽车吊、抱杆或其他吊装办法。

（2）设备找平与找正。设备在基础上就位后，根据中心标板上的基点，将设备找平、找正，确定设备正确位置。位置确定后，根据要求调整设备应有的高度。调整设备标高时应兼顾其水平情况，二者同时进行调整。设备找正应注意使机械设备处于自由状态下进行，不得用拧紧地脚螺栓或局部施加外力等方法强制其变形来达到安装精度的要求。

（3）设备在安装位置上的检测。主要检测工作内容有：

1）机器和设备及零件的直线度、平面度和水平度；

2）机器和设备及零件的垂直度；

3）安装2个或2个以上设备表面间的平行度；

4）安装2个或2个以上设备表面间的同轴度及垂直度；

5）某一个或几个安装表面与基准、基准线的跳动。

（4）机械装配。机械设备传动是由一些基本零件如螺栓、键、销、滑动轴承、滚动轴承、齿轮、蜗轮蜗杆、联轴节与液压传动装置等完成的。其装配分述如下：

1）螺栓连接的防松装置。螺栓连接本身具有自锁性，可承受静荷载，在工作稳定的情况下是可靠的。但在冲击、振动和交变荷载的作用下，自锁性会受到破坏，因此需增加防松装置。防松装置包括摩擦力防松装置（弹簧垫圈、对顶螺母、自锁螺母），机械防松装置（槽形螺母、开口销、圆螺母带翅片、止动片），冲击防松装置（棘齿、螺母开口销、双螺母锁片、U形卡）和粘接防松装置。

2）键连接。键是用来连接轴和轴上零件，键连接的特点是结构简单、工作可靠、装拆方便。键通常按构造和用途分为松键、紧键和花键。

3）滑动轴承装配。滑动轴承（轴套）的装配作业程序是压入→固定轴套→装配后检验→修整。装配时，根据轴套的尺寸和配合的过盈量大小以及轴套在机体上的位置，可用冷压、加热机体或冷却轴套的方法来装入轴套。其特点是工作可靠、平稳、无噪声、油膜吸振能力强，可承受较大的冲击荷载。

4）滚动轴承装配。装配方法有锤击法、压力机组装法、热装配法、冷冻法等。滚动轴承的优点是摩擦小、轴向尺寸小、更换方便、维护简单。

5）齿轮传动装配。要求齿轮基准面端面与轴肩或定位套端面应靠紧贴合，基准端面与轴线的垂直度应符合传动要求。

齿轮传动机构的装配要求：空套齿轮在轴上不得有晃动现象，滑动齿轮不应有咬死或阻滞现象。保证齿轮有准确的安装中心距和适当的齿侧间隙。保证齿面有一定的接触面积，安装完成后要进行必有的平衡试验。

齿轮最常用的材料是钢，其次是铸铁和非金属材料。钢用作承受高速、中等或重荷载，冲击及摩擦的重要零件材料；铸铁常作为低速、轻载、不太重要场合的齿轮材料；非金属材料适用于高速、轻载且要求降低噪声的场合。

6）蜗轮蜗杆传动机构。蜗轮蜗杆传动机构的特点是传动比大、传动比准确、传动平稳、噪声小、结构紧凑、能自锁。不足之处是传动效率低、工作时产生摩擦热大、需良好的润滑。

7）联轴器装配。按《联轴器　分类》GB/T 12458—2017 分为刚性和挠性两类，其中刚性联轴器包括凸缘、夹壳两种，挠性联轴器包括滑块、齿式、滚子链、十字轴万向、轮胎式、梅花形、弹性柱销、膜片、弹性套柱销、蛇形弹簧、V 带轮钢砂式安全联轴器等常用类型。联轴器装配时，两轴心径向位移、两轴线倾斜和端面间隙应符合《机械设备安装工程施工及验收通用规范》GB 50231—2009 的相关要求。

(5) 机械设备润滑。机械设备润滑常用润滑油和润滑脂。润滑油（脂）必须经过化验，确定符合要求后才可以使用。加入设备前，润滑油（脂）必须过滤，所加油量（脂）应达到规定位置；所有润滑部分及油孔应加满润滑油（脂）。与润滑油相比，润滑脂有以下优点：

1）与可比黏度的润滑油相比，润滑脂具有更高的承载能力和更好的阻尼减震能力。

2）在缺油润滑状态下，特别是在高温和长周期运行中，润滑脂有更好的特性。

3）与可比黏度的润滑油相比，润滑脂的基础油爬行倾向小。

4）润滑脂能形成具有一定密封作用的脂圈，适合在潮湿和多尘环境中使用。

5）润滑脂能牢固地黏附在润滑表面上，在倾斜甚至垂直表面上不流失。

6）润滑脂可简化设备的设计与维护。

7）润滑脂黏附性好，不易流失，停机后再启动仍可保持满意的润滑状态。

8）通常只需将少量润滑脂涂于润滑表面，可大大节约油品的需求量。

润滑脂的缺点有：冷却散热性能差，内摩擦阻力大，供脂换脂不如润滑油方便。

润滑脂常用在散热要求和密封设计不是很高的场合，重负荷和振动负荷、中速或低速、经常间歇或往复运动的轴承，特别是处于垂直位置的机械设备，如轧机轴承润滑。

润滑油常用在散热要求高、密封好、设备润滑剂需要起到冲刷作用的场合。如球磨机滑动轴承润滑。

5. 设备检验、调整与试运转

(1) 设备检验与调整。设备检验目的是考查装配安装是否正确，是否符合技术规范有关要求。在安装过程中，应随时进行装配质量的检验，随时加以调整。

(2) 设备试运转。应符合《机械设备安装工程施工及验收通用规范》GB 50231—2009 要求。试运转的步骤：先无负荷，后负荷；先单机，后系统；最后联动。

1）试运转条件。机械设备及其附属装置、管线等均已安装完毕，机械设备的安装水平已调整至允许的范围；与安装有关的“几何精度”经检验合格，试运转需要的动力、介质、材料、机具、检验仪器应符合“试运转”的要求，其他相关要求。

2）设备试运转。包括电气和操作控制系统调试，润滑系统调试，液压系统调试，气动、冷却系统调试，加热系统调试，机械系统动作试验，整机空负荷试运转。

二、固体输送设备和电梯

（一）固体输送设备

输送设备包括带式输送机、链式输送机、螺旋输送机、振动输送机、悬挂输送机等。

1. 固体输送设备的类型和特点

（1）带式输送机的类型及特点。带式输送机按其断面形式分为平型和槽型两种，后来发展起来的类型可称为特殊类型的带式输送机，如拉链式输送机、带压式输送机、弯曲带式输送机、圆管带式输送机等。

带式输送机可以做水平方向的运输，也可以按一定倾斜角向上或向下运输。

按安装方式不同，带式输送机可分为移动式和固定式两种。移动式带式输送机装有移动可调高度装置，可以更换工作位置及输送高度。固定式带式输送机的支撑装置和机座都固定安装在基础上。

带式输送机结构简单、运行、安装、维修方便，节省能量，操作安全可靠，使用寿命长。带式输送机经济性好，在规定的距离内，每吨物料运输费用较其他类型的运输设备低。

平型带式输送机主要用来搬运箱装、袋装、包装成件物品或物料，以及邮件及装配厂内的零部件。

槽型带式输送机广泛用来输送散装固体物料。在特殊类型带式输送机中，拉链式带式输送机适用于运送粉末状的、块状的或片状的颗粒物料。

（2）斗式提升输送机的类型及特点。对于提升倾角大于20°的散装固体物料，大多数标准输送机受到限制。需要采用提升输送机，包括斗式提升机、斗式输送机和吊斗式提升机等几种类型。

1）吊斗式提升输送机。是以吊斗在垂直或倾斜轨道上运行的间断输送设备。吊斗式提升输送机由吊斗、卷扬机、钢丝绳、料斗的装料及卸料装置、电器设施及钢丝绳轮系统等构成。吊斗式提升输送机结构简单，维修量很小，输送能力可大可小，输送混合物料的离析很小。吊斗式提升输送机适用于大多间歇的提升作业，铸铁块、焦炭、大块物料等均能得到很好的输送。

2）转斗式输送机。是一种斗式输送机，可根据需要制造成C形、Z形、环形等各形式实现水平和垂直输送物料。料斗能移动至卸料点自动翻转卸出物料，卸料便捷。整个输送机的结构简单，操作维护方便，能够解决既需要垂直提升又需要水平位移的块状、糊状、有毒有害物料的输送，转斗式输送机克服了现有输送设输送效率低、能耗大，卸料点单一等不足。缺点是输送速度较慢，间歇作业。

3）链斗式输送机。是一种以沿轨道运行的料斗来水平或倾斜输送物料的设备，可以实现物料水平与垂直提升为一体。广泛应用于电站、矿山、煤炭等行业温度小于或等于200℃物料的输送，如锅炉灰渣、水泥熟料、矿渣、焦炭、碎石等容重大、块度大、具有锋利锐角和磨琢性强的物料。链斗式输送机是一种特殊用途的设备，因为其输送速度慢，输送能力较低，投资比其他斗式提升机高，只有在其他标准型输送机不能满足要求时才考虑采用。

（3）链式输送机的类型及特点。链条除在输送机中广泛用作运行牵引构件外，还可用来直接运送物料，或在链条上安装附件，通过推、刮等动作输送物料。

链式输送机所用链条有滑动、滚动之分，滑动链条类的输送机构造简单，运行零部件少，耐冲击，阻力摩擦力较大。缺点是驱动功率要比滚动输送机高。为保证滚轮的寿命，这类链条不宜用于粗糙、污浊、含有细砂粒物料的输送。根据在链条上安装附件的不同，链式输送机又可分为鳞板输送机、刮板输送机和埋刮板输送机。

1）鳞板输送机输送能力大，运转费用低，常用来完成大量繁重散装固体及具有磨琢性物料的输送任务。

2）刮板输送机是煤矿、金属矿及电厂等用来输送物料的重要运输工具。用来输送粒状和块状、流动性好、非磨琢性、非腐蚀或中等腐蚀性物料。不适宜输送高温、有毒、易爆易燃、磨损性、腐蚀性、脆性大又不希望被破碎的物料。

3）埋刮板输送机的主要特点是全封闭式的机壳，被输送的物料在机壳内移动，不污染环境，能防止灰尘逸出，还可以采用惰性气体保护被输送物料。埋刮板输送机可以输送粉状的、小块状的、片状和粒状的物料，还能输送需要吹洗的有毒或有爆炸性的物料及除尘器收集的滤灰等。

（4）螺旋输送机的类型及特点。根据输送物料的特性要求和结构的不同，螺旋输送机有水平螺旋输送机、垂直螺旋输送机、可弯曲螺旋输送机、螺旋管（滚筒输送机）输送机。根据有无轴，螺旋输送机分为有轴螺旋输送机和无轴螺旋输送机两种，有轴螺旋输送机比无轴输送能力大，适用于无黏性的干粉物料和小颗粒物料，如水泥、矿砂、粉煤灰、石灰、粮等的输送，无轴螺旋输送机适合有黏性的和易缠绕的物料，如污泥、生物质、垃圾等的输送。

螺旋输送机设计简单、造价低廉。螺旋输送机输送块状、纤维状或黏性物料时，被输送的固体物料有压结倾向。螺旋输送机输送长度受传动轴及联接轴允许转矩大小的限制。

（5）振动输送机的类型及特点。振动输送机是利用激振器使料槽振动，从而使槽内物料沿一定方向滑行或抛移的连续输送机械。根据驱动装置不同，振动输送机可分为机械振动输送机和电磁振动输送机。

振动输送机的槽体可采用低碳钢、耐磨钢、不锈钢或其他特殊合金钢制造。槽体衬里可采用上述材料及橡胶、塑料或陶瓷等。因此振动输送机可以输送具有磨琢性、化学腐蚀性或有毒的散状或含泥固体物料，甚至输送高温物料。振动输送机可以在防尘、有气密要求或在有压力的情况下输送物料。

与其他连续输送机相比，振动输送机具有结构简单，操作方便，安全可靠，设备价格较高，运行维护成本低等特点。但输送能力有限，不能输送黏性强、易破损、含气的物料，不能大角度向上倾斜输送物料。

2. 输送设备安装

（1）固定式胶带输送机安装。

1）机架安装包括中间架支腿安装、托辊安装、滚筒安装、驱动装置安装、垂直框架或水平车式拉紧装置安装。

2）皮带的连接皮带常用的接头方式有热硫化粘接、冷硫化粘接与皮带扣物理固定。

热硫化接头是最理想的一种接头方法，能够保证高的接头效率，同时也非常稳定，接头寿命也很长，容易掌握。但是存在工艺麻烦、费用高、接头操作时间长等缺点。

输送带冷硫化接口粘接属于冷粘的一种，用冷硫化胶水 SK313 粘接，RIT 修补条封口，这种接头办法比机械接头的效率高，也比较经济，有比较好的接头效果，但由于工艺条件比较难掌握，而且黏合剂的质量对接头的影响非常大，所以不是很稳定。

皮带扣搭接常用钢扣连接。这种接头方法方便快捷，比较经济，但是接头的效率低，制作的接头受力集中，使用一段时间后很容易撕裂输送带，对输送带产品的使用寿命有一定影响。只适用于较短带式输送机或输送机不方便拆卸的场合。

（2）斗式提升机的安装。

1）斗式提升机必须安装在坚固的混凝土基础上。安装时先安装下部部件，固定地脚螺栓，然后安装中部机壳，最后安装上部机壳。

2）机壳安装好后，安装链条及料斗。U 形螺丝的螺母要扭紧并可靠防松。

3）给减速机及轴承座分别添加适当数量的机油和黄油。减速机用工业齿轮油润滑。轴承座内用钙基或钠基黄油均可以。

4）试运转，安装完成后应进行空车试运转。空运转正常后进行负荷试车。带负荷试车时喂料应均匀，防止喂料过多，堵塞下部造成“闷车”。

（3）链式输送机的安装。

1）链式输送机的机架安装：连接各单节；安装给料和卸料装置。

2）驱动装置安装：安装驱动装置的同时，可以安装尾轮等拉紧装置。

3）托辊安装。安装托辊、机架和滚筒时必须满足下列要求：

①所有托辊必须排成行、互相平行，并保持横向水平。

②所有的滚筒排成行，互相平行。

③支承结构架必须呈直线，而且保持横向水平。为此，在驱动滚筒及托辊架安装后，应对输送机的中心线和水平做最后校准。

4）挂设输送带。挂设带条可使用 0.5～1.5t 的手摇绞车。拉紧带条时，对小车及螺旋式拉紧装置要向传动装置方向拉移；而垂直式拉紧装置要使滚筒移到最上方。在拉紧输送带前，应安装好减速器和电动机，倾斜式输送机要装好制动装置。

输送机安装后，需进行空转试机，各部件都正常后才可负载试运转。如果采用螺旋式拉紧装置，在负载试运转时还要对其松紧度再进行一次调整。

（4）螺旋输送机的安装。

1）螺旋输送机安装要求。

①进出料口的凸缘支承面与螺旋机的轴线平行，与漏斗的连接处应紧密贴合。

②进出料口的连接法兰面应互相平行，并不应强行连接；连接后应紧密，不应有间隙。

③驱动装置的低速轴和螺旋机的前轴应在同一轴线上。

④机壳连接处应紧密贴合，不得有间隙。

⑤对驱动装置地脚螺栓一次灌浆，强度达到 70%后初步固定。

2）安装。

①联轴器安装。联轴器安装后用百分表对两端联轴器进行找正。

②螺旋机本体安装。用导链或其他工具将螺旋机壳节依次排列，壳节间用螺栓连接，

中间加密封垫，形成螺旋机壳体整体就位。

③轴承及螺旋安装。安装螺旋输送机头部轴承和尾部轴承，分段组装螺旋，最后安装中间轴承，测量螺旋上下波动量和螺旋左右波动量，调整螺旋的不直度。

④进出料口及附件安装。进出料口要在全机固定好以后再焊，用垫铁进行调整找正。

⑤驱动装置安装。驱动装置安装主要是其底座安装。驱动装置中心轴线与基础中心线要调整一致。

⑥系统安装调整。对联轴器和螺旋输送机本体进行二次找正，合格后对驱动装置和螺旋输送机本体进行二次灌浆。

（5）振动输送机的安装。振动输送机的安装顺序：

1）测定各隔振弹簧支撑点的标高，或在附近墙壁划上水平线。

2）将底架垫起找平。

3）将槽体支撑在底架上，并找平。

4）在底架下面安装隔振弹簧及弹簧下座板。

5）将导向杆与剪切橡胶弹簧焊接于或用螺钉固定于槽体和底架上。

6）安装传动轴组件和电动机，焊接激振板。

7）将机器落下，焊接给料口和排料口，安装密封套，固定好两端盖板。

（二）电梯

1. 电梯的分类

（1）依据《电梯主参数及轿厢、井道、机房的型式与尺寸》GB/T 7025—2023，按电梯主要作用分为六类：

1）Ⅰ类：为运送乘客而设计的电梯。

2）Ⅱ类：主要为运送乘客，同时也可运送货物设计的电梯。

3）Ⅲ类：为运送病床（包括病人）及医疗设备设计的电梯。

4）Ⅳ类：为运送通常有人伴随的货物设计的电梯。

5）Ⅴ类：杂物电梯。

6）Ⅵ类：为适应大交通流量和频繁使用而特别设计的电梯。

Ⅱ类电梯与Ⅰ、Ⅲ和Ⅳ类电梯的本质区别在于轿厢内的装饰和轿底的强度等。

（2）按速度分类。电梯无严格的速度分类，我国习惯上按如下方法分类：

1）低速梯（丙类梯）。速度低于1.0m/s的电梯，通常用在10层以下的建筑物或客货两用电梯或货梯。

2）中速梯（乙类梯）。速度在1.0～2.0m/s的电梯，通常用在10层以上的建筑物内。

3）高速梯（甲类梯）。速度大于2.0～4.0m/s的电梯，通常用在16层以上的高层住宅、写字楼、宾馆等建筑物内。

4）超高速梯。速度超过4.0m/s的电梯，通常用于超高层建筑物内。

速度为0.5～6.0m/s适用于电力驱动电梯，速度为0.4～1.0m/s适用于液压电梯。Ⅰ类一般用途的电梯主要适用于15层及以下的建筑，速度一般在2.5m/s及以下是合适的。Ⅵ类电梯为频繁使用的电梯。频繁使用的电梯主要用于高层建筑（通常为15层以上的建筑），电梯额定速度至少为2.5m/s。

（3）按驱动方式分类。

1）电动式电梯。

①钢丝绳悬挂式。

a. 曳引式。依靠曳引槽轮与曳引钢丝绳摩擦力，使轿厢和对重装置做上下运行的电梯。

b. 卷扬式。也称强制式，靠卷筒卷放钢丝绳，使轿厢升降运行的电梯。

②齿轮齿条式。齿条设在井道内，轿厢带有电动机减速器及与齿条啮合的齿轮，并沿着齿条运行的电梯。

③螺杆式。不需底坑动力与螺母设在轿厢外，轿厢沿螺杆升降的电梯。

④线性电动机电梯。

2）液压式电梯。电动机通过液压系统驱动轿厢上下运行的电梯。

（4）按驱动电动机类型分类。

1）直流电动机电梯。常用于高速电梯（2.5m/s 以上），现已由交流调频调压电梯取代。

2）交流电动机电梯：

①单速、双速及三速电梯。单速电梯速度一般在 0.5m/s 以下；双速有高低两种速度，速度在 1m/s 以下；三速有高、中、低三种速度，速度一般为 1m/s。

②调速电梯。启动时采用开环，减速时采用闭环，通常装有测速电动机。

③调压调速电梯。启动时采用闭环，减速时也采用闭环，通常装有测速电动机。

④调频调压调速电梯（VVVF 驱动的电梯）。通常采用微机、逆变器、PWM 控制器，以及速度电流等反馈系统。在调节定子频率的同时，调节定子中电压，以保持磁通恒定，使电动机力矩不变，其性能优越、安全可靠、速度可达 6m/s。

（5）按有、无齿轮减速器分类。

1）有齿轮减速器的电梯：

①蜗杆蜗轮式减速器。用于运行速度在 2.5m/s 以下的电梯。

②斜齿轮式减速器。用于运行速度在 4m/s 以下的电梯。

③行星轮式减速器。用于运行速度在 2.5m/s 以下的电梯。

2）无齿轮减速器的电梯。由电动机直接驱动，用于梯速为 3.0m/s 以上的电梯。常用的电梯为电动钢丝绳曳引式。交流电动机低速范围为有齿轮减速器式，高速范围为无齿轮减速器式。近年来无齿轮减速器式正逐渐覆盖低速范围，矢量 VVVF 调速电梯使用较广。

（6）自动扶梯和自动人行道。自动扶梯由梯路（变形的板式输送机）和两旁的扶手（变形的带式输送机）组成。其主要部件有梯级、牵引链条及链轮、导轨系统、主传动系统（包括电动机、减速装置、制动器及中间传动环节等）、驱动主轴、梯路张紧装置、扶手系统、梳板、扶梯骨架和电气系统等。自动扶梯广泛用于车站、码头、商场、机场和地下铁道等人流集中的地方。

自动人行道是带有循环运行（板式或带式）的走道。结构与自动扶梯相似，主要由活动路面和扶手两部分组成。按结构形式可分为踏步式自动人行道（类似板式输送机）、带式自动人行道（类似带式输送机）和双线式自动人行道。自动人行道适用于机场、车站、码头、商场、展览馆和体育馆等人流集中的地方。

2. 电梯系统的组成

电梯由机械和电气两大系统组成。

机械系统由曳引系统、轿厢和对重装置、导向系统、厅轿门和开关门系统、机械安全保护系统等组成，见图 4.1.2。

曳引系统由曳引机、导向轮、曳引钢丝绳、曳引绳锥套等部件组成。导向系统由导轨架、导轨、导靴等部件组成。机械安全保护系统主要由缓冲器、限速器和安全钳、制动器、门锁等部件组成。厅轿门和开关门系统由轿门、厅门、开关门机构、门锁等部件组成。

电气控制系统主要由控制柜、操纵箱等十多个部件和几十个分别装在各有关电梯部件上的电器元件组成。

(1) 曳引系统。

1) 曳引机。是驱动电梯轿厢和对重装置做上下运行的装置。

2) 曳引钢丝绳。电梯的曳引钢丝绳是连接轿厢和对重装置的机件，承载着轿厢、对重装置、额定载重量等重量的总和。为了确保人身和电梯设备的安全，各类电梯的曳引钢丝绳根数应大于 2～4 根。安全系数一般应大于 10～12。

3) 曳引绳锥套。按结构形式又可分为组合式、非组合式、自锁楔式等三种。

(2) 轿厢和对重装置。轿厢由轿厢架和轿厢体两大部分组成。轿厢架由上梁、立梁、下梁组成，轿厢一般由轿底、轿壁、轿顶、轿门等机件组成，对重装置由对重架和对重铁块两部分组成。在电梯运行过程中，对重装置通过对重导靴在对重导轨上滑行，起平衡作用。

对重装置。对重装置由对重架和对重铁块两部分组成。在电梯运行过程中，对重装置通过对重导靴在对重导轨上滑行，起平衡作用。

(3) 轿门、厅门与开关门系统。

1) 轿门。也称轿厢门，是为了确保安全，在轿厢靠近厅门的侧面，设置供司机、乘用人员和货物出入的门。

2) 厅门。也称层门。厅门和轿门一样，都是为了确保安全而在各层楼的停靠站，通

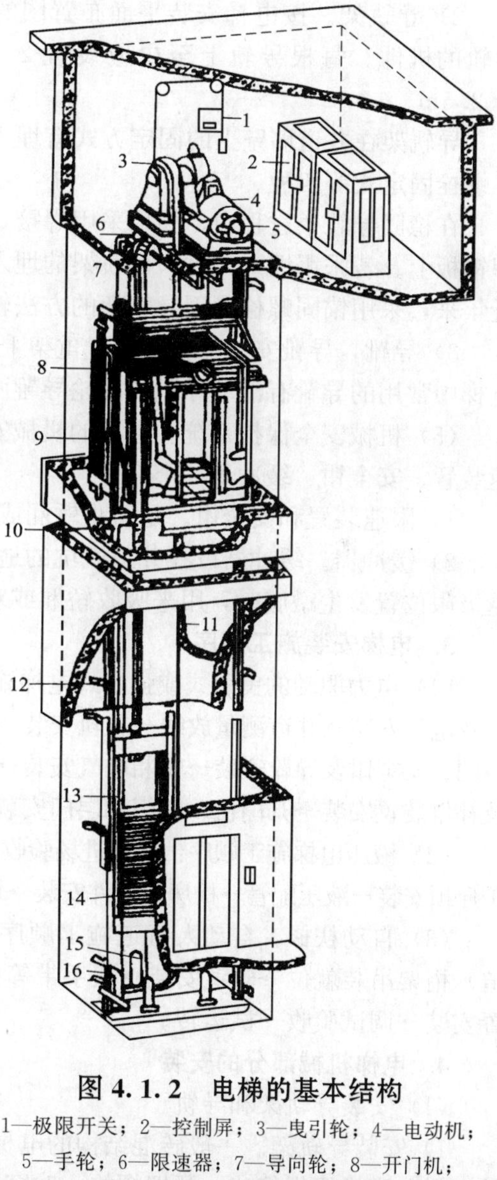

图 4.1.2　电梯的基本结构

1—极限开关；2—控制屏；3—曳引轮；4—电动机；5—手轮；6—限速器；7—导向轮；8—开门机；9—轿厢；10—安全钳；11—控制电缆；12—导轨架；13—导轨；14—对重；15—缓冲器；16—钢绳张紧轮。

向井道的入口处，设置供司机、乘用人员和货物等出入的门。

3）开关门系统。电梯轿、厅门的开关，有手动开关及自动开关两种开关门方式。

4）门锁装置。一般位于厅门内侧，在门关闭后把门锁紧，同时接通门电连锁电路。门电连锁电路接通后电梯方能启动运行，是严防从厅门外侧打开厅门的机电连锁装置。

（4）引导系统。电梯的引导系统，包括轿厢引导系统和对重引导系统。这两种系统均由导轨、导轨架和导靴三种机件组成。

1）导轨。每台电梯均具有用于轿厢和对重装置的两组至少 4 列导轨。导轨是确保电梯的轿厢和对重装置在预定位置做上下垂直运行的重要机件。

2）导轨架。按电梯安装平面布置图的要求，固定在电梯井道内的墙壁上，是固定导轨的机件。每根导轨上至少应设置 2 个导轨架，各导轨架之间的间隔距离应不大于 2.5m。

导轨架在井道墙壁上的固定方式有埋入式、焊接式、预埋螺栓或胀管螺栓固定式、对穿螺栓固定式等四种。

在稳固导轨架过程中，如果采用焊接式时，需用电焊机把导轨架焊在井道墙壁中的预埋钢板上。若采用埋入式时，导轨架的埋入部分需制成鱼尾式，开叉长度应大于 100mm。近年来，采用锚固螺栓稳固导轨架的方法较多。

3）导靴。导靴安装在轿架和对重架上，是使轿厢和对重架沿着导轨上下运行的装置。电梯中常用的导靴有滑动导靴和滚轮导靴两种。

（5）机械安全保护系统。电梯的机械安全保护系统除已述及的外，还有比较重要的限速装置、安全钳、缓冲器三个部件。

1）限速装置和安全钳。是防止轿厢或对重装置意外坠落的安全设施之一。

2）缓冲器。缓冲器设在井道底坑的地面上。若由于某种原因，当轿厢或对重装置超越极限位置发生蹾底时，用来吸收轿厢或对重装置动能的制动装置。

3. 电梯安装施工顺序

（1）电力驱动的曳引式或强制式电梯施工顺序：设备进场验收→土建交接检验→井道照明及电气安装→井道测量放线→导轨安装→曳引机安装→限速器安装→机房电气装置安装→轿厢、安全钳及导靴安装→轿厢电气安装→缓冲器安装→对重安装→曳引钢丝绳、悬挂装置及补偿装置安装→开门机、轿门和层门安装→层站电气安装→调试→检验及试验→验收。

（2）液压电梯施工顺序：设备进场验收→土建交接检验→样板架安装、放线→导轨安装→千斤顶安装→液压配管→机房内配件安装→轿厢组装→井道内部件安装→调试验收→试运转。

（3）自动扶梯、自动人行道施工顺序：设备进场验收→土建交接检验→扶梯（人行道）桁架吊装就位→轨道安装→扶手带等构配件安装→安全装置安装→机械调整→电气装置安装→调试验收→试运转。

4. 电梯机械部分的安装

（1）安装导轨架和导轨。

1）安装导轨架。一般砖混结构的电梯井道采用埋入式稳固导轨架，钢筋混凝土结构的电梯井道常用焊接式、预埋螺栓、对穿螺栓固定式。

2）吊装和校正导轨。吊装对接导轨后及时用压导板和螺栓把导轨固定在导轨架上。固定电梯导轨的预留预埋件或膨胀螺栓应设在钢筋混凝土井道壁或圈梁上，不得设在砌体上。

(2) 安装承重梁、曳引机、导向轮、发电机组。

1) 安装承重梁。承重梁安装应根据电梯的不同运行速度、曳引方式、井道顶层高度、隔声层、机房高度、机房内各部件的平面布置确定不同的安装方法。

2) 安装曳引机。对于噪声要求不太高的杂物电梯、货梯、低速病床梯等，可以通过螺栓把曳引机直接固定在承重梁上。对于噪声要求严格的病床梯、乘客梯，在曳引机底盘和承重梁之间应设置减振装置。

3) 安装导向轮和复绕轮。安装导向轮，导向轮经调整校正后，安装复绕轮，复绕轮经安装调整校正后，挡绳装置距曳引绳的间隙应为 3mm。

(3) 组装轿厢和安全钳。轿厢和轿门在组装过程中应边组装边校正，组装后的每个零部件都要分别达到规定要求，全部机件装配完后再进行一次全面的检查校正工作，以确保安装质量。

(4) 安装厅门及门锁。厅门也叫层门，电梯层门的耐火极限不应低于 1.00h，应符合现行国家标准《电梯层门耐火试验 完整性、隔热性和热通量测定法》GB/T 27903—2011 规定的完整性和隔热性要求。厅门最常见的有手动开关门和自动开关门两种。以下介绍自动开关门机构的厅门安装。

1) 安装厅门踏板。安装厅门踏板时，应根据精校后的轿厢导轨位置，计算和确定厅门踏板的精确位置。

2) 安装左右立柱和上坎架。稳装厅门踏板的水泥砂浆凝固后，开始装门框的左右立柱和上坎架（滑门导轨）。

3) 安装厅门扇和门扇连接机构。踏板、左右立柱或门套、上坎架等构成的厅门框安装完毕，并经调整校正后，可以吊挂厅门扇并装配门扇间的连接机构。

4) 安装门锁。门扇挂完后应尽早安装门锁。电梯试运行时，应先在慢速运行状态下对门锁装置进行认真的检查调整。当任一楼层的厅门关闭后，在厅门外均不能用手把门扒开。

(5) 安装限速装置。限速装置由限速器、张紧装置和钢丝绳等三部分组成。限速器一般安装在机房楼板上，也可以将限速器直接安装在承重梁上。

(6) 安装缓冲器和对重装置。缓冲器安装在底坑槽钢或底坑地面上。对重装置安装在底坑里的对重导轨内，距底坑地面 700～1 000mm 处组装。

5. 电梯电气部分安装要求

(1) 所有电气设备及导管、线槽外露导电部分应与保护线（PE 线）连接，接地支线应分别直接接到接地干线的接线柱上，不得互相连接后再接地。

(2) 动力电路、控制电路、安全电路必须有与负荷匹配的短路保护装置，动力电路必须有过载保护装置。三相电源应有断相、错相保护功能。

(3) 动力和电气安全装置的导体之间和导体对地之间的绝缘电阻不得小于 0.5MΩ，运行中的设备和线路绝缘电阻不应低于 1MΩ/kV。

三、泵

泵是输送流体的机械，输送流体包括液体、气体、固体及其混合物。

(一) 泵的种类及型号表示法

1. 泵的种类

按照作用原理，泵可分为动力式泵类、容积式泵类及其他类型泵（见图 4.1.3）。

- 泵
  - 动力式泵
    - 离心泵
    - 轴流泵
    - 混流泵
    - 旋涡泵
  - 容积式泵
    - 往复泵
      - 活塞泵
      - 隔膜泵
    - 回转泵
      - 齿轮泵
      - 螺杆泵
      - 滑片泵
      - 凸轮泵
      - 罗茨泵
      - 转子泵
      - 柱塞泵
  - 其他类型泵
    - 喷射泵
    - 水环泵
    - 电磁泵
    - 水锤泵

图 4.1.3 泵的种类

(1) 动力式泵（又称叶片式泵）。依靠旋转的叶轮对液体的动力作用，将能量连续地传递给液体，使液体的速度能（为主）和压力能增加。随后通过压出室将大部分速度能转换为压力能。各式离心泵、轴流泵、混流泵、旋涡泵均属于此类型泵。

(2) 容积式泵。在包容液体的密封工作空间里，依靠其容积的周期性变化，把能量周期地传递给液体，使液体的压力增加并将液体强行排出。往复泵、回转泵为容积式泵。

(3) 其他类型泵，如射流（喷射）泵、水环泵、水锤泵等。是依靠流动的流体能量来输送液体的泵。

(4) 除上述分类方法外，还可以有其他分类方法。如按使用部门不同可分为工业用泵和农用泵，而工业泵又可分为化工用泵、石油用泵、电站用泵、矿山用泵等。按其输送液体性质不同，又可分为清水泵、污水泵、油泵、酸泵、液氨泵、泥浆泵和液态金属泵等。

在安装工程中，泵又可按叶轮固定在轴上的相对位置、叶轮及托架的支撑方式不同分为：

1) 直联式。叶轮直接装在电动机的加长轴上，或用套筒联接泵轴和电动机轴。

2) 悬臂式。叶轮悬臂固定在泵轴一端。

3) 承架式（或称两端支撑式）。叶轮两端设置支撑轴承。

4) 悬架式。托架悬臂固定在泵体上。

2. 国产泵的型号表示法

(1) 离心泵、轴流泵、混流泵和旋涡泵的型号表示法见图 4.1.4。

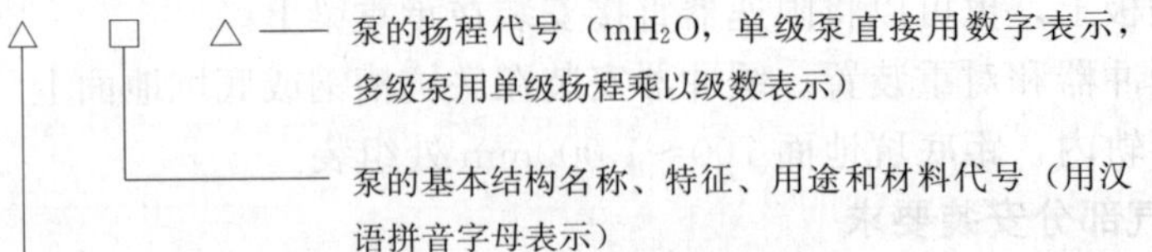

图 4.1.4 泵的型号表示法

【例】 80Y100 表示泵吸入口直径为 80mm（流量约为 $50m^3/h$），扬程为 $100mH_2O$，离心式油泵。100D45×8 表示泵吸入口直径为 100mm（流量约为 $85m^3/h$），单级扬程为 45m 水柱，总扬程为 45×8＝360m 水柱，8 级分段式多级离心水泵。

图 4.1.4 的型号表示法是我国目前普遍使用的标准型号编列法。这种方法有一个明显的缺陷，就是型号中没有直接反映出流量这一重要参数，查换算表又不方便。所以目前离心泵的型号还可以用另一种方法表示，如图 4.1.5 所示。

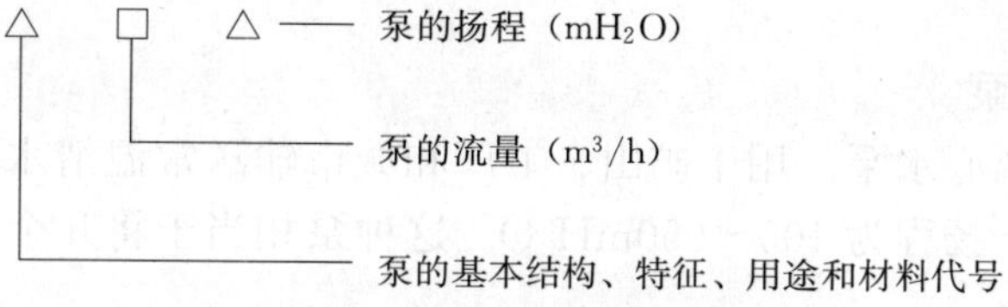

图 4.1.5　离心泵型号表示法

【例】 B100－50 表示的泵流量为 $100m^3/h$，扬程为 $50mH_2O$，单级悬臂式离心水泵。

D280－100×6 表示泵的流量为 $280m^3/h$，单级扬程为 $100mH_2O$，总扬程为 100×6＝$600mH_2O$，6 级分段式多级离心水泵。

（2）往复式泵型号表示方法如图 4.1.6 所示。

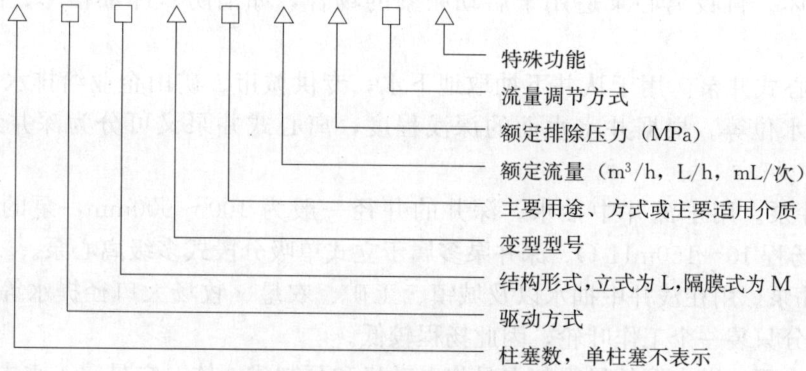

图 4.1.6　往复式泵型号表示法

注：额定流量：计量泵和机动试压泵用 L/h，手动泵用 mL/次。

往复泵驱动方式代号为：D—电力驱动；N—内燃机驱动；Q—气（汽）压驱动；Y—液压驱动；S—手动。

（二）常用泵的种类、特点及用途

1. 离心泵的特点及用途

离心泵的基本性能参数为：流量 Q（m^3/h，L/h）、扬程 H（m），必需汽蚀余量 Δh_r（m）、转速 n（转/min）、轴功率和效率 η。

（1）单级离心水泵。有卧式和立式两种形式，单级单吸离心水泵适用于输送温度在80～100℃以下的清水及无腐蚀的液体，流量一般为 5.5～$300m^3/h$，扬程为 8～150m H_2O，是一种最常见的离心水泵。单级离心水泵分为：

1）单级悬臂式离心水泵。主要由泵体、泵盖、叶轮、泵轴、轴承、密封环、轴封装置、托架等组成。

2）单级直联式离心水泵。其结构由于采用了直联式，比悬挂式省去了托架、轴承底座、联轴器等零部件。

3）单级悬架式离心水泵。它比悬臂式离心水泵重量轻、零部件数量也相对减少。主要由泵体、泵盖、叶轮、泵轴、轴承、密封环、悬架、皮带轮等组成。

4）单级双吸离心泵。用于城市给水、电站、水利工程及农田排灌。流量一般为 90～2 $860m^3/h$，扬程为 10～$140mH_2O$。分为卧式和立式两种形式。卧式的泵轴水平设置，泵体为水平中开式。单级双吸离心水泵的特点是流量大，由于叶轮形状对称，不需要设置轴向力平衡装置。

（2）多级离心水泵。

1）分段式多级离心水泵。用于矿山、工厂和城市输送常温清水和类似的液体，一般流量为5～720m^3/h，扬程为100～650mH_2O。这种泵相当于将几个叶轮装在一根轴上串联工作。

2）中开式多级离心泵。主要用于流量较大、扬程较高的城市给水、矿山排水和输油管线，一般流量为450～1 500m^3/h，扬程为100～500mH_2O。此泵相当于将几个单级蜗壳式泵装在同一根轴上串联工作，所以又叫蜗壳式多级离心泵。

（3）自吸离心泵。普通离心泵要在吸入管和泵体内灌入液体排出空气，才能启动抽送液体。自吸离心泵除第一次启动前在泵内灌入液体外，再次启动不用再灌注就能正常抽送液体。自吸离心泵适用于启动频繁的场合，如消防、卸油槽车、酸碱槽车及农田排灌等。

（4）离心式井泵。用于从井下抽取地下水，专供城市、矿山企业给排水、农田灌溉和降低地下水位等。根据井水水面的深浅程度，离心式井泵又可分为深井泵和浅井泵两种。

1）深井泵。用于深井中抽水。深井的井径一般为100～500mm，泵的流量为8～900m^3/h，扬程10～150mH_2O。深井泵多属于立式单吸分段式多级离心泵。

2）浅井泵。用在浅井中抽水以及城镇、工矿、农垦、牧场大口径提水等。浅井泵的主要工作部分只装一个工作叶轮，因此扬程较低。

（5）潜水泵。潜水泵的最大特点是将电动机和泵制成一体，它是浸入水中进行抽吸和输送水的一种泵，被广泛应用于农田排灌、工矿企业、城市给排水和污水处理等。由于电动机同时潜入水中，故对电动机的结构要求比一般电动机特殊，其电动机的结构形式分为干式、半干式、充油式、湿式四种。

（6）离心式锅炉给水泵、冷凝水泵及热循环水泵。

1）离心式锅炉给水泵。离心式锅炉给水泵是锅炉给水专业用泵，也可输送一般清水。其结构形式为分段式多级离心泵。锅炉给水泵对于扬程要求不大，但流量要随锅炉负荷而变化。

按泵的工作压力不同可分为低压（0～<5MPa）、中压（5～10MPa）和高压（10MPa以上）三种。一般中压、低压锅炉给水泵输送液体的温度不超过110℃。

2）离心式冷凝水泵。离心式冷凝水泵是专供输送水蒸气冷却后的冷凝水用泵，是电厂的专用泵，多用于输送冷凝器内聚集的凝结水。由于冷凝器内部真空度较高，因此要求有较高的气蚀性能。

3）热循环水泵。热循环水泵主要用于化工、橡胶、电站和冶金等行业，输送100～250℃的高压热水，但泵的扬程一般不高。

热循环水泵的结构形式均为单级离心泵。其零件的材质要求比一般离心泵高，泵壳较厚，轴封装置均采用浮动环密封。轴承和轴封装置外部设有冷却室，通冷水进行冷却。

（7）离心式油泵。主要用于石油、石油化工行业输送石油和石油产品。按输送油液温度的不同可分为冷油泵（低于200℃）和热油泵（高于200℃）；按结构形式和使用场合可分为普通离心油泵、筒式离心油泵和离心式管道油泵等。

1）普通离心油泵。普通离心油泵用途广泛，流量6.25～500m^3/h，扬程60～603mH_2O。其内部结构与离心水泵大致相同。

2）筒式离心油泵。主要用于炼油厂管线冷热油的输送和油井增压等场合，特别适用于小流量、高扬程的需要。筒式离心油泵是典型的高温高压离心泵，流量10～100m^3/h，扬程40～1 440mH_2O，温度−45～400℃。

3）离心式管道油泵。其泵体、泵座为一体，没有轴承箱，靠刚性联轴器将泵轴和电动机联接起来，吸入口与排出口在同一水平线上，直接与管线连接安装。主要用于炼油厂输送汽油、柴油、煤油等石油产品。常用离心式管道油泵流量为6.25～360m^3/h，扬程为24～150mH_2O，温度为−45～225℃。

（8）离心式杂质泵。按输送介质不同，离心式杂质泵可分为泥浆泵、灰渣泵、砂泵、煤水泵、胶粒泵、糖汁泵等。用于输送液体介质，如泥浆、灰渣、矿砂、糖汁、饲料、煤水、胶粒、粪便等固体或悬浮物的液体。广泛应用于化工、矿山、冶金、城市污水处理等行业。

杂质泵要求过流部件具有相应的耐磨性能，常选用耐磨材料以适应各种杂质泵的用途需要。如灰口铸铁、高硅铸铁、镍铬铸铁、铸钢、铬铸钢、锰铬钼铸钢、钛及钛合金、天然橡胶及合成橡胶等，或做成过流部件或做成护套、衬板镶嵌于过流部位。为防止泵内被堵塞，叶轮均采用开式，若采用闭式叶轮，应增加叶轮宽度或减少叶片数。

（9）离心式耐腐蚀泵。用于输送酸、碱、盐类等含有腐蚀性的液体。泵的过流部件必须采用耐腐蚀材料制作。这类泵广泛应用于化工、石油化工和国防工业。离心式耐腐蚀泵的流量为2～400m^3/h，扬程为15～105mH_2O。离心式耐腐蚀泵均为单级单吸悬臂式结构。

（10）屏蔽泵。又称为无填料泵，它是将叶轮与电动机的转子直联成一体，浸没在被输送液体中工作的泵。屏蔽泵既是离心式泵的一种，但又不同于一般离心式泵。其主要区别是：为了防止输送的液体与电气部分接触，用特制的屏蔽套（非磁性金属薄壁圆筒）将电动机转子和定子与输送液体隔离开来，以满足输送液体绝对不泄漏的需要。

由于屏蔽泵可以保证绝对不泄漏，因此特别适用于输送腐蚀性、易燃易爆、剧毒、有放射性及极为贵重的液体；也适用于输送高压、高温、低温及高熔点的液体。所以广泛应用于化工、石油化工、国防工业等行业。

2. 轴流泵、混流泵和旋涡泵的特点和用途

（1）轴流泵。属于叶片式泵，泵体是水平中开式，进口管呈喇叭形，出口管通常为60°或90°的弯管，叶轮一般由2～6片弯曲叶片组成，叶片的结构有固定式和螺旋角可调式，可调节叶片又有半调节式和全调节式。轴流泵输送的液体沿泵轴方向流动，适用于低扬程、大流量送水，主要用于农业大面积灌溉或排涝、城市排水、输送需要冷却水量很大的热电站循环水以及船坞升降水位。

（2）混流泵。是依靠离心力和轴向推力的混合作用来输送液体，所以称为混流泵。混流泵是介于离心泵和轴流泵之间的一种泵。相同工况下，混流泵的比转数高于离心泵、低于轴流泵；流量比轴流泵小、比离心泵大；扬程比轴流泵高、比离心泵低。主要用于农业灌溉、城市排水、热电站作为循环水泵。混流泵有蜗壳式和导叶式两种形式。

（3）旋涡泵。又称涡流泵或再生泵，旋涡泵按结构的不同可分为一般旋涡泵、离心旋涡泵和自吸旋涡泵，靠叶轮旋转时使液体产生旋涡而吸入和排出液体。旋涡泵是一种小流量、高扬程的泵，其比转数通常在 6～50 之间，流量可小到 0.05L/s 或更小，大到 12.5L/s，单级扬程可高达 250mH_2O。可广泛应用于化工、制药、石油、电镀、电影照相洗印等酸、碱液，油类，毒液，挥发性等易漏、易燃易爆液体的输送。

3. 容积式泵的种类、特点和用途

（1）往复泵。往复泵是依靠在泵缸内做往复运动的活塞或塞柱来改变工作室的容积，从而达到吸入和排出液体。往复泵与离心泵相比，有扬程无限高、流量与排出压力无关、具有自吸能力的特点，但缺点是流量不均匀。

1）电动往复泵。指中低压范围的活塞式往复泵。按泵缸的位置有卧式和立式两种，按泵缸的数量有单缸、双缸、三缸和多缸往复泵。电动往复泵广泛应用于工矿企业、铁路、船舶和建筑安装工程输送水和化工、石油介质和产品。另外还有高压和化工高压往复泵。

2）蒸汽往复泵。蒸汽往复泵通常是双缸双作用式，有卧式和立式两种。立式蒸汽往复泵多为船用。蒸汽往复泵主要用于输送水及类似水的液体，也可以用于输送石油及石油产品，但主要用于锅炉给水、矿山排水等。立式与卧式结构基本相同。

3）计量泵。又称为定量泵、比例泵、可控制流量泵等。是一种流量可以调节的容积式泵，大多为往复式。泵的流量可以按生产工艺流程的需要在停车或运转中进行无级调节和控制，准确实现计算，计量精度可达±(0.5%～2%)。计量泵广泛应用于化工、石油化工、医药、采矿、水电、造纸、水泥、食品、原子能等行业。

①柱塞计量泵。主要有普通有阀泵和无阀泵两种。按泵缸数量又可分为单缸柱塞计量泵和多缸柱塞计量泵。柱塞式计量泵有结构简单和耐高温高压等优点，被广泛应用于石油化工领域输送不含固体颗粒等腐蚀性或非腐蚀性液体。无阀旋转柱塞式计量泵被广泛应用于糖浆、巧克力、水泥助磨剂和石油添加剂等高黏度介质的计量添加。缺点是计量介质和泵内润滑剂之间无法实现完全隔离，限制了在高防污染要求流体计量中的应用。

②隔膜计量泵。按隔膜缸头的形式不同可分为机械隔膜计量泵、柱塞隔膜计量泵、双隔膜计量泵、螺纹管式泵四种。隔膜计量泵具有绝对不泄漏的优点，最适合输送和计量易燃易爆、强腐蚀、剧毒、有放射性和贵重液体。

除上述计量泵外，还有气动计量泵、高黏度计量泵和高温计量泵等。

（2）回转泵。是容积泵的一种，又称转子泵。回转泵多用于油类液体和液压传动系统中，又称为油泵和液压泵。回转泵的特点是无吸入阀和排出阀、结构简单紧凑、占地面积小。

1）齿轮泵。一般适用于输送具有润滑性能的液体，主要是作为各种机械的速度中等、作用力不大的简单液压系统和润滑油路系统的辅助油泵。按齿轮啮合方式可分为外啮合齿轮泵和内啮合齿轮泵。按齿轮形状可分为正齿轮泵、斜齿轮泵和人字齿轮泵等。

2）螺杆泵。主要特点是液体沿轴向移动，流量连续均匀，脉动小，流量随压力变化也很小，运转时无振动和噪声，泵的转数可高达 18 000r/min，能够输送黏度变化范围大的液体。因此被广泛应用于化工、石油化工、矿山、造船、机床、食品等行业及输送油类、汽水、牛奶等，也广泛应用在各种机械的液压传动系统和液压调节系统。

按螺杆数量的不同可分为单螺杆泵、双螺杆泵、三螺杆泵和五螺杆泵。按螺杆轴向位置可分为卧式和立式。立式结构一般为船用。

4. 其他类型泵的特点和用途

其他类型泵与叶片泵和容积式泵在结构上完全不同。大部分泵是依靠流体的能量来抽送液体或气体介质，工作流体有液体、蒸汽、空气。也有应用液体的高位落差和流速的能量来抽送液体介质的泵，还有用可燃气体的爆炸能量来抽送液体介质的泵。

(1) 喷射泵。又称射流真空泵。是利用通过喷嘴的高速射流来抽除容器中的气体以获得真空的设备。即利用一定压力的高速水流从喷嘴喷出，带动水流周边的空气运动，产生负压，抽送液体或气体介质的泵。常用于液固分离。

(2) 水环泵。又称水环式真空泵。通过水的高速运动，水环密封，导致气体体积变化产生负压，获得真空度，主要用于抽吸空气或水，达到液固分离。该泵在煤矿（抽瓦斯）、化工、造纸、食品、建材、冶金等行业中得到广泛应用。水环泵也可用作压缩机，称为水环式压缩机，是一种低压的压缩机。

(3) 罗茨泵。又称罗茨真空泵，是指泵内装有两个相反方向同步旋转的叶形转子，转子间、转子与泵壳内壁间有细小间隙而互不接触的一种变容真空泵。特点是启动快，耗功少，运转维护费用低，抽速大、效率高，对被抽气体中所含的少量水蒸气和灰尘不敏感，有较大抽气速率，能迅速排除突然放出的气体。广泛用于真空冶金中的冶炼、脱气、轧制，以及化工、食品、医药工业中的真空蒸馏、真空浓缩和真空干燥等方面。

(4) 扩散泵。扩散泵是目前获得高真空的最广泛、最主要的工具之一，通常指油扩散泵。扩散泵是一种次级泵，需要机械泵作为前级泵。扩散泵中的油在加热到沸腾温度（约为 200℃）后产生大量的油蒸气，油蒸气经导流管从各级喷嘴定向高速喷出。由于扩散泵进气口附近被抽气体的分压强高于蒸气流中该气体的分压强，被抽气体的分子便不断扩散到高速定向蒸气流中，随着蒸气流带走。气体分子随蒸气流碰到泵壁又反射回来，再受到蒸气流碰撞而重新沿蒸气流方向流向泵壁。经过几次碰撞后，气体分子被压缩到低真空端，再由下几级喷嘴喷出的蒸气进行多级压缩，最后由前级泵抽走，而油蒸气在冷却的泵壁上被冷凝后又返回到下层重新被加热，如此循环工作达到抽气目的。

(5) 电磁泵。是在电磁力作用下输送流体的。在化工、印刷行业中用于输送一些有毒的重金属，如汞、铅等，用于核动力装置中输送作为载热体的液态金属（钠或钾、钠钾合金），也用于铸造生产中输送熔融的有色金属。

(6) 水锤泵。是以流水为动力，利用流动中的水被突然制动时所产生的能量，产生水锤效应，将低水头能转换为高水头能的高级提水装置。适用于具有微小水力资源条件的贫困用水地区，以解决山丘地区农村饮水和治旱问题。

(三) 泵的安装

1. 安装准备

(1) 泵的开箱检查应符合下列要求：

清点泵的零件、随机所带的工具、备件、附属材料和密封件等，核对输送特殊介质的泵的主要零件、密封件及垫片的品种和规格。

(2) 泵的清洗检查（以离心泵为例）。

1) 拆卸、清洗和检查应符合设备技术文件的规定。无规定时，应符合下列要求：

①拆下叶轮部件应清洗洁净，叶轮应无损伤；②冷却水管路应清洗洁净，并应保持畅通；③管道泵和共轴泵不宜拆卸。

2）解体安装的泵组件或部件的加工面所涂的防锈漆或油脂，必须清洗洁净，经检查合格后再组装。泵的清洗和检查应符合下列要求：①泵的主要零件、部件和附属设备、中分面和套装零件的端面不得有擦伤和划痕；轴的表面不得有裂纹、压伤及其他缺陷。清洗洁净后应去除水分，并应将零件、部件和设备表面涂上润滑油和按装配的顺序分类放置。②泵壳垂直中分面不宜拆卸和清洗。

2. 泵的安装和试运转（以离心泵为例）

（1）泵的安装。

1）整体安装的泵，纵向安装水平偏差不应大于 0.10/1 000，横向安装水平偏差不应大于 0.20/1 000。解体安装的泵，纵向和横向安装水平偏差均不应大于 0.05/1 000。

2）泵的找正。泵的找正应符合下列要求：①驱动机轴与泵轴、驱动机轴与变速器轴以联轴器连接时，两半联轴器的径向位移、端面间隙、轴线倾斜均应符合设备技术文件的规定；②驱动机轴与泵轴以皮带连接时，两轴的平行度、两轴的偏移应符合现行国家标准《机械设备安装工程施工及验收通用规范》GB 50231—2009 的规定；③汽轮机驱动的泵和输送高温、低温液体的泵（锅炉给水泵、熟油泵、低温泵等）在常温状态下找正时，应按设计规定预留温度变化的补偿值。

（2）泵的试运转。泵启动应按不同泵各自的要求分别按规范进行，并在额定负荷下按规定时间、步骤运转，试运转中各项要求（各轴承及各运动部件的温升、温度、机械密封和填料密封的泄漏量等）均应符合相应规范要求，并详细记录。发现异常及时处理。

四、风机和压缩机

（一）风机

1. 风机的分类与性能

风机是用于输送气体的机械，它是把驱动机的机械能转变为气体能量的一种机械。

风机种类繁多，有通风机、引风机、鼓风机等，各有其不同的结构特点和适用范围。

（1）风机的种类。

1）按作用原理分类。根据使气体增压的作用原理不同，把风机分为容积式和透平式（又称叶片式）两大类（见图 4.1.7）。

容积式风机是依靠在气缸内做往复或旋转运动的活塞的作用，使气体的体积缩小而提高压力。透平式风机是通过旋转叶片把机械能转变成气体的压力能和速度能，随后在固定元件中使部分的速度能进一步转化为压力能。

- 风机
  - 容积式
    - 回转式
      - 滑片式
      - 螺杆式
      - 罗茨式
    - 往复式
      - 活塞式
      - 隔膜式
  - 透平式
    - 离心式
    - 轴流式
    - 混流式

图 4.1.7　风机的分类

2）按产生压力的分类。根据排出气体压力的高低，风机又可分为通风机（排出气体压力≤14.7kPa）、鼓风机（14.7kPa＜排出气体压力≤350kPa）、压缩机（排出气体压力＞350kPa）。

①通风机。按气体流动的方向可分为离心式、轴流式、

斜流式和横流式等。主要通过提供流体动能使气体产生流动，达到通风换气的目的。通常用于较低压力的管道输送和空气净化，适用于公共场所通风、车间排风等场合。

②鼓风机。根据工作原理不同分为回转式和容积式两大类；根据结构和运行模式又可分为离心式、罗茨式、回转式和轴流式等。通过对气体进行加速运动，提高气体的压力。鼓风机的风压较高，适用于需要高压气体的场合。适用于工业和民用领域的各种气体输送、气体压缩和除尘等。

③压缩机。包括往复式压缩机、螺杆式压缩机、离心式压缩机、旋转叶片式压缩机、涡旋式压缩机和轴流式压缩机等，是将气体进行压缩以便于储存或使用，广泛应用于制冷、空调、工业生产等领域。

3）按工作原理分类。主要有离心式通风机和轴流式通风机。

离心式通风机和轴流式通风机的区别为：

①产生风压的原理不同。轴流式通风机是靠叶片的旋转而带动气体沿轴向运动；而离心式通风机是靠叶轮旋转产生的离心力使气体沿半径方向运动。

②轴流式通风机转子一般裸露安装，体积大；离心式通风机的转子则封闭安装，体积小。

③轴流式通风机产生的风压很低，但风量大；离心式通风机则可以产生较高的风压，而风量一般不大。

4）按风机用途分类。可分为一般、防爆、防腐蚀、抽吸、鼓风等风机。对于做抽吸气用时，通常称为抽风机、吸风机或引风机；对于做送气时，通常称送风机、排风机。

5）鼓风机的分类。鼓风机的种类较少，通常按下列两种方法分类：

①按结构形式分类。常用的形式有离心式鼓风机、轴流式鼓风机和回转式鼓风机等。

②按吸入方式和转速分类。可分为单级低速、单级高速和多级高速离心式鼓风机。

（2）风机型号表示方法。

1）离心式通风机的型号表示方法。离心式通风机的型号由六部分组成，如图 4.1.8 所示。

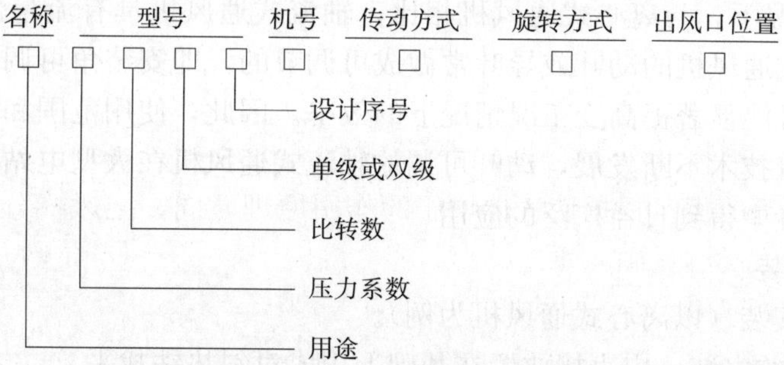

图 4.1.8　离心式通风机型号表示法

2）轴流式通风机型号表示方法。与离心式通风机相似，轴流式通风机的全称包括名称、型号、机号、传动方式、气流风向、出风口位置六个部分。K70B2—11NO18D 表示内容如图 4.1.9 所示。

由图 4.1.9 可知，这台通风机是矿井用的轴流式通风机，其轮毂比为 0.7，通风机叶片为机翼型非扭曲叶片，第 2 次设计，叶轮为一级，第 1 次结构设计，叶轮直径为 1 800mm，无进、出风口位置，采用悬臂支承联轴器传动。

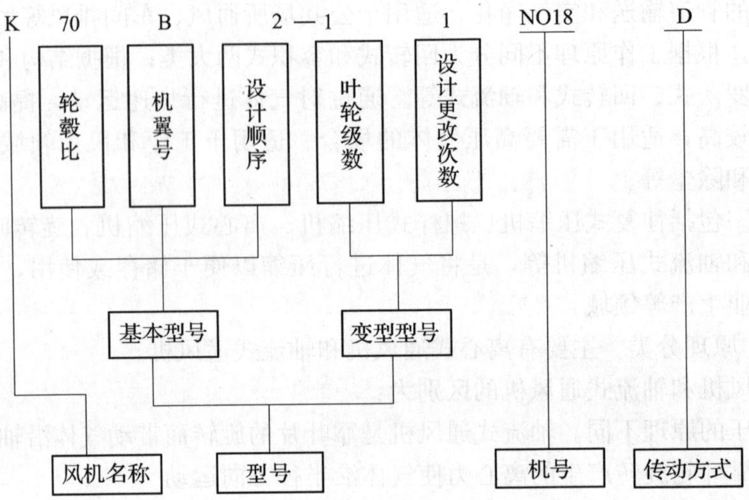

图 4.1.9 轴流式通风机型号表示法

（3）通风机的结构特点及用途。

1）离心式通风机结构特点及用途。离心式通风机一般常用于小流量、高压力的场所，且几乎均选用交流电动机拖动，并根据使用要求如排尘、高温、防爆等，选用不同类型的电动机。

离心式通风机按不同用途可分为一般通风离心式通风机、锅炉离心式通（引）风机、煤粉离心式通风机、排尘离心式通风机、矿井离心式通风机、防爆离心式通风机、防腐离心式通风机、高温离心式通风机、谷物粉末输送离心式通风机。

2）轴流式通风机的结构特点及用途。轴流式通风机产生的压力较低，且一般情况下多采用单级，其输出风压小于或等于 490Pa。即使是高压轴流式通风机其风压也小于 4 900Pa。同样工况下，与离心式通风机相比，轴流式通风机具有流量大、风压低、体积小的特点。轴流式通风机的动叶或导叶常做成可调节的，即安装角可调，大幅地扩大了运行工况的范围，且能显著提高变工况情况下的效率。因此，使用范围和经济性能均比离心式通风机好。随着技术不断发展，动叶可调的轴流式通风机在大型电站、大型隧道、矿井等通风、引风装置中得到日益广泛的应用。

2. 风机的安装

（1）风机的安装（以离心式通风机为例）。

1）整体机组的安装，应直接放置在基础上用成对斜垫铁找平。

2）现场组装的机组，底座上的切削加工面应妥善保护，不应有锈蚀或操作，底座放置在基础上时，应用成对斜垫铁找平。

3）轴承座与底座应紧密接合，纵向不水平度不应超过 0.2/1 000，用水平仪在主轴上测量，横向不水平度不应超过 0.3/1 000，用水平仪在轴承座的水平中分面上测量。

4）轴瓦研刮前应先将转子轴心线与机壳轴心线校正，同时调整叶轮与进气口间的间隙和主轴与机壳后侧板轴孔间的间隙，使其符合设备技术文件的规定。

5）主轴和轴瓦组装时，应按设备技术文件的规定进行检查。轴承盖与轴瓦间应保持

0.03～0.04mm 的过盈（测量轴瓦的外径和轴承座的内径）。

6）机壳组装时，应以转子轴心线为基准找正机壳的位置，并将叶轮进气口与机壳进气口间的轴向和径向间隙高速至设备技术文件规定的范围内，同时检查地脚螺栓是否紧固。

7）离心式通风机找正时，风机轴与电动机轴的不同轴度：径向定位移不应超过 0.05mm，倾斜不应超过 0.2/1 000。

8）滚动轴承装配的风机，两轴承架上轴承孔的不同轴度，可待转子装好后，以转动灵活为准。

(2) 风机试运转。风机试运转一般均应以空气为压缩介质，风机的设计工作介质的比重小于空气时，应计算以空气进行试运转时所需的功率和压缩后的温升是否影响正常运转，如有影响，必须用规定的介质进行设计负荷试运转。

1）风机试运转前，应该符合以下要求：①润滑油的名称、型号、主要性能和加注的数量应符合设备技术文件的规定；②鼓风机和压缩机的循环供油系统的连锁装置、防飞动装置、轴位移警报装置、密封系统的连锁装置、水路系统调节装置、阀件和仪表等均应灵敏可靠，并符合设备技术文件的规定；③电动机或汽轮机、燃气轮机的转向应与风机的转向相符；④盘动风机转子时，应无卡住和摩擦现象；⑤阀件和附属装置应处于风机运转时负荷最小的位置；⑥机组中各单元设备均应按设备技术文件的规定进行单机试运转。

2）风机运转时，应符合以下要求：①风机运转时，以电动机带动的风机均应经一次起动立即停止运转的试验，并检查转子与机壳等确无摩擦和不正常声响后，方得继续运转（汽轮机、燃气轮机带动的风机的起动应按设备技术文件的规定执行）；②风机起动后，不得在临界转速附近停留（临界转速由设计规定）；③风机起动时，润滑油的温度一般不应低于 25℃，运转中轴承的进油温度一般不应高于 40℃；④风机停止转动后，应待轴承回油温度降到小于 45℃后，再停止油泵工作；⑤有起动油泵的机组，应在风机起动前开动起动油泵，待主油泵供油正常后才能停止起动油泵；风机停止运转前，应先开动起动油泵，风机停止转动后应待轴承回油温度降到 45℃后再停止起动油泵；⑥风机运转达额定转速后，应将风机调理到最小负荷（罗茨、叶氏鼓风机除外）进行机械运转至规定的时间，然后逐步调整到设计负荷下检查原动机是否超过额定负荷，如无异常现象则继续运转至所规定的时间为止；⑦高位油箱的安装高度，以轴承中分面为基准面，距此向上不应低于 5m；⑧风机的润滑油冷却系统中的冷却水压力必须低于油压。

（二）压缩机

1. 压缩机的分类与性能

(1) 压缩机的分类。压缩机属于风机的一种，多作为气体动力用，但其排出气体压力较高（大于 350kPa）。按作用原理可分为容积式和透平式（速度式）两大类。

容积式压缩机是通过直接压缩气体，使气体积缩小而达到提高气体压力的目的，根据气缸活塞的特点又分为回转式和往复式两类。回转式包括螺杆式、转子式、涡旋式和滑片式，往复式包括活塞式和隔膜式等，其中活塞式是目前应用最广泛的一种类型。

速度式压缩机是靠气体在高速旋转叶轮的作用得到较大的动能，随后在扩压装置中急剧降速，使气体的动能转变成势能，从而提高气体压力。速度式压缩机主要有透平式和喷射式两类，透平式压缩机又分为离心式、轴流式和混流式三种。

各种压缩机的工作特点为：

1）活塞式压缩机。活塞式压缩机属容积式压缩机，是压缩机中较为成熟的一种，在使用范围和产量上均占主要地位。活塞式压缩机由曲柄连杆机构将驱动机的回转运动变为活塞的往复运动，活塞在气缸内做往复运动，使气体在气缸内完成进气、压缩、排气等过程。

2）回转式压缩机。属容积式压缩机，回转式压缩机是依靠转子在气缸内做回转运动改变工作容积，进而提高气体压力的机械。

3）离心式压缩机。离心式压缩机属透平式压缩机，是由气体在工作轮中渐扩通道流动时增压，以及在工作轮以后的扩压器和蜗壳等渐扩通道气体流动增压，而使气体压力得到增加。离心式压缩机主机主要由定子和转子组成，还有附属设备及其他保护装置。

4）轴流式压缩机。轴流式压缩机属透平式压缩机，依靠高速旋转的叶轮将气体从轴向吸入，气体获得速度后排入导叶，经压缩后从轴向排出。主要由叶轮、导叶和机壳等组成。优点是气流路程短，阻力损失较小，流量较大。

（2）各种压缩机的性能比较。

1）活塞式与透平式压缩机性能比较。活塞式与透平式压缩机的性能比较见表 4.1.2。

表 4.1.2 活塞式与透平式压缩机的性能比较

类型	活塞式	透平式
性能	1. 气流速度低、损失小、效率高。 2. 压力范围广，从低压到超高压范围均适用。 3. 适用性强，排气压力在较大范围内变动时，排气量不变。同一台压缩机还可用于压缩不同的气体。 4. 除超高压压缩机，机组零部件多用普通金属材料。 5. 外形尺寸及重量较大，结构复杂，易损件多，排气脉动性大，气体中常混有润滑油	1. 气流速度高，损失大。 2. 小流量，超高压范围不适用。 3. 流量和出口压力变化由性能曲线决定，若出口压力过高，机组则进入喘振工况而无法运行。 4. 旋转零部件常用高强度合金钢。 5. 外形尺寸及重量较小，结构简单，易损件少，排气均匀无脉动，气体中不含油

2）轴流式和离心式压缩机性能比较。同样工况下，与离心式压缩机相比，轴流式压缩机的最大特点是单位面积的气体通流能力大，在相同加工气体量的前提条件下，径向尺寸小，特别适用于要求大流量的场合。另外，轴流式压缩机还具有结构简单、运行维护方便等优点。但叶片型线复杂，制造工艺要求高，以及稳定工况区较窄、在定转速下流量调节范围小等方面则是明显不及离心式压缩机。

3）活塞式和回转式压缩机性能比较。同样工况下，与活塞式压缩机相比，回转式压缩机零部件（特别是易损件）少，结构简单，维护方便，容易实现自动化。回转式压缩机转速高，使得压缩机体积小、重量轻，输气均匀、压力脉动小，适应性强，在较广的工况范围内保持高效率。缺点是存在空气动力噪声，大部分回转式压缩机运动部件加工需要专用设备，相对运动的机件之间的密封问题较难满意解决，导致只适用于中压、低压。

2. 压缩机安装

本部分以一般压缩机为例，就施工工序作简单介绍。

（1）施工前准备工作。

1）进行技术交底，熟悉图纸、说明书、装箱单、施工技术方案等；

2）设备开箱点件，外观检查，并做好记录；

3）配合基础验收，复查核对各部尺寸；

4）基础上铲麻面、垫铁窝，修研垫铁，检查、调整地脚螺栓等。

（2）压缩机安装。

1）机身试漏，检查清理现场，吊装就位，粗找平，一次灌浆；

2）主轴轴承和中体的安装，复测机身找平找正数据，合格后点焊垫铁；

3）按相应规定指导机身二次灌浆；

4）气缸和盘车器安装。十字头、连杆及活塞等安装，填料函和刮油器安装；

5）气缸吸、排气阀安装。循环油系统安装，气缸和填料函油系统安装。

（3）电动机安装（略）。

（4）附属设备安装。

1）冷却器、气液分离器、缓冲器、干燥器、滤清器、储气罐等的检查、安装；

2）附属设备的找正、找垂直、调整、定位、点焊垫铁，指导二次灌浆。

（5）压缩机油系统和水系统的试运行。

1）试运行的准备。油、水、汽系统安装已完毕，各种记录齐全，二次灌浆层已达到设计强度，基础抹面已完成，经检查合格；

2）水、汽系统试运行前，必须对系统的管道逐级进行冲洗，合格后与设备连接。系统无泄漏，符合有关设备技术文件、规范的要求；

3）循环油系统应按有关规定进行清洗和试运行，检查各供油点供油和回油情况，检查过滤器前后压差，调试各连锁仪表直至动作准确可靠，全部项目直至合格为止。系统试运行合格后，排放全部润滑油，清洗油箱、油泵进口网和油过滤器，并注入新油；

4）各级安全阀经校验、整定，其动作应灵敏、可靠；

5）气缸和填料函油系统，按有关要求进行试运行。

（6）电动机试运行。电动机要求与设备拆开后，进行电机的单试。

（7）压缩机试运转。做好试运转准备工作，开始无负荷试运转，负荷联动试运转。全面考核压缩机的安装质量和性能，检验是否符合和满足正常生产的要求。

五、煤气发生设备和制冷设备

（一）煤气发生设备

1. 煤气发生设备的组成

煤气发生设备主要包括煤气发生炉、煤气洗涤塔、电气滤清器、竖管和附属设备五部分。

（1）煤气发生炉。煤气发生炉按不同的制气工艺和所产煤气的质量分为单段煤气发生炉、双段煤气发生炉和干馏式煤气发生炉。

单段煤气发生炉由加煤机、炉主体、清灰装置等组成。它具有产气量大、气化完全、煤种适应性强，煤气热值高，操作简便，安全性能高的优点。缺点是单段煤气发生炉效率较低，煤焦油在高温下裂解为沥青质焦油，与煤气中的粉尘混杂在一起，容易沉淀在管道内堵塞管道。主要应用于输送距离较短，对燃料要求不高的窑炉及工业炉，如热处理炉，锅炉煤气化改造，耐火材料行业。

双段煤气发生炉。双段煤气发生炉有上下两个煤气出口，可输出不同热值的煤气，其气化效率和综合热效率均比单段炉高，煤炭经过炉内上段彻底干馏，下段煤气基本不含焦油，上段煤气含有少量轻质焦油，不易堵塞管道，两段炉煤气热值高而且稳定，操作弹性大，自动化程度高，劳动强度低。双段炉煤气站煤种适用性广，不污染环境，节水显著，占地面积小，输送距离长，长期运行成本低。

干馏式煤气发生炉是在一段炉的基础上，借鉴双段煤气发生炉优点开发的一种更适合烟煤用户生产的炉型。它既吸收了煤炭干馏时产生的热值较高的干馏煤气和低温轻质焦油，又实现了煤炭完全气化时生成较多的气化煤气，具有投资小、煤气热值高、施工周期短的特点。

（2）煤气洗涤塔。洗涤塔由塔体，塔板，再沸器，冷凝器组成。由于洗涤塔是进行粗分离的设备，所以塔板数量一般较少，通常不会超过十级。洗涤塔适用于含有少量粉尘的混合气体分离。

（3）电气滤清器。电气滤清器是一种煤气净化设备，在除尘、除焦油方面效率较高。目前使用的电气滤清器由壳体、分气板、上下框架、绝缘子箱、沉电极和电晕极等组成。

（4）附属设备。煤气发生设备的附属设备包括旋风除尘器、焦油分离机、盘形阀、隔离水封、钟罩阀、余热锅炉、捕滴器、煤气排送机等。

2. 煤气发生设备安装（以煤气发生炉为例）

安装时，一般按先下后上的原则安装。安装顺序为：①底部支撑的安装；②轴承圈安装；③灰盘安装；④水夹套的安装；⑤加煤机的安装；⑥爬车轨道的安装；⑦大、小灰刀安装；⑧清灰机的安装。

（二）制冷设备

1. 冷水机组

冷水机组根据制冷原理分为风冷式和水冷式两种。其工作原理是通过蒸汽压缩或吸收式循环的方式实现制冷效果。常用的水冷机组及其特点如下：

（1）螺杆式冷水机组，是由螺杆式制冷压缩机、冷凝器、蒸发器、热力膨胀阀、油分离器以及自控元件和仪表等组成的组装式制冷装置。机组的主体螺杆式制冷压缩机是一种容积型回转式压缩机，它兼有活塞式制冷压缩机和离心式制冷压缩机二者的优点。

优点：结构简单，体积小、重量轻，运动部件少，易损件少，寿命长；运行比较平稳，低负荷运转时无喘振现象；单级压缩比大，管理方便，可以在15%～100%范围内对制冷量进行无级调节，在低负荷时能效比较高，节电显著；对湿冲程不敏感。

缺点：加工工艺和装配精度要求严格，润滑系统较复杂，耗油量比活塞式大，初投资费用比活塞式高；单机容量比离心式小，转速比离心式低，大容量机组噪声比离心式高。

（2）活塞式冷水机组，是民用建筑空调制冷中采用时间最长，使用数量最多的一种机组。机组由活塞式压缩机与冷凝器、蒸发器、热力膨胀阀等组装而成，并配有自动能量调节和自动安全保护装置。它是以活塞式压缩机为主机的冷水机组。

优点：适用压力范围广，可维修性好；采用多机头，高速多缸，性能可得到改善；制造简单、运行可靠，造价低。

缺点：零部件多，易损件多，维修复杂，导致维修频繁，维护费用高；压缩比低，单机制冷量小；单机头部分负荷下调节性能差，卸缸调节，不能无级调节；属上下往复运动，振动较大；单位制冷量重量指标较大。

(3) 模块式冷水机组，由多台模块式冷水机单元并联组成。采用微电脑协调控制多回路工作，每个压缩机都能独立地进行能量调节，模块式机组可由多达 13 个单元组合而成，模块式冷水机组内设有电脑监控系统，控制整个机组，按空调负荷的大小，定期启停各台压缩机或将高速运行变为低速运行，包括每一个独立制冷系统和整机运行。

优点：按照冷负荷变化，随时调整运行的模块数，使输出冷量与空调负荷达到最佳配合，减少能耗；多台压缩机并联工作有保障；质量轻，外型尺寸小，节省建筑面积；模块式的组合，对制冷系统提供最大的备用能力，而且扩大机组容量非常简单易行。

缺点：对水质要求较高，一旦结垢阻塞，就会影响冷凝器和蒸发器的传热；造价高、零部件多，易损件多，维护费用高；压缩比低，单机制冷量小；单机头部分负荷下调节性能差，不能进行无级调节；单位制冷量质量指标较大。

(4) 离心式冷水机组，是目前大中型商业建筑空调系统中使用最广泛的一种机组，由氟利昂制冷剂在蒸发器内蒸发吸收载冷剂水的热量进行制冷，蒸发吸热后的氟利昂湿蒸汽被压缩机压缩成高温高压气体，经水冷冷凝器冷凝后变成液体，经膨胀阀节流进入蒸发器再循环。可制取 7～12℃冷水供空调末端空气调节。

优点：叶轮转速高，输气量大，单机容量大，制冷系数较高；易损件少，工作可靠，结构紧凑，运行平稳，振动小，噪声低；单位制冷量质量指标小；制冷剂中不混有润滑油，蒸发器和冷凝器的传热性能好；可在 10%～100%内无级调节，容量调节方便。

缺点：单级压缩机在满负荷时运转平稳，在低负荷时会出现“喘振”现象；对材料强度、加工精度和制造质量要求严格；当运行工况偏离设计工况时效率下降较快，制冷量随蒸发温度降低而减少幅度比活塞式快；离心负压系统，外气易侵入，有产生化学变化腐蚀管路的危险。

(5) 水源热泵机组。以水为热源的可进行制冷/制热循环的一种热泵型整体式水-空气式或水-水式空调装置，制热时以水为热源而在制冷时以水为排热源。采用循环流动于共用管路中的水、从水井、湖泊或河流中抽取的水或在地下盘管中循环流动的水为冷（热）源，制取冷（热）风或冷（热）水的设备。详见本书第五章第一节。

优点：节约能源，在冬季运行时，可回收热量；一机多运，运行稳定；环境效应显著；能效比高。

缺点：受可利用的水源条件限制，受水层的地理结构的限制；系统容易发生源侧与负荷侧的水串水现象；受到不同地区及国家能源政策、燃料价格的影响；一次性投资及运行费比较高。

(6) 溴化锂吸收式冷水机组，主要由发生器、冷凝器、蒸发器、吸收器、换热器、循环泵等组成。在溴化锂吸收式制冷中，水作为制冷剂，溴化锂作为吸收剂。

优点：运动部件少，故障率低，运动平稳，振动小，噪声低；加工简单，操作方便，可实现 10%～100%无级调节；溴化锂溶液无毒，对臭氧层无破坏作用；可利用余热。废热及其他低品位热能；运行费用少，安全性好；以热能为动力，电能耗用少。

缺点：使用寿命比压缩式短；节电不节能，耗气量大，热效率低；机组长期在真空下运行，外气容易侵入，造成冷量衰减，故要求严格密封，给制造和使用带来不便；机组排热负荷比压缩式大，对冷却水水质要求较高；溴化锂溶液对碳钢具有强腐蚀性，影响机组寿命和性能。

2. 制冰设备

制冰设备也叫制冰机，是一种将水通过蒸发器由制冷系统制冷剂冷却后生成冰的制冷机械设备。根据用途不同，制冰机可以分为商用制冰机、家用制冰机、工业用制冰机。按制冷方式可以分为水冷式制冰机、风冷式制冰机。

根据制冰机制成冰的形状分为有颗粒冰（圆柱形、方块形、月型）、雪花型、鳞片冰、板冰、管冰、球形冰等。颗粒冰按制冰方式又分为喷淋式、流水式和浸入式；圆柱冰一般为喷淋式制冰，这种制冰方式，冰点低，可达－20℃以下。圆柱形的表面之间接触面小，不易黏成团，用冰方便。圆柱形冰块硬度高，温度低，冰块晶莹剔透，适用于洋酒的冷却，较慢的融化速度不会冲淡洋酒，而影响洋酒的口感，圆柱冰制冰机的缺点是产冰效率比较低，一般用于生产吧台式小型制冰机。鳞片冰的温度为－12～－6℃，最适合工业加工和易变质物品运输的冷却。常被用于超市生鲜台的海鲜展示，大型鳞片冰还可用于水泥厂、化工厂、肉联厂、海洋渔业等的冷却。

3. 蒸发器和冷凝器

在制冷系统中，蒸发器、冷凝器、压缩机和节流阀是必不可少的四个部分。蒸发器是输送冷量的设备。制冷剂在其中吸收被冷却物体的热量实现制冷。压缩机起着吸入、压缩、输送制冷剂蒸汽的作用。冷凝器是放出热量的设备，将蒸发器中吸收的热量连同压缩机功所转化的热量一起传递给冷却介质带走。节流阀对制冷剂起节流降压作用，同时控制和调节流入蒸发器中制冷剂液体的量，并将系统分为高压侧和低压侧两部分。

蒸发器主要由加热室和蒸发室组成，加热室向液体提供蒸发所需要的热量，促使液体沸腾汽化；蒸发室使气液两相完全分离。低温的冷凝液体通过蒸发器，与外界的空气进行热交换，气化吸热，达到制冷的效果。冷却液体载冷剂（如水、盐水或乙二醇水溶液）的蒸发器有卧式蒸发器、立管式蒸发器和螺旋管式蒸发器等，冷却空气的蒸发器包括冷却排管和冷风机。

冷凝器主要有空气冷却式冷凝器和水冷却式冷凝器。空气冷却式冷凝器通常为蛇管式，多用于小型氟利昂制冷装置，如电冰箱、冷藏柜、窗式空调器等，其制冷剂蒸气在管内冷凝，空气在管外流过，根据空气运动方式的不同，分为自然对流式和强迫对流式。水冷却式冷凝器则包括立式壳管式、卧式壳管式和套管式等，其中立式壳管式冷凝器广泛应用于中型及大型氨制冷系统，具有传热系数高、占地面积小、对水质要求不高、可以露天安装、节省机房面积等优点；和卧式冷凝器相比，缺点是传热系数小，冷却水用量大，体积大，比较笨重，冷凝器管内水流速度低，易结水垢，且灰砂易落入，需要经常清洗。卧式壳管式冷凝器通过多路流动的冷却水进行热交换，适用于不同的制冷需求。套管式冷凝器结构简单，便于制造，传热效果好；缺点是金属消耗量大，紧凑性差，清洗困难，主要用于小型氟利昂空调机组中，在氨制冷装置中已很少应用。

六、机械设备安装工程计量

根据《安装工程计量标准》的相关规定进行工程量计算。

（一）主要内容及相关说明

1. 主要内容

机械设备安装工程共设 14 个分部、82 个分项工程，包括切削设备安装、锻压设备安装、铸造设备安装、起重设备安装、起重机轨道安装、输送设备安装、电梯安装、风机安装、泵安装、压缩机安装、煤气发生设备安装、制冷设备安装、其他机械安装。

2. 相关说明

（1）机械设备安装工程适用于切削设备、锻压设备、铸造设备、起重设备、起重机轨道、输送设备、电梯，风机、泵、压缩机、煤气发生设备、制冷设备、其他机械等的设备安装工程。

（2）设备安装所需钢结构制作安装，应按《安装工程计量标准》附录 C“静置设备与工艺金属结构制作安装工程”相关项目编码列项。若有专项设计要求的设备安装所需支吊架制作安装应按《安装工程计量标准》附录 N“其他及附属工程”的相关安装项目编码列项。

（3）电气系统（电梯除外）、仪表系统、通风系统、设备本体第一个法兰以外的管道系统等的安装、调试，应按《安装工程计量标准》附录 D“电气设备安装工程”、附录 F“自动化控制仪表安装工程”、附录 G“通风空调工程”、附录 H“工业管道工程”相关项目编码列项。

（4）设备的除锈、刷漆、保温及保护层安装，应按《安装工程计量标准》附录 M“刷油、防腐蚀、绝热工程”相关项目编码列项。

（5）大型设备安装所需的专用机具、专用垫铁、特殊垫铁和地脚螺栓应在清单项目特征中描述，组成完整的工程实体。

（6）切削设备安装。机床类型是指台式及仪表机床、卧式车床、立式车床、钻床、镗床、磨床、铣床、齿轮及螺纹加工机床、刨床、插床、拉床、超声波及电加工机床、金属材料试验机械、木工机械、其他机床。

（7）铸造设备安装。抛丸清理室设备应包括抛丸机、回转台、斗式提升机、螺旋输送机、电动小车等设备以及框架、平台、梯子、栏杆、漏斗、漏管等金属结构件。

（8）起重设备安装。起重设备电气安装与调试按《安装工程计量标准》附录 D“电气设备安装工程”相关项目编码列项。

（9）起重机轨道安装。安装部位是指钢梁或混凝土梁上、地面上、悬臂式、悬挂式起重机轨道安装。

（10）风机安装：

1）风机类型是指：离心式通（引）风机、轴流通风机、回转式鼓风机、离心式鼓风机、其他风机；

2）直联式风机包括风机本体及电动机、变速器和底座；非直联式风机包括风机本体和底座，不包括电动机。

3）规格是指：风量、风压、功率、噪声、防腐、防爆等。

（11）泵安装：

1）泵的类型是指：离心式泵、旋涡泵、电动往复泵、柱塞泵、蒸汽往复泵、计量泵、螺杆泵、齿轮油泵、真空泵、屏蔽泵、潜水泵、其他泵；

2）直联式泵包括本体、电动机及底座；非直联式的不包括电动机，深井泵包括本体、电动机、底座及设备扬水管。

（12）压缩机安装：

1）压缩机设备包括同一底座上的主机、电动机、仪表盘及附件、底座等，不在同一底座上的压缩机设备不包括电动机、汽轮机及其他动力机械。

2）活塞式D型、M型、H型对称平衡压缩机包括主机、电动机及随主机到货的附属设备，但其安装不包括附属设备的安装。

3）结构形式是指立式、卧式、L型。

4）随机附属静置设备，应按《安装工程计量标准》附录C“静置设备与工艺金属结构制作安装工程”相关项目编码列项。

（13）其他机械安装：

1）冷凝器结构形式是指立式管壳式、卧式管壳式、淋水式、蒸发式等；

2）分离器形式是指氨油、氨液、空气等；

3）附属设备钢结构及导轨，应按《安装工程计量标准》附录C“静置设备与工艺金属结构制作安装工程”相关项目编码列项。

（二）工程量计算规则

1. 切削设备安装

机床按设计图示数量以“台”计算。项目特征：名称、型号、规格、类型、质量、灌浆配合比、单机试运转要求。工作内容：本体安装、地脚螺栓孔灌浆、设备底座与基础间灌浆。

2. 锻压设备安装

机械压力机、液压机、自动锻压机、锻锤、剪切机、弯曲校正机按设计图示数量以“台”计算。项目特征：名称、型号、规格、质量、灌浆配合比、单机试运转要求。工作内容：本体安装、随机附件安装、地脚螺栓孔灌浆、设备底座与基础间灌浆。

3. 铸造设备安装

砂处理设备、造型设备、制芯设备、落砂设备、清理设备、金属型铸造设备、材料准备设备按设计图示数量以“台”计算。项目特征：名称、型号、规格、质量、灌浆配合比、单机试运转要求。工作内容：本体安装、组装，设备钢梁基础检查、复核调整，随机附件安装，设备底座与基础间灌浆，管道酸洗、液压油冲洗，安全护栏制作安装，轨道安装调整。

4. 起重设备安装

桥式起重机、吊钩门式起重机、梁式起重机、电动壁行悬臂挂式起重机、旋臂壁式起重机、旋臂立柱式起重机、电动葫芦、单轨小车按设计图示数量以“台”计算。项目特征：名称、型号、跨距、起重质量、单机试运转要求。工作内容：本体组装。

5. 起重机轨道安装

起重机轨道按设计图示尺寸，以单根轨道长度“m”计算。项目特征：型号、规格、安装部位、固定方式、纵横向孔距、车挡材质。工作内容：轨道安装、车挡制作安装。

6. 输送设备安装

输送设备包括斗式提升机、刮板输送机、板（裙）式输送机、悬挂输送机、固定胶带输送机、螺旋输送机、卸矿车、皮带秤，按设计图示数量以“台”计算。项目特征：名称、型号、单机试运转要求等。工作内容：本体安装。

7. 电梯安装

交流电梯、直流电梯、杂货电梯、观光电梯、液压电梯、自动扶梯按设计图示数量以“部”计算。项目特征：名称、型号、层数、站数、额定载重量、额定人数、提升高度、梯速；自动扶梯包括名称、型号、层高、额定载重量、倾斜度、扶手中心距、梯速。工作内容：本体安装，电梯电气安装、调试，辅助项目安装、检测、调试、试运行。

自动人行道、轮椅升降台按设计图示数量以“部”计算。项目特征：名称、型号、宽度、长度（提升高度），前后轮距、运行速度（提升高度）。工作内容：本体安装，电气安装、调试，检测、调试、试运行。

8. 风机安装

风机安装按设计图示数量以“台”计算。项目特征：名称，型号，规格，材质，类型，质量，减震底座形式、数量，灌浆配合比，单机试运转要求。工作内容：本体安装，拆装检查，减振台座制作安装，设备底座与基础间灌浆。

9. 泵安装

泵安装按设计图示数量以“台”计算。项目特征：名称，型号，规格，材质，类型，质量，减振装置形式、数量，灌浆配合比，单机试运转要求。工作内容：本体安装、泵拆装检查、电动机安装、设备底座与基础间灌浆。

10. 压缩机安装

压缩机安装按设计图示数量以“台”计算。项目特征：名称、型号、规格、类型、质量、结构形式、驱动方式，灌浆配合比，单机试运转要求。工作内容：本体安装、拆装检查、设备底座与基础间灌浆。

11. 煤气发生设备安装

煤气发生炉、洗涤塔、电气滤清器等安装按设计图示数量以“台”计算。项目特征：名称、型号、规格、质量、灌浆配合比等。工作内容：本体安装、设备底座与基础间灌浆。

附属容器构件按设计图示质量以“t”计算。项目特征：名称、型号、规格、质量。工作内容：附属容器、构件组对，本体安装。

12. 制冷设备安装

冷水机组、制冰设备、热泵机组、溴化锂吸收式制冷机、冷风机、冷却塔按设计图示数量以“台”计算。项目特征：名称、型号、规格、质量、制冷（制冰）方式、灌浆配合比、单机试运转要求。工作内容：本体安装、设备底座与基础间灌浆（冷却塔除外）。

13. 其他机械安装

热力机组、润滑油处理设备、膨胀机、柴油机、柴油发电机组、电动机、电动发电机组、储气罐、乙炔发生器、水压机蓄势罐、空气分离塔、小型制氧机附属设备、冷凝器、蒸发器、贮液器（排液桶）、集油器、紧急泄氨器、设备减震台座安装按设计图示数量以“台”计算。

油视镜、分离器、过滤器、中间冷却器安装按设计图示数量以“支”计算。风力发电机安装按设计图示数量以“组”计算。项目特征：名称、型号、规格、质量等。工作内容：本体安装、设备底座与基础间灌浆。

未列出的机械设备安装工程工程量计算规则，见《通用安装工程工程量计算标准》GB/T 50856—2024。

(三) 机械设备工程计量示例一

1. 背景

以台式抛光机 1.5t 和 315t 液压机安装为例（设计文件略）。

2. 问题

试按照上述背景条件，根据《建设工程工程量清单计价标准》GB/T 50500—2024 和《通用安装工程工程量计算标准》GB/T 50856—2024 的规定编制该工程的分部分项工程量清单。

3. 解答

项目编码：（见表 4.1.3）

项目名称：（见表 4.1.3）

项目特征：（见表 4.1.3）

计量单位：（见表 4.1.3）

工程数量：（运用工程量计算规则，按图计算）

工作内容：（略）

编制表格，见表 4.1.3。

表 4.1.3 分部分项工程量清单

工程名称：机械设备安装工程　　　　第 页 共 页

序号	项目编码	项目名称	项目特征	计量单位	工程数量
1	030101001001	台式抛光机	1. 名称：台式平面抛光机 2. 型号：JS004 3. 规格：250×1 100mm 4. 类型：金属平面打磨、抛光 5. 质量：1.5t 6. 单机试运转：调试	台	1
2	030102002001	液压机	1. 名称：三梁四柱液压机 2. 型号：YQ32-315T 3. 规格：315T-A 4. 质量：12t 5. 灌浆配合比：1∶3.24∶0.97	台	1

(四) 机械设备工程计量示例二

1. 背景

某热动力站的碎煤系统安装工程，其中有胶带运输机 2 台、碎煤设备 2 台，根据设计文件给出的给碎煤设备技术参数如下：

（1）给煤设备：胶带运输机，型号：DTL100/45/2×280；规格：带宽为 1 000mm，长度为 15m，输送量 Q=0～450t/h，入料粒度≤300mm。

（2）碎煤设备：环锤式碎煤机，型号：HCSC－4 型；规格：Q＝400t/h，入料粒度≤300mm，出料粒度≤30mm。

2. 问题

根据《建设工程工程量清单计价标准》GB/T 50500—2024 和《通用安装工程工程量计算标准》GB/T 50856—2024 的规定编制此设备安装工程量清单。

3. 解答

（1）工程量清单编制。

1）给煤设备。

编制依据：《通用安装工程工程量计算标准》GB/T 50856—2024 附录第 A.6 节输送设备安装（编码：030106）。

项目编码：030106005。

项目名称：固定式胶带输送机。

项目特征：名称、型号、输送长度、输送机胶带宽度、单机试运转要求。

计量单位：台。

工作内容：本体安装。

2）碎煤设备。

编制依据：《通用安装工程工程量计算标准》GB/T 50856—2024 附录第 B.14 节碎煤设备安装（030214）。

项目编码：030214002。

项目名称：锤击式破碎机。

项目特征：型号、规格。

计量单位：台。

工作内容：本体安装、电动机安装。

（2）编制表格：见表 4.1.4。

表 4.1.4　分部分项工程量清单

工程名称：某动力站的输煤系统安装工程　　　　第　页　共　页

序号	项目编码	项目名称	项目特征描述	计量单位	工程量
1	030106005001	固定式胶带输送机	1. 名称：煤矿用带式输送机 2. 型号：DTL100/45/2×280 3. 输送长度：15m 4. 带宽：1 000mm 5. 单机试运转：调试	台	2
2	030214002001	锤击式破碎机	1. 名称：环锤式碎煤机 2. 型号：HCSC－4 型 3. 规格：Q=400t/h	台	2

第二节 热力设备工程

热力设备工程是用管道将热力设备（如锅炉、汽轮机、水泵、热交换装置等）按一定顺序连接起来所组成的整体工程。

一、锅炉概述

锅炉是指利用各种燃料、电或者其他能源，将所盛装的液体加热到一定的参数（温度和压力），并通过对外输出介质的形式提供热能的设备。

（一）锅炉的分类

1. 按《特种设备目录》分类

按《特种设备目录》（2014 年第 114 号质检总局公告）分为承压蒸汽锅炉、承压热水锅炉、有机热载体锅炉。

（1）承压蒸汽锅炉：设计正常水位容积大于或等于 30L，且额定蒸汽压力大于或等于 0.1MPa（表压）的蒸汽锅炉。

（2）承压热水锅炉：出口水压大于或等于 0.1MPa（表压），且额定功率大于或等于 0.1MW 的热水锅炉。

（3）有机热载体锅炉：额定功率大于或等于 0.1MW 的有机热载体锅炉。包括有机热载体气相炉、有机热载体液相炉。

2. 按锅炉用途分类

锅炉按其用途可分为电站锅炉、工业锅炉、船用锅炉、机车锅炉等。

（1）电站锅炉：用于发电和提供动力的锅炉。电站锅炉大多为高参数、大容量锅炉，火室燃烧，热效率高。

（2）工业锅炉：用于为工农业生产和建筑采暖及居民生活提供蒸汽或热水的锅炉，又称供热锅炉。工业锅炉大多数为低压、低温、小容量锅炉，火床燃烧居多，热效率较低。

（3）船用锅炉：用于船舶动力的锅炉。船用锅炉大多为低、中参数，燃油锅炉，要求体积小、重量轻、可移动。

（4）机车锅炉：用于机车动力的锅炉。机车锅炉大多为低参数、小容量锅炉，火床燃烧，要求结构紧凑，可移动。

3. 按锅炉出口工质压力分类

锅炉按其出口工质（蒸汽）压力可分为：

（1）低压锅炉：出口蒸汽压力≤2.45MPa。

（2）中压锅炉：出口蒸汽压力为 2.94～4.90MPa。

（3）高压锅炉：出口蒸汽压力为 7.84～10.8MPa。

（4）超高压锅炉：出口蒸汽压力为 11.8～14.7MPa。

（5）亚临界压力锅炉：出口蒸汽压力为 15.7～19.6MPa。

（6）超临界压力锅炉：出口蒸汽压力＞22.1MPa。

（7）超超临界压力锅炉：出口蒸汽压力＞27MPa。

4. 按设备级别分类

依据《锅炉安全技术规程》TSG 11—2020，锅炉级别按照参数分为A级、B级、C级和D级。

(1) A级锅炉，是指额定工作压力（表压）$P \geq 3.8$MPa的锅炉，包括：

1) 超临界锅炉，$P \geq 22.1$MPa；

2) 亚临界锅炉，16.7MPa$\leq P <$22.1MPa；

3) 超高压锅炉，13.7MPa$\leq P <$16.7MPa；

4) 高压锅炉，9.8MPa$\leq P <$13.7MPa；

5) 次高压锅炉，5.3MPa$\leq P <$9.8MPa；

6) 中压锅炉，3.8MPa$\leq P <$5.3MPa。

(2) B级锅炉，是指额定工作压力0.8MPa$< P <$3.8MPa的锅炉，包括：

1) 蒸汽锅炉，0.8MPa$< P <$3.8MPa；

2) 热水锅炉，$P <$3.8MPa，且$t \geq$120℃（t为额定出水温度）；

3) 气相有机热载体锅炉，$Q >$0.7MW（Q为额定热功率）；

4) 液相有机热载体锅炉，$Q >$4.2MW（Q为额定热功率）。

(3) C级锅炉，是指额定工作压力$P \leq$0.8MPa的锅炉，包括：

1) 蒸汽锅炉，$P \leq$0.8MPa，且$V >$50L（V为设计正常水位水容积）；

2) 热水锅炉，0.4MPa$< P <$3.8MPa，且$t <$120℃（t为额定出水温度）；

3) 热水锅炉，$P \leq$0.4MPa，且95℃$< t <$120℃（t为额定出水温度）；

4) 气相有机热载体锅炉，$Q \leq$0.7MW（Q为额定热功率）；

5) 液相有机热载体锅炉，$Q \leq$4.2MW（Q为额定热功率）。

(4) D级锅炉，是指额定工作压力$P \leq$0.8MPa的锅炉，包括：

1) 蒸汽锅炉，$P \leq$0.8MPa，且$V \leq$50L（V为设计正常水位水容积）；

2) 热水锅炉，$P \leq$0.4MPa，且$t \leq$95℃（t为额定出水温度）。

不同级别的锅炉适用于不同的应用场景和需求。A级锅炉适用于高参数、大容量的工业生产和发电需求；B级锅炉适用于中等参数的工业生产和供暖需求；C级和D级锅炉则适用于低参数的小型工业生产和供暖需求。

5. 工业锅炉的分类

对于工业锅炉，可细分为：

1) 按燃料种类不同，可分为燃煤锅炉、燃油锅炉、燃气锅炉、余热锅炉、再生物质锅炉、其他能源锅炉。

2) 按燃烧方式不同，可分为层燃炉、室燃炉、旋风炉、流化床炉。

3) 按锅炉本体结构不同，可分为火管锅炉、水管锅炉。

4) 按锅筒放置方式不同，可分为立式锅炉、卧式锅炉。

5) 按锅炉出厂形式不同，可分为整装（快装）锅炉、组装锅炉、散装锅炉。

(二) 工业锅炉设备组成

锅炉设备包括锅炉本体及辅助设备两部分，见图4.2.1。

1. 锅炉本体

锅炉本体主要由“锅”与“炉”两大部分组成。

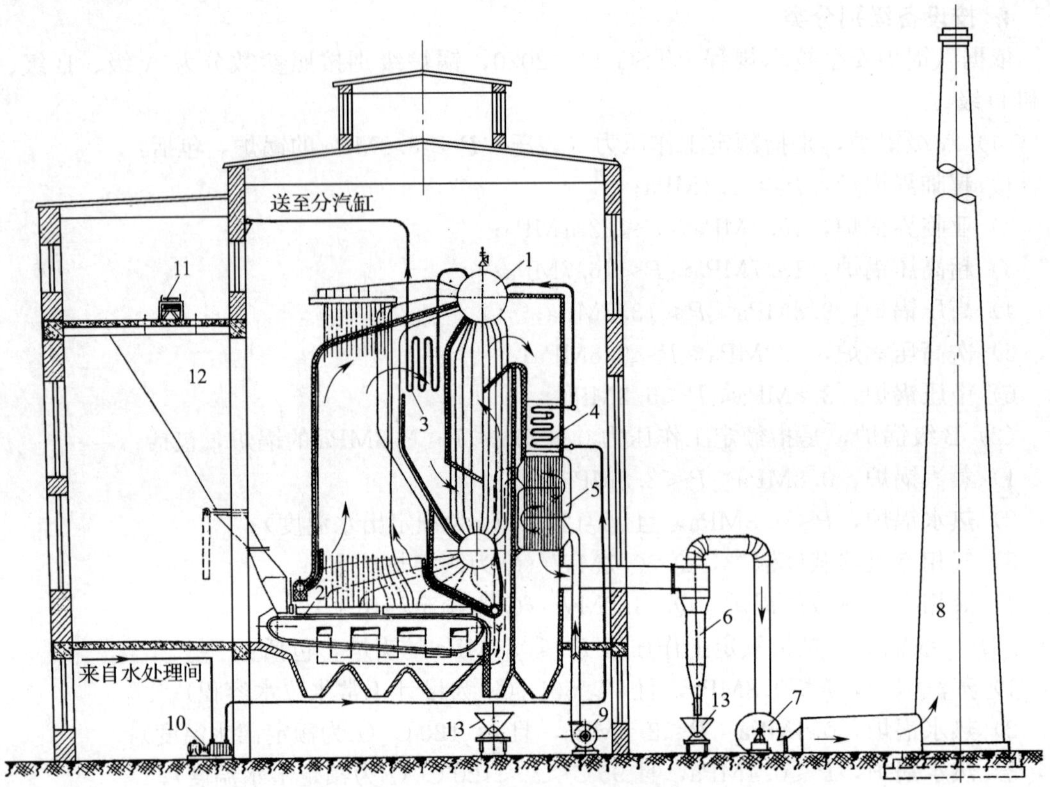

图 4.2.1 锅炉本体及辅助设备

1—锅筒；2—链条炉排；3—蒸汽过热器；4—省煤器；5—空气预热器；6—除尘器；
7—引风机；8—烟囱；9—送风机；10—给水泵；11—运煤皮带运输机；12—煤仓；13—灰车。

“锅”是指容纳锅水和蒸汽的受压部件，包括锅筒（汽包）、对流管束、水冷壁、集箱（联箱）、蒸汽过热器、省煤器和管道组成的一个封闭的汽-水系统，其任务是吸收燃料燃烧释放出的热能，将水加热成规定温度和压力的热水或蒸汽。

“炉”是指锅炉中使燃料进行燃烧产生高温烟气的场所，是包括煤斗、炉排、炉膛、除渣板、送风装置等组成的燃烧设备。其任务是使燃料连续不断稳定地燃烧，放出热量。

“锅”与“炉”一个吸热，一个放热，是密切联系着的一个整体。

为了保证锅炉正常工作、安全运行，还必须设置一些附件和仪表，如安全阀、压力表、温度计、水位警报器、排污阀、吹灰器，锅炉围护结构的炉墙及支撑结构的钢架等。

2. 锅炉辅助设备

锅炉辅助设备主要包括运煤除灰、通风、水-汽等设备以及一些控制装置。它们分别组成锅炉房的燃料供应与除灰渣系统、通风系统、水-汽系统和仪表控制系统。

(1) 燃料供应与除灰渣系统。其功用是连续供给锅炉燃烧所需的燃料，及时排走灰渣。

(2) 通风系统。空气经送风机增压后，先送入预热器，预热后的热风经风道送到炉排下的风室中，热风穿过炉排缝隙进入燃烧层，供煤燃烧之用。

燃烧产生的高温烟气在引风机的抽吸作用下，以一定的流速依次流过炉膛和烟道，烟气在流动过程中不断将热量传递给各个受热面，而自身温度逐渐降低。

为了除掉烟气中携带的飞灰，以减轻对引风机的磨损和对大气环境的污染，在引风机前装设除尘器，烟气经净化后，通过引风机提高压力后，经烟囱排入大气。除尘器捕集下来的飞灰，可由灰车送走。

(3) 水-汽系统。为了保证锅炉要求的给水质量，通常要设水处理设备（包括软化、除氧）。经过处理的水进入水箱，再由给水泵加压后送入省煤器，提高水温后进入锅炉。水在锅内循环，受热气化产生蒸汽，蒸汽从蒸汽过热器引出送至分汽缸内，由此再分送到通向各用户的管道。

(4) 仪表控制系统。为了使锅炉安全、经济地运行，除了锅炉本体上装有的仪表外，锅炉房内还装设各种仪表和控制设备，如蒸汽流量计、温度计、压力表、风压计、水位计以及各种自动控制设备。

(三) 锅炉的主要性能参数

锅炉的主要参数有：

1. 蒸发量

蒸汽锅炉用额定蒸发量表明其容量的大小，即每小时生产的额定蒸汽量称为蒸发量，单位是 t/h，也称锅炉的额定出力或铭牌蒸发量。

热水锅炉则用额定热功率来表明其容量的大小，单位是 MW。

2. 压力

蒸汽锅炉出汽口处的蒸汽额定压力，或热水锅炉出水口处热水的额定压力称为锅炉的额定工作压力，又称最高工作压力，单位是 MPa。

3. 温度

对于生产过热蒸汽的锅炉，应标明蒸汽过热器出口处的蒸汽温度，即过热蒸汽温度，单位是℃。

对于热水锅炉，分为额定出口的热水温度和额定进口的回水温度。通过热水锅炉的水流量称为额定循环水量，单位是 t/h。

4. 受热面蒸发率

蒸汽锅炉每平方米受热面每小时所产生的蒸汽量，称为锅炉受热面蒸发率，单位是 kg/ (m^2 · h)。

5. 受热面发热率

热水锅炉每平方米受热面每小时所产生的热量称为受热面的发热率，单位是 kJ/ (m^2 · h)。

锅炉受热面蒸发率、发热率是反映锅炉工作强度的指标，其数值越大，表示传热效果越好。

6. 锅炉热效率

锅炉热效率是指锅炉有效利用热量与单位时间内锅炉输入热量的百分比，也称为锅炉效率，用符号 η 表示，是表明锅炉热经济性的指标。一般工业燃煤锅炉热效率在 60%～82%。

有时为了概略地衡量蒸汽锅炉的热经济性，还常用“煤汽比”来表示，即锅炉在单位时间内的耗煤量和该段时间内产汽量之比。

（四）锅炉的规格与型号

依据《工业锅炉产品型号编制方法》JB/T 1626—2002 的规定。我国工业锅炉产品的型号由三部分组成；各部分之间用短线隔开。表示方法如图 4.2.2 所示。

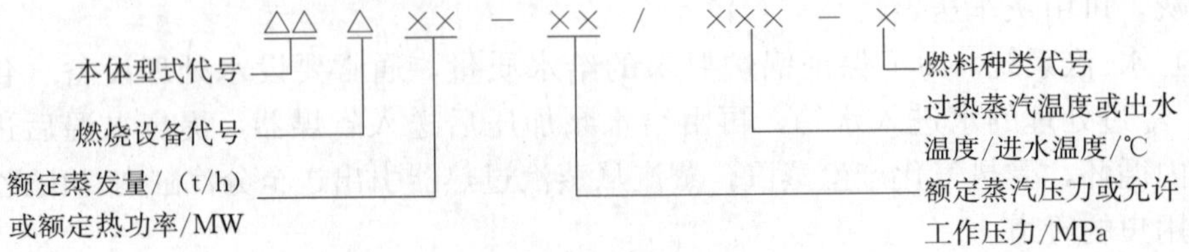

图 4.2.2 锅炉型号的表示方法

型号的第一部分分为三段，第一段用两个汉语拼音字母表示锅炉本体型式，型式代号见表 4.2.1。

表 4.2.1 锅炉型式代号

锅炉总体型式	代号	锅炉总体型式	代号
立式水管	LS（立、水）	单锅筒横置式	DH（单、横）
立式火管	LH（立、火）	双锅筒纵置式	SZ（双、纵）
卧式外燃	WW（卧、外）	双锅筒横置式	SH（双、横）
卧式内燃	WN（卧、内）	纵横锅筒式	ZH（纵、横）
单锅筒立式	DL（单、立）	强制循环式	QX（强、循）
单锅筒纵置式	DZ（单、纵）	—	—

第二段用一个汉语拼音字母表示锅炉的燃烧方式（废热锅炉无燃烧方式代号），燃烧方式代号见表 4.2.2。

表 4.2.2 燃烧设备代号

燃烧方式	代号	燃烧方式	代号
固定炉排	G（固）	抛煤机	P（抛）
固定双层炉排	C（层）	沸腾炉	F（沸）
活动手摇炉排	H（活）	室燃炉	S（室）
链条炉排	L（链）	振动炉排	Z（振）
往复推动炉排	W（往）	下饲炉排	A（下）

第三段用阿拉伯数字表示蒸汽锅炉的额定蒸发量（t/h）或热水锅炉的额定热功率（MW）。废热锅炉则以受热面（m^2）表示。

型号的第二部分表示介质参数。共分两段，中间用斜线分开。第一段用阿拉伯数字表示额定蒸汽压力或允许工作压力（MPa）；第二段用阿拉伯数字表示过热蒸汽温度或热水锅炉的出水温度/进水温度（℃）。对生产饱和蒸汽的锅炉，则无斜线和第二段。

型号的第三部分表示燃料种类。以汉语拼音字母表示燃料种类，同时以罗马数字代表燃料品种分类与其并列，见表 4.2.3。如同时使用几种燃料，主要燃料代号放在前面。

表 4.2.3　燃料品种分类代号

燃料种类	代号	燃料种类	代号	燃料种类	代号
Ⅰ类劣质煤	LⅠ	Ⅲ类烟煤	AⅢ	柴油	YC
Ⅱ类劣质煤	LⅡ	褐煤	H	重油	YZ
Ⅰ类无烟煤	WⅠ	贫煤	P	液化石油气	QY
Ⅱ类无烟煤	WⅡ	型煤	X	天然气	QT
Ⅲ类无烟煤	WⅢ	木柴	M	焦炉煤气	QJ
Ⅰ类烟煤	AⅠ	稻壳	D	油页岩	YM
Ⅱ类烟煤	AⅡ	甘蔗渣	G	其他燃料	T

例如，型号为 SHL10－1.25/350－AⅡ型的锅炉，表示为双锅筒横置式锅炉，采用链条炉排，蒸发量为 10t/h，额定工作压力为 1.25MPa，出口过热蒸汽温度为 350℃，燃用二类烟煤。

又如，型号为 DZW1.4－0.7/95/70－AⅡ型的锅炉，表示为：单锅筒纵置式锅炉，采用往复推动炉排，额定热功率为 1.4MW，额定工作压力为 0.7MPa，出水温度为 95℃，进水温度为 70℃，燃用Ⅱ类烟煤的热水锅炉。

二、工业锅炉本体安装

锅炉按结构可分为火管锅炉和水管锅炉。

火管锅炉是工业上早期应用的一种锅炉。火焰和高温烟气加热炉胆、火管、烟管，把热量传递给水。火管锅炉一般为小容量、低参数锅炉，热效率低，结构简单，水质要求低，运行、维修方便。

水管锅炉是利用火焰和烟气加热水冷壁、对流管束、过热器、省煤器等，把热量传递给工质。水管锅炉比火管锅炉的热效率明显提高，金属耗量大为降低。由于将锅壳炉胆受热转变为管系受热，锅炉的安全性能也显著提高，但对水质和运行维护的要求也较高。

水管锅炉的型式较多，构造也有很大差异。下面以双横锅筒水管锅炉的安装为例。

双横锅筒水管锅炉属于散装锅炉，安装比较复杂，其安装主要程序为：锅炉钢架安装，上、下锅筒安装，对流管束安装，附属设备安装，水压试验，筑炉、烘炉、煮炉，定压和试运行等。

（一）锅炉钢架安装

（1）基础工作。锅炉及其辅助设备就位前，要对基础位置和尺寸进行检查，其允许偏差应符合《锅炉安装工程施工及验收标准》GB 50273—2022 中的规定。

（2）锅炉钢架安装。锅炉钢架是整个锅炉的骨架，其安装质量直接影响到锅筒、集箱、对流排管、炉排、省煤器、空气预热器等的安装及炉墙的砌筑。锅炉钢架的安装内容主要包括基础验收，垫铁配置，立柱、梁、结构件、连接件及所有部件的检查校验、组对、焊接、吊装、找正及固定等。

（二）锅筒、集箱安装

（1）锅筒、集箱检查。吊装前，应对锅筒、集箱进行检查。主要检查外观，外形，尺寸；胀接管孔壁的表面粗糙度不应大于 12.5μm、且不应有凹痕、边缘毛刺和纵向刻痕，管孔的环向或螺旋形刻痕深度不得大于 0.5mm，宽度应不大于 1mm，刻痕至管孔边缘的距离不小于 4mm。

（2）锅筒支承物的安装。双横锅筒的支承有三种方法：第一种是下锅筒设支座，上锅筒靠对流管束（或升降管）支撑；第二种是下锅筒设支座，而上锅筒用吊环吊挂；第三种是上、下锅筒均设支座。锅筒支座由滚柱和底板两部分组成。

（3）锅筒、集箱的就位与调整。上、下锅筒采用吊车或抱杆进行吊装就位。锅筒就位后，应对锅筒的纵向中心线，横向中心线、锅筒两端面的垂直中心线按设计要求进行调整。

（4）锅筒内部装置的安装，应在水压试验合格后进行。

（三）受热面管（对流管束）的安装

对流管束通常是由连接上、下锅筒间的管束构成。全部对流管束都布置在烟道中，受烟气的冲刷而换热，也称对流受热面。连接方式有胀接和焊接两种。

胀接前应对所有受热面管逐一进行检查，并进行管端退火、打磨，管孔清理，管道和管孔的选配。硬度大于或等于锅筒管孔壁的胀接管子，其管端应进行退火，退火宜用电加热式红外线退火炉或纯度不低于 99.9%的铅熔化后（铅浴法）进行。并应用温度显示仪进行温度控制；不得用烟煤等含硫、磷较高的燃料直接加热管子进行退火。退火温度应为 600～650℃，退火时间应保持 10～15min，胀接端的退火长度应为 100～150mm。退火后的管端应有缓慢冷却的保温措施。

胀管时工序：先用固定胀管器固定胀管，再用翻边胀管器继续使管端管径扩大并翻边。经翻边后，既可使胀管接头的强度提高，又可以减少锅水出入管端时的阻力损失。

胀接工作完成后，应进行水压试验，并检查胀口的严密性和确定需补胀的胀口。补胀应在放水后立即进行，补胀次数不宜超过 2 次。

受热面管道与锅筒、集箱焊接时多采用预留管接头对口接焊。可采用手弧焊和氩弧焊等方法焊接。

水冷壁和对流管束管道，如果管道一端与集箱管座对口焊接，另一端插入锅筒内焊接，一般应先焊集箱对接焊口，后焊锅筒焊缝。管道上所有附属焊接件应在水压试验前焊接完毕。

锅炉受热面管、本体管道及其他管件的环焊缝外观质量检查合格后，应依据锅炉安装技术要求进行射线或超声波检测。焊缝质量等级应符合相关规定。

当无损检测的结果为不合格时，除应对不合格焊缝进行返修外，还应对该焊工当日所焊的同类焊接接头增做复检，复检数量为抽检数量的 2 倍。当复检仍有不合格时，应对该焊工当日焊接的焊接接头全部检测。

当焊接接头经无损检测发现不合格时，应找出原因，并制定出可行的返修方案进行返修，同一位置上的返修不应超过 3 次。

管子上所有的附属焊接件，应在水压试验前焊接完毕。

(四) 省煤器安装

省煤器是布置在锅炉尾部烟道内，利用排烟温度的余热来提高给水温度的热交换器。

省煤器的作用：

(1) 吸收低温烟气的热量，降低排烟温度，减少排烟损失，节省燃料，提高锅炉热效率。

(2) 由于给水进入汽包之前先在省煤器加热，因此减少了给水在受热面的吸热，可以用省煤器来代替部分造价较高的蒸发受热面。

(3) 给水温度提高，进入汽包就会减小壁温差，热应力相应的减小，延长汽包使用寿命。

铸铁省煤器安装前，宜逐根、逐组进行水压试验。每根铸铁省煤器管上破损的翼片数不应大于该根翼片数的5%，整个省煤器中有破损翼片的根数不应大于总根数的10%，且每片损坏面积不应大于该片总面积的10%。翼片管和弯头的密封面不得有径向沟槽、裂纹、歪斜、坑凹等缺陷。省煤器安装时，严格注意管排侧面、管端与护墙之间的间隙，应符合图纸规定，以保证自由膨胀。

(五) 空气预热器安装

空气预热器是一种热交换器，通过设置在锅炉尾部烟道中的散热片将进入锅炉炉膛前的空气预热到一定温度，提高燃烧效率的设备。空气预热器分为板式、管式和回转式三种结构形式，经常采用的是管式和回转式预热器。

空气预热器的主要作用有：

(1) 改善并强化燃烧。经过预热器加热的空气进入炉内，加速了燃料的干燥、着火和燃烧过程，保证了锅炉内的稳定燃烧，提高了燃烧效率。

(2) 强化传热。由于炉内燃烧得到了改善和强化，加上进入炉内的热风温度提高，炉内平均温度也有提高，从而可强化炉内辐射传热。

(3) 减少锅炉热损失，降低排烟温度，提高锅炉热效率。

该装置安装前，应对管箱进行外表质量检查，对损伤的管道应修复，预热器上方无膨胀节时，应留出适当的膨胀间隙。如有膨胀节时，则应连接良好，不得有变形和泄漏现象。在温度高于100℃区域内的螺栓、螺母上应涂上二硫化钼油脂、石墨机油或石墨粉。

(六) 过热器安装

过热器是将锅筒内产生的饱和水蒸气再一次进行加热，使之成为过热蒸汽的设备，饱和蒸汽又称湿蒸汽，经过热器加热后变成干蒸汽。

过热器是由进、出口联箱及许多蛇形管组装而成的，按照传热方式的不同，过热器可分为低温对流过热器、屏式过热器和高温辐射过热器。对流过热器大都垂直悬挂于锅炉尾部；辐射过热器多半装于锅炉的炉顶部或包覆于炉墙内壁上。对于大容量锅炉的过热器都布置在烟温较高的区域内，其蒸汽温度和管壁热负荷都很高，所以，过热器的材料大多采用一些含有铬、钼、钒等元素，具有良好高温强度性能的耐热合金钢制造。

过热器安装时，先将过热器联箱和减温器上位。吊装组合件时，其次序是先一级后二级，每级由里向外，逐排上位，逐排焊接。焊接质量要好，防止漏烟。安装膨胀节时，注意膨胀方向不要装错，密封装置不要漏掉。

（七）炉排安装

工业锅炉中用得较多的有链条炉排、抛煤机炉排、往复推动炉排和振动炉排，各种形式的炉排安装工序和要求各不相同，应按锅炉安装使用说明书的要求进行安装。一般情况下，炉排安装顺序为：

（1）安装前将铸铁炉排片、炉排梁等构件配合处的飞边、毛刺磨掉，以保证各部位的良好配合。

（2）安装前要进行炉外冷态试运转，链条炉排试运转时间不应少于 8h；往复炉排试运转时间不应少于 4h。试运转速度不少于两级。炉排转动应平稳，如发生卡住、抖动、跑偏等现象，应予以清除。

（3）炉排安装顺序按炉排形式而定，一般是由下而上的顺序安装。要按设计图纸核对尺寸，保证安装允许的偏差值和炉排两端的缝隙大小，以防影响炉排的运行。

（4）安装炉排的变速机构。

（5）炉排安装完毕，要认真检查。确认合格后，再进行炉内冷态试运转。

（八）锅炉安全附件的安装

锅炉安全附件主要指的是压力表，水位计和安全阀。

1. 压力表安装

工业锅炉上常用的有液柱式、弹簧式和波纹管式压力表，以及压力变送器。安装时应注意以下几点：

（1）就地安装的压力表不应固定在有强烈振动的设备和管道上。

（2）压力表或变送器的安装高度宜与取压点的高度一致。

（3）锅筒压力表的表盘上应标有表示锅筒额定工作压力的红线。

（4）压力表与存液弯管之间应装设三通旋塞阀或针形阀。压力表应安装在便于观察和吹扫的位置。

2. 液位检测仪表的安装

液位检测仪表（水位计）用于指示锅炉内水位的高低。常用的水位计有玻璃管式水位计、板式水位计、磁翻柱液位计、内浮筒液位计、浮球液位计、电接点水位表以及远程水位显示装置等。

水位计安装时应主要注意以下几点：

（1）玻璃管式水位计、板式水位计的标高与锅筒正常水位线允许偏差为±2mm，在水位表上应标明“最高水位”“最低水位”和“正常水位”。

（2）内浮筒液位计和浮球液位计的导向管或其他导向装置应垂直安装，并应使导向管内的液体流动通畅，法兰短管连接应保证浮球能在全程范围内自由活动。

（3）电接点水位表应垂直安装，设计零点应与锅筒正常水位相重合。

3. 安全阀安装

中压、低压锅炉常用的安全阀有弹簧式和杠杆式两种。

安全阀应逐个在其公称压力的 1.25 倍下进行严密性试验，且阀瓣与阀座密封面不漏水。

蒸汽锅炉安全阀的安装和试验应符合下列要求：

（1）蒸汽锅炉安全阀应铅垂安装，排汽管管径应与安全阀排出口径一致，管路应畅通，并直通至安全地点，排汽管底部应装有疏水管。省煤器的安全阀应装排水管。在排水管、排汽管和疏水管上，不得装设阀门。两个独立的安全阀的排气管不应相连。

（2）蒸发量大于 0.5t/h 的锅炉，至少应装设两个安全阀（不包括省煤器上的安全阀）。蒸汽锅炉安全阀的整定压力应符合表 4.2.4 的规定。

表 4.2.4　蒸汽锅炉安全阀的整定压力

额定工作压力/MPa	安全阀的整定压力
≤0.8	工作压力加 0.03MPa
	工作压力加 0.05MPa
>0.8～3.82	工作压力的 1.04 倍
	工作压力的 1.06 倍

注：1. 省煤器安全阀整定压力应为装设地点工作压力的 1.1 倍。

2. 表中的工作压力，对于脉冲式安全阀系指冲量接出地点的工作压力，其他类型的安全阀系指安全阀装设地点的工作压力。

锅炉上必须有一个安全阀按表 4.2.4 中较低的整定压力进行调整；对装有过热器的锅炉，按较低压力进行整定的安全阀必须是过热器上的安全阀，过热器上的安全阀应先开启。

（3）蒸汽锅炉安全阀应铅垂安装，排汽管径应与安全阀排出口径一致，其管路应畅通，并直通至安全地点，排汽管底部应装有疏水管。省煤器的安全阀应装排水管。在排水管、排汽管和疏水管上，不得装设阀门。

（4）省煤器安全阀整定压力调整，应在蒸汽严密性试验前用水压的方法进行。

（5）蒸汽锅炉安全阀经调整检验合格后，应加锁或铅封。

4. 锅炉水压试验

锅炉的汽、水压力系统及其附属设备安装完毕后，必须进行水压试验。

锅炉水压试验的范围包括有锅筒、联箱、对流管束、水冷壁管、过热器、锅炉本体范围内管道及阀门等，安全阀应单独做水压试验。水压试验要求如下：

（1）准备工作。将上、下锅筒内清理干净；对升降管、水冷壁管进行通球试验；封闭人孔、手孔；拆下安全阀并以盲板封住。每台锅炉装压力表两块；打开锅炉上的主汽阀（此时该阀代替排气阀）；关闭排污阀；将锅炉、手压泵以管道与水源连接。

（2）试验压力。锅炉本体及部件水压试验的试验压力见表 4.2.5 和表 4.2.6。

表 4.2.5　锅炉本体水压试验的试验压力

锅筒工作压力/MPa	试验压力
<0.8	锅筒工作压力的 1.5 倍，但不小于 0.2MPa
0.8～1.6	锅筒工作压力加 0.4MPa
>1.6	锅筒工作压力的 1.25 倍

注：试验压力应以锅筒或过热器集箱的压力表为准。

表 4.2.6 锅炉部件水压试验的试验压力

部件名称	试验压力
过热器	与本体试验压力相同
铸铁省煤器	省煤器工作压力的 1.5 倍
钢管省煤器	锅筒工作压力的 1.5 倍

（3）试验介质。水压试验时，试验用水应清洁，水温应高于周围露点温度，且不高于 70℃；试压环境温度不得低于 5℃，当环境温度低于 5℃时，应采取必要的防冻措施。

（4）试验过程。打开注水阀，向锅炉内注水至满，排尽空气后关闭放气阀和注水阀。经初步检查无漏水现象后，再缓慢升压，当升至 0.3～0.4MPa 时，应进行一次检查，必要时拧紧人孔、手孔和法兰的螺栓。当水压升至额定工作压力时，暂停升压，检查各部位，且应在无漏水或变形等异常现象时关闭就地水位计，继续升到试验压力。锅炉在试验压力下应保持 20min。保压期间压力下降不应超过 0.05MPa；最后回降至额定工作压力，进行全面检查，检查期间压力应保持不变，水压试验时受压元件金属壁和焊缝上，应无水珠和水雾，胀口不应滴水珠。

（5）锅炉水压试验不合格时，应返修。返修后应重新做水压试验。

（6）锅炉水压试验后，应及时将锅炉内的水全部放尽。立式过热器内的水不能放尽时，在冰冻期应采取防冻措施。

（九）炉墙的砌筑

1. 筑炉常用材料

锅炉的炉墙通常分为内墙、隔烟墙和外墙。内墙、隔烟墙直接受火焰侵袭，采用耐火砖、耐火泥砌筑。耐火砖分为普型和异型两种，耐火泥由生料（生耐火泥）、熟料（熟耐火泥）配制而成。外墙不直接承受火焰的烘烤，可采用优质红（青）砖和水泥砂浆砌筑。

2. 炉墙的砌筑

分为砌筑炉墙和砌筑弧形拱。

（1）砌筑炉墙。砌筑内墙的灰浆配比为：当砌筑温度高，砖缝宽小于或等于 2mm 的耐火砖内墙时，用熟耐火泥 75%，生耐火泥 25%配制；当砌筑温度较低，砖缝宽小于或等于 3mm 的耐火砖内墙时，用熟耐火泥 65%，生耐火泥 35%配制。耐火泥的细度要满足砌筑要求，使用前要用筛孔小于灰缝宽度的筛子筛过。砌筑红（青）砖外墙时，可采用水泥、石灰混合砂浆，其配比为水泥：石灰：河砂＝1：1：（4～6）（体积比）。

在砌筑过程中，各层砖的灰缝要错开，内、外墙不得有垂直的通缝。每砌 5～7 层时，应设置适当块数的牵连砖（用耐火砖）；炉墙砌到一定高度时，应检查其垂直度和平整度：垂直度误差每米小于或等于 3mm，全高不超过 15mm；凹凸度误差小于或等于 5mm，砖缝灰浆应均匀、饱满。

耐火砖内墙的外转角处应留伸缩缝，缝内以大于间隙的石棉绳涂耐火泥填充，缝两侧的墙要平直，炉墙与钢结构的接触处应垫石棉板。

（2）砌筑弧形拱。炉顶和炉墙上的门、孔上部通常为拱形。弧形拱用楔形耐火砖砌筑而成，拱砖为奇数，拱顶中央的一块砖称为锁砖，位于通过拱弧圆心的垂直线上。

砌拱时，从两侧向中间砌筑，砖缝应小于或等于 2mm，最后一块中央锁砖的楔形缺口应略小于砖的厚度，以能插入约 2/3 砖长为宜；然后用木槌把剩余的 1/3 轻轻打入。拱两侧的砖（拱脚砖），用异型耐火砖砌筑。拱上部的炉墙，可用加工的耐火砖沿弧形竖砌。

（十）烘炉

烘炉的目的是将炉墙中的水分慢慢烘干，以防锅炉投入运行时，由于炉膛内火焰温度高，使炉墙内的水分急剧蒸发而产生裂纹。

烘炉前，锅炉及其水处理、汽水、排污、输煤、除渣、送风、除尘、照明、循环冷却水等系统应经试运转，并符合随机技术文件的规定；烘炉所用的热工和电气仪表均已调试合格。

1. 烘炉前的准备工作

烘炉前的主要工作：一是做全面检查；二是将炉膛内的杂物清理干净；三是是备好烘炉所用材料和工具；四是打开炉门、烟道门道等进行通风，使燃烧室内的炉墙风干。

2. 烘炉

烘炉可采用火焰或蒸汽。有水冷壁的各种类型的锅炉宜采用蒸汽烘炉。链条炉排烘炉的燃料不应有铁钉等金属杂物。火焰烘炉应符合下列规定：

（1）火焰应集中在炉膛中央，烘炉初期宜采用文火烘焙，初期以后的火势应均匀，然后缓慢加大。

（2）炉排在烘炉过程中应定期转动。

（3）烘炉烟气温升应在过热器后或相当位置进行测定；其温升应符合下列要求：

1）重型炉墙第一天温升不宜大于 50℃，以后温升不宜大于 20℃/d，后期烟温不应大于 220℃；

2）砖砌轻型炉墙温升不应大于 80℃/d，后期烟温不应大于 160℃；

3）耐火浇注料炉墙温升不应大于 10℃/h，后期烟温不应大于 160℃，在最高温度范围内的持续时间不应少于 24h。

（4）当炉墙特别潮湿时，应适当减慢温升速度，并应延长烘炉时间。

全耐火陶瓷纤维保温的轻型炉墙，可不进行烘炉，但其黏接剂采用热硬性粘接料时，锅炉投入运行前应按其规定进行加热。

烘炉时间应根据锅炉类型、砌体湿度和自然通风干燥程度确定，散装锅炉一般宜为 14～15d；整体安装的锅炉宜为 2～4d。烘炉后，炉墙灰浆试样中水分降至 2.5%以下即为合格。

烘炉过程中应测定和绘制实际升温曲线图。

（十一）煮炉

煮炉就是将选定的药品先调成一定浓度的水溶液，而后注入锅炉内进行加热。煮炉的目的是除掉锅炉中的油污和铁锈等。

（1）煮炉用药。煮炉开始时的加药量应符合随机技术文件的规定；当无规定时，应按表 4.2.7 的配方加药。

（2）加药前的准备工作。准备好加药桶和其他工具；将煮炉用药品先调成 20%浓度的水溶液，搅拌均匀，使其充分溶解，并除去杂质。

（3）加药。加药时，炉水应处于低水位，用加药桶将调制的药液一次注入锅筒内。注意：不得将固体药品直接注入锅筒内，更不得使药液进入过热器内。

表 4.2.7 煮炉时的加药配方 单位：kg

药品名称	每立方米水的加药量	
	铁锈较薄	铁锈较厚
氢氧化钠	2～3	3～4
磷酸三钠	2～3	2～3

注：1. 药量按 100%纯度计算。
2. 无磷酸三钠时，可用碳酸钠代替，用量为磷酸三钠的 1.5 倍。
3. 单独使用碳酸钠煮炉时，每立方米水中加 6kg 碳酸钠。

(4) 煮炉。煮炉时间通常为 48～72h。为保证煮炉质量，煮炉的最后 24h 宜使蒸汽压力保持在额定工作压力的 75%。煮炉期间，应定期从锅筒和水冷壁下集箱取水样做化验分析，当炉水的碱度低于 45mmol/L 时，应补充加药。

煮炉结束后，应交替进行上水和排污，并应在水质达到运行标准后停炉排水，冲洗锅筒内部和曾与药液接触过的阀门、清除锅筒及集箱内的沉积物，排污阀应无堵塞现象。

煮炉后，锅筒和集箱内壁无油垢、金属表面无锈斑为合格。

(十二) 定压及蒸汽严密性试验

锅炉经烘炉和煮炉后应进行严密性试验。向炉内注软水至正常水位。而后进行加热升压至 0.3～0.4MPa 时，对锅炉范围内的法兰、人孔、手孔和其他连接螺栓进行一次热状态下的紧固。当锅炉压力升至额定工作压力，进行全面检查：若人孔、阀门、法兰等处无渗漏；锅筒、集箱等处的膨胀情况良好，炉墙外部表面无开裂，则蒸汽严密性试验合格。

有过热器的蒸汽锅炉，应采用蒸汽吹洗过热器。吹洗时，锅炉压力宜保持在额定工作压力的 75%，吹洗时间不应小于 15min。

严密性试验合格，应按本节表 4.2.4 或表 4.2.5 的规定对安全阀进行最终调整（定压），调整后的安全阀应立即加锁或铅封。

上述各项工作完成之后，锅炉应带负荷连续运行 48h，整体出厂锅炉宜为 4～24h，以运行正常为合格，并应做好试运行记录。

三、锅炉辅助设备

(一) 燃料制作和供应设备

(1) 煤的制备。煤的制备系统中常设置有碎煤装置（环锤式碎煤机、双辊齿牙式破碎机）、筛选装置、给煤设备（电磁振动给煤机、往复振动给煤机）、煤的计量装置等。

(2) 制粉设备。对沸腾炉，原煤必须经过制粉才能使用。制粉设备一般包括原煤仓、给煤机、磨煤机、粗粉分离器、细粉分离器、排粉风机、给粉机、螺旋输粉机、煤粉仓、锁气器和防爆门等设备。

(3) 运煤设备。常用的运煤设备有卷扬翻斗上煤机、摇臂翻斗上煤机、电动葫芦吊煤罐、埋刮板输送机、胶带输送机等。

（二）灰渣处理设备

（1）人工除灰渣。人工除灰渣即锅炉房的灰渣完全靠人力来装卸和输送。灰渣应先浇水冷却之后才能从锅炉房向外运。由于人工除灰渣劳动强度大、卫生条件差，只用于小容量锅炉房。

（2）机械除灰渣系统。锅炉房常用的机械除灰渣设备有重型框链除渣机、螺旋除渣机、马丁碎渣机、圆盘除渣机等。

（3）水力除灰渣系统。水力除灰渣是利用有一定压力的水，将锅炉落入灰渣沟内的碎渣及细灰冲走，送至渣池的运灰渣系统。水力除灰渣系统分为低压、高压和混合式除灰渣三种。工业锅炉房一般采用低压水力除灰渣系统。

（三）烟气净化设备

烟气净化系统包括烟气的除尘、脱硫、脱硝设备。

1. 锅炉的除尘设备

工业锅炉中常用的除尘方式有干法和湿法两种。

（1）干法除尘。工业锅炉最常用的干法除尘设备是旋风除尘器。旋风除尘器原理图见图 4.2.3。

含尘烟气以 15～20m/s 的速度切向进入除尘器外壳和排出管之间的环形空间，形成一股向下运动的外旋气流。烟气中的尘粒在离心力的作用下被甩到筒壁，并随烟气一起沿着圆锥体向下运动，落入除尘器底部的灰斗中。已净化的烟气沿除尘器的轴心部位向上，形成旋转上升的内涡旋气流，从除尘器上部的排出管排出。

旋风除尘器结构简单、处理烟气量大，没有运动部件、造价低、维护管理方便，除尘效率一般可达85%左右，可用于高温烟气的净化，是工业锅炉烟气净化中应用最广泛的除尘设备。它的主要缺点是对细小尘粒（小于 5μm）的去除效率较低。

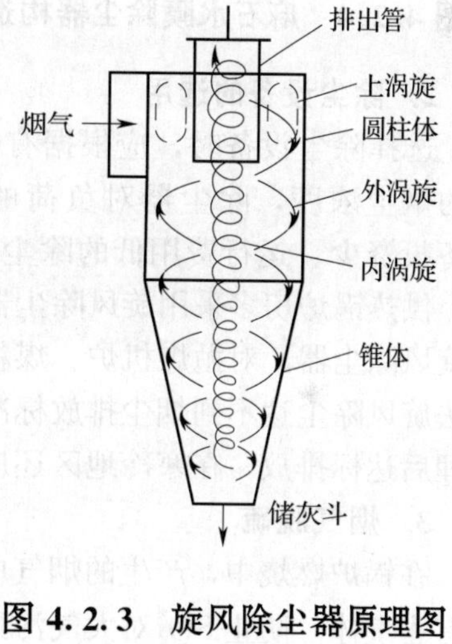

图 4.2.3　旋风除尘器原理图

（2）湿法除尘。湿法除尘是利用水膜粘住或吸附烟气中的灰粒，或用喷雾的水使灰粒凝聚随水清洗下来。常用的有麻石水膜除尘器和旋风水膜除尘器。

1）麻石水膜除尘器。麻石水膜除尘器构造简图见图 4.2.4，采用天然的花岗岩砌筑而成，因此耐酸、防腐、耐磨，使用寿命长。它是在花岗岩（麻石）筒体的上部设置溢水槽，使除尘器内壁圆周形成一层很薄的不断向下均匀流动的水膜，含尘气体由筒体下部切向导入旋转上升，靠离心力作用甩向内壁的粉尘被水膜所黏附，沿内壁流向下端排走。净化后的气体由顶部排出，从而达到除尘的目的。麻石水膜除尘器是我国使用最普遍的一种湿式除尘器，除尘效率可以达到 98%以上。

2）旋风水膜除尘器。图 4.2.5 为旋水膜除尘器工作原理示意图。喷雾沿切向喷向筒壁，使壁面形成一层很薄的不断下流的水膜；含尘气流由筒体下部导入，旋转上升，靠离心力甩向壁面的粉尘为水膜所黏附，沿壁面流下排走。

旋风水膜除尘器适合处理烟气量大和含尘浓度高的场合。它可以单独采用，也可以安装在文丘里洗涤器之后作为脱水器。

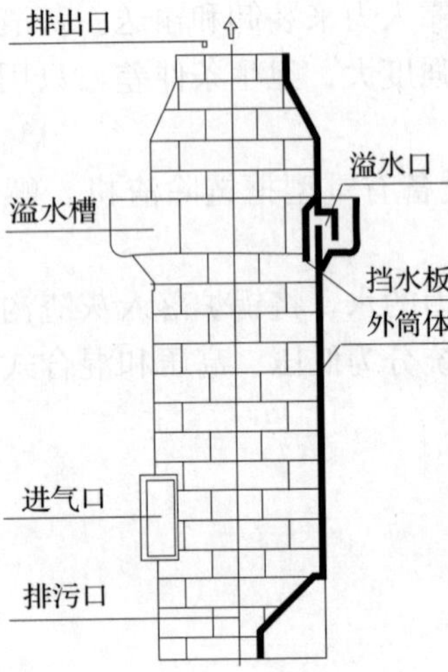

图 4.2.4 麻石水膜除尘器构造简图

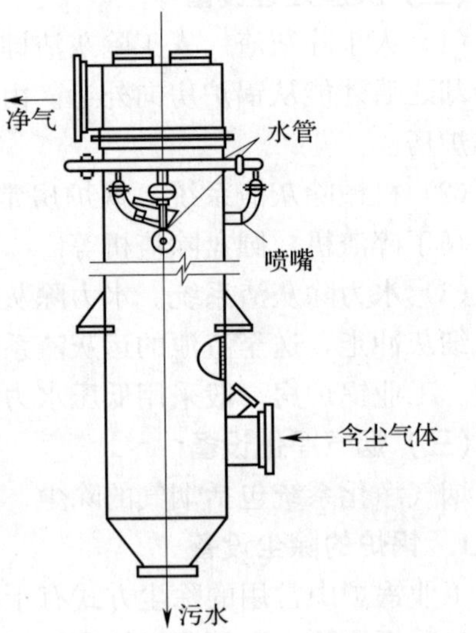

图 4.2.5 旋风水膜除尘器工作原理示意图

2. 除尘设备的选用

选择除尘设备时，应根据有关标准和规定，不同燃烧方式的锅炉在额定蒸发量下出口的烟尘浓度，除尘器对负荷的适应性等因素，经技术经济比较，选用高效、低阻、设备投资少、运行费用低的除尘器。

供热锅炉房多采用旋风除尘器。对于往复炉排、链条炉排等层燃炉锅炉，一般采用单级旋风除尘器。对抛煤机炉、煤粉炉、沸腾炉等室燃炉锅炉，一般采用二级除尘。当采用干法旋风除尘达不到烟尘排放标准时，可采用湿式除尘。对采用湿法除尘时，其废水应经处理后达标排放，在寒冷地区还应考虑保温和防冻措施。

3. 烟气脱硫

在锅炉燃烧中，产生的烟气中除了烟尘外，还有 SO_2、SO_3、氮氧化物及碳氢化合物等有害气体。防止 SO_2 对大气污染的途径主要有：

(1) 燃烧前燃料脱硫。由于煤中的硫化亚铁密度较大，因此可以通过洗选法脱除部分硫化亚铁以及其他矿物质。常规洗选法可以脱除 30%～50%的硫化亚铁。

也可采用化学浸出法、微波法、细菌法脱硫，还可以将煤进行气化或者液化，转化为清洁的二次燃料，以达到脱硫的目的。

(2) 烟气脱硫。烟气脱硫是工业中大规模应用的、有效的脱硫方法。

烟气脱硫技术可分为干法和湿法。

1) 干法烟气脱硫。干法烟气脱硫工艺主要是利用固体吸收剂去除烟气中的 SO_2，一般是把石灰石细粉喷入炉膛中，使其受热分解成 CaO，吸收烟气中的 SO_2，生成 $CaSO_3$，与飞灰一起用除尘器收集或经烟囱排出。

2) 湿法烟气脱硫。湿法烟气脱硫是采用液体吸收剂在离子条件下的气-液反应，进而去除烟气中的 SO_2，系统所用设备简单，运行稳定可靠，脱硫效率高。

干法烟气脱硫的最大优点是治理中无废水、废酸的排放，减少了二次污染。缺点是反应速度慢，脱硫效率低（一般小于 80%），吸收剂利用率低，设备庞大。

湿法烟气脱硫采用液体吸收剂洗涤烟气以除去 SO_2，所用设备比较简单，操作容易，脱硫效率高；但脱硫后烟气温度较低，且设备的腐蚀较干法严重。

目前，石灰石（石灰）-石膏湿法在湿法烟气脱硫领域得到了广泛应用。原理是采用石灰石或石灰作为脱硫吸收剂，石灰石经过破碎研磨成粉状，和水混合、搅拌成浆液。在吸收塔内，吸收浆液和烟气接触并混合，烟气中的二氧化硫和浆液中的碳酸钙与鼓入的氧化空气进行化学反应，生成硫酸钙（$CaSO_4$），以石膏形式回收。脱硫后的烟气经过除雾器除去带出的细小液滴，经过换热器进行加热，升温之后排入烟囱。该工艺的特点是技术成熟，脱硫效率高（大于95%），吸收剂原料价廉易得，成本低，系统运行稳定，变负荷运行特性优良，脱硫石膏可以综合利用；缺点是基建投资费用高、水消耗大，脱硫废水具有腐蚀性。

四、热力设备安装工程计量

根据《安装工程计量标准》的规定，进行工程量计算。

（一）适应范围及相关说明

1. 适应范围

依据《安装工程计量标准》，热力设备安装工程适用范围：

（1）热力设备安装工程适用于220t/h以下，压力在13.7MPa以下的锅炉和2.5万kW（25MW）以下的汽轮发电机组及其配套的辅机、燃料、除灰、水处理设备安装工程。

（2）锅炉压力等级的划分，以锅炉出口蒸汽参数为限：

1）蒸汽出口压力≤2.45MPa，蒸汽出口温度≤400℃时为低压锅炉。

2）蒸汽出口压力为2.94～4.9MPa，蒸汽出口温度450℃时为中压锅炉。

3）蒸汽出口压力为7.84～10.8MPa，蒸汽出口温度540℃时为高压锅炉。

2. 相关说明

（1）下列通用性机械应按照《安装工程计量标准》附录A“机械设备安装工程”的相关项目编码列项：

1）锅炉风机安装项目中，除了《安装工程计量标准》中（高）压锅炉风机安装中所列风机以外的其他风机安装。

2）系统的泵类安装项目中，除了电动给水泵、循环水泵、凝结水泵、机械真空泵以外的其他泵的安装。

3）起重机械设备安装，包括汽机房桥式起重机等。

4）柴油发电机和压缩空气机安装。

（2）除了由设备成套供应的成型管道和包括在设备安装工作内容中的润滑系统管道以外，各系统的管道安装应按《安装工程计量标准》附录H“工业管道工程”相关项目编码列项。

（3）热力系统设备的防腐和刷漆，应按《安装工程计量标准》附录M“刷油、防腐蚀、绝热工程”相关项目编码列项。

（4）除了锅炉炉墙砌筑以外的热力系统设备和系统管道的保温，应按《安装工程计量标准》附录M“刷油、防腐蚀、绝热工程”相关项目编码列项。

（5）烟、风、煤管道制作，应按《安装工程计量标准》附录C“静置设备与工艺金属结构制作安装工程”相关项目编码列项。

（6）以下工作内容包括在相应的安装项目中：

1）汽轮机、凝汽器等大型设备的拖运、组合平台的搭、拆。

2）除炉墙砌筑脚手架外的施工脚手架和一般安全设施。

3）设备的单体试运转和分系统调试试运转配合。

4）设备基础二次灌浆的配合。

（7）由设备制造厂配套供货的平台、扶梯及围栏的制作不包括在安装项目中，未配套供应的，可由业主单位委托施工单位另行处理。

（8）锅炉本体设备组合平台支架的搭拆、炉墙砌筑脚手架搭拆、发电机定子起吊措施应按《安装工程计量标准》附录P“措施项目”的相关项目编码列项。

（9）负荷开关应按《安装工程计量标准》附录D“电气设备安装工程”相关项目编码列项，止回风口、静压箱安装应按《安装工程计量标准》附录G“通风空调工程”相关项目编码列项。

3. 其他说明

（1）中（高）压锅炉本体设备安装（编码：030201）中的有关问题说明：

1）锅炉类型是指燃煤锅炉、燃机余热锅炉、燃（油）气锅炉。

2）锅炉结构形式是指链条炉、煤粉炉；炉排结构形式是指链条式炉排、鳞片式炉排、横梁式炉排。

3）项目特征中的“规格”是指锅炉的工作压力、蒸汽温度。

（2）中（高）压锅炉分部试验及试运（编码：030202）中，锅炉清洗及试验是指锅炉清洗、锅炉水压试验、风压试验、锅炉的烘炉、碱煮炉以及蒸汽严密性试验和安全门调整。

（3）中（高）压锅炉除尘装置安装（编码：030204）中，除尘器结构形式是指旋风式、袋式、电除尘等。

（4）汽轮发电机本体安装（编码：030209）中，汽轮发电机组空负荷试运包括危急保安器试运、给水泵组试运、润滑油系统、真空系统试运、汽轮机汽封系统试运、调速系统试运、发电机水冷系统试运、低压缸喷水的试运、其他相关项目试运。

（5）汽轮发电机附属设备安装（编码：030211）中，循环水泵房入口设备安装包括旋转滤网、钢闸门和清污机的安装。

（6）卸煤设备安装（编码：030212）中，抓斗高度是指抓斗的工作高度。

（7）煤场设备安装（编码：030213）、气力除灰设备安装（编码：030216）中，平台、扶梯、栏杆按《安装工程计量标准》第C.5节工艺金属结构安装相关编码列项。

（8）化学水预处理系统设备安装（编码：030217）中，凝聚澄清过滤系统设备安装包括澄清器、过滤器、混合器、水箱、水泵、溶液泵、计量箱和计量装置、加热器安装。

（9）锅炉补给水除盐系统设备安装（编码：030218）中，机械过滤系统安装包括机械过滤器、水箱、水泵和鼓风机安装；除盐加混床设备安装包括水箱、水泵、计量箱、计量装置和喷射器安装；除二氧化碳和离子交换设备安装包括除二氧化碳器、混合器、阴阳离子交换器、再生罐和树脂贮存罐安装。

（10）凝结水处理系统设备安装（编码：030220）中，凝结水处理设备包括离子交换器、再生器、过滤器、树脂贮存罐、树脂捕捉器、树脂喷射器、酸碱贮存罐、计量箱、喷射器和水泵的安装。

(11) 循环水处理系统设备安装（编码：030221）中，循环水处理及加药设备包括钠离子软化器、食盐溶解过滤器、加药设备、凝汽器铜管镀膜设备、空压机设备及其所需的附件和配件。

(12) 给水、炉水校正处理系统设备安装（编码：030222）中，给水、炉水校正处理设备包括汽水取样设备、炉内水处理装置、药液制备设备、计量设备、输送泵及其一切所需的附件和配件。

(13) 脱硫设备安装（编码：030223）中，脱硫附属机械及辅助设备包括增压风机、烟气换热器（GGH）、真空皮带脱水机、旋流器和循环浆液泵的安装。

(14) 脱硝设备安装（编码：030224）中，其他罐体设备包括液氨储罐、氨气缓冲罐、氨气稀释罐、氨气存储罐的安装。

(15) 低压锅炉本体设备安装（编码：030225）中的相关说明：

1) 散装和组装锅炉，不包括设备的包装材料、加固件的重量。

2) 平台、扶梯、栏杆按《安装工程计量标准》第C.5节工艺金属结构安装相关编码列项。

(16) 三联供锅炉辅助设备安装（编码：030228）中，燃气机类型是指燃气轮机、燃气内（外）燃机、燃气微燃机、余热直燃机等；吸收式制冷机类型是指烟气型吸收式制冷机、蒸汽型吸收式制冷机等；阀件是指节流阀、转向阀、烟气阀、水阀等。

(17) 工业炉安装（编码：030229）中的相关说明：

1) 废热锅炉的结构是指快装型、半快装型、散装型，燃烧床类型是指单床型、双床型；单汽包型、双汽包型，具体按设计图纸所说明的为准。

2) 附属设备钢结构及导轨，应按《安装工程计量标准》附录C“静置设备与工艺金属结构制作安装工程”及附录N“其他及附属工程”相关项目编码列项。

(18) 锅炉系统调试、特殊项目测试和性能验收试验（编码：030230）中，针对不同类型锅炉的属性，按照设计、电力建设规范及施工验收要求，分别列出需要调试的项目，并参照以上调试项目执行。

（二）工程计量规则

1. 中（高）压锅炉本体设备安装

(1) 锅炉架，应根据项目特征［锅炉类型；规格；蒸发量（t/h）］，以“t”为计量单位，按设计图示质量计算。工作内容为：构件清点；安装。

(2) 汽包，应根据项目特征［锅炉类型；规格；支撑方式；蒸发量（t/h）；质量］，以“台”为计量单位，按设计图示数量计算。工作内容为：汽包及其内部装置安装；外置式汽水分离器及连接管道安装；底座或吊架安装。

(3) 水冷系统，应根据项目特征［锅炉类型；规格；结构形式；蒸发量（t/h）］，以“t”为计量单位，按设计图示质量计算。工作内容为：水冷壁组件安装；联箱安装；降水管、汽水引出管安装；支吊架、支座、固定装置安装；刚性梁及其联接件安装；防磨片安装；炉水循环泵系统安装；循环流化床锅炉的水冷风室安装。

(4) 过热系统，应根据项目特征［锅炉类型；规格；结构形式；蒸发量（t/h）］，以

“t”为计量单位，按设计图示质量计算。工作内容为：蛇形管排及组件安装；顶棚管、包墙管安装；联箱、减温器、蒸汽联络管安装；联箱支座或吊杆、管排定位或支吊铁件安装；刚性梁及其联接件等安装；防磨装置安装。

（5）省煤器，应根据项目特征［锅炉类型；规格；结构形式；蒸发量（t/h）］，以“t”为计量单位，按设计图示质量计算。工作内容为：蛇形管排及组件安装；包墙及悬吊管安装；联箱、联络管安装；联箱支座、管排支吊铁件安装；防磨装置安装；管系支吊架安装。

（6）管式空气预热器，应根据项目特征［锅炉类型；规格；结构形式；蒸发量（t/h）］，以“t”为计量单位，按设计图示质量计算。工作内容为：设备供货范围内的部（组）件安装；检修平台安装。

（7）回转式空气预热器，应根据项目特征（锅炉类型；规格；结构形式；转子直径；质量），以“台”为计量单位，按设计图示数量计算。工作内容为：设备供货范围内的部（组）件安装；检修平台安装。

（8）旋风分离器（循环流化床锅炉），应根据项目特征（锅炉类型；规格；结构形式；直径），以“t”为计量单位，按设计图示质量计算。工作内容为：外护板组合安装；水冷套组合安装；中心筒安装。

（9）本体管路系统，应根据项目特征［锅炉类型；规格；结构形式；蒸发量（t/h）］，以“t”为计量单位，按设计图示质量计算。工作内容为：锅炉本体设计图范围内属制造厂定型设计的系统管道安装；阀门、管件、表计安装；支吊架安装；吹灰器安装。

（10）锅炉本体金属结构，应根据项目特征［锅炉类型；规格；结构形式；蒸发量（t/h）；出口压力（MPa）］，以“t”为计量单位，按设计图示质量计算。工作内容为：锅炉本体的护板、内、外金属墙皮安装；联箱和炉顶的罩壳、构件及铁件安装；各类门孔和支吊装置等金属构件安装。

（11）锅炉本体平台扶梯，应根据项目特征［锅炉类型；规格；结构形式；蒸发量（t/h）；出口压力（MPa）］，以“t”为计量单位，按设计图示质量计算。工作内容为：锅炉本体设备成套供应的平台、扶梯、栏杆及围护板安装。

（12）炉排及燃烧装置，应根据项目特征［锅炉类型；规格；结构形式；蒸发量（t/h）；出口压力（MPa）］，以“套”为计量单位，按设计图示数量计算。工作内容为：锅炉的炉排、传动机组件安装；煤粉炉的燃烧器、喷嘴、点火油枪安装；循环流化床锅炉的风帽安装。

（13）除渣装置，应根据项目特征［锅炉类型；规格；结构形式；蒸发量（t/h）；出口压力（MPa）］，以“t”为计量单位，按设计图示质量计算。工作内容为：除渣室安装；渣斗水封槽安装；循环流化床锅炉的冷渣器安装；链条炉的碎渣机、输灰机、除渣机安装。

（14）煨制、焊接锅炉基础钢筋，应根据项目特征（钢筋种类；钢筋规格；预留钢筋长度；钢筋焊接要求），以“组”为计量单位，按设计图示锅炉钢柱基础数量计算。工作内容为：钢架基础钢筋煨弯；钢筋切割；焊接；清除焊渣。

2. 中（高）压锅炉清洗及试验

锅炉清洗及试验应根据项目特征［锅炉类型；规格；结构形式；蒸发量（t/h）］，以“台”为计量单位，按整套锅炉计量。工作内容为：清洗设备安装和清洗管路安装、拆除；

锅炉清洗；水压试验用临时管路的安装、拆除；锅炉水压试验；锅炉燃烧室、尾部烟道和空气预热器风压试验；砖砌锅炉及循环流化床锅炉的烘炉；锅炉的碱煮炉；本体范围内的蒸汽严密性试验；安全门调整。

3. 中（高）压锅炉风机安装

送、引风机应根据项目特征（名称；型号；规格；功率；质量），以“台”为计量单位，按设计图示数量计算。工作内容：本体安装；电动机安装；附属系统安装。

4. 中（高）压锅炉除尘装置安装

除尘器，应根据项目特征［名称；型号；规格；结构形式；筒体直径；电感面积（m^2）］，以“台”为计量单位，按设计图示数量计算。工作内容为：本体安装；附件安装；附属系统安装。

5. 中（高）压锅炉制粉系统安装

（1）磨煤机，应根据项目特征（名称；型号；出力；功率），以“台”为计量单位，按设计图示数量计算。工作内容为：本体安装；传动设备、电动机安装；附属设备安装；油系统安装；钢球磨煤机的加钢球；平台、扶梯、栏杆及围栅安装；密封风机安装。

（2）给煤机，应根据项目特征（名称；型号；出力；功率），以“台”为计量单位，按设计图示数量计算。工作内容为：主机安装；减速机安装；电动机安装；附件安装。

（3）叶轮给粉机，应根据项目特征（名称；型号；出力；功率），以“台”为计量单位，按设计图示数量计算。工作内容为：主机安装；电动机安装。

（4）螺旋输粉机，应根据项目特征（名称；型号；出力；功率），以“台”为计量单位，按设计图示数量计算。工作内容为：主机安装；减速机安装；电动机安装；落粉管安装；闸门板安装。

6. 中（高）压锅炉烟、风、煤管道安装

烟道、热风道、冷风道、制粉管道、送粉管道、原煤管道，应根据项目特征（管道形状；材质；管道断面尺寸；管壁厚度），以“t”为计量单位，按设计图示尺寸以管道质量计算。工作内容为：管道安装；送粉管弯头浇灌防磨混凝土；风门、挡板安装；金属膨胀节预拉伸、安装；管道附件安装；支吊架制作、安装；附属设备安装；管道密封试验。

7. 中（高）压锅炉其他辅助设备安装

（1）扩容器，应根据项目特征（名称、型号；规格；出力；结构形式；质量），以“台”为计量单位，按设计图示数量计算。工作内容为：本体安装；附件安装。

（2）消音器、暖风器，应根据项目特征（名称、型号；规格；出力；结构形式；质量），以“台”为计量单位，按设计图示数量计算。工作内容为：本体安装。

（3）测粉装置，应根据项目特征（名称、型号；规格；标尺比例），以“套”为计量单位，按设计图示数量计算。工作内容为：本体安装；附件安装。

（4）煤粉分离器，应根据项目特征［名称；型号；规格（直径、长度等）；结构形式］，以“台”为计量单位，按设计图示数量计算。工作内容为：本体安装；操作装置安装；防爆门及人孔门安装。

8. 中（高）压锅炉炉墙砌筑

（1）敷管式及膜式水冷壁炉墙和框架式炉墙，应根据项目特征（砌筑材料名称、规格；砌筑要求；保温制品名称及厚度；填塞材料名称），以“m^3”为计量单位，按设计图示尺寸以体积计算。工作内容为：炉底磷酸盐混凝土砌筑；炉墙耐火混凝土砌筑；炉墙保温混凝土砌筑；矿棉、岩棉、超细棉制品敷设；炉墙密封、抹面；炉顶砌筑；耐火混凝土浇灌；耐火混凝土浇灌；耐火塑料浇灌；燃烧带敷设；炉墙耐火材料填塞。

（2）循环流化床锅炉旋风分离器内衬，应根据项目特征（砌筑材料名称、规格；砌筑要求；保温制品名称及厚度；填塞材料名称），以“m^3”为计量单位，按设计图示尺寸以体积计算。工作内容为：耐火混凝土浇灌；耐火塑料浇灌；耐火砖砌筑；炉顶砌筑；耐火材料填塞；岩棉毡、硅酸铝制品敷设。

（3）炉墙耐火砖，应根据项目特征（耐火砖材料名称、规格；砌筑要求；耐火砖墙厚度；填塞材料名称，以“m^3”为计量单位，按设计图示尺寸以体积计算。工作内容为：非定型异型砖配制；耐火砖砌筑；耐火混凝土填塞。

9. 卸煤设备安装

（1）抓斗，应根据项目特征（名称；型号；跨度；高度；起重量），以“台”为计量单位，按设计图示数量计算。工作内容为：构架安装；行走机构安装；抓斗安装；附件安装；平台、扶梯的组合、安装。

（2）斗链式卸煤机，应根据项目特征（名称；型号；规格；输送量；功率），以“台”为计量单位，按设计图示数量计算。工作内容为：构架安装；行走、传动机构安装；斗链安装；输送机构安装；附件安装；平台、扶梯的组合、安装。

10. 煤场设备安装

（1）斗轮堆取料机，应根据项目特征（名称；型号；规格；跨度、高度、装载量），以“台”为计量单位，按设计图示数量计算。工作内容为：门座架安装；行走机构安装；皮带机安装；取料机构安装；液压机构安装。

（2）门式滚轮堆取料机，应根据项目特征（名称；型号；规格；跨度、高度、装载量），以“台”为计量单位，按设计图示数量计算。工作内容为：构架安装；转动机构安装；输送机安装；检修用吊车安装。

（3）煤（料）仓，应根据项目特征（名称；材质；型号；规格；容积；壁厚），以“t”为计量单位，按设计图示尺寸以质量计算。工作内容为：本体制作、安装。

11. 碎煤设备安装

（1）反击式碎煤机、锤击式破碎机，应根据项目特征（名称；型号；规格；功率），以“台”为计量单位，按设计图示数量计算。工作内容为：本体安装；电动机安装；传动部件安装。

（2）筛分设备，应根据项目特征（名称；型号；规格），以“台”为计量单位，按设计图示数量计算。工作内容为：本体安装；电动机安装。

12. 上煤设备安装

（1）皮带机，应根据项目特征（名称；型号；规格；长度；皮带宽度），以“套”为计量单位，按设计图示数量计算。工作内容为：构架、托辊安装；头部、尾部安装；减速机安装；电动机安装；拉紧装置安装；皮带安装；附件安装；扶手、平台安装。

（2）配仓皮带机，应根据项目特征（名称；型号；规格；长度；皮带宽度），以“套”为计量单位，按设计图示数量计算。工作内容为：皮带机安装；中间构架安装；附件安装。

（3）输煤转运站落煤设备，应根据项目特征（名称；型号；规格；质量），以“套”为计量单位，按设计图示数量计算。工作内容为：落煤管安装；落煤斗安装；切换挡板安装；传动装置安装。

（4）皮带秤，应根据项目特征（名称；型号；规格），以“套”为计量单位，按设计图示数量计算。工作内容为：本体安装。

（5）机械采样装置及除木器，应根据项目特征（名称；型号；规格），以“套”为计量单位，按设计图示数量计算。工作内容为：本体安装；减速机安装；电动机安装。

（6）电动犁式卸料器，应根据项目特征（名称；型号；规格），以“套”为计量单位，按设计图示数量计算。工作内容为：犁煤器安装；落煤斗安装；电动推杆安装。

（7）电动卸料车，应根据项目特征（名称；型号；规格；皮带宽度），以“套”为计量单位，按设计图示数量计算。工作内容为：卸煤车安装；减速机安装；电动机安装；电动推杆安装；落煤管安装；导煤槽安装；扶梯、栏杆组合、安装。

（8）电磁分离器，应根据项目特征（名称；型号；规格），以“套”为计量单位，按设计图示数量计算。工作内容为：本体安装；附属设备安装；附属构件安装。

13. 气力除灰设备安装

（1）负压风机、灰斗气化风机（包括气化板），应根据项目特征［名称；型号；规格；功率（kW）］，以“台”为计量单位，按设计图示数量计算。工作内容为：本体安装；附件安装。

（2）布袋收尘器、袋式排气过滤器，应根据项目特征［名称；型号；规格（m^3）］，以“台”为计量单位，按设计图示数量计算。工作内容为：本体安装；布袋套装；附件安装。

（3）加热器，应根据项目特征［名称；型号；规格；出力（m^3/min）］，以“台”为计量单位，按设计图示数量计算。工作内容为：本体安装；保温。

（4）回转式给料机，应根据项目特征［名称；型号；规格；出力（m^3/h）；功率］，以“台”为计量单位，按设计图示数量计算。工作内容为：本体组装；电动机安装；附件安装。

（5）空气斜槽，应根据项目特征（名称；型号；规格；长度；宽度），以“台”为计量单位，按设计图示数量计算。工作内容为：槽体、端盖板安装；载气阀安装。

（6）电动灰斗闸板门，应根据项目特征（名称；型号；规格；门孔尺寸），以“套”为计量单位，按设计图示数量计算。工作内容为：本体安装；内部组件安装；电动机安装；附件安装。

（7）锁气器，应根据项目特征［名称；型号；规格；出力（m^3/h）］，以“台”为计量单位，按设计图示数量计算。工作内容为：本体安装；内部组件安装；电动机安装；附件安装。

（8）灰（渣）仓，应根据项目特征（名称；规格；材质；容积；厚度），以“t”为计量单位，按设计图示以质量计算。工作内容为：本体制作、安装。

14. 脱硫设备安装

（1）石粉仓，应根据项目特征［名称；型号；规格；出力（t/h）；容积或直径］，以“t”为计量单位，按设计图示以质量计算。工作内容为：基础预埋框架、地脚螺栓的安装；本体安装；附件及附属管道的组合、安装。

（2）吸收塔，应根据项目特征［名称；型号；规格；出力（t/h）；容积或直径］，以“台”为计量单位，按设计图示数量计算。工作内容为：基础预埋框架、地脚螺栓的安装；本体安装；吸收塔内部装置安装；附件及附属管道的组合、安装；平台、扶梯的安装。

（3）脱硫附属机械及辅助设备，应根据项目特征（名称；型号；规格），以“套”为计量单位，按设计图示数量计算。工作内容为：设备检查、清洗与检修；本体设备组合、安装；随设备供货的配套附件的安装。

需要注意的是：脱硫附属机械及辅助设备包括：增压风机、烟气换热器（GGH）、真空皮带脱水机、旋流器和循环浆液泵的安装。

15. 低压锅炉本体设备安装

（1）成套整装锅炉，应根据项目特征［锅炉类型；规格；结构形式；蒸发量（t/h）；热功率（MW）；质量］，以“台”为计量单位，按设计图示数量计算。工作内容为：锅炉本体安装；附属设备安装；管道、阀门、表计安装。

（2）组装锅炉，应根据项目特征［锅炉类型；规格；结构形式；蒸发量（t/h）；热功率（MW）；质量］，以“台”为计量单位，按设计图示数量计算。工作内容为：锅炉本体组对、安装；附属设备安装；管道、阀门、表计安装。

（3）散装锅炉，应根据项目特征［锅炉类型；规格；结构形式；蒸发量（t/h）；热功率（MW）］，以“t”为计量单位，按设计图示尺寸以质量计算。工作内容为：锅炉架安装；汽包、水冷壁、过热器安装；省煤器、空气预热器安装；本体管路、吹灰器安装；炉排、门、孔安装；平台、扶梯的组合、安装；炉墙砌筑；水压试验、酸洗；烘炉、煮炉。

需要注意的是：散装和组装锅炉，不包括设备的包装材料、加固件的重量。

16. 低压锅炉附属及辅助设备安装

（1）除尘器，应根据项目特征（名称；型号；规格；质量），以“台”为计量单位，按设计图示数量计算。工作内容为：本体安装；附件安装。

（2）水处理设备，应根据项目特征［名称；型号；规格；出力（t/h）］，以“台”为计量单位，按设计图示数量计算。工作内容为：浮动床钠离子交换器；组合式水处理设备的本体安装；内部组件的安装；附件安装；填料。

（3）换热器，应根据项目特征（名称；型号；规格；质量），以“台”为计量单位，按设计图示数量计算。工作内容为：本体安装；管件、阀门、表计安装。

（4）输煤设备（上煤机），应根据项目特征（名称；型号；规格；结构形式；功率），以“台”为计量单位，按设计图示数量计算。工作内容为：本体安装；附属部件安装。

（5）除渣机，应根据项目特征［名称；型号；规格；输送长度；出力（t/h）；功率］，以“台”为计量单位，按设计图示数量计算。工作内容为：本体安装；机槽安装；传动装置安装；附件安装。

（6）齿轮式破碎机，应根据项目特征（型号；规格；辊齿直径；功率），以“台”为计量单位，按设计图示数量计算。工作内容为：本体安装；润滑系统安装；液压管路安装；附件安装。

17. 其他

汽轮发电机本体安装，汽轮发电机辅助设备安装，汽轮发电机附属设备安装，化学水预处理系统设备安装，锅炉补给水除盐系统设备安装，锅炉防腐蚀保护，凝结水处理系统设备安装，循环水处理系统设备安装，给水、炉水校正处理系统设备安装，脱硝设备安装，燃机余热锅炉辅助设备安装，三联供锅炉辅助设备安装，工业炉安装，锅炉系统调试、特殊项目测试和性能验收试验。项目特征、工程量计算规则等见《安装工程计量标准》。

第三节　消　防　工　程

火灾是指在时间里或空间上失去控制的燃烧。火灾是各种灾害中发生最频繁且极具毁灭性的灾害之一。火的形成必须具备可燃物、氧气及热源三大要素，因此灭火或控制火势就必须至少消除这三者其中的任何一个要素。

一、火灾的分类

根据不同的需要，火灾可以按照不同的方式进行分类。

（一）按照燃烧对象的性质分类

按照《火灾分类》GB/T 4968—2008 的规定，火灾分为 A、B、C、D、E、F 六类。

A 类火灾：固体物质火灾。这种物质通常具有有机物性质，一般在燃烧时能产生灼热的余烬。如木材、棉、毛、麻、纸张等火灾。

B 类火灾：液体或可熔化固体物质火灾。如汽油、煤油、原油、甲醇、乙醇、沥青、石蜡等火灾。

C 类火灾：气体火灾。如煤气、天然气、甲烷、乙烷、氢气、乙炔等火灾。

D 类火灾：金属火灾。如钾、钠、镁、钛、锆、锂等火灾。

E 类火灾：带电火灾。物体带电燃烧的火灾，如变压器等设备的电气火灾。

F 类火灾：烹饪器具内的烹饪物（如动物油脂或植物油脂）火灾。

（二）按照火灾事故所造成的灾害损失程度分类

依据《生产安全事故报告和调查处理条例》（国务院令第 493 号）规定的生产安全事故等级标准，消防机构将火灾相应地分为特别重大火灾、重大火灾、较大火灾和一般火灾四个等级。

（1）特别重大火灾：造成 30 人以上死亡，或者 100 人以上重伤，或者 1 亿元以上直接财产损失的火灾。

（2）重大火灾：造成 10 人以上 30 人以下死亡，或者 50 人以上 100 人以下重伤，或者 5 000 万元以上 1 亿元以下直接财产损失的火灾。

（3）较大火灾：造成 3 人以上 10 人以下死亡，或者 10 人以上 50 人以下重伤，或者 1 000 万元以上 5 000 万元以下直接财产损失的火灾。

（4）一般火灾：造成 3 人以下死亡，或者 10 人以下重伤，或者 1 000 万元以下直接财产损失的火灾。

（三）按照生产的火灾危险性分类

依据《建筑设计防火规范》GB 50016—2014（2018 年版），生产的火灾危险性分类根据生产中使用或产生的物质性质及其数量等因素进行确定，分为甲、乙、丙、丁、戊等五类，见表 4.3.1。

表 4.3.1 生产的火灾危险性分类

生产的火灾危险性类别	使用或产生下列物质生产的火灾危险性特征
甲	1. 闪点小于 28℃的液体； 2. 爆炸下限小于 10%的气体； 3. 常温下能自行分解或在空气中氧化即能导致迅速自燃或爆炸的物质； 4. 常温下受到水或空气中水蒸气的作用，能产生可燃气体并引起燃烧或爆炸的物质； 5. 遇酸、受热、撞击、摩擦、催化，以及遇有机物或硫黄等易燃的无机物，极易引起燃烧或爆炸的强氧化剂； 6. 受撞击、摩擦或与氧化剂、有机物接触时能引起燃烧或爆炸的物质； 7. 在密闭设备内操作温度不小于物质本身自燃点的生产
乙	1. 闪点不小于 28℃，但小于 60℃的液体； 2. 爆炸下限不小于 10%的气体； 3. 不属于甲类的氧化剂； 4. 不属于甲类的易燃固体； 5. 助燃气体； 6. 能与空气形成爆炸性混合物的浮游状态的粉尘、纤维、闪点不小于 60℃的液体雾滴
丙	1. 闪点不小于 60℃的液体； 2. 可燃固体
丁	1. 对不燃烧物质进行加工，并在高温或熔化状态下经常产生强辐射热、火花或火焰的生产； 2. 利用气体、液体、固体作为燃料或将气体、液体进行燃烧作他用的各种生产； 3. 常温下使用或加工难燃烧物质的生产
戊	常温下使用或加工不燃烧物质的生产

根据建筑物的性质、功能及燃烧物特性，可以选择水、泡沫、干粉、气体（二氧化碳等）等作为灭火剂来扑灭火灾。

二、灭火的基本方法及救援设施

（一）灭火的基本方法

灭火基本方法有冷却灭火、隔离灭火、窒息灭火和化学抑制灭火。

（1）冷却灭火。用水可扑灭一般固体物质引起的火灾，主要是通过水的冷却作用实现灭火，水具有热容量大、汽化热高的特点，冷却性能很好。在用水灭火的过程中，水大量地吸收热量，使燃烧物的温度迅速降低，熄灭火焰，火灾终止。

（2）隔离灭火。将可燃物与氧气、火焰隔离，就可以中止燃烧，扑灭火灾。例如，自动喷水—泡沫联用系统在喷水的同时喷出泡沫，泡沫覆盖于燃烧液体或固体的表面，在发挥冷却作用的同时，将可燃物与空气隔开，从而可以灭火。

（3）窒息灭火。在着火场所，可以通过灌注非助燃气体，如二氧化碳、氮气、蒸汽等，来降低空间的氧浓度，达到窒息灭火。此外，水喷雾灭火系统工作时，喷出的水滴吸收热气流热量而转化成蒸汽，当空气中水蒸气浓度达到35%时，燃烧即停止，这也是窒息灭火。

（4）化学抑制灭火。化学抑制灭火的常见灭火剂有干粉灭火剂和七氟丙烷灭火剂。化学抑制灭火速度快，使用得当可有效地扑灭初期火灾，减少人员伤亡和财产损失。该方法对于有焰燃烧火灾效果好，而对深位火灾由于渗透性较差，灭火效果不理想。在条件许可的情况下，采用化学抑制灭火的灭火剂与水、泡沫等灭火剂联用会取得明显效果。

（二）灭火救援设施

建筑灭火救援设施一般包括消防车道、消防登高面、消防救援场地和灭火救援窗、消防电梯、直升机停机坪等，是用于扑救建筑火灾的相关设备设施。

1. 消防车道

消防车道设置形式有环形消防车道、穿过建筑的消防车道、尽头式消防车道、消防水源地消防车道。消防车道应符合下列要求：

（1）车道的净宽度和净空高度均不应小于4.0m。

（2）转弯半径应满足消防车转弯的要求。

（3）消防车道与建筑之间不应设置妨碍消防车操作的树木、架空管线等障碍物。

（4）消防车道靠建筑外墙一侧的边缘距离建筑外墙不宜小于5m。

（5）消防车道的坡度不宜大于8%。

（6）环形消防车道至少应有两处与其他车道连通，尽头式消防车道应设置回车道或回车场。

2. 消防电梯

根据《建筑设计防火规范》GB 50016—2014（2018年版），消防电梯设置要求为：

（1）消防电梯设置范围。

1）建筑高度大于33m的住宅建筑。

2）一类高层公共建筑和建筑高度大于32m的二类高层公共建筑、5层及以上且总建筑面积大于3 000m^2（包括设置在其他建筑内五层及以上楼层）的老年人照料设施。

3）设置消防电梯的建筑的地下或半地下室，埋深大于10m且总面积大于3 000m^{2}的其他地下或半地下建筑（室）。

（2）消防电梯设置要求。

1）消防电梯应分别设置在不同的防火分区内，且每个防火分区不应少于一台。

2）建筑高度大于32m且设置电梯的高层厂房（仓库），每个防火分区宜设置一台消防电梯。

3）消防电梯应具有防火、防烟、防水功能。

4）消防电梯应设置前室或与防烟楼梯间合用的前室。

5）消防电梯井、机房与相邻电梯井、机房之间应设置耐火极限不低于2h的防火隔墙，隔墙上应采用甲级防火门。

6）在扑救建筑火灾过程中，建筑内有大量的消防废水疏散，电梯井内外要考虑设置排水和挡水设施，并设置可靠的电源和供电线路，以保证电梯可靠运行。

7）为了满足消防扑救的需要，消防电梯应选用较大的载质量，一般不应小于800kg。

8）消防电梯的供电应为消防电源并设备用电源。

9）电箱轿厢内部装修应采用不燃材料。

3. 直升机停机坪

建筑高度大于100m且标准层建筑面积大于2 000m^{2}的公共建筑，其屋顶宜设置直升机停机坪或供直升机救援的设施。直升机停机坪应符合下列规定：

（1）设置在屋顶平台上时，距离设备机房、电梯机房、水箱间、共用天线等突出物不应小于5m。

（2）建筑通向停机坪的出口不应少于2个，每个出口的宽度不宜小于0.90m。

（3）四周应设置航空障碍灯，并应设置应急照明。

（4）在停机坪的适当位置应设置消火栓。

（5）其他要求应符合国家现行航空管理有关标准的规定。

三、消防给水系统

消防给水系统主要由消防水源、供水设施设备和给水管网等构成，见表4.3.2。

表4.3.2 消防给水系统的分类

分类方式	系统名称	特点
按水压分	常高压消防给水系统	能始终保持水灭火系统所需的工作压力和流量，火灾时无需启动消防泵，可向任何水灭火系统供水
	临时高压消防给水系统	平时不能满足水灭火所需的工作压力和流量，火灾发生时需启动消防泵，也可向任何水灭火系统供水
	低压消防给水系统	能满足车载或手抬移动消防泵等取水所需的工作压力和流量，管网内的压力较低，发生火灾时需与室外消火栓或水泵接合器联合使用
按给水范围分	独立消防给水系统	在一栋建筑物内消防给水系统自成体系，独立工作的系统
	区域（集中）消防给水系统	两栋及两栋以上的建筑共用的消防给水系统
按用途分	专用消防给水系统	仅向水灭火系统供水的独立系统
	生活、消防共用给水系统	生活给水管网与消防给水管网共用的给水系统
	生产、消防共用给水系统	生产给水管网与消防给水管网共用的给水系统
	生活、生产、消防共用给水系统	大中型城镇、开发区的给水系统均为生活、生产和消防共用的给水系统，比较经济和安全可靠
按位置分	市政消防给水系统	在城镇范围由市政给水系统向水灭火系统供水
	室外消防给水系统	由进水管、室外消防给水管网和室外消火栓等构成，在建筑物外部进行灭火并向室内消防给水系统供水
	室内消防给水系统	由引入管、室内消防给水管网、室内消火栓、水泵接合器和消防水箱等构成，在建筑物内部进行灭火的系统

续表 4.3.2

分类方式	系统名称	特点
按灭火方式分	消火栓系统	由给水设施、消火栓、配水管网和阀门等构成的水灭火系统
	自动喷水灭火系统	以自动喷水喷头为主的灭火组件构成的水灭火系统
按管网形式分	环状管网消防给水系统	消防给水管网构成闭合环形、双向供水
	枝状管网消防给水系统	消防给水管网似树枝状，单向供水

（一）消防供水管道

1. 室外消防给水管道

（1）室外消防给水采用两路消防供水时，应布置成环状，但当采用一路消防供水时，可布置成枝状。

（2）向环状管网输水的进水管不应少于两条，当其中一条发生故障，其余进水管应仍能满足消防用水总量的供给要求。

（3）消防给水管道应采用阀门分成若干独立段，每段内室外消火栓的数量不宜超过5个。

（4）管道的直径应根据流量、流速和压力要求经计算确定，但不应小于 $DN100$，有条件的不应小于 $DN150$。

2. 室内消防给水管道

（1）室内消火栓系统管网应布置成环状，当室外消火栓设计流量不大于 20L/s，且室内消火栓不超过 10 个时，可布置成枝状。

（2）管道的直径应根据设计流量、流速和压力要求经计算确定，室内消火栓竖管管径应根据竖管最低流量经计算确定，但不应小于 $DN100$。

（3）室内消火栓环状给水管道检修时应符合下列要求：

1）室内消火栓竖管应保证检修管道时关闭停用的竖管不超过 1 根，当竖管超过 4 根时，可关闭不相邻的 2 根。

2）每根竖管与供水横干管相接处应设置阀门。

（4）室内消火栓给水管网与自动喷水等其他灭火系统应分开设置；当合用消防泵时，供水管路沿水流方向应在报警阀前分开设置。

（二）消防设施

1. 消防水泵

消防水泵是指在消防给水系统（包括消火栓系统、喷淋系统和水幕系统等）中用于保证系统给水压力和水量的给水泵；消防传输泵是指在串联消防给水系统和重力消防给水系统中，用于提升水源至中间水箱或消防高位箱的给水泵。消防给水系统中使用的水泵多为离心泵，因为该类水泵具有适用范围广、型号多、供水连续、可随意调节流量的优点。《消防泵》GB 6245—2006 对消防水泵要求进行了介绍。消防水泵的可靠性和稳定性及启动的灵敏性要求高，耐腐蚀性和耐高温性能比普通水泵要求高，消防泵的材质是金属材质，比普通水泵好。通常消防泵的叶轮是纯铜或不锈钢材质的，有别于普通水泵的铸铁材质，所以普通清水泵不能作为消防水泵。

（1）消防泵设置。在临时高压消防给水系统，常高压消防给水系统中，均需设置消防泵，在串联消防给水系统和重力消防给水系统中，除需设置消防泵外，还需设置消防传输泵。消火栓给水系统与自动喷水系统宜分别设置消防泵，当与消火栓系统合用消防泵时，系统管道应在报警阀前分开。设置消防水泵和消防转输泵时均应设置备用泵，备用泵的工作能力不应小于最大一台消防工作泵的工作能力。自动喷水灭火系统可按“用一备一”或“用二备一”的比例设置备用泵。根据《消防给水及消火栓系统技术规范》GB 50974—2014 的规定，下列情况下可不设备用泵：

1）建筑高度小于 54m 的住宅和室外消防给水设计流量小于或等于 25L/s。

2）建筑的室内消防给水设计流量小于或等于 10L/s 的建筑。

（2）消防水泵管路设置。

1）消防水泵吸水管布置。一组消防水泵的吸水管不应少于两条，当其中一条损坏或检修时，其余吸水管应仍能通过全部消防用水量；吸水管布置应避免形成气囊；消防水泵吸水口的淹没深度应满足根据消防水泵在最低水位运行安全的要求；消防水泵的吸水管上应设置明杆闸阀或带自锁装置的蝶阀；消防水泵的吸水管穿越消防水池时，应采用柔性套管。

2）消防水泵出水管布置。出水管上应设止回阀、明杆闸阀，当采用蝶阀时应带自锁装置，当管径大于 *DN*300 时，应采用电动阀门。出水管上应设压力表，系统的总出水管上还应安装压力表、压力开关和泄压阀。

2. 消防水泵结合器

消防水泵结合器是供消防车向消防给水管网输送消防用水的预留接口。它既可用于补充消防水量，也可用于提高消防给水管网的水压。

（1）设置要求。高层民用建筑、设有消防给水的住宅、超过五层的其他多层民用建筑、超过两层或建筑面积大于 10 000m^2 的地下或半地下建筑（室）、室内消火栓设计流量大于 10L/s 平战结合人防工程、高层工业建筑和超过四层的多层工业建筑、城市交通隧道，其室内消火栓给水系统应设水泵结合器。

自动喷水灭火系统、水喷雾灭火系统、泡沫灭火系统和固定消防炮灭火系统等系统均应设置消防水泵结合器。

（2）安装要求。

1）水泵结合器应安装在便于消防车接近的人行道或非机动车行驶地段，与室外消火栓或消防水池的距离宜为 15～40m。

2）墙壁式消防水泵结合器其安装高度距地面宜为 0.7m；与墙面上的门、窗、孔、洞的净距离不应小于 2.0m，且不应安装在玻璃幕墙下方；地下消防水泵接合器的安装，应使进水口与井盖底面的距离不大于 0.4m，且不应小于井盖的半径。

3）水泵接合器处应标注每个水泵接合器的供水系统名称，设置永久性标志铭牌，并应标明供水系统、供水范围和额定压力。

4）水泵结合器是由阀门、安全阀、止回阀、栓口放水阀以及连接弯管等组成。水泵结合器组件的排列次序应合理，按水泵结合器给水的方向，依次是止回阀、安全阀和阀门。

3. 稳压泵

对于采用临时高压消防给水系统的高层或多层建筑，当消防水箱设置高度不能满足系统最不利点灭火设备所需的水压要求时，应设置稳压泵。当稳压泵的控制不能实现防止频繁启动时，应增加隔膜式气压罐。

4. 消防水箱及消防水池

（1）消防水箱。采用临时高压消防给水系统的建筑物应设置高位消防水箱；采用常高压消防给水系统的建筑物，在保证最不利点消火栓和自动喷水灭火系统等的水量和水压情况下，可不设置消防水箱；对于设置干式消防竖管的建筑物，可不设置消防水箱。

室内采用临时高压消防给水系统时，高位消防水箱的设置应符合下列要求：

1）高层民用建筑、总建筑面积大于 10 000m^2 且层数超过 2 层的公共建筑和其他重要建筑，必须设置高位消防水箱。

2）其他建筑应设置高位消防水箱，但当设置高位消防水箱确有困难，且采用安全可靠的消防给水形式时，可不设高位消防水箱，但应设置稳压泵。

采用临时高压消防给水系统的自动喷水灭火系统，当按《消防给水及消火栓系统技术规范》GB 50974—2014 的规定可不设置高位消防水箱时，系统应设气压供水设备。气压供水设备的有效水容积，应按系统最不利处 4 只喷头在最低工作压力下的 5min 用水量确定。干式系统、预作用系统设置的气压供水设备，应同时满足配水管道的冲水要求。

（2）消防水池。在市政给水管道、进水管或天然水源不能满足消防用水量，以及市政给水管道为枝状或只有一条进水管的情况下，且室外消火栓设计流量大于 20L/s 或建筑高度大于 50m 的建筑物应设消防水池。

当建筑群共用消防水池时，消防水池的容积应按消防用水量最大的一栋建筑物的用水量计算确定。

（三）消火栓灭火系统

消火栓系统分为室外消火栓系统和室内消火栓系统。

1. 室外消火栓系统

室外消火栓系统主要由供水管网、消防水池、消防水泵和室外消火栓组成。室外消火栓系统设置在建筑物外，其主要作用是供消防车取水，经增压后向建筑物内的供水管网供水或实施灭火，也可以直接连接水带、水枪出水灭火。

室外消火栓布置及安装：

（1）按其安装场合可分为地上式和地下式。地上式又分为湿式和干式，地上湿式室外消火栓适用于气温较高地区，地上干式室外消火栓和地下式室外消火栓适用于气温较寒冷地区。

（2）按消火栓进水口与市政管网连接方式分为承插式和法兰式，承插式消火栓压力 1.0MPa，法兰式消火栓压力 1.6MPa；进水口规格可分为 *DN*100 和 *DN*150 两种。

（3）按其用途可分为普通型消火栓和特殊型消火栓。特殊型有泡沫型、防撞型、调压型、减压稳压型之分。

（4）室外消火栓的位置标志应明显，栓口位置应方便操作。当采用墙壁式室外消火栓时如设计未要求，进、出水栓口的中心安装高度距地面应为 1.10m，其上方应设有防坠落物打击的措施。

2. 室内消火栓系统

室内消火栓系统由消防给水管网、室内消火栓及系统附件组成。室内消火栓是扑救建筑物内火灾的主要设施。

（1）系统设置场所。

1）建筑占地面积大于 $300m^2$ 的厂房（仓库）。

2）体积大于 5 000m^3 的车站、码头、机场的候车（船、机）楼以及展览建筑、商店建筑、旅馆建筑、医疗建筑和图书馆建筑等单层、多层建筑。

3）特等、甲等剧场，超过 800 个座位的其他等级的剧场和电影院等，超过 1 200 个座位的礼堂、体育馆等单层、多层建筑。

4）建筑高度大于 15m 或体积大于 10 000m^3 的办公建筑、教学建筑和其他单层、多层民用建筑。

5）高层公共建筑和建筑高度大于 21m 的住宅建筑。

6）对于建筑高度不大于 27m 的住宅建筑，当确有困难时，可只设置干式消防竖管和不带消火栓箱的 *DN*65 的室内消火栓。

（2）系统类型。室内消火栓系统按建筑类型不同，可分为：

1）低层建筑室内消火栓给水系统。在低层建筑发生火灾时，既可利用其室内消火栓设备接上水带、水枪灭火，又可利用消防车从室外水源抽水直接抽水灭火。低层建筑室内消火栓给水系统的给水方式分为直接给水方式、设有消防水泵和消防水箱的给水方式。

①直接给水方式。无加压水泵和水箱室，室内消防用水直接由室外消防给水管网提供，其构造简单、投资少、可充分利用外网水压、节省能源。

②设有消防水泵和消防水箱的给水方式是最常用的给水方式，系统中的消防用水平时由屋顶水箱提供，生产、生活水泵定时向水箱补水，火灾发生时可启动消防泵向系统供水。

2）高层建筑室内消火栓给水系统。高层建筑室内应采用独立的消火栓给水系统。

①不分区消防给水方式。整栋大楼采用一个区供水，系统简单、设备少。

②分区消防给水方式。其供水形式应根据系统压力、建筑特征，综合技术经济和安全可靠性等因素确定。可采用消防水泵并行或串联、减压水箱和减压阀减压的形式。

（3）室内消火栓设置要求。室内消火栓的设置应根据使用者、火灾危险性、火灾类型和不同灭火功能等因素综合确定。其主要设置应符合下列要求：

1）应采用 *DN*65 的室内消火栓，并可与消防软管卷盘或轻便水龙设置在同一箱体内；配置 *DN*65 有内衬里的消防水带，长度不宜超过 25m。

2）设置室内消火栓的建筑，包括设备层在内的各层均应设置消火栓。

3）屋顶设有直升机停机坪的建筑，应在停机坪出入口处或非电气设备机房处设置消火栓，且距停机坪机位边缘的距离不应小于 5m。

4）消防电梯前室应设置室内消火栓，并应计入消火栓使用数量。

5）室内消火栓宜按直线距离计算其布置间距，对于消火栓按 2 支消防水枪的 2 股充实水柱布置的建筑物，消火栓的布置间距不应大于 30m，对于消火栓按 1 支消防水枪的 1 股充实水柱布置的建筑物，消火栓的布置间距不应大于 50m。

6）建筑高度不大于 27m 的住宅，当设置消火栓系统时，可采用干式消防竖管。

7）住宅户内宜在生活给水管道上预留一个接 *DN*15 消防软管或轻便水龙的接口。

（4）消火栓箱。按安装方式可分为明装式、暗装式、半暗装式；按箱门型式可分为左开门式、右开门式、双开门式、前后开门式；按箱门材料可分为全钢型、钢框镶玻璃型、铝合金框镶玻璃型和其他材料型；按水带的安置方式可分为卷盘式、挂置式、托架式和卷置式。

（四）自动喷水灭火系统

1. 自动喷水灭火系统的分类

自动喷水灭火系统的分类如图 4.3.1 所示。

- 自动喷水灭火系统
  - 闭式系统
    - 湿式自动喷水灭火系统
    - 干式自动喷水灭火系统
    - 预作用自动喷水灭火系统
    - 重复启闭预作用系统
    - 自动喷水防护冷却系统
  - 开式系统
    - 雨淋系统
    - 水幕系统

图 4.3.1 自动喷水灭火系统的分类

2. 自动喷水灭火系统的组成

自动喷水灭火系统具有灭火效率高、不污染环境、寿命长、经济适用、维护简单等优点，初期主要集中在新建高层宾馆中使用，现在一些火灾危险性较大的生产厂房、仓库、汽车库、商场、文化娱乐场所、医院、办公楼等地上、地下场所都普遍选用，应用日趋广泛。

（1）湿式自动喷水灭火系统。湿式系统是指在准工作状态时管道内充满有压水的闭式系统。该系统由闭式喷头、水流指示器、湿式自动报警阀组、控制阀及管路系统组成。具有控制火势或灭火迅速的特点。主要缺点是不适应于寒冷地区，其使用环境温度为4～70℃。

（2）干式自动喷水灭火系统。它的供水系统、喷头布置等与湿式系统完全相同，所不同的是平时在报警阀（此阀设在采暖房间内）前充满水而在阀后管道内充以压缩空气。该系统适用于环境温度低于 4℃或高于 70℃并不宜采用湿式喷头灭火系统的地方。主要缺点是作用时间比湿式系统迟缓一些，灭火效率一般低于湿式灭火系统，还要另外设置压缩机及附属设备，投资较大。

（3）预作用自动喷水灭火系统。该系统具有湿式系统和干式系统的特点，预作用阀后的管道系统内平时无水，呈干式，充满有压或无压的气体。发生火灾时，由火灾报警系统、充气管道上的压力开关联锁控制预作用装置和启动消防水泵，并转换为湿式系统。预作用系统与湿式系统、干式系统的不同之处在于系统采用预作用装置，并配套设置火灾自动报警系统。该系统既克服了干式系统延迟的缺陷，又可避免湿式系统易渗水的弊病，故适用于建筑装饰要求高、不允许有水渍损失的建筑物、构筑物。

（4）雨淋系统。雨淋系统由开式喷头、雨淋报警阀组、供水管道、火灾探测器和辅助设施等组成。与前几种系统不同，雨淋系统采用开式喷头，由雨淋报警阀控制喷水范围。系统工作时所有喷头同时喷水，好似倾盆大雨，故称雨淋系统。雨淋系统一旦动作，系统保护区域内将全面喷水，可以有效控制火势发展迅猛、蔓延迅速的火灾。雨淋系统有电动、液动和气动控制方式。

（5）水幕系统。水幕系统的工作原理与雨淋系统基本相同，所不同的是水幕系统喷出的水为水幕状。它是能喷出幕帘状水流的管网设备，主要由水幕头支管、自动喷淋头控制阀、手动控制阀、干支管等组成。水幕系统不具备直接灭火的能力，而是用于防火分隔和冷却保护分隔物。一般情况下与防火卷帘或防火幕配合使用，起到防止火灾蔓延的作用。

（6）自动喷水防护冷却系统。由闭式洒水喷头、湿式报警阀组等组成，发生火灾时用于冷却防火卷帘、防火玻璃墙等防火分隔设施的闭式系统。

3. 自动喷水灭火系统组件和设置要求

自动喷水灭火系统是由洒水喷头、报警阀组、水流报警装置（水流指示器或压力开关）、末端试水装置等组件，以及管道、供水设施等组成。

（1）洒水喷头。根据结构组成安装方式、热敏元件、覆盖面积和应用场所，洒水喷头可分为不同的类型，其设置要求也有所区别。

1）洒水喷头分类如图 4.3.2 所示。

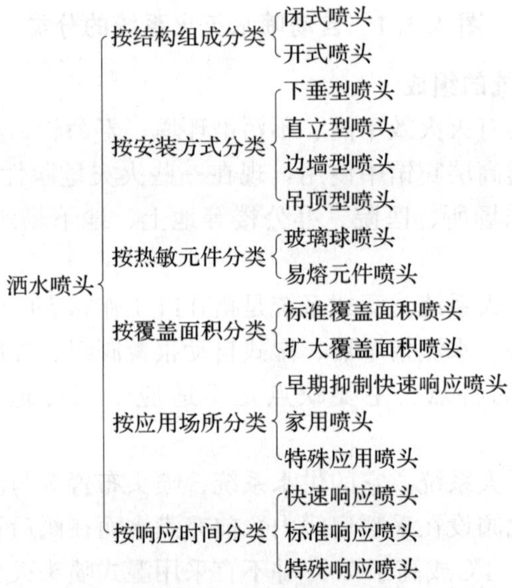

图 4.3.2 洒水喷头分类

2）洒水喷头设置基本要求。设置闭式系统的场所，所选喷头的类型和场所的最大净空高度应符合表 4.3.3 中的规定，但仅用于保护室内钢屋架等建筑构件的洒水喷头和货架内置洒水喷头，可不受此表规定的限制。洒水喷头设置要求如表 4.3.3 所示。

（2）报警阀组。

1）报警阀组分类。分为湿式报警阀组、干式报警阀组、雨淋报警阀组和预作用报警阀组。

①湿式报警阀组，由湿式报警阀、延迟器、压力开关、水力警铃、控制阀等组成。湿式报警阀是只允许水单向流入喷水系统并在规定流量下报警的一种单向阀，作用是单向开关控制和报警功能。延迟器是一个有进水口和出水口的圆筒形储水容器，其作用是防止系统水流压力波动而引起水力警铃的误报警。报警控制阀（常开）作用是控制报警功能的开启，水力警铃是依靠水流驱动，发出声响警报。

表 4.3.3 生产的火灾危险性分类

设置场所		喷头类型			场所净空高度 h/m
		一只喷头的保护面积	响应时间性能	流量系数 K	
民用建筑	普通场所	标准覆盖面积洒水喷头	快速响应喷头	$K \geqslant 80$	$h \leqslant 8$
			特殊响应喷头		
			标准响应喷头		
		扩大覆盖面积洒水喷头	快速响应喷头	$K \geqslant 80$	
	高大空间场所	标准覆盖面积洒水喷头	快速响应喷头	$K \geqslant 115$	$8 < h \leqslant 12$
		非仓库型特殊应用喷头			$8 < h \leqslant 12$
					$12 < h \leqslant 18$
厂房		标准覆盖面积洒水喷头	特殊响应喷头	$K \geqslant 80$	$h \leqslant 8$
			标准响应喷头		
		扩大覆盖面积洒水喷头	标准响应喷头	$K \geqslant 80$	
		标准覆盖面积洒水喷头	特殊响应喷头	$K \geqslant 115$	$8 < h \leqslant 12$
			标准响应喷头		
		非仓库型特殊应用喷头			
仓库		标准覆盖面积洒水喷头	特殊响应喷头	$K \geqslant 80$	$h \leqslant 9$
			标准响应喷头		
		仓库型特殊应用喷头			$h \leqslant 12$
		早期抑制快速响应喷头			$h \leqslant 13.5$

②干式报警阀组，主要由干式报警阀、水力警铃、压力开关、空压机、安全阀、控制阀等组成。干式报警阀是在其出口侧充以压缩气体，当气压低于某一定值时能使水自动流入喷水系统并进行报警的单向阀。湿式报警阀组有延迟器，干式报警阀组没有延迟器。

③雨淋报警阀组，主要由雨淋报警阀、水力警铃、压力开关、电磁阀等组成。雨淋报警阀是通过电动、液动、气动及机械等方式开启，使水能够自动流入喷水灭火系统并同时进行报警的一种单向阀。雨淋报警阀广泛应用于雨淋系统、水幕系统、水雾系统、泡沫系统等各类开式自动喷水灭火系统中。

④预作用报警阀组，通常由雨淋阀和湿式报警阀串联而成；雨淋阀位于供水侧，湿式报警阀位于系统侧。预作用报警装置是通过电动、气动、机械或其他方式控制报警阀组开启，使水能够单向流入喷水灭火系统，并同时进行报警的一种单向阀组装置。

2）报警阀组设置。

自动喷水灭火系统应根据不同系统形式设置相应的报警阀组。

①保护室内钢屋架等建筑构件的闭式系统应设置独立的报警阀组，水幕系统应设置独立的报警阀组或感温雨淋阀。

②报警阀组宜设在安全且易于操作、检修的地点，环境温度不低于 4℃且不高于 70℃，距地面高度宜为 1.2m。设有报警阀组的部位应设置排水设施。

③水力警铃应设置在有人值班的地点附近或公共通道的外墙上，其与报警阀连接的管道直径应为 20mm，总长度不宜大于 20m。

④一个报警阀组控制的喷头数，对于湿式系统、预作用系统，不宜超过 800 只，对于干式系统，不宜超过 500 只。

（3）水流指示器。

水流指示器是在自动喷水灭火系统中将水流信号转换成电信号的一种水流报警装置。其功能是及时报告发生火灾的部位，在设置闭式自动喷水灭火系统的建筑内，每个防火分区和每个楼层均应设置水流指示器；仓库内顶板下洒水喷头与货架内置洒水喷头应分别设置水流指示器；当在水流指示器入口前设置控制阀时，应采用信号阀。

（4）压力开关。

压力开关是一种压力传感器，它是自动喷水灭火系统中的一个部件，其作用是将系统的压力信号转化为电信号，实现报警和启动消防水泵。压力开关安装在系统管网或报警阀延迟器出口后的报警管道上。

（5）末端试水装置。

末端试水装置由试水阀、压力表以及试水接头等组成，其作用是检测系统的可靠性，测试干式系统和预作用系统的管道冲水时间。每个报警阀组控制的最不利点喷头处应设置末端试水装置，其他防火分区和楼层均应设置直径为 25mm 的试水阀；末端试水装置和试水阀应有标识，并设在便于操作的部位，距地面高度宜为 1.5m，且应配备有足够排水能力的排水设施；末端试水装置的出水，应采用孔口出流的方式排入排水管道，排水立管宜设伸顶通气管，且管径不应小于 75mm。

4. 自动喷水灭火系统的管网

管网是自动喷水灭火系统的重要组成部分，自动喷水灭火系统管道材质可采用钢管、不锈钢管、铜管、涂覆钢管及氯化聚氯乙烯（PVC－C）等。管材选用与管道连接方式为：

（1）采用镀锌钢管时，应为内外热镀锌钢管，不允许采用冷镀锌钢管。

（2）钢管沟槽式连接。也称为卡箍连接，连接管件主要由密封橡胶圈、卡箍和锁紧螺栓三部分组成，可用于连接钢管、铜管、不锈钢管、衬塑钢管、球墨铸铁管、厚壁塑料管及带有钢管接头和法兰接头的软管和阀件。具有快速、可靠、简易、经济、环保等优点，且不受场地限制，维护方便，管道原有的特性不受影响。沟槽式接头紧固螺栓数量少，操作方便，沟槽式接头配管系统比传统焊接法兰连接工程量少，可节约工程造价 10%～20%；沟槽式接头与法兰接头所占空间的面积比为 2∶3，前者相对增加了建筑面积的使用率。

（3）热镀锌钢管、涂覆钢管安装应采用螺纹、沟槽式管件或法兰连接；薄壁不锈钢管安装应采用环压、卡凸式、卡压、沟槽式或法兰等连接；铜管应采用钎焊、卡套、卡压、沟槽式等连接；氯化聚氯乙烯（PVC-C）管道与同材质管件连接采用承插式粘接，与法兰式管道、阀门及管件采用法兰对接连接，与螺纹式管道、阀门及管件采用内丝接头的注塑管件螺纹连接，与沟槽式（卡箍）管道、阀门及管件采用沟槽式（卡箍）注塑管件连接。自动喷淋系统中直径大于或等于100mm的管道、消防给水系统中直径大于50mm的管道，均应分段采用法兰或沟槽式连接件连接。

（五）水喷雾灭火系统

水喷雾灭火系统通过改变水的物理状态，利用水雾喷头使水从连续的洒水状态转变成不连续的细小水雾滴喷射出来。水喷雾的灭火机理主要是表面冷却、窒息、乳化和稀释作用，不仅用于灭火，还可用于控制火势及防护冷却等。具有较高的电绝缘性和良好的灭火性能。

水喷雾灭火系统由水雾喷头、雨淋阀、过滤器、供水管道等主要部件组成。水喷雾灭火系统主要用于保护火灾危险性大、火灾扑救难度大的专用设备或设施。

以灭火为目的的水喷雾灭火系统，主要适用于扑救固体物火灾、可燃液体火灾和电器火灾。以防护冷却为目的的水喷雾灭火系统，主要用于可燃气体和甲、乙、丙类液体的生产、储存装置和装卸设施的防护冷却；火灾危险性大的化工装置及管道，如加热器、反应器、蒸馏塔等的防护冷却。

由于水喷雾灭火系统要求的水压比自动喷水系统高，水量也较大，因此在使用中受到一定的限制。水喷雾灭火系统不适用于使用水雾会造成爆炸或破坏的场所，如高温密闭的容器内或空间内表所，表面温度经常处于高温状态的可燃气体等。

（六）细水雾灭火系统

1. 细水雾定义及灭火机理

（1）细水雾是指在最小设计工作压力下，经喷头喷出并在喷头轴线下方1.0m处的平面上形成的雾滴粒径DV0.5（体积占比50%水微粒的直径）小于200μm且DV0.9小于400μm的水雾滴。

（2）细水雾灭火系统的灭火机理与水雾有密切关系，主要是表面冷却、窒息、辐射热阻隔和浸湿作用。此外，细水雾还具有乳化等作用。

1）吸热冷却作用。对于相同的水量，细水雾雾滴所形成的表面积至少比传统水喷淋喷头（包括水喷雾喷头）喷出的水滴所形成的表面积大100倍，因此细水雾灭火系统的冷却作用非常显著。

2）隔氧窒息作用。雾滴受热后汽化形成体积为原体积1 680倍的水蒸气，最大限度地排斥火场的空气，使燃烧物质周围的氧含量降低，燃烧会因缺氧而受到抑制或中断。

3）辐射热阻隔。细水雾喷入火场后，形成水蒸气迅速将燃烧物、火焰和烟羽笼罩，对火焰的辐射热具有极佳的阻隔能力，能够有效抑制辐射热引燃周围其他物品，达到防止火灾蔓延的效果。

4）浸湿作用。冲量大的雾滴会冲击到燃烧物表面，从而使燃烧物得到浸湿，阻止其进一步挥发可燃气体。此外，系统喷出的细水雾还可以充分将着火位置以外的燃烧物浸湿，从而抑制火灾的蔓延和发展。

2. 细水雾灭火系统分类

细水雾灭火系统主要按工作压力、应用方式、动作方式、雾化介质和供水方式进行分类。

（1）按工作压力分类：

1）低压系统：系统工作压力小于或等于 1.21MPa 的细水雾灭火系统。

2）中压系统：系统工作压力大于 1.21MPa 且小于 3.45MPa 的细水雾灭火系统。

3）高压系统：系统工作压力大于或等于 3.45MPa 的细水雾灭火系统。

（2）按应用方式分类：

1）全淹没应用方式，是指向整个防护区内喷放细水雾，并持续一定时间，保护其内部所有保护对象的系统应用方式。全淹没应用方式适用于扑救相对封闭空间内的火灾。

2）局部应用方式，是指直接向保护对象喷放细水雾，并持续一定时间，保护空间内某具体保护对象的系统应用方式。局部应用方式适用于扑救大空间内具体保护对象的火灾。

（3）按动作方式分类：

1）开式系统，是指采用开式细水雾喷头的细水雾灭火系统，包括全淹没应用方式和局部应用方式。系统由火灾自动报警系统控制，自动开启分区控制阀和启动水泵后，向开式细水雾喷头供水。

2）闭式系统，是指采用闭式细水雾喷头的细水雾灭火系统，可分为湿式、干式和预作用三种形式。

（4）按雾化介质分类：

1）单流体系统，是指使用单个管道向每个喷头供给灭火介质的细水雾灭火系统。

2）双流体系统，是指水和雾化介质分别供给并在喷头处混合的细水雾灭火系统。

（5）按供水方式分类：

1）泵组式系统，是指采用泵组（或稳压装置）作为供水装置的细水雾灭火系统，适用于高压、中压和低压系统。

2）瓶组式系统，是指采用储水器储水、储气容器进行加压供水的细水雾灭火系统，适用于中压、高压系统。

3）瓶组和泵组结合式系统，是指既采用泵组又采用瓶组作为供水装置的细水雾灭火系统，适用于高压、中压和低压系统。

四、气体灭火系统

目前，常用的气体灭火系统主要有二氧化碳灭火系统、IG541 混合气体灭火系统、七氟丙烷灭火系统和热气溶胶预制灭火系统。气体灭火系统与传统的水喷淋灭火系统、消火栓灭火系统相比，优点是灭火后不留任何痕迹，无二次污染；但由于气体灭火系统大都采用高压贮存、高压输送，相比水喷淋系统危险系数要大。

1. 气体灭火系统分类及适用范围

（1）二氧化碳灭火系统。

二氧化碳灭火主要在于窒息，其次是冷却。在常温常压条件下，二氧化碳的物相为气相，当储存于密闭高压气瓶中，低于临界温度 31.4℃，是以气、液两相共存的。二氧化碳本身具有不燃烧、不助燃、不导电、不含水分、灭火后能很快散逸，对保护物不会造成污损等优点，因此是一种采用较早、应用较广的气体灭火剂。但二氧化碳含量达到 15%以上时能使人窒息死亡。

二氧化碳灭火主要用于扑救甲、乙、丙类的液体火灾，某些气体火灾、固体表面和电器设备火灾。

二氧化碳为化学性质不活泼的气体，但在高温条件下能与锂、钠等金属发生燃烧反应，因此二氧化碳不适用于扑救活泼金属及其氢化物的火灾（如锂、钠、镁、铝、氢化钠等）、自己能供氧的化学物品火灾（如硝化纤维和火药等）、能自行分解和供氧的化学物品火灾（如过氧化氢等）。

（2）IG541 混合气体灭火系统。

IG541 混合气体灭火剂是由氮气、氩气和二氧化碳气体按一定比例混合而成的气体，由于这些气体都是在大气层中自然存在，且来源丰富，对大气层臭氧没有损耗，也不会产生温室效应。混合气体无毒、无色、无味、无腐蚀性及不导电，既不支持燃烧，又不与大部分物质产生反应。以环保的角度来看，是一种较为理想的灭火剂。

IG541 混合气体灭火系统具有自动启动、手动启动和机械应急启动三种启动方式。主要适用于电子计算机房、通信机房、配电房、油浸变压器、自备发电机房、图书馆、档案室、博物馆及票据、文物资料库等经常有人、工作的场所，可用于扑救电气火灾、液体火灾或可溶化的固体火灾，固体表面火灾及灭火前能切断气源的气体火灾，但不可用于扑救 D 类活泼金属火灾。

（3）七氟丙烷灭火系统。

七氟丙烷灭火剂是一种无色、无味、不导电的气体，其密度大约是空气密度的 6 倍，可在一定压力下呈液态储存。该灭火剂为洁净药剂，释放后无残余物，不会污染环境和保护对象。

七氟丙烷灭火剂具有清洁、低毒、电绝缘性好，灭火效率高的特点；特别是它不含溴和氯，对臭氧层无破坏，在大气中的残留时间比较短，其环保性能明显优于卤代烷，是一种洁净气体灭火剂，被认为是替代卤代烷 1301、1211 的最理想的产品之一。

七氟丙烷灭火系统具有效能高、速度快、环境效应好、不污染被保护对象、安全性强等特点，适用于有人工作的场所，对人体基本无害；但不可用于下列物质的火灾：

1）氧化剂的化学制品及混合物，如硝化纤维、硝酸钠等。

2）活泼金属，如钾、钠、镁、铝、铀等。

3）金属氧化物，如氧化钾、氧化钠等。

4）能自行分解的化学物质，如过氧化氢、联胺等。

（4）热气溶胶预制灭火系统。

S 型气溶胶灭火装置的特性和适用范围：S 型气溶胶是固体气溶胶发生剂反应的产物，含有约 98%以上的气体。几乎无微粒（其微粒量比一个月内封闭计算机房自然降落的灰尘量还少），沉降物极低。气体是氮气、水气、少量的二氧化碳。从生产到使用过程中无毒、无公害、无污染、无腐蚀、无残留。不破坏臭氧层，无温室效应，符合绿色环保要求。其灭火剂是以固态常温常压储存，不存在泄漏问题，维护方便。

S 型气溶胶主要适用于扑救电气火灾、可燃液体火灾和固体表面火灾，如计算机房、通信机房、变配电室、发电机房、图书室、档案室、丙类可燃液体等场所。

2. 气体灭火系统的结构特点

（1）无管网灭火系统。

无管网灭火系统是指按一定的应用条件，将灭火剂储存装置和喷放组件等预先设计、组装成套且具有联动控制功能的灭火系统，又称预制灭火系统。该系统又分为柜式气体灭火装置、悬挂式气体灭火装置，适用于较小的、无特殊要求的防护区。

柜式气体灭火装置一般由灭火剂瓶组、驱动气体瓶组（可选）、容器阀、减压装置（针对惰性气体灭火装置）、驱动装置、集流管（只限多瓶组）、连接管、喷头、信号反馈装置、安全泄放装置、控制盘、检漏装置、管道管件等组成。

悬挂式气体灭火装置由灭火剂储存容器、启动释放组件、悬挂支架等组成。

热气溶胶预制灭火系统属于无管网灭火系统，安装相对灵活，无须布置管道，工程造价相对较低。

（2）管网灭火系统。

管网灭火系统是指按一定的应用条件计算，将灭火剂从储存装置经由干管、支管输送至喷放组件实施喷放的灭火系统。管网系统又分为组合分配系统、单元独立系统。

组合分配系统是指用一套灭火系统储存装置同时保护两个或两个以上防护区或保护对象的气体灭火系统。这种灭火系统的优点是储存容器数和灭火剂用量可以大幅度减少，有较高的应用价值。

单元独立系统是指用一套灭火剂储存装置保护一个防护区的灭火系统。一般来说，用单元独立系统保护的防护区在位置上是单独的，离其他防护区较远而不便于组合，或是两个防护区相邻，但有同时失火的可能。当两个防护区需要灭火剂量较多时，也可采用两套或数套单元独立系统保护一个防护区，但设计时必须做到这些系统同步工作。

五、泡沫灭火系统

泡沫灭火系统是采用泡沫液作为灭火剂，主要用于扑救非水溶性可燃液体和一般固体火灾，如商品油库、煤矿、大型飞机库等。系统具有安全可靠、灭火效率高的特点。对于水溶性可燃液体火灾，应采用抗溶性泡沫灭火剂灭火。

（一）系统的分类及使用范围

泡沫灭火系统有多种类型。按泡沫发泡倍数分类有低倍数、中倍数、高倍数泡沫灭火系统；按泡沫灭火剂的使用特点可分为A类泡沫灭火剂、B类泡沫灭火剂、非水溶性泡沫灭火剂、抗溶性泡沫灭火剂等；按设备安装使用方式分类有固定式、半固定式和移动式泡沫灭火系统；按泡沫喷射位置分类有液上喷射、液下喷射和半液下喷射泡沫灭火系统。

1. 按泡沫发泡倍数分类

（1）低倍数泡沫灭火系统。低倍数泡沫是指泡沫混合液吸入空气后，体积膨胀小于20倍的泡沫。

（2）中倍数泡沫灭火系统。发泡倍数为21～200倍的称为中倍数泡沫。

（3）高倍数泡沫灭火系统。发泡倍数为201～1 000倍的称为高倍数泡沫。

2. 按设备安装使用方式分类

（1）固定式泡沫灭火系统。固定式泡沫灭火系统由固定的泡沫液消防泵、泡沫液储罐、比例混合器、泡沫混合液的输送管道及泡沫产生装置等组成，并与给水系统连成一体。当发生火灾时，先启动消防泵、打开相关阀门，系统即可实施灭火。

（2）半固定式泡沫灭火系统。该系统有一部分设备为固定式，另一部分是不固定的，发生火灾时，进入现场与固定设备组成灭火系统灭火。

（3）移动式泡沫灭火系统。移动式泡沫灭火系统一般由水源（室外消火栓、消防水池或天然水源）、泡沫消防车或机动消防泵、移动式泡沫产生装置、水带、泡沫枪、比例混合器等组成。当发生火灾时，所有移动设施进入现场通过管道、水带连接组成灭火系统。

3. 按喷射方式分类

（1）液上喷射泡沫灭火系统。液上喷射泡沫灭火系统是指泡沫从液面上喷入被保护储罐的灭火系统。与液下喷射系统相比较，这种系统具有泡沫不易受油的污染，可以使用廉价的普通蛋白泡沫等优点。有固定式、半固定式、移动式三种应用形式。

（2）液下喷射泡沫灭火系统。液下喷射泡沫灭火系统是指泡沫从液面下喷入被保护储罐的灭火系统。

（3）半液下喷射泡沫灭火系统。半液下喷射泡沫灭火系统是指泡沫从储罐底部注入，并通过软管浮升到液体燃料表面进行灭火的灭火系统。

（二）系统的主要设备

1. 泡沫比例混合器

泡沫比例混合器是泡沫灭火系统的主要设备之一，作用是将水与泡沫液按一定比例混合，形成泡沫混合液。目前我国生产的泡沫比例混合器有环泵式泡沫比例混合器、压力式泡沫比例混合器、平衡压力式泡沫比例混合器、管线式泡沫比例混合器。

（1）环泵式泡沫比例混合器。优点是结构简单、工程造价低且配套的泡沫液储罐为常压储罐，便于操作、维护、检修、试验；缺点是限制条件见较多、设计难度较大、达到混合比时间较长。适用于建有独立泡沫消防泵站的场所，尤其适用于储罐规格较单一的甲、乙、丙类液体储罐区。

（2）压力式泡沫比例混合器。适用于低倍数泡沫灭火系统。优点是设计与安装方便、配置简单、利于自动控制。适用于全厂统一采用高压或稳高压消防给水系统的石油化工企业，尤其适是于分散设置独立泡沫站的石油化工生产装置区。

（3）平衡压力式泡沫比例混合器。此混合器的比例混合精度较高，适用的泡沫混合液流量范围较大，泡沫液储罐为常压储罐。适用范围较广，是目前工程中采用较多的泡沫比例混合器。尤其是设置若干个独立泡沫站的大型甲、乙、丙类液体储罐区，多采用水力驱动式平衡式泡沫比例混合器。

（4）管线式泡沫比例混合器。管线式泡沫比例混合器是利用文丘里管的原理在混合腔内形成负压，在大气压力的作用下将容器内的泡沫液吸到腔内与水混合。管线式泡沫比例混合器直接安装在主管线上，泡沫液与水直接混合形成混合液，系统压力损失较大。此混合器的混合比精度通常不高，所以在固定式泡沫灭火系统中很少使用，主要用于移动式泡沫灭火系统，与泡沫炮、泡沫枪、泡沫产生器装配为一体使用。

2. 泡沫产生装置

泡沫产生装置的作用是将泡沫混合液与空气混合形成空气泡沫，喷射覆盖于燃烧物表面。根据泡沫灭火系统的要求，应采用不同形式的泡沫产生器。

（1）低倍数泡沫产生器，有横式和竖式两种，均安装在油罐壁的上部。

（2）高背压泡沫产生器，是从储罐内底部液下喷射空气泡沫，用于扑救油罐火灾。

（3）高倍数泡沫产生器，是高倍数泡沫灭火系统中产生并喷放高倍数泡沫的装置。

（4）中倍数泡沫产生器，分为吸气型、吹气型。吸气型的发泡原理和低倍数泡沫产生器相同；吹气型的发泡原理和高倍数泡沫产生器相同。吸气型泡沫产生器的发泡倍数要低于吹气型泡沫产生器。

3. 泡沫喷头

泡沫喷头用于泡沫喷淋系统，按照喷头是否能吸入空气分为吸气型和非吸气型。

（1）吸气型可采用蛋白、氟蛋白或水成膜泡沫液，通过泡沫喷头上的吸气孔吸入空气，形成空气泡沫灭火。

（2）非吸气型只能采用水成膜泡沫液，不能用蛋白和氟蛋白泡沫液。非吸气型喷头没有吸气孔，不能吸入空气，通过泡沫喷头喷出的是雾状的泡沫混合液滴。

4. 泡沫液储罐

泡沫液储罐用于储存泡沫液。储罐用于压力式泡沫比例混合流程时，泡沫液储罐应选用压力储罐；当用于其他泡沫比例混合流程时，泡沫液储罐应选用常压储罐。泡沫液储罐有卧式、立式圆柱形储罐，储罐上应设有液面计、排渣孔、人孔、呼吸阀、取样口等。

六、干粉灭火系统

1. 干粉灭火剂的类型

（1）普通干粉灭火剂。可扑救B类、C类、E类火灾，故称为BC干粉灭火剂。

（2）多用途干粉灭火剂。可扑救A类、B类、C类、E类火灾，故称为ABC干粉灭火剂。

（3）专用干粉灭火剂。可扑救D类火灾，故称为D类专业干粉灭火剂。

干粉灭火剂使用时应注意：BC类与ABC类干粉不能兼容；BC类干粉与蛋白泡沫或者化学泡沫不兼容。

2. 干粉灭火系统组成

干粉灭火系统在组成上与气体灭火系统相类似。干粉灭火系统由干粉灭火设备和自动控制两大部分组成。前者由干粉储存容器、驱动气体瓶组、启动气体瓶组、减压阀、管道及喷嘴组成；后者由火灾探测器、信号反馈装置、报警控制器等组成。

3. 干粉灭火系统适用范围

干粉灭火系统迅速可靠，适用于火焰蔓延迅速的易燃液体；具有造价低、占地小、不冻结等特点，尤其适用于寒冷的北方地区。

（1）适用于灭火前可切断气源的气体火灾。

（2）适用于易燃、可燃液体和可熔化固体火灾，可燃固体表面火灾。

（3）适用于带电设备火灾。

（4）不适用于硝化纤维、炸药等无空气仍能迅速氧化的化学物质与强氧化剂。

（5）不适用于钠、钾、镁、钛、铅等活泼金属及其氢化物。

七、固定消防炮灭火系统

固定消防炮灭火系统由固定消防炮和相应配置的系统组件组成的固定灭火系统。

(1) 按喷射介质可分为水炮系统、泡沫炮系统和干粉炮系统。

1) 水炮系统：喷射水灭火剂的固定消防炮系统主要由水源、消防泵组、管道、阀门、水炮、动力源和控制装置组成。

2) 泡沫炮系统：喷射泡沫灭火剂的固定消防炮系统主要由水源、泡沫液罐、消防泵组、泡沫比例混合装置、管道、阀门、泡沫炮、动力源和控制装置组成。

3) 干粉炮系统：喷射干粉灭火剂的固定消防炮系统主要由干粉罐、氮气瓶组、管道、阀门、干粉炮、动力源和控制装置组成。

(2) 按控制装置分为：远控消防炮灭火系统，可远距离控制消防炮的固定消防炮灭火系统；手动消防炮灭火系统，只能在现场手动操作消防炮的固定消防炮灭火系统。

(3) 系统灭火剂的选用及适用范围：

1) 泡沫炮系统适用于甲、乙、丙类液体、固体可燃物火灾现场。

2) 干粉炮系统适用于液化石油气、天然气等可燃气体火灾现场。

3) 水炮系统适用于一般固体可燃物火灾现场。

4) 水炮系统和泡沫炮系统不得用于扑救遇水发生化学反应而引起燃烧、爆炸等物质的火灾。

(4) 固定消防炮灭火系统的设置：

1) 在下列场所宜选用远控炮系统：有爆炸危险性的场所；有大量有毒气体产生的场所；燃烧猛烈、产生强烈辐射热的场所；火灾蔓延面积较大且损失严重的场所；高度超过8m且火灾危险性较大的室内场所；发生火灾时灭火人员难以及时接近或撤离固定消防炮位的场所。

2) 室内消防炮的布置数量不应少于两门；设置消防炮平台时，其结构强度应能满足消防炮喷射反力的要求。

3) 室外消防炮的布置应能使消防炮的射流完全覆盖被保护场所及被保护物，消防炮应设置在被保护场所常年主导风向的上风方向；当灭火对象高度较高、面积较大时，或在消防炮的射流受到较高大障碍物的阻挡时，应设置消防炮塔。

八、火灾自动报警系统

(一) 火灾自动报警系统装置及功能

火灾自动报警系统由火灾探测器、火警信号传输线路、火灾报警控制器三部分组成。

1. 火灾自动报警系统分类

火灾自动报警系统根据保护对象及设立的消防安全目标不同可分为：

(1) 区域报警系统。该类系统由火灾探测器、区域控制器、火灾报警装置等构成，适用于小型建筑等单独使用。

(2) 集中报警系统。该类系统由火灾探测器和集中控制器等组成，适用于高层的宾馆、商务楼、综合楼等建筑使用。

(3) 控制中心报警系统。该类系统由设置在消防控制室的集中报警控制器、消防控制设备等组成，适用于大型建筑群、超高层建筑，可对建筑中的消防设备实现联动控制和手动控制。

2. 火灾报警及消防联动控制系统组成及功能

（1）火灾报警系统组成及功能。火灾报警系统主要由火灾探测器、输入模块、火灾现场报警装置、火灾自动报警控制器和火灾显示盘等组成。其中，探测器是火灾自动报警系统的检测元件，通常由传感元件、电路、固定部件和外壳等四部分组成。

1）火灾探测器。根据其探测火灾特征参数的不同，可分为：

①感烟式探测器。火灾发生早期会产生大量烟雾，它是将探测部位烟雾浓度的变化转换为电信号实现报警目的的一种器件。该产品适用于安装在发生火灾后产生烟雾较大或容易产生阴燃的场所，如住宅楼、商店、歌舞厅、仓库等室内场所的火灾报警，不宜安装在平时烟雾较大或通风速度较快的场所。

感烟式探测器可分为离子感烟、光电感烟、红外光束、吸气型等火灾探测器。

②感温式探测器。火灾时物质的燃烧产生大量的热量，使周围温度发生变化。该探测器是对警戒范围中某一点或某一线路周围温度变化时进行响应的火灾探测器，它将温度的变化转换为电信号以达到报警目的。适合相对湿度经常大于95%、易发生无烟火灾、有大量粉尘的场所；在正常情况下有烟和蒸气滞留的场所，如厨房、锅炉房、发电机房、烘干车间、吸烟室等；其他不宜安装感烟探测器的厅堂和公共场所。

根据监测温度参数的不同，一般用于工业和民用建筑中的感温式火灾探测器有定温式、差温式、差定温式等几种。

③感光式火灾探测器。又称为火焰探测器，它是用于响应火灾的光特性，即探测火焰燃烧的光照强度和火焰的闪烁频率的一种火灾探测器。它利用火灾时火焰产生的红外光、紫外光作用在光敏元件上，从而发出电信号，实现火灾报警。该探测器能够在高/低温、高湿、振动等苛刻的环境下工作。根据探测光的波段可分为红外、紫外、红紫外复合式等火灾探测器。

a. 红外火焰探测器：适用于无烟液体和气体火灾、产生明火以及产生爆燃的场所，如航天工业、飞机库、飞机修理场、化学工业、公路隧道、弹药和爆炸品仓库、油漆工厂、石油化工企业、天然气勘探生产企业、制药企业、发电站、印刷企业、易燃材料仓库等可燃物含碳物质的其他场合。

b. 紫外火焰探测器：优点是能完全消除太阳光、白炽灯及高温的干扰。可广泛应用于厂房、仓库等场所，与其他探测器配合使用，更能及时发现火灾，减少损失。防爆紫外火焰探测器主要应用于火炬状态检测、锅炉熄火保护、化工厂及民用设备关键部位火焰报警。

c. 红紫外复合式火焰探测器。采用一个对太阳光不敏感的紫外线传感器和一个高信噪比的窄频带的红外线传感器，提高对非火警源（光盲）的免疫力。对火焰产生的发射谱频有高灵敏度，能防止阳光辐射所产生的误报警。

④可燃气体探测器。该类型探测器是通过可燃气体敏感元件检测出可燃气体的浓度，当达到给定值时，发出报警信号的装置。按照使用环境可以分为工业用气体报警器、家用燃气报警器；按自身形态可分为固定式可燃气体报警器、便携式可燃气体报警器；按根据工作原理分为半导体式传感器、电化学式气体传感器、催化燃烧式气体探测器、红外气体报警器、光离子气体报警器。

a. 半导体式传感器。该类传感器是利用一种金属氧化物薄膜制成的阻抗器件，其电阻随着气体含量不同而变化。气体分子在薄膜表面进行还原反应以引起传感器电导率的变化，实现可燃气体报警。半导体传感器因其简单低价已经广泛应用于可燃气体报警器，但是又因为它的选择性差和稳定性不理想，目前还只是在民用级别使用。

b. 电化学式气体传感器。该类传感器是通过检测电流来检测气体的浓度，分为不需供电的原电池式以及需要供电的可控电位电解式，目前可以检测许多有毒气体和氧气。电化学气体传感器的主要优点是气体的高灵敏度以及良好的选择性。不足之处是寿命一般为两年。电化学气体传感器因其良好的选择性和高灵敏度被广泛应用在工业场合。

c. 催化燃烧式气体探测器。该类探测器是利用难熔金属铂丝加热后的电阻变化来测定可燃气体浓度。当可燃气体进入探测器时，在铂丝表面引起氧化反应（无焰燃烧），其产生的热量使铂丝的温度升高，而铂丝的电阻率便发生变化。催化燃烧式气体探测器对种类繁多的可燃性气体有普遍适用性。

d. 红外气体报警器。该类产品是利用红外传感器通过红外线光源的吸收原理来检测现场环境的碳氢类可燃气体。它属于无干扰智能型产品，具有良好的安全性能，操作灵活简便。

e. 光离子气体报警器。该类产品是使用紫外灯光源将有机物打成可被检测器检测到的正负离子。检测器测量离子化了的气体的电荷并将其转化为电流信号，电流信号被放大并显示出浓度值。多用于检测含碳的有机化合物，可以检测多种挥发性有机化合物，如苯、甲苯、萘、酮类和醛类、丙酮、二甲基胺等。

根据其监视范围的不同，还可分为点型火焰探测器（即响应一个小型传感器附近的火灾特性参数的探测器）和线型火焰探测器（即响应某一连续路线附近的火灾特性参数的探测器）。

此外，还有一些特殊类型的火焰探测器，包括使用摄像机、红外热成像器件等视频设备或它们的组合方式获取监控现场视频信息，进行火灾探测的图像型火灾探测器；探测泄漏电流大小的漏电流感应型火灾探测器；探测静电电位高低的静电感应型火灾探测器；在一些特殊场合使用的，要求探测极其灵敏、动作极为迅速，通过探测爆炸产生的参数变化（如压力的变化）信号来抑制、消灭爆炸事故发生的微压差型火灾探测器；利用超声原理探测火灾的超声波探测器等。

2）输入模块。输入模块用于接收消防联动设备输入的常开或常闭开关量信号，并将联动信息传回火灾报警控制器（联动型）。

3）火灾现场报警装置。手动报警按钮是人工确认火灾后，手动输入报警信号的装置。操作方式有手动按碎、手动击打和手动按下等。

①手动报警按钮。它是现场人工确认火灾后，手动输入报警信号的装置。

②声光报警器。火警时可发出声和光报警信号。其工作电压由外控电源提供，由联动控制器的配套执行器件（继电器盒、远程控制器或输出控制模块）来控制。

③警笛、警铃。火警时可发出声报警信号（变调音）。同样由联动控制器输出控制信号驱动现场的配套执行器件完成对警笛、警铃的控制。

4）火灾自动报警控制器。火灾自动报警控制器在火灾自动报警系统中为火灾探测器供电，接收探测点火警电信号，以声、光信号发出火灾报警，同时显示及记录火灾发生的部位和时间；向联动控制器发出联动信号，是整个火灾自动报警系统的指挥中心。

5）火灾显示盘（重复显示屏）。火灾显示盘设置在每个楼层或独立的消防分区内，用于显示本区域内各探测点的报警和故障情况。在火灾发生时，指示人员疏散方向、火灾所处位置、范围等。

（2）消防联动控制系统，由一系列控制系统组成，如报警、灭火、防烟排烟、广播和消防通信等。

1）联动控制器。联动控制器有多线制控制方式和总线制控制方式，与火灾报警器配合，用于控制各类消防外控设备，实施自动或手动控制。

2）控制模块。控制模块是总线制联动控制的执行器件，直接与联动控制器的控制总线或火灾报警控制器的总线连接。当火灾发生后，通过控制模块发出声和光报警信号，开启正压新风，使人员安全疏散。

（二）火灾自动报警设备安装

（1）探测器。

1）探测器是火灾自动报警系统中应用量最大、应用面最广的设备。按其探测范围可分为点型火灾探测器、线型火灾探测器。

2）点型探测器安装的主要要求。

①主要由接线盒、底座、装饰圈、探测器组合而成。接线盒在配管时埋入，底座在穿管布线时预先安装完毕，装饰圈可安在底座上起美观的作用。

②探测区域内的每个房间至少应设置一只火灾探测器。

③在宽度小于3m的走道顶棚上设置探测器时，宜居中布置。感温探测器的安装间距不应超过10m，感烟探测器的安装间距不应超过15m。

④探测器周围0.5m内不应有遮挡物。

3）线型探测器安装的主要要求。

①线型探测器安装适用于垂直或水平电缆桥架、可燃气体、容器管道、电器装置等探测防护。

②空气管式线型探测器适用于可能产生油类火灾且环境恶劣的场所，以及不适合安装点型探测器的夹层或闷顶内。

（2）消防报警按钮。

1）报警按钮的分类。报警按钮分火灾报警按钮和消火栓报警按钮。

2）报警按钮安装的工作内容包括底座安装、校线、接头、压接冷压端头、底座压线、编码、安装、测试等。

（3）消防警铃、声光报警器。

1）声光报警器是安装在现场的声光报警设备。声光报警器一般安装在墙壁上，距地面1.8～2.5m。

2）消防警铃是与消防报警和联动系统配套使用的设备。

（4）消防报警电话（电话插孔）。消防电话系统主要由消防电话总机、消防电话分机、消防电话插孔、消防直流电源及备用电源等构成。消防电话分机分为两种：一种是摘机即呼叫并可通话的专用电话分机；另一种是电话插孔，消防巡逻人员可以在巡视过程中随时将手提电话分机插入电话插孔与消防控制中心通话，通报现场情况。一般与手动报警按钮和消火栓按钮同处安装。

(5) 消防广播(扬声器)。当现场出现紧急情况时,可通过中心指挥系统将指挥指令或疏散指令及时、准确、可靠地广播出去。

民用建筑内扬声器一般设置在走道、大厅等公共场所。工业建筑或车库等环境噪声大的场所要采用高声压扬声器。客房内专用扬声器功率不小于1W。

(6) 模块(模块箱)。模块分为控制模块和报警模块。控制模块是起控制作用的模块,也称为中继器。报警模块起监视和报警的作用,多采用明装,将底座安装在墙上,布线后调试前将模块插入底座。

(7) 报警主机。报警主机的安装包括区域报警控制箱、联动控制箱、远程控制箱(柜)、火灾报警系统控制主机、联动控制主机、消防广播及对讲电话主机(柜)、火灾报警控制微机(CRT)、备用电源及电池主机(柜)、报警联动一体机等的安装。

九、消防工程计量

根据《安装工程计量标准》的规定进行工程量计算。

(一) 主要内容及与其他专业安装工程的关系

1. 主要内容

消防工程包括水灭火系统、气体灭火系统、泡沫灭火系统、火灾自动报警系统、空气采样探测报警系统、防火门监控报警系统、电气火灾监控系统、消防电源监控系统、消防系统调试及其他消防器具。

2. 与其他专业安装工程的关系

(1) 管道界限的划分:

1) 喷淋系统水灭火管道:室内外界限应以建筑物外墙皮1.5m为界,入口处设阀门者应以阀门为界;设在高层建筑物内消防泵间管道应以泵间外墙皮为界。

2) 消火栓管道:给水管道室内外界限划分应以外墙皮1.5m为界,入口处设阀门者应以阀门为界。

3) 消防管道与市政管网工程的界定:室外消防管道以市政管道碰头井为界。

(2) 消防管道如需进行探伤,应按《安装工程计量标准》附录H“工业管道工程”相关项目编码列项。

(3) 消防管道上的阀门应按《安装工程计量标准》附录K“给排水、采暖、燃气工程”相关项目编码列项。

(4) 消防工程的措施项目应按《安装工程计量标准》附录P“措施项目”相关项目编码列项。

(二) 工程计量规则及相关说明

1. 水灭火系统

本分部工程包括水灭火系统管道、组件、报警装置、消防设备等共14个分项工程。其工程量计算规则及相关说明:

(1) 水喷淋钢管、消火栓钢管,根据安装部位、材质、规格以及连接形式,按设计图示管道中心线长度以“m”计算。不扣除阀门、管件及各种组件所占长度。工作内容包括管道安装、压力试验、冲洗、管道标识、管件安装。

(2) 水喷淋(雾)喷头,按设计图示数量以“个”计算。水喷淋(雾)喷头的安装部位按有吊顶、无吊顶进行描述；工作内容包括本体安装、装饰盘安装、严密性试验。

（3）报警装置，根据名称，型号、规格，按设计图示数量以“组”计算。工程内容包括本体安装和电气接线。报警装置适用于湿式报警装置、干湿两用报警装置、电动雨淋报警装置、预作用报警装置安装。报警装置安装包括装配管（除水力警铃进水管）的安装，水力警铃进水管并入消防管道工程量。其中：

1）湿式报警装置包括湿式阀、蝶阀、装配管、供水压力表、装置压力表、试验阀、泄放试验阀、泄放试验管、试验管流量计、过滤器、延时器、水力警铃、报警截止阀、漏斗、压力开关等。

2）干湿两用报警装置包括两用阀、蝶阀、装配管、加速器、加速器压力表、供水压力表、试验阀、泄放试验阀（湿式、干式）、挠性接头、泄放试验管、试验管流量计、排气阀、截止阀、漏斗、过滤器、延时器、水力警铃、压力开关等。

3）电动雨淋报警装置包括雨淋阀、蝶阀、装配管、压力表、泄放试验阀、流量表、截止阀、注水阀、止回阀、电磁阀、排水阀、手动应急球阀、报警试验阀、漏斗、压力开关、过滤器、水力警铃等。

4）预作用报警装置包括报警阀、控制蝶阀、压力表、流量表、截止阀、排放阀、注水阀、止回阀、泄放阀、报警试验阀、液压切断阀、装配管、供水检验管、气压开关、试压电磁阀、空压机、应急手动试压器、漏斗、过滤器、水力警铃等。

（4）温感式水幕装置，根据型号、规格，连接形式，按设计图示数量以“组”计算。温感式水幕装置包括给水三通至喷头、阀门间的管道、管件、阀门、喷头等全部内容的安装。

（5）水流指示器，根据规格、型号，连接形式；减压孔板根据材质、规格；连接形式，均按设计图示数量以“个”计算。减压孔板若在法兰盘内安装，其法兰计入组价中。

（6）末端试水装置，根据规格、组装形式，按设计图示数量以“套”计算。末端试水装置包括压力表、控制阀等附件，其所需的连接管及排水管应计算在消防管道的工程量内。

（7）集热盘，根据材质、规格，按设计图示数量以“个”计算。

（8）室内消火栓、室外消火栓、消防水泵接合器，根据安装方式（部位），型号、规格，按设计图示数量以“套”计算。室内消火栓包括消火栓箱、消火栓、水枪、水龙头、水龙带接扣、自救卷盘、挂架。室内、外消火栓及消防水泵接合器安装项目特征要求描述附件材质、规格。

（9）消防水炮，根据水炮类型、规格、压力等级、保护半径，按设计图示数量以“台”计算。

（10）高压细水雾区域阀，根据材质、型号、规格、连接方式，按设计图示数量以“套”计算。

2. 气体灭火系统

本分部工程包括气体灭火系统管道、组件、贮存装置等共 11 个分项工程。其工程量计算规则及相关说明：

（1）无缝钢管、不锈钢管、气体驱动装置管道，根据材质、压力等级，规格，连接方式，按设计图示管道中心线长度以“m”计算。无缝钢管、不锈钢管、气体驱动装置的管道工程量计算中，不扣除阀门、管件及各种组件所占长度；气体驱动装置管道的工作内容应包括卡、套连接件。

（2）钢制管件、不锈钢管管件，根据材质、压力等级，规格，连接方式，按设计图示数量以"个"计算。

（3）选择阀、气体喷头，根据材质，型号、规格，连接方式，按设计图示数量以"个"计算。

（4）贮存装置、称重检漏装置，根据设备类型、规格、型号，按设计图示数量以"套"计算。贮存装置包括灭火剂存储器、驱动气瓶、支框架、集流阀、容器阀、单向阀、高压软管和安全阀以及阀驱动装置、减压装置、压力指示仪等；贮存装置内如需充装气体，应在项目特征内明确描述气体灭火剂品种、规格。

（5）无管网气体灭火装置、泄压装置，根据设备类型、规格、型号、安装部位，按设计图示数量以"套"计算。无管网气体灭火系统由柜式预制灭火装置、火灾探测器、火灾自动报警灭火控制器等组成，具有自动控制和手动控制两种启动方式。无管网气体灭火装置安装，包括气瓶柜装置（内设气瓶、电磁阀、喷头）等。

（6）气体灭火介质，包括七氟丙烷灭火系统、IG541 灭火系统、二氧化碳灭火系统等。

3. 泡沫灭火系统

本分部工程包括泡沫发生器、泡沫比例混合器、泡沫液储罐等共 3 个分项工程。其工程量计算规则及相关说明：

（1）泡沫灭火系统的管道、管件、阀门、法兰等按《安装工程计量标准》附录 H"工业管道工程"相关项目编码列项。

（2）泡沫发生器、泡沫比例混合器，根据设备类型，型号、规格，按设计图示数量以"台"计算。泡沫发生器、泡沫比例混合器的工作内容应包括整体安装、焊法兰、单体调试及配合管道试压时隔离本体所消耗的工料。

（3）泡沫液储罐，根据设备容量，型号、规格，按设计图示数量以"台"计算。泡沫液储罐内如需充装泡沫液，应在项目特征内明确描述泡沫灭火剂品种、规格。

4. 火灾自动报警系统

本分部工程包括火灾自动报警系统报警装置、控制设备等共 18 个分项工程。其工程量计算规则及相关说明：

（1）点型探测器，根据名称、规格、线制、类型，按设计图示数量以"个"计算。点型探测器包括火焰、烟感、温感、红外光束、可燃气体探测器等。

（2）线型探测器，根据名称、规格、类型，按设计图示长度以"m"计算。

（3）按钮、声光报警器、消防报警电话插孔（电话）、消防广播（扬声器），根据名称、规格（功率、型号）、安装方式，按设计图示数量以"个"计算。消防警铃按《安装工程计量标准》第 J. 4 节火灾自动报警系统"声光报警器"项目编码列项。

（4）消防模块，根据名称、规格、类型、输出形式，按设计图示数量以"个"计算。

（5）区域报警控制器、楼层火灾显示器，根据设备名称、线制、安装方式、控制点数量、显示器类型，按设计图示数量以"台"计算。

（6）远程控制器，根据设备规格、控制回路，按设计图示数量以"台"计算。

（7）火灾报警系统控制主机、联动控制主机、消防广播及对讲电话主机（柜），根据设备规格、线制，控制回路，安装方式，控制点数，按设计图示数量以“台”计算。消防广播及对讲电话主机包括功放、录音机、分配器、控制柜等设备。

（8）火灾报警控制微机、机柜，根据规格、安装方式，按设计图示数量以“台”计算。机柜为空柜，机柜内的设备器件应按《安装工程计量标准》相关项目编码列项。

（9）备用电源及电池主机，根据名称、容量、安装方式，按设计图示数量以“套”计算。

（10）报警联动一体机，根据名称，规格、线制，控制点数，安装方式，按设计图示数量以“台”计算。

（11）消防报警系统的配管、配线、接线盒应按《安装工程计量标准》附录D电气设备安装工程相应项目编码列项。

5. 空气采样探测报警系统

本分部工程包括吸气式烟雾探测器、空气采样管等共2个分项工程。其工程量计算规则及相关说明：

（1）吸气式烟雾探测器，根据名称、规格、线制、类型，按设计图示数量以“个”计算。工作内容包括本体安装和校接线。

（2）空气采样管，根据名称、规格、安装方式，按设计图示长度以“m”计算。工作内容包括采样管制作和敷设。

6. 防火门监控报警系统

本分部工程包括防火门监控主机、防火门监控器、监控模块等共3个分项工程。其工程量计算规则及相关说明：

（1）防火门监控主机，根据名称、规格、线制、安装方式、控制点数，按设计图示数量以“台”计算。工作内容包括本体安装和校接线。

（2）防火门监控器，根据名称、规格、线制、安装方式、控制点数，按设计图示数量以“个”计算。工作内容包括本体安装和校接线。

（3）监控模块，根据名称、规格、类型，按设计图示数量以“个”计算。工作内容包括本体安装、校接线、编码。

7. 电气火灾监控系统

本分部工程包括监控主机、剩余电流式监控探测器、测温式监控探测器、温度传感器、隔离器等共5个分项工程。其工程量计算规则及相关说明：

（1）监控主机，根据名称、规格、线制、安装方式、控制点数，按设计图示数量以“台”计算。工作内容包括本体安装、校接线。

（2）剩余电流式监控探测器、测温式监控探测器、温度传感器、隔离器，根据名称、规格、类型，按设计图示数量以“个”计算。工作内容包括本体安装、校接线、编码。

8. 消防电源监控系统

本分部工程包括状态监控主机、电流传感器、电压传感器等共3个分项工程。其工程量计算规则及相关说明：

（1）状态监控主机，根据名称、规格、线制、安装方式、控制点数，按设计图示数量以“台”计算。工作内容包括本体安装、校接线。

（2）电流传感器、电压传感器，根据名称、规格、类型，按设计图示数量以“个”计算。工作内容包括本体安装、校接线、编码。

9. 消防系统调试

本分部工程包括灭火系统调试、控制装置调试、报警系统调试、监控系统调试等共10个分项工程。其工程量计算规则及相关说明：

（1）水灭火控制装置调试，按控制装置的点数以“点”计算。

（2）气体灭火系统装置调试，根据试验容器规格、气体试喷，按调试、检验和验收所消耗的试验容器总数以“点”计算（即按气体灭火系统装置的瓶头阀以点计算）。工作内容包括模拟喷气试验、备用灭火器贮存容器切换操作试验、气体试喷。

（3）自动报警系统调试、消防广播系统调试、消防电话系统调试，按设计图示系统以“系统”计算。自动报警系统包括各种探测器、报警器、报警按钮、报警控制器等组成的报警系统，其点数按设备器件数量计算。消防广播系统，包括扬声器、模块等组成的报警系统。

（4）防火控制装置包括防火卷帘门、正压送风阀、排烟阀、防火控制阀、消防电梯等。防火卷帘门、正压送风阀、排烟阀、防火控制阀等调试，按设计图示数量以“个”计算；消防电梯调试，按设计图示数量以“部”计算。

（5）空气采样探测报警系统调试、防火门监控系统调试、电气火灾监控系统调试、消防电源监控系统调试，按设计图示系统以“系统”计算。空气采样探测报警系统，包括吸气式烟雾探测器组成的报警系统；防火门监控报警系统，包括防火门监控器、监控模块等组成的报警系统；电气火灾监控系统，包括各类监控探测器、温度传感器、隔离器等组成的报警系统；消防电源监控系统，包括电流传感器、电压传感器等组成的报警系统。

10. 其他消防器具

本分部工程包括灭火器、灭火器箱、超细干粉灭火装置、自给正压式空气呼吸器等共4个分项工程。其工程量计算规则及相关说明：

（1）灭火器，根据形式、型号和规格，按设计图示数量以“具”计算。

（2）灭火器箱，根据安装方式、型号和规格，按设计图示数量以“个”计算。

（3）超细干粉灭火装置，根据安装形式、型号和规格，按设计图示数量以“套”计算。

（4）自给正压式空气呼吸器，根据型号、规格、性能参数，按设计图示数量以“套”计算。

第四节　电气照明及动力设备工程

电气照明是现代人工照明的重要手段，是现代建筑的重要组成部分。在电气照明设计时，应根据视觉要求、作业性质和环境条件，通过对光源、灯具的选择和配置，使工作区或空间具备合理的照度、显色性和适宜的亮度分布以及舒适的视觉环境。照明设计应采用高效光源和灯具及节能控制技术，合理采用智能照明控制系统。

一、常用电光源和安装

（一）常用电光源及特性

凡可以将其他形式的能量转换成光能，从而提供光通量的设备、器具统称为光源。而其中可以将电能转换为光能，从而提供光通量的设备、器具则称为电光源。常用的电光源有热致发光电光源（如白炽灯、卤钨灯等）；气体放电发光电光源（如荧光灯、汞灯、钠灯、金属卤化物灯、氙灯等）；固体发光电光源（如LED和场致发光器件等）。

气体放电光源一般比热辐射光源光效高、寿命长，能制成各种不同光色，在电气照明中应用日益广泛。热辐射光源结构简单，使用方便，显色性好，故在一般场所仍被普遍采用。常用照明电光源的主要特性比较如表4.4.1所示。

表4.4.1 常用照明电光源的主要特性

光源种类	卤钨灯		荧光灯		高压汞灯	高压钠灯	金卤灯
	管形、单端	低压	荧光灯	紧凑型			
额定功率范围/W	60～5 000	20～75	4～200	5～55	50～1 000	35～1 000	35～3 500
光效/（lm/W）	14～30		60～100	44～87	32～55	64～140	52～130
平均寿命/h	1 500～2 000		8 000～15 000	5 000～10 000	10 000～20 000	12 000～24 000	3 000～10 000
亮度/（cd/m²）	$10^7～10^8$		$～10^4$	$(5～10)×10^4$	$～10^5$	$(6～8)×10^6$	$(5～7)×10^6$
显色指数 *Ra*	95～99	95～99	70～95	＞80	30～60	23～85	60～90
相关色温/K	2 800～3 300	2 800～3 300	2 500～6 500	2 500～6 500	5 500	1 900～2 800	3 000～6 500
启动稳定时间/min	瞬时		1～4s	10s，快速	4～8		4～10
再启动时间/min	瞬时		1～4s	10s，快速	5～10	10～15	10～15
闪烁	不明显		普通管明显、高频管不明显		明显		
电压变化对光通量的影响	大		较大		较大	大	较大
环境温度变化对光通输出的影响	小		大		较小		
耐震性能	较差		较好		好	较好	好

1. 荧光灯

荧光灯由镇流器、灯管、启动（启辉）器和灯座等组成。灯内抽真空后封入汞粒，并充入少量氩、氪、氖等气体。所以荧光灯也是一种低压的汞蒸气弧光放电灯。在最佳辐射条件下，能将2%的输入功率转换为可见光，60%以上转换为紫外线辐射，紫外线再激发灯管内壁荧光粉而发光。

荧光灯适用于悬挂高度较低、又需要照度较高的场所，需要正确识别色彩的场所等。目前常见的荧光灯有：

（1）直管形荧光灯：这种荧光灯属双端荧光灯。常见标称功率有4W、6W、8W、12W、15W、20W、30W、36W、40W、65W、80W、85W和125W。管径用T5、T8、T10。灯头用G5，G13。目前较多采用T5和T8。T5显色性好，对色彩丰富的物品及环境有比较理想的照明效果，光衰小，寿命长，平均寿命达10 000h。适用于服装、百货、超级市场、食品、水果、图片、展示窗等色彩绚丽的场合使用。T8色光、亮度、节能、寿命都较佳，适合宾馆、办公室、商店、医院、图书馆及家庭等色彩朴素但要求亮度高的场合使用。

为了方便安装、降低成本和安全起见，许多直管形荧光灯的镇流器都安装在支架内，构成自镇流型荧光灯。

（2）彩色直管型荧光灯：常见标称功率有20W、30W、40W。管径用T4、T5、T8。灯头用G5、G13。彩色荧光灯的光通量较低，适用于商店橱窗、广告或类似场所的装饰和色彩显示。

（3）环形荧光灯：除形状外，环形荧光灯与直管形荧光灯没有多大差别，常见标称功率有22W、32W、40W，灯头用G10q。主要提供给吸顶灯、吊灯等作配套光源，供家庭、商场等照明用。

（4）单端紧凑型节能荧光灯：这种荧光灯的灯管、镇流器和灯头紧密地联成一体（镇流器放在灯头内），故被称为“紧凑型”荧光灯。由于无须外加镇流器，驱动电路也在镇流器内，故这种荧光灯也是自镇流荧光灯和内启动荧光灯。整个灯通过E27等灯头直接与供电网连接，可方便地直接取代白炽灯。这种荧光灯大都使用稀土元素三基色荧光粉，因而具有节能功能。

2. 卤钨灯

卤钨灯也是一种热辐射光源，在被抽成真空的玻璃壳内除充以惰性气体外，还充入少量的卤族元素如氟、氯、溴、碘。溴钨灯和碘钨灯就是采用的溴、碘两种卤素。在卤钨灯点燃时，从灯丝蒸发出来的钨在泡壁区与卤素反应形成挥发性的卤钨化合物。为了使管壁处生成的卤化物处于气态，其管壁温度很高，必须使用耐高温的石英玻璃和小尺寸泡壳，由于泡壳尺寸小，强度高，其工作气压比普通白炽灯高很多，这样使卤钨灯中钨的蒸发受到更有力的抑制。由于上述两个原因，所以卤钨灯工作温度和光效大为提高，寿命也增长，已取代普通白炽灯。

卤钨灯适用于照度要求较高、显色性要好，且无振动的场所，要求频闪效应小的场所及需要调光的场所。

由于碘钨灯功率大容易发热且易爆，所以从安全经济角度考虑不建议使用了，建议用LED投光灯取代。

3. 高压水银灯

高压水银灯又称“高压汞灯”，是利用高压水银蒸气放电发光的一种气体放电灯。灯管内装有一对电极且抽去空气，充入少量氩气和液态水银。通电后氩气放电将水银加热和气化，水银蒸气受电子激发而放电产生强烈辉光，经常用在道路、广场和施工现场等照度要求高、但对光色无特殊要求的场所。高压水银灯按构造的不同可以分为两种：

（1）外镇流式高压水银灯。外泡及内管中均充入惰性气体氮和氩，内管中还装有少量水银，外泡内壁里还涂有荧光粉。工作时内管中水银蒸气压力很高，通常为 101.325～1 014.25kPa，所以称为高压水银灯。

镇流器的作用有两点，其一是产生高压脉冲以点燃高压汞灯，其二是稳定工作电流。补偿器的作用是改善功率因数。

高压汞灯的优点是省电、耐振、寿命长、发光强；缺点是启动慢，需 4～8min；当电压突然跌落 5%时会熄灯，再次点燃时间约 5～10min；显色性差，功率因数低。

（2）自镇流高压汞灯。自镇流高压汞灯省去了镇流器，代之以自镇流灯丝，没有任何附件，旋入灯座即可点燃。

自镇流高压汞灯的优点是发光效率高、省电、附件少，功率因数接近于 1。缺点是寿命短，只有大约 1 000h。由于自镇流高压汞灯的光色好、显色性好、经济实用，故可以用于施工现场照明或工业厂房整体照明。

4. 高压钠灯

高压钠灯点亮时发出金白色光，具有发光效率高、耗电少、寿命长、透雾能力强和不诱虫等优点，广泛应用于道路、高速公路、机场、码头、车站、广场、工矿企业、公园、庭院照明及植物栽培。高显色高压钠灯主要应用于体育馆、展览厅、娱乐场、百货商店和宾馆等场所照明。

高压钠灯在外泡壳内装有放电管，它是用半透明的氧化铝陶瓷或全透明刚玉制成，它耐高温，和金属钠不起化学反应。放电管内充有钠、汞和氙气。高压钠灯工作中放电管表面温度很高，为了保持其温度一定（250～300℃），所以放电管外面用外泡壳保温，外泡壳内抽成真空，以减少外界环境的影响。

高压钠灯发光效率高，属于节能型光源，适用于要求照度高但对光色无要求的场所和多烟尘场所。它的结构简单，坚固耐用，平均寿命长。钠灯辐射光颜色单一，为 589nm 的黄色光谱，显色性差，但紫外线少，不招飞虫。若电压突然跌落 5%以上，则可能自灭，再次启动需要 10～15min 才能再燃。钠灯黄色光谱透雾性能好，最适于交通照明；光通量维持性能好，可以在任意位置点燃；耐振性能好；受环境温度变化影响小，适用于室外；但功率因数低。

5. 金属卤化物灯

金属卤化物灯是气体放电灯中的一种，其结构和高压汞灯相似，是在高压汞灯的基础上发展起来的，所不同的是在石英内管中除了充有汞、氩之外，还有能发光的金属卤化物（以碘化物为主）。

金属卤化物灯应用有钠-铊-铟灯（JZG 或 NTY）、管形镝灯（DDG）等。主要用在要求高照度的场所、繁华街道及要求显色性好的大面积照明的地方。

金属卤化物灯的特点：

（1）发光效率高，平均可达 70～100lm/W，光色接近自然光。

（2）显色性好，即能让人真实地看到被照物体的本色。

（3）紫外线向外辐射少，但无外壳的金属卤化物灯则紫外线辐射较强，应增加玻璃外罩，或悬挂高度不低于5m。

（4）平均寿命比高压汞灯短。

（5）电压变化影响光效和光色的变化，电压突降会自灭，所以电压变化不宜超过额定值的±5%。

（6）应用中除要配专用变压器外，1kW 的钠-铊-铟灯还应配专用的触发器才能点燃。

6. 氙灯

氙灯是采用高压氙气放电产生很强白光的光源，和太阳光相似，故显色性很好，发光效率高，功率大，有“小太阳”的美称，它适于广场、公园、体育场、大型建筑工地、露天煤矿、机场等地方的大面积照明。

氙灯可分为长弧氙灯和短弧氙灯两种。在建筑施工现场使用的是长弧氙灯，功率很高，用触发器启动。大功率长弧氙灯能瞬时点燃，工作稳定。耐低温也耐高温，耐振性好。氙灯的缺点是平均寿命短，为 500～1 000h，价格较高。由于氙灯工作温度高，其灯座和灯具的引入线应耐高温。氙灯是在高频高压下点燃，所以高压端配线对地要有良好的绝缘性能，绝缘强度不小于 30kV。氙灯在工作中辐射的紫外线较多，人不宜靠得太近。

7. 低压钠灯

低压钠灯是利用低压钠蒸气放电发光的电光源，在它的玻璃外壳内涂有红外线反射膜，低压钠灯的发光效率可达 200 lm/W，是电光源中光效最高的一种光源，寿命也最长，还具有不炫目的特点。

低压钠灯是太阳能路灯照明系统的最佳光源，低压钠灯发射波长是为 589.0nm 和 589.6nm 的单色光，特别适合于高速公路、交通道路、市政道路、公园、庭院照明。低压钠灯是替代高压汞灯节约用电的一种高效灯种，应用场所不断扩大。

8. 发光二极管（LED）

LED灯也叫发光二极管，是电致发光的固体半导体高亮度点光源，可辐射各种色光和白光，0～100%光输出（电子调光），可以做成点、线、面各种形式产品，适用性强、稳定性高、响应时间短，易于实现自动控制，应用灵活，具有节能、寿命长、绿色环保、耐冲击和防振动、无紫外和红外辐射、低电压下工作安全等特点。LED 的缺点：单个 LED 功率低，为了获得大功率，需要多个并联使用，并且单个大功率 LED 价格高；显色指数低，在 LED 照射下显示的颜色没有白炽灯真实。主要用于交流电源、开关、插座、保险管座指示灯，LED 广告招牌灯，LED 单色或者彩色显示屏，LED 路灯、汽车信号灯和家庭照明等。

目前，由于 LED 技术正日新月异，其发光效率也取得很大突破，价格也在不断降低，所以，在国家越来越重视照明节能及环保问题时，已经在大力推行使用 LED 灯具。

9. 光纤照明

光纤照明是近年来发展起来的照明技术。光纤照明是采用光导纤维（简称光纤，又称光波导），利用全反射原理，通过光导纤维把光传送到需要的部位进行照明的一种照明方式。

光纤照明具有其他方式不可替代的优势。一是装饰性强。通过光纤输出的光不仅明暗可调，而且颜色可变，是动态夜景照明的理想方法。二是安全。光纤本身只导光不导电，不怕水，不易破损，而且体积小，柔软可弯曲，是一种十分安全的变色发光塑料条，可以安全地用在高温、低温、高湿度、水下、露天等场所。在博物馆照明中，可以免除红外线、紫外线对展品的损伤，在具有火险、爆炸性气体和蒸汽的场所，是一种安全的照明方式。

10. 医疗用光源

无影灯泡适用于医院各类手术室；紫外线杀菌灯是一种强紫外线光源，对核酸蛋白质作用极强，能使细菌发生变异或死亡，被广泛应用于医疗卫生、细菌研究、制药工业和食品制造工业等场所。

（二）照明方式、种类及光源选择

1. 照明方式

依据《建筑照明设计标准》GB/T 50034—2024，照明方式的确定应符合下列规定：

（1）工作场所应设置一般照明。

（2）当同一场所内的不同区域有不同照度要求时，应采用分区一般照明。

（3）对于作业面照度要求较高，只采用一般照明不合理的场所，宜采用混合照明。

（4）在一个工作场所内不应只采用局部照明。

（5）当需要提高特定区域或目标的照度时，宜采用重点照明。

（6）当需要通过光色和亮度变化等实现特定需求时，可采用氛围照明。

2. 照明种类

依据《建筑防火通用规范》GB 55037—2022，照明种类的确定应符合下列规定：

（1）室内工作及相关辅助场所均应设置正常照明；当工作或活动不可中断的场所，正常照明供电电源失效时，应设置备用照明，如消防控制室、消防水泵房、自备发电机房、配电室、防排烟机房以及发生火灾时仍需正常工作的消防设备房应设置备用照明，其作业面的最低照度不应低于正常照明的照度。人员处于潜在危险之中的场所，应设置安全照明。

（2）人员需有效辨认疏散路径的场所，应设置疏散照明。除筒仓、散装粮食仓库和火灾发展缓慢的场所外，厂房、丙类仓库、民用建筑、平时使用的人民防空工程等建筑中的下列部位应设置疏散照明：

1）安全出口、疏散楼梯（间）、疏散楼梯间的前室或合用前室、避难走道及其前室、避难层、避难间、消防专用通道、兼作人员疏散的天桥和连廊。

2）观众厅、展览厅、多功能厅及其疏散口。

3）建筑面积大于 $200m^2$ 的营业厅、餐厅、演播室、售票厅、候车（机、船）厅等人员密集的场所及其疏散口。

4）建筑面积大于 $100m^2$ 的地下或半地下公共活动场所。

5）地铁工程中的车站公共区，自动扶梯、自动人行道，楼梯，连接通道或换乘通道，车辆基地，地下区间内的纵向疏散平台。

6）城市交通隧道两侧，人行横通道或人行疏散通道。

7）城市综合管廊的人行道及人员出入口。

8）城市地下人行通道。

（3）需在夜间非工作时间值守或巡视的场所应设置值班照明。

（4）需警戒的场所应根据警戒范围的要求设置警卫照明。

（5）在危及航行安全的建筑物、构筑物上应根据相关部门的规定设置障碍照明。

（6）城市中的标志性建筑、大型商业建筑、具有重要社会影响的构筑物等宜设置景观照明；景观照明宜与城市街区照明结合设置，应满足道路照明要求，不应对行人、行车视线产生干扰以及对交通信号灯、正常灯光标志产生干扰。

3. 光源选择

依据《建筑照明设计标准》GB/T 50034—2024，光源应根据使用场所光色、启动时间、电磁干扰等要求进行选择。

（1）灯具安装高度较低的房间宜采用LED光源、细管径直管形三基色荧光灯。

（2）灯具安装高度较高的房间宜采用LED光源、金属卤化物灯、高压钠灯或大功率细管径形直管荧光灯。

（3）重点照明宜采用LED光源、小功率陶瓷金属卤化物灯。

（4）室外照明场所宜采用LED光源、金属卤化物灯、高压钠灯。

（5）照明设计不应采用普通照明白炽灯，对电磁干扰有严格要求，且其他光源无法满足的特殊场所除外。

（6）应急照明应选用能快速点亮的光源。

4. 照明灯具及附属装置

灯具选择应根据供电条件，配用光源、镇流器、LED驱动电源等的效率或效能，寿命等进行综合技术经济分析后确定。灯具选择应满足场所环境的要求，并应符合下列规定：

（1）特别潮湿场所，应采用相应防护措施的灯具。

（2）有腐蚀性气体或蒸汽场所，应采用相应防腐蚀要求的灯具。

（3）有盐雾腐蚀场所，宜采用相应防盐雾腐蚀要求的灯具。

（4）有杀菌消毒要求的场所，可设置紫外线消毒灯具，并应满足紫外使用安全要求。

（5）高温场所，宜采用散热性能好、耐高温的灯具。

（6）多尘埃的场所，应采用防护等级不低于IP5X的灯具。

（7）在室外的场所，应采用防护等级不低于IP54的灯具。

（8）装有锻锤、大型桥式吊车等振动、摆动较大场所应有隔振和防脱落措施。

（9）易受机械损伤、光源自行脱落可能造成人员伤害或财物损失场所应有防护措施。

（10）有爆炸危险场所采用的灯具应有防爆保护措施。

（11）有洁净度要求的场所，应采用不易积尘且易于擦拭的洁净灯具，并应满足洁净场所的相关要求。其中三级和四级生物安全实验室、检测室和传染病房宜采用吸顶式密闭洁净灯，并宜有防水功能。

（12）需防止紫外线辐射的场所，应采用隔紫外线灯具或无紫外线光源。

（13）与建筑一体化安装的灯具，如安装在人员可触及场所，其输入电压应为安全特低电压（SELV）。正常工作条件下，人员可触及灯具表面的温度不应超过45℃。安装于地面及潮湿场所的灯具，其防护等级不应低于 IP67。灯具应易于安装和维护。

（14）专用蓄电池室应采用防爆型灯具，室内不得装设普通型开关和电源插座。允许人员进入的水池，安装在水下的灯具应选用防触电等级为Ⅲ类的灯具。水下灯具的防护等级不应低于 IP68。

（15）各种场所严禁使用防电击类别为 0 类的灯具。

（16）儿童及青少年长时间学习或活动的场所应选用无危险类（RG0）灯具；其他人员长时间工作或停留的场所应选用无危险类（RG0）或 1 类危险（RG1）灯具或满足灯具标记的视看距离要求的 2 类危险（RG2）的灯具。

根据节能要求，选用的照明光源、灯具、镇流器或驱动电源的能效不应低于国家现行相关能效标准的节能评价值或 2 级值。除美术馆、博物馆等对显色要求高的场所的重点照明可采用卤钨灯外，一般场所不应选用卤钨灯。一般照明不应采用荧光高压汞灯。一般照明在满足照度均匀度条件下，宜选择单灯功率较大、光效较高的光源。照明系统宜根据使用需求采取调光或降低照度的控制措施。

5. 照明控制

（1）公共建筑和工业建筑的走廊、楼梯间、门厅等共用场所的照明，宜按建筑使用条件和天然采光状况采取分区、分组控制措施。

（2）建筑物公共措施宜采用集中控制，并按需采取调光或降低照度的控制措施。

（3）旅馆的每间（套）客房应设置节能控制措施；楼梯间、走道的照明，除疏散照明外，宜采用自动降低照度等节能措施。

（4）住宅建筑共用部位的照明，应采用自动降低照度等节能措施。当应急照明采用节能自熄开关时，应采取消防时强制点亮的措施。

（5）除设置单个灯具的房间外，每个房间灯具的控制分组不宜少于 2 组。

（6）可利用天然采光的场所，宜随天然光照度变化自动调节照度，地下车库宜按使用需求自动调节照度。

（7）办公室、阅览室等人员长期活动且照明要求较高的空间宜采用感应调光控制、时钟控制或场景控制。

（8）居住建筑及非人员密集的公共建筑的走廊、楼梯间、电梯厅、厕所，地下车库的行车道和停车位以及类似人员短时逗留的场所宜采用红外、声波与超声波、微波等自动感应控制。

（9）校园教学楼、学生宿舍楼、图书馆、工业建筑等按时间规律运行的功能空间宜采用时钟控制。

（10）酒店大厅、高档走廊、会议室、餐厅、报告厅、个性化居所、体育场馆等多功能用途空间宜采用场景控制。

（11）营业大厅、仓储、展厅、超市等大面积单一功能室内空间宜采用分区或群组控制。

（12）高档办公室、高档酒店、精品商店等节能舒适要求高的空间宜采用单灯或分组控制。

（13）老年人照料设施、特教建筑、病房等空间可采用语音控制。

（14）照明负荷较大以及特定照明效果需要进行照明光源编组和按顺序进行控制的空

间宜采用顺序控制。

(15) 人员密集场所的公共大厅和主要走道的一般照明应采取下列措施之一：

1) 感应控制。

2) 集中或区域集中控制，当集中或区域集中采用自动控制时，应具备手动控制功能。

(16) 公共区域电气照明装置以及其他公众可触及的用电设备应定期进行维护。

(三) 灯器具安装

按《建筑电气与智能化通用规范》GB 55024—2022 及《建筑电气工程施工质量验收规范》GB 50303—2015 有关规定，灯器具安装基本要求为：

1. 一般规定

(1) 灯具及其配件应齐全，不应有机械损伤、变形、涂层剥落和灯罩破裂等缺陷；灯座的绝缘外壳不应破损和漏电；带开关的灯座，开关手柄应无裸露的金属部分。

(2) 软线吊灯的软线两端应做保护扣，两端线芯应搪锡；当装升降器时，应采用安全灯头；连接灯具的软线应盘扣、搪锡压线，当采用螺口灯头时，相线应接于螺口灯头中间的端子上。

(3) 从接线盒引至灯具的电线截面面积应与灯具要求相匹配且不应小于 $1mm^2$。埋地灯具、水下灯具及室外灯具的接线盒，其防护等级应与灯具的防护等级相同，且盒内导线接头应做防水绝缘处理。

(4) 照明灯具使用应满足消防安全要求，开关、插座和照明灯具靠近可燃物时，应采取隔热、散热等防火措施。除敞开式灯具外，其他各类容量在 100W 及以上的灯具，引入线应采用瓷管、矿棉等不燃材料做隔热保护。

(5) 高低压配电设备、裸母线及电梯曳引机的正上方不应安装灯具。

(6) 露天安装的灯具应有泄水孔，且泄水孔应设置在灯具腔体的底部。灯具及其附件、紧固件、底座和与其相连的导管、接线盒等应有防腐蚀和防水措施。

(7) 灯具固定应牢固可靠，在砌体和混凝土结构上严禁使用木楔、尼龙塞和塑料塞固定。

(8) Ⅰ类灯具的外露可导电部分必须与保护接地导体可靠连接，连接处应设置接地标识。

(9) 当正常照明灯具安装高度在 2.5m 及以下，且灯具采用交流低压供电时，应设置剩余电流动作保护电器作为附加防护。疏散照明和疏散指示标志灯安装高度在 2.5m 及以下时，应采用安全特低电压供电。

(10) 安装在人员密集场所的吊装灯具玻璃罩，应采取防止玻璃破碎向下溅落的措施。

(11) 标志灯安装在疏散走道或通道的地面上时，标志灯管线的连接处应密封；标志灯表面应与地面平顺，且不应高于地面 3mm。

2. 常用灯具

(1) 吸顶或墙面上安装的灯具，其固定用的螺栓或螺钉不应少于 2 个，灯具应紧贴饰面。

(2) 悬吊式灯具安装应符合下列规定：

1) 带升降器的软线吊灯在吊线展开后，灯具下沿应高于工作台面 0.3m。

2) 质量大于 0.5kg 的软线吊灯，灯具的电源线不应受力。

3）质量大于3kg的悬吊灯具，固定在螺栓或预埋吊钩上，螺栓或预埋吊钩的直径不应小于灯具挂销直径，且不应小于6mm。

4）采用钢管作灯具吊杆时，其内径不应小于10mm，壁厚不应小于1.5mm。

5）灯具与固定装置及灯具连接件之间采用螺纹连接的，螺纹啮合扣数不应小于5扣。

（3）嵌入式灯具安装。接线盒引至嵌入式灯具或槽灯的绝缘导线应采用金属柔性导管保护，不得裸露；柔性导管与灯具壳体应采用专用接头连接。

（4）庭院灯、建筑物附属路灯安装应符合下列规定：

1）灯具与基础固定应可靠，地脚螺栓备帽应齐全；灯具接线盒应采用防护等级不小于IPX5的防水接线盒，盒盖防水密封垫应齐全、完整。

2）灯具的电器保护装置应齐全，规格应与灯具适配。

3）灯杆的检修门应采取防水措施，且闭锁防盗装置完好。

（5）高压钠灯、金属卤化物灯安装应符合下列规定：

1）光源及附件应与镇流器、触发器和限流器配套使用，触发器与灯具本体的距离应符合产品技术文件的要求。

2）电源线应经接线柱连接，不应使电源线靠近灯具表面。

（6）安装于槽盒底部的荧光灯具应紧贴槽盒底部，并应固定牢固。

（7）埋地灯安装应符合下列规定：

1）埋地灯的防护等级应符合设计要求。

2）埋地灯的接线盒应采用防护等级为IPX7的防水接线盒，盒内绝缘导线接头应做防水绝缘处理。

（8）LED灯具安装应符合下列规定：

1）灯具安装应牢固可靠，饰面不应使用胶类粘贴。

2）灯具安装位置应有较好的散热条件，且不宜安装在潮湿场所。

3）灯具用的金属防水接头密封圈应齐全、完好。

4）灯具的驱动电源、电子控制装置室外安装时，应置于金属箱（盒）内；金属箱（盒）的IP防护等级和散热应符合设计要求，驱动电源的极性标记应清晰、完整。

5）室外灯具配线管路应按明配管敷设，且应具备防雨功能，IP防护等级应符合设计要求。

3. 专用灯具

（1）应急灯具安装应符合下列规定：

1）消防应急照明回路的设置除应符合设计要求外，还应符合防火分区设置的要求，穿越不同防火分区时应采取防火隔堵措施；对于应急灯具、运行中温度大于60℃的灯具，当靠近可燃物时，应采取隔热、散热等防火措施；消防应急照明回路严禁接入消防应急照明系统以外的开关装置、电源插座及其他负载。

2）疏散指示标志灯的设置不应影响正常通行，且不应在其周围设置容易混同疏散标志灯的其他标志牌。

3）EPS供电的应急灯具安装完毕后，应检验EPS供电运行的最少持续供电时间，并应符合设计要求。当应急电源或镇流器与灯具分离安装时，应固定可靠，应急电源或镇流器与灯具本体之间的连接绝缘导线应用金属柔性导管保护，导线不得外露。

4）消防应急照明线路在非燃烧体内穿钢导管暗敷时，暗敷钢导管保护层厚度不应小于 30mm。

5）设有消防控制室的公共建筑，消防疏散照明和疏散指示系统应能在消防控制室集中控制和状态监视。

（2）景观照明灯具安装应符合下列规定：

1）在人行道等人员来往密集场所安装的落地式景观照明灯具，当采用表面温度大于 60℃的灯具且无围栏防护时，灯具距地面高度应大于 2.5m。

2）灯具的金属构架及金属保护管应分别与保护导体采用焊接或螺栓连接，连接处应设置接地标识；构架应固定可靠、地脚螺栓拧紧、备帽齐全；灯具的螺栓应紧固、无遗漏。灯具外露的绝缘导线或电缆应有金属柔性导管保护。

3）灯具的安装位置应避免在白天对建筑外观产生不利影响。

（3）航空障碍标志灯安装应符合下列规定：

1）灯具安装应牢固可靠，且应有维修和更换光源的措施；对于安装在屋面接闪器保护范围以外的灯具，当需设置接闪器时，其接闪器应与屋面接闪器可靠连接。

2）当灯具在烟囱顶上安装时，应安装在低于烟囱口 1.5～3m 的部位且应呈正三角形水平排列。

3）灯具安装位置应符合设计要求，灯具的自动通、断电源控制装置应动作准确。

（4）手术台无影灯安装应符合下列规定：

1）固定灯座的螺栓数量不应少于灯具法兰底座上的固定孔数，且螺栓直径应与底座孔径相适配；螺栓应采用双螺母锁固。

2）底座应紧贴顶板、四周无缝隙；表面应保持整洁、无污染，灯具镀、涂层应完整无划伤。

（5）洁净场所灯具嵌入安装时，灯具与顶棚之间的间隙应用密封胶条和衬垫密封，密封胶条和衬垫应平整，不得扭曲、折叠。

（6）游泳池和类似场所灯具（水下灯及防水灯具）安装时，当引入灯具的电源采用导管保护时，应采用塑料导管；固定在水池构筑物上的所有金属部件应与保护联结导体可靠连接，并应设置标识。

（7）太阳能灯具安装应符合下列规定：

1）太阳能灯具与基础固定应可靠，地脚螺栓有防松措施，灯具接线盒盖的防水密封垫应齐全、完整。

2）灯具表面应平整光洁、色泽均匀，不应有明显的裂纹、划痕、缺损、锈蚀及变形等缺陷。

3）太阳能灯具的电池板朝向和仰角调整应符合地区纬度，迎光面上应无遮挡物，电池板上方应无直射光源。电池组件与支架连接应牢固可靠，组件的输出线不应裸露，并应用扎带绑扎固定。

（四）插座和开关安装

1. 插座

插座是供移动电器设备如电动机、电视机、台灯等连接电源用的。插座有明装和暗装两种。

（1）当交流、直流或不同电压等级的插座安装在同一场所时，应有明显的区别，插座不得互换；配套的插头应按交流、直流或不同电压等级区别使用。不间断电源插座及应急电源插座应设置标识。

（2）插座接线应符合下列规定：

1）对于单相两孔插座，面对插座的右孔或上孔应与相线连接，左孔或下孔应与中性导体（N）连接；对于单相三孔插座，面对插座的右孔应与相线连接，左孔应与中性导体（N）连接。

2）单相三孔、三相四孔及三相五孔插座的保护接地导体（PE）应接在上孔；插座的保护接地导体端子不得与中性导体端子连接；同一场所的三相插座，其接线的相序应一致。

3）保护接地导体（PE）在插座之间不得串联连接。

4）相线与中性导体（N）不应利用插座本体的接线端子转接供电。

（3）插座的安装应符合下列规定：

1）插座安装高度应符合设计要求，同一室内相同规格并列安装的插座高度宜一致。

2）地面插座应紧贴饰面，盖板应固定牢固、密封良好。

3）暗装的插座盒或开关盒应与饰面平齐，盒内干净整洁，无锈蚀，绝缘导线不得裸露在装饰层内；面板应紧贴饰面，四周无缝隙，安装牢固，表面光滑、无碎裂、划伤，装饰帽（板）齐全。

2. 照明开关安装

开关是用来控制灯具等电器电源通断的器件。根据其使用和安装，可分为明装式、暗装式和组装式。明装式开关有翘板式、按钮式和双联或多联式；暗装式（即嵌入式）开关有按钮式和翘板式；组合式即根据不同要求组装而成的多功能开关，有节能钥匙开关、请勿打扰的门铃按钮、调光开关、带指示灯的开关和集控开关（板）等。

（1）同一建（构）筑物内的开关宜采用同一系列的产品，单控开关的通断位置应一致，且应操作灵活，接触可靠。相线应经开关控制。紫外线杀菌灯的开关应有明显标识，并应与普通照明开关的位置分开。

（2）开关的安装位置应便于操作，开关边缘距门框边缘的距离宜为0.15～0.20m。

（3）相同型号并列安装开关高度宜一致，并列安装的拉线开关的相邻间距不宜小于20mm。

（4）走廊、楼梯间、门厅、电梯厅、卫生间、停车库等公共场所的照明，宜采用集中开关控制或自动控制。

（5）大空间室内场所照明宜采用智能照明控制系统。

（6）建筑景观照明应设置平时、一般节日、重大节日等多种模式自动控制装置，平日应运行在节能模式；应设置深夜减光或关灯的节能控制。

（五）吊扇、壁扇、换气扇安装

（1）吊扇安装应符合下列规定：

1）吊扇挂钩安装应牢固，吊扇挂钩的直径不应小于吊扇挂销直径，且不应小于8mm；挂钩销钉应有防振橡胶垫；挂销的防松零件应齐全、可靠。

2）吊扇扇叶距地高度不应小于2.5m。

3）吊扇组装不应改变扇叶角度，扇叶的固定螺栓防松零件应齐全。

4）吊杆间、吊杆与电机间螺纹连接，其啮合长度不应小于 20mm，且防松零件应齐全紧固。

5）吊扇应接线正确，运转时扇叶应无明显颤动和异常声响。

6）吊扇开关安装标高应符合设计要求。同一室内并列安装的吊扇开关高度宜一致，并应控制有序、不错位。

（2）壁扇安装应符合下列规定：

1）壁扇底座应采用膨胀螺栓或焊接固定，固定应牢固可靠；膨胀螺栓的数量不应小于 3 个，且直径不应小于 8mm。

2）防护罩应扣紧、固定可靠，当运转时扇叶和防护罩应无明显颤动和异常声响。

（3）换气扇安装应紧贴饰面、固定可靠。无专人管理场所的换气扇宜设置定时开关。

二、电动机种类和安装

（一）电动机分类

（1）按工作电源分类：根据电动机工作电源的不同，可分为直流电动机和交流电动机，其中交流电动机还分为单相电动机和三相电动机。

（2）按结构及工作原理分类：直流电动机可分为无刷直流电动机和有刷直流电动机，有刷直流电动机又可分为永磁直流电动机和电磁直流电动机，其中电磁直流电动机划分为串励直流电动机、并励直流电动机、他励直流电动机和复励直流电动机，永磁直流电动机划分为稀土永磁直流电动机、铁氧体永磁直流电动机和铝镍钴永磁直流电动机。交流电动机可分为异步电动机和同步电动机。同步电动机又可分为永磁同步电动机、磁阻同步电动机和磁滞同步电动机。异步电动机可分为感应电动机和交流换向器电动机。感应电动机又分为三相异步电动机、单相异步电动机和罩极异步电动机。交流换向器电动机又分为单相串励电动机、交直流两用电动机和推斥电动机。

（3）按启动与运行方式分类：可分为电容启动式电动机、电容运转式电动机、电容启动运转式电动机和分相式电动机。

（4）按用途分类：可分为驱动用电动机和控制用电动机。驱动用电动机又分为电动工具用电动机、家电用电动机及其他通用小型机械设备用电动机。控制用电动机又分为步进电动机和伺服电动机等。

（5）按转子的结构分类：可分为笼型感应电动机和绕线转子感应电动机。

（6）按运转速度分类：可分为高速电动机、低速电动机、恒速电动机、调速电动机。

（二）电动机的型号及选择

1. 型号

电动机的各种类型用汉语拼音字母表示，主要有：Y 表示异步电动机，T 表示同步电动机，Z 表示直流电动机，H 表示交流换向电动机，Q 表示潜水电泵，F 表示纺织用电动机等。

目前电动机更新换代产品（Y 系列）已然取代了老产品（J2、JO2、JR、JRO2 等），新产品的特点是电动机效率比较高、节能、噪声低、振动小、温升低、重量轻等。Y 系列电动机型号如图 4.4.1 所示。

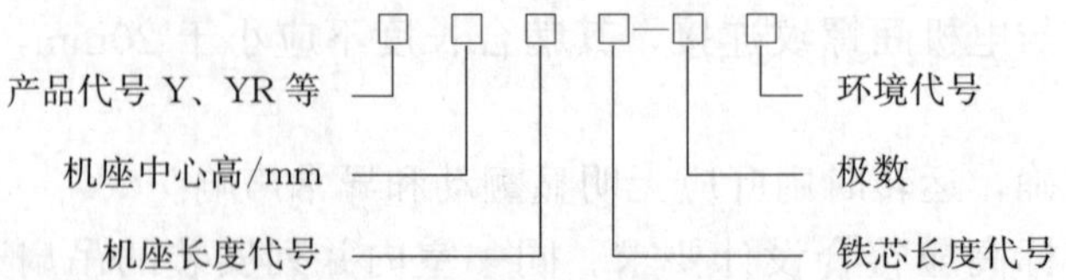

图 4.4.1　电动机的型号表示法

常用的产品代号及主要用途：

Y：小型三相交流鼠笼异步电动机（取代 J2 系列），具有一般用途（如水泵、风扇、金属切割机床等）；

YR：小型三相绕线转子异步电动机（取代 JR、JR2、JRO2 系列），用于电流容量较小，不足以启动笼型电动机，或要求较大启动转矩及小范围调速的场合；

YZ、YZR：冶金、起重用异步电动机（取代 JZ2、JZR2），用于起重机械或冶金机械；

YB：隔爆型电动机（取代 BJO2），用于有爆炸性气体的场合；

Y-W：户外用，Y-F：防腐蚀型，Y-WF：户外防腐蚀型电动机；

YD：变极多速三相异步电动机（取代 JDO2、JDO3 系列）；

YLB：立式深井泵用异步电动机。

电动机的机座（铁芯）长度等级用 L、M、S 分别表示长、中、短。铁芯长度用数字表示，数字越大，铁芯越长。极数用数字表示。特殊环境代号用字母表示，如 TH 表示温热带用，TA 表示干热带用，G 表示高原用，W 表示户外用，F 表示化工防腐用等。

2. 电动机的选择

（1）电源的选择。在三相异步电动机中，中小功率电动机大多采用三相 380V 电压，也有使用三相 220V 电压的。在电源频率方面，我国自行生产的电动机采用 50Hz 的频率，而有些国家采用 60Hz 的频率。虽然频率不同不致烧毁电动机，但其工作效能将大不一样，因此，选择电动机应根据电源的情况和电动机的铭牌正确选用。

（2）电动机形式的选择。形式的选择关系着安全运行和设备成本，需根据环境条件确定电动机形式：开启式、防护式、封闭式、密闭式或防爆式。此外，还应考虑电动机是否应用于特殊环境，如高原、户外、湿热等。

（3）功率的选择。负载转矩的大小是选择电动机功率的主要依据，功率选得大固然安全，但功率因数低，会增加投资和运转费用。电动机铭牌标出的额定功率是指电动机轴输出的机械功率。为了提高设备自然功率因数，应尽量使电动机满载运行，电动机的效率一般为 80%以上。

（4）转速的选择。应该根据生产机械的要求选择电动机的额定转速，转速不宜选择过低（一般不低于 500r/min），否则会提高设备成本。如果电动机转速和机械转速不一样，可以用皮带轮或齿轮等变速装置变速。在负载转速要求不严格的情况下，尽量选用四极电动机，因为在相同容量下，二极电动机启动电流大、启动转矩小且机械磨损大，而多极电动机体积大、造价高、空载损耗大。

3. 电动机的启动方法

（1）直接启动。直接启动是利用闸刀开关或接触器将电动机直接接到额定电压上的启动方式，也称全压启动，仅用一个控制设备即可。其特点为：

①启动电流大，一般为额定电流的4～7倍。

②启动方法简单，但一般仅适用于容量7.5kW以下的三相异步电动机。具体接线方法有星形连接和三角形连接。

(2) 减压启动。当电动机容量较大时，为了降低启动电流，常采用减压启动。

①星-三角启动法（Y-△）当电动机正常工作时为三角形连接时，先用星形连接启动。由于定子电压降低了$\sqrt{3}$倍，从而降低了启动电流，启动后立刻改为三角形连接运行。

②自耦减压启动控制柜（箱）减压启动。这种启动方法不管电动机是星接或三角接都可使用。它可以对三相笼型异步电动机作不频繁自耦减压启动，以减少电动机启动电流对输电网络的影响，并可加速电动机转速至额定转速和人为停止电动机运转。对电动机具有过载、断相、短路等保护。

③绕线转子异步电动机启动方法。为了减小启动电流，绕线转子异步电动机采用在转子电路中串入电阻的方法启动，这样不仅降低了启动电流，而且提高了启动转矩。启动前把电阻调到最大值，合上开关后转子开始转动，随着转速的增加，逐渐减少电阻，待电动机转速稳定后，把启动电阻短路，即切除全部启动电阻。

④软启动器。软启动器与频率转换器相似，同样以电子和可控硅为基础。采用软启动器，可以控制电动机的电压，使其在启动过程中逐渐地升高，很自然地限制启动电流，这就意味着电动机可以平稳地启动，机械和电应力也降至最小；该装置还有一种附带的功能，即可用来“软”停机。由于该启动器采用电子式电路，可以相对比较容易地通过安全和事故指示灯增强其基本功能，改善电动机的保护，简化故障查找，如失相、过电流和超高温保护，以及正常运行、电动机满电压和某些故障指示。像斜坡电压和初始电压等所有设定值都可以很容易地在启动器面板上设定。

另外，软启动器除了完全能够满足电动机平稳启动这一基本要求外，还具有很多优点，比如可靠性高、维护量小、电动机保护良好以及参数设置简单等。

⑤变频启动。变频器是把工频电源（50Hz）变换成各种频率的交流电源，以实现电动机变速运行的设备，其中控制电路完成对主电路的控制，整流电路将交流电变换成直流电，直流中间电路对整流电路的输出进行平滑滤波，逆变电路将直流电再逆变成交流电。对于如矢量控制变频器这种需要大量运算的变频器来说，有时还需要一个进行转矩计算的CPU以及一些相应的电路。变频调速是通过改变电动机定子绕组供电的频率来达到调速的目的。低压通用变频输出电压为380～650V，输出功率为0.75～400kW，工作频率为0～400Hz。

(三) 电动机的安装

(1) 电动机基础、地脚螺栓孔、沟道、孔洞、预埋件及电缆管位置和质量，应符合设计要求和国家现行的建筑工程施工及验收规范的有关规定。

(2) 基础验收。一般基础承重量不应小于电动机重量3倍，基础各边应超出电动机底座边缘100～150mm。

(3) 电动机设备开箱检查及安装前检查。检查的主要项目：

1) 检查电动机的功率、型号、电压是否符合。

2）检查电动机外壳有无损伤、风罩、风叶是否完好，转子转动是否灵活，轴向窜动是否超过规定范围。

3）拆开接线盒，用万用表测量三相绕组是否断路，必要时可用电桥测量三组绕组的电流电阻。检查偏差是否在允许范围内。电动机接线盒内各线缆之间均应有电气间隙，并采取绝缘防护措施；电动机电源线与接线端子紧固时不应损伤电动机引出线套管。

4）使用兆欧表测量电动机的各相绕组与机壳之间的绝缘电阻。

（4）电动机抽芯检查按国家标准规定要求进行。

（5）基础处理（放线、铲麻面）、配制垫铁、地脚螺栓及电动机底板。

（6）电动机整体安装，其步骤是：

1）基础检查；

2）基础上放上楔形垫铁；

3）将电动机吊到垫铁上，并调节楔形垫铁使电动机达到要求；

4）调整电动机与连接机器的轴线，两轴中心线必须在一条直线上；

5）经过调整后，将其与传动装置连接起来；

6）二次灌浆。

电动机解体安装除按上述步骤外，还要进行装配等安装。

（7）电动机干燥。长期停置不用电动机，其绝缘电阻不能满足下列要求时，必须进行干燥：

1）1kV 以下电动机使用 1 000V 摇表，绝缘电阻值不应低于 1MΩ/kV；

2）1kV 及以上电动机使用 2 500V 摇表，定子绕组绝缘电阻不应低于 1MΩ/kV，转子绕组绝缘电阻不应低于 0.5MΩ/kV，并做吸收比（R00/R15）试验，吸收比不小于 1.3。

干燥方法为：外部干燥法（热风干燥法、电阻器加盐干燥法、灯泡照射干燥法），通电干燥法（磁铁感应干燥法、直流电干燥法、外壳铁损干燥法、交流电干燥法）。

（8）电动机控制和保护设备安装应符合下列要求：

1）电动机控制及保护设备一般设置在电动机附近，以保证能监视到启动、运行状况。

2）每台电动机均应安装控制和保护设备，对遥控及多点控制的电动机，应在各控制点装设“停”“启”信号，并在电动机附近设置断开电源装置；备用电动机除装设可靠的电气连锁或机械连锁外，应在操作回路或主回路中装设断开装置。

3）电动机、控制设备和所拖动的设备应逐台编号。在启动器的操作手柄上，应标明“启动”“运行”“停止”“正转”“反转”等相应字样。当交流电动机反转会引起危险时，应有防止反转的安全措施。

4）装设过流和短路保护装置（或需装设断相和保护装置），保护整定值一般为：采用热元件时，按电动机额定电流的 1.1～1.25 倍；采用熔丝（片）时，按电动机额定电流的 1.5～2.5 倍。

（9）电动机启动接线（三相异步电动机启动）。

1）三相鼠笼式异步电动机的启动接线。启动接线要采用相应的启动方法，如直接启动和降压启动两种。直接启动一般用于小容量电机。降压启动可采用自耦降压启动器和

Y-△降压启动器。

2）三相绕线式异步电动机的启动接线。启动时，转子绕组中接入全部电阻。启动过程中，将电阻逐段切除，最后将转子绕组短接，启动完毕。

3）变频启动电动机。变频器型号不同，接线各异，但大部分电源输入端子 R、S、T 为三相 380V 交流电源输入端子，N 可选。U、V、W 为变频器输出端子，接电动机。

4）软启动电机。大多数软启动器在晶闸管两侧有旁路接触器触头，其优点是：

①控制柜具有了两种启动方式（直接启动、软启动）。

②软启动结束，旁路接触器闭合，使软启动器退出运行，直至停车时，再次投入，这样既延长了软启动器的寿命，又使电网避免了谐波污染，还可减少软启动器中的晶闸管发热损耗。

（10）电动机试运行。电动机第一次启动一般在空载情况下进行，空载运行时间为 2h，并记录电动机空载电流。电动机在试运行中应进行下列检查：

1）电动机的旋转方向应符合要求，无杂声；

2）换向器、滑环及电刷的工作情况正常；

3）检查电动机温度，不应有过热现象；

4）振动（双振幅值）不应大于标准规定值；

5）滑动轴承温升不应超过 45℃，滚动轴承温升不应超过 60℃；

6）交流电动机带负荷连接启动次数，如无产品规定时，可规定为：在冷态时可连接启动 2 次，在热态时可连接启动 1 次。

（11）电动机验收应提交有关资料和文件。

三、常用低压电气设备

低压电器指电压在 1 000V 以下的各种控制设备、继电器及保护设备等。低压配电电器有熔断器、转换开关和断路器（自动开关）等。低压控制电器有接触器、控制继电器、启动器、控制器、主令电器、电阻器、变阻器和电磁铁等，主要用于电力拖动和自动控制系统中。现介绍如下。

（一）开关

1. 转换开关

双电源（自动）转换开关在电气中也叫作备自投。是一种能在两路电源之间进行可靠切换双电源的装置，作用就是在其中一路电源失电时自动转换到另一路电源供电，使设备能够不停电继续运转。不会出现误操作而引起事故的智能化双电源自动切换开关。双电源自动切换开关的紧急供电系统，可实现当一路电源发生故障时，可以自动完成常用与备用电源间切换，而无需人工操作，以保证重要用户供电的可靠性。

2. 断路器（自动开关）

原称自动开关，又称自动空气开关，是一种可以自动切断线路故障的保护开关。当电路发生严重过载、短路以及失压等故障时，能自动切断故障电路，有效地保护串接在它们后面的电气设备。在正常情况下，断路器也可以不频繁地接通和断开电路及控制电动机直接起动。因此，断路器是低压电路常用的具有保护环节的断合电器。常用作配电箱中的总开关或分路开关，广泛用于建筑照明和动力配电线路中。

3. 行程开关

行程开关，是位置开关（又称限位开关）的一种，是一种常用的小电流主令电器。行程开关按其结构可分为直动式、滚轮式、微动式和组合式。它利用生产机械运动部件的碰撞使其触头动作来实现接通或分断控制电路，达到一定的控制目的。通常，这类开关被用来限制机械运动的位置或行程，使运动机械按一定位置或行程自动停止、反向运动、变速运动或自动往返运动等。它主要是起连锁保护的作用，将机械位移转变成电信号，使电动机的运行状态得以改变，从而控制机械动作或用作程序控制。

4. 接近开关

接近开关是一种无须与运动部件进行机械直接接触而可以操作的位置开关，当物体接近开关的感应面到动作距离时，不需要机械接触及施加任何压力即可使开关动作，从而驱动直流电器或给计算机（PLC）装置提供控制指令。接近开关是一种开关型传感器（即无触点开关），它既有行程开关、微动开关的特性，又具有传感性能，且动作可靠，性能稳定，频率响应快，应用寿命长，抗干扰能力强等，并具有防水、防震、耐腐蚀等特点。接近开关在航空、航天技术以及工业生产中都有广泛的应用。在日常生活中，如宾馆、饭店、车库的自动门，自动热风机上都有应用。在安全防盗方面，如资料档案、财会、金融、博物馆、金库等重地，通常都装有由各种接近开关组成的防盗装置。在测量技术中，如长度，位置的测量；在控制技术中，如位移、速度、加速度的测量和控制等。常见的接近开关有：

（1）无源接近开关。这种开关不需要电源，通过磁力感应控制开关的闭合状态。当磁或者铁质触发器靠近开关磁场时，开关内部磁力作用控制闭合。特点：不需要电源，非接触式，免维护，环保。

（2）涡流接近开关。也叫电感式接近开关。它是利用导电物体在接近这个能产生电磁场接近开关时，使物体内部产生涡流。这个涡流反作用到接近开关，使开关内部电路参数发生变化，由此识别出有无导电物体移近，进而控制开关的通或断。

（3）电容式接近开关。这种开关的测量通常是构成电容器的一个极板，而另一个极板是开关的外壳。这个外壳在测量过程中通常是接地或与设备的机壳相连接。当有物体移向接近开关时，不论它是否为导体，由于它的接近，总要使电容的介电常数发生变化，从而使电容量发生变化，使得和测量头相连的电路状态也随之发生变化，由此便可控制开关的接通或断开。这种接近开关检测的对象，不限于导体，也可以是绝缘的液体或粉状物等。

（4）霍尔接近开关。霍尔元件是一种磁敏元件。利用霍尔元件做成的开关，叫作霍尔开关。当磁性物件移近霍尔开关时，开关检测面上的霍尔元件因产生霍尔效应而使开关内部电路状态发生变化，由此识别附近有磁性物体存在，进而控制开关的通或断。这种接近开关的检测对象必须是磁性物体。

（5）光电式接近开关。利用光电效应做成的开关叫光电开关。将发光器件与光电器件按一定方向装在同一个检测头内。当有反光面（被检测物体）接近时，光电器件接收到反射光后便有信号输出，由此便可“感知”有物体接近。

（6）接近开关的选用。在一般的工业生产场所，通常都选用涡流式接近开关和电容式接近开关。因为这两种接近开关对环境的要求条件较低。

1）当被测对象是导电物体或可以固定在一块金属物上的物体时，一般都选用涡流式接近开关，因为它的响应频率高、抗环境干扰性能好、应用范围广、价格较低。

2）若所测对象是非金属（或金属）、液位高度、粉状物高度、塑料、烟草等，则应选用电容式接近开关。这种开关的响应频率低，但稳定性好。

3）若被测物为导磁材料或者为了区别和它在一同运动的物体而把磁钢埋在被测物体内时，应选用霍尔接近开关，它的价格最低。

4）在环境条件比较好、无粉尘污染的场合，可采用光电接近开关。光电式接近开关工作时对被测对象几乎无任何影响。因此，在要求较高的传真机上，在烟草机械上都被广泛地使用。

5）在防盗系统中，自动门通常使用热释电接近开关、超声波接近开关、微波接近开关。有时为了提高识别的可靠性，上述几种接近开关往往被复合使用。

（二）熔断器

熔断器由金属熔件（熔体、熔丝）、支持熔件的接触结构组成，用于线路或电气设备的短路和过载保护。使用时，熔体串接于被保护的电路中，当流过熔断器的电流大于规定值时，以其自身产生的热量使熔体熔断，从而自动切断电路，实现过载和短路保护。

熔断器种类很多，按结构分为开启式、半封闭式和封闭式；按有无填料分为有填料式、无填料式；按用途分为工业用熔断器、保护半导体器件熔断器及自复式熔断器。

（1）瓷插式熔断器。构造简单，国产熔体有 0.5～100A 以上多种规格。

（2）螺旋式熔断器。当熔丝熔断时，色片被弹落，需要更换熔丝管，常用于配电柜中。

（3）封闭管式熔断器。采用耐高温的密封保护管，内装熔丝或熔片。当熔丝熔化时，管内气压很高，能起到灭弧的作用，还能避免相间短路。这种熔断器常用在容量较大的负载上做短路保护，大容量的能达到 1kA。封闭管式熔断器分为无填料管式、有填料管式和快速熔断器三种。常用产品有 RM10 系列（无填料式），RT12、RT13、RT14 系列（有填料式），RS3 系列（快速）。无填料式熔断器常用于低压电力网或成套配电设备中；有填料式熔断器的主要特点是具有限流作用及较高的极限分断能力，所以这种熔断器用于具有较大短路电流的电力系统和成套配电的装置中；快速熔断器主要用于保护半导体元件。

（4）自复式熔断器。近代低压电气容量逐渐增大，低压配电线路的短路电流也越来越大，要求用于系统保护开关元件的分断能力也不断提高，为此出现了一些新型限流元件，如自复熔断器等。自复式熔断器是可多次动作使用的熔断器，在分断过载或短路电流后瞬间，熔体能自动恢复到原状。自复式熔断器的特点是分断电流大，可以分断 200kA 交流（有效值），甚至更大的电流。常用产品有 RZ1 系列。

（5）高分断能力熔断器。随着电网供电容量的不断增加，要求熔断器的性能更好。NT 型系列产品为低压高分断能力熔断器，额定电压为 660V，额定电流为 1 000A，分断能力可达 120kA，适用于工业电气设备、配电装置的过载和短路保护。NGT 型熔断器为快速熔断器，可作为半导体器件保护。

（三）接触器

接触器是一种自动化的控制电器。按控制电流性质不同，接触器分为交流接触器和直流接触器。接触器主要用于频繁接通、分断交、直流电路，控制容量大，可远距离操作，配合继电器可以实现定时操作，连锁控制、各种定量控制和失压及欠压保护，广泛应用于自动控制电路。其主要控制对象是电动机，也可用于控制其他电力负载，如电加热器、照明、电焊机、电容器组等。

交流接触器广泛用于电力的开断和控制电路。它利用主接点来开闭电路，用辅助接点来执行控制指令。主接点一般只有常开接点，而辅助接点常有两对具有常开和常闭功能的接点，小型的接触器也经常作为中间继电器配合主电路使用。

直流接触器主要用来远距离接通与分断额定电压 440V、额定电流 630A 的直流电路或频繁地操作和控制直流电动机启动、停止、反转及反接制动。

（四）磁力启动器

磁力启动器由接触器、按钮和热继电器组成。热继电器是一种具有延时动作的过载保护器件，热敏元件通常为电阻丝或双金属片。另外，为避免由于环境温度升高造成误动作，热继电器还装有温度补偿双金属片。

磁力启动器具有接触器的特点，两只接触器的主触头串联起来接入主电路，吸引线圈并联起来接入控制电路。用于某些按下停止按钮后电动机不及时停转易造成事故的生产场合。

（五）继电器

继电器可用于自动控制和保护系统。

1. 热继电器

热继电器主要用于电动机和电气设备的过负荷保护。它主要组成部分有热元件、双金属片构成的动触头、静触头及调节元件。

它对瞬时性过负荷，如电动机电源电压瞬时降低，只要电动机绕组温升不超过允许值，就不能立即切断电路使电动机停运；在工作电路中发生瞬时过载，只要不影响安全供电，不影响设备安全，也不能立即切断。但如果过负荷很严重，而且过负荷时间已很长，则不允许电动机和电路中的设备再继续运行，以免加速电动机绕组绝缘和电气设备绝缘老化，甚至烧坏电动机绕组和电气设备，热继电器就是用来实现上述要求的保护电器。

2. 时间继电器

时间继电器是用在电路中控制动作时间的继电器，它利用电磁原理或机械动作原理来延时触点的闭合或断开。

时间继电器有电磁式、电动式、空气阻尼式、晶体管式等。其中电动式时间继电器的延时精确度较高，且延时时间调整范围较大，但价格较高；电磁式时间继电器的结构简单，价格较低，但延时较短，体积和重量较大。

3. 中间继电器

中间继电器是将一个输入信号变成一个或多个输出信号的继电器，它的输入信号是通电和断电，它的输出信号是接点的接通或断开，用于控制各个电路。

中间继电器较电流继电器增加了接点的数量，同时接点的容量也增大。根据控制要求，可选择不同接点数量和形式的中间继电器，满足控制需求。

4. 电流继电器

电流继电器是反映电路中电流状况的继电器。当电路中电流达到或超过整定的动作电流时，电流继电器便开始动作。电流继电器接点数量少、容量小，一般电流继电器动作后，其接点再去启动中间继电器，由中间继电器接点去完成设计要求。在电力系统中电流继电器的启动电流整定值一般由电网调度提供。

用电流继电器作为电动机保护和控制时，电流继电器线圈的额定电流应大于或等于电动机的额定电流；电流继电器的触头种类、数量、额定电流应满足控制电路的要求；电流继电器的动作电流，一般为电动机额定电流的2.5倍。安装电流继电器时，需将线圈串联在主电路中，常闭触头串接于控制电路中与接触器连接，起到保护作用。

5. 速度继电器

速度继电器是用来反映转速和转向变化的继电器。它常用于电动机反接制动的控制电路中，当反接制动的电动机转速下降到接近零时，它能自动地及时切断电源。

6. 电磁继电器

电磁继电器是在输入电路内电流的作用下，由机械部件的相对运动产生预定响应的一种继电器。

它包括直流电磁继电器、交流电磁继电器、磁保持继电器、极化继电器、舌簧继电器和节能功率继电器等。

7. 固态继电器

输入、输出功能由电子元件完成而无机械运动部件的一种继电器。

8. 温度继电器

当外界温度达到规定值时动作的继电器。

9. 加速度继电器

当运动物体的加速度达到规定值时，被控电路将接通或断开。

10. 电压继电器

其结构与电流继电器基本相同，只是电磁铁线圈的匝数很多，而且使用时要与电源并联。它广泛应用于失压（电压为零）和欠压（电压小）保护中。所谓失压和欠压保护，就是当由于某种原因电源电压降低过多或暂时停电时，电动机即自动与电源断开；当电源电压恢复时，如不重按启动按钮，则电动机不能自行启动。如果不是采用继电器控制，而是直接用闸刀开关进行手动控制，由于在停电时未及时拉开开关，当电源电压恢复时，电动机即自行启动，可能造成事故。另外，还有过电压继电器，它是当电路电压超过一定值时，因电磁铁吸力而切断电源的继电器，它用于过电压保护（如保护硅管和可控硅元件）。

11. 其他类型的继电器

如光继电器、声继电器、热继电器等。

（六）漏电保护器

漏电保护器又叫漏电保护开关，是为防止人身误触漏电带电体而造成人身触电事故的一种保护装置，它还可以防止由漏电而引起的电气火灾和电器设备损坏等事故。

按工作类型划分有开关型、继电器型、单一型漏电保护器、组合型漏电保护器。组合型漏电保护器是漏电开关与低压断路器组合而成。

按结构原理划分有电压动作型、电流型、鉴相型和脉冲型。

四、配管配线工程

把绝缘导线穿入管内敷设，称为配管配线。这种配线方式比较安全可靠，可避免腐蚀气体的侵蚀或遭受机械损伤，更换电线方便。在工业与民用建筑中使用最为广泛。

（一）常用导管及管径的选择

导管指布线系统中用于布设绝缘导线、电缆的，横截面通常为圆形的管件。常用的管道有：

（1）电线管：薄壁钢管、管径以外径计算，适用于干燥场所的明、暗配。

（2）焊接钢管：分镀锌和不镀锌两种，管壁较厚，管径以公称直径计算，适用于潮湿、有机械外力、有轻微腐蚀气体场所的明、暗配。

（3）硬质聚氯乙烯管：系由聚氯乙烯树脂加入稳定剂、润滑剂等助剂经捏合、滚压、塑化、切粒、挤出成型加工而成。主要用于电线、电缆的保护套管等。管材长度一般4m/根，颜色一般为灰色。管材连接一般为加热承插式连接和塑料热风焊，弯曲必须加热进行。该管耐腐蚀性较好，易变形老化，机械强度比钢管差，适用腐蚀性较大的场所的明、暗配。

（4）半硬质阻燃管：也叫PVC阻燃塑料管，由聚氯乙烯树脂加入增塑剂、稳定剂及阻燃剂等经挤出成型而得，用于电线保护，一般颜色为黄、红、白色等。管道连接采用专用接头抹塑料胶后粘接，管道弯曲自如无须加热，成捆供应，每捆100m。该管刚柔结合、易于施工，劳动强度较低，质轻，运输较为方便，已被广泛应用于民用建筑暗配管。

（5）刚性阻燃管：刚性PVC管，也叫PVC冷弯电线管，分轻型、中型、重型。管材长度4m/根，颜色有白、纯白，弯曲时需要专用弯曲弹簧。管道的连接方式采用专用接头插入法连接，连接处结合面涂专用胶合剂，接口密封。

（6）可挠金属套管：指普利卡金属套管（PULLKA），由镀锌钢带（Fe、Zn），钢带（Fe）及电工纸（P）构成双层金属制成的可挠性电线、电缆保护套管，主要用于砖、混凝土内暗设和吊顶内敷设及与钢管、电线管与设备连接间的过渡，与钢管、电线管、设备入口均采用专用混合接头连接。

（7）套接紧定式JDG（扣压式KBG）钢导管：电气线路新型保护用导管，连接套管及其金属附件采用专用接头螺栓紧定（接头扣压紧定）连接技术组成的电线管路，该管最大特点是：连接、弯曲操作简易，不用套丝、无须做跨接线、无须刷油，效率较高。KBG管的管壁稍薄一些。

（8）金属软管：又称蛇皮管，一般敷设在较小型电动机的接线盒与钢管口的连接处，用来保护电缆或导线不受机械损伤。

（9）单芯导线穿管时，管道外径尺寸参见表4.4.2。

（二）导管的加工

（1）金属导管的切割有钢锯切割、切管机切割、砂轮机切割等方法。砂轮机切割具有切割速度快、功效高、质量好等特点。禁止使用气割。

表 4.4.2 单芯导线管选择表

线芯截面/mm²	焊接钢管（管内导线根数）									电线管（管内导线根数）									线芯截面/mm²
	2	3	4	5	6	7	8	9	10	10	9	8	7	6	5	4	3	2	
1.5		15			20		25				32				25		20		1.5
2.5	15			20			25				32				25			20	2.5
4	15		20				25		32			32			25			20	4
6		20			25			32			40			32			25	20	6
10	20	25			32		40		50					40			32	25	10
16	25		32		40		50								40			32	16
25	32		40		50			70									40	32	25
35	32	40		50			70		80									40	35
50	40	50			70			80											
70	50		70		80														
95	50	70			80														
120	70		80																
150	70		80																
185	70	80																	

（2）金属管道煨弯，其方法有冷煨弯和热煨弯两种。冷煨弯用弯管器（只适用于 *DN*25，即 25.4mm 以下的钢管）。用电动弯管机煨弯，一般可弯制 *DN*70mm 以下的管道，*DN*70mm 以上的管道采用热煨。热煨管煨弯角度不应小于 90°。弯曲半径应符合下列规定：明设管不宜小于管外径的 6 倍，当两个接线盒间只有一个弯曲时，其弯曲半径不宜小于管外径的 4 倍。暗配管当埋设于混凝土内时，其弯曲半径不应小于管外径的 6 倍；当埋设于地下时，其弯曲半径不应小于外径的 10 倍。穿电缆管的弯曲半径应满足电缆弯曲半径的要求（电缆弯曲半径为电缆外径的 10 倍、15 倍、20 倍等）。

（3）导管的加工弯曲处不应有折皱、凹陷和裂缝，且弯扁程度不应大于管外径的 10%。

（三）导管的敷设要求

依据《建筑电气与智能化通用规范》GB 55024—2022、《民用建筑电气设计标准》GB 51348—2019、《建筑电气工程施工质量验收规范》GB 50303—2015 的规定，导管的敷设要求具体如下。

1. 金属导管

火灾自动报警系统的电源和联动线路应采用金属导管或金属槽盒保护。

（1）室内干燥场所采用金属导管布线时，其壁厚不应小于 1.5mm。室内潮湿场所的线缆明敷采用金属导管时，应采取防潮防腐措施，且金属导管壁厚不应小于 2.0mm。建筑物底层及地面层以下外墙内的线缆采用金属导管暗敷布线时，其壁厚不应小于 2.0mm。

钢导管不得采用对口熔焊连接；镀锌钢导管或壁厚小于或等于 2mm 的钢导管，不得采用套管熔焊连接。

（2）金属导管应与保护导体可靠连接，并应符合下列规定：

1）镀锌钢导管、可弯曲金属导管和金属柔性导管不得熔焊连接；

2）当非镀锌钢导管采用螺纹连接时，连接处的两端应熔焊焊接保护联结导体；

3）镀锌钢导管、可弯曲金属导管和金属柔性导管连接处的两端宜采用专用接地卡固定保护联结导体；

4）机械连接的金属导体，管与管、管与盒（箱）体的连接配件应选用配套部件，其连接应符合产品技术文件要求；

5）金属导管与金属梯架、托盘连接时，镀锌材质的连接端宜用专用接地卡固定保护联结导体，非镀锌材质的连接处应熔焊焊接保护联结导体；

6）以专用接地卡固定的保护联结导体应为铜芯软导线，截面积不应小于 $4mm^2$；以熔焊焊接的保护联结导体宜为圆钢，直径不应小于 6mm，其搭接长度应为圆钢直径的 6 倍。

2. 塑料导管

（1）室内干燥场所采用塑料导管暗敷布线时，应选用不低于中型的导管。室内潮湿场所的线缆明敷时，应采取防潮防腐材料制造的导管。建筑物底层及地面层以下外墙内的线缆采用塑料导管布线时，应选用重型的导管。管口应平整光滑，管与管、管与盒（箱）等器件采用插入法连接时，连接处结合面应涂专用胶合剂，接口应牢固密封。

（2）当塑料导管在砌体上剔槽埋设时，应采用强度等级不小于 M10 的水泥砂浆抹面保护，保护层厚度不应小于 15mm。

（3）直埋于地下或楼板内的刚性塑料导管，在穿出地面或楼板易受机械损伤的一段应采取保护措施。

（4）当设计无要求时，埋设在墙内或混凝土内的塑料导管应采用中型及以上的导管。

（5）沿建筑物、构筑物表面和在支架上敷设的刚性塑料导管，应按设计要求装设温度补偿装置。

3. 可弯曲金属导管及柔性导管

（1）室内潮湿场所的线缆采用可弯曲金属导管明敷时，应选用防水重型的导管。建筑物底层及地面层以下外墙内的线缆采用可弯曲金属导管暗敷布线时，应选用防水重型的导管。严禁将柔性导管直埋于墙体内或楼（地）面内。刚性导管经柔性导管与电气设备、器具连接时，柔性导管的长度在动力工程中不宜大于 0.8m，在照明工程中不宜大于 1.2m。

（2）可弯曲金属导管或柔性导管与刚性导管或电气设备、器具间的连接应采用专用接头；防液型可弯曲金属导管或柔性导管的连接处应密封良好，防液覆盖层应完整无损。

（3）当可弯曲金属导管有可能受重物压力或明显机械撞击时，应采取保护措施。

（4）明配的金属、非金属柔性导管固定点间距应均匀，不应大于 1m，管卡与设备、器具、弯头中点、管端等边缘的距离应小于 0.3m。

（5）可弯曲金属导管和金属柔性导管不应做保护导体的接续导体。

4. 导管的弯曲半径规定

(1) 明配导管的弯曲半径不宜小于管外径的6倍，当两个接线盒间只有一个弯曲时，其弯曲半径不宜小于管外径的4倍。

(2) 埋设于混凝土内的导管的弯曲半径不宜小于管外径的6倍，当直埋于地下时，其弯曲半径不宜小于管外径的10倍。

(3) 电缆导管的弯曲半径不应小于电缆最小允许弯曲半径。

5. 导管支架安装规定

(1) 除设计要求外，承力建筑钢结构构件上不得熔焊导管支架，且不得热加工开孔。

(2) 当导管采用金属吊架固定时，圆钢直径不得小于8mm，并应设置防晃支架，在距离盒（箱）、分支处或端部0.3～0.5m处应设置固定支架。

(3) 金属支架应进行防腐，位于室外及潮湿场所的应按设计要求做处理。

(4) 导管支架应安装牢固、无明显扭曲。

6. 室外导管敷设

(1) 对于埋地敷设的钢导管，埋设深度应符合设计要求，钢导管的壁厚应大于2mm。

(2) 导管的管口不应敞口垂直向上，导管管口应在盒、箱内或导管端部设置防水弯。

(3) 由箱式变电站或落地式配电箱引向建筑物的导管，建筑物一侧的导管管口应设在建筑物内。

(4) 导管的管口在穿入绝缘导线、电缆后应做密封处理。

7. 明配的电气导管

(1) 导管应排列整齐、固定点间距均匀、安装牢固。

(2) 在距终端、弯头中点或柜、台、箱、盘等边缘150～500mm范围内应设有固定管卡，中间直线段固定管卡间的最大距离应符合表4.4.3的规定。

表4.4.3　中间直线段管卡间的最大距离

敷设方式	导管种类	导管直径/mm			
		15～20	25～32	40～50	65以上
		管卡间最大距离/m			
支架或沿墙明敷	壁厚＞2mm刚性钢导管	1.5	2.0	2.5	3.5
	壁厚≤2mm刚性钢导管	1.0	1.5	2.0	—
	刚性塑料导管	1.0	1.5	2.0	2.0

(3) 明配的塑料导管、槽盒、接线盒、分线盒应采用阻燃性能级别为B1级的难燃制品。

8. 导管敷设其他规定

(1) 暗敷于建筑物、构筑物内的导管，不应在截面长边小于500mm的承重墙体内剔槽埋设。敷设在钢筋混凝土现浇楼板内的电线导管的最大外径不宜大于板厚的1/3。当电线导管暗敷设在楼板、墙体内时，其与楼板、墙体表面的外护层厚度不应小于15mm。

(2) 进入配电（控制）柜、台、箱内的导管管口，当箱底无封板时，管口应高出柜、台、箱、盘的基础面 50～80mm。

(3) 导管穿越外墙时应设置防水套管，且应做好防水处理。

(4) 钢导管或刚性塑料导管跨越建筑物变形缝处应设置补偿装置。

(5) 除埋设于混凝土内的钢导管内壁应防腐处理，外壁可不防腐处理外，其余场所敷设的钢导管内、外壁均应做防腐处理。

(6) 导管与热水管、蒸汽管平行敷设时，宜敷设在热水管、蒸汽管的下面，当有困难时，可敷设在其上面；相互间的最小距离宜符合表 4.4.4 的规定。

表 4.4.4 导管（或配线槽盒）与热水管、蒸汽管间的最小距离

单位：mm

导管（或配线槽盒）的敷设位置	管道种类	
	热水	蒸汽
在热水、蒸汽管道上面平行敷设	300	1 000
在热水、蒸汽管道下面或水平平行敷设	200	500
与热水、蒸汽管道交叉敷设	不小于其平行的净距	

注：1. 对有保温措施的热水管、蒸汽管，其最小距离不宜小于 200mm。
2. 导管（或配线槽盒）与不含可燃及易燃易爆气体的其他管道的距离，平行或交叉敷设不应小于 100mm。
3. 导管（或配线槽盒）与可燃及易燃易爆气体不宜平行敷设，交叉敷设处不应小于 100mm。
4. 达不到规定距离时应采取可靠有效的隔离保护措施。

(7) 导管穿越密闭或防护密闭隔墙时，应设置预埋套管，预埋套管的制作和安装应符合设计要求，套管两端伸出墙面的长度宜为 30～50mm，导管穿越密闭穿墙套管的两侧应设置过线盒，并应做好封堵。

(8) 电气线路敷设应避开炉灶、烟囱等高温部位及其他可能受高温作业影响的部位，不应直接敷设在可燃物上；室内明敷的电气线路和在有可燃物的吊顶或难燃性、可燃性墙体内敷设的电气线路应具有相应的防火性能或防火保护措施。

(9) 电气线路和各类管道穿越防火墙、防火隔墙、竖井井壁、建筑变形缝处和楼板处的孔隙应采取防火封堵措施。防火封堵组件的耐火性能不应低于防火分隔部位的耐火性能要求。

(10) 消防配电线路的设计和敷设应满足在建筑的设计火灾延续时间内为消防用电设备连续供电的需要。

(四) 导管内穿线和槽盒内敷线

(1) 不同电压等级的电力线缆不应共用同一导管或电缆桥架布线；电力线缆和智能化线缆不应共用同一导管或电缆桥架布线；在有可燃物闷顶和吊顶内敷设电力线缆时，应采用不燃材料的导管或电缆槽盒保护。同一交流回路的电线应敷设于同一金属电缆槽盒或金属导管内。电线在电缆槽盒内应按回路分段绑扎，电线出入电缆槽盒及配电箱（柜）应采取防止电线损伤的措施。安全防范系统的线缆应敷设在导管或电缆槽盒内。

(2) 导管和电缆槽盒内配电电线的总截面面积不应超过导管或电缆槽盒内截面面积的 40%，电缆槽盒内控制线缆的总截面面积不应超过电缆槽盒内截面面积的 50%。线缆采用导管暗敷布线时，不应穿过设备基础；当穿过建筑物外墙时，应采取止水措施。除设计要求以外，不同回路、不同电压等级和交流与直流线路的绝缘导线不应穿入同一导管内。

(3) 绝缘导线接头应设置在专用接线盒（箱）或器具内，不得设置在导管和槽盒内，盒（箱）的设置位置应便于检修。

(4) 除塑料护套线外，绝缘导线应采取导管或槽盒保护，不可外露明敷。

(5) 绝缘导线穿管前，应清除管内杂物和积水，绝缘导线穿入导管的管口在穿线前应装设护线口。

(6) 当采用多相供电时，同一建筑物、构筑物的绝缘导线绝缘层颜色应一致。保护地线（PE）为绿、黄相间色，中性线（N）为淡蓝色，这两种线的颜色是国际统一认同的，其他绝缘导线的颜色国际上并未强制要求统一，且我国电力供电线路和大量国内电气产品的绝缘导线外护层颜色尚未采用国际上建议采用的颜色（即相线 L1、L2、L3 用黑色、棕色、灰色），一直沿用相线 L1 采用黄色、L2 采用绿色、L3 采用红色。

(7) 槽盒内敷线应符合下列规定：

1) 同一槽盒内不宜同时敷设绝缘导线和电缆；

2) 同一路径无防干扰要求的线路，可敷设于同一槽盒内；槽盒内的绝缘导线总截面积（包括外护套）不应超过槽盒内截面积的 40%，且载流导体不宜超过 30 根；

3) 当控制和信号等非电力线路敷设于同一槽盒内时，绝缘导线的总截面积不应超过槽盒内截面积的 50%；

4) 分支接头处绝缘导线的总截面面积（包括外护层）不应大于该点盒（箱）内截面面积的 75%；

5) 绝缘导线在槽盒内应留有一定余量，并应按回路分段绑扎，绑扎点间距不应大于 1.5m；当垂直或大于 45°倾斜敷设时，应将绝缘导线分段固定在槽盒内的专用部件上，每段至少应有一个固定点；当直线段长度大于 3.2m 时，其固定点间距不应大于 1.6m；槽盒内导线排列应整齐、有序；

6) 敷线完成后，槽盒盖板应复位，盖板应齐全、平整、牢固。

(8) 与槽盒连接的接线盒（箱）应选用明装盒（箱）；配线工程完成后，盒（箱）盖板应齐全、完好。

（五）塑料护套线配线

塑料护套线是一种具有塑料保护层的双芯或多芯的绝缘导线，具有防潮、耐酸和耐腐蚀等性能。可以直接敷设在楼板、墙壁及建筑物上，用钢筋轧头作为导线的支持物。

塑料护套线配线要求如下：

(1) 塑料护套线严禁直接敷设在建筑物顶棚内、墙体内、抹灰层内、保温层内或装饰面内或可燃物表面。

(2) 塑料护套线与保护导体或不发热管道等紧贴和交叉处及穿梁、墙、楼板处等易受机构损伤的部位，应采取保护措施。

(3) 塑料护套线在室内沿建筑物表面水平敷设高度距地面不应小于 2.5m，垂直敷设时距地面高度 1.8m 以下的部分应采取保护措施。

（4）当塑料护套线侧弯或平弯时，其弯曲处护套和导线绝缘层均应完整无损伤，侧弯和平弯弯曲半径应分别不小于护套线宽度和厚度的3倍。

（5）塑料护套线进入盒（箱）或与设备、器具连接，其护套层应进入盒（箱）或设备、器具内，护套层与盒（箱）入口处应密封。

（6）塑料护套线的固定应符合下列规定：

1）固定应顺直、不松弛、不扭绞；

2）护套线应采用线卡固定，固定点间距应均应、不松动，固定点间距宜为150～200mm；

3）在终端、转弯和进入盒（箱）、设备或器具等处，均应装设线卡固定，线卡距终端、转弯中点、盒（箱）、设备或器具边缘的距离宜为50～100mm；

4）塑料护套线的接头应设在明装盒（箱）或器具内，多尘场所应采用IP5X等级的密闭式盒（箱），潮湿场所应采用IPX5等级的密闭式盒（箱），盒（箱）的配件应齐全，固定应可靠；

5）多根塑料护套线平行敷设的间距应一致，分支和弯头处应整齐，弯头应一致。

（六）室外布线

除安全特低电压外，室外埋地敷设的电力线缆、控制线缆和智能化线缆应采用护套线、电缆或光缆，并应采取相应的保护措施。室外埋地敷设的电力线缆、控制线缆和智能化线缆不应平行布置在地下管道的正上方或正下方。

当采用电缆排管布线时，在线路转角、分支处以及变更敷设方式处，应设电缆人（手）孔井。电缆人（手）孔井不应设置在建筑物散水内。

（七）导线连接

导线连接有铰接、焊接、压接和螺栓连接等，各种连接方法适用于不同的导线及不同的工作地点。导线的接头不应裸露，不同电压等级的导线接头应分别经绝缘处理后设置在各自的专用接线盒（箱）或器具内。导线与设备或器具的连接应符合下列规定：

（1）截面面积在10mm^2及以下的单股铜导线和单股铝/铝合金芯线可直接与设备或器具的端子连接。

（2）截面面积在2.5mm^2及以下的多芯铜芯线应接续端子或拧紧搪锡后再与设备或器具的端子连接。

（3）截面面积大于2.5mm^2的多芯铜芯线与设备、器具、母排的连接，除设备自带插接式端子外，应接续端子后与设备或器具的端子连接；多芯铜芯线与插接式端子连接前，端部应拧紧搪锡。

（4）多芯铝芯线应接续端子后与设备、器具的端子连接，多芯铝芯线接续端子前应去除氧化层并涂抗氧化剂，连接完成后应清洁干净。

（5）每个设备或器具的端子接线不多于2根导线或2个导线端子。

（6）截面面积6mm^2及以下铜芯导线间的连接应采用导线连接器或缠绕搪锡连接，并应符合下列规定：

1）导线连接器应符合现行国家标准相关规定，并应符合下列规定：

①导线连接器应与导线截面相匹配；

②单芯导线与多芯软导线连接时，多芯软导线宜搪锡处理；

③导线连接后不应明露线芯；

④采用机械压紧方式制作导线接头时，应使用确保压接力的专用工具；

⑤多尘场所的导线连接应选用 IP5X 及以上的防护等级连接器；潮湿场所的导线连接应选用 IPX5 及以上的防护等级连接器。

2）导线采用缠绕搪锡连接时，连接头缠绕搪锡后应采取可靠绝缘措施。

（7）绝缘导线、电缆的线芯连接金具（连接管和端子），其规格应与线芯的规格适配，且不得采用开口端子，其性能应符合国家现行有关产品标准的规定。

（8）导线接线端子与电气器具连接不得采取降容连接。

（9）电线或电缆敷设应有标识，高压线路应设有明显的警示标识。电缆首端、末端、检修孔和分支处应设置永久性标识，直埋电缆应设置标示桩。电力线缆接线端在配电箱（柜）内，应按回路用途做好标识。

（10）布线工程施工后，必须进行回路的绝缘电阻检测。

五、电气照明工程计量

根据《安装工程计量标准》的规定进行工程量计算。

（一）主要内容及与市政工程路灯的界定

1. 主要内容

电气照明工程包括配管、线槽、桥架、配线，接线箱、接线盒、连接短管，普通灯具、装饰灯、荧光灯、嵌入式地灯、工厂灯、高度标志（障碍）灯、医疗专用灯、霓虹灯、霓虹灯控制变压器（控制器）、小区路灯、智能灯光控制系统、景观灯、照明开关、按钮、插座、照明系统调试、光导管采光装置、采光井照明装置、光纤式阳光导入器工程量的计量。

2. 与市政工程路灯的界定

厂区、住宅小区的道路路灯，景观照明、公园、广场、公共庭院的灯具等，应按电气设备安装工程相关项目编码列项；涉及城市道路照明系统应按《市政工程工程量计量标准》GB/T 50857—2024 相关项目编码列项。

（二）工程计量规则及相关说明

1. 电气照明工程计量规则

（1）配管、线槽、桥架，按设计图示尺寸以长度“m”计算。配线按设计图示尺寸加预留长度以单线长度“m”计算。配管项目特征：名称、材质、规格、配置形式、接地要求、钢索材质、规格、引线材质；配管工作内容：电线管路敷设、钢索架设（拉紧装置安装）、穿引线、接地。配线项目特征：名称、配线形式、型号、规格、材质、配线线制、钢索材质、规格。配线工作内容：配线、钢索架设（拉紧装置安装）、支持体（夹板、绝缘子、槽板等）安装。

（2）接线箱、接线盒，按设计图示数量以“个”计算。连接短管按设计图示数量以“根”计算。接线箱、接线盒、连接短管项目特征：名称、材质、规格、安装形式。接线箱、接线盒、连接短管工作内容：本体安装。

（3）普通灯具、荧光灯、嵌入式地灯、工厂灯、高度标志（障碍）灯、医疗专用灯、小区路灯按设计图示数量以“套”计算。普通灯具项目特征：名称、型号、规格、类型。普通灯具工作内容：本体安装、接地。

（4）装饰灯、景观灯按设计图示数量以“套”计算、或按设计图示尺寸以长度“m”计算、或按设计图示尺寸以面积“m^2”计算。装饰灯项目特征：名称、型号、规格、安装方式。装饰灯工作内容：本体安装、接地。

（5）霓虹灯按设计图示尺寸以长度“m”计算。霓虹灯控制变压器、控制器，按设计图示数量以“套”计算。项目特征：名称、型号、单位数量、安装方式。工作内容：霓虹灯管安装、接线。

（6）智能灯光控制系统按设计图示以“系统”计算。

（7）照明开关、按钮、插座按设计图示数量以“套”计算。项目特征：名称、材质、规格、安装方式。工作内容：安装接线。

（8）照明系统调试按设计灯具回路数量以“系统”计算。

（9）光导管采光装置、采光井照明装置、光纤式阳光导入器按设计图示数量以“套”计算。

2. 相关说明

（1）配管的名称是指紧定管、镀锌钢管、防爆管、可挠金属套管、塑料管、金属软管、波纹管、KBG扣压钢导管等，其配置形式指明配、暗配、吊顶内、钢结构支架、钢索配管、埋地敷设、水下敷设、箱罐容器内、砌筑沟内敷设等。

（2）配线的名称是指管内穿线、绝缘子配线、线槽配线、塑料护套配线、绝缘导线明敷、车间配线等，其配线形式指在木结构、砖混结构、混凝土结构、钢结构、沿顶棚、沿支架、沿钢索、沿屋架、沿梁、沿柱、沿墙、跨屋架、跨梁、跨柱、跨线码、跨街码等敷设。

（3）遇到下列情况时，配线保护管应增设管路接线盒或拉线盒：管长度每超过40m，无弯曲；管长度每超过30m，有1个弯曲；管长度每超过20m，有2个弯曲；管长度每超过10m，有3个弯曲。遇到下列情况时，垂直敷设的电线保护管应增设固定导线用的拉线盒：管内导线截面为$50mm^2$及以下，长度每超过30m；管内导线截面为$70\sim95mm^2$，长度每超过20m；管内导线截面为$120\sim240mm^2$，长度每超过18m。计量配管时，设计无要求的按上述规则执行接线盒、拉线盒的计量。

（4）连接短管适用于装配式建筑，其他建筑的连接短管应已包括在相关设备的工作内容内。

（5）开关盒、插座盒，按接线盒编码列项。

（6）配管安装所需的凿槽、刨沟，按《安装工程计量标准》附录N“其他及附属工程”相关项目编码列项。

（7）配线进入箱、柜、板的预留长度详见本书第六章第一节。

（8）普通灯具包括圆球吸顶灯、半圆球吸顶灯、方形吸顶灯、软线吊打、座灯头、吊链灯、防水吊打、壁灯等。

（9）装饰灯包括吊式艺术装饰灯、吸顶式艺术装饰灯、荧光艺术装饰灯、几何型组合艺术装饰灯、标志灯、诱导装饰灯、点光源艺术灯、歌舞厅灯及其他同类灯具。以“m”计量时，项目特征内应说明灯的宽度；以“m^2”计量时，项目特征内应说明灯的规格。

（10）工厂灯包括工厂罩灯、防水灯、防尘灯、碘钨灯、投光灯、泛光灯、密闭灯、钠灯、混光灯、防潮灯、腰形舱顶灯、管型氙气灯等用于工厂照明灯具。

(11) 高度标志（障碍）灯包括烟囱标志灯、高塔标志灯、高层建筑屋顶障碍指示灯等。

(12) 医疗专用灯包括病房指示灯、病房暗脚灯、紫外线杀菌灯、无影灯等。

(13) 霓虹灯包括灯管、灯带、变压器、控制器、继电器、定时器、控制箱等所有组件。以“m”计量时，项目特征内应说明灯的宽度。

(14) 小区路灯包括单（双）臂挑灯、大马路弯灯、庭院灯、桥栏杆灯、高杆灯、中杆灯等；中杆灯是指安装在高度小于或等于19m的灯杆上的照明器具；高杆灯是指安装在高度大于19m的灯杆上的照明器具。

(15) 景观灯包括柱灯、树挂彩灯、草坪灯具、地面投射灯、立面点光源灯、泛光灯、立面轮廓灯及其他同类灯具。以“m”计量时，项目特征内应说明灯的宽度；以“m^2”计量时，项目特征内应说明灯的规格。

(16) 照明开关包括普通照明开关、声（光）控延时开关（控制器）等。

(17) 组合型装饰灯具的支吊架按《安装工程计量标准》第N.1节其他及附属工程相关项目编码列项。

(18) 光纤式阳光导入器光纤用配管、光纤敷设、电源线配管、配线按《安装工程计量标准》相应项目编码列项；太阳能供电灯具包括在成套灯具内，应按相应项目编码列项。

(三) 电气照明工程计量示例

1. 背景

本设计配电系统图如图4.4.2所示。电气照明平面图如图4.4.3所示。

(1) 建筑概况。本住宅楼共6层，每层高3m，一个单元内每层共两户，有A、B两种户型：A型为4室1厅，约$92m^2$；B型为3室1厅，约$73m^2$。共用楼梯、楼道。

(2) 供电电源。每层住宅楼采用220V单相电源、TN-C接地方式的单相三线系统供电。

(3) 施工说明。

1) 在楼道内设置一个配电箱AL-1，安装高度为1.8m，配电箱有4路输出线（1L、2L、3L、4L），其中，1L、2L分别为A、B两户供电，导线及敷设方式为BV-3×6-SC25-WC（铜芯塑料绝缘线，3根，截面面积为$6mm^2$，穿钢管敷设，管径为25mm，沿墙暗敷），3L供楼梯照明，4L为备用。

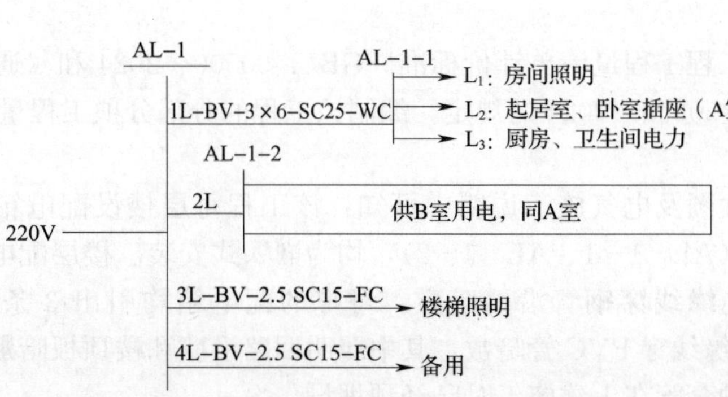

图4.4.2 某住宅楼供电系统图

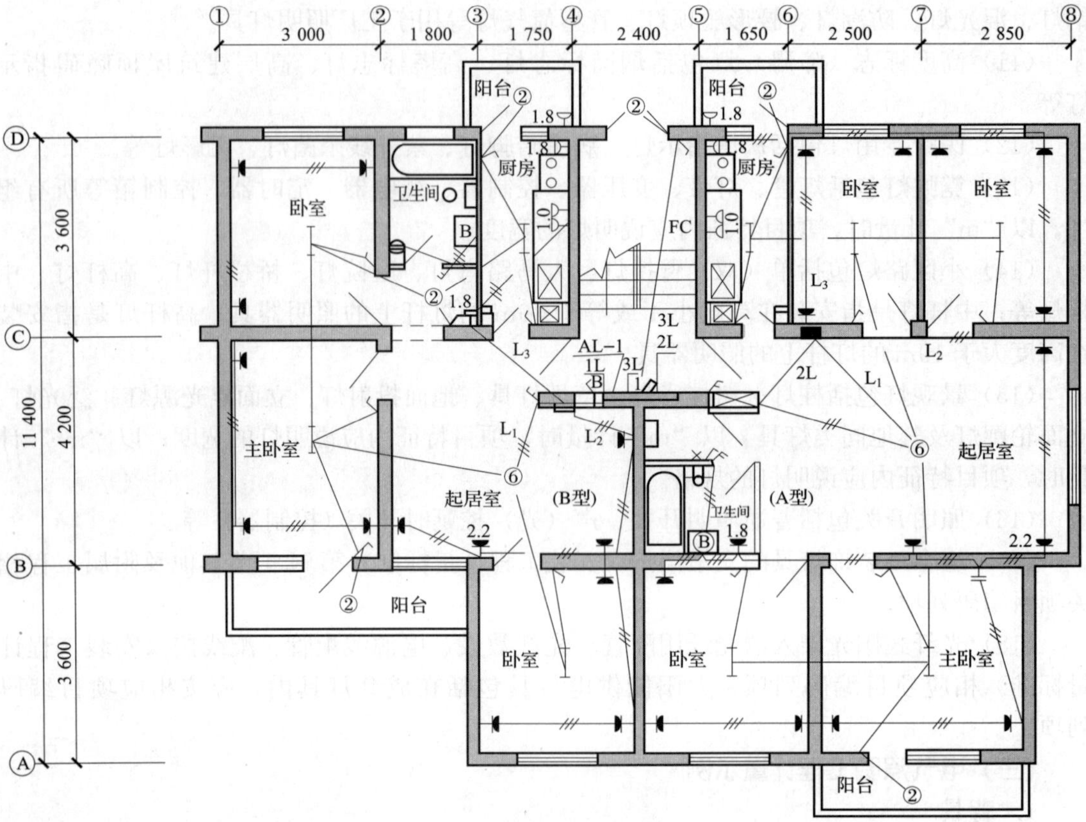

图 4.4.3　某住宅楼电气照明平面图

2）住户用电。A、B 两户分别在室内安装一个配电箱，其安装高度为 1.8m，分别采用 3 路供电，其中 L_1 供各房间照明，L_2 供起居室、卧室内的家用电器用电，L_3 供厨房、卫生间用电。

3）除图面另有注释外，房间内所有照明、插座管线均选用 BV－500 型电线穿 PVC20 型管，敷设在现浇混凝土楼板内；竖直方向为暗敷设在墙体内。照明、插座支线的截面面积一律为 $2.5mm^2$，每一回路单独穿一根管，穿管管径为 20mm。

（4）除图面另有注释外，所有开关距地 1.4m 安装，插座距地 0.4m 安装。

2. 问题

试根据《建设工程工程量清单计价标准》GB/T 50500—2024 和《通用安装工程工程量计算标准》GB/T 50856—2024 的规定，编制该工程的分部分项工程量清单。

3. 解答

从电气照明平面图及电气施工说明中可知：该工程每层楼设配电箱一个（AL－1），每户设配电箱一个（AL－1－1、AL－1－2），均为嵌入式安装。楼层配电箱到户内配电箱为 $6mm^2$ 铜芯塑料绝缘线穿钢管沿墙暗敷。每户的配电箱均引出 3 条支路，各支路为 $2.5mm^2$ 铜芯塑料绝缘线穿 PVC 管暗敷，其中照明回路沿墙和楼顶板暗敷，插座回路沿墙和楼地板暗敷。各种套管在土建施工时已经预埋设。

本工程可划分分项工程项目为：暗装照明配电箱、敷设钢管（暗敷）、敷设 PVC 管

（暗敷）、管内穿线、安装接线盒、安装半圆球吸顶灯、安装吊灯、安装单管成套荧光灯、安装板式开关（暗装）、安装单相三孔插座。

项目编码：（见表 4.4.6）

项目名称：（见表 4.4.6）

项目特征：（见表 4.4.6）

计量单位：（见表 4.4.6）

工程数量：（依据工程量计算规则，按图计算，见表 4.4.5）

填制表格：（见表 4.4.6）

（1）照明配电箱的安装：每层 1 台公用，每户 1 台，共 3 台。

（2）钢管的敷设（暗敷）：

①由配电箱 AL－1 至 AL－1－1：其敷设钢管 SC25 的长度为 1.2＋1＋1.2＝3.4（m）。

②由配电箱 AL－1 至 AL－1－2：其敷设钢管 SC25 的长度为 1.2＋2.66＋1.67＝5.53（m）。

（3）PVC 管的敷设（暗敷）：

①B 型单元。

对于 L_1 回路，有：

1.2（配电箱至楼板顶）＋0.44（配电箱水平至起居室 6 号吊灯开关）＋1.55（起居室 6 号吊灯开关水平至 6 号吊灯）＋3.55（6 号吊灯至卧室荧光灯）＋1.55（卧室荧光灯至开关）＋3.89（6 号吊灯至主卧室荧光灯）＋1.33（开关）＋2.22（主卧室荧光灯至阳台灯开关）＋0.89（阳台灯开关至阳台灯）＋3.66（主卧室荧光灯至卧室荧光灯）＋1.33（卧室荧光灯至卧室荧光灯开关）＋2.55（卧室荧光灯至 2 号灯）＋0.56（2 号灯至开关）＋2（2 号灯至厨房灯）＋1.67（厨房灯至开关）＋1.67（厨房灯至阳台 2 号灯开关）＋1.33（厨房阳台 2 号灯开关至 2 号灯）＋1.2×8（8 只灯，由房顶楼板至开关）＝40.99（m）

对于 L_2 回路，有：

1.8＋1.33＋2.22＋3.1＋2.89＋2.44＋1.89＋3＋6.55＋3＋0.4×13＝33.42（m）

对于 L_3 回路，有：

1.2＋2.22＋1.2＋2.22＋2＋0.22＋1.11＋0.8＋0.56＝11.53（m）

②A 型单元。

对于 L_1 回路，有：

1.2＋2.78＋4＋3.89＋1.67＋3.66＋1.78＋2.22＋1.34＋3.89＋1.67＋2.78＋1.67＋2＋1.67＋1.67＋1.11＋1.6×8＝51.8（m）

对于 L_2 回路，有：

1.8＋3.63＋4.2＋3.6＋2＋7.22＋3＋1.33＋3.11＋7＋1.8×1＋0.4×12＝43.49（m）

对于 L_3 回路，有：

1.8＋3.6＋2＋2＋1.44＋1.8×2＋1×1＋0.4×2＝16.24（m）

（4）管内穿线。

①钢管内穿 $6mm^2$ 铜芯塑料绝缘线，所需长度为：

（3.4＋5.53）×3＝26.79（m）

②B 型单元。

L_1回路为照明回路，都为两根线，只有起居室 6 号吊灯开关水平至 6 号吊灯为 3 根线，所需长度为：

40.99×2（全部管长）+1.55=83.53（m）

L_2回路为插座回路，都为 3 根线，所需长度为：

33.42×3=100.26（m）

L_3回路为插座回路，都为 3 根线，所需长度为：

11.53×3（全部管长）=34.59（m）

③A 型单元。

L_1回路为照明回路，都为两根线，只有起居室 6 号吊灯开关水平至 6 号吊灯为 4 根线所需长度为：

51.8×2+4×2=111.6（m）

L_2回路为插座回路，都为 3 根线，所需长度为：43.49×3=130.47（m）

L_3回路为插座回路，都为 3 根线，所需长度为：16.24×3=48.72（m）

（5）接线盒的安装。

①B 型单元。

L_1回路：7+8（开关盒）=15（个）。

L_2回路：13 个。

L_3回路：6 个。

②A 型单元。

L_1回路：4+8（开关盒）=12（个）。

L_2回路：10+2=12 个。

L_3回路：9 个。

（6）半圆球吸顶灯的安装：每户 3 只，共 6 只。

（7）吊灯的安装：每户 1 只，共 2 只。

（8）单管成套荧光灯的安装：A 型单元 5 只，B 型单元 4 只，共 9 只。

（9）板式开关的安装（暗装）：其中有单联、双联和三联之分。A 型单元 9 只，B 型单元 9 只，共 18 只。

（10）单相三孔插座的安装：A 型单元 20 只，B 型单元 18 只，共 38 只。

工程量计算可以采用表格的形式，如表 4.4.5 所示。

表 4.4.5　工程量计算表

工程名称：某住宅楼一层电气照明工程　　　　第　页共　页

序号	分部分项工程名称	计算式	计量单位	工程数量	部位
1	照明配电箱安装	3 台	台	3	走廊、房间
2	钢管敷设	3.4+5.53	m	8.93	沿墙、天花板暗敷
3	PVC 管敷设	40.99+33.42+11.53+51.8+43.49+16.24	m	194.47	沿墙、天花板、地板暗敷

续表 4.4.5

序号	分部分项工程名称	计算式	计量单位	工程数量	部位
4	管内穿线（$6mm^2$）	26.79＋0.8（箱）	m	27.59	
5	管内穿线（$2.5mm^2$）	83.53＋100.26＋34.59＋111.6＋130.47＋48.72	m	509.17	各用户房间
6	接线盒安装	15＋13＋6＋12＋12＋9	个	67	各用户房间
7	吊灯安装	2个	套	2	各用户客厅
8	半圆球吸顶灯安装	6个	套	6	各用户阳台、卫生间
9	单管成套荧光灯安装	9套	套	9	各用户房间
10	板式开关安装	18只	只	18	各用户房间
11	单相三孔插座安装	38只	套	38	各用户房间

将工程量计算结果填入工程量清单，如表 4.4.6 所示。

表 4.4.6　分部分项工程量清单表

工程名称：某住宅楼一层电气照明工程　　标段：　　第　页　共　页

序号	项目编码	项目名称	项目特征描述	计量单位	工程数量
1	030402011001	成套配电箱	1. 名称：照明配电箱 2. 型号：XRM102A 3. 规格：600mm×200mm 4. 电压（V）：220V 5. 安装方式：嵌入式安装，安装高度为 1.8m	台	3
2	030412001001	配管	1. 名称：镀锌钢管 2. 材质：SC 管 3. 规格：*DN*25 4. 配置形式：沿墙、天花板暗敷	m	9.03
3	030412001002	配管	1. 名称：塑料管 2. 材质：PVC 管 3. 规格：*DN*20 4. 配置形式：沿墙、天花板、地板暗敷	m	194.47
4	030412004001	配线	1. 名称：管内穿线 2. 型号：BV 3. 规格：$6mm^2$	m	26.69

续表 4.4.6

序号	项目编码	项目名称	项目特征描述	计量单位	工程数量
5	030412004002	配线	1. 名称：管内穿线 2. 型号：BV 3. 规格：$2.5mm^2$	m	509.17
6	030412006001	接线盒	1. 名称：开关插座接线盒 2. 材质：PVC 3. 规格：86 型 4. 安装形式：暗装	个	67
7	030413001001	普通灯具	1. 名称：吊灯 2. 规格：1×60W	套	2
8	030413001002	普通灯具	1. 名称：半圆球吸顶灯 2. 型号：FZS－164 3. 规格：1×40W	套	6
9	030413003001	荧光灯	1. 名称：单管成套荧光灯 2. 型号：T8－1 3. 规格：1×40W 4. 安装方式：吸顶安装	套	9
10	030413013001	照明开关、按钮	1. 名称：板式开关 2. 材质：PC 塑料 3. 规格：10A250V 4. 安装方式：距地 1.4m	套	18
11	030413014001	插座	1. 名称：单相三孔插座 2. 材质：PC 塑料 3. 规格：10A 4. 安装方式：距地 0.4m	套	38

第五章　管道和设备工程

第一节　给排水、采暖、燃气工程

一、给排水工程

给排水工程分为室外给排水工程和室内给排水工程，其中室外给排水工程又分为城镇给排水工程和庭院给排水工程。城镇给排水是指整个城镇的给水和排水管网，庭院给排水是指一个居民小区、一个工厂、一所医院等的给排水系统。给排水系统由给水系统和排水系统两大系统组成。

（一）给水系统

1. 室外给水系统

（1）室外给水系统组成。

1）取水构筑物。用以从选定的水源（包括地下水源和地表水源）取水。

2）水处理构筑物。是将取来的原水进行处理，使其符合用户对水质的要求。

3）泵站。用于将所需水量提升到要求的高度，可分为抽取原水的一级泵站、输送清水的二级泵站和设于管网中的加压泵站。

4）输水管渠和管网。输水管是将原水输送到水厂的管渠，当输水距离 10km 以上时为长距离输送管道；配水管网则是将处理后的水配送到各个给水区的用户。

5）调节构筑物。它包括高地水池、水塔、清水池等。用于贮存和调节水量。高地水池和水塔兼有保证水压的作用。

（2）室外给水管网安装。

1）给水管网布置形式。给水管网有树状网和环状网两种形式。树状网是从水厂泵站或水塔到用户的管线布置成树枝状，只是一个方向供水，供水可靠性较差，但节省投资。环状网中的干管前后贯通，连接成环状，供水可靠性好，适用于供水不允许中断的地区。

2）给水管网管材选用和敷设方式。输送生活给水的管道一般采用塑料管、复合管、镀锌钢管或给水铸铁管。无论选择哪一种材质，其管材与配件应是同一厂家的配套产品。

给水管道一般采用埋地铺设，埋设深度应在当地的冰冻线以下，如必须在冰冻线以上铺设时，应做可靠的保温防潮措施。在无冰冻地区埋地敷设时，管顶的覆土厚度不得小于 500mm，穿越道路部位的埋深不得小于 700mm。通常沿道路或平行于建筑物铺设，给水管网上设置阀门和阀门井。

住宅小区及厂区的室外给水管道也可采用架空或在地沟内敷设，其安装要求同室内给水管道。塑料管道不得露天架空敷设，必须露天架空敷设时应有保温和防护措施。

给水管道不得直接穿越污水井、化粪池、公共厕所等污染源设施。

2. 室内给水系统

室内给水系统按用途可分成生活给水系统、生产给水系统及消防给水系统。各给水系统可以单独设置，也可以采用合理的共用系统。

（1）室内给水系统组成。室内给水系统由以下几个基本部分组成：

1）引入管（进户管）：室外给水管网与室内给水管网之间的连接管段。

2）水表节点：给水引入管上所装设的水表及其前后设置的阀门。

3）配水管道系统：室内给水水平或垂直干管、立管、配水支管等组成的管道系统。

4）给水附件：为了检修和调节方便，装设在给水管道上的各类阀门和附件。包括阀门、过滤器、减压孔板等。

5）加压贮水设备：当室外管网压力、流量不满足要求或室内对供水安全、稳定有特殊要求时，要设置加压贮水设备，如水泵、水箱、贮水池、气压给水装置等。

6）用水设备：生活、生产和消防给水系统管网终端用水点上的装置。生活给水系统主要指卫生器具的给水配件或水嘴，生产给水系统主要指生产用水设备，消防给水系统主要指室内消火栓和自动喷水灭火系统中的喷头。

（2）给水方式及特点。室内给水系统供水方式的特点、优点、缺点和适用范围见表 5.1.1。

表 5.1.1　室内给水系统供水方式一览表

给水方式		特点	优点	缺点	适用范围
单层或多层建筑	直接供水	室外管网供水直接供给用户，内部无须贮水设备	系统简单、投资省、安装维护方便、节能	外网停水内部即断水	适用于外网水压、水量能满足用水要求，室内给水无特殊要求的建筑
	单设水箱供水	室内管网与外网直接连接，利用外网压力供水，同时设置高位水箱调节流量和压力	供水较可靠，系统较简单，投资较省，安装、维护较简单，可充分利用外网水压，节省能量	设置高位水箱，增加结构荷载，若水箱容积不足，可能造成停水	适用于外网水压周期性不足，室内要求水压稳定，允许设置高位水箱的建筑
	贮水池加水泵供水	室外管网供水至贮水池，水泵将水抽升至各用水点。当室内一天用水量均匀时，可以选择恒速水泵；当用水量不均匀时，宜采用变频调速泵	供水方式安全可靠，不设高位水箱，不增加建筑结构荷载	外网水压没有被充分利用	适用于外网的水量满足室内的要求，而水压大部分时间不足的建筑

续表 5.1.1

给水方式		特点	优点	缺点	适用范围
单层或多层建筑	水泵、水箱联合供水	水泵自贮水池抽水加压，利用高位水箱调节流量，在外网水压高时也可以直接供水	可以延时供水，供水可靠，充分利用外网水压，节省能量	安装、维护较麻烦，投资较大；有水泵振动和噪声干扰；需设高位水箱，增加结构荷载	适用于外网水压经常或间断不足，允许设置高位水箱的建筑
	气压罐供水	水泵自贮水池或外网抽水加压送至气压罐内，由气压罐向用户供水。并由气压罐调节、贮存水量及控制水泵运行	设备可设在建筑物任何高度上，安装方便，水质不易受污染，投资省，建设周期短，便于实现自动化	管理运行成本高，由于给水压力波动较大，供水安全性较差	适用于室外管网水压经常不足，建筑物不易设置水箱的情况
高层建筑	低区直供，高区设贮水池、水泵、水箱供水	低区由外网直接供水，高区由水泵、水箱供水；高低区管道连通，设阀门隔断；外网水压不足时，打开阀门由水箱供低区用水	可利用部分外网水压，能量消耗较少。供水可靠，外网水压不足时不影响低区用水；停水、停电时高区可以延时供水	安装维护较麻烦，投资较大，有水泵振动、噪声干扰	适用于外网水压经常不足且不允许直接抽水，允许设置高位水箱的建筑
	高位水箱并联供水	分区设置水箱、水泵，水泵集中设置在底层或地下室，分别向各区供水	各区独立运行互不干扰，供水可靠；水泵集中管理，维护方便，运行费用经济	管线长，水泵较多，设备投资较高；水箱占用建筑物使用面积	适用于允许分区设置水箱的建筑
	高位水箱串联供水	分区设置水箱、水泵，水泵分散布置，自下区水箱抽水供上区使用	管线较短，无须高压水泵，投资较省，运行费用经济	供水独立性较差，上区受下区限制；水泵分散设置不易管理维护；水泵设在楼层，振动隔音要求高；水泵、水箱均设在楼层，占用建筑面积大	适用于允许分区设置水箱、水泵的建筑，尤其是高层工业建筑

续表 5.1.1

给水方式		特点	优点	缺点	适用范围
高层建筑	减压水箱供水	全部用水量由底层水泵提升至屋顶总水箱，再分送至各分区水箱，分区水箱起减压作用	水泵数目少、设备费用低，维护管理方便；各分区水箱容积小，少占建筑面积	水泵运行费用高，屋顶水箱容积大，对结构和抗震不利	适用于允许分区设置水箱，电力供应充足，电价较低的建筑
	减压阀供水	工作原理同减压水箱供水。区别是以减压阀替代减压水箱	不占楼层面积，减轻结构基础负荷，避免引起水箱二次污染	水泵运行费用较高	适用于电力供应充足，电价较低的建筑
	气压水箱供水	气压水箱即气压罐，供水方式有气压水箱并列供水、气压水箱减压阀供水	无须设置高位水箱，不占用建筑物使用面积	运行费用较高，气压水箱贮水量小，水泵启闭频繁，水压变化幅度大	适用于不适宜设置高位水箱的建筑

（3）给水管网的布置方式。给水系统按给水管网敷设方式不同，可以布置成下行上给式、上行下给式和环状供水式三种管网方式，给水管网布置方式使用范围及优缺点见表 5.1.2。

表 5.1.2　给水管网布置方式使用范围及优缺点

名称	特征及使用范围	优缺点
下行上给式	水平配水干管敷设在底层（明装、埋设或沟敷）或地下室天花板下。 居住建筑、公共建筑和工业建筑，在利用外网水压直接供水时多采用这种方式	图式简单，明装时便于安装维修，最高层配水的流出水头较低，埋地管道检修不便
上行下给式	水平配水干管敷设在顶层天花板下或吊顶内，对于非冰冻地区，也有敷设在屋顶上的，对于高层建筑也可以设在技术夹层内。 设有高位水箱的居住、公共建筑，机械设备或地下管线较多的工业厂房多采用这种方式	最高层配水点流出水头较高，安装在吊顶内的配水干管可能因漏水、结露损坏吊顶和墙面，要求外网水压稍高一些
环状式	水平配水干管或配水立管互相连接成环，组成水平干管环状或立管环状。在有两个引入管时，也可将两个引入管通过配水立管和水平配水干管相连通，组成贯穿环状。 高层建筑，大型公共建筑和工艺要求不间断供水的工业建筑常采用这种方式，消防管网有时也要求环状式	任何管段发生事故时，可用阀门关断事故管段而不中断供水，水流畅通，水头损失小，水质不易因滞流变质。 管网造价较高

3. 室内给水系统安装

(1) 给水管道管材选用及管道连接。

1) 钢管。有低压流体输送用镀锌钢管和无缝钢管。

①镀锌钢管：钢管镀锌的目的是防锈、防腐、防止水质恶化、被污染，延长管道的使用寿命。管径小于或等于 100mm 的镀锌钢管应采用螺纹连接，套丝时破坏的镀锌层表面及外露螺纹部分应做防腐处理；管径大于 100mm 的镀锌钢管应采用法兰或卡套式专用管件连接，镀锌钢管与法兰的焊接处应二次镀锌。

②无缝钢管：无缝钢管承压能力较强。常用连接方式为焊接和法兰连接。

2) 给水铸铁管。

①给水铸铁管：具有耐腐蚀、寿命长的优点，但是管壁厚、质脆、强度较钢管差，多用于 $DN \geqslant 75$mm 的给水管道中，尤其适用于埋地铺设。给水铸铁管采用承插连接，在交通要道等振动较大的地段采用青铅接口。

②球墨铸铁管：多用于室外给水系统，在大型高层建筑的室内给水系统中也将球墨铸铁管作为总立管。球墨铸铁管较普通铸铁管壁薄、强度高，采用橡胶圈机械式接口或承插接口，也可以采用螺纹法兰连接的方式。

3) 给水塑料管。

①硬聚氯乙烯给水管（UPVC)：适用于给水温度不大于 45℃、给水系统工作压力不大于 0.6MPa 的生活给水系统。高层建筑的加压泵房内不宜采用 UPVC 给水管；水箱的进出水管、排污管、自水箱至阀门间的管道不得采用塑料管；公共建筑、车间内塑料管长度大于 20m 时应设伸缩节。UPVC 给水管宜采用承插式粘接、承插式弹性橡胶密封圈柔性连接和过渡性连接。管外径 $D_e < 63$mm 时，宜采用承插式粘接连接；管外径 $D_e \geqslant 63$mm 时，宜采用承插式弹性橡胶密封圈柔性连接；与其他金属管材、阀门、器具配件等连接时，采用过渡性连接（包括螺纹或法兰连接）。

②聚丙烯给水管（PP)：适用于工作温度不大于 70℃、系统工作压力不大于 0.6MPa 的给水系统。特点是不锈蚀，耐磨损、不结垢，内壁均匀光滑，流动阻力小；可显著减少由液体流动引起的振动和噪声；防冻裂，PP 材料弹性优良，管道截面可随冻胀的液体一起膨胀而不会胀裂；PP 材料属于不良导热体，可减少结露现象并减少热损失；重量轻、安装简单；使用寿命长，在规定使用条件下可使用 50 年。PP 管材及配件之间采用热熔连接。PP 管与金属管件连接时，采用带金属嵌件的聚丙烯管件作为过渡，该管件与 PP 管采用热熔连接，与金属管采用丝扣连接。

③聚丁烯给水管（PB)：具有很好的耐久性、化学稳定性和可塑性，密度小、柔韧性好，用于压力管道时耐高温特性尤为突出（−30～100℃)，耐蚀性好、可冷弯，使用、安装、维修方便，寿命长（可达 50～100 年)。用于输送生活用冷热水。

④其他塑料管：聚乙烯管（PE）适用于输送水温不超过 40℃的给水系统；交联聚乙烯管（PE-X）适于输送水温为−20～90℃的给水系统。

4) 其他管材。可用于室内给水系统的管材还有铜管（薄壁铜管、厚壁铜管)、不锈钢管（薄壁型、螺纹型)、复合管（铝塑复合管、PVC 衬里钢管、PE 衬里钢管）等。

与塑料管材相比，铜管和不锈钢管强度大，比塑料管材坚硬、韧性好，不宜裂缝，不宜折断，具有良好的抗冲击性能，延展性高，可制成薄壁管及配件，更适用于高层建筑给水和热水供应系统。铜管连接可采用专用接头或焊接，当管径小于 22mm 时宜采用承插或套管焊接，承口迎介质流向安装；当管径大于或等于 22mm 时宜采用对口焊接。

复合管（如铝塑复合管、钢塑复合管）结合金属管材和塑料管材的优点，适用范围广，适用于输送自来水、生活热水。

给水管道的材料应根据水质要求和建筑物的性质选用，其选用条件见表 5.1.3。

表 5.1.3　给水管道管材选用表

管道类别		条件	适用管材	建筑物性质
室内	冷水管	$DN \leqslant 150$mm	低压流体输送用镀锌焊接钢管	一般民用建筑
		$DN \geqslant 150$mm	镀锌无缝钢管	
		$D_e \leqslant 160$mm	给水硬聚氯乙烯管	
		$D_e \leqslant 63$mm	给水聚丙烯管、衬塑铝合金管	一般或高级民用建筑
		$DN \leqslant 150$mm	薄壁铜管	高级、高层民用建筑
		$DN \geqslant 150$mm	球墨铸铁管（总立管）	
	热水管	$DN \leqslant 150$mm	低压流体输送用镀锌焊接钢管	一般民用建筑
			薄壁铜管	高级民用建筑
		$D_e \leqslant 63$mm	给水聚丙烯管、衬塑铝合金管	
	饮用水	$DN \leqslant 150$mm	薄壁铜管、不锈钢管	
		$D_e \leqslant 63$mm	给水聚丙烯管、衬塑铝合金管	
室外	冷水管	$DN \leqslant 150$mm	低压流体输送用镀锌焊接钢管	地上
		$DN \leqslant 65$mm	低压流体输送用镀锌焊接钢管	地下
		$DN \geqslant 80$mm	给水铸铁管或球墨铸铁管	
		$D_e = 20 \sim 630$mm	给水硬聚氯乙烯管	

（2）室内给水管道安装。室内给水管道的敷设有明装或暗装两种形式。

明装是指管道在建筑物内沿墙、梁、柱、地板等暴露敷设，特点是造价低、安装维修方便，但由于管道表面积灰，产生凝结水而影响环境卫生，也有碍室内美观。一般民用建筑和大部分生产车间内的给水管道均采用该方式。

暗装是将管道敷设在地下室的天花板下或吊顶中、管沟、管道井、管槽以及管廊内，特点是室内整洁、美观。但施工复杂，维修管理不便，工程造价高。标准较高的民用建筑和宾馆及工艺要求较高的生产车间一般采用暗装。暗装时应考虑管道及附件的安装、检修可能性，如吊顶留活动检修口，竖井留检修门。

给水管道的安装顺序应按引入管、水平干管、立管安装、水平支管安装，亦即按给水的水流方向安装。

1）引入管的敷设。室内给水管网供水应根据建筑物的供水安全要求设计成环状管网、枝状管网或贯通枝状管网。环状管网和枝状管网应有 2 条或 2 条以上引入管，或采用贮水池或增设第二水源。引入管应有不小于 3‰的坡度，坡向室外给水管网。每条引入管上应装设阀门和水表、止回阀。当生活和消防共用给水系统，且只有一条引入管时，应绕水表旁设旁通管，旁通管上设阀门。环状管网干管相互连通，双向供水，安全可靠，但管线长，造价高。枝状管网单向供水，供水可靠性差，但节省材料，造价低。一般建筑内部给水管网宜采用枝状布置。

2）水平干管安装。给水横干管宜敷设在地下室、技术层、吊顶内，宜设2‰～5‰的坡度，坡向泄水装置。

给水管与其他管道共架或同沟敷设时，给水管应敷设在排水管、冷冻水管上面或热水管、蒸汽管下面。为了便于安装和检修，管沟内的管道应尽可能单层布置，多层布置时，一般将管径较小、阀门较多的管道放在上层。给水引入管与排水排出管的水平净距不得小于1m。室内给水与排水管道平行敷设时，两管间的最小水平净距不得小于0.5m；交叉敷设时，垂直净距不得小于0.15m；若给水管必须铺在排水管的下面时，给水管应加设套管，其长度不得小于排水管径的3倍。给水管道穿过地下室外墙或构筑物墙壁时，应采用防水套管。

3）立管、支管安装。给水管道的布置不得妨碍生产操作、交通运输和建筑物的使用。给水立管可以敷设在管道井内。给水立管明装时宜布置在用水量大的卫生器具或设备附近的墙角、墙边或立柱旁。冷、热给水管上下并行安装时，热水管在冷水管上方；垂直并行安装时，热水管在冷水管左侧。给水立管和装有3个或3个以上配水点的支管始端，均应安装可拆卸的连接件。

(3）管道防护及水压试验。

1）管道防腐。为防止金属管道锈蚀，在敷设前应进行防腐处理。管道防腐包括表面清理和喷刷涂料。表面清理一般分为除油、除锈和酸洗三种。喷刷的涂料分为底漆和面漆两类，涂料一般采用喷、刷、浸、洗等方法附着在金属表面上。

埋地的钢管、铸铁管一般采用涂刷热沥青绝缘防腐，在安装过程中某些未经防腐的接头处也应在安装后进行以上防腐处理。

2）管道防冻、防结露。其方法是对管道进行绝热，由绝热层和保护层组成。常用的绝热层材料有聚氨酯、岩棉、毛毡等。保护层可以用玻璃丝布包扎，薄金属板铆接等方法进行保护。管道的防冻、防结露应在水压试验合格后进行。

3）水压试验。给水管道安装完成确认无误后，必须进行系统的水压试验。室内给水管道试验压力为工作压力的1.5倍，但是不得小于0.6MPa。

4）管道冲洗、消毒。生活给水系统管道试压合格后，应将管道系统内存水放空。各配水点与配水件连接后，在交付使用之前必须进行冲洗和消毒。冲洗方法应根据对管道的使用要求、管道内表面污染程度确定。冲洗顺序应先室外，后室内；先地下，后地上。室内部分的冲洗应按配水干管、配水管、配水支管的顺序进行。

管道冲洗宜用清洁水进行。冲洗前，应将不允许冲洗的设备和管道与冲洗系统隔离，应对系统的仪表采取保护措施。节流阀、止回阀阀芯和报警阀等应拆除，已安装的孔板、喷嘴、滤网等装置也应拆下保管好，待冲洗后及时复位。冲洗前，还应考虑管道支架、吊架的牢固程度，必要时还应该进行临时加固。

饮用水管道在使用前用每升水中含20～30mg游离氯的水灌满管道进行消毒，水在管道中停留24h以上。消毒完后再用饮用水冲洗，并经有关部门取样检验，符合《生活饮用水卫生标准》GB/T 5749—2006 的规定方可以使用。

（4）给水附件设置及安装。常用的给水附件有水表、阀门、止回阀、减压阀、倒流防止器等。

1）水表。住宅建筑应在配水管上和分户管上设置水表，安装螺翼式水表，表前与阀门应有 8～10 倍水表直径长度的直线管段，其他（旋翼式、容积活塞式等）水表的前后应有不小于 300mm 的直线管段。分户水表宜设在户门外，如设于管道井、分层集中设于走道的壁龛内、水箱间。当分户水表必须设置在户内时，表外壳距墙表面不得大于 30mm，表前后管段长度大于 300mm 时，其超出管段应煨弯沿墙敷设。直接由市政管网供水的独立消防给水系统的引入管，可以不装设水表。

2）阀门。生活给水管网中的引入管、水表前后和立管、环状管网分干管、枝状管网的连通管处应设置阀门；工业生产管道按照工艺设计要求，在生产设备配水管或配水支管处应设置阀门。

公称直径 $DN \leqslant 50$mm 宜采用闸阀或球阀，$DN > 50$mm 宜采用闸阀或蝶阀；在双向流动和经常启闭管段上，宜采用闸阀或蝶阀；不经常启闭而又需快速启闭的阀门，应采用快开阀。

止回阀通常安装在出水口的位置，无论是水泵前还是水泵后，或是水开关的控制阀前后，均可有效阻止水流回流；在管道特定位置安装止回阀，如管道转弯弯头或垂直方向落差较大的地方，以防止水锤对管道的影响及破坏。止回阀的安装方向应沿水流方向，逆止门一端与水管相连，另一端朝外。内部介质的流动方向应与止回阀上所标注的箭头方向一致。

减压阀设置在要求阀后降低水压的部分。减压阀有减动压、减静压之分。用于给水分区的减压阀和用于消防系统的减压阀应采用同时减静压和动压的品种，如比例式减压阀。比例式减压阀的设置应符合以下要求：减压阀宜设置两组，其中一组备用；减压阀前后装设阀门和压力表；阀前应装设过滤器；消防给水减压阀后应装设泄水龙头，定期排水；不得绕过减压阀设旁通管；阀前后宜装设可曲挠橡胶接头。

3）倒流防止器。也称防污隔断阀，是一种严格限定管道中的压力水只能单向流动的水力控制组合装置。一般适用于清水或物理、化学性质类似清水且不允许介质倒流的管道系统中。连接方式有螺纹连接和法兰连接。

安装技术要求：安装前应彻底冲洗所有管道；倒流防止器应安装在水平位置，方便调试和维修，并能及时发现水的泄放或故障的产生，安装后倒流防止器的阀体不应承受管道的重量，并注意避免冻坏和人为破坏；倒流防止器两端宜安装维修闸阀，进口前宜安装过滤器，至少一端应装有可挠性接头；泄水阀的排水口不应直接与排水管道固定连接，应通过漏水斗排放到地面上的排水沟，漏水斗下端面与地面距离不应小于 300mm。

4）软接头。软接头在管道中起防振、防噪作用，主要用于有振动、噪声较大或穿沉降缝的地方，其材质有橡胶、不锈钢等，不锈钢材质的软管叫金属软管。具体连接形式有螺纹连接、法兰连接、绑接等。安装要求耐压等级相符，管体不允许有损伤、变形。

（5）给水设施设置。建筑给水设备包括水泵、水箱、贮水池、气压给水装置等。

1）贮水池。当室外管网的供水能力不能满足室内给水系统的用水量时，应设贮水池。当室外管网供水能力足够，但是不允许水泵直接从外网抽水时，可设吸水井。贮水池可以设置在独立泵房的屋顶上，也可以在地面或地下露天设置，一般多布置在室内地下室。

贮水池一般由钢筋混凝土制成，也有采用各类钢板或玻璃钢制成。贮水池应设有进水管、出水管、通气管、溢流管、泄水管（有可能时），人孔（应加盖加锁）、爬梯和液位计。溢流管排水应有断流措施和防虫网。

贮水池的有效容积与室外供水能力、用户要求和建筑物性质、生活调节水量、消防贮备水量和生产事故时用水量有关。

2）水箱。水箱用于贮水和稳定水压。水箱按照功能不同分为生活水箱、膨胀水箱、凝结水箱、消防水箱、生产水箱等。水箱的形状有方形、矩形、球形等不同形式。水箱的材质通常有钢筋混凝土、碳钢板、热镀锌钢板、玻璃钢、搪瓷钢板、塑料、不锈钢等。由于钢筋混凝土生活水箱和钢板生活水箱容易污染、不卫生，所以有些地区已淘汰这两类水箱。

水箱的容积包括有效容积（生活调节容积、消防贮备水量、事故贮备水量）和无效容积（超高部分、出水管至箱底部分组成的容积）。水箱设置的高度应使最低水位的标高满足最不利配水点或消火栓的流出水头要求。若位置高度不能满足要求，可设气压供水设备。

水箱安装有整体水箱安装和组装水箱安装。整体水箱一般容量较小，而组装水箱可以组成容量较大的水箱，但组装水箱容易二次污染和漏水。水箱应有高低不同的两个通气管并设防虫网；水箱设内外爬梯；成品水箱一般有进水管、出水管、溢流管、排水管、通气管等预留口，方便连接；水箱溢流管和泄放管应设置在排水地点附近，但不得与排水管直接连接。

3）水泵。在建筑给水系统中一般采用离心泵。水泵设置要求如下：

给水系统无任何水量调节设施时，水泵应利用变频调速装置调节水压、水量，使其运行于高效段内；水泵的扬程应满足最不利处的配水点或消火栓所需的水压。系统有水箱时，水泵将水送至高位水箱，再由水箱送至管网，水泵的扬程应满足水箱进水所需水压和消火栓所需水压。

室外给水管网允许直接吸水时，水泵直接从室外管网吸水，此时吸水管上装阀门、止回阀和压力表，并应绕水泵设置装有阀门的旁通管。水泵吸水时，室外管网的压力不低于0.1MPa（从地面算起）。

每台水泵的出水管上应装设止回阀、阀门和压力表。并应设防水锤措施，如气囊式水锤消除器、缓闭止回阀等。建筑物内的水泵应设置减振措施。

水泵的工作方式有自灌式和抽吸式两种。一般宜采用自灌式，若设计成抽吸式，应加设引水装置，如底阀，水环式真空泵，水上式底阀和在吸水管上设置阀门等。

一般高层建筑、大型民用建筑物、居住小区和其他大型给水系统应设备用泵。备用泵的容量应与最大一台水泵相同。

4）气压给水设备。气压给水设备是一种集贮存、调节和压送水量功能于一体的设备。工作流程是将水源来水经水泵压入密闭压力罐至最高水位后，在压缩空气的作用下由密闭罐将水送至建筑物内各用水点。

气压给水设备有定压式、变压式、气水接触式和隔膜式等多种形式。在用户对水压没有特殊要求时，一般常采用变压式给水设备。用户要求水压稳定时，可在变压式给水设备的给水管上安装调压阀，调节阀后水压在要求范围内，使管网处于恒压下工作。

5）给水处理设备。给水处理设备主要是对原水进行过滤、杀菌、消毒、灭藻、除垢、净化等，使原水达到使用标准的装置。

①电子水处理器。也称电子除垢仪，以给水除垢为主，有杀菌、消毒、灭藻等功能。

②水质净化器。简称净水器，是集混合、反应、沉淀、过滤于一体的一元化设备。适用于混合废水的治理、给水净化、自来水供给等。

③水箱自洁器。其用于水箱的灭菌消毒。针对水箱及水池普遍存在的菌藻滋生、水质二次污染严重等问题，采用微电解物理消毒法，可使不流动的水不易被细菌污染，流动的水能长期防止被细菌污染。具有机电一体化设计、纯物理法处理、无须添加化学药剂、使用方便、维护简单等诸多优点。

④紫外线杀菌设备。用于管道内的灭菌消毒。紫外线消毒设备是利用高强度的紫外线杀菌灯照射，破坏细菌和病毒的DNA等内部结构，从而达到杀灭水中病原微生物的消毒装置。

该设备不改变水质、物理特性、化学特性，因此在二次供水、食品生产、饮用水、给排水、化工、泳池等很多行业应用范围广泛。其体积小、重量轻、耗电少、寿命长、成本低，与其他杀菌方法相比具有显著的优越性。

（二）排水系统

1. 排水系统分类

根据所接纳的污废水类型不同，可分为生活污水管道系统、工业废水管道系统和屋面雨水管道系统三类。

（1）生活污水管道系统是收集排除居住建筑、公共建筑及工厂生活间生活污水的管道，可分为粪便污水管道系统和生活废水管道系统。

（2）工业废水管道系统是收集排除生产过程中所排出的污废水，污废水按污染程度分为生产污水排水系统和生产废水排水系统。由于工业生产门类多种多样，污水、废水的性质也极为复杂，生产污水仅受到轻度污染，如循环冷却水等；生产废水受到的污染程度较严重，一般需要经过处理后才能排放。

（3）屋面雨水管道系统是将屋面的雨、雪水迅速排出的系统。分为有组织排水和无组织排水，无组织排水一般无管道，有组织排水是将雨水集中至檐沟或天沟内，再经落水口、落水斗、落水管排至地面排水系统。根据落水管位置分为室内排水和室外排水。

2. 室外排水系统组成

（1）建筑排水体制。建筑排水体制分合流制和分流制。采用何种方式，应根据污废水性质、污染情况、结合室外排水系统的设置、综合利用及水处理要求等确定。住宅小区及厂区的室外排水系统应根据城镇排水体制、环境要求等因素综合考虑，确定采取合流制或分流制。当小区或小区附近有合适的雨水排放水体，小区有独立的排水体系或城镇排水系统为分流制的情况下，宜采用分流制排水系统；当居住小区的排水需进行中水回用时，应设分质、分流排水系统。

（2）室外排水系统组成。室外排水系统由排水管道、检查井、跌水井、雨水口和污水处理厂等组成。

室外排水管道应采用混凝土管、钢筋混凝土管、排水铸铁管及塑料管；穿越管沟、过河等特殊地段或承压的地段可采用钢管或铸铁管；输送腐蚀性污水的管道必须采用耐腐蚀性的管材，其接口及附属构筑物也必须采取防腐措施。排水管道与建筑物内排除管连接处、管道交汇处、转弯、跌水、管径或坡度改变处，以及直线管段上每隔一定距离处应设检查井。直线管段检查井最大距离见表5.1.4。

表5.1.4　直线管段检查井最大距离

管径/mm	最大间距/m	
	污水管道	雨水管和合流管道
150	20	—
200～300	30	30
400	30	40
≥500	—	50

3. 室内排水系统组成

室内排水系统的基本要求是迅速通畅地排除建筑内部的污废水，保证排水系统在气压波动下不致使水封破坏。其组成包括以下几部分：

(1) 排水管道系统，由排水横支管、排水立管、埋地干管和排出管组成。排水横支管将卫生器具或其他设备汇集的污水排到立管；排水立管是连接各排水支管的垂直总管；埋地干管连接各排水立管；排出管将室内污水排到室外第一个检查井。

(2) 通气管道系统，其作用是使室内排水管与大气相通，减少排水管内空气的压力波动，保护存水弯的水封不被破坏。常用的形式有器具通气管、环形通气管、安全通气管、专用通气管、结合通气管等。

(3) 卫生器具或生产设备受水器，是排水系统的起点。

(4) 存水弯，是连接在卫生器具与排水支管之间的管件，防止排水管内腐臭、有害气体、虫类等通过排水管进入室内。如果卫生器具本身有存水弯，则不再安装。

(5) 清通设备，是疏通排水管道的设备。包括检查口、清扫口和室内检查井。

4. 室内排水管道管材选用与连接形式

(1) 铸铁排水管。与其他金属管材和塑料管材相比，铸铁排水管材具有的优点有：强度高、耐腐蚀、噪声低、寿命长、阻燃防火、无二次污染、可再生循环利用等。铸铁排水管材优良的耐腐蚀和强度特性，使其使用寿命远大于钢管和塑料管材。铸铁材质本身不含化学毒素，不会对污、废水产生二次污染，并且当建筑或排水管道报废拆除时，铸铁排水管材可100%回收再生，循环使用。

从接口形式上，铸铁排水管材可以分为刚性接口和柔性接口两大类。

1) 刚性接口。刚性接口排水管缺乏承受径向曲挠、伸缩变形能力和抗震能力，使用过程受到建筑变形、热胀冷缩、地质震动等外力作用时，易产生管体破裂，造成渗漏事故，因而被逐渐淘汰，仅在一些低矮建筑或特殊场合使用。

2) 柔性接口。柔性接口排水管具有较强的抗曲挠、伸缩变形能力和抗震能力，具有广泛的适用性。从接口的连接方式上，柔性接口铸铁排水管材又可分为A型柔性法兰接口、W型无承口（管箍式）柔性接口。

A型柔性法兰接口排水铸铁管采用法兰压盖连接，橡胶圈密封，螺栓紧固。具有曲挠性、伸缩性、密封性及抗震性等性能，施工方便，广泛用于高层及超高层建筑及地震区的室内排水管道。

W型无承口（管箍式）柔性接口铸铁管采用橡胶圈不锈钢带连接，便于安装和检修，安装时立管距墙尺寸小、接头轻巧、外形美观。长度可以在现场按需套裁节省管材、拆装方便、便于维修更换等优点。

在实际安装工程中，A型和W型两种管材搭配使用效果较好。一般排水横干管、首层出户管宜采用A型管，排水立管及排水支管宜采用W型管。这样搭配使用的好处是：A型管由于法兰压盖连接的机械性能较好，在做排水横干管时，可以保证使用寿命和使用功能。同时，由于自身良好的机械强度，特别适用于高层排水出户横管，可以承受上层来水的冲击力。

（2）塑料排水管（UPVC）。UPVC排水管物化性能优良，耐化学腐蚀，抗冲强度高，流体阻力小，较同口径铸铁管流量提高30%；耐老化，使用寿命长，使用年限不低于50年；质轻耐用，安装方便，相对于相同规格的铸铁管，可大幅降低施工费用。

塑料管道熔点低、耐热性差，高层建筑中明设排水塑料管道应按设计要求设置阻火圈或防火套管。阻火圈由金属材料制作外壳，内填充阻燃膨胀芯材，套在硬聚氯乙烯管道外壁，固定在楼板或墙体部位，火灾发生时芯材受热迅速膨胀，挤压UPVC管道，在较短时间内封堵管道穿洞口，阻止火势沿洞口蔓延。

UPVC排水管由于受温度影响大，膨胀系数大，每层立管及较长的横管上均要求设置伸缩节。如设计无要求时，伸缩节间距不得大于4m。在与其他管道平行敷设时，塑料管靠边，当交叉敷设时，塑料管在下且应错开，并考虑加金属套管防护。

敷设在高层建筑室内的塑料排水管道管径大于或等于110mm时，应在下列位置设置阻火圈：①明敷立管穿越楼层的贯穿部位；②横管穿越防火分区的隔墙和防火墙的两侧；③横管穿越管道井井壁或管窿围护墙体的贯穿部位外侧。

（3）钢管。由成组洗脸盆或饮用水喷水器到共用水封之间的排水管和连接卫生器具的排水短管，可使用镀锌钢管或焊接钢管。

5. 室内排水管道安装

室内排水管道一般按排出管、立管、通气管、支管和卫生器具的顺序安装。也可以随土建施工的顺序进行排水管道的分层安装。

隐蔽或埋地的排水管道在隐蔽前必须做灌水试验，其灌水高度不应低于底层卫生器具的上边缘或底层地面的高度。排水主立管及水平干管管道均应做通球试验，通球球径不小于排水管道管径的2/3，通球率必须达到100%。

（1）排出管安装。排出管一般铺设在地下室或地下。排出管穿过地下室外墙或地下构筑物的墙壁时应设置防水套管；穿过承重墙或基础处应预留孔洞，并做好防水处理。

排出管与室外排水管连接处设置检查井。一般检查井中心至建筑物外墙的距离不小于3m，不大于10m。

（2）排水立管安装。排水立管通常沿卫生间墙角敷设，不宜设置在与卧室相邻的内墙，宜靠近外墙。排水立管在垂直方向转弯时，应采用乙字弯或两个45°弯头连接。立管穿楼板时，应预留孔洞。立管上应用管卡固定，管卡间距不得大于3m，承插管一般每个接头处均应设置管卡。

（3）排水横支管安装。有隔层排水和同层排水之分。

1）隔层排水。一层的排水横支管敷设在地下或地下室的顶棚下，其他层的排水横支管在下一层的顶棚下明设，有特殊要求时也可以暗设。

2）同层排水。其主要特征就是排水横支管无须穿越楼板，卫生器具与其排水支管系统共同存在于同一楼层里。同层排水安装方式分地排和墙排。地排式通常采用大降板结构（卫生间楼板或局部楼板下沉），把所有排水横支管全部敷设在降板的回填内；墙排式的排水支管敷设在墙内，卫生器具采用后出水、壁挂式安装，地漏的排水支管仍然在地面回填层内，洁具与地面之间要有间隙，方便卫生打扫；坐便器冲水水箱可以进入隔墙，从而可以减少建筑面积的占用。

排水管道的横支管与立管连接宜采用45°斜三通或45°斜四通、顺水三通或顺水四通。卫生器具排水管与排水横支管连接时，宜采用90°斜三通。

排水管道的横支管与立管连接宜采用45°斜三通或45°斜四通和顺水三通或顺水四通。卫生器具排水管与排水横支管连接时，宜采用90°斜三通。

（4）通气管安装。排水通气管不得与风道或烟道连接，且应符合下列规定：

1）伸顶通气管。伸顶通气管应高出屋面300mm，但必须大于最大积雪厚度。在通气管出口4m以内有门窗时，通气管应高出门窗顶600mm或引向无门窗一侧。在经常有人停留的平屋面上，通气管应高出屋面2m，并根据防雷要求考虑设置防雷装置。

2）辅助通气系统。对卫生要求较高的排水系统宜设置器具通气管，器具通气管设在存水弯出口端。连接4个及以上卫生器具并与立管的距离大于12m的污水横支管、连接6个及以上大便器的污水横支管应设环形通气管。

专用通气立管只用于通气，专用通气立管应每隔2层、主通气立管应每隔8～10层与排水立管连接。

（5）清通设备。主要包括检查口、清扫口和检查井。

1）检查口和清扫口。检查口为可双向清通的管道维修口，清扫口仅可单向清通。在生活污水管道上设置的检查口和清扫口，当设计无要求时应符合规定：在立管上应每隔一层设置一个检查口，但在最低层和有卫生器具的最高层必须设置。如为两层建筑时，可仅在底层设置立管检查口；如有乙字弯管时，则在该层乙字弯管的上部设置检查口。检查口中心高度距操作地面一般为1m，检查口朝向应便于检修。暗装立管在检查口处应安装检修门。

在连接2个及2个以上的大便器或3个及3个以上的卫生器具的污水横管上应设清扫口。当污水管在楼板下悬吊敷设时，可将清扫口设在上一层楼地面，与地面相平。

在转角小于135°的污水横管上应设置检查口或清扫口。

2）检查井。不散发有害气体或大量蒸汽的工业废水的排水管道可以在建筑物内设置检查井，可以在管道转弯和连接支管处、管道的管径、坡度改变处、直线管段上隔一定的距离处设置。生活污水排水管道不得在建筑物内设检查井。

（6）地漏。地漏用于排除卫生间、淋浴室、厨房等室内的地面积水。地漏应具备排水快、防臭气、防堵塞、防蟑螂、防病毒、防返水、防干涸、易清理等特性。地漏形式有钟罩式、筒式、浮球式等。

由于地漏埋在楼地面以下，且要求密封好，所以不能经常更换，因此选择适当的材质非常重要。地漏与排水管直连并且开口在室内地面上，故应优先采用防臭地漏。地漏应设置在易溅水的洗涤盆、洗脸盆、拖布池、小便器（槽）卫生器具附近的地面。地漏安装应修整排水预留孔，使其与地漏完全吻合。

（7）卫生器具。主要包括大便器、小便器、洗脸（手）盆、浴盆、妇用卫生盆、化验盆、洗涤盆、室内污水盆以及淋浴器、淋浴房、便槽喷淋管等。卫生器具一般常用的有陶瓷、搪瓷、塑料、玻璃钢、水磨石、人造大理石等制品。

卫生器具的安装应采用预埋螺栓或膨胀螺栓安装固定，也可采用粘接固定。安装卫生器具具有其共同的要求：平、稳、牢、准、不漏、使用方便、性能良好。小便槽冲洗管应采用镀锌钢管或硬质塑料管，冲洗孔应斜向下方安装，镀锌钢管钻孔后应进行二次镀锌。

卫生器具交工前应做满水和通水试验。满水后各连接件不渗不漏，通水试验给排水畅通为合格。

卫生器具安装高度若设计无要求时，应符合表 5.1.5 的规定。

表 5.1.5 卫生器具的安装高度

项次	卫生器具名称		卫生器具安装高度/mm		备注
			住宅或公建	幼儿园	
1	污水盆（池）	架空式	800	800	—
		落地式	500	500	
2	洗涤盆（池）	—	800	800	自地面至器具上边缘
3	洗脸盆、洗手盆		800	500	
4	盥洗槽		800	500	
5	浴盆		≤520	—	
6	蹲式大便器	低水箱	900	900	自台阶面至低水箱底
7	坐式大便器	低水箱	510	370	自地面至低水箱底
8	小便器	挂式	600	450	自地面至下边缘
9	小便槽		200	150	自地面至台阶面
10	大便槽冲洗水箱		≥2 000	—	自台阶面至水箱底
11	妇用卫生盆		360	—	自地面至器具上边缘
12	化验盆		800	—	自地面至器具上边缘

6. 屋面雨水排放系统

屋面雨水排放系统的任务是汇集和排除降落在建筑物屋面的雨水和冰雪融化水，避免屋面积水造成渗漏。雨水排放系统由受水器（雨水斗）、集水管、悬吊管、立管及排出管、配套管件和固定件组成。按排水管道走向划分，有室内雨水排放系统、室外雨水排放系统。室内雨水排放系统即屋面雨水经雨水斗，从沿室内墙面或结构柱敷设的管道排出的系统；室外雨水排放系统即屋面雨水经雨水斗，从沿外墙敷设的管道排出的系统。按排放方式可分为重力雨水排放系统和虹吸式雨水排水系统。

（1）重力雨水排放系统（传统的雨水排水系统）是将天然降水直接靠水的自身重力排到地面，再由地面排到附近河流、水库等。

(2) 虹吸式雨水排水系统是利用雨水斗至排出管之间的有效位差为动力，使系统内部产生负压的屋面排水系统。虹吸式雨水斗按使用功能分为带集水槽型雨水斗、无集水槽型雨水斗和防冻型雨水斗。虹吸式雨水斗由防叶罩、防涡流装置、斗体等主要部件组成。虹吸式雨水斗应设置在每个汇水区域屋面或天沟的最低点，每个汇水区域的雨水斗数量不宜少于 2 个，2 个雨水斗之间间距不宜大于 20m。虹吸式雨水排水系统具有用材省、排水快、水平管道不需设坡度、安装空间小等特点，特别适用于公共建筑或工业建筑的大型屋面。

对不同高度的屋面、不同结构形式的屋面汇集的雨水，宜采用独立的系统单独排出；虹吸式屋面雨水排水系统管道最小管径不应小于 $DN40$。汇水面积大于 5 000m^2 的大型屋面，宜设置不少于 2 组独立的虹吸式屋面雨水排水系统。

屋面雨水排放系统的管道布置要求：雨水管道不得与生活污水管道相连接，悬吊式雨水管道的敷设坡度不得小于 5‰。雨水管道宜使用塑料管、铸铁管、镀锌和非镀锌钢管或混凝土管等，悬吊式雨水管道应选用钢管、铸铁管或塑料管，易受振动的雨水管道（如锻造车间等）应使用钢管。

（三）热水供应系统

1. 热水供应系统的组成

(1) 热源供应设备。主要是锅炉，当有条件时也可以利用工业余热、废热、地热和太阳能为热源。

(2) 换热设备和热水贮存设备。换热设备常指加热水箱和换热器，用蒸汽或高温水把冷水加热成热水。热水贮存设备用于贮存热水，有热水箱和热水罐。

(3) 管道系统。分为冷水供应和热水供应管道系统。管道系统除管道外，还在管道上安装有阀门、补偿器、排气阀、泄水装置等附件。

(4) 其他设备。在全循环、半循环热水供应系统中，循环管道上安装有循环水泵。为控制水温，在换热设备的进热媒管道上安装温度自控装置，在蒸汽管道末端安装疏水阀。

2. 热水供应系统分类

热水供应系统分类、特点及适用范围见表 5.1.6。

表 5.1.6　热水供应系统分类、特点及适用范围

分类	形式	特点	适用范围
按供水范围	局部供应	采用各种小型加热器（如电加热器、小型家用燃气热水器、太阳能热水器）等在用水场所或附近就近加热	供局部范围内的用水点使用
	集中供应	在锅炉房、热交换站等处将水集中加热，通过热水供应管网输送至整栋或更多建筑	适用于热水用量较大、用水点比较集中的建筑，如旅馆、公共浴室、医院、体育馆、游泳池及规模较小的住宅小区
	区域供应	水在热电厂或区域性锅炉房或区域热交换站加热，通过室外热水管网将热水输送至城市街坊、住宅小区各建筑中	适用于热水供应的建筑多且较集中的城镇住宅区、大型工业企业办公和生产区

续表 5.1.6

分类	形式	特点	适用范围
按热水管网循环方式	无循环	热水供应系统中只有从加热器流出的热水流经热水管道至用水器具；热水供应管路不循环，热水不能返回加热器内	适用于定点、定量且用水较集中的用水点。如定时开放的工厂、学校等场所的公共浴室
	全循环	热水供应系统中干管、立管和分支管均设有相应的热水回水管，管网内任意一点的水温保持在设计温度内	适用于旅馆、医院、饭店等建筑
	半循环	在热水干管设有相应的热水回水管，保证干管的设计水温	适用于支管、分支管较短、对水温要求不严且用水较集中的建筑
按热水管网运行方式	全日循环热水供应系统	循环水泵全天运行，使设计管段的水温在全天任何时刻都保持不低于设计温度	适用于旅馆、饭店等建筑
	定时循环热水供应系统	一般在集中使用热水之前，开启循环水泵，将回水管道中已经冷却的水进行循环加热，当供水管道中的热水达到设计温度后再开始使用的循环方式	适用于定点、定量且用水较集中的用水点。如定时开放的工厂、学校等场所的公共浴室
按热水管网循环动力	自然循环	利用热水管网中配水管和回水管内的温度差所形成的重力压头进行自然循环，使管网内维持一定的循环流量	一般只适用于系统小、管路简单、水平干管短的系统
	机械循环	利用水泵进行热水循环，保证热水系统正常循环。水泵的作用压头可以根据需要选择	广泛用于一般公共建筑
按热水供应系统开闭式	闭式系统	在所有配水点关闭后，整个供应系统与大气隔绝，形成密闭系统。为保证系统安全必须设置安全阀或膨胀罐	水质不宜受到外界污染，适用于对水质要求高的用水点
	开式系统	因设有高位水箱或开式膨胀水箱，在所有配水点关闭后系统内的水仍与大气相通，不会因水温升高引起水压升高，故不必设置安全阀	广泛用于一般公共建筑

3. 热水供应管道及附件

（1）管道。热水管网应采用耐压管材及管件，一般可采用热浸镀锌钢管或塑钢管、铝塑管、聚丁烯管、聚丙烯管、交联聚乙烯管等。宾馆、高级公寓和办公楼等宜采用铜管和铜管件。

（2）附件。

1）水表。设在水加热器的冷水进水干管上，用于计量系统热水总用量；用于计量分户用水或个别供水点用水量的水表，一般布置在配水支管上。

2）阀门。在热水供应系统中主干管、配水立管、接出超过 5 个配水点支管、加热设备、贮水器、自动温度调节器、疏水器、循环水泵等进、出水管应装设阀门。

3）管道热伸长补偿器。用管道敷设形成的 L 型和 Z 字弯曲管段来补偿管道的温度变形。当室内热水供应管道长度超过 40m 时，一般应设补偿器。

4）排气和泄水装置。在上行横干管最高处或干管向上抬高管段最高处设自动排气阀，以利于排气。泄水装置设于管网最低处或向下凹的管段以利于泄空管网中的存水。

5）疏水器。靠近凝结水管末端处或蒸汽管水平下凹敷设的下部设置，排除凝结水。

6）膨胀水罐与膨胀管。在闭式集中热水供应系统中设膨胀水罐、膨胀管，用于补偿贮热设备及管网中水温升高后水体积的膨胀量。

7）观测和调节装置：为便于观测水加热器、贮水器和冷热水混合器中水温，应装设温度计。对有压的设备，如闭式水加热器、贮水罐、锅炉、分水缸、分汽缸上应装设压力表。

（3）保温。热水供应系统中的加热器、贮水器、热水箱及配水干管、回水管等应进行保温。常用的保温材料有超细玻璃棉、玻璃棉、膨胀珍珠岩、石棉、岩棉、聚氨酯现场发泡、矿渣棉等。

二、采暖工程

所有的采暖系统都由热源（热媒制备）、热网（热媒输送）和散热设备（热媒利用）三个主要部分组成。目前应用最广泛的热源是锅炉房和热电厂，此外也可以利用核能、地热、太阳能、电能、工业余热作为采暖系统的热源；热网是由热源向热用户输送和分配供热介质的管道系统；散热设备是将热量传至所需空间的设备。

（一）热源

1. 热媒的选择

采暖系统常用热媒是水、蒸汽和空气。热媒的选择应根据安全、卫生、经济、建筑物性质和地区供暖条件等因素综合考虑。采暖系统热媒的选择见表 5.1.7。

表 5.1.7　采暖系统热媒的选择

建筑种类		适宜采用	允许采用
民用及公共建筑	住宅、医院、幼儿园	不超过 95℃的热水	—
	办公楼、学校、展览馆等	1. 不超过 95℃的热水； 2. 低压蒸汽	—
	车站、食堂、商业建筑等	不超过 110℃的热水	低压蒸汽
	一般俱乐部、影剧院等	1. 不超过 110℃的热水； 2. 低压蒸汽	不超过 130℃的热水

续表 5.1.7

建筑种类		适宜采用	允许采用
工业建筑	不散发粉尘或散发非燃烧性和非爆炸粉尘的生产车间	1. 低压蒸汽或高压蒸汽； 2. 不超过 110℃的热水； 3. 热风	不超过 130℃的热水
	散发非燃烧和非爆炸性有机无毒升华粉尘的生产车间	1. 低压蒸汽； 2. 不超过 110℃的热水； 3. 热风	不超过 130℃的热水
	散发非燃烧性和非爆炸性的易升华有毒粉尘、气体及蒸汽的生产车间	按相关管理部门规定执行	—
	散发燃烧性或爆炸性有毒气体、蒸汽及粉尘的生产车间	按相关管理部门规定执行	—
	任何容积的辅助建筑	服从主体建筑的热源	—
	厂区内设在单独建筑中的门诊所、药房、托儿所及保健站等	不超过 95℃的热水	

用热水作为采暖系统的热媒，其优点是室温比较稳定，卫生条件好，可以在锅炉房内集中调节水温，便于根据室外温度变化调节散热器的散热量；系统使用寿命长，一般可以使用 25 年。其主要缺点是采用低温热水为热媒时，管材和散热器耗量较多，初投资大；当建筑物高时系统静水压力大，散热器易发生超压现象；水的热惰性大，采暖房间升温降温都慢；系统停止运行时，如水放得不净，容易发生冻裂事故。

2. 供热设备

（1）供热锅炉。供热锅炉是最常见的为采暖及生活提供蒸汽或热水的设备。锅炉设备包括锅炉本体及辅助设备两部分。锅炉的介绍详见本书第四章第二节。

（2）地源热泵。

地源热泵系统可利用浅层地热能资源（即蕴藏在浅层岩土体、地下水或地表水中的热能资源）进行供热与空气调节，具有良好的节能与环境效益，在国内得到广泛应用。根据地热能交换系统形式的不同，地源热泵系统可分为地埋管地源热泵系统、地表水地源热泵系统及地下水地源热泵系统。

1）地埋管地源热泵系统。传热介质通过水平或竖直埋于地下的密闭循环管与岩土体进行热交换的热地能交换系统，又称土壤热交换系统。

①水平式地源热泵。通过水平埋置于地表面 2～4m 以下的闭合换热系统与土壤进行冷热交换。此种系统适用于制冷供暖面积较小的建筑物，如别墅和小型单体楼。该系统初投资和施工难度相对较小，但占地面积较大。

②垂直式地源热泵。通过垂直钻孔将闭合换热系统埋置在 50～400m 深的岩土体与土

壤进行冷热交换。此种系统适合于制冷供暖面积较大的建筑物，周围有一定的空地，如别墅和写字楼等。该系统初投资较高，施工难度相对较大，但占地面积较小。

2）地表水地源热泵系统。通过布置在水底的闭合换热系统与江河、湖泊、海水等进行冷热交换。此种系统适合于中小制冷供暖面积，临近水边的建筑物，利用池水或湖水下稳定的温度和显著的散热性，不需钻井挖沟，初投资最小，但需要建筑物周围有较深、较大的河流或水域。

3）地下水地源热泵系统。地源热泵机组通过机组内闭式循环系统经过换热器与由水泵抽取的深层地下水进行冷热交换，地下水排回或通过加压式泵注入地下水层中。地下水换热系统必须采取可靠回灌措施，确保置换冷量或热量后的地下水全部回灌到同一含水层，同层回灌可避免污染含水层和维持同一含水层储量，保护地热能资源。此种系统适合建筑面积大，周围空地面积有限的大型单体建筑和小型建筑群落。

（二）热网的组成和分类

热网包括管道系统和安装在其上的附件。主要附件有管件、阀门、补偿器、支座和部件（放气、放水、疏水、除污等）等。

（1）按布置形式划分：枝状管网、环状管网、辐射状管网。

1）枝状管网：呈树枝状布置的管网，是热水管网最普遍采用的形式。布置简单，基建投资少，运行管理方便。

2）环状管网：干线一般构成环形的管网。当输配干线某处出现事故时，可以断开故障段后，通过环状管网由另一方向保证供热。环状管网投资大，运行管理复杂，管网要有较高的自动控制措施。

3）辐射状管网：从热源源头的集配器上引出多根管道将介质送往各管网。管网控制方便，可实现分片供热，但投资和材料耗量大，比较适用于面积较小、厂房密集的小型工厂。

（2）按介质的流动顺序划分：一级管网、二级管网。

1）一级管网：由热源至换热站的管道系统。

2）二级管网：由换热站至热用户的管道系统。

（3）按热网与采暖用户的连接方式划分：直接连接、间接连接。

1）直接连接：用户系统直接连接于热网上，热网供水（蒸汽）直接进入热用户的散热器，放热后返回热网回水管。当热网为高温水供热且网路供水温度超过用户要求的供水温度时，可采用装设喷射器或装设混合水泵连接。

2）间接连接：在换热站或热用户处设置换热器，用户系统与热水（蒸汽）网路被换热器隔离，形成两个独立的系统，用户与网路之间的水力工况互不影响。

（三）室内采暖系统的组成和分类

1. 采暖系统的组成

室内采暖系统（以热水采暖系统为例），一般由主立管、水平干管、支立管、散热器横支管、散热器、排气装置、阀门等组成。热水由入口经主立管、供水干管、各支立管、散热器供水支管进入散热器，放出热量后经散热器回水支管、立管、回水干管流出系统。排气装置用于排除系统内的空气，阀门起调节和启闭作用。

2. 采暖系统的分类

（1）按热媒种类分类：热水采暖系统、蒸汽采暖系统、热风采暖系统。

1）热水采暖系统：热媒为热水，利用水的显热来输送热。按热水参数分为：低温热水采暖系统（水温低于100℃）、高温热水采暖系统（水温高于100℃）。室内热水采暖系统，大多数采用低温水作为热媒，高温水采暖系统一般宜在生产厂房中采用。

2）蒸汽采暖系统：热媒为蒸汽，利用水的潜热来输送热。按蒸汽压力分为：低压蒸汽采暖系统（蒸汽压力≤70kPa）、高压蒸汽采暖系统（蒸汽压力＞70kPa）和真空蒸汽采暖系统（蒸汽压力低于大气压力）。

3）热风采暖系统：热媒为空气，利用热风炉输出热风直接送入供暖点及空间。根据送风加热装置的设置不同，分为集中送风系统、暖风机采暖系统、热风幕系统和热泵采暖系统。

（2）按循环动力分类：重力循环系统、机械循环系统。

1）重力循环系统：靠热媒本身温差所产生的密度差而进行循环；

2）机械循环系统：靠水泵（热风系统依靠风机）所产生的压力作用来进行循环。

（3）按供暖范围分类：局部采暖系统、集中采暖系统、区域采暖系统。

1）局部采暖系统：热源、热网及散热设备三个主要组成部分在一起的供暖系统，称为局部供暖系统。以煤火炉、户用燃气炉、电加热器等作为热源，作用于分散平房或独立别墅（独立小楼）的采暖系统。

2）集中采暖系统：热源和散热设备分开设置，由管网将它们之间连接。以锅炉房为热源，作用于一栋或几栋建筑物的采暖系统。

3）区域供暖系统：以热电厂、热力站或大型锅炉房为热源，作用于群楼、住宅小区等大面积供暖的采暖系统。

（4）按管道连接方式分类：

1）按并联环路水的流程分类：同程式系统、异程式系统。

同程式系统：各环路总长度基本相等的系统为同程式系统。

异程式系统：各环路总长度不相等的系统为异程式系统。

2）按连接散热器的立管数量分类：单管系统、双管系统。

单管系统：用一根立管将多组散热器依次串联起来的系统，热水顺序流过多组散热器并在其中冷却，然后流回热网或锅炉。

双管系统：用两根立管将多组散热器相互并联起来的系统，热水平行地分配给全部散热器，并从每组散热器冷却后直接流回热网或锅炉。

3）按与散热器连接方式分类：热水采暖系统可分为垂直式采暖系统、水平式采暖系统。

垂直式采暖系统：不同楼层的各组散热器用垂直立管连接的系统，一根立管可以在一侧或两侧连接散热器。

水平式采暖系统：同一楼层的散热器用水平管线连接的系统，便于分层控制和调节。

4）按供水和回水方式分类：上供下回式、上供上回式、下供下回式、下供上回式和中供式系统。

（5）辐射采暖系统：辐射采暖是利用建筑物内的屋顶面、地面、墙面或其他表面的辐射散热器设备散出的热量来达到房间或局部工作点采暖要求的采暖方法。

民用建筑中常用的辐射采暖形式为低温热水地板辐射采暖系统，它以温度不高于60℃的热水为热媒，通过地面以辐射和对流的传热方式向室内供暖。主要由调节阀、过滤器、热表、集水器、分水器、排气阀、加热管等组成。加热管可采用铝塑复合管等热塑性管材，分水器、集水器（含连接件等）的材料宜为铜质。

（四）常见采暖系统形式和特点

常见采暖系统形式和特点见表5.1.8。

表5.1.8　常见采暖系统形式和特点

热媒	采暖系统形式	特点
热水采暖系统	重力循环单管上供下回式	1. 系统简单，管材和阀门用量少，造价低；升温慢，不消耗电能； 2. 环路少，压力易平衡，水力稳定性好； 3. 可缩小锅炉中心与散热器中心距离； 4. 各组散热器无法单独调节
	重力循环双管上供下回式	1. 系统简单、作用压力小、升温慢、不消耗电能； 2. 各组散热器均为并联，可单独调节； 3. 易产生垂直失调，出现上层过热、下层过冷现象
	机械循环双管上供下回式	1. 最常用的双管系统做法，适用于多层建筑采暖系统； 2. 排气方便；室温可调节； 3. 易产生垂直失调，出现上层过热、下层过冷现象
	机械循环双管下供下回式	1. 缓和了上供下回式系统的垂直失调现象； 2. 安装供回水干管需设置地沟； 3. 室内无供水干管，顶层房间美观； 4. 排气不便
	机械循环双管中供式	1. 可解决一般供水干管挡窗问题； 2. 解决垂直失调比上供下回有利； 3. 对楼层扩建有利； 4. 排气不便
	机械循环单-双管式	1. 能缓解单管式系统的垂直失调现象； 2. 各组散热器可单独调节； 3. 适用于高层建筑采暖系统
	机械循环水平串联单管式	1. 构造简单，经济性最好，当前使用较多的系统之一； 2. 环路少，压力易平衡，水力稳定性好； 3. 常因水平串管伸缩补偿不佳而产生漏水现象

续表 5.1.8

热媒	采暖系统形式	特点
蒸汽采暖系统	重力回水低压蒸汽采暖系统	1. 宜在小型采暖系统中采用； 2. 当供暖系统作用半径较大时，要采用较高的蒸汽压力才能将蒸汽输送到最远散热器； 3. 当蒸汽压力较高时，凝水管里水面高度能达到甚至超过底层散热器的高度，底层散热器就会充满凝水并积聚空气，蒸汽无法进入，从而影响散热
	机械回水低压蒸汽采暖系统	1. 供汽压力小于 0.07MPa； 2. 凝结水依靠水泵的动力送回热源重新加热
	开式高压蒸汽采暖系统：一般采用双管的上供下回式布置	高压蒸汽与低压蒸汽相比，有下列特点： 1. 供汽压力高，流速大，系统作用半径大，但沿程管道热损失也大。对于同样的热负荷，所需管径小；但如果沿程凝结水排除不畅时，会产生严重水击； 2. 散热器内蒸汽压力高，表面温度也高，对于同样的热负荷，所需散热面积少；但易烫伤人和烧焦落在散热器上的有机尘，卫生和安全条件差； 3. 凝结水温度高，容易产生二次蒸汽
	设置二次蒸发箱的高压蒸汽采暖系统： 当回水生成二次汽量较大时，可设计成“二次蒸汽”再利用的系统	
热风采暖系统	利用热风炉输出热风进行采暖的系统	1. 适用于耗热量大的建筑物，间歇使用的房间和有防火防爆要求的车间； 2. 具有热惰性小、升温快、设备简单、投资省等优点。具有节能、舒适性强、能实现“按户计量、分室调温”、不占用室内空间等特点。采暖管辐射形式：平行排管、蛇形排管、蛇形盘管
低温热水地板辐射采暖系统	采暖管辐射形式：平行排管、蛇形排管、蛇形盘管	具有节能、舒适性强、能实现“按户计量、分室调温”、不占用室内空间等特点
分户热计量采暖系统	分户水平单管系统：顺流式、同侧接管跨越式、异侧接管跨越式	1. 水平支路长度限于一个住户之内，能够分户计量和调节供热量； 2. 可分室改变供热量，满足不同的温度要求
	分户水平双管系统：上供下回式、上供上回式和下供下回式； 系统布置：同程式、异程式	一个住户内的各组散热器并联，可实现分房间温度控制

续表 5.1.8

热媒	采暖系统形式	特点
分户热计量采暖系统	分户水平单双管系统：单双管混合布置	兼有上述分户水平单管和双管系统的优缺点；可用于面积较大的户型以及跃层式建筑
	分户水平放射式系统（又称章鱼式）：每户入口设置小型分集水器，各组散热器并联；从分水器引出的散热器支管呈辐射状埋地敷设至各组散热器	适用于多层住宅多个用户的分户热计量系统

（五）采暖系统的主要设备和部件

1. 水泵

常用的水泵有循环水泵、补水泵、混水泵、凝结水泵、中继泵等。

（1）循环水泵。循环水泵提供的扬程不应小于设计流量条件下热源、热网、最不利用户环路压力损失之和。

（2）补水泵。为保持系统内合理压力，向系统内补水的水泵。

（3）混水泵。使供暖热用户系统的部分回水与热网供水混合的水泵。

（4）凝结水泵。用于输送凝结水的水泵。凝结水泵台数不应少于 2 台，其中 1 台备用。

（5）中继泵。热水网路中根据水力工况要求，为提高供热介质压力而设置的水泵。

2. 散热器

（1）散热器的主要分类及特点。散热器是安装在室内，用来传导、释放热量的散热装置。常用的散热器的材质有铸铁、钢、铝以及复合材料等。

1）铸铁散热器：常用的结构形式有柱型、翼型、柱翼型等。铸铁散热器结构简单，耐腐蚀，承压能力一般为 0.4～0.5MPa；具有使用寿命长、热稳定性好和价格便宜等优点；缺点是其金属耗量大、承压能力低、外形欠美观，传热系数低于钢制散热器；使用过程中内腔掉砂易造成热量表、温控阀堵塞。

柱型散热器有带脚和不带脚的两种片型，便于落地或挂墙支装。

2）钢制散热器：常用的结构形式有柱式、板式、壁板式、排管式等。与铸铁散热器相比金属耗量少，传热系数高；耐压强度高（最高承压能力可达 0.8～1.0MPa），外形美观整洁，占地小，便于布置。钢制散热器的主要缺点是耐腐蚀性差，使用寿命短。适用于高层建筑、别墅或大户型住宅使用，也适用于高温水供暖系统。蒸汽供暖系统、具有腐蚀性气体的生产厂房或相对湿度较大的房间不宜采用钢制散热器。

板式散热器装饰性强，无须加暖气罩，可以最大程度减小室内占用空间，提高房间利用率。

光排管散热器采用优质焊接钢管或无缝钢管焊接成型。其显著特点是构造简单、制作方便，使用年限长、散热快、散热面积大、适用范围广、易于清洁，无须维护保养；缺点是较笨重，耗钢材，占地面积大。是自行供热的车间厂房首选的散热设备，也适用于灰尘较大的车间。A 型排管散热器用于蒸汽采暖系统，具有节能特性；B 型排管散热器用于热水采暖系统，可立于地面安装，也可挂墙安装。

3）铝制散热器：热工性能好、质量小、承压能力高、成型容易；外表美观，易于建筑装饰协调；缺点是造价高、碱腐蚀严重；应尽量选用内防腐铝制散热器；适用于高档公寓、酒店等高级建筑。

4）复合型散热器：分为铜铝复合散热器、钢铝复合散热器、不锈钢铝复合散热器。复合型散热器兼有散热器的优点，但缺点不十分明显。复合型散热器利用铝材的优势达到散热快；利用铜和不锈钢的耐腐蚀性提高散热器的使用寿命；外观色彩、款式可以多样化，高度在 300～1 800mm 范围内，重量较轻。其缺点是两种复合材料因为热膨胀系数不同和共振效应而产生热阻，会出现随着使用时间而散热量递减的情况。

（2）散热器的选用。选用散热器应根据建筑物用途、安装位置、承受压力大小、美观与协调、经济等方面进行考虑。

1）散热器的承压能力应满足系统的工作压力；

2）放散粉尘或防尘要求较高的工业建筑，应选用易于清扫的散热器；

3）具有腐蚀性气体的工业建筑或相对湿度较大的房间应选用外表面耐腐蚀的散热器；

4）当选用钢制、铝制、铜制散热器时，为降低内腐蚀，应对水质提出要求，一般钢制 pH＝10～12；铝制 pH＝5～8.5；铜制 pH＝7.5～10 为适用值。

3. 排气装置

热水采暖系统运行时若管道中的空气不及时排除，易在系统中形成气塞，阻碍水的通行。因此在系统中需安装排气装置，收集和排除空气。

（1）集气罐。适用于热水采暖系统，通常安装在供水干管末端。当热水进入集气罐内，由于罐体直径大于管道直径，故流速迅速降低，水中气泡便自动浮出水面，聚集在集气罐上部。在系统运行时，定期手动打开放气管上的排气阀门排气。

（2）自动排气阀。通常安装在供水干管末端，依靠水对浮体的浮力通过杠杆机构传动使排气孔自动启闭，实现自动阻水排气功能。与集气罐相比，安装简单，操作方便，但成本高。自动排气阀常因失灵而漏水，为便于维修更换应在自动排气阀与管路之间装一个阀门。

（3）冷风阀。又称跑风门，用于排除散热器中聚集的空气。安装在散热器上部专设的丝孔上，以手动方式排除空气。

4. 膨胀水箱

膨胀水箱的作用是容纳系统中水因温度变化而引起的膨胀水量，恒定系统压力及补水，在重力循环上供下回系统和机械循环下供上回系统中还起着排气作用。膨胀水箱上的配管包括膨胀管、循环管、信号管、溢流管、排水管、补水管。

5. 除污器（或过滤器）

除污器一般应设置于供暖系统的入口调压装置前或各设备入口前，运行过程中应定期排污。直通式除污器安装在水平管道上，角通式除污器可安装在直角转弯的管道上，安装时壳上箭头方向必须与水流方向一致。除污器一般采用法兰连接，前后应安装阀门和设旁通管。除污器应单独设置支架。单台设置的除污器应设旁通，以保证除污器出现故障或清除污物时热水能从旁通管通过而连续供热。

6. 补偿器

具体内容详见本书第一章第三节。

7. 分水器、集水器、分汽缸

当需从总管接出两个以上分支环路时，考虑各环路之间的压力平衡和流量分配及调节，宜用分汽缸、分水器和集水器。分汽缸用于供汽管路，分水器用于供水管路，集水器用于回水管路。分汽缸、分水器、集水器一般应安装压力表和温度计，并保温。分汽缸上应安装安全阀，其下应设置疏水装置。

8. 减压器

减压器的作用是对蒸汽进行节流，以达到减压的目的，来满足不同用户对蒸汽参数的要求。减压器需要与其他部件在一起组装，一般应由压力表（高、低压）、安全阀（高、低压）、过滤器、旁通阀以及减压器检修时的控制阀门等组成。减压器与管道之间采用螺纹连接或法兰连接。减压器应垂直安装，并注意安全阀的方向性，应使阀体箭头与介质流动方向一致。

9. 分户热计量方法及分室温度控制系统装置

（1）分户热计量方法。国内供热计量方法主要有散热器热分配计法、户用热量表法、流量温度法、通断时间面积法和温度面积法等。

1）散热器热分配计法：通过安装在每组散热器上的热分配计进行用户热分摊的方式。在各组散热器上设置分配表，在楼栋热力入口处设置楼栋热量总表。

2）户用热量表法：通过户用热量表进行用户热分摊的方式。采用户表作为分摊依据时，楼栋或者热力站需要确定一个热量结算点，由户表分摊总热量值。若不存在公摊情况，也可采用户表直接结算的方式，结算点确定在每户供暖系统上。

3）流量温度法：通过连续测量散热器的进出口温差，结合测算的每个立管与热力入口的流量比例关系进行用户热分摊的方式。

4）通断时间面积法：通过温控装置控制安装在每户供暖系统入口支管上的电动通断阀门，根据阀门的接通时间与每户的建筑面积进行用户热分摊的方式。

（2）散热器温控阀。具有恒定室温的功能，主要用在需要分室温度控制的系统中。

（3）锁闭阀。具有调节、锁闭两种功能，当系统调试完毕即锁闭阀门，避免用户随意调节，以维持系统正常运行；也可在供热计量系统中作为强制收费的管理手段。

10. 阀门

采暖系统中常用阀门有关断阀、止回阀、调节阀、安全阀以及平衡阀。

（1）关断阀。常设于冷热源进出口、设备进出口、管路分支线（包括立管）上，也可用在系统末端放水、放气的阀门。

（2）调节阀。用于调节和控制介质流量、压力和温度的阀门。

（3）平衡阀。用于规模较大的供暖或空调水系统的水力平衡。平衡阀宜安装在水温较低的回水管上，总管上的平衡阀安装在供水总管水泵后，平衡阀尽可能安装在直管段上。

其他阀门详见本书第一章第三节。

11. 支座

采暖管道系统中，为限制管道因温度变化而发生的位移，经常设置管道活动支座和固定支座。

（1）活动支座。允许管道和支承结构有相对位移的管道支座。常用的活动支座有滑动支座和滚动支座。

（2）固定支座。不允许管道和支承结构有相对位移的管道支座。主要用于将管道划分成若干补偿管段，分别进行热补偿的情况，从而保证补偿器的正常工作。

（六）采暖管道和散热设备的安装

1. 管材选用与安装要求

（1）管材选用与连接。室外采暖管道宜采用无缝钢管和钢板卷焊管，室内采暖管道常采用焊接钢管或镀锌钢管；钢管连接可采用焊接、法兰连接和丝扣连接。

低温热水地板辐射采暖系统，常用的管材主要有交联聚乙烯（PE-X）管、交联铝塑复合（XPAP）管、聚丁烯（PB）管、无规共聚聚丙烯（PP-R）管。连接方式常采用热熔连接。

（2）管道安装要求。

1）焊接钢管管径小于或等于 32mm 应采用螺纹连接，管径大于 32mm 宜采用焊接。镀锌钢管连接同给水管道要求。

2）管道安装的坡度要求；气水同向流动的热水采暖管道、汽水同向流动的蒸汽管道和凝结水管道，坡度一般为 3‰，不得小于 2‰；气水逆向流动的热水采暖管道、汽水逆向流动的蒸汽管道，坡度不得小于 5‰；散热器支管的坡度应为 10‰，坡向利于排水和泄水。

3）为防止支管中部下沉，影响空气或凝结水的顺利排出，当散热器支管长度超过 1.5m 时，应在支管上安装管卡。

4）为保证热水干管顺利排气和蒸汽干管顺利排出凝结水，要求上供下回式系统的热水干管变径应顶平偏心连接、蒸汽干管变径应底平偏心连接，以利于系统运行。

5）当采暖热媒为 110～130℃的高温水时，由于工作压力较高，一旦渗漏危害性高于低温水采暖系统，所以要求管道可拆卸件应使用法兰，不得使用长丝和活接头；法兰垫料应使用耐热橡胶板。

6）焊接钢管管径大于 32mm 的管道转弯，在作为自然补偿时应使用煨弯；塑料管及复合管除必须使用直角弯头的场合外，应使用管道直接弯曲转弯，特别是在隐蔽敷设时，以减少阻力和渗漏的可能。

7）低温热水地板辐射采暖，地面下敷设的盘管埋地部分不应有接头；加热盘管弯曲部分不得出现硬折弯现象，曲率半径应符合：塑料管不应小于 8 倍管外径，复合管不应小于 5 倍管外径；盘管隐蔽前必须进行水压试验。

2. 采暖设备安装

（1）散热器安装。

1）散热器一般应明装。暗装时应留有足够的空气流通通道，并方便维修。

2）片式组对散热器每组散热片数不宜过多。铸铁柱型散热器每组片数不宜超过 25 片，组装长度不宜超过 1 500mm。散热器组对后和整组出厂的散热器在安装前应做水压试验。

3）有外窗的房间，散热器宜布置在窗下。

4）进深较大的房间，内侧分别设置散热器。

5）托儿所、幼儿园的散热器应暗装或加防护罩。

6）汽车库内的散热器不宜高位安装。散热器落地安装时宜设置防冻设施。

7）有冻结危险的门斗不应设置散热器。

8）楼梯间若设置散热器，应尽量布置在底层。

（2）膨胀水箱安装。

1）膨胀水箱内外要求刷防锈漆，并要进行满水试漏。膨胀水箱如安装在非采暖房间里，膨胀水箱要保温。

2）膨胀管、循环管、溢流管上严禁安装阀门。

3）信号管一般应接至人员容易观察的地方。

4）溢流管一般可接至附近下水道，但不允许直接与下水道相接。

5）排水管用于清洗水箱及放空用，一般可接至附近下水道。

6）补水管的补水可用手动或浮球阀自动控制。

3. 采暖系统试压、清洗及试运行

采暖系统安装完毕，管道保温前应进行系统水压试验、清洗和试运行。

（1）采暖系统试压。系统试压可分段试压，也可以整个系统试压。采暖系统的试验压力一般按设计要求进行，若设计无明确规定时，可按相关规范的规定执行。热水采暖系统的水压试验应在隔断锅炉和膨胀水箱的条件下进行。

（2）采暖系统清洗。系统试压合格后，应对系统进行冲洗，并清扫过滤器和除污器。热水采暖系统用清水冲洗，如系统较大、管路较长，可分段冲洗。蒸汽采暖系统可用蒸汽吹洗，从总汽阀开始分段进行，一般设一个排汽口，排汽管接到室外安全处。

（3）采暖系统试运行。包括系统充水、启动运行和初调节。

1）热水采暖系统试运行时，首先进行系统充水。系统充水的顺序：首先是给锅炉充水，其次是室外热网充水，最后是用户系统充水。

2）在系统充水完毕后，可进行热水采暖系统的启动运行。系统启动时开放用户顺序是从远到近，即先开放离热源远的用户，再逐渐地开放离热源近的用户。不可以先开放大的热用户，再开放小的热用户。

3）热水采暖系统启动运行通暖后，各部分温度不均匀时，要进行初调节。

三、燃气工程

（一）燃气的分类

燃气主要有天然气、人工煤气和液化石油气三大类，另有沼气。

1. 天然气

天然气主要成分以甲烷为主。天然气是理想的城市气源，也是制取化工产品的原料气。天然气通常没有气味，故在使用时需混入某种无害而有臭味的气体（如乙硫醇），以便于发现漏气，避免发生中毒或爆炸燃烧事故。

2. 人工煤气

人工煤气是以固体、液体或气体（包括煤、重油、轻油、液化石油气和天然气等）为原料经转化制得的、符合国家标准质量要求的可燃气体。

3. 液化石油气

液化石油气是开采和炼制石油过程中的副产品，由石油伴生气液化而成。现在有些城镇居民使用的罐装液化气就是这种液化石油气。

4. 沼气

有机物质在隔绝空气的条件下发酵，并在微生物的作用下产生可燃气体，主要成分为甲烷、二氧化碳和少量氢、一氧化碳等，多使用在农村和乡镇。

（二）燃气供应系统

燃气供应系统主要由气源、输配系统和用户三个部分组成。

1. 燃气输配系统

燃气输配系统主要由燃气输配管网、储配站、调压计量装置、运行监控、数据采集系统等组成。

2. 燃气输配管网

（1）燃气系统压力分级。根据《城镇燃气设计规范》GB 50028—2006（2020年版），我国城镇燃气管道按燃气设计压力 P（MPa）分为七级。

1）高压燃气管道A级：压力为 $2.5\text{MPa}<P\leqslant4.0\text{MPa}$；

2）高压燃气管道B级：压力为 $1.6\text{MPa}<P\leqslant2.5\text{MPa}$；

3）次高压燃气管道A级：压力为 $0.8\text{MPa}<P\leqslant1.6\text{MPa}$；

4）次高压燃气管道B级：压力为 $0.4\text{MPa}<P\leqslant0.8\text{MPa}$；

5）中压燃气管道A级：压力为 $0.2\text{MPa}<P\leqslant0.4\text{MPa}$；

6）中压燃气管道B级：压力为 $0.01\text{MPa}<P\leqslant0.2\text{MPa}$；

7）低压燃气管道：压力为 $P<0.01\text{MPa}$。

（2）输配管网形式：街道燃气管网、庭院燃气管网。

街道燃气管网流程：街道高压管网（或次高压管网）—燃气调压站—街道中压管网—区域的燃气调压站—街道低压管网—庭院管网—接用户。

1）大城市，街道燃气管网布置成环状、枝状。

2）小城市（城镇），一般采用中－低压或低压燃气管网。

3）庭院燃气管网，指连接街道燃气管网和用户的建筑物前的户外管路。

（3）燃气输送系统的组成：

1）输气干管。将燃气从气源厂或门站送至城市各高中压调压站的管道，燃气压力一般为高压。

2）中压输配干管。将燃气从气源厂或储配站送至城市各用气区域的管道，包括出厂管、出站管和城市道路干管。

3）低压输配干管。将燃气从调压站送至燃气供应地区，沿途分配给各类用户的管道。

4）配气支管。分为中压支管和低压支管。中压支管是将燃气从中压输配干管引至调压站的管道，低压支管是将燃气从低压输配干管引至各类用户室内燃气计量表前的管道。

5）用气管道。将燃气计量表引向室内各个燃具的管道。

3. 燃气储配站

燃气储配站的主要功能是储存燃气、加压和向城市燃气管网分配燃气。燃气储配站主要由压送设备、储存装量、燃气管道和控制仪表以及消防设施等辅助设施组成。站内工艺管道应采用钢管。燃气管道设计压力大于 0.4MPa 时，其管材性能应分别符合现行国家标准《石油天然气工业　管线输送系统用钢管》GB/T 9711—2017、《输送流体用无缝钢管》GB/T 8163—2018 的规定；设计压力不大于 0.4MPa 时，其管材性能应符合现行国家标准《低压流体输送用焊接钢管》GB/T 3091—2015 的规定。阀门等管道附件的压力级别不应小于管道设计压力。

4. 燃气调压装置

燃气调压装置的主要功能是按要求将上一级输气压力降至下一级输气压力；当系统负荷发生变化时，保持调压气后的输气压力稳定在要求的范围内。

(1) 燃气调压站（室）。通常由调压器、过滤器、安全装置、阀门、旁通管和测量仪表等组成。有的调压站装有计量设备，除了调压以外，还起计量作用，故称作调压计量站。

(2) 组合式燃气调压柜。是将燃气调压站的功能集成起来，实际上就是成品的燃气调压站。一般称为区域调压柜，广泛用于住宅小区、酒店、宾馆、工厂、学校等单位供气。

(3) 燃气调压箱。分为直燃式调压箱、楼栋调压箱。直燃式调压箱适用于直燃设备（燃气锅炉、燃气空调、燃烧机等）供气；楼栋调压箱适用于住宅楼、机关、学校餐厅等小流量单位供气。

调压装置的设置应符合下列要求：

(1) 自然条件和周围环境许可时，宜设置在露天，但应设置围墙、护栏或车挡。

(2) 设置在地上单独的调压箱（悬挂式）内时，居民和商业用户燃气进口压力不应大于 0.4MPa，工业用户（包括锅炉房）燃气进口压力不应大于 0.8MPa。

(3) 设置在地上单独的调压柜（落地式）内时，居民、商业用户和工业用户（包括锅炉房）燃气进口压力不宜大于 1.6MPa。

(4) 设置在地上单独的建筑物内时，地上调压站的建筑物设计应符合下列要求：

1) 建筑物耐火等级不应低于二级。

2) 调压室与毗连房间之间应用实体隔墙隔开，其设计应符合下列要求：

①隔墙厚度不应小于 24cm，且应两面抹灰。

②隔墙内不得设置烟道和通风设备，调压室的其他墙壁也不得设有烟道。

③隔墙有管道通过时，应采用填料密封或将墙洞用混凝土等材料填实。

3) 调压室及其他有漏气危险的房间应采取自然通风措施，换气次数每小时不应小于 2 次。

4) 城镇无人值守的燃气调压室电气防爆等级应符合现行国家标准《爆炸危险环境电力装置设计规范》GB/T 50058—2014 中关于“1 区”设计的规定。

5) 调压室内的地面应采用撞击时不会产生火花的材料。

6) 调压室应有泄压措施，并应符合现行国家标准《建筑设计防火规范》GB/T 50016—2014（2018 年版）的有关规定。

7) 调压室的门、窗应向外开启，窗应设防护栏和防护网。

8) 重要调压站宜设保护围墙。

9）设于空旷地带的调压站或采用高架遥测天线的调压站应单独设置避雷装置，其接地电阻值应小于10Ω。

（5）当受到地上条件限制，且调压装置进口压力不大于0.4MPa时，可设置在地下单独的建筑物内或地下单独的箱体内，并应分别符合《城镇燃气设计规范》GB/T 50028—2006（2020年版）第6.6.14条和第6.6.5条的要求。

（6）液化石油气和相对密度大于0.75燃气的调压装置不得设于地下室、半地下室内和地下单独的箱体内。

5. 燃气系统附属设备

（1）凝水器：按构造分为封闭式和开启式两种。封闭式凝水器无盖，安装方便，密封良好，但不易清除内部垃圾、杂质；开启式凝水器有可以拆卸的盖，内部垃圾、杂质清除比较方便。常用材质有铸铁凝水器、钢板凝水器等。

（2）补偿器：常用在架空管、桥管上，用于调节因环境温度变化而引起的管道膨胀与收缩。补偿器形式有套筒式补偿器和波形管补偿器，埋地铺设的聚乙烯管道长管段上通常设置套筒式补偿器。

（3）过滤器：通常设置在压送机、调压器、阀门等设备进口处，用以清除燃气中的灰尘、焦油等杂质。过滤器的过滤层用不锈钢丝网或尼龙网组成。

（三）用户燃气系统

1. 室外燃气管道

（1）管材和管件的选用。燃气压力大于1.6MPa（表压）但不大于4.0MPa（表压）的城镇燃气（不包括液态燃气）室外管道工程采用钢管；当管道附件与管道采用焊接连接时，两者材质应相同或相近；管道附件不得采用螺旋焊缝钢管制作，严禁采用铸铁制作。压力不大于1.6MPa的室外燃气管道中压和低压燃气管道宜采用聚乙烯管、机械接口球墨铸铁管、钢管或钢骨架聚乙烯塑料复合管。塑料管多用于工作压力小于或等于0.4MPa的室外地下管道。

1）天然气输送钢管为无缝钢管和螺旋缝埋弧焊接钢管等。

2）燃气用球墨铸铁管适用于输送设计压力为中压A级及以下级别的燃气（如人工煤气、天然气、液化石油气等）。其塑性好，切断、钻孔方便，抗腐蚀性好，使用寿命长。与钢管相比金属消耗多，重量大，质脆，易断裂。接口形式常采用机械柔性接口和法兰接口。

3）适用于燃气管道的塑料管主要是聚乙烯（PE）管，目前国内聚乙烯燃气管分为SDR11和SDR17.6两个系列。SDR11系列宜用于输送人工煤气、天然气、液化石油气（气态）；SDR17.6系列宜用于输送天然气。

（2）室外燃气管道安装。

1）钢管。一般采用三层PE防腐钢管，焊接，直埋敷设；管道与管件焊接完毕，接口处现场做防腐。三层PE防腐层的结构：环氧粉末底层——胶黏剂中间层——聚乙烯外层。

2）球墨铸铁管。机械接口比承插连接接口具有接口严密、柔性好、抵抗外界振动及挠动的能力强、施工方便等特点。胶圈应采用符合燃气输送管使用要求的橡胶制成。螺栓采用耐腐蚀螺栓。

3）燃气聚乙烯（PE）管：采用电熔连接（电熔承插连接、电熔鞍形连接）或热熔连接（热熔承插连接、热熔对接连接、热熔鞍形连接），不得采用螺纹连接和粘接。聚乙烯管与金属管道连接，采用钢塑过渡接头连接。当公称外径 $D_e \leqslant 90$mm 时，宜采用电熔连接，当公称外径 $D_e \geqslant 110$mm 时，宜采用热熔连接。

2. 室内燃气管道

（1）管材的选用。室内燃气管道宜选用钢管，也可选用铜管、不锈钢管、铝塑复合管和连接用软管。低压燃气管道应选用热镀锌钢管（热浸镀锌），中压和次高压燃气管道宜选用无缝钢管。

（2）室内燃气管道安装。

1）燃气引入管。居民用户的引入管应尽量直接引入厨房内，也可以由楼梯间引入；公共设施的引入管应尽量直接引至安装燃气设备或燃气表的房间内。燃气引入管穿过建筑物基础、墙或管沟时，均应设置在套管中，并应考虑沉降的影响，必要时应采取补偿措施。套管与基础、墙或管沟等之间的间隙应填实。套管与燃气引入管之间的间隙应采用柔性防腐、防水材料密封。燃气引入管穿过建筑物基础、墙或管沟时，均应设置在套管中，并应考虑沉降的影响，必要时应采取补偿措施。套管与基础、墙或管沟等之间的间隙应填实，其厚度应为被穿过结构的整个厚度。套管与燃气引入管之间的间隙应采用柔性防腐、防水材料密封。

2）室内燃气管道敷设。应敷设在厨房、外走廊等便于检修的非居住房间内。不得敷设在卧室、卫生间、浴室，易燃或易爆品的仓库，有腐蚀性介质的房间、发电间、变配电间、空调机房，通风机房、计算机房以及电缆沟、暖气沟、烟道和进风道、垃圾道等地方。当确有困难，可从楼梯间引入（高层建筑除外），但应采用金属管道且引入管阀门宜设在室外。

3）室内燃气管道连接。

①室内燃气钢制管道：采用螺纹连接时，管件的材质、连接方式应同管道；选用无缝钢管时，连接方式应为电弧焊接。

②选用铜管时，应采用硬钎焊连接，不得采用对焊、螺纹或软钎焊（熔点小于500℃）连接。

③选用薄壁不锈钢管时，应采用承插氩弧焊式管件连接或卡套式管件机械连接，并宜优先选用承插氩弧焊式管件连接。

④室内燃气管道选用不锈钢波纹管时，应采用卡套式管件机械连接。

⑤室内燃气管道选用铝塑复合管时，应采用卡套式管件或承插式管件机械连接。

⑥软管与管道、燃具的连接处应采用压紧螺帽（锁母）或管卡（喉箍）固定。

4）室内燃气管道阀门宜采用球阀。应在以下部位设置阀门：燃气引入管，调压器前、燃气表前，燃气用具前，测压计前，放散管起点。

3. 管道的吹扫、试压及探伤

（1）燃气管在安装完毕、压力试验前应进行吹扫，吹扫介质为压缩空气。

（2）室内燃气管道安装完毕后必须按规定进行强度和严密性试验，试验介质宜采用空气，严禁用水。

1）强度试验范围应符合以下规定：

①居民用户为引入管阀门至燃气计量表进口阀门（含阀门）之间的管道。

②工业企业和商业用户为引入管阀门至燃具接入管阀门（含阀门）之间的管道。

2）严密性试验：严密性试验范围应为用户引入管阀门至燃具接入管阀门（含阀门）之间的管道。工业严密性试验在强度试验后进行。

（3）管道的探伤。

1）燃气管道采用焊接连接时，低压燃气管道焊缝的无损探伤按设计规定执行；当设计无规定时，应对每个焊工所焊焊缝按焊口总数不少于15%进行抽查；

2）中压B级天然气管道全部焊缝需100%超声波无损探伤，地下管100%X光拍片，地上管30%X光拍片（无法拍片部位除外）。

4. 燃气器具

（1）燃气灶具：含有燃气燃烧器的烹调器具的总称。

1）家用灶具。家用燃气灶按气源的种类可分为：人工煤气灶、天然气灶、液化石油气灶和适用于两种以上燃气的灶具。燃气类别代号：R为人工煤气；T为天然气；Y为液化石油气。家用燃气灶的安装方式有嵌入式灶和台式灶两种。

2）公用灶具。公用灶具类型代号按功能不同，用大写汉语拼音字母表示为：

JZ表示燃气灶、JKZ表示烤箱灶、JHZ表示烘烤灶、JH表示烘烤器、JK表示烤箱、JF表示饭锅。

公用灶具与家用灶具相比，具有用气量大、气源压力高、工作时间长、用途比较单一等特点。公用燃气灶具安装方式有两种，即软连接和硬连接。

（2）燃气热水器。

1）燃气热水器类型：烟道式、强排式、平衡式、户外式等。每台燃气热水器只适用一种燃气，不能各种燃气通用。

2）燃气热水器安装：首先确定气源种类和安装位置，应安装在厨房、室外或适宜的房间，室内净高不低于2.6m，并具有良好自然通风的条件；热水器的安装高度，宜满足观火孔离地1 500mm的要求；安装位置要确保墙体能承受两倍于灌满水的热水器重量。

（3）燃气采暖炉。燃气采暖炉按工作方式分为即热式和容积式两类。

1）即热式燃气采暖炉的优点是热效率高、噪声小、体积小、重量轻，不但能供采暖还可以提供生活热水，适用于住宅和小型商户。

2）容积式燃气采暖炉的优点是本身带一个较大的热水水箱，有较充裕的热储备，缺点是自重大、体积大、占地面积大、燃烧效率低、初次启动时间长等。

5. 计量装置

（1）燃气表的选择。燃气表的主要作用是统计用户的耗气量，是收缴燃气费的唯一依据。燃气用户应根据燃气的最大工作压力和周期用量等选择燃气表。一种为传统的机械式膜式燃气表，另一种为预付费膜式燃气表。

（2）安装主要技术要求。燃气表安装高度有高、中、低位之分，高位：表底距地面大于或等于1.8m；中位：表底距地面1.4～1.7m；低位：表底距地面不少于0.1m。

燃气表安装时，应注意：燃气表应与燃具错位安装，不得安装在燃具的正上方；计量为6～34m^3/h的燃气表应单独设置固定支架；住宅建筑挂装燃气表预留支管的管径不应小于*DN*20（天然气管径为*DN*15），高度宜离室内地坪2.2m。

四、给排水、采暖、燃气工程计量

根据《安装工程计量标准》的规定进行工程量计算。

（一）主要内容及与其他安装专业工程关系

1. 主要内容

给排水、采暖、燃气工程共设8个分部，103个分项工程。包括给排水、采暖、燃气管道，管道附件，卫生器具，供暖器具，采暖、给排水设备，燃气器具及其他，医疗气体设备及附件，采暖、空调水工程系统调试。

2. 与其他安装专业工程关系

（1）管道热处理、无损探伤，按《安装工程计量标准》附录H“工业管道工程”相关项目编码列项。

（2）医疗气体管道及附件，按《安装工程计量标准》附录H“工业管道工程”相关项目编码列项。

（3）直埋式预制保温管，按《安装工程计量标准》附录H“工业管道工程”相关项目编码列项。

（4）管道、设备的保温及《安装工程计量标准》未规定需包括除锈、刷油外的其他管道的除锈、刷油，按《安装工程计量标准》附录M“刷油、防腐蚀、绝热工程”相关项目编码列项。

（5）控制柜安装、功能性浴缸所需的电机接线和调试，按《安装工程计量标准》附录D“电气设备安装工程”相关项目编码列项。

3. 管道界限的划分

（1）给水管道室内外界限划分：以建筑物外墙皮1.5m为界，入口处设阀门者以阀门为界。

（2）排水管道室内外界限划分：以出户第一个排水检查井为界。

（3）采暖管道室内外界限划分：以建筑物外墙皮1.5m为界，入口处设阀门者以阀门为界，室外设有采暖入口装置者以入口装置循环管三通为界。

（4）燃气管道室内外界限划分：地下引入室内的管道以室内第一个阀门为界，地上引入室内的管道以墙外第一个三通为界。

（二）工程计量规则及相关说明

1. 给排水、采暖、燃气管道

本分部工程包括各种材质的金属管、复合管、塑料管、成品地沟、室外管道碰头、阻火圈、止水节等共12个分项工程。其工程量计算规则及相关说明：

（1）铸铁管、镀锌钢管、无缝钢管、焊接钢管、铜管、不锈钢管、复合管、塑料管，根据管道材质、规格、连接形式、管道消毒冲洗、警示带形式、安装部位及介质，均按设计图示管道中心线长度以“m”计算。铸铁管项目特征中还需描述接口材料；镀锌钢管、无缝钢管、焊接钢管、铜管、不锈钢管项目特征中还需描述压力等级、管卡材质；复合管、塑料管项目特征中还需描述管卡材质。相关说明：

1）铸铁管的规格包括承插铸铁管、球墨铸铁管、柔性抗震铸铁管等。

2）复合管的规格包括塑铝稳态管、钢塑复合管、铝塑复合管、钢骨架复合管等复合型管道。

3）塑料管的规格包括UPVC、CPVC、PVC、PP－C、PP－R、PE、PB、ABS管等塑料管材。

4）所有管道的安装部位，均指室内、室外管道。

5）所有管道的介质，均按给水、排水、中水、雨水、热媒体、燃气、空调水等进行描述。

6）排水管道的工作内容应包括立管检查口、透气帽。

7）管道的工程量计算，不扣除阀门、减压器、疏水器、水表、伸缩器等管件、各种井类所占长度，方形补偿器以其所占长度列入管道安装工程量，管道安装综合单价包含方形补偿器制作安装。

8）所有管道项目的工作内容均应包括压力试验及吹扫与清洗，其中，压力试验包括设计要求的水压试验、气压试验、泄漏性试验、闭水试验、通球试验、真空试验等试验，吹扫与清洗包括设计要求的水冲洗、空气吹扫等吹扫与清洗。

9）直埋式预制保温管应按《安装工程计量标准》附录H“工业管道工程”相关项目编码列项。

10）管道保护管应按《安装工程计量标准》相应材质项目编码列项。

（2）成品地沟，根据材质、规格、连接形式、安装部位，按设计图示成品地沟中心线长度以“m”计算。

（3）室外管道碰头，根据材质、规格、连接形式、碰头形式及介质，按设计图示数量以“处”计算。

室外管道碰头适用于新建或扩建工程的热源、水源、气源管道与原（旧）有管道的碰头，碰头形式指带介质碰头、不带介质碰头，带介质碰头的工作内容并应包括开关闸、临时放水管线铺设。热源管道碰头每处包括供、回水两个接口。

（4）阻火圈、止水节，根据材质、规格，按设计图示数量以“个”计算。

2. 管道附件

本分部工程包括阀门、补偿器、法兰及水表等管道附件，共设置17个分项工程。其工程量计算规则及相关说明：

（1）金属阀门、带短管甲乙阀门，根据材质，规格、压力等级，连接形式，按设计图示数量以“个”计算。金属阀门项目特征中还需描述类型；带短管甲乙阀门项目特征中还需描述接口方式及材质。

阀门类型包括螺纹阀门、螺纹法兰阀门、焊接法兰阀门、沟槽阀门，如仅为一侧连接法兰，则在项目特征中描述。阀门的工作内容均不包括法兰、法兰式附件。

（2）塑料阀门，根据规格、连接形式，按设计图示数量以“个”计算。

塑料阀门的连接形式是指热熔连接、粘接、热风焊接等。

（3）减压器、疏水器、除污器（过滤器），根据材质，规格、压力等级，连接形式及附件配置，均按设计图示数量以“组”计算。

减压器的规格按高压侧管道的规格描述；减压器、疏水器、倒流防止器等附件的项目特征及工作内容，根据设计图纸的配置要求进行描述。

（4）补偿器，根据类型，材质，规格、压力等级，连接形式，按设计图示数量以“个”计算。

补偿器的类型包括方形补偿器、焊接式成品补偿器、法兰式成品补偿器。

(5) 软接头（软管)、法兰，根据材质、规格、连接形式，按设计图示数量，软接头（软管）以“根”计算，法兰以“副”计算。法兰项目特征中还需描述压力等级。

(6) 倒流防止器、水表、热量表，根据型号、规格、连接形式及附件配置，按设计图示数量，倒流防止器以“套”计算，水表、热量表以“组（个)”计算。

水表安装项目，项目特征中附件配置应描述所配阀门等附件的规格和数量；水表类型是指：普通、IC卡、螺纹组成、法兰组成无旁通、法兰组成带旁通。

(7) 塑料排水管消声器、浮标液面计、浮漂水位标尺、水锤消除器，根据规格、连接形式或用途，按设计图示数量以“个（组、套)”计算。

(8) 成品表箱，根据材质、规格，按设计图示数量以“个”计算。

3. 卫生器具

本分部包括浴缸，大便器、小便器、淋浴间等卫生器具及给水、排水附件等，共设置19个分项工程。其工程量计算规则及相关说明：

(1) 浴缸、净身盆、洗脸盆、洗涤盆、化验盆、大便器、小便器、其他成品卫生器具，根据类型、材质、规格、安装方式，均按设计图示数量以“组”计算。

所有卫生器具的工作内容，均应包括水嘴、金属软管、阀门、冲洗管、喷头等给水附件，存水弯、排水栓、下水口等排水配件，以及器具所配备的连接管。

功能性浴缸所需的电机接线和调试，按《安装工程计量标准》附录D“电气设备安装工程”相关项目编码列项。

洗脸盆的类型包括洗脸盆、洗发盆、洗手盆，洗脸盆安装方式是指：落地式、壁挂式、立柱式、台上式、台下式、埋入式等。

(2) 烘手器，根据材质、型号、规格，按设计图示数量以“个”计算。

(3) 淋浴器、淋浴间、桑拿浴房，根据材质、规格、组装形式，按设计图示数量以“套”计算。工作内容中包括器具安装、附件安装及打硅胶。

组装形式是指：冷水式、冷热水式、手动式、脚踏式等。

(4) 大、小便槽自动冲洗水箱，根据类型、材质、容积（L)、水箱，按设计图示数量以“套”计算。工作内容中包括水箱及支架制作安装，除锈、刷油。

(5) 给水、排水附件，根据类型、材质、型号、规格，按设计图示数量以“个”计算。

给水、排水附件是指独立安装的水嘴、地漏、地面扫除口等，非独立安装的此等附件应已包括于相关卫生器具或设备的工作内容中。

(6) 小便槽冲洗管，根据材质、规格，按设计图示数量以“m”计算。工作内容中包括小便槽冲洗管制作安装。

(7) 蒸汽-水加热器、冷热水混合器、饮水器、隔油器，根据类型、型号、规格、安装方式，按设计图示数量以“套”计算。

隔油器安装方式是指：地上式、悬挂式等。

4. 供暖器具

本分部工程包括各类散热器、暖风机、地板辐射采暖等，共设置9个分项工程。其工程量计算规则及相关说明：

(1) 铸铁散热器、钢制散热器、其他成品散热器、光排管散热器，根据类型、型号、规格，均按设计图示数量以“组”计算。铸铁散热器项目特征中还需描述器具防腐、安装方式，其他成品散热器项目特征中还需描述材质。

散热器规格是指：高度、长度、片数、公称直径。

钢制散热器的类型，包括钢制闭式散热器、板式散热器、壁板式散热器、扁管式散热器、柱式散热器。

铸铁散热器工作内容包括组对、安装，水压试验，托架制作、安装，除锈、刷油及拉条制作、安装。

钢制散热器、其他成品散热器工作内容包括散热器安装、水压试验和托架安装。

光排管散热器工作内容包括散热器制作、安装，水压试验，联管制作、安装。

(2) 暖风机，根据型号、规格、质量，按设计图示数量以“台”计算。

(3) 地板辐射采暖，根据管道材质，管道规格，管道间距，反射铝膜要求，保温层材质、厚度，钢丝网设计要求，按设计图示实铺面积以“m^2”计算。

地板辐射采暖的工作内容，应包括与分集水器连接及配合地面浇注。

地板辐射采暖项目的工作内容均应包括压力试验及吹扫与清洗，其中，压力试验包括设计要求的水压试验、气压试验、泄漏性试验、闭水试验、真空试验等试验，吹扫与清洗包括设计要求的水冲洗、空气吹扫等吹扫与清洗。

(4) 热媒集配装置、集气罐，根据类型、材质、规格，按设计图示数量热媒集配装置以“组”计算，集气罐以“个”计算；集气罐工作内容包括集气罐制作、安装。

热媒集配装置类型是指：带箱、不带箱。

(5) 采暖入口装置，根据材质、规格、型号、连接方式、安装部位，按设计图示数量以“组”计算。工作内容包括附件安装，循环管安装，压力试验、冲洗。

5. 采暖、给排水设备

本分部主要包括给水设备、水处理装置、水箱等，共设置 18 个分项工程。其工程量计算规则及相关说明：

(1) 变频给水设备、稳压给水设备、无负压给水设备，根据型号、质量、水泵主要技术参数、减震装置形式，按设计图示数量以“套”计算。

变频给水设备、稳压给水设备、无负压给水设备，包括气压罐/稳压罐/无负压罐等压力容器、水泵的主泵及备用泵、给水装置中配备的阀门/仪表/软接头等附件、设备与附件之间的管路连接和泵组底座。项目特征中说明水泵数量，但不包括基础砌（浇）筑、控制柜安装及电气接线、调试。控制柜安装及电气接线、调试按《安装工程计量标准》附录 D“电气设备安装工程”相关项目编码列项。

(2) 气压罐、除砂器、紫外线杀菌设备、直饮水设备，根据型号、规格［除砂器需描述水处理量（m^3/h）］，按设计图示数量以“台”计算。除砂器、紫外线杀菌设备工程内容中还包括附件安装及接管。

(3) 太阳能集热装置、水处理器、超声波灭藻设备、水箱自洁器、水质净化器、消毒器、消毒锅，均根据类型、型号、规格，按设计图示数量，太阳能集热装置以“台”计算，其他设备均以“套”计算。

太阳能集热装置类型是指：平板式、全玻璃真空管式。

(4) 地源（水源、气源）热泵系统包括机组、集（分）水器和系统地埋管三个清单项目。其中：

1）地源（水源、气源）热泵机组，根据型号、设备质量、减震装置形式，按设计图示数量以“组”计算；地源（水源、气源）热泵机组所需的接管和接管上的阀门、软接头，按《安装工程计量标准》第 K.2 节管道附件相关项目编码列项。

2）地源热泵集（分）水器，根据类型、型号、规格，按设计图示数量以“台”计算。

3）地源热泵系统地埋管，根据材质、规格、连接形式、接口材料、警示带形式、介质，按设计图示管道中心线以“m”计算。地源热泵系统地埋管项目的工作内容均应包括压力试验及吹扫与清洗。其中，压力试验包括设计要求的水压试验、气压试验、泄漏性试验、闭水试验、真空试验等试验，吹扫与清洗包括设计要求的水冲洗、空气吹扫等吹扫与清洗。

（5）热水器、开水炉，根据型号、连接形式、容积、安装方式、能源种类，按设计图示数量以“台”计算。

分体式空气能热水器按热水器项目编码列项。

（6）水箱，根据类型、材质、容量、规格，按设计图示数量以“台”计算。工作内容包括水箱制作安装。

采暖系统所用的过滤器，按《安装工程计量标准》第 K.2 节管道附件相关项目编码列项。

6. 燃气器具及其他

本分部主要包括燃气设备、燃气器具、燃气表等附件及调压装置等，共设置 12 个分项工程。其工程量计算规则及相关说明：

（1）燃气开水炉，燃气采暖炉，燃气沸水器、消毒器，燃气热水器，根据型号、容量等，按设计图示数量以“台”计算。

燃气沸水器、消毒器的类型，包括容积式沸水器、自动沸水器、燃气消毒器等。

（2）燃气表、燃气灶具，根据类型、型号、规格，按设计图示数量以“台”计算。燃气表项目特征还需描述连接方式，燃气灶具还需描述用途；燃气表工作内容还包括托架制作、安装。

燃气表的类型包括：燃气表、燃气流量计、流量计控制器。

燃气灶具的类型包括人工煤气灶具、液化石油气灶具、天然气燃气灶具等，并描述所采用的气源；用途按民用、公用进行描述。

可燃气体检测报警器与电磁阀按《安装工程计量标准》第 K.2 节管道附件相关项目编码列项。

（3）气嘴，根据材质、型号、规格、单双嘴、连接形式，按设计图示数量以“个”计算。

（4）调压器、调压箱、调压装置，根据类型、型号、规格，按设计图示数量以“台”计算。调压箱、调压装置项目特征还需描述安装方式。

调压箱、调压装置的安装方式是指：壁挂式、落地式。

（5）燃气凝水器、缸，燃气管道调长器，根据规格、连接形式，按设计图示数量以“个”计算。燃气凝水器、缸项目特征还需描述连接形式，燃气管道调长器还需描述压力等级。

（6）引入口保护罩，根据保护罩形式、材质，按设计图示数量以“个”计算。

7. 医疗气体设备及附件

本分部主要包括医疗气体设备、附件等，共设置 14 个分项工程。其工程量计算规则及相关说明：

（1）制氧机、液氧罐、二级稳压箱、集污罐、医用真空罐、汽水分离器，根据型号、规格，按设计图示数量以“台”计算。

（2）气体汇流排，根据类型、型号、规格，按设计图示数量以“组”计算。

气体汇流排的类型是指：普通、自动切换。

气体汇流排的规格，包括氧气、二氧化碳、氮气、笑气、氩气、压缩空气等医用气体的汇流排。

（3）刷手池，根据材质、规格，按设计图示数量以“组”计算。

（4）干燥机、储气罐、空气过滤器、集水器，根据规格，按设计图示数量以“组”计算。

空气过滤器包括医用气体预过滤器、精过滤器、超精过滤器等。

（5）医用设备带，根据材质、规格，按设计图示尺寸以“m”计算。

（6）气体终端，根据气体种类，按设计图示数量以“个”计算。

8. 采暖、空调水工程系统调试

本分部包括采暖工程、空调水工程系统调试，共设置 2 个分项工程。其工程量计算规则及相关说明：

（1）采暖工程系统调试、空调水工程系统调试，按“系统”计算。

（2）采暖工程系统调试是指由采暖管道、阀门及供暖器具组成采暖工程的全系统调试；空调水工程系统调试是指由空调水管道、阀门及冷水机组组成空调水工程的全系统调试。

（三）给排水工程计量示例

1. 背景

本工程为某三层办公楼局部的卫生间给排水系统，图 5.1.1（a）为该工程的给水工程平面图，图 5.1.1（b）为给水工程系统图；图 5.1.2（a）为该工程的排水工程平面图，图 5.1.2（b）为排水工程系统图。

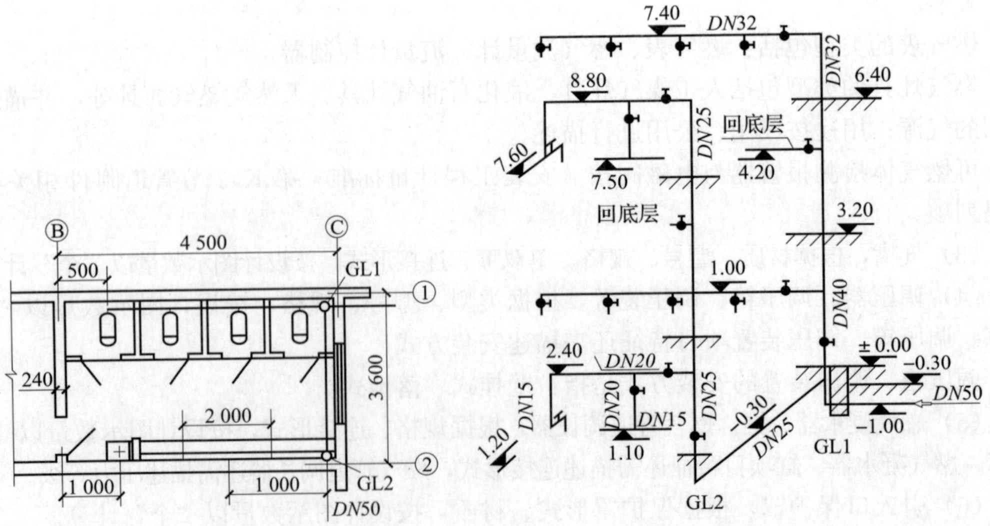

(a)平面图　　(b)系统图

图 5.1.1　给水工程平面和系统图

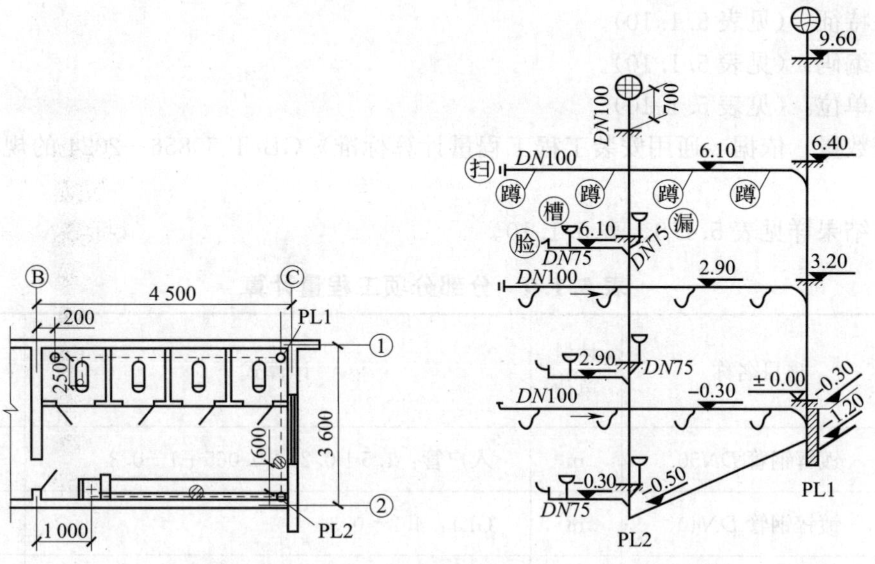

(a)平面图 (b)系统图

图 5.1.2 排水工程平面和系统图

工程施工说明：

(1) 本工程给水管道采用镀锌钢管，螺纹连接；排水管道采用排水铸铁管承插连接，水泥接口。

(2) 入户管穿基础位置设置柔性防水钢套管，管道穿楼板设置一般填料套管。

(3) 除由 PL2 立管连接小便槽及洗手盆的横支管规格为 *DN*75 外，其余排水管道规格均为 *DN*100。

(4) 排水管道出户管的第一个排水检查井距建筑外墙 1.5m。给水、排水立管距墙分别为 65mm、130mm，墙厚为 240mm。

(5) 大便器冲洗管为 *DN*15 镀锌钢管，长度为 1m；小便槽冲洗管为 *DN*15 镀锌钢管，长度为 2m；洗手池、小便槽排水地漏与排水横支管的连接均按 0.2m 计算；其他按设计图示尺寸计算。

(6) 给水管道安装完毕应做水压试验、水冲洗及消毒冲洗；排水管道安装完毕应做闭水试验，干管、立管做通球试验。

(7) 卫生器具：蹲式陶瓷大便器，自闭阀冲洗；陶瓷洗手盆；地面设置铸铁地漏，大便器排水末端设置地面扫除口。

(8) 管道支架根据施工图及标准图集计算，采用型钢支架（无专项设计）。

(9) 图中标高以“m”计算，其余以“mm”计算。

2. 问题

按照上述背景条件，根据《建设工程工程量清单计价标准》GB/T 50500—2024 和《通用安装工程工程量计算标准》GB/T 50856—2024 的规定，编制该工程的分部分项工程量清单。

3. 解答

项目名称：（见表 5.1.10）。

项目特征：（见表 5.1.10）。

项目编码：（见表 5.1.10）。

计量单位：（见表 5.1.10）。

工程数量：依据《通用安装工程工程量计算标准》GB/T 50856—2024 的规定，按图计算。

编制结果详见表 5.1.9、表 5.1.10。

表 5.1.9　分部分项工程量计算

序号	项目名称	计量单位	计算式	工程数量
1	镀锌钢管 *DN*50	m	入户管：1.5＋0.24＋0.065＋1－0.3	2.51
2	镀锌钢管 *DN*40	m	GL1：4.2＋0.3	4.5
3	镀锌钢管 *DN*32	m	GL1：7.4－4.2 支管：（4.5－0.24－0.065－0.5）×3	14.29
4	镀锌钢管 *DN*25	m	GL2：8.8＋0.3 横支干管：3.6－0.24－0.065×2	12.33
5	镀锌钢管 *DN*20	m	支管：（4.5－0.24－0.065－1）×3＋（2.4－1.1）×3	13.49
6	镀锌钢管 *DN*15	m	大便器冲洗管：1.0×4×3 洗手盆支管：1.2×3	15.60
7	铸铁管 *DN*100	m	PL1 至出户：（1.5＋0.24＋0.13）＋（1.2＋9.6＋0.7） PL2 至 PL1 与出户交叉点：（3.6－0.24－0.13×2）＋（9.6＋0.7＋0.5）	27.27
8	铸铁管 *DN*100	m	横支管：（4.5－0.24－0.13－0.2）×3＋0.25×4×3	14.79
9	铸铁管 *DN*75	m	横支管：（4.5－0.24－0.13－1.0）×3＋（0.6＋0.2×2）×3	12.39
10	柔性防水钢套管 *DN*50	个	入户管	1
11	填料套管 *DN*50	个	GL1	1
12	填料套管 *DN*40	个	GL1	1

续表 5.1.9

序号	项目名称	计量单位	计算式	工程数量
13	填料套管 *DN*32	个	GL1	1
14	填料套管 *DN*25	个	GL2	3
15	截止阀 *DN*50	个	GL1	1
16	截止阀 *DN*32	个	GL1 支管：1×3	3
17	截止阀 *DN*25	个	GL2	1
18	截止阀 *DN*20	个	1×3（GL2 横支管）＋1×3（竖向支管）	6
19	蹲式大便器	组	4×3	12
20	洗脸盆	组	1×3	3
21	小便槽冲洗管 *DN*15	m	2×3	6
22	地漏 *DN*75	个	1×3	3
23	地漏 *DN*50	个	1×3	3
24	地面扫除口 *DN*100	个	1×3	3

表 5.1.10 分部分项工程量清单

工程名称：某三层办公楼局部的卫生间给排水系统

序号	项目编码	项目名称	项目特征	计量单位	工程数量	金额/元		
						综合单价	合价	其中 暂估价
1	031001002001	镀锌钢管	1. 材质：普通镀锌钢管 2. 规格：*DN*50 3. 压力等级：常规水压 4. 连接形式：螺纹连接 5. 管卡材质：型钢 6. 水冲洗、消毒冲洗 7. 安装部位：室内 8. 介质：给水	m	2.51			

续表 5.1.10

序号	项目编码	项目名称	项目特征	计量单位	工程数量	金额/元 综合单价	合价	其中 暂估价
2	031001002002	镀锌钢管	1. 材质：普通镀锌钢管 2. 规格：*DN*40 3. 压力等级：常规水压 4. 连接形式：螺纹连接 5. 管卡材质：型钢 6. 水冲洗、消毒冲洗 7. 安装部位：室内 8. 介质：给水	m	4.50			
3	031001002003	镀锌钢管	1. 材质：普通镀锌钢管 2. 规格：*DN*32 3. 压力等级：常规水压 4. 连接形式：螺纹连接 5. 管卡材质：型钢 6. 水冲洗、消毒冲洗 7. 安装部位：室内 8. 介质：给水	m	14.29			
4	031001002004	镀锌钢管	1. 材质：普通镀锌钢管 2. 规格：*DN*25 3. 压力等级：常规水压 4. 连接形式：螺纹连接 5. 管卡材质：型钢 6. 水冲洗、消毒冲洗 7. 安装部位：室内 8. 介质：给水	m	12.33			
5	031001002005	镀锌钢管	1. 材质：普通镀锌钢管 2. 规格：*DN*20 3. 压力等级：常规水压 4. 连接形式：螺纹连接 5. 管卡材质：型钢 6. 水冲洗、消毒冲洗 7. 安装部位：室内 8. 介质：给水	m	13.49			

续表 5.1.10

序号	项目编码	项目名称	项目特征	计量单位	工程数量	金额/元		
						综合单价	合价	其中 暂估价
6	031001002006	镀锌钢管	1. 材质：普通镀锌钢管 2. 规格：DN15 3. 压力等级：常规水压 4. 连接形式：螺纹连接 5. 管卡材质：型钢 6. 水冲洗、消毒冲洗 7. 安装部位：室内 8. 介质：给水	m	15.60			
7	031001001001	铸铁管	1. 材质：排水铸铁管 2. 规格：DN75 3. 连接形式：承插连接 4. 接口材料：水泥接口 5. 闭水试验 6. 安装部位：室内 7. 介质：污水	m	12.39			
8	031001001002	铸铁管	1. 材质：排水铸铁管 2. 规格：DN100 3. 连接形式：承插连接 4. 接口材料：水泥接口 5. 闭水试验 6. 安装部位：室内 7. 介质：污水	m	14.79			
9	031001001003	铸铁管	1. 材质：排水铸铁管 2. 规格：DN100 3. 连接形式：承插连接 4. 接口材料：水泥接口 5. 闭水试验、通球试验 6. 安装部位：室内 7. 介质：污水	m	27.27			
10	031301003001	套管制作、安装	1. 名称：柔性防水套管 2. 材质：焊接钢管 3. 规格：DN50 4. 填料材质：油麻	个	1			

续表 5.1.10

序号	项目编码	项目名称	项目特征	计量单位	工程数量	金额/元		
						综合单价	合价	其中 暂估价
11	031301003002	套管制作、安装	1. 名称：一般填料套管 2. 材质：碳素钢 3. 规格：*DN*50 4. 填料材质：油麻	个	1			
12	031301003003	套管	1. 名称：一般填料套管 2. 材质：碳素钢 3. 规格：*DN*40 4. 填料材质：油麻	个	1			
13	031301003004	套管	1. 名称：一般填料套管 2. 材质：碳素钢 3. 规格：*DN*32 4. 填料材质：油麻	个	1			
14	031301003005	套管	1. 名称：一般填料套管 2. 材质：碳素钢 3. 规格：*DN*25 4. 填料材质：油麻	个	3			
15	031002001001	螺纹阀门	1. 类型：截止阀 2. 材质：碳钢 3. 规格：*DN*50 4. 连接形式：螺纹连接	个	1			
17	031002001002	螺纹阀门	1. 类型：截止阀 2. 材质：碳钢 3. 规格：*DN*32 4. 连接形式：螺纹连接	个	3			
18	031002001003	螺纹阀门	1. 类型：截止阀 2. 材质：碳钢 3. 规格：*DN*25 4. 连接形式：螺纹连接	个	1			

续表 5.1.10

序号	项目编码	项目名称	项目特征	计量单位	工程数量	金额/元		
						综合单价	合价	其中 暂估价
19	031002001004	螺纹阀门	1. 类型：截止阀 2. 材质：碳钢 3. 规格：*DN*20 4. 连接形式：螺纹连接	个	6			
20	031003006001	大便器	1. 类型：蹲式 2. 材质：陶瓷 3. 安装方式：自闭阀冲洗	组	12			
21	031003003001	洗脸盆	1. 类型：冷水 2. 材质：陶瓷 3. 安装方式：单水嘴	组	3			
22	031003015001	小便槽冲洗管	1. 材质：镀锌钢管 2. 规格：*DN*15	m	6			
23	031003014001	地漏	1. 材质：铸铁 2. 规格：*DN*75	个	3			
24	031003014002	地漏	1. 材质：铸铁 2. 规格：*DN*50	个	3			
25	031003014003	地面扫除口	1. 材质：铸铁 2. 规格：*DN*100	个	3			

第二节 通风空调工程

通风工程是送风、排风、防排烟、除尘和气力输送系统工程的总称，空调工程是舒适性空调、恒温恒湿空调和洁净室空气净化及空气调节系统工程的总称。

一、通风工程

建筑通风的任务是改善室内温度、湿度、洁净度和流速，保证人们的健康以及生活和工作的环境条件。工业通风的任务是减少生产过程中产生的粉尘、有害气体、高温、高湿的影响，创造良好的生产环境和大气环境。通风系统包括进风口、排风口、送排风管道、风机、降温及采暖、过滤器、控制系统以及其他附属设备。

(一) 通风方式

1. 自然通风

自然通风是利用室内外风压差或温差所形成的热压，使室内外空气进行交换的通风方式。适合居住建筑、普通办公楼、工业厂房（尤其是高温车间）中使用。

自然通风具有经济、节能、简便易行、无须专人管理、无噪声等优点，在选择通风措施时应优先采用。但难以保证用户对进风温度、湿度及洁净度等方面的要求，不能对排除的污浊空气进行净化处理。受自然条件的影响，通风量不宜控制，通风效果不稳定。

2. 机械通风

机械通风包括机械送风和机械排风。

（1）机械送风。由风机提供空气流动的动力进行送风。室外空气入口又称新风口，新风口设有百叶窗，以遮挡雨、雪、昆虫等。采暖地区新风口入口处设置电动密闭阀，它与风机联动，当风机停止工作时，自动关闭阀门，以防冬季冷风渗入而冻坏加热器。如果不设电动密闭阀时，也应设置手动的密闭阀。

（2）机械排风。机械排风系统中的风机作用同机械进风系统。风口是收集室内空气的地方，为提高全面通风的稀释效果，风口宜设在污染物浓度较大的地方。污染物密度比空气小时，风口宜设在上方，而密度较大时，宜设在下方。排风口在屋顶上方用风帽，在墙上用百叶窗。风管为空气的输送通道，当排风是潮湿空气时，宜采用玻璃钢或聚氯乙烯板制作，一般排风系统可用钢板制作。阀门用于调节风量，或用于关闭系统。在采暖地区为防止风机停止时倒风，或洁净车间防止风机停止时含尘空气进入房间，常在风机出口管上装电动密闭阀，与风机联动。

机械通风的空气流动速度和方向可以方便地控制，因此比自然通风更加可靠。但机械通风系统比较复杂，风机需要消耗电能，一次性投资和运行管理费用比较高。

3. 局部通风

局部通风分为局部送风和局部排风。

（1）局部送风。是将干净的空气直接送至室内人员所在的地方，以改善每位工作人员的局部环境，使其达到要求的标准，而并非使整个空间环境达到该标准。

（2）局部排风。是在产生污染物的地点直接将污染物捕集起来，经处理后排至室外。当污染物集中于某处发生时，局部排风是最有效的治理污染物对环境危害的通风方式。

4. 全面通风

全面通风也称为稀释通风，对于散发热、湿或有害物质的车间或其他房间，当不能采用局部通风或采用局部通风达不到卫生标准要求时，应辅以全面通风。

全面通风可分为稀释通风、单向流通风、均匀流通风和置换通风等。

（1）稀释通风。对整个房间进行通风换气，用新鲜空气把整个房间内的有害物浓度稀释到最高允许浓度以下。该方式所需要的全面通风量大，控制效果差。

（2）单向流通风。通过有组织的气流流动，控制有害物的扩散和转移，保证操作人员呼吸区内的空气达到卫生标准要求。这种方法具有通风量小、控制效果好等优点。

（3）均匀流通风。速度和方向完全一致的宽大气流称为均匀流，利用送风气流构成的均匀流把室内污染空气全部压出和置换。这种通风方法能有效排除室内污染气体，目前主要应用于汽车喷涂室等对气流、温度控制要求高的场所。

（4）置换通风。置换通风的送风分布器通常都是靠近地板，送风口面积大，出风速度低（一般低于 0.5m/s）。置换通风用于夏季降温时，送风温度通常低于室内温度 2～4℃。低速、低温送风与室内分区流态是置换通风的重要特点。置换通风对送风的空气分布器要求较高，它要求分布器能将低温的新风以较小的风速均匀送出，并能散布开来。

5. 事故排风

事故排风的室内排风口应设在有害气体或爆炸危险物质散发量可能最大的地点。事故排风不设置进风系统补偿，一般不进行净化。事故排风的室外排风口不应布置在人员经常停留或经常通行的地点，而且高出 20m 范围内最高建筑物的屋面 3m 以上。当其与机械送风系统进风口的水平距离小于 20m 时，应高于进风口 6m 以上。

6. 建筑防火防排烟

《建筑防火通用规范》GB 55037—2022 规定，下列部位应采取防烟措施：封闭楼梯间，防烟楼梯间及其前室，消防电梯的前室或合用前室，避难层、避难间，避难走道的前室，地铁工程中的避难走道。除不适合设置排烟设施的场所、火灾发展缓慢的场所可不设置排烟设施外，工业与民用建筑的下列场所或部位应采取排烟等烟气控制措施：建筑面积大于 300m^2，且经常有人停留或可燃物较多的地上丙类生产场所，丙类厂房内建筑面积大于 300m^2，且经常有人停留或可燃物较多的地上房间；建筑面积大于 100m^2 的地下或半地下丙类生产场所；除高温生产工艺的丁类厂房外，其他建筑面积大于 5 000m^2 的地上丁类生产场所；建筑面积大于 1 000m^2 的地下或半地下丁类生产场所；建筑面积大于 300m^2 的地上丙类库房；设置在地下或半地下、地上第四层及以上楼层的歌舞娱乐放映游艺场所，设置在其他楼层且房间总建筑面积大于 100m^2 的歌舞娱乐放映游艺场所；公共建筑内建筑面积大于 100m^2 且经常有人停留的房间；公共建筑内建筑面积大于 300m^2 且可燃物较多的房间；中庭；建筑高度大于 32m 的厂房或仓库内长度大于 20m 的疏散走道，其他厂房或仓库内长度大于 40m 的疏散走道，民用建筑内长度大于 20m 的疏散走道。除敞开式汽车库、地下一层中建筑面积小于 1 000m^2 的汽车库、地下一层中建筑面积小于 1 000m^2 的修车库可不设置排烟设施外，其他汽车库、修车库应设置排烟设施。通行机动车的一、二、三类城市交通隧道内应设置排烟设施。建筑中下列经常有人停留或可燃物较多且无可开启外窗的房间或区域应设置排烟设施：建筑面积大于 50m^2 的房间；房间的建筑面积不大于 50m^2，总建筑面积大于 200m^2 的区域。

(1) 建筑防火分区和防烟分区。《建筑设计防火规范》GB 50016—2014（2018 年版）对每个防火分区允许最大建筑面积做了规定，见表 5.2.1。

表 5.2.1　每个防火分区允许最大建筑面积

名称	耐火等级	防火分区的最大允许建筑面积/m^2	备注
高层民用建筑	一、二级	1 500	对于体育馆、剧场的观众厅，防火分区的最大允许建筑面积可适当增加
单、多层民用建筑	一、二级	2 500	
	三级	1 200	—
	四级	600	
地下或半地下建筑（室）	一级	500	设备用房的防火分区最大允许建筑面积不应大于 1 000m^2

为了控制烟气流动，可以利用挡烟垂壁、隔墙或从顶棚下突出不小于 0.5m 的梁等防烟隔断将一个防火分区划分为几个更小的区域，称为防烟分区。

(2) 防烟排烟方式。

1) 自然排烟。自然排烟是利用热烟气产生的浮力、热压或其他自然作用力使烟气排出室外。这种排烟方式设施简单，投资少，日常维护工作少，操作容易；但排烟效果不稳定，应用有一定限制。自然排烟有利用外窗或专设的排烟口排烟和利用竖井排烟。

除建筑高度超过 50m 的一类公共建筑和建筑高度超过 100m 的居住建筑外，靠外墙的防烟楼梯间及其前室、消防电梯间前室和合用前室，宜采用自然排烟方式。不靠外墙的防烟楼梯间前室、消防电梯前室和合用前室或虽靠外墙但不能开窗者，可采用排烟竖井自然排烟。

2) 机械排烟。机械排烟实质上是一个排风系统。机械排烟的优点是不受外界条件（如内外温差、风力、风向、建筑特点、着火区位置等）的影响，而能保证有稳定的排烟量。机械排烟的设施费用高，需经常保养维修。

3) 加压防烟系统。加压防烟是用风机把一定量的室外空气送入房间或通道内，使室内保持一定压力或门洞处有一定流速，以避免烟气侵入。

加压防烟是一种有效的防烟措施，但它的造价高，一般只在一些重要建筑和重要的部位才用这种加压防烟措施，目前主要用于高层建筑的垂直疏散通道和避难层（间）。在高层建筑中一旦火灾发生，电源都被切断，除消防电梯外其他电梯停运。因此，垂直通道主要指防烟楼梯间和消防电梯，以及与之相连的前室和合用前室。前室是指与楼梯间或电梯入口相连的小室，合用前室指既是楼梯间又是电梯间的前室。上述这些通道只要不具备自然排烟，或即使具备自然排烟条件但它们在建筑高度过高或重要的建筑中，都必须采用加压送风防烟。

7. 人防通风系统

人防地下室通风设计，必须严格按照《人民防空地下室设计规范》GB 50038—2005 进行，满足战时与平时使用功能所必需的空气环境与工作条件。人防地下室通风设计，战时应按防护单元设置独立的系统，平时宜结合防火分区设置系统，防空地下室的采暖通风与空调系统应分别与上部建筑的采暖通风与空调系统分开设置。

（二）除尘净化

1. 除尘系统

工业建筑的除尘系统是一种局部机械排风系统。用吸尘罩捕集工艺过程产生的含尘气体，在风机的作用下，含尘气体沿风道被输送到除尘设备，将粉尘分离出来，净化后的气体排至大气，粉尘进行收集与处理。

除尘分为就地除尘、分散除尘和集中除尘三种形式：

(1) 就地除尘。它是把除尘器安放在生产设备附近，就地捕集和回收粉尘，基本上不需敷设或只设较短的除尘管道。这种系统布置紧凑、简单、维护管理方便。

(2) 分散除尘。排风点较分散时，可根据输送气体的性质，把几个排风点合成一个系统。分散式除尘系统的除尘器和风机应尽量靠近产尘设备。这种系统风管较短，布置简单，系统压力容易平衡，由于除尘器分散布置，除尘器回收粉尘的处理较为麻烦。

(3) 集中除尘。适用于扬尘点比较集中，有条件采用大型除尘设施的车间。优点是除尘设备集中维护管理，回收粉尘容易实现机械化处理。缺点是管道复杂，压力平衡困难，初投资大，因此仅适用于少数大型工厂。

2. 有害气体的净化方法

有害气体的净化方法主要有洗涤法、吸附法、吸收法、袋滤法、静电法、生物纳膜法、燃烧法、冷凝法。

（1）洗涤法。洗涤法是通过适当比例的液体吸收剂处理气体混合物，完成沉降、降温、聚凝、洗净、中和、吸收和脱水等物理化学反应，以实现气体的净化。它适用于净化CO、SO_2、NO_x、HF、SiF_4、HCl、Cl_2、NH_3、Hg蒸气、酸雾、沥青烟及有机蒸气。

（2）吸附法。吸附法是利用某种松散、多孔的固体物质（吸附剂）对气体的吸附能力除去其中某些有害成分（吸附剂）的净化方法。这种方法广泛应用于低浓度有害气体的净化，特别是各种有机溶剂蒸气。吸附法的净化效率能达到100%。常用的吸附剂有活性炭、硅胶、活性氧化铝等。吸附法分为物理吸附和化学吸附。

（3）吸收法。吸收法是指用适当的液体（吸收剂）与有害气体（吸收质）接触，利用气体在液体中溶解能力的不同，除去其中一种或几种组分的有害气体净化方法。吸收法广泛应用于无机气体如硫氧化物、氮氢化物、硫化氢、氯化氢等有害气体的净化。它能同时进行除尘，适用于处理气体量大的场合。与其他净化方法相比，吸收法的费用较低。吸收法的缺点是还要对排水进行处理，净化效率难以达到100%。

（4）袋滤法。袋滤法是粉尘通过过滤介质受阻，而将固体颗粒物分离出来的方法。它是一种高效净化方法，主要适用于工业气体的除尘净化。

（5）静电法。静电法是粒子在电场作用下，带荷电后，粒子向沉淀极移动，带电粒子碰到集尘极即释放电子而呈中性状态附着集尘板上被捕捉，完成气体净化的方法。该方法可以净化较大气量，能够除去的粒子粒径范围较宽，可净化温度较高含尘烟气，广泛用于冶金、矿山、化工、制药、发电、冶炼等行业。

（6）生物纳膜法。生物纳膜是层间距达到纳米级的双电离层膜，能最大限度地增加水分子的延展性，并具有强电荷吸附性；将生物纳膜喷附在物料表面，能吸引和团聚小颗粒粉尘，使其聚合成大颗粒状尘粒，自重增加而沉降；生物纳膜除尘率最高可达99%以上。

（7）燃烧法。燃烧法广泛应用于有机溶剂蒸气和碳氢化合物的净化处理，也可用于除臭。燃烧法主要有两种：热力燃烧和催化燃烧。热力燃烧是在明火下的火焰燃烧，反应温度一般在600～800℃。催化燃烧是在催化剂作用下，使化合物在较低的温度下氧化分解，反应温度一般在200～400℃，反应过程不产生明火，能耗较低，但催化剂的价格较贵。燃烧法适用于有害气体中含有可燃成分的条件，其中直接燃烧法是在一般方法难以处理，且危害性极大，必须采取燃烧处理时采用，如净化沥青烟、炼油厂尾气等。催化燃烧法主要用于净化机电、轻工行业产生的苯、醇、酯、醚、醛、酮、烷和酚类等有机蒸气。

（8）冷凝法。有些液体受热后产生的有害气体可通过冷凝方法将其从空气中分离出来，这种方法称为冷凝法。冷凝法的净化效率低，只适用于浓度高、冷凝温度高的有害蒸气。

低浓度气体的净化常采用吸收法和吸附法，是通风中有害气体的主要净化方法。

（三）气力输送系统

气力输送系统是用气流将除尘器、冷却设备与烟道中收集的烟（粉）尘输送到要求的地点。按其工作特点可分为吸送式、压送式、混合式和循环式四类，常用的为前两类。

在负压吸送式系统中，物料和空气一起被吸入喉管（受料器），物料经喉管起动、加速后沿输料管送至分离器（设在卸料目的地），分离器分离下来的物料存入料仓，含尘空气则经除尘器净化后再通过风机排入大气。负压输送的优点在于能有效地收集物料，物料不会进入大气。负压吸送系统多用于集中式输送，即多点向一点输送，由于真空度的影响，其输送距离受到一定限制。

压送式系统分为以风机为动力的低压压送式系统和以压缩空气为动力的高压压送式系统。低压压送式系统风机安装在系统的前端，系统在正压下工作，受料器进来的物料被压送至分离器后，经分离器下部卸料器卸出，含尘空气则经除尘器净化后排入大气。高压压送式系统利用压缩空气为动力，压缩空气经油水分离器、贮气罐进入受料器（发送器）压送物料。压送式输送系统的输送距离较长，适于分散输送，即一点向多点输送。

混合式气力输送系统。在吸送部分，通过吸嘴将物料与空气的混合物吸入输料管，然后经分离器使物料与气流分离。物料再经分离器下部的卸料器（兼作压送部分的供料器）卸出，并送入压送部分的输料管。而从除尘器出来的空气，经风机压入压送部分的输料管，再与物料混合，以压送的方式输送物料。该系统吸料方便，输送距离长；可多点吸料，并压送至若干卸料点；缺点是结构复杂，带尘的空气要经过风机，故风机的工作条件较差。

循环式系统是指气体和物料分离后，气体循环使用，一般用于贵重气体输送特殊物料。

（四）空气幕系统

利用条形空气分布器喷出一定速度和温度的幕状气流，来封闭大门、通道等。空气幕可由空气处理设备、风机、风管系统及空气分布器组成。空气幕按照空气分布器的安装位置可以分为上送式、侧送式和下送式三种。

（1）上送式空气幕。空气幕安装在门洞上部，适用于一般的公共建筑。尽管上送式空气幕阻挡室外冷风的效率不如下送式空气幕，但它仍然是最有发展前途的一种形式。

（2）侧送式空气幕。空气幕安装在门洞侧部，分为单侧和双侧两种。工业建筑，当外门宽度小于 3m 时，宜采用单侧送风，当外门宽度为 3～18m 时，宜采用单侧或双侧送风，或由上向下送风。为了不阻挡气流，装有侧送式空气幕的大门严禁向内开启。

（3）下送式空气幕。空气幕安装在地面下。由于下送式空气幕的射流最强区在门洞下部，因此抵挡冬季冷风从门洞下部侵入时的挡风效率最好，而且不受大门开启方向的影响。但是下送式空气幕的送风口在地面下，容易被脏物堵塞，而且下送风的气流容易将衣裙扬起不受人们欢迎。目前下送式空气幕已很少使用。

（五）通风除尘主要设备及附件

1. 通风机

通风工程中通风机的分类方法很多（参见本书第四章第一节），按风机的工作原理可分为：

（1）离心式通风机。离心式风机由旋转的叶轮、机壳导流器和排风口所组成。用于一般的送排风系统，或安装在除尘器后的除尘系统。适宜输送温度低于 80℃，含尘浓度小于 150mg/m^3 的无腐蚀性、无黏性的气体。

（2）轴流式通风机。轴流式通风机由圆筒形机壳、叶轮、吸风口、扩压器等组成。适用于一般厂房的低压通风系统。

(3) 贯流式通风机。又称横流风机，将机壳部分敞开使气流直接进入通风机，气流横穿叶片两次后排出而能到达很远的距离。贯流式通风机的全压系数较大，效率较低，其进出口均是矩形，易于建筑配合，目前大量应用于空调挂机、空调扇、风幕机等设备中。

(4) 射流通风机。与普通轴流通风机相比，在相同重量或相同功率的情况下，能提供较大的通风量和较高的风压。一般认为通风量可增加30%～35%，风压增高约2倍。此种风机具有可逆转特性，反转后风机特性只降低5%，可用于铁路、公路隧道的通风换气。

通风机按其用途可分为：

(1) 一般用途通风机。只适宜输送温度低于80℃，含尘浓度小于150mg/m³清洁空气。

(2) 排尘通风机。适用于输送含尘气体。为了防止磨损，可在叶片表面渗碳、喷镀三氧化二铝、硬质合金钢等，或焊上一层耐磨焊层如碳化钨等。

(3) 高温通风机。锅炉引风机输送的烟气温度一般在200～250℃，在该温度下碳素钢材的物理性能与常温下相差不大，所以一般锅炉引风机的材料与一般用途通风机相同。若输送气体温度在300℃以上时，则应用耐热材料制作，滚动轴承采用空心轴水冷结构。

(4) 防爆通风机。选用与砂粒、铁屑等物料碰撞时不发生火花的材料制作。对于防爆等级低的通风机，叶轮用铝板制作，机壳用钢板制作，对于防爆等级高的通风机，叶轮、机壳则均用铝板制作，并在机壳和轴之间增设密封装置。

(5) 防腐通风机。在通风机叶轮、机壳或其他与腐蚀性气体接触的零部件表面喷镀一层塑料，或涂一层橡胶，或刷多遍防腐漆，以达到防腐目的。用过氯乙烯、酚醛树脂、聚氯乙烯和聚乙烯等有机材料制作的通风机（即塑料通风机、玻璃钢通风机），重量轻，强度大，防腐性能好，已有广泛应用。但这类通风机刚度差，易开裂。

(6) 防排烟通风机。可采用普通钢制离心通风机，也可采用消防排烟专用轴流风机。具有耐高温的显著特点。一般在温度高于300℃的情况下可连续运行40min以上。排烟风机一般装于室外，如装在室内应将冷却风管接到室外。

(7) 屋顶通风机。直接安装于建筑物的屋顶上。其材料可用钢制或玻璃钢制。又有离心式和轴流式两种。这类通风机常用于各类建筑物的室内换气，施工安装极为方便。

(8) 射流通风机。与普通轴流通风机相比，在相同通风机重量或相同功率的情况下，能提供较大的通风量和较高的风压。一般认为通风量可增加30%～35%，风压增高约2倍。此种风机具有可逆转特性，反转后风机特性只降低5%。可用于铁路、公路隧道的通风换气。

2. 风阀

风阀是空气输配管网的控制、调节机构，基本功能是截断或开通空气流通的管路，调节或分配管路流量。

(1) 具有控制和调节两种功能的风阀有蝶式调节阀、菱形单叶调节阀、插板阀、平行式多叶调节阀、对开式多叶调节阀、菱形多叶调节阀、复式多叶调节阀、三通调节阀等。

蝶式调节阀、菱形单叶调节阀和插板阀主要用于小断面风管；平行式多叶调节阀、对开式多叶调节阀和菱形多叶调节阀主要用于大断面风管；复式多叶调节阀和三通调节阀用于管网分流或合流或旁通处的各支路风量调节。

蝶式、平行、对开式多叶调节阀靠改变叶片角度调节风量，平行式多叶调节阀的叶片转动方向相同，对开式多叶调节阀的相邻两叶片转动方向相反。插板阀靠插板插入管道的深度调节风量。菱形调节阀靠改变叶片张角调节风量。

（2）只具有控制功能的风阀有止回阀、防火阀、排烟阀等。止回阀控制气流的流动方向，阻止气流逆向流动；防火阀平常全开，火灾时关闭并切断气流，防止火灾通过风管蔓延，70℃关闭；排烟阀平常关闭，排烟时全开，排除室内烟气，80℃开启。

3. 风口和风帽

风口的基本功能是将气体吸入或排出管网，通风（空调）工程中使用最广泛的是铝合金风口，表面经氧化处理，具有良好的防腐、防水性能。目前常用的风口有格栅风口、地板回风口、条缝型风口、百叶风口（包括固定百叶风口和活动百叶风口）和散流器。

风帽是利用自然风推动风机的涡轮旋转及室内外空气对流的原理，将平行方向的空气流加速并转变为由下而上垂直的空气流，以提高室内通风换气效果的一种装置。其功能是产生空气对流，排散热气；减低空调负荷、增加室内新鲜空气；抽出屋顶湿气、霉气、蒸汽，保持楼顶干爽；代替重型电排风机、减低支架成本节省电费、减掉噪声。

4. 局部排风罩

排风罩主要作用是排除工艺过程或设备中的含尘气体、余热、余湿、毒气、油烟等。

按照工作原理的不同，局部排风罩可分为以下几种类型。

（1）密闭罩。把有害物源全部密闭在罩内，从罩外吸入空气，使罩内保持负压。只需要较小的排风量就能对有害物进行有效控制。用于除尘系统的密闭罩也称防尘密闭罩。

按照密闭罩和工艺设备的配置关系，防尘密闭罩可分为三类：局部密闭罩、整体密闭罩和大容积密闭罩。

（2）柜式排风罩（通风柜）。结构与密闭罩相似，只是罩的一面全部敞开。大型的室式通风柜，操作人员可直接进入柜内工作。

（3）外部吸气罩。利用排风气流的作用，在有害物散发地点造成一定的吸入速度，使有害物吸入罩内。

（4）接受式排风罩。有些生产过程或设备本身会产生或诱导一定的气流运动，如高温热源上部的对流气流等，对这类情况，只需把排风罩设在污染气流前方，有害物会随气流直接进入罩内。

（5）吹吸式排风罩。吹吸式排风罩是利用射流能量密集、速度衰减慢，而吸气气流速度衰减快的特点，使有害物得到有效控制的一种方法。它具有风量小，控制效果好，抗干扰能力强，不影响工艺操作等特点。

5. 除尘器

根据除尘机理的不同除尘器可分为重力、惯性、离心、过滤、洗涤、静电六大类，根据气体净化程度的不同可分为粗净化、中净化、细净化与超净化等四类；根据除尘器的除尘效率和阻力可分为高效、中效、粗效和高阻、中阻、低阻等类。

除尘器的技术性能指标包括除尘效率、压力损失、处理气体量与负荷适应性等。

（1）重力除尘器。利用重力作用使尘粒自然沉降，是重力除尘的基本原理。由于尘粒的沉降速度一般较小，这种方法只适用于粗大的尘粒。

（2）惯性除尘器。是使含尘气流方向急剧变化或与挡板、百叶等障碍物碰撞时，利用尘粒自身惯性力从含尘气流中分离尘粒的装置。其性能主要取决于特征速度、折转半径与折转角度，可用于收集大于 20μm 粒径的尘粒。压力损失则因结构形式不同差异很大，一般为 100～400Pa。常用的惯性除尘器有气流折转式、重力挡板式、百叶板式与组合式等几种。

（3）旋风除尘器。是利用离心力从气流中除去尘粒的设备。具体见本书第四章第二节。

（4）湿式除尘器。通过含尘气流与液滴或液膜的接触，在液体与粗大尘粒的相互碰撞、滞留，细微尘粒的扩散、相互凝聚等共同作用下，使尘粒从气流中分离出来净化气流。该除尘器结构简单，投资低，占地面积小，除尘效率高，能同时进行有害气体的净化，但不能干法回收物料，泥浆处理比较困难，有时要设置专门的废水处理系统。

湿式除尘器有水浴、冲激式、卧式旋风水膜、立式旋风水膜、文氏管等很多种类。

（5）过滤式除尘器。是通过多孔过滤材料的作用从气固两相流中捕集粉尘、并使气体得以净化的设备。按照过滤材料和工作对象的不同，可分为袋式除尘器、颗粒层除尘器、空气过滤器三种类型。过滤式除尘器属高效过滤设备，应用非常广泛。

（6）静电除尘器。是利用静电力将气体中粉尘分离的一种除尘设备。除尘器由本体及直流高压电源两部分构成。本体中排列有保持一定间距的金属集尘极（又称极板）与电晕极（又称极线），用以产生电晕、捕集粉尘。电除尘器除尘效率高、耐温性能好、压力损失低；但一次投资高，钢材消耗多、要求较高的制造安装精度。

按电极清灰的方式不同可分为干式电除尘器、湿式电除尘器和半干半湿电除尘器。按电除尘器内气流运动方向可分为：立式电除尘器和卧式电除尘器。按集尘极的形式可分为：管式电除尘器和板式电除尘器。

6. 消声器

通风空调系统的消声器一般安装在风机出口水平总风管上，以降低风机产生的噪声，也有将消声器安装在各送风口前的弯头内，以阻止或降低噪声由风管内向空调房间传播。

（1）阻性消声器。阻性消声器是利用敷设在气流通道内的多孔吸声材料来吸收声能，降低沿通道传播的噪声，具有良好的中、高频消声性能。消声性能主要取决于吸声材料的种类，吸声层厚度及密度，气流通道的断面尺寸，通过气流的速度及消声器的有效长度等因素。阻性消声器有管式、片式、蜂窝式、折板式、弧形、小室式，矿棉管式、聚酯泡沫管式、卡普隆纤维管式、消声弯头等。

（2）抗性消声器。由扩张室和连接管串联组成。膨胀型消声器是典型的抗性消声器，它利用声波通道截面的突变（扩张或收缩），使沿管道传递的某些特定频段的声波反射回声源，从而达到消声的目的。抗性消声器具有良好的低频或低中频消声性能，宜在高温、高湿、高速及脉动气流环境下工作。消声器形式有单节、多节、外接式、内接式等多种。

（3）扩散消声器。在其器壁上设许多小孔，气流经小孔喷射后，通过降压减速，达到消声目的。如微穿孔板消声器等。

（4）缓冲式消声器。利用多孔管及腔室阻抗作用，将脉冲流转换为平滑流的消声设备。

（5）干涉型消声器。利用波的干涉原理，在气流通道上设一旁通管，使部分声能分岔到旁通管里，使主、旁通道中的声波在汇合处波长相同，相位相反，在传播过程中，相波相互削弱或完全抵消，达到消声目的。

（6）阻抗复合消声器。阻性消声器对中、高频消声效果较好。抗性消声器对低、中频消声效果较好，利用上述特性，将二者结合起来组成的阻抗复合消声器，则对低、中、高整个频段内的噪声均可获得较好的消声效果。

7. 空气幕设备

近年来，已有一些工厂生产整体装配式空气幕和贯流式空气幕。前者设有加热器，适用于寒冷地区的民用与工业建筑，后者未设加热（冷却）装置，体型较小，适用于各类民用建筑和冷库等。

8. 空气净化设备

有害气体的处理方法有多种，其中吸收法和吸附法较为常用，相应的空气净化设备有：

（1）吸收设备。它用于需要同时进行有害气体净化和除尘的排风系统中。常用的吸收剂有水、碱性吸收剂、酸性吸收剂、有机吸收剂和氧化剂吸收剂。常用的吸收设备有：

1）喷淋塔。有害气体从下部进入，经过挡板、均流板与吸收剂液滴接触，吸收剂是从上向下分几层喷淋。净化后的气体经脱水器（又称气液分离器）后，排至室外。喷淋塔的优点是阻力小，结构简单，塔内无运动部件。但是它的吸收率不高，仅适用于有害气体浓度低，处理气体量不大和同时需要除尘的情况。

2）填料塔。吸收剂自塔顶通过液体分布器向下喷淋，沿填料表面向下流动，湿润填料，气体沿填料的间隙向上流动，在填料表面气液接触，进行吸收。填料塔结构简单，阻力中等，是目前应用较广的一种吸收设备。但它不适用于有害气体与粉尘共存的场合，以免堵塞。

3）湍流塔。塔内设有开孔率较大的筛板，筛板上放置一定数量的轻质小球，相互碰撞，吸收剂自上向下喷淋，加湿小球表面，进行吸收。由于气、液、固三相接触，小球表面液膜不断更新，增大吸收推动力，提高吸收效率。

（2）吸附设备。常用的吸附介质是活性炭，吸附设备有：

1）固定床吸附设备。可分为垂直型、圆筒型、多层型和水平型等。在有害气体浓度较高时，为了连续生产，多采取双罐式，一罐吸附，另一罐脱附，交替切换使用。

2）移动床吸附设备。在该装置中，依靠风力使炭粒连续循环，炭粒达到饱和后即从上箱体移动到下箱体进行再生，再生后的炭粒由风道输送到上箱体进行吸附。

3）流动床吸附设备。装置由吸附部、脱附段、料封部、球状炭输送装置和冷凝回收装置五大部分组成。经脱附后的炭由上往下运动，有害气体往上升，由于逐层被吸附而浓度越低，到了最上层则与刚脱附过的炭粒相接触，被净化后排入大气。

二、空调工程

空调系统一般由空气处理、空气输配、冷热源、自控系统等组成。

（1）空气处理部分包括对空气进行热湿处理和净化处理的各种设备，如过滤器、表面式冷却器、喷水室、加热器、加湿器等。

（2）空气输配部分包括通风机（送、回、排风机）、风道系统、阀门、附属装置（如消声器等），送风口、回风口和空气进出空调系统的新风口、排风口等。冷热源部分包括制冷系统和供热系统。

（一）空调系统的组成

空调系统包括送风系统和回风系统。在风机的作用下，室外空气进入新风口，与回风管中回风混合，经空气处理设备处理达到要求后，由风管输送并分配到各送风口，由送风口送入室内。回风口将室内空气吸入并进入回风管（回风管上也可设置风机），一部分回风经排风管和排风口排到室外，另一部分回风经回风管与新风混合。空调系统基本由空气处理、空气输配、冷热源三个部分组成，还有自控系统等。

1. 空气处理部分

包括能对空气进行热湿处理和净化处理的各种设备。如过滤器、表面式冷却器、喷水室、加热器、加湿器等。

2. 空气输配部分

包括通风机（送、回、排风机）、风道系统、各种阀门、各种附属装置（如消声器等），以及为使空调区域内气流分布合理、均匀而设置的各种送风口、回风口和空气进出空调系统的新风口、排风口。

3. 冷热源部分

包括制冷系统和供热系统。

4. 自控系统部分

根据室内温度、湿度等，自动调节空调运行工况。主要包括温控器和电磁阀。

（二）空调系统的分类

1. 按空气处理设备的设置情况分类

（1）集中式系统。空气处理设备（过滤器、加热器、冷却器、加湿器等）及通风机集中设置在空调机房内，空气经处理后，由风道送入各房间。按送入每个房间的送风管的数目可分为单风管系统和双风管系统。

（2）半集中式系统。集中处理部分或全部风量，然后送往各房间（或各区），在各房间（或各区）再进行处理的系统。如风机盘管加新风系统为典型的半集中式系统。

（3）分散式系统（也称局部系统）。将整体组装的空调机组（包括空气处理设备、通风机和制冷设备）直接放在空调房间内的系统。

2. 按送风量是否变化分类

（1）定风量系统。送风量不随室内热湿负荷变化而变化，送入各房间的风量保持一定。

（2）变风量系统。送风量随室内热湿负荷变化而变化。

3. 按承担室内负荷的输送介质分类

（1）全空气系统。房间的全部负荷均由集中处理后的空气负担。如定风量或变风量的单风管中式系统、双风管系统、全空气诱导系统等。如集中式空调系统。

（2）空气-水系统。空调房间的负荷由集中处理的空气负担一部分，其他负荷由水作为介质送入空调房间对空气进行再处理（加热或冷却等）。如带盘管的诱导系统、风机盘管机组加新风系统等。

（3）全水系统。房间负荷全部由集中供应的冷、热水负担。如风机盘管系统、辐射板系统等。

（4）制冷剂系统。以制冷剂为介质，直接用于对室内空气进行冷却、去湿或加热。制冷系统的蒸发器或冷凝器直接从空调房间吸收（或放出）热量。如局部式空调系统。

4. 按所处理空气的来源分类

（1）封闭式系统。指空调系统处理的空气全部再循环，不补充新风的系统。封闭式系统能耗小，卫生条件差，需要对空气中氧气再生和备有二氧化碳吸收装置。如用于地下建筑及潜艇的空调等。

（2）直流式系统。所处理的空气全部来自室外新风，经处理后送入室内，吸收室内负荷后再全部排到室外。这种系统消耗较多的冷量和热量。主要用于空调房间内产生有毒有害物质的车间。实验室等不允许利用回风的场所。

(3) 混合式系统。混合式系统处理的空气由回风和新风混合而成。它兼有直流式和封闭式的优点，应用比较普遍，如宾馆、剧场等场所的空调系统。

混合式系统在使用循环空气（即回风）时，可采用如下两种回风形式：

一次回风。将回风与新风在空气处理设备前混合，再一起进入空气处理设备，这是空调中应用最广泛的一种形式，混合的目的在于利用回风的冷量或热量，来降低或提高新风温度。

二次回风。将回风分为两部分，一部分是在空气处理设备前面与新风混合，另一部分是不经过空气处理设备，直接与处理后的空气混合，二次混合目的在于代替加热器提高送风温度。

5. 按空调系统的用途不同分类

(1) 舒适性空调。舒适性空调是为室内人员创造舒适性环境的空调系统，主要用于商业建筑、居住建筑、公共建筑以及交通工具等。

(2) 工艺性空调。工艺性空调（又称工业空调）是为工业生产或科学研究提供特定室内环境的空调系统，例如洁净空调、恒温恒湿空调等。

6. 根据服务区域的不同分类

根据服务区域的不同，可分为全室性空调及局部性（局部区域）空调。

(1) 全室性空调。全室性空调是对整个房间采取空调技术措施。

(2) 局部性（局部区域）空调。局部性空调是在非空调房间内的局部区域采取空调技术措施。

（三）典型空调系统介绍

1. 单风管和双风管集中式系统

(1) 单风管集中式系统属于全空气式空调系统，系统仅有一个送风管，夏季送冷风，冬季送热风。室内温度由室内温度自动调节器控制冷却器或加热器的阀门开度来保证。

该系统优点是设备简单，初投资较省，设备集中设置，易于管理。缺点是，当一个集中式系统供给多个房间，而各房间负荷变化不一致时，无法进行精确调节，另外风管断面尺寸较大，占用空间大。

单风管系统适用于空调房间较大，各房间类似，当集中控制时，各房间的热湿负荷变化所引起的室内温湿度波动不会超过各房间的允许波动范围的场合。

(2) 双风管集中式系统是指空气经处理后分别用两个风管送出，其中一个为风温比较高的热风管，另一个为风温比较低的冷风管，两个风管接入混合箱，经混合后送入房间。由室温传感器控制混合箱调节冷热风的比例。

该系统具有如下优点：每个房间（或每个区）可以分别控制；因直接用冷、热空气混合，所以室温调节速度较快；冬季和过渡季的冷源以及夏季的热源可以利用室外新风；因系全空气方式，空调房间内无末端装置，不出现水管、电气附属设备、过滤器等，对使用者无干扰。

2. 定风量和变风量系统

(1) 定风量系统是通过改变送风状态而风量不变来适应室内负荷的变化。室内气流分布稳定，系统简单。其缺点是系统能耗大。

(2) 变风量系统是送风状态不变，用改变风量的办法来适应负荷变化。风量的变化可通过专用的变风量末端装置来实现，末端装置可分为节流型、旁通型和诱导型。

3. 诱导器系统

采用诱导器做末端装置的半集中式系统称为诱导器系统。诱导器由外壳、盘管（可不设）、喷嘴、静压箱和一次风连接管等组成。工作原理是经空气处理机房集中处理的一次风（新风，也可混合部分回风），由风管送入设置在空调房间的诱导器静压箱，然后以很高的速度从喷嘴喷出，使诱导器内部形成负压，吸入一部分室内空气（二次风），这两部分空气在诱导器内混合后再送入空调房间。诱导器系统根据诱导器内是否设置盘管可分为全空气诱导器系统和空气-水诱导器系统。

由于诱导器系统能在房间就地回风，不必或较少需要再把回风抽回到集中处理室处理，减少了要集中处理和来回输送的空气量，因而有风管断面小、空气处理室小、空调机房占地少、风机耗电量少的优点。

4. 风机盘管系统

设置风机盘管机组的半集中式系统。风机盘管机组包括风机、电动机、盘管、空气过滤器、凝水盘、接管、出风格栅、室温调节装置、箱体以及吸声材料和保温材料等。

风机盘管系统是空调系统的末端装置，其工作原理是机组内不断地再循环所在房间的空气，使空气通过冷水（热水）盘管后被冷却（加热），以保持房间温度的恒定。风机盘管机组常和经单独处理的新风系统结合使用。用来冷却或加热空气的盘管要通以冷水或热水，因此机组的水系统至少应装设供、回水管各一根，即做成双管系统。若采用冷、热水管路分开供应，可做成三管或四管系统。

风机盘管机组按结构形式分为立式（代号 L）、卧式（W）、立柱式（Z）和顶棚式（D）；按安装方式分为明装（M）、暗装（A）；按出风方式分为上出风（S）、斜出风（X可省略）和前出风（Q）；按进水方式分为左进（Z）和右进（Y可省略）。如 FP－6.3LM 表示名义风量为 $630m^3/h$、立式、明装、斜出风、右进水的风机盘管机组；FP－5LA－QZ 表示名义风量为 $500m^3/h$、立式、暗装、前出风、左进水的风机盘管机组。

风机盘管系统适用于空间不大负荷密度高的场合，如高层宾馆、办公楼和医院病房等。

5. 局部空调机组

局部空调机组为分散式系统，由空气处理设备、风机、冷冻机和自动控制设备等组成，所有设备经常装成一体，由工厂成批生产，现场安装。机组一般安装在需要空调的房间或相邻室内，就地处理空气。

局部空调机组的分类如下：

（1）按机组的结构形式可分为：

整体式空调机组：把制冷压缩机、冷凝器、蒸发器、通风机、空气过滤器、加热器、加湿器、自动控制装置等组装在柜式箱体内。

分体式空调机组：把制冷压缩机、冷凝器（热泵运行时蒸发器）和冷凝器风机同室内空气处理设备分开安装的空调机组。压缩机、冷凝器和冷凝器风机一起组成一机组，置于室外，称室外机；蒸发器（热泵运行时冷凝器）、送风机、空气过滤器、加热器、加湿器等组成另一机组，置于室内，称室内机。室内机可有壁挂式、落地式、吊顶式、嵌入式等。室内机和室外机之间用制冷剂管路连接。

（2）按冷凝器冷却方式可分为：

水冷式空调机组：制冷系统以水为冷却介质，用水带走其冷凝热。为了节约用水，用户一般要设置冷却塔，冷却水循环使用，通常不允许直接使用地下水或自来水。

风冷式空调机组：制冷系统以空气为冷却介质，用空气带走其冷凝热，制冷性能系数要低于水冷空调机组，但可免去用水，无须设置冷却塔和循环水泵等，安装与运行简便。

（3）按供热方式可分为：

电热式空调机组：冬季用电加热器对送风加热。

热媒式空调机组：用蒸汽或热水加热器对送风加热。

热泵式空调机组：夏季供冷时，通过四通换向阀把室内换热器变为蒸发器，利用液态制冷剂气化直接吸取室内空气的热量；并把室外换热器变为冷凝器，将冷凝热量释放到室外空气中去。冬季供热时，通过四通换向阀把室内换热器变为冷凝器，用制冷剂的冷凝热量加热室内空气，此时把室外换热器变为蒸发器，从室外空气中吸取低位热量。

（4）按空调机组的用途可分为：

1）恒温恒湿空调机组：可使房间温度和相对湿度保持在要求的范围内，适用于精密机械、光学仪器、电子仪表等车间及计量室以及科研实验室等有恒温恒湿要求的房间。

2）冷风机组：仅用于夏季降温去湿，适用于民用与公用建筑的舒适性空调系统。

3）房间空调器：指制冷量在 12kW 以下（我国规范规定）风冷式、冷风型（或热泵型）的小型空调机组。主要用于家庭房间的舒适性空调。

4）特殊用途的空调机组：根据某些被调房间提出的特殊要求，而由工厂组装成的专用空调机组。如电子计算机房的专用空调机组，程控机房专用空调机组、低温空调机组、净化空调机组和谷物冷却机等。

6. 变制冷剂流量（VRV）空调系统

变制冷剂流量（VRV）空调系统是通过控制压缩机的制冷剂循环量和进入室内换热器的制冷剂流量，适时满足室内冷、热负荷要求的直接蒸发式制冷系统。

其工作原理是由控制系统采集室内舒适性参数、室外环境参数和表征制冷系统运行状况的状态参数，根据系统运行优化准则和人体舒适性准则，通过变频等手段调节压缩机输气量并控制空调系统的风扇、膨胀阀等，使空调系统稳定工作在最佳工作状态。

VRV 空调系统由室外机、室内机、冷媒配管以及控制装置组成。一台室外机通过冷媒配管连接到多台室内机，根据室内机计算机板反馈的信号，控制其向内机输送的制冷剂流量和状态，从而实现不同空间的冷热输出要求。按其室外机功能可分为热泵型、单冷型和热回收型。根据不同的功能形式以及室内机的组合，可以满足各种空调要求，适合公寓、办公、住宅等各类建筑。

VRV 空调系统的特点有节能，节省建筑空间，满足不同房间的使用要求，施工安装方便，施工周期短，尤其适用于有改造工程等特点。

（四）空调系统主要设备及部件

1. 喷水室

喷水室有卧式和立式、单级和双级、低速和高速之分。喷水室主要有喷嘴与排管、前后挡水板、外壳、底池（或水箱）以及管路系统等组成。其供水方式有使用深井水和使用冷冻水等不同形式。喷水室消耗金属少，容易加工，但它有水质要求高、占地面积大、水泵耗能多的缺点，故在民用建筑中不再采用，但在以调节湿度为主要目的的空调中仍大量使用。

2. 表面式换热器

表面式换热器包括空气加热器和表面式冷却器，前者用热水或蒸汽做热媒，或用电加热，后者用冷水（或冷盐水和乙二醇）或者蒸发的制冷剂做冷媒，因此表面式冷却器又分为水冷式和直接蒸发式两类，可以实现对空气减湿、加热、冷却多种处理过程。与喷水室相比，表面式换热器具有构造简单、占地少、对水的清洁度要求不高、水侧阻力小等优点。

3. 空气加湿设备

对于舒适性空调，空气机组一般不需要设加湿段，只有在冬季室外空气特别干燥的情况下才设置加湿段。对于医疗房间和生产过程的工艺性空调（如制药、半导体生产和纺织车间，计算机机房等），空气处理机组中必须设置加湿设备。

空气的加湿方法常有：喷水室加湿、喷蒸汽加湿、电热式加湿器、离心式加湿器、超声波加湿器。干蒸汽加湿器和电热加湿器是商用工业空调系统中，除喷水室外应用最广泛的加湿设备，这两种设备又被称为等温加湿器。

4. 空气减湿设备

前述的喷水室和表冷器都能对空气进行减湿处理。此外，减湿方法还有：升温通风、冷冻减湿机减湿法、固体吸湿剂法和液体吸湿剂法。加热通风除湿是将湿度较低的室外空气加热送入室内，从室内排出同等数量的潮湿空气；冷冻除湿就是利用制冷设备，除掉空气中析出的凝结水，再将空气温度升高达到除湿目的；液体吸湿剂除湿是将盐水溶液与空气直接接触，空气中的水分被盐水吸收，达到吸湿的目的。固体吸湿剂除湿原理是空气经过吸湿材料的表面或孔隙，空气中的水分被吸附，常用的固体吸湿剂是硅胶和氯化钙。

常见的减湿设备还有冷冻减湿机、转轮除湿机和蒸发冷凝再生式减湿系统。

5. 空气过滤器

按过滤器性能划分可分为粗效过滤器、中效过滤器、高中效过滤器、亚高效过滤器和高效过滤器。

(1) 粗效过滤器。主要作用是去除 5.0μm 以上的大颗粒灰尘，在净化空调系统中做预过滤器。以保护中效、高效过滤器和空调箱内其他配件并延长他们的使用寿命。滤料一般为无纺布，框架有金属或纸板制作，其结构形式有板式、折叠式、袋式和卷绕式。其过滤风速一般可取 1～2m/s。

(2) 中效过滤器。作用主要是去除 1.0μm 以上的灰尘粒子，在净化空调系统和局部净化设备中作为中间过滤器。其目的是减少高效过滤器的负担，延长高效过滤器和设备中其他配件的寿命。滤料一般是无纺布，有一次性使用和可清洗的两种。框架多为金属板制作。其结构有折叠式、袋式和楔形组合式等。滤速为 0.2～1.0m/s。

(3) 高中效过滤器。能较好地去除 1.0μm 以上的灰尘粒子，可做净化空调系统的中间过滤器和一般送风系统的末端过滤器。其滤料为无纺布或丙纶滤布，结构形式多为袋式，滤料多为一次性使用。

(4) 亚高效过滤器。亚高效过滤器能较好地去除 0.5μm 以上的灰尘粒子，可作净化空调系统的中间过滤器和低级别净化空调系统的末端过滤器。其滤料为超细玻璃纤维滤纸和丙纶纤维滤纸。结构形式有折叠式和管式，其滤料为一次性使用。

(5) 高效过滤器（HEPA）和超低透过率过滤器（ULPA）。高效过滤器（HEPA）是净化空调系统的终端过滤设备和净化设备的核心。而超低透过率过滤器（ULPA）是

0.1μm，10 级或更高级别净化空调系统的末端过滤器。HEPA 和 ULPA 的滤材都是超细玻璃纤维滤纸，边框有木质、镀锌钢板、不锈钢板、铝合金型材等材料制造，有无分隔板和有分隔板之分。

6. 空调系统的消声与隔振装置

（1）消声装置。

1）消声器。根据消声原理不同消声器可以分为阻性、抗性、共振型和复合型等多种。其中阻性消声器和抗性消声器介绍参见本章第二节。

共振型消声器。是由一段开有若干小孔的管道和管外一个密闭的空腔构成。小孔和空腔组成一个弹性振动系统，当入射声波的频率与其固有频率相等而激起共振时，由于克服摩擦阻力消耗声能而达到消声目的。

复合型消声器。是把阻性型消声器和共振型消声器两者的优点相结合的消声器。对低频消声有一定程度的改善，故又称宽频带消声器。对于在空调系统中不能采用纤维性吸声材料的场合（如净化空调工程），用金属（铝材等）结构的微穿孔板消声器可获得良好的效果。

2）消声静压箱。在风机出口处或在空气分布器前设置静压箱并贴以吸声材料，既可以稳定气流，又可利用箱断面的突变和箱体内表面的吸声作用对风机噪声作有效的衰减。它的消声量与材料的吸声能力、箱内面积和出口侧风道的面积等因素有关。

（2）隔振装置。隔振装置有软木、橡胶及橡胶隔振器、金属弹簧及金属弹簧隔振器、金属弹簧与橡胶组合隔振器、空气弹簧隔振器等。

7. 空调水系统设备

（1）冷却塔。冷却塔是在塔内使空气和水进行热质交换而降低冷却水温度的设备。空调用冷却塔常见的有逆流式（塔内空气和冷却水逆向流动）和横流式（塔内空气和冷却水垂直流动）两种。

（2）膨胀节。系统设置膨胀节是为了吸收位移，保护系统安全可靠地运行。吸收的位移包括管道因温度变化而伸长或缩短，与之相连的设备、容器等装置的位移，以及在安装过程中可能出现的偏差。

空调水系统膨胀节的常用形式有：通用型膨胀节由一个波纹管和其两端的连接管组成。能吸收轴向位移、角位移及少量的横向位移。单式轴向型膨胀节能吸收轴向位移。复式轴向型膨胀节可以吸收比单式轴向型膨胀节大一倍的轴向位移。外压轴向型膨胀节的波纹管承受外压，便于疏水，能吸收较大的轴向位移。减振膨胀节用于吸收机械强迫振动、吸收位移。抗震型膨胀节能吸收三向位移。大拉杆横向型膨胀节能吸收横向位移。旁通轴向压力平衡型膨胀节能吸收轴向位移。除后两种为约束膨胀节，固定支架不承受内压推力外，前几种膨胀节为无约束膨胀节，必须设置主固定支架以承受内压推力。

（五）空调水系统

空调水系统按其功能分为冷冻水系统（输送冷量）、热水系统（输送热量）和冷却水系统（排除冷水机组的冷凝热量）。空调水管的材质，压力管可选用镀锌钢管或铸铁管等，重力水管道可选用混凝土管或铸铁管等。

1. 空调水系统（冷冻水系统或热水系统）分类

（1）双管制和四管制系统。按水管的设置可分为双管制和四管制。

双管制系统夏季供应冷冻水、冬季供应热水均在相同管路中进行，除了需要同时供冷供热的空调建筑外，在大部分空调建筑中通常冷冻水系统和热水系统用同一管路系统，优点是系统简单，初投资少。四管制系统供冷、供热分别由供、回水管分开设置，具有冷、热两套独立的系统，独立热水系统的系统形式、管路布置方式、分区方法等都与冷冻水系统类似。四管制的优点是能同时满足供冷、供热的要求，没有冷、热混合损失。缺点是初投资高，管路系统复杂，且占有一定的空间。

（2）开式和闭式系统。开式系统的冷冻水与大气相通。开式系统的共同特点是系统中有水容量较大的水箱，因此温度比较稳定，蓄冷能力大。但由于较大的水面与空气相接触，所以系统易腐蚀；当设备高差很大时，循环水泵还需要消耗较多的提升冷冻水高度所需的能量。当冷源采用蓄冷水池蓄冷时宜采用开式系统。

闭式冷冻水系统的水除膨胀水箱外不与大气相通，对管路、设备的腐蚀性较小，水容量比开式系统小，系统中水泵只需克服系统的流动阻力。大部分空调建筑中的冷冻水系统都采用闭式系统。

（3）同程式和异程式系统。同程式系统各并联环路的管路总长度基本相等，各用户盘管的水阻力大致相等，所以系统的水力稳定性好，流量分配均匀。高层建筑的垂直立管通常采用同程式，水平管路系统范围大时也应尽量采用同程式。

异程式系统管路简单，不需采用同程管，水系统投资较少，但水量分配、调节较难，如果系统较小，适当减小公共管路的阻力，增加并联支管阻力，并在所有盘管连接支管上安装流量调节阀平衡阻力，则也可用异程式布置。

（4）定流量和变流量系统。定流量水系统中的循环水量保持定值，负荷变化时，可通过改变风量（例如风机盘管的三挡风速）或调节空调机或风机盘管的旁通水流量进行调节。对于多台冷水机组，且一机一泵的定流量系统，当负荷减少相当于一台冷水机组的冷量时，可以停开一台机组和一台水泵，实行分阶段的定流量运行，这样可节省运输冷量的能耗。

变流量水系统是指冷源供给用户的水流量随负荷的变化而变化。实现变流量的方法有两种：一种是采用双级泵水系统，另一种是采用旁通调节，前一种系统冷量输送能耗小于后一种系统。

（5）单级泵和双级泵系统。单级泵水系统的冷、热源侧和负荷侧只用一组循环水泵，系统简单、初投资省，但为了保证冷水机组的流量恒定，不能充分利用输送管网中的水流量减少（变流量系统）所带来的输送能耗降低的好处。该系统是目前我国民用建筑空调中采用最广泛的空调冷冻水系统。

双级泵水系统中把冷冻水系统分成冷冻水制备和冷冻水输送两部分，冷、热源侧和负荷侧分别设置循环水泵，可以实现负荷侧水泵变流量运行。为了保证通过冷水机组水量恒定。一般采用一泵对一机的配置方式，与冷水机组对应的泵称为初级泵（也称一次泵），并与供、回水干管的旁通管组成冷冻水制备系统。连接所有负荷点的泵称为次级泵（也称二次泵）。末端装置管路与旁通管构成冷冻水输送系统，输送系统完全根据负荷的需要，通过改变水泵的台数或水泵的转数来调节。

2. 空调水系统的分区

（1）按水系统的承压能力分区。高层建筑内的冷冻水系统大多采用闭式系统，通常的分区做法有：

1）冷、热源设备均在地下室。高区和低区分为两个系统，低区系统用普通型设备，高区系统用加强型设备。

2）高、低区合用冷、热设备，低区采用冷水机组直接供冷。同时在设备层设置板式换热器，作为高、低区水压的分界设备，分段承受水静压力。

3）高、低区的冷热源设备分别设置在地下室和技术设备层内。高区的冷水机组可以是水冷机组，也可以用风冷机组。风冷机组一般设置在屋顶上。

（2）按空调用户的负荷特性来分区。

1）在水系统分区时，应考虑建筑物各区的使用功能和使用时间上的差异进行，以便于各区独立管理，不用时可以最大限度地节省能源，使用方便、灵活。

2）空调水系统还应考虑建筑物各部分的朝向和内、外区的差别进行分区。建筑物内区的负荷与室外气温的关系不大，而建筑外区负荷随着室外气温的变化而变化，有时要供冷，有时要供热进行合理的分区。

3. 冷却水系统

冷却水是冷冻站内制冷机的冷凝器和压缩机的冷却用水，在工作正常时，使用后仅水温升高，水质不受污染。按供水方式可分为直流供水和循环供水两种。

（1）直流供水系统。冷却水经冷凝器等用水设备后，直接排入河道或下水道，或排入厂区综合用水管道。一般适用于水源水量充足的地方。

（2）循环冷却水系统。冷却水在系统中循环使用，此系统在空调工程中大量采用，只需要补充少量补给水，但需要增设循环泵和冷却构筑物，按通风方式可分为两种形式：

1）自然通风冷却循环系统，采用冷却塔或冷却喷水池等构筑物，用自来水补充。适用于当地气候条件适宜的小型冷冻机组。

2）机械通风冷却循环系统，采用机械通风冷却塔或喷射式冷却塔，用自来水补充。适用于气温高、湿度大，自然通风冷却塔不能达到冷却效果的场合。目前机械通风冷却循环系统被广泛地采用。

4. 凝结水系统

各种空调设备在运行过程中产生的冷凝水，必须及时排走。冷凝水管道宜采用聚氯乙烯塑料管或热镀锌钢管，不宜采用焊接钢管。采用聚氯乙烯塑料管时，一般可以不加防二次结露的保温层，采用镀锌钢管时，应设置保温层。冷凝水立管的顶部，应有通向大气的透气管。

（六）空调制冷（热）装置

空调系统的冷源主要是制冷装置，而热源主要是蒸汽、热水以及电热。此外，还有既能供冷又能供热的冷热源一体化设备，如热泵机组、直燃性冷热水机组。

空调制冷系统由压缩机、冷凝器、膨胀阀和蒸发器等组成。系统工作时，压缩机将气态的制冷剂压缩为高温高压的气态，并送至冷凝器进行冷却，经冷却后变成中温高压的液态制冷剂进入干燥器进行过滤与去湿，中温液态的制冷剂经膨胀阀（节流部件）节流降压，变成低温低压的气液混合体（液体多），经过蒸发器吸收空气中的热量而汽化，变成气态，然后再回到压缩机压缩，循环进行制冷。制热时四通阀使制冷剂在冷凝器与蒸发器的流动方向与制冷时相反。

1. 电制冷装置

电制冷装置即蒸汽压缩式制冷机组，广泛用于家用冰箱（冰柜）、汽车空调、超市用制冷以及大多数的住宅、商业和工艺用空调。

蒸汽压缩制冷被广泛用于舒适性和工艺性空调系统中。根据蒸发器中放热介质的不同，电制冷机组可分为冷水机组和风冷机组。

（1）冷水机组。在压缩机制冷冷水机组中，若冷凝器中吸收制冷剂热量的工质为水，则称为水冷式冷水机组。根据压缩机类型不同，常见的水冷压缩式冷水机组有活塞离心式冷水机组、螺杆式冷水机组和离心式冷水机组。详见本书第四章第一节。

（2）冷风机组。在这一类机组中，蒸发器为直接膨胀式盘管，制冷剂在盘管中吸热蒸发，直接对空气进行冷却，因此称为冷风机组。冷风机组中的压缩机通常为活塞式、螺杆式和转子式，还有涡旋式。涡旋式压缩机是由一个固定的渐开线涡旋盘和一个呈偏心回旋平动的渐开线运动涡旋盘组成可压缩容积的压缩机。涡旋式压缩机具有体积小、噪声低、重量轻、振动小、能耗小、寿命长、输气连续平稳、运行可靠、气源清洁等优点。广泛运用于工业、农业、交通运输、医疗器械、食品和纺织等行业和其他需要压缩空气的场合。

2. 吸收式制冷

吸收式制冷系统主要由四大设备组成：发生器、冷凝器、蒸发器和吸收器。构成两个循环环路：制冷剂循环和吸收剂循环。制冷剂循环主要由蒸发器、冷凝器和膨胀阀组成。吸收剂循环主要由吸收器、发生器和溶液泵组成。

目前，常用的吸收式制冷机组有以下几种：

（1）吸收式冷水机组。由于吸收式冷水机组是利用热能进行制冷，无原动力，与压缩制冷相比，能够节省压缩制冷机的耗电，通常用在电力紧张的地方，但需要提供蒸汽或高温热水。

（2）直燃型双效溴化锂冷水机组。又称非电空调主机，由于自带热源，可以实现一机既可供冷又可供热的效果，是使用最多的一种吸收式冷水机组。

3. 热泵机组

热泵机组的制冷机与常规制冷机的主要区别是带有四通转换阀，可以在机组内实现冷凝器和蒸发器的转换，完成制冷热工况的转换，可以实现夏季供冷、冬季供热。

根据低温热源的特点，通常把热泵分为空气源热泵和地源热泵。

（1）空气源热泵。空气源热泵以室外空气作为冷热源，是居住建筑和商业建筑中使用最广泛的热泵机组。它的优点是安装方便，使用简单；主要缺点是室外空气温度越低时，室内热量需求量越大，而机组供热量反而减少，效率越低。此外，在寒冷的冬季，空气源热泵的室外盘管（蒸发器）会结霜，影响制热效果，这时需要采用除霜循环加以消除。

（2）地源热泵。地源热泵见本书第五章第一节。

地源热泵与传统空调相比优点是整个系统运行稳定，不受室外气候条件的影响；室温的分布更合理，温差小，舒适感好；比传统空调节能40%～60%；没有室外机，并且解决了城市热岛效应，无任何污染和排放。缺点是一次性投资价格高，使用受到场地限制，对地下水和地质有不好的影响，保护不好会污染地下水，设计难度大，施工工艺有待完善。

4. 蓄冷

蓄冷方式有盘管式（分管内结冰和管外结冰两种）、完全结冰式、冰球式、冰晶式（动态制冰）等。按制冷剂是否进入系统，可分为直接式和间接式两大类。冰盘管式可以与制冷机（热泵）组合设计成机组形式。一个完整的蓄冷系统包括制冰循环和融冰循环，在蓄冷系统设计时，必须综合考虑结冰效率和融冰效率，以提高冷量的利用率。

5. 空调热源

空调常用的热源有锅炉、换热器等。

三、通风空调系统的安装

(一) 通风系统的安装

通风系统的安装包括通风系统的风管及部件的制作与安装；通风设备的制作与安装；通风（空调）系统试运转及调试。

1. 通风管道安装

(1) 通风管道种类。通风系统的风管，按风管的材质可分为金属风管、非金属风管和复合材料风管。金属风管规格应以外径或外边长为准，非金属风管和风道规格应以内径或内边长为准。非规则椭圆形风管应参照矩形风管，并应以平面边长及短径径长为准。

1) 金属风管包括钢板风管（普通薄钢板风管、镀锌薄钢板风管）、不锈钢板风管、铝板风管等。

2) 非金属风管包括硬聚氯乙烯板风管、玻璃钢风管、炉渣石膏板风管等，此外还有由土建部门施工的砖、混凝土风道等。

3) 复合材料风管包括：塑料复合钢板风管、双面铝箔复合绝热材料风管、铝箔玻璃纤维复合材料风管和机制玻璃纤维增强氯氧镁水泥复合风管。双面铝箔复合绝热材料风管又包括聚氨酯铝箔复合风管和酚醛铝箔复合风管等。

钢板、玻璃钢板适合高压、中压、低压系统；不锈钢板、铝板、硬聚氯乙烯等风管适用于中、低压系统；聚氨酯、酚醛复合风管适用于工作压力≤2 000Pa 的空调系统，玻璃纤维复合风管适用于工作压力≤1 000Pa 的空调系统。

按照《通风与空调工程施工质量验收规范》GB/T 50243—2016，风管类别及密封要求应符合表 5.2.2 的规定。

表 5.2.2 风管类别及密封要求

类别	风管系统工作压力 P/Pa		密封要求
	管内正压	管内负压	
微压	$P\leqslant125$	$P\geqslant-125$	接缝和接管连接处应严密
低压	$125<P\leqslant500$	$-500\leqslant P<-125$	接缝和接管连接处应严密，密封面宜设在风管的正压侧
中压	$500<P\leqslant1\,500$	$-1\,000\leqslant P<-500$	接缝及接管连接处应加设密封措施
高压	$1\,500<P\leqslant2\,500$	$-2\,000\leqslant P<-1\,000$	所有的拼接缝和接管连接处均应采取密封措施

(2) 通风管道的断面形状。有圆形和矩形两种。在同样断面积下，圆形管道耗钢量小，强度大，但占有效空间大，其弯管与三通需较长距离。矩形管道四角存在局部涡流，在同样风量下，矩形管道的压力损失要比圆形管道大，矩形管道占有效空间较小，易于布置，明装较美观。在一般情况下通风风管（特别是除尘风管）都采用圆形管道，有时为了便于和建筑配合才采用矩形断面，空调风管多采用矩形风管，高速风管宜采用圆形螺旋风管。

此外，在一些特殊场合还采用异形风管，如螺旋形圆形风管、椭圆形风管（简称扁管）、铝箔伸缩软管等。

(3) 风管的规格和厚度。为最大限度地利用板材，实现风管制作、安装机械化、工厂化，《通风与空调工程施工质量验收规范》GB 50243—2016 确定了统一的通风管道规格。

(4) 风管的制作和安装。

1) 风管支架制作与安装。常用风管支架的形式有托架、吊架及立管夹。

①托架的安装。通风管道沿墙壁或柱子敷设时，经常采用托架来支承风管。

②吊架的安装。当风管敷设在楼板或桁架下面离墙较远时，一般采用吊架来安装风管。矩形风管的吊架，由吊杆和横担组成。

③立管夹。垂直风管可用立管夹进行固定。

2) 风管的制作与连接。

①风管可现场制作或工厂预制，风管制作方法分为咬口连接、铆钉连接、焊接。

a. 咬口连接。将要相互接合的两个板边折成能相互咬合的各种钩形，钩接后压紧折边。镀锌钢板及含有各类复合保护层的钢板应采用咬口连接，不得采用焊接连接。金属风管板材拼接的接缝应错开，不得有十字形拼接缝。

b. 铆钉连接。将两块要连接的板材板边相重叠，用铆钉穿连铆合在一起的方法。保温钉与风管、部件及设备表面的连接，应采用黏结或焊接，不得采用抽芯铆钉或自攻螺丝等破坏风管严密性的固定方法。

c. 焊接。因通风空调风管密封要求较高或板材较厚不能用咬口连接时，板材的连接常采用焊接。常用的焊接方法有：电焊、气焊、锡焊及氩弧焊。

管径较大的风管，为保证断面不变形且减少由管壁振动而产生的噪声，需要加固。圆形风管本身刚度较好，一般不需要加固。当管径大于 700mm，且管段较长时，每隔 1.2m，可用扁钢平加固。矩形风管当边长大于或等于 630mm，管段大于 1.2m 时，均应采取加固措施。边长小于或等于 800mm 的风管，宜采用棱筋、棱线的方法加固。当中压、高压风管的管段长大于 1.2m 时，应采用加固框的形式加固。高压风管的单咬口缝应有加固、补强措施。复合风管一般采用内支撑加固，玻璃纤维复合风管的尺寸及工作压力超过一定数额时，应增设金属槽形框外加固，并用内支撑固定牢固。

②风管连接方式主要有法兰连接和无法兰连接。

a. 法兰连接。主要用于风管与风管或风管与部件、配件间的连接。法兰拆卸方便并对风管起加强作用。法兰按风管的断面形状，分为圆形法兰和矩形法兰。法兰按风管使用的金属材质，分为钢法兰、不锈钢法兰、铝法兰。

不锈钢风管法兰连接的螺栓，宜用同材质的不锈钢制成，如用普通碳素钢标准件，应按设计要求喷刷涂料。铝板风管法兰连接应采用镀锌螺栓，并在法兰两侧垫镀锌垫圈。硬聚氯乙烯风管和法兰连接，应采用镀锌螺栓或增强尼龙螺栓，螺栓与法兰接触处应加镀锌垫圈。

b. 无法兰连接。除有焊接、粘接、熔接等连接外，圆形风管无法兰连接方式还有承插连接、芯管连接及抱箍连接。其中承插连接、抱箍连接适用于直径小于 700mm 微压、低压风管，带加强筋承插连接、角钢加固承插连接、芯管连接、立筋抱箍连接适用于微压、低压、中压风管，内涨芯管连接适用于大口径螺旋风管。

矩形风管无法兰连接方式有插条（S 形插条、C 形插条、直角形插条、薄钢板法兰插条）连接，咬口（立咬口、包边立咬口）连接，薄钢板法兰弹簧夹连接。其中，S 形插条连接、直角形插条连接适用于微压、低压风管；C 形插条、薄钢板法兰插条、立咬口、包边立咬口、薄钢材法兰弹簧夹连接适用于微压、低压、中压风管。

软管连接。主要用于风管与部件（如散流器、静压箱、侧送风口等）的连接。安装时，软管两端套在所连接的风管或部件外接口上，然后用特制管卡把软管箍紧。软管连接为安装工作带来很大方便，尤其在安装空间狭窄，预留位置难以准确的情况下，更为便利，但系统的阻力较大。

风管的密封应以板材连接的密封为主，也可采用密封胶嵌缝或其他方法。

风管安装连接后，在刷油、绝热前应按规范进行严密性、漏风量检测。风管强度和严密性要求应符合：风管在试验压力保持5min及以上时，接缝处应无开裂，整体结构应无永久性的变形及损伤。试验压力应符合下列要求：低压风管应为1.5倍的工作压力；中压风管应为1.2倍的工作压力，且不低于750Pa；高压风管应为1.2倍的工作压力。

2. 风管部件的安装

风管配件是风管系统中的弯管、三通、四通、异形管、导流叶片和法兰等构件；风管部件是风管系统中的各类风口、阀门、风罩、风帽、消声器、空气过滤器、检查门和测定孔等功能件。

（1）风阀安装。通风系统安装的风阀有多叶调节阀、三通调节阀、蝶阀、防火阀、排烟阀、插板阀、止回阀等。风阀安装前应检查其框架结构是否牢固，调节装置是否灵活。安装时，应使风阀调节装置设在便于操作的部位。

（2）风口制作与安装。

1）风口的制作。风口加工制作要求为：

①风口表面应平整。与设计尺寸的允许偏差不应大于2mm，矩形风口两对角线之差不应大于3mm，圆形风口任意正交直径的允许偏差不应大于2mm。

②风口的转动调节部分应灵活，叶片应平直，同边框不得碰擦。

③插板式及活动箅板式风口，其插板、箅板应平整，边缘光滑，抽动灵活。活动箅板式风口组装后应能达到完全开启和闭合。

④百叶式风口的叶片间距应均匀，两端轴的中心应在同一直线上。手动式风口的叶片与边框铆接应松紧适当。

⑤散流器的扩散环和调节环应同轴，轴向间距分布应匀称。

⑥孔板式风口，孔口不得有毛刺。孔径和孔距应符合设计要求。

⑦旋转式风口，活动件应轻便灵活。

2）风口的安装。风口与风管的连接应严密、牢固；边框与建筑面贴实，外表面应平整不变形；同一房间内的相同风口的安装高度应一致，排列整齐。

①风口在安装前和安装后都应扳动一下调节柄或杆。

②安装风口时，应注意风口与房间的顶线和腰线协调一致。风管暗装时，风口应服从房间的线条。吸顶安装的散流器应与顶面平齐。散流器的每层扩散圈应保持等距，散流器与总管的接口应牢固可靠。

（3）排气罩安装。排气罩的安装位置应正确，牢固可靠，支架不得设置在影响操作的部位。用于排出蒸汽或其他气体的伞形排气罩，应在罩口内边采取排除凝结液体的措施。

（4）柔性短管安装。柔性短管安装用于风机与空调器、风机等设备与送回风管间的连接，以减少系统的机械振动。柔性短管的安装应松紧适当，不能扭曲。

3. 通风设备安装

（1）风机安装。

1）风机安装的基础和防震装置应符合有关设计的要求。

2）风机的开箱检查应符合下列要求：

①核对叶轮、机壳和其他部位（如地脚孔中心距，进、排气口法兰孔径和方位及中心距，轴的中心标高等）的主要安装尺寸是否与设计相符；

②进、排气口应有盖板严密遮盖，防止尘土和杂物进入；

③检查风机外露部分各加工面的防锈情况，和转子是否发生明显的变形或严重锈蚀、碰伤等。

3）风机的润滑、油冷却和密封系统的管路除应清洗干净和畅通外其受压部分均应做强度试验，试验压力如设备技术文件无规定时，用水压试验时试验压力应为最高工作压力的 1.25～1.5 倍，用气压试验时试验压力应为工作压力的 1.05 倍；现场配制的润滑、密封管路应进行除锈、清洗处理。

4）风机的进气管、排气管、阀件调节装置和气体加热或冷却装置油路系统管路等均应有单独的支撑并与基础或其他建筑物连接牢固；各管路与风机连接时法兰面应对中贴平。

5）风机连接的管路需要切割或焊接时，不应使机壳发生变形，一般宜在管路与机壳脱开后进行；风机的传动装置外露部分有护罩；风机的进气口或进气管路直通大气时应加装保护网或其他安全设施。

（2）除尘器安装。除尘器安装除应符合设计要求外，在安装时还应注意：

1）机械式除尘器。属于机械除尘器类型的有重力除尘器、惯性式除尘器和旋风式除尘器等。组装时，除尘器各部分的相对位置和尺寸应准确，各法兰的连接处应垫石棉垫片，并拧紧螺栓；除尘器与风管的连接必须严密不漏风；除尘器安装后，在联动试车时应考核其气密性，如有局部渗漏应进行修补。

2）过滤式除尘器。各部件的连接必须严密；布袋应松紧适度，接头处应牢固；安装的振打或脉冲式吹刷系统应动作正常可靠。

3）湿式除尘器。对于水浴式、水膜式除尘器，其本体的安装，要确保液位系统的准确；对于喷淋式的洗涤器、喷淋装置的安装，应使喷淋均匀无死角，保证除尘效率。

4）电除尘器。清灰装置动作灵活可靠，不能与周围其他部件相碰；不属于电晕部分的外壳、安全网等，均有可靠的接地；电除尘器的外壳应作保温层。

（3）消声器安装。

1）运输消声设备时，应避免外界冲击和过大振动，以防消声器出现变形。

2）消声器支架、吊架的生根必须牢固可靠，如需要生根于非承重结构上，应征得设计方的同意。消声弯管应单独设置支架，不得由风管来支撑。

消声器支架的横担板穿吊杆的螺孔距离，应比消声器宽 40～50mm，为便于调节标高，可在吊杆端部套 50～80mm 的丝扣，以便找平、找正，并加双螺母固定。

3）安装阻抗复合式消声器，一定要注意把抗性消声器部分放在前面（即气流的入口端），把阻性消声器部分放在后面，一般情况下产品外部有气流方向标识。

4）消声器在运输和吊装过程中，应避免振动，特别对于填充消声器多孔材料的阻、抗式消声器，应防止由于振动而改变填充材料的均布而降低消声效果。

5）消声器安装就位后，可用拉线或吊线的方法进行检查，对不符合要求的应进行修整，直到满足设计和使用要求。

6）当通风、空调系统有恒湿、恒温要求时，消声设备外壳与风管同样做保温处理。

7）消声器在系统中应尽量安装在靠近使用房间的部位，如必须安装在机房内，应对消声器外壳及消声器之后位于机房内的部分风管采取隔声处理。

4. 通风（空调）系统试运转及调试

通风（空调）系统试运转及调试一般包括设备单体试运转、联合试运转、综合效能试验。

（1）设备单体试运转。主要内容包括：通风机试运转，水泵试运转，制冷机试运转，空气处理室表面热交换器工作是否正常，带有动力的除尘器与空气过滤器的试运转。

（2）联合试运转。主要内容包括：

1）通风机风量、风压及转速测定。通风（空调）设备风量、余压与风机转速测定。

2）系统与风口的风量测定与调整。实测与设计风量偏差不应大于10%。

3）通风机、制冷机、空调器噪声的测定。

4）制冷系统运行的压力、温度、流量等各项技术数据应符合有关技术文件的规定。

5）防排烟系统正压送风前室静压的检测。

6）空气净化系统，应进行高效过滤器的检漏和室内洁净度级别的测定。对于大于或等于100级的洁净室，还需增加在门开启状态下，指定点含尘浓度的测定。

7）空调系统带冷、热源的正常联合试运转应大于8h，当竣工季节条件与设计条件相差较大时，仅做不带冷、热源的试运转。通风、除尘系统的连续试运转应大于2h。

（3）综合效能试验。通风（空调）系统带生产负荷条件下做的系统联合试运转的测定与调整，即综合效能试验。带生产负荷的综合效能试验应进行下列项目的测定与调整：

1）通风、除尘系统综合效能试验：

①室内空气中含尘浓度或有害气体浓度与排放浓度的测定。

②吸气罩罩口气流特性的测定。

③除尘器阻力和除尘效率的测定。

④空气油烟、酸雾过滤装置净化效率的测定。

2）空调系统综合效能试验：

①送、回风口空气状态参数的测定与调整。

②空调机组性能参数测定与调整。

③室内空气温度与相对湿度测定与调整。

④室内噪声测定。

对于恒温恒湿空调系统，还应包括室内温度、相对湿度场测定与调整；室内气流组织测定以及室内静压测定与调整。

对于洁净空调系统，还应增加室内空气净化度测定，室内单向流截面平均风速和均匀度的测定，室内浮游菌和沉降菌的测定，以及室内自净时间的测定。

此外，对于防排烟系统，其测定项目有在模拟状态下，安全区正压变化测定及烟雾扩散试验等。

（二）空调系统的安装

1. 空调风管、水管安装

空调系统的风管及部件的制作与安装见通风系统的安装，空调系统水管安装见本书第五章第一节。按照《通风与空调工程施工质量验收规范》GB 50243—2016，氨制冷剂的管道、附件、阀门及填料除磷青铜材料外，不得采用铜或铜合金材料，管内不得镀锌。空调水系统采用镀锌钢管及带有防腐涂层的钢管不得采用焊接连接，应采用螺纹连接。当管径大于 *DN*100 时，可采用卡箍或法兰连接。补偿器波纹管膨胀节或补偿器内套有焊缝的一端，水平管路上应安装在水流的流入端，垂直管路上应安装在上端。

2. 空调系统设备安装

（1）风机盘管安装。

1）风机盘管在安装前对机组的换热器应进行水压试验，试验压力为工作压力的 1.5 倍，不渗不漏即可。

2）安装卧式机组时，应合理选择好吊杆和膨胀螺栓，并使机组的凝水管保持一定的坡度，以利于凝结水的排出。吊装的机组应平整牢固、位置正确。

3）机组进出水管应加保温层，以免夏季使用时产生凝结水。机组进出水管与外接管路连接时必须对准，最好采用挠性接管（软接）或铜管连接。

4）机组凝结水盘的排水软管不得压扁、折弯，以保证凝结水排出畅通。

5）在安装时应保护换热器翅片和弯头，不得倒塌或碰漏。

（2）诱导器安装。

1）诱导器安装前必须逐台进行质量检查，检查项目如下：

①各连接部分不能有松动、变形和产生破裂等情况；喷嘴不能脱落、堵塞。

②静压箱封头处缝隙密封材料，不能有裂痕和脱落；一次风调节阀必须灵活可靠，并调到全开位置。

2）诱导器与一次风管连接处应严密，防止漏风。

3）诱导器水管接头方向和回风面朝向应符合设计要求。立式双面回风诱导器为利于回风，靠墙一面应留 50mm 以上空间。卧式双回风诱导器，要保证靠楼板一面留有足够空间。

4）暗装卧式诱导器应由支、吊架固定，并便于拆卸和维修。

（3）窗式空调器安装。

1）安装位置不要受阳光直射，要通风良好，远离热源，且排水（凝结水）顺利。安装高度以 1.5m 左右为宜，若空调器的后部（室外侧）有墙或其他障碍物，其间距必须大于 1m。

2）空调器室外侧可设遮阳防雨棚罩，不允许用铁皮等物将室外侧遮盖起来。

3）空调器的送风、回风百叶口不能受阻，气流要保持通畅。

4）空调器凝结水盘要有坡度，室外排水管路要畅通。

5）空调器搬运和安装时，不要倾斜 30°，以防冷冻油进入制冷系统内。

（4）吊顶式新风空调箱安装。

1）在机组风量和重量均不太大，而机组的振动又较小的情况下，吊杆顶部采用膨胀螺栓与楼板连接，吊杆底部采用螺扣加装橡胶减振垫与吊装孔连接的办法。对于大风量吊装式新风机组，重量较大，应采取保证措施。

2）合理考虑机组振动，采取适当的减振措施。

3）机组的送风口与送风管道连接时应采用帆布软管连接形式。

（5）组合式空调机组安装。组合式空调机组安装操作要点如下：

1）安装前，按装箱清单进行开箱验货，检查各功能段部件的完好情况，检查风阀、风机等转动件是否灵活，核对部件数量是否与清单所列数量一致。

2）将冷却段（水表冷段或直接蒸发表冷段）按设计图纸定位。段与段之间采用专用法兰连接，接缝用7mm的乳胶海绵板作垫料。

3）机组中的新、回风混合段、二次回风段、中间段、加湿段、加热段、喷淋段、电加热段等有左式、右式之分，应按设计要求进行安装。

4）各段组装完毕后，全部系统安装完毕后，应进行试运转，一般应连续运行8h无异常现象为合格。

（6）热交换器安装。

1）热交换器的散热面应保持清洁、完整。

2）热交换器安装时如缺少合格证明时，应做水压试验。试验压力等于系统最高工作压力的1.5倍，且不小于0.4MPa，水压试验的观测时间为2～3min，压力不得下降。

3）空气冷却器的底部应安装滴水盘和泄水管；当冷却器叠放时，在两个冷却器之间应装设中间滴水盘和泄水管，泄水管应设水封。

4）蒸汽加热器入口的管路上，应安装压力表和调节阀，在凝水管路上应安装疏水阀。热水加热器的供回水管路上应安装调节阀和温度计，加热器上还应安装放气阀。

（7）冷却塔的安装。

1）在冷却塔下方不另设水池时，冷却塔应自带盛水盘，盛水盘应有一定的盛水量，并设有自动控制的补给水管和溢水管和排污管。

2）多台冷却塔并联时，为防止并联管路阻力不等、水量分配不均匀，以致水池发生漏流现象，各进水管上要设阀门，借以调节进水量；同时在各冷却塔的底池之间用于与进水干管相同管径的均压管（即平衡管）连接；此外，为使各冷却塔的出水量均衡，出水干管宜采用比进水干管大两号的集管并用45°弯管与冷却塔各出水管连接。

3）冷却塔应安装在通风良好的地方，尽量避免装在有热量产生、粉尘飞扬的场所的下风向，并应布置在建筑的下风向。

4）单列布置的冷却塔的长边应与夏季主导风向相垂直，而双列布置时长边应与主导风向平行。

5）横流式抽风冷却塔若为双面进风，应为单列布置。若为单面进风，应为双列布置。

四、通风空调工程计量

根据《安装工程计量标准》的规定进行工程量计算。

（一）主要内容及相关说明

1. 主要内容

通风空调工程共设4个分部、54个分项工程。包括通风空调设备及部件制作安装，通风管道制作安装，通风管道部件制作安装，通风工程检测、调试、试验。

2. 与其他专业工程的关系

（1）冷冻机组站内的设备安装、通风机安装、人防两用通风机安装，应按《安装工程计量标准》附录 A“机械设备安装工程”相关项目编码列项。

(2) 通风空调工程的电气系统，应按《安装工程计量标准》附录 D“电气设备安装工程”相关项目编码列项。

(3) 冷冻机组站内的管道安装，应按《安装工程计量标准》附录 H“工业管道工程”相关项目编码列项。

(4) 冷冻站外墙皮以外通往通风空调设备的供热、供冷、供水等管道，应按《安装工程计量标准》附录 K“给排水、采暖、燃气工程”相关项目编码列项。

(5) 设备、管道和部件的保温及保护层安装，应按《安装工程计量标准》附录 M“刷油、防腐蚀、绝热工程”相关项目编码列项。

(6) 通风管道项目包括支吊架的制作安装。若支吊架制作安装需单列的，应按《安装工程计量标准》附录 N“其他及附属工程”相关项目编码列项。

(7) 挡烟垂壁按《房屋建筑与装饰工程工程量计算标准》GB/T 50854—2024 相应项目编码列项。

3. 相关说明

(1) 通风空调工程适用于通风（空调）设备及部件、通风管道及部件的制作安装工程。

(2) 通风空调设备及部件制作安装（编码：030701）中，通风空调设备均包括安装所需之地脚螺栓；多联机室内机、空气幕均按风机盘管编码列项；多联机室外机按空调器编码列项。

(3) 通风管道制作安装（编码：030702）中的有关问题说明：

1) 风管展开面积，不扣除检查孔、测定孔、送风口、吸风口等所占面积；风管长度以设计图示中心线长度为准（主管与支管以其中心线交点划分），包括弯头、三通、变径管、天圆地方等管件的长度，但不包括部件所占的长度。风管展开面积不包括风管、管口重叠部分面积。风管渐缩管：圆形风管按平均直径；矩形风管按平均周长。

2) 穿墙套管按展开面积计算，根据材质及厚度要求计入相应通风管道工程量中。

3) 净化通风管道使用的型钢材料如要求镀锌时，工作内容应注明型钢镀锌。

4) 成品风管按相应通风管道项目编码列项。

5) 不锈钢排烟管道按相应不锈钢板通风管道编码列项。

(4) 通风管道部件制作安装（编码：030703）中的有关问题说明：

1) 碳钢阀门包括空气加热器上通阀、空气加热器旁通阀、圆形瓣式启动阀、风管蝶阀、风管止回阀、密闭式斜插板阀、矩形风管三通调节阀、对开多叶调节阀、风管防火阀、各型风罩调节阀等。

2) 塑料阀门包括塑料蝶阀、塑料插板阀、各型风罩塑料调节阀。

3) 碳钢风口、散流器、百叶窗包括百叶风口、矩形送风口、矩形空气分布器、风管插板风口、旋转吹风口、圆形散流器、方形散流器、流线型散流器、送吸风口、活动算式风口、网式风口、钢百叶窗等。

4) 碳钢罩类包括皮带防护罩、电动机防雨罩、侧吸罩、中小型零件焊接台排气罩、整体分组式槽边侧吸罩、吹吸式槽边通风罩、条缝槽边抽风罩、泥心烘炉排气罩、升降式回转排气罩、上下吸式圆形回转罩、升降式排气罩、手锻炉排气罩。

5）塑料罩类包括塑料槽边侧吸罩、塑料槽边风罩、塑料条缝槽边抽风罩。

6）柔性接口包括金属、非金属软接口及伸缩节。

7）消声器包括片式消声器、矿棉管式消声器、聚酯泡沫管式消声器、卡普隆纤维管式消声器、弧形声流式消声器、阻抗复合式消声器、微穿孔板消声器、消声弯头。

8）静压箱的面积计算按设计图示尺寸以展开面积计算，不扣除开口的面积。

9）人防其他部件包括滤尘器、毒气报警器、预滤器、除湿器、测压装置、换气堵头、波导窗、气密测量管等。

10）通风工程检测、调试、试验（编码：030704）中，通风工程检测、调试项目的系统指通风空调工程的全部风系统。

（二）通风空调工程计量规则

1. 通风空调设备及部件制作安装

本分部工程包括空气加热器（冷却器），除尘设备，空调器，风机盘管，表冷器，密闭门，挡水板，滤水器、溢水盘，金属壳体，过滤器，净化工作台，风淋室，洁净室，除湿机，人防过滤吸收器、油烟净化装置、变风量末端装置共17个分项工程。其工程量计算规则是：

（1）空气加热器（冷却器）、除尘设备、空调器、风机盘管、表冷器、净化工作台、风淋室、洁净室、除湿机、人防过滤吸收器、油烟净化装置、变风量末端装置等分项工程，按设计图示数量以“台”计算。项目特征：名称、型号、规格、安装形式、减振形式等。工作内容：风机盘管为本体安装、试压；其他为本体安装。

（2）密闭门、挡水板、滤水器、溢水盘、金属壳体按设计图示数量以“个”计算。项目特征：名称、型号、规格。工作内容：本体制作、本体安装。

（3）过滤器按设计图示数量以“台”计算。项目特征：名称，类型，型号，规格，框架形式、材质。工作内容：本体安装，框架制作安装。

2. 通风管道制作安装

本分部工程包括碳钢通风管道，净化通风管道，不锈钢板通风管道，铝板通风管道，塑料通风管道，玻璃钢通风管道，复合型风管，柔性软风管，弯头导流叶片，风管检查孔，温度、风量测定孔共11个分项工程。其工程量计算规则是：

（1）碳钢通风管道，净化通风管道，不锈钢板、铝板、塑料通风管道按设计图示内径尺寸以展开面积“m^2”计算。项目特征：名称、材质、形状、规格、板材厚度、接口形式等。工作内容：风管、管件、法兰、零件制作安装。

（2）玻璃钢通风管道、复合型风管按设计图示外径尺寸以展开面积“m^2”计算。项目特征：名称、形状、规格、板材厚度、接口形式；工作内容：风管、管件安装。

（3）柔性软风管按设计图示中心线以长度“m”计算。项目特征：名称，材质，规格，风管接头形式、材质。工作内容：风管安装、风管接头安装。

（4）弯头导流叶片按设计图示以展开面积“m^2”计算。项目特征：名称、材质、规格。工作内容：制作、组装。

（5）风管检查孔，温度、风量测定孔按设计图示数量以“个”计算。项目特征：名称、材质、规格。工作内容：制作、安装。

3. 通风管道部件制作安装

本分部工程包括碳钢阀门、柔性软风管阀门，铝质阀门，不锈钢阀门，塑料阀门；碳钢风口、散流器、百叶窗，不锈钢风口、散流器、百叶窗，塑料风口、散流器、百叶窗，玻璃钢风口，铝及铝合金风口、散流器，碳钢风帽，不锈钢风帽，塑料风帽，铝板伞形风帽，玻璃钢风帽，碳钢罩类，塑料罩类，柔性接口，消声器，静压箱，人防超压自动排气阀，人防手动密闭阀，人防其他部件等共 24 个分项工程。相应工程量计算规则是：

（1）碳钢阀门、柔性软风管阀门、铝质阀门、不锈钢阀门、塑料阀门按设计图示数量以“个”计算。项目特征：名称、类型、型号、规格。工作内容：阀体安装。

（2）碳钢风口、散流器、百叶窗，不锈钢风口、散流器、百叶窗，塑料风口、散流器、百叶窗，玻璃钢风口，铝及铝合金风口、散流器按设计图示数量以“个”计算。项目特征：名称、类型、型号、规格。工作内容：风口安装、散流器安装、百叶窗安装。

（3）碳钢风帽、不锈钢风帽、塑料风帽、铝板伞形风帽、玻璃钢风帽按设计图示数量以“个”计算。项目特征：名称、类型、规格。工作内容：阀体安装；风帽制作、安装，筒形风帽滴水盘制作、安装，风帽筝绳制作、安装，风帽泛水制作、安装。

（4）碳钢罩类、塑料罩类按设计图示数量以“个”计算。项目特征：名称、类型、型号、规格。工作内容：罩类制作、安装。

（5）静压箱按设计图示数量尺寸以展开面积“m^2”计算。项目特征：名称、类型、材质、规格。工作内容：柔性接口制作、安装，静压箱制作、安装。

（6）消声器，人防超压自动排气阀，人防手动密闭阀按设计图示数量以“个”计算，人防其他部件按设计图示数量以“个（套）”计算。项目特征：名称、类型、型号、材质、规格。工作内容：消声器安装，排气阀安装，密闭阀安装，人防其他部件安装。

4. 通风工程检测、调试、试验

本分部工程包括通风工程检测、调试，人防通风气密性试验 2 个分项工程。其工程量计算规则是：

（1）通风工程检测、调试按设计图示通风空调风系统以“系统”计算。项目特征：系统名称。工作内容：风量测定，风压测定，温度测定，各系统风口、阀门调整，漏风试验。

（2）人防通风气密性试验按设计图示人防通风系统以“项”计算。项目特征：系统名称。工作内容：人防通风管道气密性试验。

（三）空调工程计量示例

1. 背景

（1）某办公楼通风空调系统，该系统的空调管路平面图见图 5.2.1，其新风支管和风机盘管连接管的安装示意图见图 5.2.2。

（2）空调风管系统工程的施工说明。

1）本工程风管采用镀锌钢板，咬口连接。其中：矩形风管 200mm×120mm，镀锌钢板 δ=0.5mm；矩形风管 320mm×250mm，镀锌钢板 δ=0.75mm；矩形风管 630mm×120mm、1 000mm×200mm、1 000mm×250mm，镀锌钢板 δ=1.0mm。

2）图中密闭对开多叶调节阀、风量调节阀、铝合金百叶送风口、铝合金百叶回风口、阻抗复合消声器均按成品考虑。

3）风机盘管采用卧式安装（吊顶式），主风管（1 000mm×250mm）上均设温度测定孔和风量测定孔各一个。

4）本工程暂不计主材费、管道刷油、保温、高层建筑增加费等内容。

5）未尽事宜均参照有关标准或规范执行。

6）图中标高以“m”计算，其余以“mm”计算。

本工程的设备部件一览见表 5.2.3。

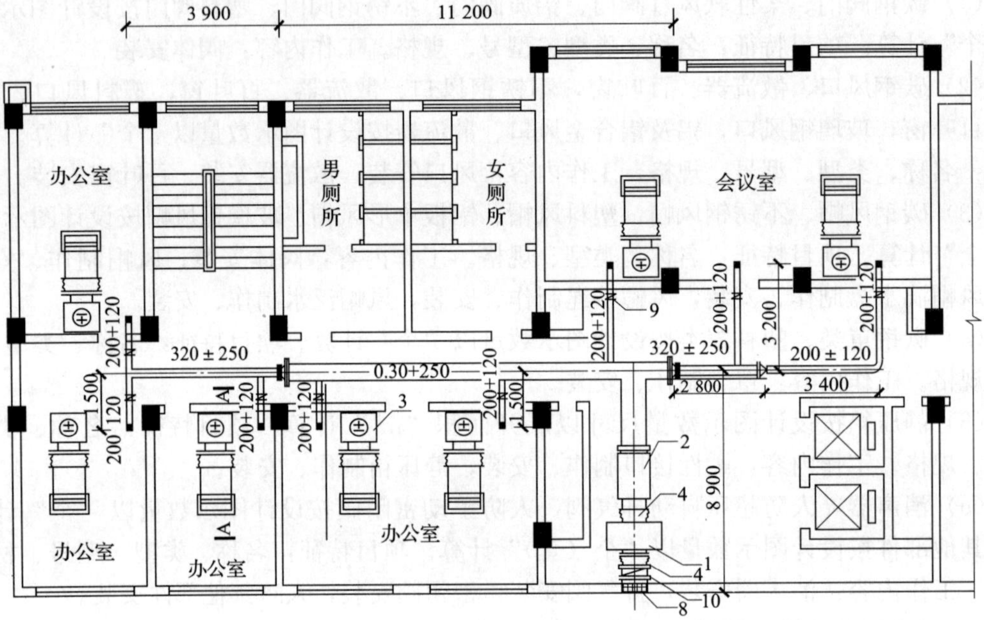

图 5.2.1 某办公楼部分房间空调管路平面图

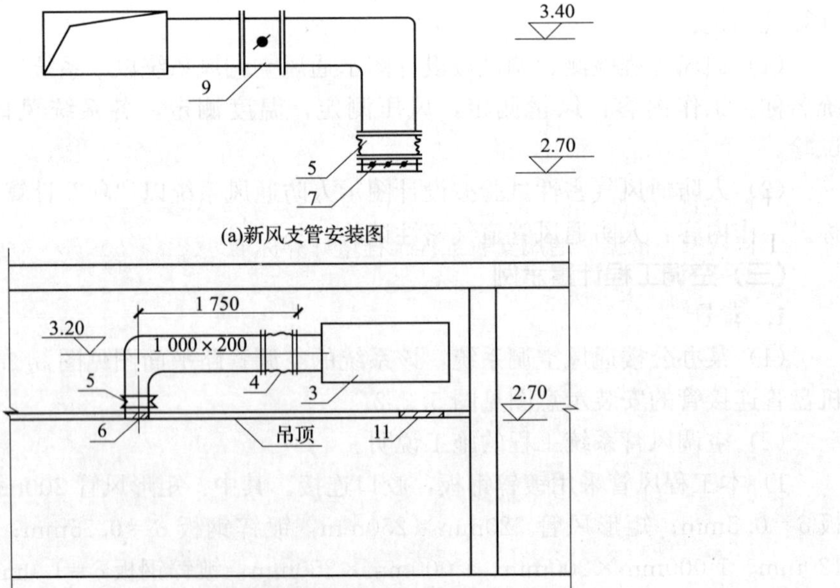

(a)新风支管安装图

(b)风机盘管连接管安装图

图 5.2.2 某办公楼部分房间空调管路平面图

表 5.2.3　设备部件一览表

编号	名称	型号及规格	单位	数量	备注
1	新风机组	DKB 型 5 000m^3/h 重量：0.4t	台	1	L=1 000mm
2	消声器	阻抗复合式 T-701-6 型 1 760mm×800mm（H）	台	1	L=1 760mm
3	风机盘管	FP-300	台	7	暗装、吊顶式
4	帆布软管接头	1 000mm×200mm	个	7	L=300mm
		1 000mm×250mm	个	2	L=300mm
5	帆布软管接头	1 000mm×200mm	个	7	L=200mm
		200mm×120mm	个	8	L=200mm
6	铝合金双层百叶送风口	1 000mm×200mm	个	7	周长 2 400mm
7	铝合金双层百叶送风口	200mm×120mm	个	8	周长 640mm
8	塑料防雨单层百叶 回风口（带过滤网）	400mm×250mm	个	1	周长 1 300mm
9	风量调节阀	200mm×120mm	个	8	L=200mm
10	密闭对开多叶调节阀	1 000mm×250mm	个	1	L=200mm
11	铝合金回风口	400mm×250mm	个	7	周长 1 300mm

2. 问题

按照上述背景条件，根据《建设工程工程量清单计价标准》GB/T 50500—2024 和《通用安装工程工程量计算标准》GB/T 50856—2024 的规定，计算该工程相关部分项工程项目的清单工程量，编制该工程的分部分项工程量清单。

3. 解答

项目编码：（见表 5.2.4）

项目名称：（见表 5.2.4）

项目特征：（见表 5.2.4）

计量单位：（见表 5.2.4）

工程数量：依据《通用安装工程工程量计算标准》GB/T 50856—2024 的规定，按图计算。

填制表格：见表 5.2.4。

表 5.2.4　分部分项工程量清单（含计算式）

序号	项目编码	项目名称	项目特征	计算式	计量单位	工程数量
1	030701003001	空调器	1. 名称：中央空调 2. 型号：DKB 型 3. 规格：5 000m^3/h 4. 安装形式：吊顶暗装 5. 减震形式：橡胶减震	表 5.2.3，1 号	台	1

续表 5.2.4

序号	项目编码	项目名称	项目特征	计算式	计量单位	工程数量
2	030701004001	风机盘管	1. 名称：风机盘管 2. 型号：FP－300 3. 规格：卧式 4. 安装形式：吊顶暗装 5. 减震形式：橡胶减震	表 5.2.3，3 号	台	7
3	030703020001	消声器	1. 名称：阻抗复合式 2. 材质：不锈钢 304 3. 规格：T701－6 型 1	表 5.2.3，2 号	台	1
4	030702001001	碳钢通风管道	1. 名称：通风管道 2. 材质：镀锌钢板 3. 形状：矩形风管 4. 规格：200mm×120mm 5. 板材厚度：0.5mm 6. 接口形式：咬口连接	{3.4＋［3.2－0.2＋(3.4－0.2－2.7)］×3＋［1.5－0.2＋(3.4－0.2－2.7)］×5}×［(0.2＋0.12)×2］	m^2	14.66
5	030702001002	碳钢通风管道	1. 名称：通风管道 2. 材质：镀锌钢板 3. 形状：矩形风管 4. 规格：320mm×250mm 5. 板材厚度：0.75mm 6. 接口形式：咬口连接	(2.8＋3.9)×［(0.32＋0.25)×2］	m^2	7.64
6	030702001003	碳钢通风管道	1. 名称：通风管道 2. 材质：镀锌钢板 3. 形状：矩形风管 4. 规格：630mm×250mm 5. 板材厚度：1.0mm 6. 接口形式：咬口连接	11.2×［(0.63＋0.25)×2］	m^2	19.71
7	030702001004	碳钢通风管道	1. 名称：通风管道 2. 材质：镀锌钢板 3. 形状：矩形风管 4. 规格：1 000mm×250mm 5. 板材厚度：1.0mm 6. 接口形式：咬口连接	(8.9－0.2－0.3－1.0－0.3－1.76)×［(1.0＋0.25)×2］	m^2	13.35
8	030702001005	碳钢通风管道	1. 名称：风机盘管连接管 2. 材质：镀锌钢板 3. 形状：矩形风管 4. 规格：1 000mm×200mm 5. 板材厚度：1.0mm 6. 接口形式：咬口连接	［1.75－0.3＋(3.2－0.2－2.7)］×7×［(1.0＋0.2)×2］	m^2	29.40

续表 5.2.4

序号	项目编码	项目名称	项目特征	计算式	计量单位	工程数量
9	030703001001	碳钢阀门	1. 名称：多叶调节阀 2. 类型：密闭对开式 3. 型号：电动风阀 4. 规格：1 000mm×250mm	表 5.2.3，10 号	个	1
10	030703001002	碳钢阀门	1. 名称：风量调节阀 2. 类型：密闭式 3. 型号：手动风阀 4. 规格：200mm×120mm	表 5.2.3，9 号	个	8
11	030703011001	铝合金风口	1. 名称：送风口 2. 类型：矩形双层百叶 3. 型号：窄边外框 4. 规格：200mm×120mm	表 5.2.3，7 号	个	8
12	030703011002	铝合金风口	1. 名称：送风口 2. 类型：矩形双层百叶 3. 型号：宽边外框 4. 规格：1 000mm×200mm	表 5.2.3，6 号	个	7
13	030703011003	铝合金风口	1. 名称：回风口 2. 类型：矩形双层百叶 3. 型号：宽边外框 4. 规格：400mm×250mm	表 5.2.3，11 号	个	7
14	030703009001	塑料风口	1. 名称：回风口 2. 类型：单层百叶（带过滤网） 3. 型号：ABS 塑料 4. 规格：400mm×250mm	表 5.2.3，8 号	个	1
15	030703019001	柔性接口	1. 名称：帆布接口 2. 类型：矩形双层百叶 3. 材质：衬 $\phi 6$ 钢丝 4. 规格：1 000mm×250mm 1 000mm×200mm L=300mm 1 000mm×200mm 200mm×120mm L=200mm	［（1.0+0.25）×2×0.3］×2+［（1.0+0.2）×2×0.3］×7+［（1.0+0.2）×2×0.2］×7+［（0.2+0.12）×2×0.2］×8	m^2	19.92
16	030702011001	温度测定孔	1. 名称：温度测定孔 2. 材质：— 3. 规格：直径 10～15mm	—	个	1

续表 5.2.4

序号	项目编码	项目名称	项目特征	计算式	计量单位	工程数量
17	030702011002	风量测定孔	1. 名称：风量测定孔 2. 材质：— 3. 规格：150mm×150mm	—	个	1
18	030704001001	通风工程检测、调试	1. 风量测定 2. 风压测定 3. 温度测定 4. 系统风口、阀门调整 5. 漏风试验	—	系统	1

(四) 通风工程计量示例

1. 背景

(1) 本工程为某一工厂车间的送风系统，该送风系统的平面图、剖面图及系统图分别见图 5.2.3～图 5.2.5。

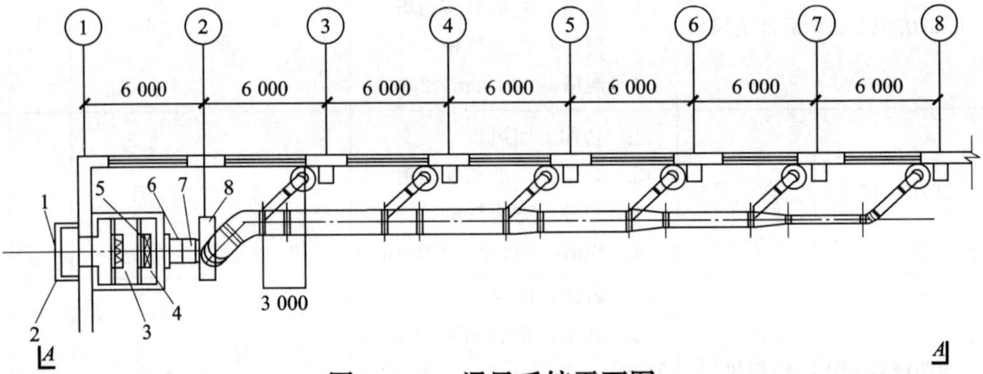

图 5.2.3 通风系统平面图

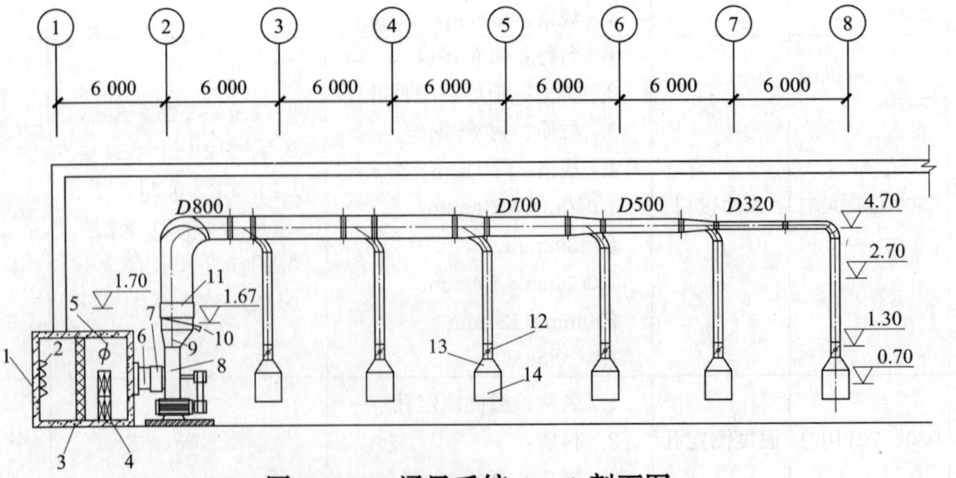

图 5.2.4 通风系统 A—A 剖面图

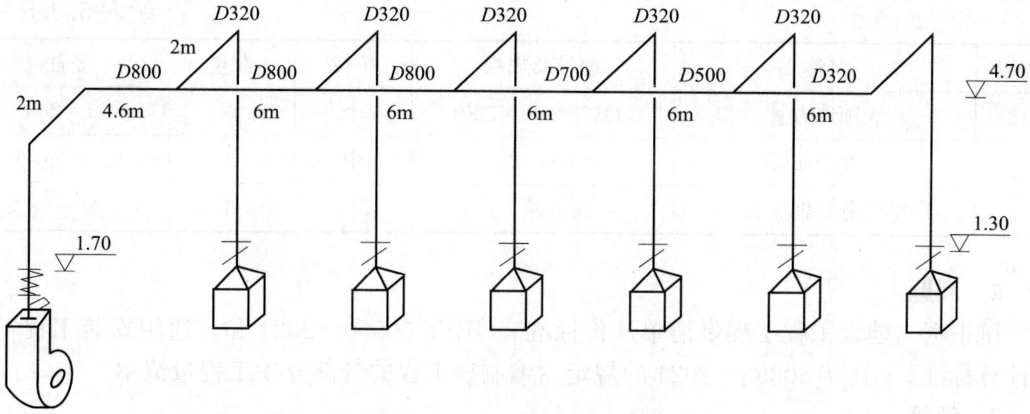

图 5.2.5　通风管网系统图

（2）通风工程的施工说明。

1）风管采用不锈钢热轧薄板。风管壁厚：DN500，δ＝0.75mm；DN500 以上，δ＝1.0mm。

2）风管角钢法兰规格：DN500，∟25×4；DN500 以上，∟30×4。

3）风管、部件制作安装要求，执行国家施工验收规范有关规定。

本工程的设备部件一览表见表 5.2.5。

表 5.2.5　设备部件一览表

编号	名称	型号及规格	单位	数量	备注
1	钢百叶窗	500mm×400mm	个	1	20kg
2	保温阀	500mm×400mm	个	1	—
3	空气过滤器	LWP-D（Ⅰ型）	台	1	—
	空气过滤器框架	—	个	1	41kg
4	空气加热器（冷却器）	SRZ-12×6D	台	2	139kg
	空气加热器支架	—	个	1	G＝9.64kg
5	空气加热器上通阀	1 200×400	个	1	23.16kg/个
6	风机圆形瓣式启动阀	D800	个	1	42.38kg/个
7	帆布软接头	D600	个	1	L＝300
8	离心式通风机	T4-72No8C	台	1	—
	电动机	Y200L-4，300kW	台	1	—
	皮带防护罩	C式Ⅱ型	个	1	G＝15.5kg
	风机减震台	CG327 8C	个	1	G＝291.3kg
9	天圆地方管	D800/560×640	个	1	H＝400
10	密闭式斜插板阀	D800	个	1	G＝40kg/个
11	帆布软接头	D800	个	1	L＝300
12	圆形蝶阀	D320	个	6	5.78kg/个

续表 5.2.5

编号	名称	型号及规格	单位	数量	备注
13	天圆地方管	D320/600×300	个	6	H=200
14	空气分布器	4# 600×300	个	6	12.42kg/个
	空气分布器支架	—	个	6	—

2. 问题

试根据《建设工程工程量清单计价标准》GB/T 50500—2024 和《通用安装工程工程量计算标准》GB/T 50856—2024 的规定，编制该工程的分部分项工程量清单。

3. 解答

项目编码：（见表 5.2.6）

项目名称：（见表 5.2.6）

项目特征：（见表 5.2.6）

计量单位：（见表 5.2.6）

工程数量：依据《通用安装工程工程量计算标准》GB/T 50856—2024 的规定，按图计算。

填制表格：见表 5.2.6。

表 5.2.6 分部分项工程量清单（含计算式）

序号	项目编码	项目名称	项目特征	计算式	计量单位	工程数量
1	030701001001	空气加热器（冷却器）	1. 名称：混合式加热器 2. 型号：SRZ－12×6D 3. 规格：40W/(m^2·K) 4. 安装形式：不锈钢支架	表 5.2.5，4 号	台	2
2	030108001001	风机	1. 名称：离心式通风机 2. 型号：T4－72No8C 3. 规格：22kW 4. 材质：玻璃钢材质 5. 类型：高压离心式 6. 质量：295kg 7. 减震底座形式、数量：减震台 CG327 8C 8. 灌浆配合比：水泥：沙子：水＝1∶1∶0.4 9. 单机试运转要求：试运转	表 5.2.5，8 号	台	1

续表 5.2.6

序号	项目编码	项目名称	项目特征	计算式	计量单位	工程数量
3	030701002001	除尘设备	1. 名称：空气过滤器 2. 型号：立式 3. 规格：LWP-D（Ⅰ型） 4. 安装形式：不锈钢支架	表 5.2.5，3 号	台	1
4	030702003001	不锈钢板通风管道	1. 名称：热轧薄钢板 2. 形状：圆形 3. 规格：*DN*500 4. 板材厚度：0.75mm 5. 接口形式：咬口连接	6×0.5×3.14	m^2	9.42
5	030702003002	不锈钢板通风管道	1. 名称：热轧薄钢板 2. 形状：圆形 3. 规格：*DN*320 4. 板材厚度：0.75mm 5. 接口形式：咬口连接	［6＋2×6＋（4.7－1.3）×6］×0.32×3.14	m^2	38.58
6	030702003003	不锈钢板通风管道	1. 名称：热轧薄钢板 2. 形状：圆形 3. 规格：*DN*800 4. 板材厚度：1.00mm 5. 接口形式：咬口连接	［（4.7－1.7）＋2＋（4.6＋6＋6）］×0.8×3.14	m^2	54.26
7	030702003004	不锈钢板通风管道	1. 名称：热轧薄钢板 2. 形状：圆形 3. 规格：*DN*700 4. 板材厚度：1.00mm 5. 接口形式：咬口连接	6×0.7×3.14	m^2	13.19
8	030703019001	柔性接口	1. 名称：帆布接口 2. 类型：*L*＝300mm 3. 材质：衬 ϕ6 钢丝 4. 规格：*DN*600，*DN*800	表 5.2.5，7、11 号 3.14×（0.6×0.3＋0.8×0.3）	m^2	1.32
9	030703001001	碳钢阀门	1. 名称：空气加热器上通阀 2. 类型：上通阀 3. 型号：自动式 4. 规格：1 200mm×400mm	表 5.2.5，5 号	个	1
10	030703001002	碳钢阀门	1. 名称：风机阀门 2. 类型：圆形瓣式 3. 型号：T301-5 4. 规格：*DN*800	表 5.2.5，6 号	个	1

续表 5.2.6

序号	项目编码	项目名称	项目特征	计算式	计量单位	工程数量
11	030703001003	碳钢阀门	1. 名称：斜插板阀 2. 类型：密闭式 3. 型号：XBF-1 4. 规格：*DN*800	表 5.2.5，10 号	个	1
12	030703001004	碳钢阀门	1. 名称：风机阀门蝶阀 2. 类型：圆形瓣式圆形 3. 型号：GD300 4. 规格：*DN*320	表 5.2.5，12 号	个	6
13	030703008001	不锈钢风口	1. 名称：空气分布器 2. 类型：矩形 3. 型号：定制 4. 规格：4# 600mm×300mm	表 5.2.5，14 号	个	6
14	03B001	天圆地方管	1. 名称：天圆地方管 2. 材质：304 不锈钢 3. 形状：天圆地方 4. 规格：*D*800/560mm×640mm，400mm 5. 板材厚度：1.00mm 6. 接口形式：不锈钢法兰	表 5.2.5，9 号	个	1
15	03B002	天圆地方管	1. 名称：天圆地方管 2. 材质：304 不锈钢 3. 形状：天圆地方 4. 规格：*D*320/600mm×300mm，200mm 5. 板材厚度：0.75mm 6. 接口形式：不锈钢法兰	表 5.2.5，13 号	个	6
16	030703008002	不锈钢百叶窗	1. 名称：百叶窗 2. 类型：304 不锈钢 3. 型号：定制 4. 规格：500mm×400mm	表 5.2.5，1 号	个	1
17	030703017001	碳钢罩类	1. 名称：皮带防护罩 2. 类型：不锈钢 3. 型号：C 式Ⅱ型 4. 规格：定制 *G*=15.5kg	表 5.2.5，8 号	个	1

续表 5.2.6

序号	项目编码	项目名称	项目特征	计算式	计量单位	工程数量
18	030407004001	小型电动机	1. 名称：三相异步电动机 2. 型号：Y200L－4 3. 额定功率：300kW 4. 电压：380V 5. 电源类型：三相交流电 6. 防爆要求：一般 7. 接线端子材质、规格：4极	表 5.2.5，8 号	台	1
19	030704001001	通风工程检测、调试	1. 风量测定 2. 风压测定 3. 温度测定 4. 系统风口、阀门调整 5. 漏风试验	—	系统	1

第三节 工业管道工程

工业管道是工矿企业、事业单位为生产制作各种产品过程所需工艺管道、公用工程管道及其他辅助管道。工艺管道是指在工业生产中，用于输送各种工艺介质如气体、液体、固体等物料，以满足生产工艺要求连接起来的管道；公用工程管道是指输送公用介质，不直接参与生产过程，能对生产起辅助作用的管道；其他辅助管道是指在工业生产和公用事业中发挥辅助作用的通风空调、排污、消防等管道。

一、工业管道的分类

1. 按介质毒性程度、腐蚀性和火灾危险性分类

根据《压力管道规范》GB/T 20801.1—2020 的规定，按设计压力、设计温度、介质的毒性危害程度和火灾危险性程度，工业压力管道划分为 GC1、GC2、GC3 三个级别。分级应符合表 5.3.1 的规定。

表 5.3.1 工业管道的划分

管道级别	管道级别的划分
GC1	符合下列条件之一的工业管道，为 GC1 级： 1. 输送《危险化学品目录》（2015 版）急性毒性类别 1 介质、急性毒性类别 2 气体介质和工作温度高于其标准沸点的急性毒性类别 2 液体介质的压力管道；

续表 5.3.1

管道级别	管道级别的划分
GC1	2. 输送《石油化工企业设计防火规范》GB 50160 — 2008、《建筑设计防火规范》GB 50016 — 2014 中规定的火灾危险性为甲类、乙类可燃气体或者甲类可燃液体（包括液化烃）的管道，并且设计压力≥4MPa 的压力管道； 3. 输送除前两项介质以外的流体，设计压力≥10MPa 或者设计压力≥4MPa，并且设计温度≥400℃的压力管道
GC2	除符合规定的 GC3 级管道外，介质毒性程度、火灾危险性（可燃性）、设计压力和设计温度低于规定的 GC1 级的管道
GC3	输送无毒、不可燃、无腐蚀性液体介质，设计压力≤1.0MPa，并且－20℃＜设计温度≤185℃的压力管道

2. 按管道的材质分类

按管道的材质分可分为：金属管道和非金属管道。非金属管道可分为无机和有机非金属管道。无机非金属管道有混凝土管道、石棉水泥管道、陶瓷管道等；有机非金属管道有塑料管道、玻璃钢管道、橡胶管道等。

3. 按管道的压力分类

按照管道设计压力 P 划分为真空、低压、中压、高压和超高压管道。工业管道以设计压力为主要参数进行分级。

（1）低压管道：$0<P\leqslant 1.6$MPa；

（2）中压管道：$1.6<P\leqslant 10$MPa；

（3）高压管道：$10<P\leqslant 42$MPa；或蒸汽管道：$P\geqslant 9$MPa，工作温度≥500℃；

（4）超高压管道：$P>42$MPa。

工业管道界限划分，以设备、罐类外部法兰为界，或以建筑物、构筑物外墙皮为界。

二、热力管道系统

热力管道是输送蒸汽或过热水等热能介质的管道。其输送的介质温度高、压力大、流速快，在运行时会给管道带来较大的膨胀力和冲击力。在设计和施工中必须解决好管道材质、管道伸缩补偿、管道支吊架、管道坡度及疏排水、放气装置等问题，以确保管道系统的安全运行。

（一）热力管道敷设形式

1. 布置形式

热力管道的平面布置主要有枝状和环状两类。

枝状管网（主干线呈树枝状）比较简单，造价低，运行管理方便，其管径随着距热源距离的增加而减小。缺点是没有供热的后备性能，即当管网某处发生故障时，将影响部分用户的供热。

环状管网（主干线呈环状）的主要优点是具有供热的后备性能，但它的投资和钢材耗量比枝状管网大得多。

对于不允许中断供汽的企业，也可采用复线的枝状管网，即用两条蒸汽管道作为主干线，每条供汽量按最大用汽量的50%～75%来设计。一旦某一条管道发生故障，可以提高蒸汽的初压力，使通过另一条管道的输送汽量仍能保持所需量的90%～100%。也有采用一条使用、另一条备用的方式，备用管道一般也应处于热备用状态。

2. 敷设方式

热力管道的敷设方式分地上敷设和地下敷设两类，地上敷设又称架空敷设。地下敷设分为地沟敷设和直埋敷设。

（1）架空敷设。将热力管道敷设在地面上的独立支架或者桁架以及建筑物的墙壁上。架空敷设不受地下水位的影响，且维修、检查方便，适用于地下水位较高、地质不适宜地下敷设的地区。架空敷设便于施工、操作、检查和维修，是一种比较经济的敷设形式。其缺点是占地面积大，管道热损失较大。

架空敷设按支架的高度不同，可分为低支架、中支架和高支架三种敷设形式。

1）低支架敷设：在不妨碍交通，不影响厂区扩建的地段可采用低支架敷设。低支架敷设大多沿工厂围墙或平行公路、铁路布置，管道保温结构底部距地面的净高不小于0.3m，以防雨、雪的侵蚀。支架一般采用毛石砌筑或混凝土浇筑。

2）中支架敷设：在人行频繁，非机动车辆通行的地方采用。中支架敷设的管道保温结构底部距地面的净高为2.5～4.0m，支架一般采用钢筋混凝土现浇（或预制）或钢结构。

3）高支架敷设：在管道跨越公路或铁路时采用，支架通常采用钢结构或钢筋混凝土结构，高支架敷设的管道保温结构底部距地面的净高为4.5～6.0m。

地上敷设的管道坡度易于保证，所需的放水、排气设备少，可使用方形补偿器，土方量小，维护管理方便，但占地面积大，管道热损失大，不够美观。管道架空有困难或影响美观以及在寒冷地区管道热损失过大，或需采取保温防冻措施，使其在经济上不合理时，可采用地下敷设的方式。

（2）地沟敷设。管道不受水的侵袭，保护管道的保温结构，管道能自由伸缩。管道的地沟底板采用素混凝土或钢筋混凝土结构，沟壁采用砖砌结构或毛石砌筑，地沟盖板为钢筋混凝土。热力管道的地沟按其功用和结构尺寸，分通行地沟、半通行地沟和不通行地沟三种敷设形式。

1）通行地沟敷设。当热力管道通过不允许开挖的路段时；热力管道数量多或管径较大；地沟内任一侧管道垂直排列宽度超过1.5m时，采用通行地沟敷设。通行地沟净高不应低于1.8m，通道宽度不应小于0.7m。

2）半通行地沟敷设。当热力管道通过的地面不允许开挖；或管道数量较多、采用通行地沟难以实现或经济不合理时，可采用半通行地沟敷设。半通行地沟一般净高为1.2～1.4m，通道净宽为0.5～0.6m，长度超过60m应设检修出入口。

3）不通行地沟敷设。管道数量少、管径较小、距离较短，以及维修工作量不大时，宜采用不通行地沟敷设。不通行地沟内管道一般采用单排水平敷设。

如地沟内热力管道的分支处装有阀门、仪表、疏排水装置、除污器等附件时，应设置检查井或人孔。

在热力管沟内严禁敷设易燃易爆、易挥发、有毒、腐蚀性的液体或气体管道。如必须穿越地沟，应加装防护套管。

地沟敷设可充分利用地下空间，方便检查维修，但费用高，需设排水点，污物清理困难，地沟中易积聚可燃气体，增加不安全因素等。

（3）直接埋地敷设。直接埋地敷设一般采用预制直埋保温管，它从里到外分三层结构：钢管工作层，一般选用无缝钢管、螺旋焊钢管和直缝焊钢管；聚氨酯保温层，用高压发泡机在钢管与外护层之间形成的空腔中一次性注入硬质聚氨酯泡沫塑料原液而成。即俗称的“管中管发泡工艺”。其作用一是防水，二是保温，三是支撑热网自重；高密度聚乙烯保护层，预制成一定壁厚的黑色（黄色）塑料管材，在经电晕工艺处理后备用。其作用是保护聚氨酯保温层免遭机械硬物破坏、防腐防水。

直接埋地敷设要求在补偿器和自然转弯处应设不通行地沟，沟的两端宜设置导向支架，保证其自由位移。在阀门等易损部件处，应设置检查井。

直接埋地敷设可利用地下的空间，使地面以上空间较为简洁，并且不需支承措施；其缺点是管道易被腐蚀，检查和维修困难，在车行道处有时需特别处理以承受大的荷载，带隔热层的管道很难保持良好的隔热功能等。在土壤腐蚀性小、地下水位低（低于管道保温层底部 0.5m 以上）、土壤具有良好渗水性以及不受腐蚀性液体侵入的地区，可采用直接埋地敷设。

（二）热力管道的安装

1. 管道安装

（1）热力管道应设有坡度，汽、水同向流动的蒸汽管道坡度一般为 3‰，汽、水逆向流动时坡度不得小于 5‰。热水管道应有不小于 2‰的坡度，坡向放水装置。

（2）蒸汽支管应从主管上方或侧面接出，热水管应从主管下部或侧面接出。

（3）水平管道变径时应采用偏心异径管连接，当输送介质为蒸汽时，取管底平以利排水；输送介质为热水时，取管顶平，以利排气。

（4）蒸汽管道一般敷设在其前进方向的右侧，凝结水管道敷设在左侧。热水管道敷设在右侧，而回水管道敷设在左侧。

（5）管道穿墙或楼板时应设置套管。

（6）直接埋地管道穿越铁路、公路时交角不小于 45°，管顶距铁路轨面不小于 1.2m，距道路路面不小于 0.7m，并应加设套管，套管伸出铁路路基和道路边缘不应小于 1m。

（7）减压阀应垂直安装在水平管道上，安装完毕后应根据使用压力调试。减压阀组一般设在离地面 1.2m 处，如设在离地面 3m 左右处时，应设置永久性操作平台。

（8）管道安装完毕后，按设计或规范要求进行试压、冲洗。

2. 补偿器安装

补偿器有不同类型，详见本书第一章第三节。

（1）拼装方形补偿器应在平地上进行，4 个弯头应在同一平面内，平面歪扭偏差不得大于 3mm/m，全长不得大于 10mm。补偿器悬臂的长度偏差不应大于±10mm。

（2）方形补偿器安装时需预拉伸，对于输送介质温度低于 250℃的管道，拉伸量为计算伸长量的 50%；输送介质温度为 250～400℃时，拉伸量为计算伸长量的 70%。实际拉伸量与规定的偏差应不大于±10mm。

(3) 水平安装的方形补偿器应与管道保持同一坡度，垂直臂应呈水平。垂直安装时，应有排水、疏水装置。

(4) 方形补偿器两侧的第一个支架宜设置在距补偿器弯头起弯点 0.5～1.0m 处，支架为滑动支架。导向支架只宜设在离弯头 *DN*40 的管道直径以外处。

(5) 填料式补偿器活动侧管道的支架应为导向支架，使管道不致偏离中心线，并保证能自由伸缩。单向填料式补偿器应装在固定支架附近，外壳一端连接固定支架处管道，内套管一端连接热膨胀管道。双向填料式补偿器安装在固定支架中间，补偿器外壳应固定。

三、压缩空气管道系统

压缩空气管道系统由空气压缩机、贮气罐、空气干燥器、油水分离器、压缩空气管路等组成。

(一) 压缩空气站的组成

1. 压缩空气的生产流程

压缩空气的生产流程主要包括空气的过滤、空气的压缩、压缩空气的冷却及油和水分的排除、压缩空气的贮存与输送等。

2. 压缩空气站设备

(1) 空气压缩机。在压缩空气站中，最广泛采用的是活塞式空气压缩机。在大型压缩空气站中，较多采用离心式或轴流式空气压缩机。详见本书第四章第一节。

(2) 空气过滤器。空气在进入压缩机之前，应经过空气过滤器以滤除其中所含灰尘、粉尘和其他杂质。空气过滤器种类很多，应用较广的有金属网空气过滤器、填充纤维空气过滤器、自动浸油空气过滤器和袋式过滤器等。

(3) 后冷却器。空气经压缩机压缩后，其排气温度可达 140～170℃，安装于压缩机后的后冷却器可降低压缩空气的温度，利于压缩空气中所含的机油和水分分离并被排除。常用的后冷却器有列管式、散热片式、套管式等。

(4) 贮气罐。活塞式压缩机都配备有贮气罐，目的是减弱压缩机排气的周期性脉动，稳定管网压力，同时可进一步分离空气中的油和水分。

贮气罐分立式和卧式两种，通常立式的用得较多，其高度为直径的 2～3 倍，容积约为压缩机每分钟生产能力换算成压缩后气体的体积。

(5) 油水分离器。油水分离器的作用是分离压缩空气中的油和水分，使压缩空气得到初步净化。油水分离器常用的有环形回转式、撞击折回式和离心旋转式三种结构形式。

(6) 空气干燥器。空气干燥器的作用是进一步除去压缩空气中的水分，满足某些要求供给干燥压缩空气的用户。目前常用的压缩空气干燥方法有吸附法和冷冻法。

3. 压缩空气站管路系统

压缩空气站的管路系统为：空气管路、冷却水管路、油水吹除管路、负荷调节管路以及放散管路等。

(1) 空气管路是从空气压缩机进气管到贮气罐后的输气总管。在压缩机与贮气罐之间的管路上需安装止回阀，防止压缩空气倒流。

（2）冷却水的进水管和排水管通称为冷却水管路，用于冷却压缩机的气缸、润滑油及各级冷却器中的压缩空气。

（3）油水吹除管路是指从各级别冷却器、贮气罐内向外排放油和水的管路，排放出来的油、水汇集在废油沉淀箱中。

（4）负荷调节管路是指从贮气罐到压缩机入口处减荷阀的一段管路。利用从贮气罐返流气体压力的变化，自动关闭或打开减荷阀，控制系统的供气量。

（5）放散管是指压缩机至后冷却器或贮气罐之间排气管上安装的手动放空管。在压缩机启动时打开放散管，使压缩机能空载启动，停车后通过它放掉该段管中残留的压缩空气。

（二）车间压缩空气管路的敷设

车间压缩空气管路分总管、干管、支管和立管。总管是指由入口装置至车间各工段或工部的输气管线；干管是指车间内各工段或工部的输气管线，如车间较小不分工段或工部，则没有总管与干管之分，统称干管；支管、立管是指从干管接向用气设备或工具的管路。

车间压缩空气管路可采用架空敷设、地沟敷设、埋地敷设或架空、埋地相结合的敷设方式。为便于管理与维修，应以沿墙或柱子架空敷设为主，架空敷设高度以不妨碍交通为原则，但一般不小于 2.5m，并尽量减少对采光的影响。

（三）压缩空气管道的安装

（1）压缩空气管道输送低压流体常用焊接镀锌钢管、无缝钢管。在某些特殊场合，如医药、外部环境恶劣等，会使用不锈钢管或塑料管，或根据设计要求选用。公称通径小于 50mm，也可采用螺纹连接，以白漆麻丝或聚四氟乙烯生料带作填料；公称通径大于 50mm，宜采用焊接方式连接。

（2）管路弯头应尽量采用煨弯，其弯曲半径一般为 $4D$，不应小于 $3D$。

（3）从总管或干管上引出支管时，必须从总管或干管的顶部引出，接至离地面 1.2～1.5m 处，并装一个分气筒，分气筒上装有软管接头。

（4）管道应按气流方向设置不小于 2‰的坡度，干管的终点应设置集水器。

（5）压缩空气管道安装完毕后，应进行强度和严密性试验，试验介质一般为水。当工作压力 $P<0.50$MPa 时，试验压力 $P_T=1.5P$，但 P_T 不小于 0.20MPa；当工作压力 $P\geqslant 0.50$MPa 时，试验压力 $P_T=1.25P$，但 P_T 不小于 $P+0.30$MPa。管路在试验压力下保持 20min 做外观检查，然后降至工作压力 P 进行严密性实验，无渗漏为合格。

（6）强度及严密性试验合格后进行气密性试验，试验介质为压缩空气或无油压缩空气。气密性试验压力为 $1.05P$。实验时压力应缓慢上升，达到下述压力时进行外观检查：$P_T<0.2$MPa、$P_T\geqslant 0.2$MPa～$0.3P_T$、$0.6P_T$。当无异常情况时，方可继续升高压力。达到试验压力后稳压 24h，记录试验开始与终了时的压力与温度，计算其每小时渗漏率。渗漏率标准为 $\Delta P\leqslant 1\%/h$，在此标准内即认为管路气密性试验合格。

四、夹套管道系统

（一）夹套管的组成

夹套管在石油化工、化纤等装置中应用较为广泛，它由内管（主管）和外管组成。一般工作压力小于或等于 25MPa、工作温度为 −20～350℃时，通常采用碳钢或不锈钢无缝钢管。内管输送的介质为工艺物料，外管的介质为蒸汽、热水、冷媒或联苯热载体等。

1. 夹套管形式

夹套管的形式有内管焊缝隐蔽型（法兰式）与内管焊缝外露型（管帽式）两类。

内管焊缝隐蔽型的内管焊缝均被外管包覆，而内管焊缝外露型则将内管的焊缝暴露在外，便于观测焊缝的渗漏情况。选用原则为：

(1) 输送介质的凝固点在50～100℃的管道，或经常处于重力自流，或停滞状态的易燃介质的管道，宜选用内管焊缝外露型（管帽式）夹套管伴热。

(2) 输送介质的凝固点高于100℃的管道，宜选用内管焊缝隐蔽型（法兰式）夹套管伴热。一般工艺夹套管多采用内管焊缝外露型。

2. 夹套管分类

夹套管按内管、外管进行分类，夹套管的类别不同，其制作、安装要求也不同。夹套管分类见表5.3.2。

表5.3.2 夹套管分类

类别			设计压力 P		工作温度/℃	工作介质
			MPa	kgf/cm^2		
内管	Ⅰ	高压管道	10<P≤25	100<P≤250	−20～350	工艺介质
	Ⅱ	真空管道	P=0	P=0	−20～350	工艺介质
	Ⅱ	中压管道	1.6<P≤10	1.6<P≤100	−20～350	工艺介质
	Ⅲ	低压管道	0≤P≤1.6	0≤P≤16	−20～350	工艺介质
外管	Ⅰ	中压管道	1.6<P≤10	16<P≤100	250～280	蒸汽
					20～250	蒸汽、热水、冷媒
	Ⅱ	低压管道	0≤P≤1.6	0≤P≤16	≤350	联苯热载体

(二) 夹套管制作

夹套管的加工应符合设计文件的规定。一般夹套管的制作程序如下：

1. 管道和附件检验

夹套管所用的管道、管道附件及阀门必须具有制造厂的质量证明书。

阀门在施工前应进行抽检，每批（同制造厂、同规格、同型号、同时到货，下同）抽查数量不得少于1个。检查内容为：进行外观检查，检查阀门内部零、部件的材质、阀芯与阀座连接情况及垫片、填料材质等，如有不合格，则应逐只检查。

输送设计压力大于1MPa，或设计压力小于或等于1MPa且设计温度小于−29℃或大于186℃的阀门，应逐个进行壳体压力试验和密封试验，不合格者不得使用。

2. 内管预制

夹套管内管预制时，应注意高压管不得有焊缝；中压、低压管不宜有焊缝。如有焊缝，该焊缝应按相同类别管道的探伤比例进行射线检验，经试压合格后，方可封入夹套。

3. 定位板设置

（1）定位板尺寸。为了保证内、外管的夹套间隙均匀，应在内管外壁上焊以相同材质的定位板，定位板与外管内壁的间隙宜大于或等于1.5mm。

（2）定位板的安装。定位板的安装应不影响介质的流动和不妨碍内管与外管的胀缩。

4. 外管预制

外管制作时，其长度应比内管段短50～100mm，以方便内管的检测和试验，并保证螺栓拆装方便。外管的封闭焊接，应在内管施工完毕、各项检测和试验合格后进行。

（三）夹套管安装

（1）夹套管安装应在有关设备、支吊架就位、固定、找平后进行，且夹套管应先于邻近有关管道的安装。

（2）夹套管安装前，应对预制的管段按照图纸核对编号，应检查各管段质量及施工记录，再对内管进行清理检查，并应在合格后再进行封闭连接及安装就位。

（3）夹套管安装使用的阀门、法兰、仪表等，安装前应按国家现行有关规范进行检查、清洗和检验，调试合格。

（4）当夹套管外管经剖切后安装时，其纵向焊缝应设置在易检修的部位。

（5）夹套管的连通管安装应符合设计文件的规定。连通管应排放流畅，防止存液，避免堵塞通路。

（6）夹套管的支承块不得妨碍管内介质的流动。

（7）夹套管穿墙、平台或楼板，应装设套管和挡水环。

（8）内管有焊缝时，该焊缝应进行100%射线检测，经试压合格后，方可封入外管。

（9）内管加工完毕后，焊接部位应裸露进行压力试验。夹套管加工完毕后，套管部分应按设计压力的1.5倍进行压力试验。

（10）真空系统在严密性试验合格后，在联动试运转时，还应以设计压力进行真空度试验，时间为24h，系统增压率不大于5%为合格。

（11）联苯热载体夹套的外管，应使用联苯、氮气或压缩空气进行试验，不得用水进行压力试验。

（12）夹套管安装完毕后，应进行内、外管的吹扫工作，凡不能参与吹扫的管道、设备、阀门、仪表等，应拆除或用盲板隔离。蒸汽夹套系统用低压蒸汽吹扫，吹扫顺序为先主管、后支管，最后进入夹套管的环隙。

五、合金钢及有色金属管道

（一）合金钢管道安装

1. 合金钢管牌号

常用于合金钢管管道的合金钢管牌号为：15Mn、16Mn、16Mo、12CrMo、15CrMo、CrMo、12CrMoV等。一般输送流体用的无缝钢管中有普通低合金钢管（16Mn、15MnV）和合金结构钢管（12CrMo、15CrMo、12CrMoV），它们可使用于除强腐蚀介质外的中压、低压工业管道工程；锅炉用高压无缝钢管中一般有普通低合金钢管（16Mn、15MnV、12MnMoV、12MoVWBSiRE）和合金结构钢管（15CrMo、12Cr1MoV、12Cr2MoMVB、12Cr3MoVSiTiB），主要用于输送高压高温水汽介质或高压高温含氢介质。

2. 合金钢管安装

（1）管道组成件及管道支承件必须具有制造厂的质量证明书。

（2）合金钢管道宜采用机械方法切断，当原有标记被裁掉或分成几块时，应在材料切割前完成标记的移植。

（3）合金钢管道的焊接，底层应采用手工氩弧焊，其上各层可用手工电弧焊接成型。合金钢管焊接应进行焊前预热和焊后热处理，预热时应使焊口两侧及内外壁温度均匀；焊后热处理应在焊接完毕后立即进行，若不能及时进行热处理的，则应在焊接后冷却至300～350℃时进行保温。使之缓慢冷却。

（4）合金钢管道系统安装完毕后，应检查材质标记，发现无标记时必须查验钢号。

（二）不锈钢管道安装

1. 常用不锈钢管

不锈钢按其金相组织分为奥氏体不锈钢、铁素体不锈钢、马氏体不锈钢等，按耐腐蚀性能分为耐大气腐蚀、耐酸碱腐蚀和耐高温不锈钢。

2. 不锈钢管道安装

（1）不锈钢管道安装时，不锈钢管及管件应有制造厂的合格证书、化学成分和力学性能等资料；外观不得有裂缝、起皮、机械损伤等现象，对表面机械损伤应进行修整，同时要进行酸洗及钝化处理；输送腐蚀介质的不锈钢管又未注明晶间腐蚀试验结果的，应进行晶间腐蚀的试验；不锈钢管的运输与存放应避免与碳钢材料相互碰撞、摩擦、挤压，同时应注意防止雨水、铁锈等的腐蚀。

（2）不锈钢具有较高的韧性及耐磨性，宜采用机械和等离子切割机等进行切割。注意切割速度不宜过快，采用砂轮机切割或修磨时应使用不锈钢专用砂轮片，不得使用切割碳素钢管的砂轮，以免受污染而影响不锈钢管的质量。高压不锈钢管道切断前应移植原有标记，当奥氏体不锈钢采用色码标记时，印色不应含有对材料产生损害的物质。

（3）不锈钢管坡口宜采用机械、等离子切割机、砂轮机等制作，用等离子切割机加工坡口必须打磨掉表面的热影响层，并保持坡口平整。

（4）不锈钢管焊接一般可采用手工电弧焊及氩弧焊。为确保内壁焊接成型平整光滑，薄壁管可采用钨极惰性气体保护焊，壁厚大于3mm时，应采用氩电联焊；焊接材料应与母材化学成分相近，且应保证焊缝金属性能和晶间腐蚀性能不低于母材。

（5）不锈钢管道焊接时，应采取防止管道污染的措施。在焊口两侧各100mm范围内，采取防护措施，如用非金属片遮住或涂白垩粉，防止焊接时的飞溅物沾污焊件表面。

（6）奥氏体不锈钢焊缝要求进行酸洗、钝化处理时，酸洗后的不锈钢表面不得有残留酸洗液和颜色不均匀的斑痕。钝化后应用水冲洗，呈中性后应擦干水迹。

（7）法兰连接可采用焊接法兰、焊环活套法兰、翻边活套法兰。不锈钢法兰应使用不锈钢螺栓；不锈钢法兰使用的非金属垫片，其氯离子含量不得超过25×10^{-6}。

（8）不锈钢管道安装时不得用铁质的工具及材料敲击和挤压；在碳钢支、吊架与不锈钢管道之间应垫入不锈钢片或氯离子含量不超过25×10^{-6}的非金属垫片。

（9）不锈钢管道穿过墙壁、楼板时，应加设套管。管道与套管之间应充填不含铁质的不燃材料。

（10）不锈钢管组对时，管口组对卡具应采用硬度低于管材的不锈钢材料制作，最好采用螺栓连接形式。严禁将碳素钢卡具焊接在不锈钢管口上用来对口。

（三）钛及钛合金管道安装

1. 常用钛及钛合金管

钛及钛合金常用的牌号有 TA1、TA2、TC1、TC2。钛管的使用温度一般在－60～250℃，工作压力一般不超过10MPa。钛的耐蚀性优异，与不锈钢的耐蚀性差不多，在某些介质中的耐蚀性甚至比不锈钢更高。钛在海水及大气中具有良好的耐腐蚀性，对常温下浓度较稀的盐酸、硫酸、磷酸、过氧化氢及常温下的硫酸钠、硫酸锌、硫酸铵、硝酸、王水、铬酸、苛性钠、氨水、氢氧化钠等耐蚀性良好，但对浓盐酸、浓硫酸、氢氟酸等耐蚀性不良。

2. 钛及钛合金管道安装

（1）钛及钛合金管及管件在安装前必须进行检查，应具有制造厂合格证和质量证明书（包括牌号、炉号、规格、化学成分和力学性能）；内外表面应光滑、清洁、无针孔、裂缝、划痕、折叠和过腐蚀等缺陷；管材内、外表面的局部缺陷应予清除，清除后外径或壁厚不得有超出规定的负偏差值；其端部应平整无毛刺，壁厚应符合要求。钛及钛合金管运输及存放时应注意不与铁质材料接触、碰撞。

（2）钛及钛合金管的切割应采用机械方法，切割速度应以低速为宜，以免因高速切割产生的高温使管材表面产生硬化、变形；钛管用砂轮切割或修磨时，应使用专用砂轮片；不得使用火焰切割。坡口宜采用机械方法加工，切口平面最大垂直偏差为管道直径的1%，且不得超过3mm；管道加工切断前，必须移植原有标记，以保证正确识别管道的材质。钛材管道易受铁离子污染，故移植标记时，不得使用钢印。

（3）钛及钛合金管焊接应采用惰性气体保护焊或真空焊，不能采用氧-乙炔焊或二氧化碳气体保护焊，也不得采用普通手工电弧焊。焊丝的化学成分和力学性能应与母材相当；若焊件要求有较高塑性时，应采用纯度比母材高的焊丝。焊接设备应采用使用性能稳定的直流氩弧焊机，正接法。外表面温度高于400℃的区域均应采用氩气保护。

（4）钛及钛合金管安装时不得用铁质的工具及材料敲击和挤压；在碳钢支、吊架与钛及钛合金管道之间应垫入橡胶板或软塑料板，使其不与钛及钛合金管道直接接触；钛及钛合金管道穿墙及穿楼板时应加装套管，其间隙不应小于10mm，并填塞绝缘物，绝缘物中不应含有铁质杂质。

（5）钛及钛合金管不宜与其他金属管道直接焊接连接。当需要进行连接时，可采用活套法兰连接。使用的非金属垫片一般为橡胶垫或塑料垫，并应控制氯离子含量不得超过25ppm。

（四）铝及铝合金管道安装

1. 常用铝及铝合金管

常用铝及铝合金管有纯铝制造的铝管和防锈铝合金制造的铝合金管，最高使用温度为150℃（其中LF3、LF5、LF11的最高使用温度为66℃），还可用于低温（0～－196℃）介质中，适用压力一般不超过0.6MPa。在低温深冷工程的管道中较多采用铝及铝合金管。

铝在多种腐蚀介质中具有较高的稳定性，铝的纯度越高，其耐腐蚀性越强。在铝中加入少量铜、镁、锰、锌等元素构成铝合金，其强度增加，但耐腐蚀性能降低。由于铝的力学强度低，且随着温度升高力学强度明显降低，铝管的最高使用温度不得超过200℃；对于有压力的管道，使用温度不得超过160℃。在低温深冷工程的管道中较多采用铝及铝合金管。

2. 铝及铝合金管道安装

(1) 铝及铝合金管安装前应进行外观检查，应无裂缝、起皮、氧化、大于 0.03mm 深度的纵向划痕等现象，壁厚符合要求；由于材质较软，运输与存放应注意避免碰撞、挤压、擦伤管材，存放时应与铁、不锈钢、铜等金属隔离，以免引起电化学腐蚀。

(2) 铝及铝合金管安装前的管段调直应逐段进行，使用木制等质地较软的工具，避免管道与钢平台及混凝土平台或砂石地面直接接触，以防管道表面刮伤、划伤；切割可用手工锯条、机械（锯床、车床等）及砂轮机，不得使用火焰切割；坡口宜采用机械加工，不得使用氧-乙炔等火焰。

(3) 铝及铝合金管连接一般采用焊接和法兰连接，焊接可采用手工钨极氩弧焊、氧-乙炔焊及熔化极半自动氩弧焊；当厚度大于 5mm 时，焊前应全部或局部预热至 150～200℃；氧-乙炔焊主要用于焊接纯铝、铝锰合金、含镁较低的铝镁合金和铸造铝合金以及铝合金铸件的补焊。采用氧-乙炔焊时，焊前预热温度不得超过 200℃。

(4) 焊接后使焊缝接头在空气中自然冷却，直至能用手直接触摸时方可进行焊后的清理工作；用 60～80℃的热水冲洗，并用毛刷或铜刷将焊缝区域内的残渣洗刷干净，然后用 30%硝酸溶液洗涤，再用清水冲洗；干燥后如焊缝区域内仍有白色斑点，说明仍有溶剂未清理干净，必须重新处理，直至清除干净为止。

(5) 管道支架间距应比钢管密一些，热轧铝管的支架间距可按相同管径和壁厚的碳钢管支架间距的 2/3 选取，冷轧硬化铝管按相应碳钢管 3/4 间距选取。管道与支架之间须垫毛毡、橡胶板、软塑料等进行隔离。

(6) 管道保温时，不得使用石棉绳、石棉板、玻璃棉等带有碱性的材料，应选用中性的保温材料。

(五) 铜及铜合金管道安装

1. 常用铜及铜合金管

常用的铜管有紫铜管、黄铜管两种。铜及铜合金管通常应用在深冷工程和化工管道上，用作仪表测压管线或传送有压液体管线，当温度大于 250℃时不宜在有压力的情况下使用。

2. 铜及铜合金管道安装

(1) 供安装用的铜及铜合金管，表面与内壁均应光洁、无裂缝、结疤、层裂及气孔，黄铜管不得有绿锈和严重脱锌。

(2) 铜及铜合金管的切断可采用手工钢锯、砂轮切管机；因管壁较薄且铜管质地较软，制坡口宜采用手工锉；厚壁管可采用机械方法加工；不得用氧-乙炔焰切割坡口。

(3) 铜及铜合金管因热弯时管内填充物不易清理，应采用冷弯。管径大于 100mm 者采用压制弯头或焊接弯头，弯管的直边长度不应小于管径，且不应小于 30mm。

(4) 铜及铜合金管的连接方式有螺纹连接、焊接（承插焊和对口焊)、法兰连接（焊接法兰、翻边活套法兰和焊环活套法兰)。大口径铜及铜合金管对口焊接也可用加衬焊环的方法焊接。通常用于液化气加气装置上，管径 5～15mm 的不锈钢管道、铜管道，可以用卡扣连接。

(5) 黄铜管焊前预热温度为：壁厚 5～10mm 时，400～500℃；壁厚大于 15mm 时，550℃；黄铜管采用氧-乙炔焊时，预热宽度以焊口中心为基准，每侧 150mm；焊接后，焊缝应进行焊后热处理，其温度为 400～450℃；软化退火处理为 550～600℃。热处理应在焊后及时进行。

（六）铸铁管道安装

1. 铸铁管管材分类

常用的铸铁管有：球墨铸铁管、灰口铸铁管及高硅铁管（详见本书第一章第二节）。

（1）球墨铸铁管。球墨铸铁管具有较高的强度，耐磨性和韧性高，防腐性能优异、延展性能好，密封效果好，安装简易、主要用于市政、工矿企业给水、输气、输油等。是供水管材的首选，具有很高的性价比。

（2）灰口铸铁管。灰口铸铁管有砂型离心铸铁直管和连续铸铁直管两种，多用于水及煤气等压力流体的输送。

（3）高硅铁管。高硅铁管是用含碳量在0.5%～1.2%、含硅量在10%～17%的铁硅合金制成的。常用的高硅铁管含硅量为14.50%。它具有很高的耐蚀性能，随着硅含量的增加，耐蚀性能也随之增加，但脆性变大。高硅铁管可用于输送多种无机酸、有机酸以及一些盐；但它不适于用来输送卤素酸以及强碱。

2. 铸铁管承插连接一般工序及方法

（1）管口处理。铸铁管铺设前，应清除粘砂、飞刺、沥青块等，并烤去承插部位的沥青涂层。

（2）连接材料准备。需准备的材料有油麻、橡胶圈、石棉水泥、膨胀水泥、青铅等。

1）油麻。填塞用麻应有韧性、纤维应较长，并应无麻皮，应经石油沥青浸透，晾干后将油麻拧成油麻辫，油麻辫的粗细应为接口间隙的1.5倍。

2）橡胶圈。管道接口所用的橡胶圈不应有气孔、裂缝、重皮或老化等缺陷。装填时橡胶圈应平展、压实，不得有松动、扭曲、断裂等。

3）石棉水泥。石棉水泥质量配合比为：石棉：水泥＝3：7；石棉水泥的水灰比为1：9或1：10，拌好的石棉水泥应在1h内用完，最好随用随拌。

4）膨胀水泥。膨胀水泥接口是以膨胀水泥：中砂：水＝1：1：0.3的比例拌和成水泥砂浆接口。膨胀水泥按其成分不同又可分为自应力水泥接口和石膏氯化钙水泥接口。自应力水泥为硅酸盐水泥、石膏、矾土水泥的混合物。石膏氯化钙水泥接口是硅酸盐水泥、石膏粉、氯化钙按一定比例混合加水后拌和配制而成的接口填料，填料配比必须经过试验确定。和石棉水泥接口相比，膨胀水泥接口在操作中只需捣实、抹平，无须反复捻打，减轻了操作人员的劳动强度。

5）青铅。将小铅块放入铅锅内，点火燃至铅熔化，拨开液铅表面浮层，视其颜色为紫红色则可使用。

（3）捻口。

1）打油麻。将油麻辫由接口处逐渐塞入缝隙，一般塞入1～2圈，对于缝隙较大，承插较深入使用青铅接口的，油麻可增加至2～4圈。每圈麻辫应互相搭接100～150mm，并应压实打紧。打紧后的麻辫填塞深度应为承插深度的1/3，且不应超过承口三角凹槽的内边。

2）打橡胶圈。橡胶圈一般用于$DN \geqslant 300$mm的管道，用锤击方法填捻时，捻口凿应贴插口壁进行敲击逐渐打入，使橡胶圈沿一个方向均匀滚入，填捻完毕，应使橡胶圈至承口边缘距离基本相等。管道承插口有凸台时，橡胶圈应捻至凸台，或捻至距离插口边缘

10～20mm 为宜；橡胶圈的外部宜抹水泥砂浆，其高度应与承口平齐。若采用青铅接口时，橡胶圈外必须填捻油麻 1～2 圈。

3）石棉水泥填料密封。将拌好的填料塞入已打好油麻的承插口内，石棉水泥应自下而上填塞，并应分层填打，每次填灰厚度 10mm 左右，每层填打不应少于两遍。

4）膨胀水泥填料密封。抹口前将管道承口（填料间隙）清理干净。并在承口内填充麻辫，其深度为承口深度的 1/3 左右。将填料搓成条状，向承口分层用力填进，并用灰凿分层填实，最后抹平压光，表面凹入承口边缘不应大于 2mm。

5）青铅填料密封。用卡箍套在承口边缘处，卡紧并用湿泥将卡子与管壁抹严，以免漏铅。将足够一个接口用的溶铅倒入承口内，待灌满凝固后取下卡子。剔除管边多余的铅并用捻凿打实，使铅口与管口保持平齐或略低于管口。

（4）养护。

1）石棉水泥与自应力水泥接口捻打完毕后，用湿泥土或湿草绳缠绕在接口上，并浇水进行养护。

2）膨胀水泥接口在完成接口工作后，随即润湿养护。可用泥糊口，填土浇水养护。如冬季施工，抹口后用盐水和泥糊口，覆干土蓄热养护。管段也应覆干土保温。

（七）塑料管道安装

1. 常用塑料管道

常用的塑料管有：聚氯乙烯（PVC）管、聚乙烯（PE）管、聚乙烯夹铝复合管（PAP）、改性聚丙烯（PP-R）管、聚丁烯（PB）管、热固性塑料管（GRP）、工程塑料（ABS）管、镀锌钢管衬塑复合管等（详见本书第一章第二节）。

2. 塑料管道安装

（1）管材检查。管材表面应光滑、平整，不允许有气泡、裂口及显著的波纹、凹陷、杂质、颜色不均、分解变色等。

（2）管道切断采用机械方法。

（3）塑料管的连接方法有黏接、焊接、电熔合连接、法兰连接和螺纹连接等。

1）塑料管黏接。塑料管黏接必须采用承插口形式，承口不得有裂缝、歪斜及厚度不均的现象，管道承插接头必须插足；聚氯乙烯管道采用过氯乙烯清漆或聚氯乙烯胶作为黏接剂；聚丙烯管道黏接前需先做表面活化处理后才可进行黏接，承接口有油污染时应用丙酮溶液擦拭后才能进行黏接。黏接法主要用于 UPVC 管、ABS 管的连接，广泛应用于排水系统中。

2）塑料管焊接。塑料管管径小于 200mm 时一般应采用承插口焊接，承受压力较高的管道，可先用黏接，外口再用焊条焊接补强。焊接一般采用热风焊。管径大于 200mm 的管道可采用直接对焊，焊好后，外面应套装一个套管，将套管两端焊接或黏接在管道上，套管长度为管径 2.25～2.3 倍。焊接主要用于聚烯烃管，如 LDPE、HDPE 及 PP 管。

3）电熔合连接。电熔合连接应用于 PP-R 管、PB 管、PE-RT 管、金属复合管等新型管材与管件连接，是目前家装给水系统应用最广的连接方式。HDPE 管可以注塑热熔管件现场用热熔承插焊机对接方式连接；也可用热熔对接焊机将两管端面热熔后对接，其中较大口径管件是用多角焊机加工成型。

4）法兰连接。*DN*15～*DN*2 000 甚至以上的工业管道、城市热力管道等常采用法兰连接。法兰连接是管道与阀门、设备、仪表进行连接的主要形式。按法兰与管道的固定方式分为螺纹法兰、焊接法兰、松套法兰等。

5）螺纹连接。主要用于 $DN50$ 及以下管道的连接，或者仪表的表头与表座之间的连接、仪表布线所走的穿线管等压力等级不高场合。螺纹连接比较安全可靠。但加工螺纹要求管材管件的壁厚要厚一些，螺纹填料可采用白漆丝或生料带。

（八）衬胶管道安装

1. 衬胶管

衬胶管是在金属管内部衬上橡胶，以达到既耐腐蚀，又能满足管内介质温度、压力要求的目的。防腐衬胶管广泛应用于酸、碱、盐输送系统。

衬胶管道按橡胶的防腐、耐磨以及耐温性能可分为耐磨衬胶管和耐高温衬胶管两类。耐磨衬胶管可以用于矿山的原矿、精矿、尾矿矿浆输送管路，燃煤电厂输灰管路，化工系统的带有固体颗粒的液体输送管路；耐高温衬胶管的衬里层采用耐温性能优异的丁基橡胶、三元乙丙橡胶、丁腈橡胶等，可在 140℃的腐蚀性介质及蒸汽环境下连续长期工作，因兼备耐油与防腐功能，也可用于含油类介质的输送管路及污水输送管道。衬胶按含硫量的多少可分为硬橡胶、软橡胶和半硬橡胶。衬里用橡胶一般不单独采用软橡胶，通常采用硬橡胶或半硬橡胶，或采用硬橡胶（半硬橡胶）与软橡胶复合衬里。

衬胶管的使用压力一般低于 0.6MPa，真空度不大于 0.08MPa（600mmHg）。硬橡胶衬里的长期使用温度为 0～65℃，短时间加热允许至 80℃；半硬橡胶、软橡胶及硬橡胶复合衬里的使用温度为－25～75℃，软橡胶衬里短时间加热允许至 100℃。

2. 衬胶管道的预制

衬胶管与管件的基体一般为碳钢、铸铁，要求表面平整，无砂眼、气孔等缺陷，故大多采用无缝钢管。

（1）管道焊接应采用对焊，内侧的焊缝不应有气孔、焊瘤、焊渣，并应修磨平滑，不得有凹陷。

（2）采用平焊法兰时，法兰内口焊缝应修磨成半径大于或等于 5mm 的圆弧。采用对焊法兰时，焊缝内表面应修磨，不得有凹凸不平、气孔、夹渣、焊瘤等缺陷，转角处的圆弧半径应大于或等于 5mm。

（3）现场加工的钢制弯管，弯曲角度不应大于 90°，弯曲半径不小于管外径的 4 倍，且只允许一个平面弯。

（4）衬里管段及管件的预制长度，应考虑法兰间衬里层和垫片的厚度，并能满足衬里施工的要求。

（5）管段及管件的机械加工，焊接、热处理等应在衬里前进行完毕，并经预装、编号、试压及检验合格。

3. 衬胶管道的安装

（1）防腐衬里管道未衬里前应先预安装。安装好后，需进行水压试验，试验压力为 0.3～0.6MPa。经检查合格后，拆下送衬里点进行衬里。

（2）防腐衬里管道的第一次安装装配不允许强制对口硬装，否则在衬里后就有装不上的可能。试压合格后，应认真做好记录后再拆下。

（3）搬运和堆放衬胶管件时，应做到轻拿轻放，防止剧烈振动或相互碰撞。衬胶管道、管件及衬胶材料应存放在温度为5～40℃的室内，避免阳光和热源辐射，不得与潮湿物件和油脂等接触。

（4）衬胶管在安装前，应检查衬胶完好情况，并保持管内清洁。检查方法是用电解液、检波器及目测来检查保护层的完整情况。

（5）衬胶管道安装时，不得再进行施焊、局部加热、扭曲或敲打。预制加工的衬里管道，预安装后必须在管壁上做好标记，并按图进行编号，确保在衬里后仍能按原图编号进行安装。

（6）衬里管道安装应采用软质或半硬质垫片，安装时垫片应放正，必要时可用斜垫片调正连接口。

六、高压管道安装

（一）高压管道的分级

高压管道是指工作压力为10MPa＜P≤42MPa的管道，对于工作压力P≥9.0MPa且工作温度≥500℃的蒸汽管道，也可升级为高压管道。

高压管道按压力和温度可分为不同的等级：

（1）按压力：按公称压力分为10、15、16、20、25、28、32、42MPa等八个等级，其中16、20、32MPa三个等级最常用。

（2）按工作温度：分为Ⅰ级（－40～200℃）、Ⅱ级（201～400℃）和Ⅲ级（＞401℃）。

高压管道按压力、温度分级后，在相应的管道与紧固件外表面上做等级标记。对于压力等级，通常在管件外表面打上等级钢印并涂色，如16、20MPa的管件涂黑色，32MPa的管件涂灰色。对温度等级，用于Ⅱ级温度的管件，在其外圆周上加工出一圈深为1～1.2mm的半圆形沟槽；用于Ⅲ级温度的管件，加工出两圈半圆形沟槽。

（二）高压管道管件检验

高压管道长期在高压、高温下工作，对管道的力学强度和连接的严密性有很高的要求。

1. 高压钢管的检验

（1）高压钢管必须按国标或部标验收，验收应分批进行，每批钢管应是同规格、同炉号、同热处理条件。

（2）高压钢管应具有制造厂的合格证书，在证明书上应注明：供方名称或代号、需方名称或代号、合同号、钢号、炉罐号、批号和重量、品种名称和尺寸、化学成分、试验结果（包括参考性指标）、标准编号。

（3）外径大于35mm的高压钢管，应有代表钢种的油漆颜色和钢号、炉罐号、标准编号及制造厂的印记。外径小于或等于35mm成捆供货的高压钢管应有标牌，标明制造厂名称、技术监督部门的印记、钢管的规格、钢号、根数、重量、炉罐号、批号及标准编号。

（4）高压钢管验收时，如有证明书与到货钢管的钢号或炉罐号不符、钢管或标牌上无钢号与炉罐号、证明书上的化学成分或力学性能不全时，应进行校验性检查。

（5）高压钢管在校验性检查中，如有不合格项目，须以加倍数量的试样复查，复查只进行原来不合格的项目。复查的试样要在原来不合格的钢管和与该钢管硬度最接近的另一钢管上截取。当复查结果仍有一个项目不合格时，则应对该批钢管逐根检查。

（6）高压钢管应按下列规定进行无损探伤：

1）无制造厂探伤合格证，应逐根进行探伤。

2）虽有探伤合格证，但经外观检查发现缺陷时，应抽10%进行探伤。如仍有不合格者，则应逐根进行探伤。

（7）高压钢管外表面按下列方法探伤：

1）公称直径大于6mm的磁性高压钢管采用磁力法。

2）非磁性高压钢管，一般采用荧光法或着色法。

经过磁力、荧光、着色等方法探伤的公称直径大于6mm的高压钢管，还应按《无缝钢管超声波探伤检验方法》GB/T 5777—2008的要求，进行内部及内表面的探伤。

（8）高压钢管经探伤发现的结疤、夹渣及刮伤等缺陷应修磨至消失为止。除去缺陷后的实际壁厚应不小于钢管公称壁厚的90%，且不小于设计计算壁厚。

（9）合格的高压钢管应按材质、规格分别放置，妥善保管、防止锈蚀。不合格的钢管应有明显标记，并单独存放。

2. 高压管螺纹及阀门检验

（1）高压管螺纹表面不得有裂缝、凹陷、毛刺等缺陷。有轻微机械损伤或断面不完整的螺纹，全长累计不应大于1/3圈。

（2）管端锥角密封面不得有划痕、刮伤、凹陷、啃刀等缺陷。

（3）高压阀门应逐个进行强度和严密性试验。阀体及填料函不得泄漏。然后在公称压力下检查阀门的严密性，无泄漏为合格。阀门试压后应将水放净，涂油防锈，关闭阀门，填写试压记录。

（4）高压阀门应每批取10%且不少于一个进行解体检查，如有不合格则需逐个检查。

（三）高压管道加工

（1）高压管道的加工应在图纸会审的基础上，绘制管道加工图，加工图的尺寸由现场实测与施工图计算得到，但封闭管段的尺寸必须实测。

（2）在确定加工图尺寸时，应考虑法兰、焊口的设置应方便管道的加工、安装与检修，不得设置于墙壁、楼板或管架上。相邻两管道的外壁（包括保温层）不得相碰，间距必须大于50mm。

（3）合金钢、不锈钢高压管道应采用机械方法切割。所有钢号的管道在切断后应及时在无标识的管段上标上原有的符号。

（4）在车制管端密封面时，其端面应与管道中心垂直，不得有划痕、刮伤、凹穴、啃刀等缺陷。在车制锥角密封面的每种规格的第一个密封口时，要用标准透镜垫着色印检查，其接触线不得间断或偏位。

（四）高压管件加工

高压管件是指三通、弯头、异径管、活接头、温度计、套管等配件，一般采用高压钢管焊制、弯制和缩制。

（1）焊接三通。焊接三通由高压无缝钢管焊制而成，其接口连接形式可加工成焊接坡口、透镜垫密封法兰接口和平垫密封法兰接口三种。

（2）弯头和异径管。高压管道的弯头和异径管可在施工现场用高压管道弯制和缩制，也可采用加工单位制造的不带直边的小曲率弯头和带直边的弯头及异径管。不带直边的弯头端部只有焊接坡口一种形式，带直边的弯头和异径管端部可加工成焊接坡口、透镜垫密封法兰接口和平垫密封法兰接口三种形式。

(3) 高压螺纹管丝头和活接头。高压螺纹管丝头用于管道与带法兰的附件和设备的连接。当管道较长不便于在车床上加工时，可采用高压螺纹管丝头，其一端为焊接坡口，另一端为高压螺纹（与高压螺纹法兰连接）。高压螺纹管丝头的端部应根据高压螺纹法兰密封方式的不同，加工成透镜垫密封接口和平垫密封接口两种形式。

高压管道除采用法兰接口外，也可采用活接头，用于管道需拆开处。这种活接头结构紧凑，拆装方便，但只适用于工作温度为−40～200℃条件下的小口径管道连接，即适用于当 $PN \leqslant 32$MPa、公称直径 $DN \leqslant 15$mm，或 $PN \leqslant 20$MPa、公称直径 $DN \leqslant 25$mm 的场合。

(4) 高压管道弯管加工。

钢号为 20、15MnV、12CrMo、1Cr18Ni9Ti、Cr18Ni13Mo2Ti 的高压管道，应尽量采用冷弯，冷弯后可不进行热处理。若高压管道热弯时不得用煤或焦炭做燃料，应当用木炭作燃料，以免渗碳。高压管在弯曲和热处理后应再进行表面无损探伤，当有缺陷时，可进行修磨。修磨后的弯管壁厚不得小于管道公称壁厚的 90%，且不得小于设计壁厚。

(五) 高压管道安装

(1) 高压管道安装前应将内部清理干净，用白布检查，达到无铁锈、脏物、水分等为合格。

(2) 安装管道时应使用正式管架固定。管道支架应按设计图纸要求制作、安装、在管道与管架之间加置木垫、软金属片或橡胶石棉板。

(3) 高压螺纹法兰的安装方法及要求应符合有关规定。

(4) 高压管道的焊缝坡口应采用机械方法，坡口形式根据壁厚及焊接方法选择 V 形或 U 形，当壁厚小于 16mm 时，采用 V 形坡口；壁厚为 7～34mm 时，可采用 V 形坡口或 U 形坡口。

(5) 高压管道焊接除应符合一般中压、低压管道焊接有关要求外，还应满足以下要求。

1) 焊接方法：

①20#、15MnV、12CrMo、15CrMo 高压管道应采用手工电弧焊，当管壁厚不大于 6mm 时，应采用手工氩弧焊，条件不具备的企业可采用氧-乙炔焊。

②1Cr18Ni9Ti、Cr18Ni13Mo2Ti 高压管应采用手工氩弧焊打底和手工电弧焊盖面成型。

③碳素钢管、合金钢管焊接，为确保底层焊接表面成型光滑平整、焊接质量好，均采用手工氩弧打底，手工电弧焊成型，不锈钢管、钛管采用氩弧焊时，应充氩气保护，以防产生氧化。

④高压管焊接宜采用转动平焊。

2) 焊条选择。高压管道焊接所用焊条与焊丝按钢号选择，所用焊条，焊丝均应有出厂合格证，其化学成分与力学性能应符合有关技术标准的规定。

3) 焊接工艺要求。高压管道焊接前，应将坡口及附近宽 10～20mm 表面上的脏物、油迹、水分和锈蚀斑迹等清洗干净。定位点焊，其焊肉的两端宜磨成缓坡形。电焊后如有裂纹，必须清除。高压管道的管壁较厚，焊缝较大，宜采用不同的焊层数。打底用的焊条直径不宜过大。管道施焊时，焊缝的焊接层数和各层所采用的焊条直径应符合相关规定。

4) 高压管道的管焊接时，各种钢号的高压管道应符合焊接允许最低温度及预热要求，其周围环境温度不得过低，以防止焊缝的熔融金属因迅速冷却而造成裂纹等缺陷。

5）为了保证焊缝质量，高压管道在焊接前一般应进行预热，焊后应进行热处理。1Cr18Ni9Ti、Cr18Ni13Mo2Ti 管在施焊时要防止层间温度过高，焊后一般不进行热处理，但应对焊缝及附近表面进行酸洗、钝化处理。采用氩弧焊打底时，管内宜充氩保护。热处理应按有关要求进行。

6）高压管道的焊缝须经外观检查、X 射线透视或超声波探伤。透视和探伤的焊口数量应符合以下要求：

①若采用 X 射线透视，转动平焊抽查 20%，固定焊 100%透视。

②若采用超声波探伤，100%检查。

③经外观检查、X 射线透视或超声波探伤不合格的焊缝允许返修，每道焊缝的返修次数不得超过一次，返修后，须再次进行上述项目检查。

7）高压管道的每道焊缝焊接完毕后，应在焊缝附近打上施焊人的职业资格证编号钢印，并及时填写“高压管道焊接工作记录”。

七、工业管道工程计量

根据《安装工程计量标准》的规定进行工程量计算。

（一）主要内容及与其他专业工程的关系

1. 主要内容

工业管道工程包括各种材质的低压、中压、高压管道安装，各种材质的低压、中压、高压管道的管件、阀门、法兰安装，无损检测与热处理，其他项目制作安装。

2. 与其他专业工程的关系

（1）“工业管道工程”适用于厂区范围内的车间、装置、站、罐区及其相互之间各种生产用介质输送管道，以及厂区第一个连接点以内生产、生活共用的输送给水、排水、蒸汽、燃气的管道安装工程。

（2）厂区范围内的生活用给水、排水、蒸汽、燃气的管道安装工程应按《安装工程计量标准》附录 K“给排水、采暖、燃气工程”相关项目编码列项。

（3）管道、设备和支架除锈、刷油及绝热等内容，除注明者外均应按《安装工程计量标准》附录 M“刷油、防腐蚀、绝热工程”相关项目编码列项。

（4）电动阀门的操纵装置电气系统应按《安装工程计量标准》附录 D“电气设备安装工程”相关项目编码列项。

（5）仪表流量计应按《安装工程计量标准》附录 F“自动化控制仪表安装工程”相关项目编码列项。

（6）组装平台搭拆、地下管道穿越建筑物保护等措施项目，应按《安装工程计量标准》附录 P“措施项目”相关项目编码列项。

（二）工程计量规则及相关说明

1. 管道安装

（1）按低压、中压和高压管道分别列项。管道工程量应根据其材质，规格，连接形式、焊接方法，充氩保护方式，压力试验、吹扫与清洗，脱脂，警示带形式等项目特征，按设计图示管道中心线以长度“m”计算。工作内容：安装，焊口充氩保护，压力试验，吹扫、清洗，脱脂，警示带铺设。

(2) 说明：

1) 低压、中压、高压管道工程量计算不扣除阀门、管件、方形补偿器所占长度；室外埋设管道不扣除附属构筑物（井）所占长度。

2) 压力试验方法是指水压试验、气压试验、泄漏性试验、真空试验等。

3) 吹扫与清洗按设计要求的水冲洗、空气吹扫、蒸汽吹扫、化学清洗、油清洗等。

4) 脱脂介质种类是指二氯乙烷、三氯乙烯、四氯化碳、动力苯、丙酮或酒精等。

2. 管件安装

(1) 按低压、中压和高压管件分别列项。管件工程量应根据材质，规格，连接形式、焊接方法、充氩保护方式等项目特征，按设计图示数量以“个”计算。工作内容：安装、管件焊口充氩保护等。

(2) 说明：

1) 低压、中压、高压管件：

①管件包括弯头、三通、四通、异径管、管接头、管帽、方形补偿器弯头、管道上仪表一次部件、仪表温度计扩大管制作安装等。

②管件压力试验、吹扫、清洗、脱脂均包括在管道安装中。

③三通、四通、异径管均按大管径计算。

④管件用法兰连接时按压力执行法兰安装项目，不再计算管件项目。

⑤半加热外套管摔口后焊接在内套管上，每处焊口按一个管件计算；外套碳钢管如焊接在不锈钢内套管上时，焊口间需加不锈钢短管衬垫，每处焊口按两个管件计算。

2) 低压、中压管件在主管上挖眼接管的三通和摔制异径管，均按安装管件主管径计算，不另计制作费和主材费；挖眼接管的三通支线管径小于主管径1/2时，不予计算；在主管上挖眼接管的焊接接头、凸台等配件，均按配件管径计算。

3) 管件的压力试验、吹扫、清洗、脱脂，均应包括在低压管道、中压管道和高压管道工作内容中。

3. 阀门安装

(1) 按低压、中压和高压阀门分别列项。阀门工程量应根据名称，材质，型号，规格，连接形式，焊接方法等项目特征，按设计图示数量以“个”计算。工作内容：安装、操纵装置安装、临时短管装拆、壳体压力试验等。

(2) 说明：

1) 减压阀按高压侧直径计算。

2) 电动阀门的工作内容包括电动机安装。

3) 操纵装置安装按规范或设计技术要求计算。

4. 法兰安装

(1) 按低压、中压和高压法兰分别列项。法兰工程量应根据材质，型号、规格，连接形式，焊接方法等项目特征，按设计图示数量以“片”计算。工作内容：安装、翻边活动法兰短管制作、焊口充氩保护等。

(2) 说明：

1) 低压、中压法兰焊接时，应按平焊法兰、对焊法兰、翻边活动法兰及焊环活动法兰等连接形式编制项目特征及按照相应连接形式分别列项。

2）低压、中压、高压法兰中焊接盲板（封头）按管件的规则计量管件连接；配法兰的盲板不予计算。

5. 无损检测与热处理

（1）无损检测。管材表面超声波探伤、管材表面磁粉探伤应根据名称、规格等项目特征，按管材无损检测长度以“m”计算，或按管材表面探伤检测面积以“m^2”计算。焊缝X射线、焊缝γ射线探伤应根据项目特征：名称、底片规格、管壁厚度，按规范或设计技术要求，以“张”或“口”计算。焊缝超声波探伤、焊缝磁粉探伤、焊缝渗透探伤应根据名称、管道规格、对比块设计要求等项目特征，按规范或设计技术要求以“口”计算。探伤项目包括固定探伤仪支架的制作、安装。

【例】某一外径为500mm的碳钢管段，共有两道环形焊口，焊接完成后需要对环形焊缝质量采用X射线探伤检查。胶片尺寸为80mm×300mm，每张胶片长度方向两边各搭接25mm。计算该管道焊缝的X射线探伤项目的分部分项工程量。

先计算出每道焊口的周长、胶片的有效长度；然后用焊口周长除以胶片有效长度，按收尾法取定胶片数量；最后计算出该工程量。

每道焊口使用胶片数量：500×3.14÷（300−25×2）＝6.28（张），取7张。

该管道焊缝的X射线探伤项目的分部分项工程量为7×2＝14（张）。

（2）热处理。焊前预热、后热处理，焊口热处理应根据材质、规格及管壁厚、压力等级、热处理方法、硬度测定设计要求等项目特征，按规范或设计技术要求以“口”计算。

（3）光谱分析。应根据名称、管道规格等项目特征，按规范或设计技术要求以“点”计算。

（4）管道安拆后的充气保护。应根据管道类型、规格等项目特征，按施工方案以“项”计算。

6. 其他项目制作安装

（1）工程量计算规则：

1）冷排管制作安装应根据排管形式、组合长度，按设计图示以长度“m”计算。分、集汽（水）缸应根据质量、材质、规格、安装方式，按设计图示数量以“台”计算。空气分气筒、空气调节喷雾管、钢制排水漏斗、水位计、手摇泵应根据规格、型号、材质等，按设计图示数量以“组（台、个）”计算。

2）三通补强圈、碳钢管虾体弯、中压螺旋卷管虾体弯、不锈钢管虾体弯、铝及铝合金管虾体弯、铜及铜合金管虾体弯制作安装，根据材质、规格、压力等级、焊接方法等，按设计图示数量以“个”计算。

3）管道清洁工程量应根据名称、清洁介质等，按设计图示管道中心线以长度“m”计算。

（2）说明：

1）冷排管工作内容包括钢带退火、加氨、冲、套翅片，按设计要求计算。

2）钢制排水漏斗制作安装，其口径规格按下口公称直径。

3）管道清洁适用于管道安装后期进行保养清洁。

（三）工业管道计量示例

1. 背景

某氧气加压站部分工艺管道系统如图5.3.1所示。

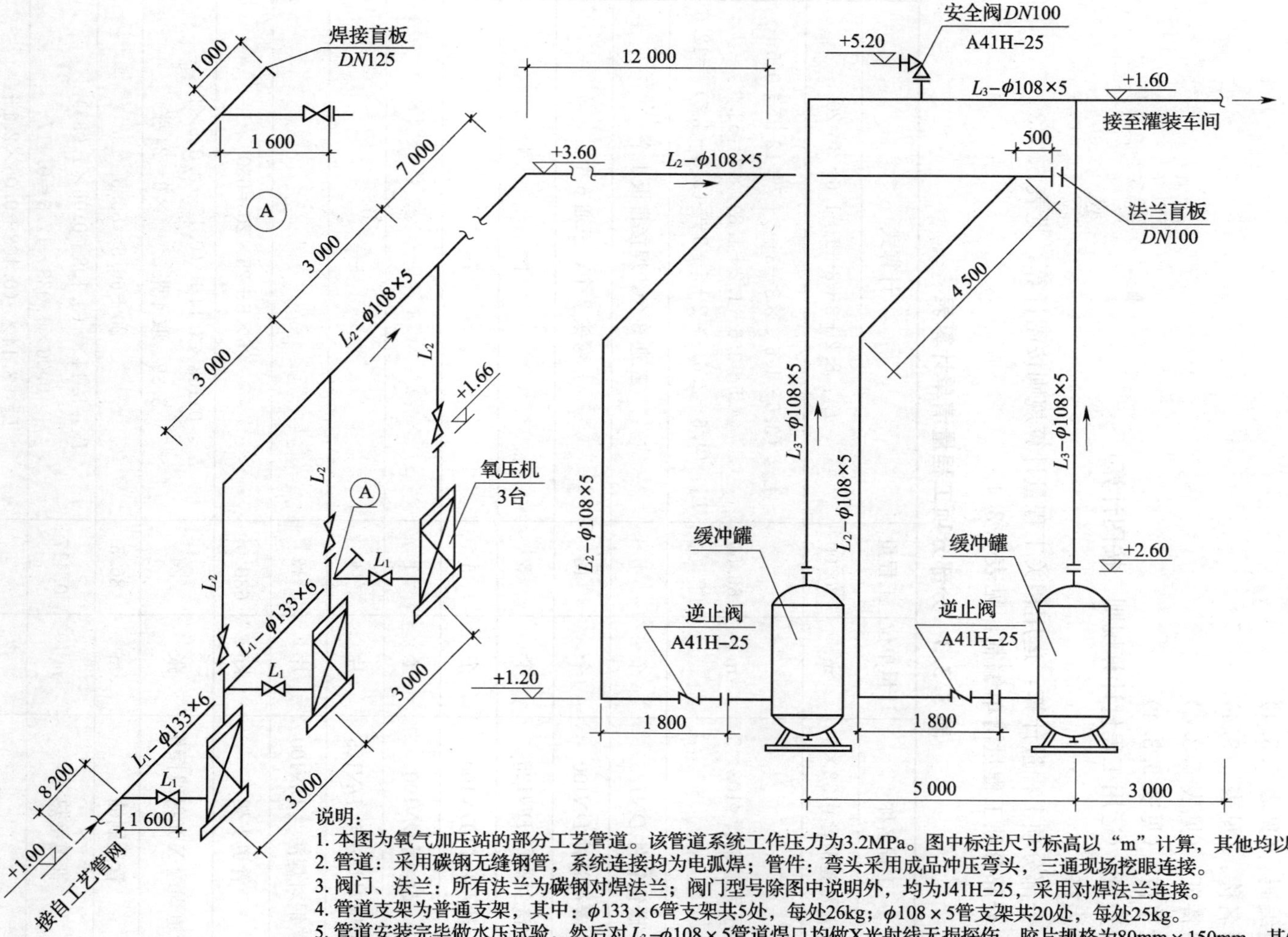

说明：
1. 本图为氧气加压站的部分工艺管道。该管道系统工作压力为3.2MPa。图中标注尺寸标高以“m”计算，其他均以“mm”计算。
2. 管道：采用碳钢无缝钢管，系统连接均为电弧焊；管件：弯头采用成品冲压弯头，三通现场挖眼连接。
3. 阀门、法兰：所有法兰为碳钢对焊法兰；阀门型号除图中说明外，均为J41H-25，采用对焊法兰连接。
4. 管道支架为普通支架，其中：$\phi133\times6$管支架共5处，每处26kg；$\phi108\times5$管支架共20处，每处25kg。
5. 管道安装完毕做水压试验，然后对$L_3-\phi108\times5$管道焊口均做X光射线无损探伤，胶片规格为80mm×150mm，其焊口数量为6个。
6. 管道安装就位后，所有管道外壁刷油漆。缓冲罐引出管线$L_3-\phi108\times5$采用岩棉管壳（厚度为60mm）做绝热层，外缠铝箔保护层。

图 5.3.1　某氧气加压站部分工艺管道系统图

2. 问题

(1) 根据图示内容和《通用安装工程工程量计算标准》GB/T 50856—2024 的规定，计算该氧气加压站部分工艺管道分部分项工程量。

(2) 编制分部分项工程量清单。

3. 解答

项目编码：（见表 5.3.4）

项目名称：（见表 5.3.4）

项目特征：（见表 5.3.4）

计量单位：（见表 5.3.4）

工程数量：（运用工程量计算规则，按图计算）

编制表格：

(1) 分部分项工程量计算：运用相关工程量计算规则按图计算，见表 5.3.3。

(2) 分部分项工程量清单编制，见表 5.3.4。

表 5.3.3 分部分项工程量清单计算表

序号	工程名称	计量单位	工程量	计算式
1	中压无缝钢管 ϕ133×6	m	20.00	L_1：8.2+3+3+1+1.6×3=20
2	中压无缝钢管 ϕ108×5	m	66.50	L_2：(3.6−1.6)×3+3+3+7+12+5+0.5+(4.5+3.6−1.2+1.8)×2=53.9 L_3：(4.6−2.6)×2+5+3+(5.2−4.6)=12.6
3	碳钢管件 *DN*125	个	4	三通 3 个，焊接盲板 1 个
4	碳钢管件 *DN*100	个	13	弯头 7 个，三通 6 个
5	法兰阀门 *DN*125	个	3	—
6	法兰阀门 *DN*100	个	5	—
7	安全阀 *DN*100	个	1	—
8	碳钢对焊法兰 *DN*125	片	4	—
9	碳钢对焊法兰 *DN*100	片	13	—
10	管道支架	kg	630.00	26×5+25×20=630
11	管道焊缝 X 光射线探伤	张	24	L_3：0.108×3.14÷(0.15−0.025×2)=3.39 取 4 张， 4×6=24 张
12	管道刷油	m	86.5	20+66.5=86.5
13	管道绝热	m^3	0.417	L_3：3.14×(0.108+0.06×1.033)×0.06×1.033×12.6=0.417
14	铝箔保护层	m^2	9.58	L_3：3.14×(0.108+0.06×2.1+0.0082)×12.6=9.58

表 5.3.4　分部分项工程量清单

工程名称：某氧气加压站部分工艺管道工程　　标段：　　第　页　共　页

序号	项目编码	项目名称	项目特征	计量单位	工程量
1	030802001001	中压碳钢管	1. 材质：无缝钢管 2. 规格：$\phi 133\times6$ 3. 焊接方法：电弧焊 4. 压力试验、吹扫与清洗：水压试验 5. 脱脂：高压水洗	m	20.00
2	030802001002	中压碳钢管	1. 材质：无缝钢管 2. 规格：$\phi 108\times5$ 3. 焊接方法：电弧焊 4. 压力试验、吹扫与清洗：水压试验 5. 脱脂：高压水洗	m	66.50
3	030805001001	中压碳钢管件	1. 材质：Q235 2. 规格：*DN*125 3. 焊接方法：电弧焊	个	4
4	030805001002	中压碳钢管件	1. 材质：Q235 2. 规格：*DN*100 3. 焊接方法：电弧焊	个	13
5	030808003001	中压法兰阀门	1. 名称：截止阀 2. 材质：铸钢 3. 型号、规格：*DN*125 J41H－25 4. 连接形式：法兰连接 5. 焊接方法：对焊	个	3
6	030808003002	中压法兰阀门	1. 名称：截止阀 2. 材质：铸钢 3. 型号、规格：*DN*100 J41H－25 4. 连接形式：法兰连接 5. 焊接方法：对焊	个	5
7	030808005001	中压安全阀	1. 名称：弹簧式安全阀 2. 材质：不锈钢 3. 型号、规格：*DN*100 A41H－25 4. 连接形式：法兰连接 5. 焊接方法：对焊	个	1

续表 5.3.4

序号	项目编码	项目名称	项目特征	计量单位	工程量
8	030811002001	中压碳钢焊接法兰	1. 材质：中碳钢 2. 型号、规格：*DN*125 3. 连接形式：电弧焊 4. 焊接方法：对焊	片	4
9	030811002002	中压碳钢焊接法兰	1. 材质：中碳钢 2. 型号、规格：*DN*100 3. 连接形式：电弧焊 4. 焊接方法：对焊	片	13
10	031301005001	支/吊架、基础型钢	1. 名称：管道支架 2. 材质：型钢 3. 规格：100mm×50mm×3mm 4. 支架形式：普通固定支架	kg	630.00
11	030813003001	焊缝X光射线探伤	1. 名称：X光射线探伤 2. 底片规格：80mm×150mm 3. 管壁厚度：6mm	张	24
12	031201001001	管道刷油	1. 除锈级别：St2级 2. 油漆品种：醇酸防锈漆 3. 涂刷遍数、漆膜厚度：3遍 4. 标志色方式、品种：蓝色 5. 管道外径：ϕ108、ϕ133	m	86.5
13	031208002001	管道绝热	1. 绝热材料品种：岩棉 2. 绝热厚度：30mm 3. 管道外径：ϕ108 4. 软木品种：栓皮栎	m^3	0.417
14	031208007001	防潮层、保护层	1. 材料：铝箔 2. 厚度：2mm 3. 层数：1层 4. 对象：L3管道 5. 结构形式：全包	m^2	9.58

第四节　静置设备与工艺金属结构工程

静置设备是指在生产操作过程中无须动力传动的设备，未列入国家设备产品目录，是根据工艺性能的需要，专门设计制造的静态设备，其主要功能为贮存、反应、调压、控温、交换、分离、过滤、干燥等。静置设备种类主要包括容器、塔、交换器、工业炉、金属储罐、球罐、气柜等。

一、压力容器的分类

（一）压力容器的基本划分

参照《固定式压力容器安全技术监察规程》TSG 21—2016，压力容器的介质分为两组：第一组介质，毒性危害程度为极度、高度危害的化学介质、易爆介质，液化气体；第二组介质，除第一组以外的介质。

压力容器的分类应当根据介质的特征、设计压力 p（单位 MPa）和容积 V（单位 m^3），在容积 V-设计压力 p 图上标出坐标点确定压力容器的类别。

1. 第一组介质压力容器分类

第一组介质压力容器分为Ⅱ和Ⅲ两类，分类见图 5.4.1。

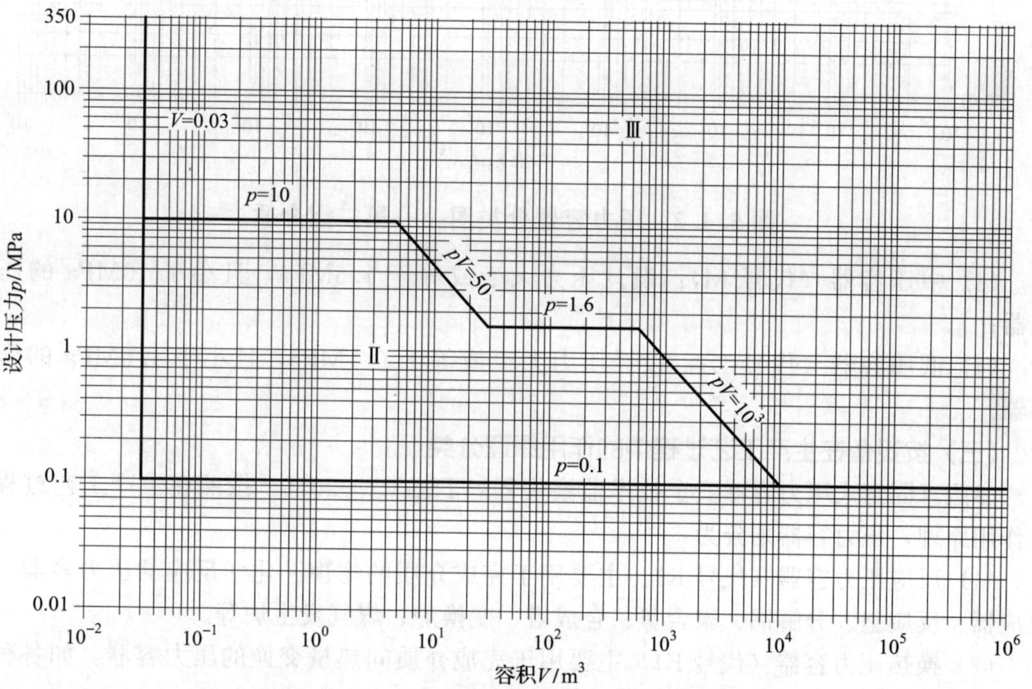

图 5.4.1　压力容器分类图——第一组介质

2. 第二组介质压力容器分类

第二组介质压力容器分为Ⅰ类、Ⅱ类和Ⅲ类三类，分类见图 5.4.2。

（二）按设备的设计压力（p）分类

参照《固定式压力容器安全技术监察规程》TSG 21—2016，按压力容器的设计压力划分为四个等级。

（1）超高压容器（代号 U）：设计压力大于或等于 100MPa 的压力容器；

（2）高压容器（代号 H）：设计压力大于或等于 10MPa，且小于 100MPa 的压力容器；

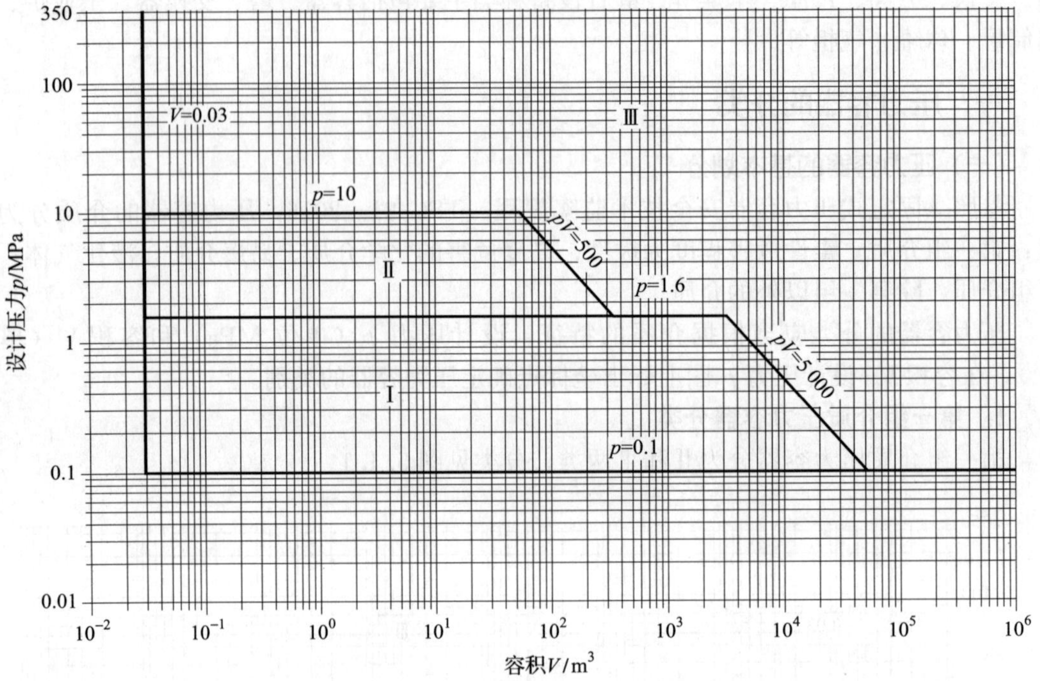

图 5.4.2 压力容器分类图——第二组介质

(3) 中压容器（代号 M）：设计压力大于或等于 1.6MPa，且小于 10MPa 的压力容器；

(4) 低压容器（代号 L）：设计压力大于或等于 0.1MPa，且小于 1.6MPa 的压力容器。

（三）按设备在生产工艺过程中的作用原理分类

参照《固定式压力容器安全技术监察规程》TSG 21—2016，按照在生产工艺过程中的作用原理，压力容器划分为：

(1) 反应压力容器（代号 R）。主要用于完成介质的物理、化学反应的压力容器。如反应器、反应釜、分解锅、聚合釜、合成塔、变换炉、煤气发生炉等。

(2) 换热压力容器（代号 E）。主要用于完成介质间热量交换的压力容器。如各种热交换器、冷却器、冷凝器、蒸发器等。

(3) 分离压力容器（代号 S）。主要用于完成介质的流体压力平衡缓冲和气体净化分离等的压力容器。如各种分离器、过滤器、集油器、洗涤器、吸收塔、铜洗塔、干燥塔、汽提塔、分汽缸、除氧器等。

(4) 储存压力容器（代号 C，其中球罐代号 B）。主要是用于储存或者盛装气体、液体、液化气等介质的压力容器。如各种形式的储罐等。

在一种压力容器中，如同时具备两个以上的工艺作用原理时，应按工艺过程中的主要作用来划分。

（四）按结构材料分类

静置设备所用的材料有金属和非金属两大类。

（1）金属设备。目前应用最多的是低碳钢和普通低合金钢材料。在腐蚀严重或产品纯度要求高的场合使用不锈钢，不锈复合钢板或铝制造设备；在深冷操作中可用铜和铜合金；不承压的塔节或容器可采用铸铁。

（2）非金属材料可用作设备的衬里，也可作独立构件。常用的有硬聚氯乙烯、玻璃钢、不透性石墨、化工搪瓷、化工陶瓷以及砖、板、橡胶衬里等。

二、静置设备的制作和安装

（一）容器

根据容器不同的形状分类，主要有矩形、球形和圆筒形三种。

矩形容器一般由平板焊接而成，制造方便，但承压能力差，只用作小型常压储槽。

球形容器由数块弓形板拼焊而成，承压能力好，但由于安置内件不方便且制造工艺复杂，多用作承受一定压力的大中型储罐，如储气罐。

圆筒形容器是由圆柱形筒体和各种成型封头所组成，制造容易，安装内件方便，且承压能力较好，因此这类容器被广泛应用在各类项目中。

1. 一般容器

一般容器可分为：

（1）平底、平盖容器。顶盖和筒体按连接形式又分为不可拆和可拆两种。

（2）平底、锥盖容器。

（3）90°无折边锥形底、平盖容器。顶盖和筒体按连接形式又可分为不可拆和可拆两种。

（4）90°折边锥形底、椭圆形盖容器。

（5）立式椭圆形封头容器。

（6）卧式椭圆形封头容器。

2. 带搅拌容器

借助于搅拌器搅拌，向介质传递能量进行化学反应的容器，称为搅拌反应器，也称为反应釜，或称搅拌罐。

（1）搅拌装置。按其安装形式可分为：立式容器中心搅拌、偏心式搅拌、倾斜式搅拌、底搅拌、卧式容器搅拌、旁入式搅拌等。典型的搅拌器形式有桨式、涡轮式、推进式、锚式、框式、螺杆式等。

（2）轴封。轴封是搅拌设备的一个重要组成部分。转轴密封的形式很多，最常用的有填料密封、机械密封、迷宫密封、浮动环密封等。

（3）搅拌罐。搅拌罐包括罐体和装焊在罐体上的各种附件。常用的罐体是立式圆筒形容器，由于物料在反应过程中一般都伴有热效应，即反应过程中放出热量或吸收热量，因此在罐体的外部或内部有时需设置加热或冷却用的传热装置。如设置夹套、蛇管等。

3. 高压容器

高压容器的主要构件是筒体、密封件、端盖和筒体端部以及紧固连接件等。以筒体的结构分类，可有整体式和组合式两大类。其中，整体式高压筒体又可分为铸钢、无缝钢管、单层厚板焊接（单层卷板式、单层瓦片式）和整体锻造式。组合式高压筒体又分为多层包扎式、热套式、错绕扁平钢带式、绕板式、多层卷板式等。

4. 反应器

反应器是化工厂中的主要设备之一。上述带搅拌装置的容器也属于反应器的一种，即反应釜。按结构形式可分为釜式、管式、固定床和流化床式反应器；按操作压力的高低可分为高压反应器和中低压反应器。

（1）釜式反应器。是一种低高径比的圆筒形反应器，器内常设有搅拌装置。在高径比较大时，可用多层搅拌桨叶。在反应过程中物料需加热或冷却时，可在反应器壁处设置夹套，或在器内设置换热面，也可通过外循环进行换热。既可以用于间歇（分批）生产，也可以用于连续操作，既可以单釜使用，也可以多釜组合连续操作。

（2）管式反应器。是一种呈管状、长径比很大的连续操作反应器。反应器的结构可以是单管，也可以是多管并联；可以是空管，如管式裂解炉，也可以是在管内填充颗粒状催化剂的填充管，以进行多相催化反应，如列管式固定床反应器。

（3）固定床反应器。装填有固体催化剂或固体反应物用于实现多相反应过程的一种反应器。固体物通常呈颗粒状，粒径2～15mm，堆积成一定高度（或厚度）的床层。床层静止不动，流体通过床层进行反应。固定床反应器主要用于实现气固相催化反应，如氨合成塔、二氧化硫接触氧化器、烃类蒸汽转化炉等。

（4）流化床反应器。流化床反应器是一种利用气体或液体通过颗粒状固体层而使固体颗粒处于悬浮运动状态，并进行气固相反应过程或液固相反应过程的反应器。在用于气固系统时，又称沸腾床反应器。目前，流化床反应器已在化工、石油、冶金、核工业等部门得到广泛应用。

（二）塔器

塔设备是化工、石油工业中广泛使用的重要生产设备。用于实现蒸馏和吸收两种分离操作的塔设备分别称为蒸馏塔和吸收塔。这类塔设备的基本功能是提供气、液两相充分接触的机会，使传质、传热过程能够迅速有效地进行，还要求完成传质、传热过程之后的气、液两相能及时分开，互不夹带。

1. 塔设备分类及性能

根据塔内气、液接触部件的结构形式，可分为两大类：板式塔与填料塔。

板式塔内沿塔高装有若干层塔板（或称塔盘），液体靠重力作用由塔顶逐板流向塔底，并在各块板面上形成流动的液层；气体则靠压强差推动，由塔底向上依次穿过各塔板上的液层而流向塔顶。气、液两相在塔板上逐级接触，两相的组成沿塔高呈阶梯式变化。

填料塔内装有各种形式的固体填充物，即填料。液相由塔顶喷淋装置分布于填料层上，靠重力作用沿填料表面流下；气相则在压强差推动下穿过填料的间隙，由塔的一端流向另一端。气、液两相在填料的润湿表面上进行接触，其组成沿塔高连续地变化。

（1）板式塔。按照塔内气、液流动方式，可将塔板分为错流塔板与逆流塔板两类。

错流塔板间有专供液体流通的降液管（又称溢流管）。适当安排降液管的位置及堰的高度，可以控制板上液体流径与液层厚度，从而获得较高的效率。但是降液管大约要占去塔板面积的20%，影响了塔的生产能力；而且液体横流过塔板时要克服各种阻力，降低了塔的分离效率。

逆流塔板间不设降液管，气、液同时由板上孔道逆向穿流而过，故又称穿流塔板。这种塔板结构简单，板上无液面落差，气体分布均匀，板面利用充分，可增大处理量及减小压降，但需要较高的气速才能维持板上液层厚度，操作弹性差且效率较低。

常用的板式塔有泡罩塔、筛板塔、浮阀塔、喷射塔以及一些新型塔和复合型塔（如浮动喷射塔、浮舌塔、压延金属网板塔、多降液管筛板塔等）。

1）泡罩塔。泡罩塔是较早为工业蒸馏操作所采用的一种气液传质设备。每层塔板上装有若干短管作为上升气体通道，称为升气管。由于升气管高出液面，故板上液体不会从中漏下。升气管上覆以泡罩，泡罩下部周边开有许多齿缝。在操作条件下，齿缝浸没在板上液层中，形成液封。上升气体通过齿缝进入液层时，被分散成许多细小的气泡或流股，在板上形成鼓泡层。鼓泡层或充气的泡沫体为气、液两相提供了较大的传质、传热界面。液体通过降液管流下，并依靠溢流堰以保证塔板上存有一定厚度的液层。

泡罩塔的优点是不易发生漏液现象，有较好的操作弹性；塔板不易堵塞，对于各种物料的适应性强。缺点是塔板结构复杂，金属耗量大，造价高；板上液层厚，气体流径曲折，塔板压降大，兼因雾沫夹带现象较严重，限制了气速的提高，故生产能力不大。而且，板上液流遇到的阻力大，致使液面落差大，气体分布不均，也影响了板效率的提高。

2）筛板塔。筛板塔是在塔板上开有许多均匀分布的筛孔，上升气流通过筛孔分散成细小的流股，在板上液层中鼓泡而出，与液体密切接触。筛孔在塔板上作正三角形排列，其直径宜为3～8mm，孔心距与孔径之比常在2.5～4.0范围内。塔板上设置溢流堰，以使板上维持一定厚度的液层。在正常操作范围内，通过筛孔上升的气流，应能阻止液体经筛孔向下泄漏。液体应通过降液管逐板流下。

筛板塔的突出优点是结构简单，金属耗量小，造价低廉；气体压降小，板上液面落差也较小，其生产能力及板效率较泡罩塔高。主要缺点是操作弹性范围较窄，小孔筛板易堵塞。

3）浮阀塔。浮阀塔是国内许多工厂进行蒸馏操作时最乐于采用的一种塔型。在吸收、脱吸等操作中也有应用，效果较好。浮阀塔板的结构特点是在带有降液管的塔板上开有若干大孔（标准孔径为39mm），每孔装一个可以上下浮动的阀片。由孔上升的气流，经过阀片与塔板的间隙而与板上横流的液体接触。

浮阀塔结构简单，制造方便，广泛用于化工及炼油生产中。浮阀塔具有下列优点：生产能力大，操作弹性大，塔板效率高，气体压降及液面落差较小，塔造价较低。

4）喷射型塔。

①舌形塔板。在塔板上冲出许多舌形孔，舌叶与板面成一定角度，向塔板的溢流出口侧张开。上升气流穿过舌孔后，沿舌叶的张角向斜上方以较高速度（20～30m/s）喷出。从上层塔板降液管流出的液体，流过每排舌孔时，即为喷出的气流强烈扰动而形成泡沫体，并有部分液滴被斜向喷射到液层上方。最后在塔板的出口侧，被喷射的液流高速冲至降液管上方的塔壁，流入降液管。

舌形塔板开孔率较大，故可采用较大气速，生产能力比泡罩塔、筛板塔等塔型都大，且操作灵敏、压降小。当塔内气体流量较小时，不能阻止液体经舌孔泄漏。所以，舌形塔板也有对负荷波动的适应能力较差的缺点。此外，板上液流被气体喷射后，带有大量的泡沫，易将气泡带到下层塔板，尤其在液体流量很大时，这种气相夹带的现象更严重，将使板效率明显下降。

②浮动喷射塔板。浮动喷射塔板是综合舌形塔板的并流喷射与浮阀塔板的气道截面积可变两方面的优点而提出的一种喷射型塔板。这种塔板的主体由一系列平行的浮动板组成，浮动板支承在支架的三角槽内，可在一定角度内转动。由上层塔板降液管流下来的液体，在百叶窗式的浮动板上面流过，上升气流则沿浮动板间的缝隙喷出，喷出方向与液流方向一致。由于浮动板的张开程度能随上升气体的流量而变化，使气流的喷出速度保持较高的适宜值，因而扩大了操作的弹性范围。

浮动喷射塔的优点是生产能力大，操作弹性大，压降小，持液量小。缺点是操作波动较大时液体入口处泄漏较多；液量小时，板上易“干吹”；液量大时，板上液体出现水浪式的脉动，影响接触效果，使板效率降低。此外塔板结构复杂，浮板也易磨损及脱落。

（2）填料塔。填料塔是以塔内的填料作为气、液两相间接触构件的传质设备。它的结构很简单，塔身是一直立式圆筒，底部装有填料支承板，填料以乱堆或整砌的方式放置在支承板上。填料的上方安装填料压板，以防被上升气流吹动。液体从塔顶经液体分布器喷淋到填料上，并沿填料表面流下。气体从塔底送入，经气体分布装置分布后，与液体呈逆流连续通过填料层的空隙，在填料表面上，气液两相密切接触进行传质。填料塔属于连续接触式气液传质设备，两相组成沿塔高连续变化。

填料塔不仅结构简单，而且具有阻力小和便于使用耐腐材料制造等优点，尤其对于直径较小的塔、处理有腐蚀性的物料或减压蒸馏系统，都表现出明显的优越性。另外，对于某些液气比较大的蒸馏或吸收操作，若采用板式塔，则降液管将占用过多的塔截面面积，此时也宜采用填料塔。

填料是填料塔的核心，填料塔操作性能的好坏与所选用的填料有直接关系。填料的种类很多，如按填料的装填方式可分为散堆填料和规整填料两大类。散堆填料主要有环形填料（如拉西环、鲍尔环和阶梯环）、鞍形填料（如弧鞍、矩鞍）、环鞍形填料（如金属环矩鞍、纳特环、共轭环）和其他散堆填料（麦勒环、海尔环、球形填料等）。

规整填料是一种在塔内按均匀几何图形排布，整齐堆砌的填料。由于具有比表面积大、压降小、流体分布均匀、传质传热效率高等优点，因此得到了广泛的应用。最早开发的是金属规整填料，以后相继开发的有塑料规整填料、陶瓷规整填料和碳纤维规整填料。规整填料根据其结构特点可以分为两大类：波纹型和非波纹型。前者分为垂直波纹型和水平波纹型；后者分为栅格型和板片型等。规整填料中应用最广的是垂直波纹填料。规整填料分为网孔、丝网、孔板、压延孔板等。新型波纹填料可采用不锈钢、铜、铝、纯钛、钼钛等材质制作。

毛细管填料是近年来发展起来的新技术，该填料利用毛细管来影响长程相互作用力，可使原需要共沸精馏等的物料在一个塔内完成且再也无须共沸剂等中间物料，大幅提高了精馏效率，有效降低了塔高。

为使填料塔发挥良好的效能，填料应符合以下要求：

1）有较大的比表面积。单位体积填料层所具有的表面积称为填料的比表面积。填料表面只有被流动的液体所润湿，才能构成有效的传质面积。因此，填料除了要有较大的比表面积之外，还要有良好的润湿性能及有利于液体在填料上均匀分布的形状。

2）有较高的空隙率。单位体积填料层所具有的空隙体积称为填料的空隙率。填料的空隙率多在0.45～0.95。当填料的空隙率较高时，气、液通过能力大且气流阻力小，操作弹性范围较宽。

3）从经济、实用及可靠的角度出发，还要求单位体积填料的重量轻、造价低，坚固耐用，不易堵塞，有足够的力学强度，对于气、液两相介质都有良好的化学稳定性等。

上述各项条件，未必为每种填料所兼备，在实际应用时，可根据具体情况加以适当选择。

2. 塔器类设备的运输与吊装

(1) 设备水平运输。是指将设备从仓库或堆放地点运至安装地点（基础附近）。塔器类设备组装或拼装时，由于条件限制，不能在基础附近组装。因此，吊装时，也要把组装好的设备进行场内二次运输。

(2) 设备吊装就位。

1）机械化吊装。可采用汽车式起重机、履带式起重机、轮胎式起重机等进行吊装。

2）半机械化吊装。半机械化吊装机具主要包括人字架、钢管式和型钢构架式抱杆及相应配套的卷扬机、滑轮组、钢丝绳等。

抱杆（单抱杆或双抱杆）是建设工程中吊装大型静置设备的主要起重工具。当机械起重机难以完成吊装时，均可采用抱杆吊装。

①单抱杆起吊装塔类设备。塔的质量在350t以内，塔直径较小，可以采用单抱杆起吊。

②双抱杆起吊塔器类设备。塔的直径较大，质量在350～700t，可采用双抱杆起吊。

③塔群吊装。对于塔群的起吊方法，应有周密的施工方案。塔群的安装位置如果为一条直线，塔与塔之间相距不远，可以根据具体情况，安装一座双抱杆或单抱杆，通过位移依次吊装，而不必将每一座塔的抱杆安装、拆除一次。

(三) 换热设备

换热器是用来完成各种传热过程的设备，它是化工、石油、电力、食品等工业部门广泛应用的一种通用工艺设备。

1. 换热设备分类

热传递有三种基本方式：传导、对流和辐射。换热器依据不同的传递机理设计。在工业生产中，由于用途、操作条件、载热体的特性等不同，出现了各种不同形式和结构的换热器。

(1) 按作用原理或传热方式分类。

1）混合式换热器。混合式换热器（或称直接式换热器）是通过换热流体的直接接触与混合作用进行热量交换的。如蒸汽直接加热。

2）蓄热式换热器。大多是用耐火砖垒砌而成，其内部用耐火砖垒砌成“火格子”或者用成形填料填充。它是让两种流体先后通过同一固体填料的表面，热载体先通过，把热量蓄积在填料中，冷流体再通过时将热量带走，从而实现冷、热两种流体之间的热量传递。如炼焦炉的蓄热室的多孔格子砖、空分蓄冷器中卵石等的表面。

3）间壁式换热器。它采用固体壁面将进行热交换的两种流体隔开，使它们通过壁面进行传热。这种形式的换热器应用最为广泛。

（2）按生产中的使用目的分类。可将换热器分为加热器、冷凝器、蒸发器、汽化器（或再沸器）等。

（3）按换热器所用材料分类。一般分成金属材料和非金属材料换热器。

2. 几种常用换热器

常用的换热器从结构形式上分为夹套式、蛇管式、套管式、列管式、板片式等。

（1）夹套式换热器。夹套式换热器构造简单，换热器的夹套安装在容器的外部，夹套与器壁之间形成密封的空间，作为载热体（加热介质）或载冷体（冷却介质）的通路。夹套一般用碳钢或铸铁制成，可焊在器壁上或者用螺钉固定在容器的法兰或器盖上。

夹套式换热器主要用于反应过程的加热或冷却。在用蒸汽进行加热时，蒸汽由上部接管进入夹套，冷凝水则由下部接管流出。作为冷却器时，冷却介质（如冷却水）由夹套下部的接管进入，而由上部的接管流出。

该种换热器的传热系数较小，传热面又受到容器的限制，因此只适用于传热量不大的场合。为了提高其传热性能，可在容器内安装搅拌器，使容器内液体作强制对流；为了弥补传热面的不足，还可在容器内加装蛇管换热器。

（2）蛇管式换热器。蛇管式换热器的传热面是由弯曲成蛇形的管道组成，制作蛇管的材料有钢管、铜管或其他有色金属管、陶瓷管、石墨管等。蛇管式换热器可分沉浸式和喷淋式两种。

1）沉浸式蛇管换热器。蛇管多以金属管弯制，制成适应容器要求的形状，沉浸在容器中。两种流体分别在蛇管内、外流动而进行热量交换。这种蛇管换热器的优点是结构简单，价格低廉，便于防腐，能承受高压。主要缺点是由于容器的体积比蛇管的体积大得多，故管外流体的对流换热系数较小，因而总传热系数 K 值也较小。如果在容器内加搅拌器或减小管外空间，则可提高传热系数。

2）喷淋式蛇管换热器。喷淋式蛇管换热器多用作冷却器。固定在支架上的蛇管排列在同一垂直面上，热流体在管内流动，自最下端管进入，由最上端管流出。冷却水由最上面的多孔分布管（淋水管）流下，分布在蛇管上，并沿其两侧流至下面的管道表面，最后流入水槽而排出。冷却水在各管表面上流过时，与管内流体进行热交换。这种设备常放置在室外空气流通处，冷却水在汽化时，可带走部分热量，可提高冷却效果。它和沉浸式蛇管换热器相比，具有便于检修和清洗、传热效果较好等优点，其缺点是喷淋不易均匀。

（3）套管式换热器。套管式换热器系用管件将两种尺寸不同的标准管连接成为同心圆的套管，然后用180°的回弯管将多段套管串联而成。

套管式换热器的优点是：构造较简单；能耐高压；传热面积可根据需要而增减；适当地选择管道内径、外径，可使流体的流速较大，且双方的流体可作严格的逆流，有利于传热。缺点是：管间接头较多，易发生泄漏；单位换热器长度具有的传热面积较小。故在需要传热面积不太大而要求压强较高或传热效果较好时，宜采用套管式换热器。

（4）列管式换热器。列管式换热器是目前生产中应用最广泛的换热设备。与前述的各种换热管相比，主要优点是单位体积所具有的传热面积大以及传热效果好，且结构简单、制造的材料范围广、操作弹性较大。在高温、高压的大型装置上多采用列管式换热器。

在列管式换热器中，由于两流体的温度不同，使管束和壳体的温度也不相同，因此，它们的热膨胀程度也有差别，若两流体的温差较大（50℃以上）时，就可能由于热应力而引起设备的变形，甚至弯曲或破裂，因此必须考虑这种热膨胀的影响。根据热补偿方法的不同，列管式换热器有下面几种形式：

1）固定管板式换热器。所谓固定管板式即两端管板和壳体连接成一体，它具有结构简单和造价低廉的优点。但是由于壳程不易检修和清洗，因此，壳方流体应是较洁净且不易结垢的物料。当两流体的温差较大时，应考虑热补偿，即在外壳的适当部位焊上一个补偿圈，当外壳和管束热膨胀不同时，补偿圈发生弹性变形（拉伸或压缩），以适应外壳和管束的不同的热膨胀程度，这种补偿方法简单，但不宜用于两流体的温差较大（大于70℃）和壳方流体压强过高（高于600kPa）的场合。

2）U形管换热器。这种换热器内的管道弯成U形，管道的两端固定在同一块管板上，因此每根管道都可以自由伸缩，而与其他管道和壳体均无关。这种形式换热器的结构也较简单，重量轻，适用于高温和高压场合。其主要缺点是管内清洗比较困难，因此，管内流体必须洁净；且因管道需一定的弯曲半径，故管板的利用率低。

3）浮头式换热器。当换热器里两端管板之一不与外壳固定连接，该端称为浮头。当管道受热（或受冷）时，管束连同浮头可自由伸缩，而与外壳的膨胀无关，浮头式换热器不但可以补偿热膨胀，而且由于固定端的管板是以法兰与壳体相连接的，因此，管束可从壳体中抽出，便于清洗和检修，故浮头式换热器应用较为普遍，但结构较复杂，金属耗量较多，造价较高。

4）填料函式列管换热器。该换热器的活动管板和壳体之间以填料函的形式加以密封。在一些温差较大、腐蚀严重且需经常更换管束的冷却器中应用较多，其结构较浮头式换热器简单，制造方便，易于检修清洗。

以上几种类型的列管式换热器，都有系列标准可供选用。规格型号中通常标明形式、壳体直径、传热面积、承受的压强和管程数等。

（5）板片式换热器。板片式换热器的传热面是由冷压成形或经焊接的金属板材构成的。属于这类的换热器有螺旋板式换热器、板式换热器和板翅式换热器等。

1）螺旋板式换热器。螺旋板式换热器是用两张平行的金属薄板卷制而成。

2）板式换热器。板式换热器由很多波纹或半球形突出物的传热板按一定间隔通过垫片压紧而成。

3）板翅式换热器。板翅式换热器主要是由平板、翅板、封条3部分组成。

（6）非金属换热器。在化工生产中有不少具有强腐蚀性的物料，这时用普通材料制成的换热设备不能满足需要。随着化学工业的发展，出现了许多耐腐蚀的新型材料（如陶瓷、玻璃、聚四氟乙烯、石墨等）的换热器。

三、金属油罐的制作和安装

储罐用于存储气体、液态等化学物质。根据材质不同可分为金属储罐和非金属储罐。金属储罐大多采用碳钢、不锈钢材料制作。多年来，在化工、石油、天然气、交通运输、商业等行业中被广泛采用。非金属储罐的材质有聚乙烯、聚丙烯、玻璃钢等。非金属储罐具有优异的耐化学腐蚀性、寿命长等优点，但由于非金属储罐结构强度所限，一般用于制作容积较小的储罐。

下面以金属油罐和球罐为例，说明金属储罐的制作安装。

(一) 油罐分类

金属油罐可根据油罐所处位置、几何形状和不同结构形式等进行分类。

1. 按油罐所处位置分类

按油罐所处位置可分为地上油罐、半地下油罐和地下油罐三种。

(1) 地上油罐。指油罐的罐底位于设计标高±0.00 及其以上，罐底在设计标高±0.00 以下但不超过油罐高度的1/2，也称为地上油罐。

(2) 半地下油罐。指油罐埋入地下深于其高度的1/2，而且油罐的液位的最大高度不超过设计标高±0.00 以上 0.2m。

(3) 地下油罐。指罐内液位处于设计标高±0.00 以下 0.2m 的油罐。

2. 按油罐的几何形状分类

按油罐的几何形状可划分为立式圆柱形罐、卧式圆柱形罐和球形罐。

3. 按油罐的不同结构形式分类

按油罐的不同结构形式可分为：

(1) 固定顶储罐。固定顶储罐又可分为锥顶储罐、拱顶储罐、自支撑伞形储罐。

(2) 无力矩顶储罐（悬链式无力矩储罐）。无力矩顶储罐是根据悬链线理论，用薄钢板制造的。其顶板纵断面呈悬链曲线状。由于这种形状的罐顶板只受拉力作用而不产生弯矩，所以称为无力矩顶油罐。

(3) 浮顶储罐。可分为浮顶储罐、内浮顶储罐（带盖内浮顶储罐）。

1) 浮顶储罐。浮顶储罐的浮顶是一个漂浮在储液表面上的浮动顶盖，随着储液的输入输出而上下浮动，在浮顶与罐内壁之间的环形空间有随着浮顶上下的密封装置，使罐内液体在顶盖上下浮动时与大气隔绝，从而大幅减少了储液在储存过程中的蒸发损失。采用浮顶罐储存油品时，可比固定顶罐减少油品损失 80%左右。

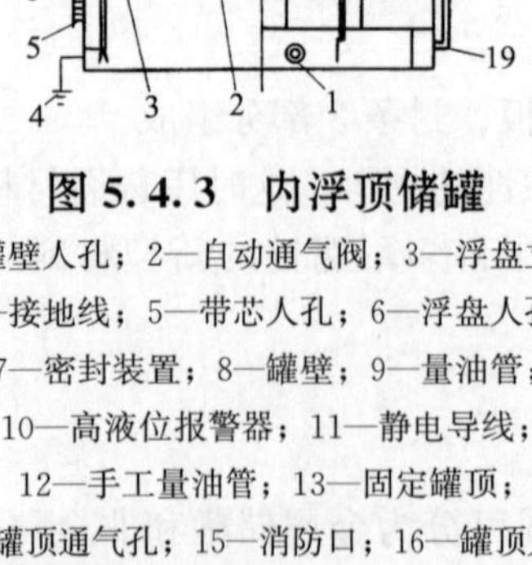

图 5.4.3 内浮顶储罐

1—罐壁人孔；2—自动通气阀；3—浮盘立柱；4—接地线；5—带芯人孔；6—浮盘人孔；7—密封装置；8—罐壁；9—量油管；10—高液位报警器；11—静电导线；12—手工量油管；13—固定罐顶；14—罐顶通气孔；15—消防口；16—罐顶人孔；17—罐壁通气孔；18—内浮盘；19—液面计。

2) 内浮顶储罐。内浮顶储罐是带有固定罐顶的浮顶罐，也是拱顶罐和浮顶罐相结合的新型储罐，见图 5.4.3。内浮顶储罐具有独特优点：一是与浮顶罐比较，因为有固定顶，能有效地防止风、沙、雨雪或灰尘的侵入，绝对保证储液的质量。同时，内浮盘漂浮在液面上，使液体无蒸汽空间，可减少蒸发损失 85%～96%；减少空气污染，降低着火爆炸危险，特别适合于储存高级汽油和喷气燃料及有毒的石油化工产品；由于液面上没有气体空间，还可减少罐壁罐顶的腐蚀，延长储罐的使用寿命。二是在密封相同情况下，与浮顶相比可以进一步降低蒸发损耗。

内浮顶储罐的缺点：与拱顶罐相比，钢板耗量比较多，施工要求高；与浮顶罐相比，维修不便（密封结构），储罐不易大型化，目前一般不超过 10 000m^3。

（二）金属油罐附件

油罐附件应适应各种油品的储存、计量和维修等要求，金属油罐附件有：

（1）人孔。专为操作人员进出油罐检查、清洗和修理之用。

（2）透光孔。专为罐内进行检查、修理、刷洗时透光、通风之用。

（3）排污孔（管）。用于清扫油罐时排出淤泥油污等，通过放水管排泄罐底积水。

（4）放水管。用于排除罐底的沉积水。

（5）罐顶结合管与罐壁接合管。用于进出储存介质之用。

（6）量油孔。用于测量罐内油品的液面、温度及取样。量油孔一般与测量液位的仪表相连。

（7）呼吸阀、安全阀。呼吸阀的作用是调节罐内油气压力，当罐内压力过高时，通过呼吸阀将部分多余油气排出，使罐内压力下降；当罐内压力过低时，通过呼吸阀从罐外吸入空气，使罐内压力升高，始终保持与大气压恒定的状态。

安全阀的作用是当油罐在操作过程中，由于呼吸阀失灵或其他原因影响正常工作时，可通过它调节罐内压力，从而防止由于罐内正压或负压太高、罐壁应力过大而造成油罐外形破坏或油罐被抽瘪。

（8）防火器。用来防止火星、空气经过安全阀或呼吸阀进入罐内引起意外，它安装在呼吸阀或安全阀的下面。

（9）内部关闭阀操纵装置。该装置用来连接罐内外自动关闭阀，完成进油和出油。

（10）加热器。分局部加热器和全面加热器两种，其作用是通过蒸汽对原油和重油加热，以防止油品凝固。

（11）升降管。通过回转接头与出油接合管相连接，用卷扬机带动升降，可选择抽取罐内任何部位油品，一般只安装在润滑油或特种油品罐上。

（12）泡沫发生器。当罐内油品发生意外起火燃烧时，利用泡沫发生器产生的泡沫灭火。

（13）进料孔。用于进料。

（三）金属油罐的制作和安装

1. 罐底预制与安装

首先在基础上放好纵横十字轴线、罐底中幅板及边缘圆周线。中幅板的尺寸由现场供应钢板规格决定，尽量做到钢板长度不剪裁，以减少料头损耗。排版时以中间条板为基准，按排版图的编号，从基准板处画好搭接线，向两侧按顺序铺板。当中幅板铺完后，再铺设边缘板。经检查罐底直径及底板相互搭接尺寸符合设计要求后，将底板点焊或用夹具临时固定。

罐底安装时要注意，中间条板的中心线必须与基础上的纵横中心线重合。相邻两条中幅板上的短缝应错开 500mm 以上，中幅板和边板的焊缝应错开 200mm 以上。底板铺设之前，应在底面涂防腐沥青漆（搭接部位可不刷涂）。罐底的焊接步骤是：先焊接中幅板，在丁字缝处用捻锤将焊缝打严，然后按焊接顺序对称施焊。

2. 罐顶预制与安装

罐顶预制和安装与罐体的安装工艺密切相关，对于采用倒装法安装工艺的油罐，其罐顶预制与安装过程为：当罐底铺好后，即开始安装罐顶。首先安装末圈壁板，其方法是先在罐底上以罐底中心为圆心，画出第一圈及末一圈壁板圆周线，将中心柱垂直立于底板中心。然后按圆周线组装末圈壁板，待第一圈壁板组装完后，以设计确定的罐顶透光孔位置的中心作为第一块罐顶板的中心线，并以此线为基础把每一块罐顶板的中心线位置用冲子在包边角钢上打上记号。然后按排版图尺寸点焊好挡铁，按包边角钢所对应的顶板位置决定伞架。

组装罐顶板时用弧形样板调整好弧度，临时点焊固定。待罐顶全部拼装整形、点焊完毕后，即可进行罐顶的焊接。焊接完后，再根据图纸规定的附件位置进行放线开孔，把透光孔、管接头、护栏、梯踏板、操作平台等安装完毕。接着拆除罐内支撑，在罐壁外部下面画好搭接线及起罐终止的预视线，同时组装好限位拉杆，进行第二圈壁板的组装工作。

3. 金属油罐的安装施工方法

根据金属油罐的不同结构，可选用机械正装法、抱杆倒装法、整体卷装法、充气顶升法和水浮正装法（见表 5.4.1）。

表 5.4.1 各类油罐的施工方法选定

油罐类型	施工方法			
	水浮正装法	抱杆倒装法	充气顶升法	整体卷装法
拱顶油罐/m^3	—	100～700	1 000～20 000	—
无力矩顶油罐/m^3	—	100～700	1 000～5 000	—
浮顶油罐/m^3	3 000～50 000	—	—	—
内浮顶油罐/m^3	—	100～700	1 000～5 000	—
卧式油罐/m^3	—	—	—	各种容量

（1）机械正装法。机械正装法是先将罐底铺设焊好后，焊缝经无损探伤及严密性试验合格后，将罐壁的第一圈壁板逐块分别与底板垂直对接并施焊。当第一圈壁板组焊完毕，再用机械逐块吊装第二圈壁板与第一圈壁板焊接，直至最后一圈壁板组焊完毕，再安装顶板。

（2）抱杆倒装法。抱杆倒装法可分为中心抱杆倒装法和多抱杆倒装法，多抱杆倒装法的抱杆在罐壁内均布，用倒链提升。同正装法相反，首先将罐顶和罐顶下的第一圈壁板安装好，再将罐顶下的第二圈壁板围在第一圈壁板的外围，并以第一圈壁板为胎具，组对壁板的纵向焊缝点焊成圆圈后，将罐顶和第一圈壁板用起重机械吊装至第一、二圈壁板相搭接的位置停下点焊，再进行环焊缝的焊接。其他各带壁板均依同样方法顺序安装，直至储罐的最下一圈壁板焊接后与罐底板焊接完成。

（3）整体卷装法。这种储罐安装施工方法主要应用于罐体，当底板安装施焊完毕后，在金属预制加工厂将罐壁预先制成的整幅钢板，在专用胎具上组对，采用自动焊机进行焊接，并对焊缝进行严密性试验。再将组对好的整幅钢板卷绕在钢制圆筒上，运到安装好的罐底底板上，随后将其在罐底上直立起来，沿罐体设计的圆弧线展开，一边展开，一边与罐底焊接。在展开过程中安装罐顶结构。卷装壁板展开完毕，封闭罐壁板的安装纵缝，最后再焊接罐壁板与罐底的“T”形焊缝。

（4）充气升顶法。充气升顶法是罐壁倒装法的另一种形式。它与前面所述倒装法的区别是，提升罐顶和上部罐壁不是靠起重机械来吊装，而是利用鼓风机向罐内送入压缩风所产生的浮力使上部罐体上升就位。充气顶升过程为：

1）首先将罐底在基础上铺设焊好，经无损探伤和严密性试验检验合格。

2）组装罐顶和上部第一圈罐壁板，随后将自上而下的第二圈壁板逐块围在第一圈壁板的外侧，作为密封套筒，并且用拉紧装置将这一层圈壁板的所有立缝（除留有活口外）全部焊接完毕。

3）开动鼓风机通过送风道从罐底部向罐内送风，当上部罐体被空气顶升到预定位置时控制送风量，使罐体悬空平衡，并将第二圈壁板的拉紧装置收紧，调整好焊缝的间隙后再进行施焊。

4）按上述的步骤依次进行以下各圈壁板的拼装、焊接，直至最后一圈壁板安装完毕，并与罐底连接，完成全部壁板的顶升和组焊。

（5）水浮正装法。水浮正装法适用于大容量的浮船式金属储罐的施工，它是利用水的浮力和浮船罐顶结构的特点，给罐体组装提供方便。

1）单盘浮船油罐的壁板施工。首先安装好浮船及单盘板，然后安装第一圈壁板，在罐内逐圈充水，利用浮船起浮作为内脚手架，以逐圈安装壁板。在浮船顶上，沿罐边设置悬挂吊笼外脚手架，作为组装焊接罐壁操作平台，浮船的顶上安装桅杆，桅杆套在圆形轨道上可作360°旋转，主要用于起吊壁板。当第一圈壁板焊完后，再次充水，浮船上升，接着再安装第二圈壁板。

2）双盘浮船油罐的壁板施工。以50 000m^3双盘式浮顶油罐为例，说明其施工程序：

①罐内充水。首先解决水源及充水速度，由于罐内充水量大，每安装一圈壁板，需将浮船上升一定高度，均需4 000t这样大量的水，仅依靠井水及自来水难以满足。采用其他水源应对水质进行化验后，证明水质符合要求，才可用泵抽取，并应单独设置水管，以保证灌水速度和水源的充足。

②壁板的压制及焊稳装卡具。先将壁板宽1.4m、长14m的整块钢板用大型卷板机滚压成型，然后在每块板内侧焊上横向稳装卡口及纵向缝的卡扣，主要是当吊装时，以便与原已焊好的壁板稳固找正。

③吊装。由于罐壁板宽长，制作一铁扁担，上部由两根钢绳与吊车挂钩相连；下部有两根钢绳，下端装有夹具。起吊时只需用夹具套住壁板边缘即可。

④焊接操作平台。靠近罐体四周摆放电焊机，一台活动操作小车配一台电焊机。活动小车由型钢制成，上部有两个移动轮套在罐壁板上，可以沿着壁板移动，活动小车靠罐壁内侧有梯子可以自由通向浮船顶平面。

4. 金属油罐的试验

（1）油罐焊缝质量的检验及验收。常用的无损探伤方法有：超声波探伤、射线探伤、磁粉探伤、渗透探伤等。油罐射线探伤的要求见表5.4.2。

表 5.4.2 油罐射线探伤的要求

项目	探伤部位	规格	探伤内容
底板	边缘	≥10mm	每条对接焊缝的外端 300mm 范围内进行射线探伤
		6～9mm	每个焊工施焊焊缝应按上述方法至少抽查 1 条
壁板	纵向焊缝	各种板厚	1. 对每一焊工的每种钢板在最初 3m 焊缝的任意部位取 300mm 进行射线探伤； 2. 对每种板厚在每 30m 焊缝及尾数内任意部位取 300mm 进行射线探伤，探伤部位中的 25%应用于丁字焊缝
	环向焊缝	各种板厚	1. 在最初焊接的 3m 焊缝的任意部位取 300mm 进行射线探伤； 2. 以后对每种板厚在每 60m 焊缝及其尾数内的任意部位取 300mm 进行射线探伤
	底圈和壁板	≤10mm	从每条纵向焊缝中任取 300mm 进行射线探伤
		＞10mm，且≤25mm	从每条纵向焊缝中取 2 个 300mm 进行射线探伤，其中一个靠近底板
		＞25mm，且≤38mm	对全部纵向焊缝进行射线探伤
	T 形焊缝	＞10mm	对全部 T 形焊缝进行射线探伤

注：施工规范要求除 T 形焊缝外，可用超声波探伤代替射线探伤，但其中 20%的部位应采用射线探伤进行复验。

（2）油罐严密性试验。油罐严密性试验的目的是检验其本身结构强度及焊缝严密性。常用的试验方法有：真空箱试验法、煤油试漏方法、化学试验法、压缩空气试验法。

1）真空箱试验法。真空箱是一个无底矩形试验箱，箱底周边装有海绵状泡沫塑料，顶部装窥视镜（有机玻璃）。开始试验前，将真空箱置于焊道上，并在焊道上涂刷肥皂溶液，当从真空箱中抽出空气使箱内处于真空状态时，焊缝中如有穿透性裂纹和穿透性气孔及其他焊接缺陷时，空气就会从上述焊接缺陷中穿过而产生肥皂泡，确定焊接缺陷部位并画出明显标记，以便返修。

2）煤油试漏方法。首先在试验的焊道（外壁）部位涂刷一层白垩水溶液，然后在焊道内壁上以 0.1～0.2MPa 的压力喷射煤油，经过一段时间后检查焊道外表面。当焊道有穿透性焊接缺陷时，煤油立即会渗透到白垩的表面，出现明显的煤油斑点，即可确定焊道缺陷位置，以便对焊缝缺陷进行必要的返修处理。

3）化学试验法。化学试验法是在所需试验的焊道上涂以酚酞溶液后释放氨气，利用氨气穿过焊道中的缺陷与酚酞溶液发生化学反应而出现鲜红色或紫色这一特征来发现焊接缺陷，以便对焊接缺陷进行返修处理。

4）压缩空气试验法。在所需试验焊道的内部空间中通入压缩空气，并在焊道表面涂以肥皂水，如未发现气泡即为合格。

罐底焊接完毕后，通常用真空箱试验法或化学试验法进行严密性试验，罐壁严密性试验一般采用煤油试漏法，罐顶则一般利用煤油试漏或压缩空气试验法以检查其焊缝的严密性。

(3) 油罐充水试验。对油罐的罐底、罐壁、罐顶分别进行严密性试验后，应再进行充水试验，并检查下列试验内容：罐底严密性，罐壁强度及严密性，固定顶强度、稳定性及严密性，浮顶及内浮面的升降试验及严密性，中央排水管的严密性，基础的沉降观测。

充水试验要求：充水试验前所有附件及其他与罐体焊接部位应全部焊接完毕；充水试验采用淡水，罐壁采用普通碳素钢或16MnR钢板时，水温不能低于5℃；采用其他低合金钢时，水温不能低于15℃。

1）罐底的严密性应以充水试验过程中罐底无渗漏为合格。

2）罐壁的强度及严密性应以充水到设计最高液位并保持48h后罐壁无渗漏、无异常变形为合格。

3）固定顶的强度及严密性试验时，罐内水位应在最高设计液位下1m进行缓慢充水升压，当升至试验压力时，应以罐顶无异常变形、焊缝无渗漏为合格。

4）浮顶的升降试验应以升降平稳、导向机械及密封装置无卡涩现象、浮梯转动灵活、浮顶与液面接触部分无渗漏为合格。

5）中央排水管的严密性试验应符合下列规定：

①以390kPa压力进行持压试验，持压30min应无渗漏；

②在浮顶的升降过程中，中央排水管的出口应保持开启状态，不得有水从管内流出。

6）基础的沉降观测应符合下列规定：

①罐壁下部每隔10m左右设一个观测点，点数宜为4的倍数，且不得少于4点；

②充水试验应按设计文件的要求，对基础进行沉降观测。

四、球形罐的制作和安装

球罐为大容量、承压的球形储存容器。球形罐与立式圆筒形储罐相比，在相同容积和相同压力下，球罐的表面积最小，故所需钢材面积少；在相同直径情况下，球罐壁内应力最小，而且均匀，其承载能力比圆筒形容器大1倍；球罐的板厚只需相应圆筒形容器壁板厚度的一半，故采用球罐可大幅度节省钢材30%～45%；此外，球罐占地面积较小，基础工程量小，可节省土地面积。

因此，球罐被广泛应用于石油、化工、冶金、医疗等部门，用来作为液化石油气、液化天然气、液氧、液氨、液氮及其他介质的储存容器。

(一) 球罐的构造与分类

1. 球罐的构造

球罐由本体、支柱（承）及附件组成。其结构外形见图5.4.4。

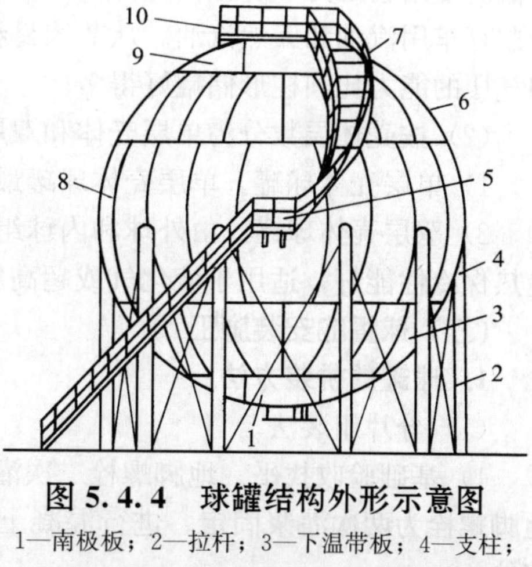

图5.4.4　球罐结构外形示意图

1—南极板；2—拉杆；3—下温带板；4—支柱；5—中间平台；6—上温带板；7—螺旋盘梯；8—赤道带板；9—北极板；10—顶部平台。

(1) 球罐本体。球罐本体是球罐结构的主体，它是球罐储存物料承受物料工作压力和液体静压力的构件。它是由壳板拼焊而成的一个圆球形容器。由于球壳体直径大小不同，球壳板的数量也不一样，球壳有环带式（橘瓣式）、足球瓣式、混合式三种结构形式。

(2) 球罐支柱（承）。是用于支承球罐本体重量和储存物料重量的结构部件，有柱式、裙式半埋入式及高架式支座多种。

(3) 球罐的附件。

1) 梯子平台。一般球罐设置顶部平台和中间平台，顶部平台是工艺操作平台。中间平台是为了操作人员上下顶部平台时中间休息或作为检查球罐赤道部位外部情况而设置的。

2) 人孔和接管。人孔是为了操作人员进出球罐进行检验和维修而设置的，同时也用于现场组装焊接球罐时进行焊后整体热处理、进风、燃烧口和烟气排出等。

3) 水喷淋装置。球罐上装设水喷淋装置是为了储存的液化石油气、可燃气体和有毒气体的隔热需要，同时也可起消防保护作用。

4) 隔热和保冷设施。隔热和保冷一般是为了保证储存介质的一定温度。储存液化石油气、可燃性气体和液化气及有毒气体的球罐和支柱，应该设置隔热设施。球罐储存低温物料（如乙烯、液氨等）时应设保冷装置。

5) 液面计。为观测球罐内液位情况，一般在储存液体和液化气体的球罐中装设液面计。

6) 压力表。为了测量球罐内的压力而设置压力表。考虑到压力表由于某种原因而发生故障或由于仪表检查而取出等情况，应在球壳的上部和下部各设一块压力表。

2. 球罐分类

球罐通常按照外观形状、壳体层数的不同来分类。

(1) 按形状分为圆球形和椭球形罐。

1) 圆形单层纯橘瓣赤道正切柱式支承的球罐，这种球罐由壳体、支柱、拉杆、操作平台、爬梯及各种附件等组成。在某些情况下，罐内设有转梯，外部设有隔热保温层或防火水喷淋管等。

2) 椭球形罐。椭球形罐是在常温下贮存蒸汽压比大气压稍高的挥发性液体用的低压容器。使用它是为了防止在将挥发性液体装入普通贮罐内时会产生蒸发损失。它特别适合于贮存车用汽油和天然汽油。从节约材料来说，使用这种贮罐形状最好，球壳板承受液压和气压的能力比圆柱形储罐好得多。

(2) 按壳体层数分为单层壳体和双层壳体。

1) 单层壳体球罐。单层壳体球罐最常见，多用于常温高压和高温中压球罐。

2) 双层壳体球罐。由外球和内球组成，由于双层壳体间放置了优质绝热材料，所以绝热保冷性能好，适用于液化气或超高压气体的储存，目前使用不多。

(二) 球罐的安装施工

1. 球罐的拼装方法

(1) 分片组装法。

1) 基础验收找平、地脚螺栓二次灌浆固定。支柱基础的地脚螺栓孔一般都是预留孔，地脚螺栓为两次灌浆固定。进行混凝土灌浆时，要随时测量检查，以免捣固时地脚螺栓移位。

2) 支柱对接。支柱对接要防止安装弯曲错位或不同心。对大型球罐上部支柱已预先焊在赤道板上，但需要在现场与下部支柱对接。

3）安装赤道板。首先用机械吊车或抱杆进行起吊安装带支柱的赤道板。当带支柱的赤道板吊装在基础上，初步调整其垂直度。接着再用同样方法安装第二块带支柱的赤道板在相邻的第二个基础上，安装完后，用连通管或水平仪测量调整其垂直度，高度偏差可用基础上的垫铁调整。

当相邻两支柱临时固定后，即安装两支柱间的赤道板，找平上、下口，调整好对口间隙，用夹具固定。采用同一方法，将整圈赤道板组装完毕，并检查及校正水平度、球面曲率及上、下口直径的几何尺寸和椭圆度，然后进行点固焊。

4）安装中心柱。当赤道带板最后一块板组对前，在罐中心临时安设中心立柱。中心立柱一般用无缝钢管制成，分四节用法兰连接。中心柱上有固定吊耳，可供起吊和固定上、下温带板之用，还可支撑伞形脚手架。

5）安装其他各带板。上、下温带板的安装要考虑减少高空作业，尽可能在地面平台上将两块或三块板先对接焊成组合件，然后组装。

温带板的组焊可以利用一块温带板垫实作为胎具，在此胎具上进行两块温带板的组对和点焊。点焊好及用工卡具打紧后放在焊接胎具上进行预热，然后由两名焊工从两端往中间进行焊接。背面则由两名焊工从中间往两端进行焊接，焊接完后进行X射线检查，达到质量标准为止，就可以吊装就位。上、下温带板安装完后，拆除中心柱，最后安装上、下极板。

6）分片组装法的主要施工方法有吊车、汽车、人工配合等。

采用分片组装法的优点是施工准备工作量少、组装速度快、组装应力小，而且组装精度易于掌握，不需要很大的吊装机械，也不需要太大的施工场地，缺点是高空作业量大，需要相当数量的夹具，全位置焊接技术要求高，而且焊工施焊条件差，劳动强度大。分片组装法适用于任意大小球罐的安装。

（2）拼大片组装法。拼大片组装法是分片组装法的延伸。在胎具上将已预热好、编了号的相邻两片或多片球壳瓣，拼接成较大的球壳片，然后吊装组焊成球壳体。拼大片组装法由于在地面上进行组装焊接，减少了高空作业，并可以采用自动焊进行焊接，从而提高了焊接质量。

（3）环带组装法。环带组装法一般分两种，一种是在预制厂先将各环带预制成型，然后运输到现场组装，这种方法常受各种限制，比较大的球罐很少采用。另一种是大多数施工单位一般都是在现场进行预制并组装。在临时钢平台上，先后将赤道带板，上下温带板、上下极板分别组对焊接成环带，然后将各环带组装焊接成球体。

各环带组装成球有两种方法：

1）先安装下温带再安装赤道带。方法是根据图纸把下温带（包括极板）吊放在安装座圈上，然后吊装赤道带并与下温带组对焊接，再分装球罐支柱。最后吊装上温带（包括极板）进行组对找正、焊接成型。

2）先安装赤道环带再组装下温带。方法是首先吊装赤道带，就位后找平，先按设计规定把下温带大口向上吊装到球罐基础中心方位，再进行支柱安装。支柱间拉杆螺栓预紧。

环带组装法组装的球壳，各环带纵缝的组装精度高，组装的拘束力小，减少了高空作业和全位置焊接，施工进度快，提高了工效。同时也减少了不安全因素，并能保证纵缝的焊接质量。

环带组装法现场施工时，需要一定面积的临时钢平台，占用场地大；组装时需用的加固支撑较多；组成的环带重量较大，组装成球时需较大的吊装机械。另外，环缝组对时难以避免强制性组装，因而强装焊接后产生较大的应力。环带组装法一般适用于中、小球罐的安装。

（4）拼半球组装法。首先搭设平台，然后在平台上划出赤道带大口径的内、外圆弧线、瓣片的平面投影线和赤道带小口的投影线，并沿大口内外圆线，每隔 500mm 处内交错焊接临时定位角钢，然后沿大口圆周用水准仪测量二十个水准点（每块瓣片两个点）及圆中心点。在安放第一块瓣片时，需沿大口中心线错开 200mm。为保证安装准确，安装时要对正圆弧内外线和平面投影线，并量上口至圆心斜长值（±2mm）来控制上、下口的同心度。

整圈合缝后，再逐块检查，调校无误后随之点焊，最后在每条对接缝距上、下口 150mm 及接缝中间处各焊一块弧形板，以控制瓣片接缝处的焊接变形，赤道带各瓣片组对成型后，各条焊缝均在球外侧施焊三遍。

温带板的拼装方法与赤道带板拼装方法相同。

当半球的赤道带、温带、极带板拼装焊接完后，即进行两个半球组对焊接。

组对之前，先测量赤道带上口的高度差，并加以打磨，修整合格后，将已组成整体的极带与温带半球相扣合缝，经调整后开始点固和焊接。两半球吊装合缝由两台吊车操作。

这种施工方法的特点是：高空作业少，安装速度快，但需用吊装能力较大的起重机械等，故常适用于中、小型球罐的安装。

（5）分带分片混合组装法。将支柱分两部分，上部支柱与赤道环带在临时钢平台上组装拼接好，然后吊起赤道环带，与已就位于基础上的下部支柱组对拼接。其他球壳板以分片组装的方法，逐片吊装与赤道环带接成上、下温带和上、下极板，最后焊接成完整的球壳体，这种方法适用于中、小型球罐的安装。

上述这些组装方法中，较常用的是分片组装法和环带组装方法。

2. 球罐焊接

球罐的焊接工作量很大，焊接难度高，焊缝包括平、立、仰、横各种位置的焊接。

（1）焊接工作首先应经过与球壳板同材质、同批号试验。施工单位应制定合理的焊接施工方案与严格的管理制度，焊工应具有有关部门颁发的职业资格证，应按有关技术规范的要求进行施焊和验收。

（2）施工现场必须建立焊条管理与气象管理制度。焊条管理工作包括焊条的烘干、恒温和保温；焊条一般在 250℃的烘干箱内烘干 2h，随烘随用，未经烘干或药皮不全的焊条严禁使用。气象管理主要是对下雨、风速在 10m/s 以上及气温在 0℃以下时如没有适当的防护措施，应停止焊接。

（3）球壳板双面对焊时，应进行背面清根，如用碳弧气刨清根，清根后应将渗透碳层磨去，必要时需经着色检查合格，然后行施焊。

（4）组对时的点固焊、工夹具和起重吊耳的焊接工艺及焊条必须和主焊缝相同，点固焊长度不小于 50mm，其焊缝高度不低于 8mm。点固焊距离不得大于 300mm。工夹具、吊耳等非正式附件，装配后均应用碳弧气刨去掉，并用砂轮磨光。

3. 球罐焊前预热、焊后热处理及整体热处理

（1）焊前预热。预热是指施焊前把焊接的工件加热到比环境更高的温度，再在此温度下进行焊接，球罐的材质大多数为高强度的合金钢，在焊接过程中，由于材质焊后冷却收缩，易于产生冷裂纹及脆性断裂。预热的目的就是防止焊接金属的热影响区产生裂纹，减少应力变形，防止金属热影响区的塑性、韧性的降低，并且可以除去表面水分。根据施工规范规定，球罐的预热温度根据焊件材质、厚度、接头的拘束度、焊接材料及气象条件确定。

预热时要求对焊接部位均匀加热，使其达到焊接工艺规定的温度，预热范围为焊接接头中心两侧各 3 倍板厚以上，且不少于 100mm 的范围内。

（2）焊后热处理。球罐焊接完应立即进行焊后热处理。焊后热处理的主要目的是释放残余应力，改善焊缝的塑性和韧性，消除焊缝中的氢根，改善焊接部位的力学性能。

球罐的焊接后消氢处理应由焊接工艺评定结果确定，焊后热处理的温度应与预热温度相同，一般为 200～250℃，后热时间应为 0.5～1h。符合下列情况之一的焊缝，焊后须立即进行后热消氢处理：

1）厚度大于 32mm 的高强度钢；

2）厚度大于 38mm 的其他低合金钢；

3）锻制凸缘与球壳板的对接焊缝。

（3）整体热处理。

1）整体热处理的目的。球罐整体热处理的目的是消除由于球罐组焊产生的应力，稳定球罐几何尺寸，改变焊接金相组织，提高金属的韧性和抗应力能力，防止裂纹的产生。同时，由于溶解氢的析出，防止延迟裂纹产生，预防滞后破坏，提高耐疲劳强度与蠕变强度。

球罐焊接后产生的残余应力是由于焊接时局部加热、焊缝金属的金相组织的变化而引起的内应力。焊缝应力分布比较复杂，同时金属球壳也产生内应力，三项应力的不良金相存在是引起球罐低应力脆性破坏的主要因素。为消除残余应力和减轻焊缝附近金相组织的局部硬化、改善焊缝的力学性能，目前我国对壁厚大于 34mm 的各种材质的球罐都采用整体热处理，热处理温度应按设计要求。

2）整体热处理的方法。球罐整体热处理有两种方法：内燃法和电加热法。

①内燃法。内燃法是把焊接完毕并经检验合格的球体作为炉壳，在球体内布置若干个喷油嘴，用空气压缩机（鼓风机）、油泵、雾化器相配套的设备，以雾化的轻柴油作为燃料，以石油液化气作为点火器燃料，使球罐内部燃料不断燃烧，产生热对流和热辐射加热整个球体。为防止热量的损耗，罐外用保温材料进行保温。为了加强温度测量和管理，在球体外部均匀布置测温点，并设专人定岗操作和监视测量系统，做好记录。

②电加热法。在施工现场不允许用火焰加热时，可采用电加热法进行球罐的整体热处理。电加热的原理和方法是把专门设计的电热元件放置在球罐内的下方，电热元件的引线从底部人孔引出接到电源。球罐做表面保温处理。人孔以及所有管口也均用保温材料封闭，这样整体球罐就形成了一个封闭式电炉。加热时借助于罐内空气的对流把电热元件放出的热量均匀地传给罐壁。从而达到加热的目的。

4. 球罐的检验

焊接质量检验是保证球罐质量不可缺少的重要手段。

（1）焊缝检查。

1）外观检查。也称为焊缝的外观检验。焊缝外观检查时，焊缝及热影响区表面不得有裂纹、气孔、夹渣、凹陷、熔合性飞溅物等缺陷，焊缝的焊角高度、宽度、余高等都应满足有关规定要求。

2）焊缝内在质量的检验。对焊缝内在质量的检验是采用无损探伤检验。无损探伤检查的具体手段有射线探伤、超声波探伤、磁粉探伤和渗透探伤。

①球罐的对接焊缝（包括人孔和公称直径不小于250mm接管的对接焊缝和法兰，锻制加强圈的外接焊缝）应100%进行射线探伤和超声波探伤。

②选择100%射线探伤检查时，对球壳板厚度大于38mm的焊缝还应做超声波探伤复检，复检长度不应小于所探焊缝总长的20%。

③选择100%超声波探伤方法时，应对超声波探伤部位做射线探伤复检。

④水压试验后进行复查，复查数量不得小于焊缝全长的20%。复查部位包括全部“T”形接头及每个焊工各个焊接位置的对接焊缝和各种角焊缝。

3）磁粉探伤和渗透探伤检查。磁粉探伤和渗透探伤规定如下：

①球罐对接焊缝的内外表面（包括人孔及公称直径不小于250mm接管的对接焊缝和法兰，锻制加强圈的外接焊缝、支柱角焊缝等）应在耐压试验前进行100%焊缝长度的磁粉探伤或渗透探伤，如果球罐需焊后热处理，则应在热处理前进行探伤。

②水压试验后应做复查，复查数量应为焊缝总长的20%以上，复查部位应包括全部“T”形焊缝及每个焊工所焊焊缝的一部分。

（2）水压试验。水压试验是为了检查球罐的强度、考核球罐组装焊接质量，以保证球罐能够承受设计压力不漏。

1）进行水压试验前，球罐应具备下列条件：

①本体及附件的组装、焊接和检验工作全部结束；

②需要进行焊后整体热处理的球罐热处理工作已全部结束，并检验合格；

③基础二次灌浆已达到设计强度；

④支柱拉撑杆调整紧固完毕；

⑤工卡具定位焊痕迹打磨完毕，并检验合格。

2）水压试验步骤。当球罐充满水后封闭人孔开始升压，并按以下步骤进行：

①升压前检查球壳表面应无结露现象；

②升压至试验压力的50%时保持15min，然后对球罐的所有焊缝和连接部位做初次目视，做渗漏检查，确认无渗漏后继续升压；

③压力升至试验压力的90%时保持15min，再次做渗漏检查；

④压力升至试验压力时保持30min，然后将压力降至设计压力进行检查，以无渗漏为合格。

3）水压试验要求：

①水压试验压力应为设计压力的1.25倍。设计有特殊规定时按设计文件要求进行，但不应小于球罐设计压力的1.25倍。

②试验用水应为清洁的工业用水，对碳素钢和16MnR钢制球罐水温不得低于5℃；其他低合金钢球罐试压用水温度不得低于15℃；对新钢种的试验水温应按设计规定进行。

③球罐水压试验过程中要进行基础沉降观测，观测应分别在充水前、充水到1/3、充水到2/3球罐本体高度、充满水24h和放水后各个阶段进行观测，并做好实测记录。

（3）气密性试验。根据有关规定，球罐经水压试验合格后要再进行一次磁粉探伤或渗透探伤；排除表面裂纹及其他缺陷后，再进行气密性试验。气密性试验是在球罐各附件安装完毕、压力表、安全阀、温度计经过校验合格后进行。气密性试验所用气体应是干燥、清洁空气或其他惰性气体，气体温度不得低于5℃。当球罐充满气后。开始升压，其步骤如下：

1）首先压力升至试验压力的50%后保持10min，然后对球罐所有焊缝和连接部位进行检查，确认无泄漏后继续升压。

2）压力升至试验压力后保持10min，对所有焊缝和连接部位涂刷肥皂水进行检查，以无渗漏为合格。如有渗漏应处理后重新进行气密性试验。

3）卸压时应缓慢。

五、气柜的制作和安装

（一）气柜种类及结构形式

气柜是煤气和混合气的储存设备，它用来调节煤气高低不均匀的供气负荷。按储气压力大小可分为低压储气柜和高压储气柜。低压储气柜按密封方式分类为湿式和干式两种，湿式有直立式和螺旋式；干式气柜是利用弹性垫片及油封填充方法保持密封，目前使用很少。高压气柜通常称为高压储气罐。

1. 低压湿式气柜

低压湿式气柜主要由水槽和钟罩组成，钟罩分为数节（可随煤气输入输出而升降），按升降方式不同，可分为直立式和螺旋式两种。

（1）直立式低压湿式气柜。其结构由水槽、钟罩、塔节、水封、顶架、导轨立柱、导轮、配重及防真空装置等组成。

（2）低压螺旋湿式储气柜。其结构由水槽、塔节、钟罩、导轨、平台、顶板和顶架、进出气管等部分组成，其本体由钢板拼制焊接而成。

直立式气柜安设有立柱式导轨，每个塔节靠其侧面的斜导轨与相邻塔节上的导轮相互滑动而缓慢旋转上升或下降，如套筒式结构。螺旋式低压湿式气柜则是沿着螺旋式导轨升降，它和直立式低压湿式气柜相比较，可节约钢材15%～30%，但不能承受强烈风压，故在风速太大的地区不应采用。

湿式气柜构造简单，易于施工，但是其煤气压力波动大，土建基础费用高，冬季耗能大，检修时产生大量污水，寿命只有约10年。大容量贮气柜用此型不经济。

2. 低压干式气柜

低压干式气柜是在低压湿式气柜的基础上发展起来的，是内部设有活塞的圆筒形或多边形立式气柜。罐筒由钢板焊接或铆接而成，筒内装有一个可以移动的活塞，其直径和罐筒内径相等。为了使活塞上、下移动稳定，设有导架装置。进气时，活塞上升；用气时，活塞下降，借助活塞本身的重量把煤气压出。由于造成煤气压力的设备是活塞，故可使输出煤气的压力基本保持稳定。

低压干式气柜的基础费用低，占地少，运行管理和维修方便，维修费用低，无大量污水产生，煤气压力稳定，寿命可长达30年。大容量干式气柜在技术与经济两方面均优于湿式气柜。

3. 高压气柜

高压气柜贮存压力最大约16MPa，有球形和卧式圆筒形两种。高压气柜没有内部活动部件，结构简单。按其贮存压力变化而改变其贮存量。多用于贮存液化石油气、烯烃、液化天然气、液化氢气等。容量大于120m³时常选用球形，小于120m³则多用卧式圆筒形。

（二）湿式气柜的制作和安装方法

1. 气柜的预制

气柜预制的工作流程如下：

（1）底板条板与带板预制。气柜底板、钟罩中节、水槽在下料时，应按设计要求的几何尺寸绘制排版图。预制前应按排版图在板材上标出中心线、搭接线及安装顺序和方向。

（2）上、下水封预制。上、下水封（或环形槽钢）可以分段预制，水封分段预制组装定位焊后，其上口直径比设计值大5～7mm，并用型钢支撑。焊接时应将水封环形板垫平以防变形，焊好水封预制件后，应对照样台实样进行检查。

（3）角钢圈、槽钢圈、立柱及拱顶骨架的预制。气柜所用的角钢圈、槽钢圈的分段预制长度不应小于5m。无论采用热煨或冷弯，都要按设计直径在平台上放样、校正弧度，并检查水平翘曲度，角钢圈或槽钢圈的接口应与壁板、梁柱端部接点焊缝错开150mm以上，其预制圆弧长总和应比设计周长大200～300mm，以满足组装时的需要。气柜各塔节立柱在下料前应进行调直，预制好的立柱断面翘面翘曲度不得大于2mm，纵向弯曲全长不得大于3mm。钟罩拱形骨架的径向主、次梁在预制后其长度偏差不应大于10mm。

（4）导轨预制。导轨加工后的弧度应符合设计要求，不准有过烧、裂纹、急弯及不符合设计要求的扭曲现象。要求导轨加工后其弯曲弧度允许偏差小于径向±5mm、侧向±3mm。

2. 气柜安装方法

低压湿式气柜钟罩、中节和水槽壁的组装有倒装法和正装法。

倒装法是由钟罩开始逐节向外安装，最后组装水槽壁。施工时先装最上面的带板、然后由上而下逐圈组装焊接，壁板全部组装焊接后，安装下水封、立柱、上水封环形板和导轨。为了施工操作方便，钟罩和中节在导轨安装后，宜提升至适于焊接的高度，待水槽壁安装完后再复位。上水封立板可在各塔节复位前安装，钟罩拱顶则在钟罩最上一带板组装完后进行组装。

正装法是目前常用的施工方法。气柜的正装法施工分为两种，第一种是机械配合正装法，第二种是起重机机械配合水浮正装法。现对低压螺旋气柜正装法施工作简单介绍。

1）当施工准备工作（包括预制工作）完成后，首先安装气柜的底板。气柜的底板由中心条板、中幅板、边板组成。底板铺设应在基础上画出十字中心线，按照设计排版，先铺设中心条板，由中心条板向两侧顺序铺设中幅板及边板。施工中中幅板全部为对接，中幅板与边板为搭接。

2）气柜底板安装完成后，经严密性试验检验合格即可安装气柜的水槽壁板。首先利用起重机将水槽壁板的第一圈板逐块分别与底板垂直对接并施焊。

当第一圈壁组焊完毕后，在水槽内设置浮筒，浮筒作为内操作平台，外部通过吊架吊篮托着钢平台作为外操作平台。随着浮筒充水升起，外吊篮相应吊起，水槽壁板开始逐渐向上安装，直至壁板安装完毕为止。

3）接着安装水槽壁板顶部的平台与壁板外侧的立柱。利用施工吊装机械和活动平台相配合，将立柱分别均匀分布在水槽壁板外侧上。

4）气柜塔体安装时，气柜塔体由垫块、中节、顶梁、顶板、进出气管、导轮及各中节梯子栏杆组成。塔体安装是气柜施工的关键工序，安装顺序是由外向内，即先安装中节一（或称塔一）骨架，再安装中节二（或称塔二）骨架，然后依次进行。在垫块安装好后，应接着安装各中节的下挂圈（下水封），并经水压试验合格。下水封安装完成后，开始安装上水封，上水封安装完成后进行导轨安装。然后开始安装菱形板，菱形板的安装是从内向外顺序进行。钟罩（塔顶）由顶架、顶板、中心环组成。钟罩的顶骨架安装前应将拱顶角钢圈在带板上，以定位焊固定。组装骨架时先将骨架中心环固定好，然后将主、次梁对称进行组装。拱顶盖板组装时先组装边缘的环板，焊完后组装焊接中间薄板。组装完成后，再安装斜梯、栏杆、导轮。

3. 气柜安装质量检验

（1）施工过程中的焊接质量检验及规范要求：

1）气柜壁板所有对焊焊缝均应经煤油渗透试验。

2）下水封的焊缝应进行注水试验，不漏为合格。

3）当钢板厚度为 8mm 以上时，水槽壁对接焊缝应进行无损探伤检查，抽查数量为立焊缝不少于 10%，环缝不少于 5%。如不合格，则应在该焊工所焊焊缝有缺陷部分的延伸方向加倍检查，或在其他可疑部分进行补充探伤，如仍不合格时则该焊工所焊的焊缝应 100%探伤检查。

（2）气柜底板的严密性试验。气柜底板严密性试验同样是为了检查底板结构强度和焊缝的严密性。底板的严密性试验可采用真空试漏法或氨气渗漏法。

1）真空试漏法。真空试漏法是在底板焊缝表面刷上肥皂水，将真空箱压在焊道上并用胶管接至真空泵，当真空度达到 1.96kPa（14.7mmHg）时进行检查，以焊缝表面不产生气泡为合格。

2）氨气渗漏法。沿底板周围用黏土或其他材料将底板与基础间隙封闭（需要留出 4～6 个孔洞以检查氨气分布情况）。检查时向底板下通入氨气，用试纸在底板周围留好的孔洞处检查，氨气分布均匀后，即可在焊缝表面涂刷酚酞-酒精溶液进行检查。

（3）气柜总体试验。

1）气柜施工完毕，进行注水试验。气柜施工完后，经检查合格后首先进行注水试验，其目的一是预压基础，二是检查水槽的焊接质量。水槽的注水要分次进行，每次注水后观察基础沉陷情况，如发现沉陷较快和不均匀沉陷要立即停止注水并将水放尽，找出原因，采取有效措施进行处理，处理完后进行注水。水槽注水试验不应少于 24h。

2）钟罩、中节的气密试验和快速升降试验。气柜气密试验和快速升降试验的目的是检查各中节、钟罩在升降时的性能和各导轮、导轨的配合及工作情况、整体气柜密封的性能。

试验方法：

①试上升。用鼓风机向钟罩内充气，使钟罩及中节徐徐上升，通过观察导轮运转情况和借助于钟罩上“U”形压力计所示压力变化情况来检查钟罩及中节上升性能，用涂肥皂液来检查钟罩、中节、罐顶的焊缝和水槽壁的密封性能，观察水槽有无漏水现象。如发现有漏水现象，应立即停止注水，将水位降到缺陷位置以下进行补焊。

②试下降。当钟罩升到最高位置后关闭进气阀，打开放空阀，使钟罩及中节缓缓下降。此时要注意压力变化和导轮运转情况，并加以记录。

③快速升降。缓慢升降合格后，应进行快速升降试验。速度不超过 1.5m/min，观察钟罩、中节和导轮的运转情况。快速升降以 2 次为宜。

六、工艺金属结构的制作和安装

工艺金属结构安装包括设备的维修、操作平台；有关的直梯、斜梯、盘梯；有些设备需要的漏斗、料仓；锅炉设置的烟囱；各种管路架空需要的管廊结构及柱子；设备需要的框架结构；还有火炬及排气筒等。

（一）工艺金属结构件的种类

1. 设备框架、管廊柱子、桁架结构、联合平台

（1）设备框架。设备框架可以支承静置设备或传动设备在某些特定环境中安装使用，框架有矩形的或正方形的，具有一定跨度、高度。

（2）管廊柱子。在石油、化工生产装置中，各种管线纵横交错，管线（不同规格、直径）支承于管廊架上，成排的柱子支承着管架。管廊有单层结构，多种规格的排管安装其上；也有双层结构的，多种规格的排管分上、下两层安装，管廊的支承柱子有型钢结构与钢板结构两种形式。

（3）桁架结构。桁架结构是由上弦、下弦和腹杆等构件连接起来的格构式体系。桁架结构有三角形、梯形、多边形和平行等多种形式。桁架结构布置灵活，应用范围非常广泛。

（4）联合平台。为便于多台设备的操作、维护和检修，统一安设有联合平台。联合平台有的是在一个水平标高位置上，有的则高低错落，然后由梯子联通起来。这种平台多见于非标容器或塔类设备。

2. 设备支架、梯子、平台

（1）设备支架。

1）卧式容器设备支架。这种支架一般为鞍式支座。鞍式支座是由护板（加强板）、横向直立筋板、轴向直立筋板和底板构成。鞍座的包角和宽度随卧式容器筒体直径的增大而加大，其底板尺寸应保证基础的混凝土不被压坏，一般来说，每台设备有两个鞍式支架。

2）裙式支座。裙式支座为立式塔类设备下部支承的裙形底座。

3）小型机械设备支架。这种支架一般都由型钢制成，成水平设置或阶梯形设置，设

备的机体和电动机、减速机安装于其上。有的卷扬设备、螺旋输送机等都安设在型钢支架上。

（2）梯子、平台。平台的用途：一种是供设备检修、操作用的平台；另一种是供爬高人员休息用的停留平台。平台与梯子是互相联系的，操作人员依靠梯子上下通行。梯子有直梯、斜梯、盘梯等。盘梯主要用于球形贮罐、气柜类设备由底至顶部的攀登。

3. 漏斗、料仓、烟囱

（1）漏斗。漏斗由型钢作骨架，钢板焊于骨架上，用以溜送粉末或颗粒物料。漏斗的形式很多，有料仓式漏斗、矩形漏斗、圆形漏斗等。

（2）料仓。料仓用于贮存煤、粮食、建筑材料等散料，有方形、矩形、圆柱形等结构形式。

（3）烟囱。钢烟囱由钢板卷制而成。根据排烟的要求，有不同直径和高度的烟囱，普遍用于锅炉房的排烟。

4. 火炬及排气筒

火炬及排气筒是石油化工装置中的大型钢结构设备。用于将连续或间断地排放的尾气（可燃气体）燃烧后成为无害气体，排放到大气中。

送往火炬系统的排放气，先由装置区的管路进入气液分离罐进行气液分离，分离出来的凝液，用泵送往不合格油储罐。排出气则送往火炬，从火炬头喷出在大气中燃烧。

火炬筒头上安装有点火烧嘴（长明灯），排放气不论何时出来，均能燃烧。在点火烧嘴上设有点火设施，从地面上就可以点燃火嘴。在烟囱的底部设有水封装置，以防止回火。

火炬及排气筒有塔式、拉线式、自立式三种形式。塔式是经常被采用的一种形式。其中多数是塔架扶直自立式筒体，也有少数是塔架支撑悬挂式筒体。火炬筒及排气筒可用钢板卷制而成，也可以用无缝钢管、不锈钢管制成。火炬及排气筒塔架是用型钢或钢管组焊制成的一定高度的塔架，均为碳钢材料。火炬筒或排气筒固定竖立于塔架中心。火炬筒顶部安装有火炬头，作火炬燃烧排气用。

（1）钢管制塔架。钢管塔架结构一般制成截面为三棱体的空间桁架，它由各种规格的无缝钢管焊接的竖杆、横杆、斜杆等组成。塔架高度由设计规定。

几何断面形状为三棱体塔架，内有爬梯、平台；维修人员可从底部由爬梯通向顶部平台。由于塔架为变截面结构，截面的尺寸随不同高度而改变。

（2）型钢制塔架。型钢塔架由于用工字钢、槽钢、角钢制成，其断面一般为四方形空间桁架结构。高度一般为50～120m。其截面尺寸根据高度不同逐渐变小。为便于维修操作，塔架应安装花纹板平台。

（二）工艺金属结构的制作和安装

1. 一般工艺金属结构的制作和安装

（1）设备安装工程中的金属结构工程的制作。制作生产程序一般包括钢材堆放仓库设置、平台放样、平直加工、装配铆焊、油漆等一系列工作。

1）钢材堆放仓库设置。金属结构所用的钢材主要是型钢与管材，这些材料应按品种规格分类整齐放置，由专人管理。

2）平台放样。根据制作详图要求，在平台上画线放样。对加工件的几何尺寸，通过放样，还可以进行校正。放样后，可进行下料工作。

3）钢板的平直。可采用手工平直和机械平直方法。手工平直方法是将钢板在常温或加热情况下，在平台上用大锤或平锤进行敲击，以消除钢板的不平度。机械平直方法是利用辊平机进行辊平。

4）型钢平直。可以利用压力机进行平直，小规格的型钢可以用人工锤打平直。

5）钢材加工。指对钢材按图纸进行切割、坡口，利用胎具煨制成各种形状的构件。

6）装配铆焊。对加工的半成品件，在平台上进行铆焊组合，有的是直接制成单件，如漏斗、机架、桁架结构等，有的则是设备上的连接件，可直接安装。

7）油漆。对合格的加工件，已装配完好的组合构件，进行除锈和油漆。

（2）一般工艺金属结构件的安装。

1）较低位置结构件安装。指一些设备支座及一些不大的结构，比如设备支架、料仓、烟道，平台、梯子等。这些结构件可用机械或半机械方法将其运至安装地点，然后在基础上就位，紧固地脚螺栓或焊固。

2）标高较高的结构件安装。有些设备安装就位后，设备的顶部需要安设结构件，这些设备金属结构件用半机械或机械吊车起吊、安装。也可以在地面上预制组装完后，再用吊车将其整体起吊安装。

3）平台、梯子的安装。静置设备周围安设的平台、梯子，根据具体情况可以采用与设备在地面安装好后作为一个整体吊装；也可先将设备本体吊起，然后再安装平台、梯子。

4）烟囱安装。烟囱安装（吊装）有分节安装和整体吊装两种方法。锅炉房的小规格钢制烟囱可以用吊车一次整体吊装竖立。对安装高度高、直径大，由法兰连接的烟囱。可由塔吊分段吊装安装。

2. 火炬及排气筒的制作和安装

火炬及排气筒均包含有塔架、筒体、平台梯子三个部分，另外在火炬顶部还要装有火炬头。火炬及排气筒的组装包括制作与组对焊接。一般施工工序为：塔架分片组对焊接；筒体滚圆成型、组对焊接，塔架筒体分段拼装、焊接，火炬及排气筒整体组装、焊接，平台梯子制作安装，火炬头的安装。

塔架为火炬及排气筒最重要的支撑部分，一般由塔柱、腹杆、横杆组成。此处仅介绍塔架的制作安装。

（1）塔架制作。主要包括钢材检查、焊接、焊缝检查、组对、刷油防腐等内容。

1）钢材检查。对钢板（16Mn）的要求：要求抗拉强度、屈服点、延伸率、冷弯四项力学性能要符合设计要求。厚度小于或等于 12mm 的钢板，按张数的 10%进行磁粉探伤检查；厚度大于 14mm 的钢板，应 100%进行超声波检查，表面用磁粉探伤检查。塔柱钢管卷后按卷筒数的 5%用磁粉全面检查；20 号钢无缝钢管按每批根数的 10%抽查化学成分，每批抽查 3 根做力学性能检查。20 号圆钢，有出厂合格证者，每批抽 3 根做四项力学性能与化学成分检查。

2）焊接。

①塔柱上、下纵向焊缝应错开，间距不得小于 200mm。

②预应力大直径腹杆的对接焊缝，吊点处在塔柱管内的肋板焊缝，须在 600～650℃温度下进行热处理，消除内应力后，再进行节点拼装。柱脚底板、铰腕底板等钢板厚度大

于 60mm 者应预热后再施焊。

③管道环缝、直缝采用自动焊。焊剂与焊条使用前必须按焊剂说明书要求烘干。焊前应将金属表面的铁锈、油污、杂质、积水、泥土等清除干净。

④手工焊、16Mn 钢、20 号钢采用 T507 焊条，A3F 钢采用 T42 焊条。

3）焊缝检查。塔柱对接焊缝用超声波 100%检查，如有可疑点，再用 X 射线复查，按焊缝总数的 25%检查，根据焊缝质量情况再增减检查比例。柱脚与底板、柱脚肋板与塔柱的垂直焊缝、铰腕轮缘板与底板、轮缘板的加强板与轮缘板的焊缝，第一遍用 5～10 倍放大镜做外观检查，成型后再用 5～10 倍放大镜做外观检查。预应力大直径腹杆的对接焊缝，用超声波 100%检查、合格标准为缺陷面积与焊缝总面积比小于 0.7%，且不允许有裂纹。主要节点处的焊缝第一遍用 5～10 倍放大镜做外观检查，成型后再用 5～10 倍放大镜做外观检查。对无法检查的焊接部位，须避免焊缝夹渣、气孔等影响焊接质量的缺陷。

4）组对。塔架各横截面中心应在一条垂直线上，安装完后，垂直偏差应小于 1/1 500；预应力大直径腹杆，施加预应力值如下：塔架下部 4 个节间，20MPa；塔架上部 7 个节间，15MPa。

5）钢结构刷油防腐。塔架通常可采用涂过氯乙烯漆的方法达到防腐蚀的目的。刷油前应将金属表面油污、氧化层、毛刺、焊缝焊渣清除干净后再刷底漆。涂漆的主要工序为：①金属表面涂磷化底漆一遍；②涂过氯乙烯漆底漆一遍；③涂底漆、磁漆（1∶1）一遍；④涂磁漆两遍；⑤涂磁漆、清漆（1∶1）一遍。

（2）塔架安装。塔架的安装方法一般有分节段安装和整体安装。

1）分节段安装。将塔架分上、中、下三节段或多节段依次吊装，选用起重量大的轮胎式起重机（120～300t 轮胎式起重机）吊装。

2）整体吊装。整体吊装可采用双抱杆起吊方法或用人字抱杆扳倒法竖立。

①双抱杆起吊方法：根据塔架的高度和重量配备适当规格的双抱杆，比如高 50m、重量 40t 的塔架，可选用起重量为 60t 的双抱杆。

②人字抱杆扳倒法：人字抱杆底部与塔架底部球铰腕连接，互成 90°夹角。竖立人字抱杆时，利用塔架一定长度的下段作辅助抱杆，用扳倒法来竖立人字抱杆。塔架竖立时，根据施工方案要求，在塔架标高两处，分别各挂一辐滑轮组；相对应的另一侧设置两幅滑轮组，分别用绳扣与起扳滑轮的动滑轮连接。起扳滑轮的定滑轮挂结于地锚，开动起扳卷扬机，靠牵引力缩小起扳滑轮组与定滑轮组的间距，便可将塔架慢慢扳起。当扳起到一定角度时，塔架靠自重自动回转（在反向制动力平衡作用下）就位。

七、静置设备无损检测

（一）无损检测方法

无损检测方法主要包括射线、超声波、磁粉、渗透、涡流检测、目视、泄漏、声发射、衍射时差法超声、射线数字成像、漏磁、脉冲涡流、射线计算机辅助成像检测、超声波衍射时差法等（检测方法详见第二章第一节）。

应根据受检承压设备的材质、结构、制造方法、工作介质、使用条件和失效模式，预计可能产生的缺陷种类、形状、部位和方向，选择适宜的无损检测方法。

1. 射线检测

（1）射线检测能确定缺陷平面投影的位置、大小，可获得缺陷平面图像并能据此判定缺陷的性质。

（2）射线检测适用于金属材料制承压设备熔化焊对焊接头的检测，用于制作对焊接头的金属材料包括碳素钢、低合金钢、不锈钢、铜及铜合金、铝及铝合金、钛及钛合金、镍及镍合金。射线检测不适用于锻件、管材、棒材的检测。T形焊接接头、角焊缝以及堆焊层的检测一般不采用射线检测。

（3）射线检测的穿透厚度，主要由射线能量确定，参见表5.4.3。

（4）工业射线胶片分为胶片C1～C6六类。A级或者AB级射线检测技术应采用C5类或更高类别的胶片，B级射线检测技术应采用C4类或更高类别的胶片。当采用γ射线和高能X射线进行检测时，以及对标准抗拉强度下限值大于或等于540MPa高强度材料射线检测时应采用C4类或者更高类别的胶片。

表5.4.3　不同射线源检测的厚度范围（钢、铜镍合金等）

射线源	透照厚度 W/mm		射线源	透照厚度 W/mm	
	A级、AB级	B级		A级、AB级	B级
Tm170	≤5	≤5	Co60	≥40～200	≥60～150
Yb169①	≥1～15	≥2～12	X射线（1～4MeV）	≥30～200	≥50～180
Se75②	≥10～40	≥14～40	X射线（>4～12MeV）	≥50	≥80
Ir192	≥20～100	≥20～90			

注：1. 对于铝和钛，A级和AB级透照厚度为：10mm<W<70mm，B级透照厚度为：25mm<W<55mm。

2. 对于铝和钛，A级和AB级透照厚度为：35mm<W<120mm。

2. 超声检测

（1）超声检测通常能确定缺陷的位置和相对尺寸。

（2）超声检测适用于板材、复合板材、碳钢和低合金钢锻件、管材、棒材、奥氏体不锈钢锻件等承压设备原材料和零部件的检测，也适用于承压设备对接接头、T形焊接接头、角焊缝以及堆焊层等的检测。

（3）采用超声直（斜）射法检测内部缺陷。不同检测对象相应的超声厚度检测范围见表5.4.4。

表5.4.4　不同检测对象相应的超声厚度检测范围　　单位：mm

超声检测对象	适用的厚度范围
碳素钢、低合金钢、镍及镍合金板材	母材为6～250
铝及铝合金和钛及钛合金板材	厚度1>6
碳钢、低合金钢锻件	厚度≤1 000
不锈钢、钛及钛合金、铝及铝合金、镍及镍合金复合板	基板厚度≥6

续表 5.4.4

超声检测对象	适用的厚度范围
碳钢、低合金钢无缝钢管	外径为 12～660、壁厚≥2
奥氏体不锈钢无缝钢管	外径为 12～400、壁厚为 2～35
碳钢、低合金钢螺栓件	直径≥M36
全熔化焊钢对接焊接接头	母材厚度为 6～400
铝及铝合金制压力容器对接焊接接头	母材厚度≥8
钛及钛合金制压力容器对接焊接接头	母材厚度≥8
碳钢、低合金钢压力管道环焊缝	壁厚≥4.0，外径为 32～159 或壁厚为 4.0～6，外径≥159
铝及铝合金接管环焊缝	壁厚≥5.0，外径为 80，159 或壁厚为 5.0～8，外径≥159
奥氏体不锈钢对接焊接接头	母材厚度为 10～50

3. 磁粉检测

（1）磁粉检测通常能确定表面和近表面缺陷的位置、大小和形状。

（2）磁粉检测适用于铁磁性板材、复合板材、管材以及锻件等表面和近表面缺陷的检测，也适用于铁磁性材料对接焊接接头、T 形焊接接头以及角焊缝等表面和近表面缺陷的检测。磁粉检测不适用于非铁磁性材料的检测。

4. 渗透检测

（1）渗透检测通常能确定表面开口缺陷的位置、尺寸和形状。

（2）渗透检测适用于金属材料和非金属材料板材、复合板材、锻件、管材和焊接接头表面开口缺陷的检测。渗透检测不适用于多孔性材料的检测。

5. 涡流检测

（1）涡流检测通常能确定表面及近表面缺陷的位置和相对尺寸。

（2）涡流检测适用于导电金属材料和焊接接头表面和近表面缺陷的检测。

当采用两种或两种以上的检测方法对承压设备的同一部位进行检测时，应按各自的方法评定级别。

采用同种检测方法按不同检测工艺进行检测时，如果检测结果不一致，应以危险度大的评定级别为准。

（二）无损检测一般规定

（1）凡符合下列条件之一的压力容器及受压元件，应对其 A 类和 B 类焊接接头进行 100％射线或超声检测：

1）钢材厚度 δ_s 大于 30mm 的碳素钢、Q345R。

2）钢材厚度 δ_s 大于 25mm 的 20MnMo 和奥氏体不锈钢。

3）钢材厚度 δ_s 大于 16mm 的 15CrMoR、15CrMo；其他任意厚度的铬钼钢。

4）标准抗拉强度下限值大于或等于 540MPa 钢。

5）进行气压试验的容器。

6）盛装毒性为极度危害或高度危害介质的容器。

7）第三类压力容器。

8）第二类压力容器中易燃介质的反应压力容器和储存压力容器。

9）设计压力大于5.0MPa的压力容器。

10）设计选用焊缝系数为1.0的压力容器。

11）符合下列条件之一的钛和钛合金、锆和锆合金、铝和铝合金制造的压力容器：

①设计压力大于或等于1.6MPa。

②介质为易燃或毒性程度为极度、高度、中度危害。

12）使用后无法进行内、外部检测或耐压试验的压力容器。

（2）除上述规定以外的压力容器，对其A类和B类焊接接头应进行局部射线或超声检测。检测方法按设计文件执行。检测长度不得少于各焊接接头长度的20%，且不小于250mm；铁素体钢制低温容器局部无损检测的比例应大于或等于50%。

（3）压力容器公称直径大于或等于250mm或壁厚大于28mm的接管与长颈法兰、接管与接管对接连接的B类焊接接头，其无损检测比例及合格级别应与压力容器壳体主体焊缝要求相同；公称直径小于250mm或壁厚小于或等于28mm的接管与长颈法兰、接管与接管对接连接的B类焊接接头，可进行磁粉检测或渗透检测。

（4）凡符合下列条件之一的部位，应对其表面进行100%磁粉检测或渗透检测：

1）堆焊表面。

2）符合（1）条中第3）、4）、6）、7）款压力容器上的C类和D类焊接接头表面。

3）低温钢、标准抗拉强度下限值大于或等于540MPa钢及铬钼钢制设备的缺陷修磨或补焊处的表面、卡具和拉肋等拆除处的焊痕表面。

（5）球形储罐在耐压试验前应对现场焊接接头表面进行100%磁粉检测或渗透检测，耐压试验后进行20%磁粉检测或渗透检测复验。

（6）无损检测应按国家现行标准《承压设备无损检测》NB/T 47013—2015的规定进行质量评定。

（7）对焊接接头无损检测时发现的不允许缺陷，应清除干净后进行补焊，并对补焊处用原规定的方法进行检验，直至合格。对规定进行局部无损检测的压力容器焊接接头，当发现有不允许的缺陷时，应在该缺陷两端的延伸部位增加检查长度，增加的长度为该焊接接头长度的10%，且不小于250mm。若仍有不允许的缺陷时，则对该焊接接头做100%检测。

八、静置设备工程计量

根据《安装工程计量标准》进行工程量计算。

（一）主要内容及与其他专业工程的关系

1. 主要内容

静置设备安装工程主要包括以下内容：容器、塔器、换热器、反应器等设备的安装，金属油罐制作安装，球形罐组对安装，气柜制作安装，工艺金属结构安装，铝制、铸铁、非金属设备安装，撬块安装，无损检测与热处理。

2. 与其他专业工程的关系

（1）设备本体第一片法兰外的管线安装应按《安装工程计量标准》附录H“工业管道工程”相关项目编码列项。

（2）电气系统应按《安装工程计量标准》附录D“电气设备安装工程”相关项目编码列项。

（3）仪表系统应按《安装工程计量标准》附录F“自动化控制仪表安装工程”相关项目编码列项。

（4）胎具制作、安装与拆除应按《安装工程计量标准》附录P“措施项目”相关项目编码列项。

（5）污水处理设备、其他水处理设备的安装应按《市政工程工程量计算标准》GB/T 50857—2024相关项目编码列项。

3. 总体说明

（1）静置设备是指不需动力带动，安装后处于静止状态的工艺设备。

（2）设备类型是指设备构造形式及其用途的划分。

（3）设备容积是指按设计图图示尺寸计量，不扣除内部构件所占体积。

（4）设备压力是指设计压力，以“MPa”表示。

（5）设备质量是指不同类型设备的金属质量。

（6）设备直径是指设计图标注的设备内径尺寸。

（7）设备安装高度是指以设计正负零为基准至设备底座安装标高的高度。

（8）设备到货状态指设备运到施工现场的结构状态，分为整体、分段设备和分片设备。

（9）设备构造形式是指卧式设备安装和立式设备安装。

（10）金属构件连接方式是指普通螺栓、高强螺栓、焊接及其他方式。

（二）工程计量规则及相关说明

1. 工程计量规则

根据《安装工程计量标准》，静置设备工程计量规则为：

（1）静置设备安装。

1）容器应根据项目特征（名称、材质、规格、容积、构造形式、内部构件名称），按设计图示数量以“台”计算。工作内容：容器组吊装，内部构件组对，吊耳制作、安装，焊缝热处理，压力试验，清洗、脱脂、钝化。

2）塔器应根据项目特征（名称、材质、规格、容积、构造形式、塔内固定件材质、塔盘结构类型、填充材料种类），按设计图示数量以“台”计算。工作内容：塔器组装吊装，塔盘安装，塔内固定件组对，吊耳制作、安装，焊缝热处理，设备填充，压力试验，清洗、脱脂、钝化。

3）热交换器类设备应根据项目特征（名称、材质、规格、构造形式、抽芯设计要求），按设计图示数量以“台”计算。工作内容：安装、地面抽芯检查。

4）空气冷却器应根据项目特征（名称、规格），按设计图示数量以“台”计算。工作内容：管束（翅片）安装、构架安装、风机安装。

5）反应器、电解槽、电除尘器、电除雾器应根据项目特征（名称、规格、内部结构形式、构造形式），按设计图示数量以“台”或者“套”计算。工作内容：安装。

（2）金属油罐制作安装。

1）拱顶罐、浮顶罐应根据项目特征（名称、材质、规格、容量、型钢圈材质），按设计图示数量以“台”计算。拱顶罐工作内容：罐本体制作、安装，型钢圈煨制，充水试验，卷板平直，拱顶罐临时加固件制作、安装与拆除，附件制作、安装。浮顶罐工作内容：罐本体制作、安装的一二次密封装置安装，旋转喷射器安装，型钢圈煨制，内浮顶罐充水试验，浮顶罐升降试验，卷板平直，浮顶罐组装加固，附件制作、安装，本体梯子、平台、栏杆制作安装。

2）大型金属油罐应根据项目特征（名称、材质、容积），按设计图示数量以“座”计算。工作内容：底板、壁板、浮船船舱、浮船支柱、抗风圈、加强圈预制安装，钢板卷材平卷平直，底板、壁板板幅调整，附件、盘梯、平台制作安装，焊缝预热，壁板焊缝热处理，大型油罐充水试验，本体浮船升降试验。

3）加热器应根据项目特征（名称、蒸汽盘管管径、排管的长度、连接管主管长度、支座构造形式），按设计图示尺寸以长度“m”计算。盘管式加热器不扣除管件所占长度；排管式加热器按设计图示配管长度计算。工作内容：制作安装；支座制作安装；连接管制作安装，压力试验。

（3）球形罐组对应根据项目特征（名称、材质、球罐容量、球板厚度、支柱耐火层材料），按设计图示数量以“台”计算。工作内容：球形罐吊装、组对，产品球板试验，焊缝预热、后热，球形罐水压试验，球形罐气密性试验，支柱耐火层施工，本体梯子、平台、栏杆制作安装。

（4）气柜应根据项目特征［名称、构造形式（螺旋式、直升式）、容量］，按设计图示数量以“座”计算。工作内容：气柜本体制作、安装，焊缝热处理，型钢圈煨制，配重块安装，气柜充水、气密、快速升降试验，平台、梯子、栏杆制作安装，附件制作安装。

（5）工艺金属结构制作安装。

1）联合平台，平台，梯子、栏杆、扶手应根据项目特征（名称、材质），按设计图示尺寸以质量“t”计算。质量计算包括平台上梯子、栏杆、扶手的质量，不扣除孔眼和切角的质量，多角形连接筋板质量以图示最长边和最宽边尺寸按矩形面积计算。工作内容：制作、安装。

2）桁架、管廊、设备框架、单梁结构应根据项目特征（名称、材质、管廊高度、设备框架跨度），按设计图示尺寸以质量“t”计算。质量计算不扣除孔眼和切角的质量，多角形连接筋板质量以图示最长边和最宽边尺寸按矩形面积计算。工作内容：制作、安装，钢板组合型钢制作。

3）漏斗、料仓应根据项目特征（名称、材质、规格、漏斗形状），按设计图示尺寸以质量“t”计算，质量计算不扣除孔眼和切角的质量。工作内容：制作、安装；型钢圈煨制，漏斗、料仓、衬板（若有需要）的制作安装。

4）烟囱、烟道应根据项目特征（名称、材质、烟囱直径），按设计图示尺寸展开面积以质量“t”计算，质量计算包括筒体、弯头、异径过渡段、加强圈、人孔、清扫孔、检查孔等的质量，不扣除孔洞和切角的质量。工作内容：制作、安装，型钢圈煨制。

5）双层保温成品烟囱应根据项目特征（名称、材质、规格、保温厚度、接口形式），按设计图示烟囱中心线以长度“m”计算。工作内容：制作、安装。

6）火炬及排气筒应根据项目特征（名称、材质、规格、质量、高度），按设计图示数量以“座”计算，质量计算按设计图示尺寸计算，包括配件的质量，不扣除孔洞的面积。工作内容：

筒体制作、组对，塔架制作、组装，火炬、塔架、筒体吊装，火炬头安装。

（6）无损检测与热处理。

1）X射线探伤、γ射线探伤应根据项目特征（名称、板厚、底片规格），按规范或设计要求以“张”计算。工作内容：无损检验。

2）超声波探伤应根据项目特征（名称、部位、板厚），按规范或设计要求计算，其中：金属板材对接焊缝、周边超声波探伤按长度“m”计算，板面超声波探伤检测按面积“m^2”计算。工作内容：对接焊缝、板面、板材周边超声波探伤，对比试块制作。

3）磁粉探伤应根据项目特征（名称、部位），按规范或设计要求计算，其中：金属板材周边磁粉探伤按长度“m”计算，板面磁粉探伤按面积“m^2”计算。工作内容：板材周边、板面磁粉探伤，被检工件退磁。

4）渗透探伤应根据项目特征（名称），按设计图示数量以长度“m”计算。工作内容：渗透探伤。

5）整体热处理应根据项目特征（名称、设备质量、容积、加热方式），按设计图示数量“台”计算。工作内容：整体热处理，硬度测定。

6）光谱分析应根据项目特征（名称、部位），按规范或设计要求“点”计算。工作内容：光谱分析。

7）焊缝热处理应根据项目特征（名称、加热方式、部位、板材厚度），按规范或设计要求以焊缝长度计算。工作内容：焊缝热处理。

2. 相关说明

（1）静置设备安装。

1）静置设备直径是指设计图示的设备内径，压力是指用“MPa”表示的设计压力，其容积按设计图示尺寸计算，不扣除内部构件的体积。

2）所有类型容器的工作内容，均应包括容器本体、容器内部固定件、开孔件、加强板、裙座（支座）及容器的鞍座、支座、法兰、地脚螺栓、内部构件、吊耳、绝缘、内衬，以及容器吊装就位所需之管线、梯子、平台、栏杆、扶手、吊装加固件及其他一切所需之附件和配件。

3）所有类型塔器的工作内容，均应包括塔器本体、裙座、内部固定件、开孔件、加强板、内部填充及可拆件、吊耳、绝缘内衬，以及塔器吊装就位所需之外部平台、梯子、栏杆、扶手、附塔管线、吊装加固件及其他一切所需之附件和配件。

4）如需在现场复合加工设备制作所需的复合板，则应在项目特征中描述。

5）附件是指设备的鞍座、支座、设备法兰、地脚螺栓制作等，项目特征描述时应结合工程实际予以描述。

（2）金属油罐制作安装。

1）拱顶罐构造形式包括壁板连接搭接式、对接式；其工作内容应包括罐底板、罐壁板、罐顶板（含中心板）、角钢圈、加强圈、搭接、垫板、加强板及一切所需之附件和配件。

2）浮顶罐构造形式包括双盘式、单盘式、内浮顶式；其工作内容应包括罐底板、罐壁板、罐顶板、角钢圈、加强圈、搭接、垫板、加强板及一切所需之附件和配件。

3）大型金属油罐的工作内容应包括本体的分部位及部件、各部位搭接和对接垫板以及积水坑、排水管、接管与配件、加热盘管、浮顶加热器、人孔制作安装等附件。项目特征内按工程的设计图纸具体说明前述附件的内容。

（3）球形罐组对安装的工作内容应包括球壳板、支柱、拉杆、短管、加强板及一切所需之附件和配件；还包括焊接工艺评定，以及胎具的制作、安装与拆除。

（4）工艺金属结构制作安装。

1）联合平台是指两台以上设备的平台互相连接组成的方便检修、操作使用的平台，其质量计算：包括平台上梯子、栏杆、扶手的质量，不扣除孔眼和切角的质量，多角形连接筋板的质量以图示最长边和最宽边尺寸，按矩形面积计算。

2）平台、桁架、管廊、设备框架、单梁结构的质量计算，不扣除孔眼和切角的质量，多角形连接筋板质量以图示最长边和最宽边尺寸，按矩形面积计算。

3）漏斗、料仓的质量计算不扣除孔眼和切角的质量。

4）火炬、排气筒的质量计算按设计图示尺寸计算，包括配件的质量，不扣除孔洞的面积。

5）连接方式包括普通螺栓连接、高强螺栓连接、焊接及其他方式。

6）与安装工程有关的工业厂房的主体钢结构，按本节内设备框架的规定编码列项。

（三）静置设备安装工程计量示例

1. 背景

（1）安装球罐一台，球罐结构形式为五带瓣式储罐，梯子为螺旋盘梯，支柱8根，外形如图5.4.5所示（螺旋盘梯省略）。

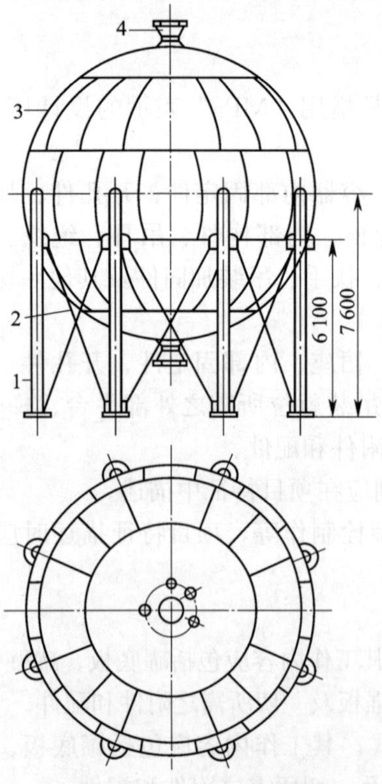

图5.4.5 400m³球罐（内径φ9 200mm）外形结构示图

1—支柱；2—拉杆；3—球壳；4—人孔

技术数据如下：

（2）技术规格如下：

1）公称容积：400m³；

2）球壳板厚度：36mm；

3）球罐质量：86.8t；

4）设计压力：2.4MPa；

5）设计温度：−27℃；

6）贮存物料名称：乙烯；

7）工作压力：2.1MPa；

8）工作温度：−27.6℃；

9）试验要求：焊缝后热处理、水压试验、气密试验。

2. 问题

根据《通用安装工程工程量计算标准》GB/T 50856—2024和《建设工程工程量清单计价标准》GB/T 50500—2024的规定，编制分部分项工程量清单。

3. 解答

项目编码：（见表5.4.5）

项目名称：（见表5.4.5）

项目特征：（见表5.4.5）

计量单位：（见表5.4.5）

工程数量：（见表 5.4.5）（运用工程量计算规则，按图计算）

填制表格：见表 5.4.5。

表 5.4.5 分部分项工程量清单表

工程名称：某球罐组对安装工程　　标段：　　第 页 共 页

序号	项目编码	项目名称	项目特征描述	计量单位	工程量
1	030303001001	球形罐组对	1. 名称：五带瓣式球罐 2. 材质：16Mn 钢 3. 球罐容量：$400m^3$ 4. 球板厚度：$\delta=36mm$ 5. 支柱耐火层材料：珠岩压制板	台	1

第六章　电气和自动化控制工程

第一节　电 气 工 程

一、变配电工程

变配电工程指为建筑物供应电能、变换电压和分配电能的电气工程。由于变配电工程的中间枢纽（核心）是变配电所，所以变配电工程也称变配电所工程。

变电所工程是包括高压配电室、变压器室、低压配电室、电容器室、控制室五个部分的电气设备安装工程，配电所与变电所的区别就是配电所内部没有装设电力变压器。高压配电室的作用是接受电力；电力电压器放置在变压器室，其作用是把高压电转换成低压电；低压配电室的作用是分配电力；电容器室的作用是提高功率因数；控制室是变电所的核心部分，其主要作用是对变电所内的一次设备（如变压器、断路器等）和二次设备（如继电保护装置、自动装置、测量仪表等）进行测量、控制、监视和保护。为了实现上述功能，变电所控制室内通常会配备有多种设备，如监控计算机、继电保护装置、操作屏、报警系统等。随着技术的发展，现代变电所控制室越来越倾向于采用综合自动化技术，即通过计算机网络将所有设备连接起来，实现集中管理和智能控制，从而提高变电所的运行效率和安全性。这五个部分作用不同，需要安装在不同的房间，互相隔开，其中低压配电室则要求尽量靠近变压器室，因为从变压器低压端子出来到低压母线这一段导线上电流很大，如果距离较远，电能损失会非常大。露天变电所也要求将低压配电室靠近变压器。

变配电设备可分为一次设备和二次设备。一次设备指直接输送、分配、使用电能的设备，主要包括变压器、高压断路器、高压隔离开关、高压负荷开关、高压熔断器、高压避雷器、并联电容器、并联电抗器、电压互感器和电流互感器等；二次设备是指对一次设备的工作状况进行监视、控制、测量、保护和调节所必需的电气设备，主要包括监控装置、操作电器、测量表计、继电保护及自动装置、直流控制系统设备等。目前，变配电设备大多为成套设备，一、二次设备已一体化。

（一）变电所的类别

按其在供配电系统中的地位和作用以及装设位置可分为总降压变电所、车间变电所、独立变电所、杆上变电所、建筑物及高层建筑物变电所。

（1）总降压变电所。对大中型企业，由于负荷较大，往往采用 35kV（或以上）电源进线，一般降压至 10kV 或 6kV，再向各车间变电所和高压用电设备配电，这种降压变电所称为总降压变电所。

（2）车间变电所。变压器室位于车间内的单独房间内或是利用车间的墙壁进行安装的变电所。

（3）独立变电所。独立变电所是相对于车间变电所而言，是指整个变电所设在与车间建筑物有一定距离的单独区域内，通常是户内式变电所，向周围几个车间或向全厂供电。

（4）杆上变电所。变电器安装在室外电杆上或在专门的变压器台墩上，一般用于负荷分散的小城市居民区和工厂生活区以及小型工厂和矿山等。变压器容量较小，一般在315kV·A及以下。

（5）建筑物及高层建筑物变电所。这是民用建筑中经常采用的变电所形式，变压器一律采用干式变压器，高压开关一般采用真空断路器，也可采用六氟化硫断路器，但通风条件要好，从防火安全角度考虑，一般不采用少油断路器。

（二）高压变配电设备

1. 变压器

（1）变压器分类。

1）按相数分类：

①单相变压器。一般是指一次绕组是按单相单线圈设计，二次可以有一个或多个绕组线圈的变压器。变电站的大型变压器，为了运输和安装方便、提高散热效果，一般做成单相变压器。

②三相变压器。把三个单相变压器组合在一起，输入和输出都是三相电源的变压器。在电力系统中一般220kV及以下变电站中用的变压器均为三相变压器。

2）按冷却方式分类：

①干式变压器。依靠空气对流进行自然冷却或加装风机进行冷却，通常用于小容量变压器。干式变压器的铁芯和绕组有两种绝缘形式。一种是环氧树脂浇注的固体包封式，在变压器的型号中用“C”表示。另一种是将绕好的绕组放到绝缘漆中浸渍，外面不再包固体绝缘，称为敞开通风式或浸渍式，在变压器的型号中用“G”表示。

②油浸式变压器。依靠油作冷却介质，如油浸自冷、油浸风冷、油浸水冷、强迫油循环等。普通油浸式配电变压器主要采用矿物变压器油作为绕组和铁芯绝缘并进行散热。油浸式变压器成本低、热工和电气性能优良，但其燃点较低，防火性能差。全充油密封式变压器是油浸式变压器的系列新产品。由于全密封变压器隔绝了变压器油和外界空气的接触途径，使绝缘油无法吸收外界的氧气和潮气，从而延缓了变压器油和绝缘材料的老化，提高了油浸式变压器的可靠性和使用寿命。高燃点油变压器又称难燃油变压器，具有燃点高（300℃）的特点，能降低火灾风险，适用于室内及人员稠密的建筑物附近等场所。

3）按用途分类：

①电力变压器，用于输配电系统的升、降电压，以及电能的分配。

②仪用变压器，如电压互感器、电流互感器，用于测量仪表和继电保护装置。

③试验变压器，能够产生高压，对电气设备进行高压试验。

④特种变压器，如电炉变压器、整流变压器、调压变压器、电容式变压器、移相变压器等。

4）按绕组形式分类：

①双绕组变压器，由两个电压等级的绕组组成的变压器，用于连接电力系统中的两个电压等级。

②三绕组变压器，由三个电压等级的绕组组成的变压器，通常用于电力系统区域变电站中，连接三个电压等级。

③自耦变压器，输出和输入共用一个绕组的特殊变压器，可作为普通的升压或降压变压器使用。

5）按铁芯形式分类：

①芯式变压器，用于高压的电力变压器。

②非晶合金变压器，有油浸式和干式两种。非晶合金铁芯变压器是用新型导磁材料，空载电流下降约80%，是节能效果较理想的配电变压器，特别适用于农村电网和发展中地区等负载率较低地方。

③壳式变压器，用于大电流的特殊变压器，如电炉变压器、电焊变压器，或用于电子仪器及电视、收音机等的电源变压器。

（2）配电变压器型号含义。中国部分常用的电力配电变压器的型号含义见图6.1.1。

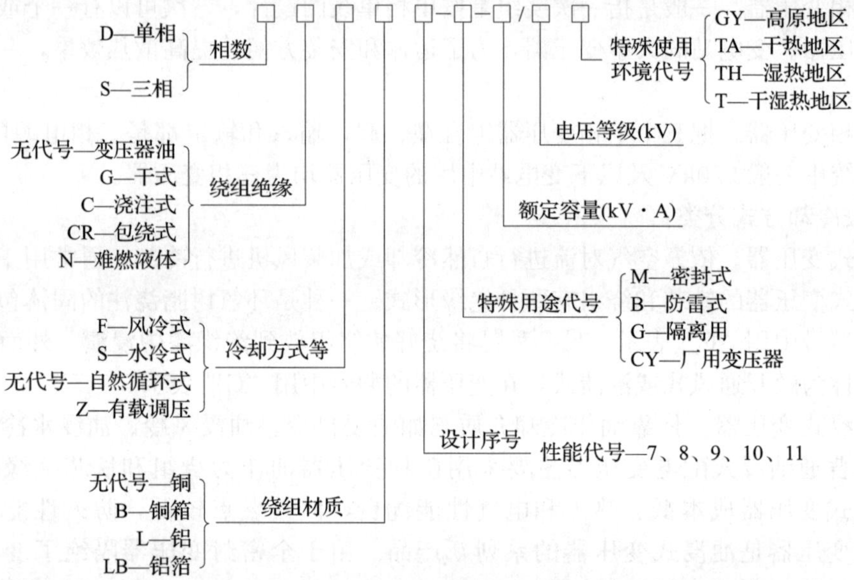

图6.1.1 电力配电变压器的型号含义

（3）配电变压器类型的选择。配电变压器应选用节能型变压器见表6.1.1。

表6.1.1 配电变压器类型的选择

变压器类型	适用场所	型号选择参考
普通油浸式	室外变电所和防火要求一般的场所	普通矿物油变压器选用S9、S10、S11节能低损耗系列变压器
高燃点油变压器	室内变电所和有防火要求的场所	SR9、E93等β油变压器和硅油变压器
干式	多层或高层主体建筑内的变电所、地下工程、城市地铁等对消防有较高要求的场所	选用浇注式（SCB8、SCB9、SCB10）和浸渍式（SG9、SG10）节能低损耗系列产品

续表 6.1.1

变压器类型	适用场所	型号选择参考
防尘型或防腐型	在多尘或有腐蚀性气体，严重影响变压器安全运行的场所	S9－M 系列等
防雷式	用于多雷地区及土壤电阻率较高的山区	S9－B 系列等
预装箱式	城市公共配电、高层建筑、城市住宅小区、公园、油田、工矿企业及施工场所	ZBW（N）系列、XBW（N）系列、YBW（N）系列等
有载调压式	用于电力系统供电电压偏低或电压波动严重而用电设备对电压质量要求较高的场所。主变压器不少于两台	SZ9、SZ11 系列等

2. 高压断路器

高压断路器是供配电系统中最重要的开关电器。它不仅具有接通和断开正常负荷电流的能力，而且具有很强的灭弧能力，能在电路出现短路故障时自动切断故障电流，保护高压电线和高压电器设备的安全。因此，高压断路器的开关触点均设置于灭弧装置内，不能直接看到触头的开关状态，无可见断点。

按其采用的灭弧介质分为油断路器、六氟化硫（SF_6）断路器、真空断路器等。油断路器分为多油和少油两大类；多油断路器油量多，体积大，断流容量小，现已很少使用。高压少油断路器、高压真空断路器和六氟化硫（SF_6）断路器目前应用较广。

（1）高压少油断路器。少油断路器油量较少，由于其灭弧介质为油，不能用于对防火、防爆要求高的场合。

（2）高压真空断路器。高压真空断路器是利用真空作为绝缘和灭弧介质，真空断路器有落地式、悬挂式、手车式三种形式。真空断路器的特点是体积小、重量轻、寿命长，能频繁操作，开断电容电流性能好，可连续多次重合闸，且运行维护简单。它在 35kV 配电系统及以下电压等级中处于主导地位。

（3）六氟化硫断路器。六氟化硫（SF_6）断路器是利用 SF_6 气体作灭弧和绝缘介质的断路器。SF_6 优缺点如下：

1）无色、无味、无毒且不易燃烧，在 150℃以下时，其化学性能相当稳定。

2）不含碳（C）元素，对于灭弧和绝缘介质来说，具有极为优越的特性。

3）不含氧（O）元素，不存在触头氧化问题。

4）具有优良的电绝缘性能，在电流过零时，电弧暂时熄灭后，SF_6 能迅速恢复绝缘强度，从而使电弧很快熄灭。

5）在电弧的高温作用下，SF_6 会分解出氟（F_2），具有较强的腐蚀性和毒性。

6）SF_6 能与触头的金属蒸气化合为一种具有绝缘性能的白色粉末状的氟化物。

SF_6 断路器的主要特点是体积小、重量轻、寿命长、能进行频繁操作、可连续多次重合闸、开断能力强、燃弧时间短、运行中无爆炸和燃烧的可能、噪声小等，且运行维护简单，检修周期一般可达 10 年，但是价格比较高。SF_6 断路器适用于需频繁操作及有易燃易爆危险的场所，要求加工精度高，对其密封性能要求更严。

SF_6断路器灭弧室的结构形式有压气式、自能灭式（旋弧式、热膨胀式）和混合灭弧式（以上几种灭弧方式的组合，如压气＋旋弧式等）。SF_6断路器的操动机构主要采用弹簧、液压操动机构。

3. 高压隔离开关

高压隔离开关的主要功能是隔离高压电源，以保证其他设备和线路的安全检修。其结构特点是断开后有明显可见的断开间隙，而且断开间隙的绝缘及相间绝缘是足够可靠的。高压隔离开关没有专门的灭弧装置，不允许带负荷操作。它可用来通断一定的小电流，如励磁电流不超过2A的空载变压器、电容电流不超过5A的空载线路以及电压互感器和避雷器等。

高压隔离开关按安装地点分为户内式和户外式两大类，按有无接地可分为不接地、单接地、双接地三类，按使用特性分为母线型和穿墙套管型。

4. 高压负荷开关

高压负荷开关与隔离开关一样，具有明显可见的断开间隙。具有简单的灭弧装置，能通断一定的负荷电流和过负荷电流，但不能断开故障电流。

高压负荷开关主要有产气式、压气式、真空式和SF_6等结构类型，主要用于10kV配电网。负荷开关有户内式和户外式两大类。负荷开关结构比较简单，适用于无油化、不检修、要求频繁操作的场所。

断路器可以切断工作电流和事故电流，负荷开关能切断工作电流，但不能切断故障电流，隔离开关只能在没电流时分合闸。送电时先合隔离开关，再合负荷开关。停电时先分负荷开关，再分隔离开关。

5. 高压熔断器

高压熔断器主要功能是对电路及其设备进行短路和过负荷保护。高压熔断器主要有户内交流高压限流熔断器（RN系列）、户外交流高压跌落式熔断器（RW系列）、并联电容器单台保护用高压熔断器（BRW型）三种类型。

（1）RN系列高压熔断器。RN系列高压熔断器主要用于3～35kV电力系统短路保护和过载保护，其中RN1型用于电力变压器和电力线路短路保护，RN2型用于电压互感器的短路保护。

高压熔断器主要由熔管、触头座、动作指示器、绝缘子和底板构成。熔管一般为瓷质管，熔丝由单根或多根镀银的细铜丝并联绕成螺旋状，熔丝埋放在石英砂中，熔丝上焊有小锡球。

（2）RW系列高压跌落式熔断器。该熔断器主要作为配电变压器或电力线路的短路保护和过负荷保护。其结构主要由上静触头、上动触头、熔管、熔丝、下动触头、下静触头、瓷瓶和安装板等组成。

（3）BRW型熔断器供10kV及以下的电力系统中以星形连接的电容器组合单台电容器的内部故障保护之用。能可靠迅速地断开故障电容器，保护高压线路正常运行。

6. 互感器

互感器是电流互感器和电压互感器的合称。互感器的主要功能是：使仪表和继电器标准化，降低仪表及继电器的绝缘水平，简化仪表构造，保证工作人员的安全，避免短路电流直接流过测量仪表及继电器的线圈。

(1) 电流互感器。电流互感器简称 CT，是变换电流的设备。它由一次绕组、铁芯、二次绕组组成。其结构特点是：一次绕组匝数少且粗，有的型号没有一次绕组，利用穿过其铁芯的一次电路作为一次绕组（相当于 1 匝）；而二次绕组匝数很多，导体较细。电流互感器的一次绕组串接在一次电路中，二次绕组与仪表、继电器电流线圈串联，形成闭合回路，由于这些电流线圈阻抗很小，工作时电流互感器二次回路接近短路状态。

1）电流互感器种类。

①按一次电压分为高压和低压两大类。

②按一次绕组匝数分为单匝（包括母线式、芯柱式、套管式）和多匝式（包括线圈式、绕环式、串级式）。

③按用途分为测量用和保护用两大类。

④按绝缘介质类型分为油浸式、环氧树脂浇注式、干式、SF_6气体绝缘等。

2）电流互感器使用注意事项：

①电流互感器在工作时二次绕组侧不得开路。

②电流互感器二次绕组侧有一端必须接地。

③电流互感器在接线时，必须注意其端子的极性。

(2) 电压互感器。电压互感器简称 PT，是变换电压的设备。它由一次绕组、二次绕组、铁芯组成。一次绕组并联在线路上，一次绕组匝数较多，二次绕组的匝数较少，相当于降低变压器。二次绕组的额定电压一般为 100V。二次回路中，仪表、继电器的电压线圈与二次绕组并联，这些线圈的阻抗很大，工作时二次绕组近似于开路状态。

1）电压互感器的种类。

①电压互感器按绝缘介质分有油浸式、环氧树脂浇注式两大主要类型。

②按使用场所分有户内式和户外式。

③按相数来分有三相和单相两类。

2）电压互感器使用注意事项：

①电压互感器在工作时，其一、二次绕组侧不得短路。

②电压互感器二次绕组侧有一端必须接地。

③电压互感器在接线时，必须注意其端子的极性。

7. 避雷器

避雷器是用来保护电力系统中各种电器设备免受雷电过电压、操作过电压、工频暂态过电压冲击而损坏的电器设备。避雷器类型有保护间隙避雷器、管型避雷器、阀型避雷器（有普通阀型避雷器 FS、FZ 型和磁吹阀型避雷器）、氧化锌避雷器等。

保护间隙避雷器是一种最简单和最经济的避雷器，由一对角形电极和其间的空气间隙组成。常用的为羊角形，电极做成角形有利于灭弧，间隙包括主间隙和辅助间隙，辅助间隙是为了防止主间隙被外界物体短路而引起误动作。保护间隙的优点是结构简单，造价低；缺点是灭弧能力差，切断工频续流的能力差。主要用于 10kV 以下的配电线路中不太重要的保护。

管型避雷器具有较高熄弧能力的保护间隙，由两个串联间隙组成，一个间隙在大气中，称为外间隙，任务是隔离工作电压，避免产气管被流经管子的工频泄漏电流烧坏；另一个装设在气管内，称为内间隙或者灭弧间隙。管型避雷器的灭弧能力与工频续流的大小有关，是一种保护间隙型避雷器，体积小、泄漏电流较大，大多用在供电线路上和变电站中低压进线端作避雷保护。

阀型避雷器由火花间隙及阀片电阻组成，阀片电阻的制作材料是特种碳化硅。利用碳化硅制作的阀片电阻可以有效防止雷电和高电压，对设备进行保护。当有雷电高电压时，火花间隙被击穿，阀片电阻的电阻值下降，将雷电流引入大地，保护线缆或电气设备免受雷电流的危害。在正常情况下，火花间隙不会被击穿，阀片电阻的电阻值较高，不会影响通信线路的正常通信。阀型避雷器体积较大，泄露电流小，一般用在变电站的高压侧110kV及以上。

氧化锌避雷器保护性能优越、质量轻、耐污秽、性能稳定，主要利用氧化锌良好的非线性伏安特性，使在正常工作电压时流过避雷器的电流极小（微安或毫安级）；当过电压作用时，电阻急剧下降，泄放过电压的能量，达到保护的效果。这种避雷器和传统避雷器的差异是它没有放电间隙，利用氧化锌的非线性特性起到泄流和开断作用，是传统碳化硅阀型避雷器的更新换代产品，在电站及变电所中得到了广泛的应用。

8. 高压开关柜

高压开关柜是成套配电装置的一种，在封闭或半封闭的柜中，可装设高压开关电气、测量仪表、保护装置和辅助设备等。按结构形式可分为固定式（G）、移开式（手车式，Y）两类。按功能分有馈线柜、电压互感器柜、高压电容器柜（GR-1型）、电能计量柜（PJ系列）、高压环网柜（HXGN型）等。

（1）固定式。

1）GG-1A（F）系列开关柜。GG-1A型高压开关柜为固定式，用于工矿企业变、配电站的交流50Hz，3～10kV的三相单母线系统中，接受和分配电能。GG-1A（F）型是固定式具有防误装置的高压开关柜，适用于交流50Hz，额定电压3.6kV、10kV，额定电流最大至1 000A，额定开断电流最大至31.5kA的单母线系统中作为接受或分配电能的户内成套配电高压设备。本柜柜体宽敞，内部空间大，间隙合理、安全，具有安装和维修方便、运行可靠等特点。

2）XGN系列开关柜。主要用于电压为10kV，频率为50Hz的三相交流电力系统中电能的接受与分配。具有可靠的“五防”闭锁功能，性能可靠，可广泛用于高压电动机的起动、运行等场合。型号有：XGN2-10、XGN15-12、HXGN-10等。

XGN2-10箱型固定式交流金属封闭开关设备（简称开关柜）用于3.6kV、10kV三相交流50Hz系统中作为接受和分配电能之用的户内成套配电设备，具有对电路控制保护和监测等功能。其母线系统为单母线及单母线带旁路母线，并可派生出双母线结构。

HXGN-10型高压开关柜（简称环网柜），是三相交流额定电压10kV、额定频率50Hz的户内箱式交流金属封闭开关设备。适用于工厂、车间、小区住宅、高层建筑等场所的配电系统，环网供电或双电源辐射供电系统，起接受、分配和保护作用，也适用于箱式变电站中。环网柜一般采用负荷开关，中置柜一般采用断路器。

（2）移开式。移开式（又称手车式）开关柜的特点是高压断路器等主要电气设备装在可以拉出和推入开关柜的手车上。断路器等设备需检修时，将手车拉出，然后推入同类备用手车，即可恢复供电。手车式开关柜与固定式开关柜相比，具有检修安全、供电可靠性高等优点，但其价格较贵。

1）KYN系列高压开关柜。K代表金属铠装，Y代表移开式，N代表户内。KYN系列金属铠装移开式开关柜是消化吸收国内外先进技术，根据国内特点自行设计研制的开关设备。KYN型开关柜由前柜、后柜、继电仪表室、泄压装置组成。这四个部分均独立组装后拴接而成，开关柜被分隔成手车室、母线室、电缆式、继电仪表室。常用的型号为KYN10、KYN28等。KYN28－12（Z）型铠装移开式交流金属封闭开关柜系额定电压3.6～12kV三相交流50Hz的户内成套配电装置。用于发电厂送电、电业系统和工矿企业变电所受电、配电、实现控制、保护、检测目的，还可以用于频繁启动高压电动机等。

2）JYN系列高压开关柜。JYN1－40.5型间隔式交流金属封闭式开关设备系三相交流50Hz单母线系统的户内成套装置，作为接受和分配40.5kV的电能用。本开关柜具有防止误操作断路器、防止带负荷推拉手车、防止带电挂接地线、防止带接地送电和防止误入带电间隔（简称"五防"）的功能。JYN2－10型移开式交流金属开关设备（以下简称开关柜）用于交流50Hz额定电压3～10kV单母线系统。作为发电厂变电站中控制发电机、变电站受电、馈电以及厂内用电的主要用柜，也适用于工矿企业为大型交流高压电动机的起动和保护之用。JYN－3（F）、6（F）型双层手车式高压开关柜具有结构设计合理、保护性能好、分断能力强、动热稳定性好、互换性强、使用维护安全方便等优点，适用于发电厂、变电站、厂矿企业电气室、高层建筑等户内场所。

（三）低压变配电设备

低压电气设备是指在1kV及以下的设备，这些设备在供配电系统中一般安装在低压开关柜内或配电箱内。

1. 低压熔断器

低压熔断器又称为低压保安器或低压保险，用于低压系统中设备及线路的过载和短路保护。为保证低压熔断器正常工作，熔丝的额定电流不应大于熔断器本体的额定电流。低压熔断器具有体积小、价格低、安装方便、运行可靠、维护简单、断流能力大等特点，在低压线路中应用非常普遍。其分类及用途见表6.1.2。

表6.1.2 低压熔断器的分类及用途

主要类型	主要型号	用途
无填料封闭管式	RM10、RM7（无限流特性）	用于低压电网、配电设备中，作短路保护和防止连续过载之用
有填料封闭管式	RL系列，如RL6、RL7、RL96（有限流特性）	用于500V以下导线和电缆及电动机控制线路。RLS2为快速式
	RT系列，如RT0、RT11、RT14等（有限流特性）	用于要求较高的导线和电缆及电气设备的过载和短路保护
	RS0、RS3系列快速熔断器（有较强的限流特性）	RS0适用于750V、480A以下线路晶闸管元件及成套装置短路保护。RS3适用于1 000V、700A以下线路晶闸管及成套装置的短路保护
自复式	RZ1型	与断路器配合使用

注：R—熔断器；M—封闭管式；L—螺旋式；T—有填料式；S—快速式；Z—自复式。

（1）RL1B系列熔断器。RL1B系列熔断器是一种实用新型的具有断相保护的填料封闭管式熔断器，其主要结构由载熔件（瓷帽）、熔断体（芯子）、底座及微动开关组成。

（2）RT0型有填料封闭管式熔断器。这种熔断器主要由瓷熔管、熔体（栅状）和底座三个部分组成。具有较强的灭弧能力，因而有限流作用（在 i_{sh} 到来前就熔断）。熔体还具有“锡桥”，利用“冶金效应”可使熔体在较小的短路电流和过负荷时熔断。

（3）NT系列熔断器。NT系列熔断器（国内型号为RT16系列）现广泛应用于低压开关柜中，适用于660V及以下电力网络及配电装置，过载时起保护作用。

该系列熔断器由熔管、熔体和底座组成，外形结构与RT0有些相似，熔管为高强度陶瓷管，内装优质石英砂，熔体采用优质材料制成。主要特点为体积小，重量轻、功耗小、分断能力高。

2. 低压断路器

低压断路器是能带负荷通断电路，又能在短路、过负荷、欠压或失压的情况下自动跳闸的一种开关设备。它由触头、灭弧装置、转动机构和脱扣器等部分组成。广泛应用于低压配电系统各级馈出线，各种机械设备的电源控制和用电终端的控制和保护。

按灭弧介质分有空气断路器和真空断路器，按用途分配电、电动机保护、照明、漏电保护等几类，按结构形式分万能式（框架结构）和塑壳式（装置式）两大类，按安装形式分固定式和抽屉式两种，按保护性能分非选择型和选择型两种。

（1）塑壳式低压断路器。目前常用的塑壳式断路器主要有DZ20、DZ15、DZX10系列及引进国外技术生产的H系列、S060系列、3VE系列、TO和TG系列。

（2）万能式低压断路器。万能式低压断路器又称框架式自动开关。它是敞开装设在金属框架上的，其保护和操作方案较多，装设地点很灵活，故有“万能式”或“框架式”之名。它主要用作低压配电装置的主控制开关。

主要有DW系列及引进国外技术生产的ME系列、AH系列、AE系列。其中DW40、CB11系列为采用智能脱扣器，能实现微机保护。万能式断路器的内部结构主要有机械操作和脱扣系统、触头及灭弧系统、过电流保护装置等三大部分。万能式断路器操作方式有手柄操作、电动机操作、电磁操作等。

3. 低压配电屏和配电箱

低压配电屏和配电箱都是按一定的线路方案将有关一、二次设备组装而成的一种成套配电装置，在低压配电系统中作动力和照明配电之用，两者没有实质的区别。不过低压配电屏的结构尺寸较大，安装的开关电器较多，一般装设在变电所的低压配电室内，而低压配电箱的结构尺寸较小，安装的开关电器不多，通常安装在靠近低压用电设备的车间或其他建筑的进线处。

（1）低压配电屏。低压配电屏也称低压配电柜，按照电流分为交流、直流配电屏两类，按照结构分为固定式、抽屉式和组合式三类。其中组合式配电屏采用模数化组合结构，标准化程度高，通用性强，柜体外形美观，而且安装灵活方便，但价格昂贵。由于固定式配电屏比较价廉，因此一般中小型工厂多采用固定式。我国现在广泛应用的固定式配电屏主要为PGL1、PGL2、PGL3型和GGD、GGL等型。抽屉式配电屏主要有BFC、GCL、GCK、GCS、GHT1等型。组合式配电屏有GZL1、GZL2、GZL3型及引进国外技术生产的多米诺（DOMINO）、科必可（CUBIC）等型。

（2）低压配电箱。低压配电箱按用途分有动力配电箱和照明配电箱。动力配电箱主要用于对动力设备配电，也可以兼向照明设备配电。照明配电箱主要用于照明配电，也可以给一些小容量的单相动力设备包括家用电器配电。低压配电箱按安装方式分有靠墙式、悬挂式和嵌入式等。低压配电箱常用的形式很多。动力配电箱有 XL－3、XL－10、XL－20 等型，照明配电箱有 XM4、XM7、XM10 等型。此外，还有多用途配电箱如 DYX（R）型，它兼有上述动力和照明配电箱的功能。

二、变配电工程安装

（一）变压器的检查和安装

1. 变压器安装前检查

检查变压器的混凝土基础轨距是否与变压器的轨距相一致。安装前的外观检查如下：

（1）检查变压器与图纸上的型号、规格是否相符；油箱及所有附件应齐全，无锈蚀及机械损伤，密封应良好。

（2）油箱箱盖或钟罩法兰连接螺栓齐全，密封良好，无渗漏油现象；浸入油中运输的附件，其油箱应无渗油现象；充油套管的油位应正常、无渗漏，瓷体无损伤。

（3）充油套管的油位应正常，无渗油；充气运输的变压器、电抗器，油箱内应为正压。

（4）充氮运输的变压器器身内应为正压。

2. 器身检查

变压器到达现场后应进行器身检查，器身检查可以吊罩或吊器身，或者不吊罩直接进入油箱内进行，当满足下列条件之一时，可不进行器身检查：

（1）制造厂规定可不进行器身检查者。

（2）容量为 1 000kV·A 及以下，运输过程中无异常情况者。

（3）就地生产、仅作短途运输的变压器，质量符合要求，且在运输过程中进行了有效的监督，无紧急制动、剧烈振动、冲击、严重颠簸等异常情况者。

3. 变压器干燥

安装变压器是否需要进行干燥，应根据施工及验收规范的要求进行综合分析判断后确定。新装电力变压器及油浸电抗器不需干燥的条件是变压器及电抗器注入合格绝缘油后，符合下列要求：

（1）绝缘油电气强度及含水量试验应合格。

（2）绝缘电阻及吸收比（或极化指数）应合格。

（3）介质损耗角的正切值 $\tan\delta$ 合格，电压等级在 35kV 以下或容量在 4 000kV·A 以下者不做要求。

4. 变压器安装

变压器安装分室外、柱上、室内等三种场所。

（1）室外安装。变压器、电压互感器、电流互感器、避雷器、隔离开关、断路器一般都装在室外。只有测量系统及保护系统开关柜、盘、屏等安装在室内。装有继电器的变压器安装应使其顶盖沿着气体断路器气流方向以 1%～1.5%的升高坡度（制造厂规定不需安装坡度除外）就位。设备就位后，应用能拆卸的制动装置加以固定。

（2）柱上安装。变压器容量一般都在320kV·A以下，变压器台可根据容量大小选用杆型，有单杆台、双杆台和三杆台等。变压器安装高度为离地面2.5m以上，台架采用槽钢制作，变压器外壳、中性点和避雷器三者合用一组接地引下线接地装置。接地极根数和土壤的电阻率有关，每组一般2～3根。要求变压器台及所有金属构件均做防腐处理。

（3）室内安装。安装在混凝土的变压器基础上时，基础上的构件和预埋件由土建施工用扁钢与钢筋焊接，这种安装方式适合于小容量变压器的安装。变压器安装在双层空心楼板上，这种结构使变压器室内空气流通，有助于变压器散热。变压器安装时要求变压器中性点、外壳及金属支架必须可靠接地。

（二）油断路器安装

油断路器在运输吊装过程中不得倒置、碰撞或受到剧烈振动。多油断路器在运输时应处于合闸状态。运到现场后，应按规范要求进行全面检查，包括基础的中心距离及高度的误差，预埋螺栓中心的误差。断路器应垂直安装并固定牢靠，底座或支架与基础的垫片按规定要求，各片间应焊接牢固。

（三）隔离开关与负荷开关安装

隔离开关安装在墙上的支架上，应先把支架预埋在墙上，待土建专业的装饰工程完毕后，再安装隔离开关，操作机构与隔离开关应同时安装，拉杆的内径与操作机构轴的直径相配合，两者的间隙不大于1mm，连接部分的销子不应松动。隔离开关合闸后，触头间的相对位置、备用行程以及分闸状态时触头间的净距离或拉开角度应符合产品的技术规定，操作机构手柄要求距地面1.2m。隔离开关也可直接安装在墙上。需要增加延长轴时，两个轴承间的距离不应小于1 000mm。额定电流在600A以下的隔离开关装在支架上，在600A以上的隔离开关装在墙上。三相联动的隔离开关，触头接触时，不同期数值应符合产品技术文件要求。

负荷开关安装与隔离开关相同，可直接安装在墙上，也可安装在墙的支架上。

（四）避雷器安装

避雷器的安装应严格按照规范的要求：

（1）避雷器不得任意拆开，以免破坏密封和损坏元件。

（2）普通阀型避雷器安装时，同相组合单元之间的非线性系数的差值应符合规范要求。

（3）避雷器各连接处的金属接触表面应洁净、没有氧化膜和油漆、导通良好。

（4）并列安装的避雷器三相中心应在同一直线上，相间中心距离允许偏差为10mm。

阀型避雷器应垂直安装。有支架上安装、墙上安装和混凝土基础上安装以及电杆横担上安装等。管型避雷器可倾斜安装，在多污秽地区安装时，还应增大倾斜角度。磁吹阀型避雷器组装时，其上下节位置应符合产品出厂的编号，切不可互换。

（五）漏电保护器的安装

（1）漏电保护器应安装在进户线小配电盘上或照明配电箱内。安装在电度表之后，熔断器（或胶盖刀闸）之前。对于电磁式漏电保护器，也可装于熔断器之后。

（2）所有照明线路导线，包括中性线在内，均须通过漏电保护器。

（3）电源进线必须接在漏电保护器的正上方、即外壳上标有“电源”或“进线”端；

出线均接在下方，即标有“负载”或“出线”端。倘若把进线、出线接反，将会导致保护器动作后烧毁线圈或影响保护器的接通、分断能力。

（4）安装漏电保护器后，不能拆除单相闸刀开关或瓷插、熔丝盒等。这样一是维修设备时有一个明显的断开点；二是在刀闸或瓷插中装有熔体起着短路或过载保护作用。

（5）漏电保护器安装后若是始终合不上闸，应将保护器的“负载”端下的电线拆开（即将照明线拆下来），说明用户线路对地漏电超过了额定漏电动作电流值，应该对线路进行整修，合格后才能送电。如果保护器“负载”端线路断开后仍不能合闸，则说明漏电保护器有故障，应送有关部门进行修理。

（6）漏电保护器在安装后带负荷分、合开关三次，不得出现误动作；再用试验按钮试验三次，应能正确动作（即自动跳闸，负载断电）。按动试验按钮时间不要太长，以免烧坏保护器；然后用试验电阻接地试验一次，应能正确动作，自动切断负载端的电源。方法是：取一只7kΩ（220V/30mA=7.3kΩ）的试验电阻，一端接漏电保护器的相线输出端，另一端接触一下良好的接地装置（如水管），保护器应立即动作。否则此保护器为不合格产品，不能使用。严禁用相线（火线）直接碰触接地装置试验。

（7）运行中的漏电保护器，每月至少用试验按钮试验一次，以检查保护器的动作性能是否正常。

（六）高压开关柜安装

高压开关柜在地坪上安装，有螺栓连接固定和点焊焊接固定方法。用螺栓连接固定时，槽钢与预埋底板焊接，再将扁钢焊接在槽钢上，然后在扁钢上钻孔，用螺栓连接固定。其优点是易于调换新柜，便于维修。用点焊焊接固定时，先将槽钢与预埋底板进行焊接，然后将高压开关柜点焊在槽钢上。此法易于施工，但更换新柜比较困难。

（七）母线安装

1. 裸母线

裸母线分硬母线和软母线两种。硬母线又称汇流排，软母线包括组合软母线。母线按材质可分为铝母线、铜母线和钢母线等三种，按形状可分为带形、槽形、管形和组合软母线等四种，按安装方式，带形母线有每相1片、2片、3片和4片，组合软母线有2根、3根、10根、14根、18根和36根等。

母线安装，其支持点的距离要求如下：低压母线不得大于900mm，高压母线不得大于700mm。低压母线垂直安装，且支持点间距无法满足要求时，应加装母线绝缘夹板。母线的连接有焊接和螺栓连接两种。母线排列次序及涂漆的颜色应符合表6.1.3的要求。

表6.1.3　母线排列次序及涂漆的颜色

相序	涂漆颜色	排列次序		
		垂直布置	水平布置	引下线
A	黄	上	内	左
B	绿	中	中	中
C	红	下	外	右
N	黑	下	最外	最右

母线的安装不包括支持绝缘子安装和母线伸缩接头的制作、安装。焊接采用氩弧焊。

凡是高压线穿墙敷设时，必须应用穿墙套管。穿墙套管分室内和室外两种，也有的叫户内和户外穿墙套管。安装时，先将穿墙套管的框架预先安装在土建施工预留的墙洞内。待土建工程完工后，再将穿墙套管（3 个为一组）穿入框架内的钢板孔内，用螺栓固定（每组用 6 套螺栓）。穿墙套管钢板在框架上的固定采用沿钢板四角周边焊接。

低压母线穿墙板时，先将角钢预埋在配合土建施工预留洞的四个角上，然后将角钢支架焊接在洞口的预埋件上，再将绝缘板（上、下两块）用螺栓固定在角钢支架上。

应注意的是，由于变压器低压套管引出的低压母线支架上的距离大多在 1m 以上，超过了规范规定的 900mm 的距离，应在母线中间加中间绝缘板。

2. 低压封闭式插接母线

封闭式母线配线适用于干燥和无腐蚀气体的室内，负载大的场所。封闭式母线都由制造厂成套供应，出厂时各段外壳上都标有分段单元及相应编号。施工中应注意：

（1）支架必须安装牢固。支持点的间距，水平或垂直敷设时，均不应大于 2m；距拐弯 0.5m 处应设置支架；做垂直敷设时，应在通过楼板处采用专用附件支承。当进线盒及末端悬空时，应采用支架固定。

（2）封闭式母线配线，水平敷设时，底边离地距离不宜小于 2.2m；除敷设在电气设备间及设备层外，垂直敷设时，距地面高 1.8m 及以下的部位应有防止机械损伤的保护措施。

（3）母线安装时，必须按分段图、相序、编号、方向和标志予以正确放置，不得随意互换。每项外壳的纵向间隙应分配均匀。

（4）母线与外壳间必须同心，其误差不得超过 5mm。母线直线段安装应平直，水平度与垂直度偏差不宜大于 1.5‰，全长最大偏差不宜大于 20mm。母线段与段连接以及与支架、吊架等的固定不应强行组装，两相邻段母线及外壳应对准，连接后不得使母线受到额外的附加应力。

（5）封闭式母线不得用钢丝绳起吊和绑扎，母线不得任意堆物，不得在地面上拖拉，不得在外壳上进行其他任何作业，外壳内不得有遗留物，外壳内及绝缘子必须擦拭干净。因为封闭式母线的外壳是由铝板焊接而成的，在运行中有电流通过，因此决不允许将外壳损伤或变形。

（6）封闭式母线的终端，当无引出线时，端部应有专用的封板进行封闭。

（7）封闭式母线，直线段距离超过 80m 时，每 50～60m 应设置膨胀节。当制造厂有特殊要求时，应按产品技术文件的要求执行。当它水平跨越建筑物的伸缩缝或沉降缝时，应有措施。橡胶伸缩套的连接头、穿墙处的连接法兰、外壳与底座之间、外壳各连接部位的螺栓应采用力矩扳手紧固，各接合面应密封良好。

（8）封闭式母线的插接分支点应设在安全及安装维护方便的地方。封闭式母线的连接，不应在穿过楼板或墙壁处进行。当其穿越防火墙及防火楼板时，应采取防火隔离措施。

（9）外壳的相间短路板应位置正确，连接良好，否则将改变封闭母线的原来磁路而引起封闭式母线外壳的严重发热。相间支撑板应安装牢固，分段绝缘的外壳应做好绝缘措施。

（10）母线焊接必须在封闭式母线各段全部就位，并经调整合格，绝缘子、盘形绝缘子和电流互感器经试验合格后才进行。

（11）呈微正压的封闭式母线，在安装完毕后，还应检查其密封性是否良好。

（八）柴油发电机组的安装

略。

三、电气线路工程安装

1. 架空线路

（1）架空线路的敷设。架空导线间距不小于 300mm，靠近混凝土杆的两根导线间距不小于 500mm。上下两层横担间距：直线杆时为 600mm；转角杆时为 300mm。广播线、通信电缆与电力线同杆架设时应在电力线下方，二者垂直距离不小于 1.5m。

低压电杆杆距宜在 30～45m。三相四线制低压架空线路，在终端杆处应将保护线做重复接地，接地电阻不大于 10Ω。当与引入线处重复接地点的距离小于 500mm 时，可以不做重复接地。低压电源架空引入线应采用绝缘导线，其截面宜大于或等于 $4mm^2$。档距不宜大于 25m，进线处对地距离不应低于 2.7m。

（2）横担。横担应架设在电杆的靠负载一侧。导线在横担上的排列应符合如下规律，即当面向负载时，从左侧起 L_1、N、L_2、L_3；和保护零线在同一横担上架设时，导线相序排列的顺序是：面向负载，从左侧起为 L_1、N、L_2、L_3、PE；动力线、照明线在两个横担上分别架设时，上层横担面向负载从左侧起为 L_1、L_2、L_3；下层横担：单相三线时面向负载从左侧起为 L_1（或 L_2、L_3）、N、PE；在两上层横担上架设时，最下层横担面向负载，最右边的导线为保护零线 PE。

（3）架空线。主要用绝缘线或裸线。市区或居民区尽量用绝缘线。郊区 0.4kV 室外架空线路应采用多芯铝绞绝缘导线，导线截面统一选用 $35mm^2$、$70mm^2$、$95mm^2$、$120mm^2$ 四种规格。在同一横担上导线截面等级不应超过三级。架空线截面为 $120mm^2$ 及以上时，终端杆、支线杆、转角杆应使用大于 190mm 以上的混凝土电杆。

架空导线对地必须保证安全距离，不得低于表 6.1.4 中的数值。

表 6.1.4　架空导线对地必须保证的安全距离

情况	跨铁路、河流	交通要道、居民区	人行道、非居民区	乡村小道
安全距离/m	7.5	6	5	4

（4）设计架空配电线路的一般要求：

1）架空线路应沿道路平行敷设，避免穿过起重机频繁活动的地区，应尽可能减少同样其他设施的交叉和跨越建筑物。

建筑工地临时供电的杆距一般不大于 35m，线间的距离不得小于 0.3m，横担间的最小垂直距离不应小于表 6.1.5 中的规定值。

表 6.1.5　横担间的最小垂直距离　　单位：m

排列方式	直线杆	分支或转角杆
高压与低压	1.2	1.0
低压与低压	0.6	0.3

2）架空导线的最小截面为：

6～10kA线路铝绞线：居民区为35mm²，非居民区为25mm²；

6～10kA线路钢芯铝绞线：居民区为25mm²，非居民区为16mm²；

6～10kA线路铜绞线：居民区为16mm²，非居民区为16mm²；

小于1kA线路铝绞线：16mm²；

小于1kA线路钢芯铝线：16mm²；

小于1kA线路铜线：10mm²。

但是1kV以下线路与铁路交叉跨越档处，铝绞线的最小截面为35mm²。进户线与建筑物的有关部分距离不得小于表6.1.6中的数值。

表6.1.6 进户线与建筑物间的距离

情况	距离/m
距离进户线下面的窗户	0.30
进户线距上方的阳台	0.80
与窗户或阳台的水平距离	0.75
和墙、构架的距离	0.05

低压进户线应采用绝缘导线，截面不小于表6.1.7中的数据。

表6.1.7 低压进户线的最小截面

敷设方式	档距/m	最小截面/mm²	
		绝缘铝线	绝缘铜线
自电杆引下沿墙敷设	<10	4.0	2.5
	10～25	6.0	4.0
沿墙敷设	≤6	4.0	2.5

3）电杆埋深为杆长1/6，临时建筑供电电杆埋深为杆长的1/10再加0.6m。下有底盘和卡盘，以防杆倾。卡盘安装位置应沿纵向在一杆左侧，下一杆右侧交替设置。

建筑工地临时供电的杆距一般不大于35m。线间的距离不得小于0.3m。

架空线路与甲类火灾危险的生产厂房、甲类物品库房及易燃材料堆放场地以及可燃或易燃气体储罐的防火间距不应小于电杆高度的1.5倍。在距离海岸5km以内的沿海地区或工业区，视腐蚀性气体和尘埃产生腐蚀作用的严重程度，选用不同防腐性的防腐型钢芯铝绞线。

2. 电缆安装

电缆安装前要进行检查。1kV以上的电缆要做直流耐压试验，1kV以下的电缆用500V摇表测绝缘，检查合格后方可敷设。当对纸质油浸电缆的密封有怀疑时，应进行潮湿判断。直埋电缆、水底电缆应经直流耐压试验合格，充油电缆的油样试验合格。电缆敷设时，不应破坏电缆沟和隧道的防水层。

（1）电缆敷设的一般技术要求。

1）在三相四线制系统，必须采用四芯电力电缆，不应采用三芯电缆另加一根单芯电缆或以导线、电缆金属护套作中性线的方式。在三相系统中，不得将三芯电缆中的一芯接地运行。

2）并联运行的电力电缆应采用相同型号、规格及长度的电缆，以防负荷分配不按比例，从而影响运行。

3）电缆敷设时，在电缆终端头与电源接头附近均应留有备用长度，以便在故障时提供检修。直埋电缆尚应在全长上留少量裕度，并做波浪形敷设，以补偿运行时因热胀冷缩而引起的长度变化。

4）电缆各支持点的距离应按设计规定执行。

5）电缆的弯曲半径不应小于现行国家标准的规定。

（2）电缆安装方法。

1）电缆在室外直接埋地敷设。埋设深度不应小于 0.7m（设计有规定者按设计规定深度埋设），经过农田的电缆埋设深度不应小于 1m，埋地敷设的电缆必须是铠装，并且有防腐保护层，裸钢带铠装电缆不允许埋地敷设。

直埋电缆时，先将埋设电缆土沟（按电缆埋深加 100mm）挖好，在沟底铺不小于 100mm 厚的细沙（软土）。敷好电缆后，在电缆上再铺不小于 100mm 厚细沙（或软土），然后盖砖或盖保护板（根据设计规定，设计无规定时，按盖砖计算）。上面回填土略高于原有地面。多根电缆同沟敷设时，10kV 以下电缆平行距离为 170mm，10kV 以上电缆平行距离为 350mm。

在同一沟内埋设 1 根、2 根电缆时，沟的开挖上口宽为 600mm，下口宽为 400mm，平均宽度按 500mm 计算，如电缆埋深为 800mm，则沟深为 800＋100＝900（mm），每米沟长挖方量为 $0.5\times0.9\times1=0.45$（m^3）。每增加一根电缆，平均沟宽增加 170mm，则土方量增加 $0.153m^3$。

直埋电缆在直线段每隔 50～100m 处、电缆接头处、转弯处、进入建筑物等处，应设置明显的方位标志或标桩。直埋电缆回填土前，应经隐蔽工程验收合格，并分层夯实。

2）电缆在室内外电缆沟内敷设。分无支架和有支架敷设。

无支架敷设是将电缆直接敷设在电缆沟底上，沟顶盖水泥盖板。在两种不同等级电压下利用接地线屏蔽，接地线焊在预埋件上，预埋件间距为 1 000mm。有支架敷设是将电缆支架安装在电缆沟内的两侧（双侧支架）或一侧（单侧支架），然后将电缆托在支架上。支架又分角钢支架、槽钢支架（装配式支架）、预制钢筋混凝土支架等三种。

单侧角钢支架，电缆沟内电力电缆间水平净距为 35mm，但不得小于电缆外径尺寸。控制电缆间不做规定，当沟底敷设电缆时，1kV 的电力电缆与控制电缆间距不应小于 100mm。装配式支架为成品支架，须在现场组装，然后运到电缆沟内进行安装。

3）电缆沿支架敷设。先将支架螺栓预埋在墙上，并把在施工现场制作好的支架固定在预埋螺栓上，然后将电缆固定在电缆支架上。电缆直接固定在墙上的，也应先将螺栓预埋在墙上，然后用卡子将电缆与螺栓固定。

4）电缆沿墙吊挂敷设和卡设。电缆沿墙吊挂敷设，是先将挂钉预埋在墙内，然后将挂钩挂在挂钉上，电缆放入挂钩即可。挂钩间距：电力电缆为 1m，控制电缆为 0.8m。挂钩不超过3层。电缆沿墙卡设，是先将预制好的电缆支架预埋在墙内，然后把电缆用卡子固定在预埋支架上。

5）电缆沿柱卡设。先将抱箍支架卡设在柱子上，再将保护钢管卡设在支架上，此法适用于电缆穿钢管沿柱垂直敷设。

6）电缆穿导管敷设。指整条电缆穿钢管敷设。先将管道敷设好（明设或暗设），再将电缆穿入管内，穿入管中电缆的数量应符合设计要求，要求管道的内径等于电缆外径的1.5～2倍，管道的两端应做喇叭口。交流单芯电缆不得单独穿入钢管内。敷设电缆管时应有0.1%的排水坡度。

7）电缆沿钢索卡设。先将钢索两端固定好，其中一端装有花篮螺栓，用以调节钢索松紧程度，再用卡子将电缆固定在钢丝绳上。固定电缆卡子的距离：水平敷设时电力电缆为750mm，控制电缆为600mm；垂直敷设时电力电缆为1 500mm，控制电缆为750mm。此法一般用于软电缆。

8）电缆桥架敷设。电缆桥架由立柱、托臂、托盘、隔板和盖板等组成。电缆一般敷设在托盘内。电缆桥架悬吊式立柱安装是由土建专业预埋铁件，安装时用膨胀螺栓将立柱固定在预埋铁件上，然后将托臂固定于立柱上，托盘固定在托臂上，电缆放在托盘内。

9）电缆顶管。当埋地电缆横过厂内或厂外道路，且不允许挖开马路或公路路面时，则采用钢管从马路的底部顶穿过去。这种将管道顶穿过马路的方法叫作顶管。

四、防雷接地系统

（一）建筑物的防雷分类

建筑物应根据其重要性、使用性质、发生雷电事故的可能性和后果，按防雷要求分为三类。

1. 第一类防雷建筑物

指制造、使用或贮存炸药、火药、起爆药、军工用品等大量爆炸物质的建筑物，因电火花而引起爆炸，会造成巨大破坏和人身伤亡者的建筑物等。

2. 第二类防雷建筑物

指国家级重点文物保护的建筑物、国家级办公建筑物、大型展览和博览建筑物、大型火车站、国宾馆、国家级档案馆、大型城市的重要给水水泵房等特别重要的建筑物及对国民经济有重要意义且装有大量电子设备的建筑物等。

3. 第三类防雷建筑物

指省级重点文物保护的建筑物及省级档案馆、预计雷击次数较大的工业建筑物、住宅、办公楼等一般性民用建筑物。

（二）建筑物的防雷装置

（1）接闪器：包括避雷针、避雷线、避雷带和避雷网，是直接接受雷击的金属部分。这些装置安装在建筑物的最高点或沿建筑物边缘，将雷电引向自身，然后通过引下线和接地装置，把雷电流泄入大地。

（2）引下线：是避雷保护装置的中段部分，上接接闪器，下接接地装置。引下线一般采用圆钢或扁钢，优先采用圆钢，并应沿建（构）筑物外墙敷设，经最短路径接地。

(3) 接地装置：包括埋设在地下的接地线和接地体，是防雷装置的重要组成部分，向大地泄放雷电流，限制防雷装置对地电压不致过高。

这些装置共同构成了建筑物的防雷系统，能够有效地降低雷击对建筑物的危害。

(三) 防雷系统安装方法及要求

属于防雷系统的有避雷网、避雷针、独立避雷针、避雷针引下线、均压环等。

1. 避雷网安装

(1) 沿混凝土块敷设。

1) 混凝土块为一正方梯形体，在土建做屋面层之前按照图纸及规定的间距把混凝土块做好（混凝土块为预制），待土建施工完毕，混凝土块已基本牢固，然后将避雷带用焊接或用卡子固定于混凝土块的支架上；

2) 在屋脊上水平敷设时，要求支座间距为 1m，转弯处为 0.5m。

(2) 沿支架敷设。根据建筑物结构、形状的不同分为沿天沟敷设、沿女儿墙敷设。所有防雷装置的各种金属件必须镀锌。水平敷设时要求支架间距为 1m，转弯处为 0.5m。

2. 避雷针安装

(1) 在烟囱上安装。根据烟囱的不同高度，一般安装 1～3 根避雷针，要求在引下线离地面 1.8m 处加断接卡，并用角钢加以保护，避雷针应热镀锌。

(2) 在建筑物上安装。避雷针在屋顶上及侧墙上安装应参照有关标准进行施工。避雷针安装应包括底板、肋板、螺栓等。避雷针由安装施工单位根据图纸自行制作。

(3) 在金属容器上安装。避雷针在金属容器顶上安装应按有关标准要求进行。

(4) 避雷针（带）与引下线之间的连接应采用焊接或热剂焊（放热焊接）。

(5) 避雷针（带）的引下线及接地装置使用的紧固件均应使用镀锌制品。当采用没有镀锌的地脚螺栓时应采取防腐措施。

(6) 装有避雷针的金属筒体，当其厚度不小于 4mm 时，可作避雷针的引下线。筒体底部应至少有 2 处与接地体对称连接。

(7) 建筑物上的避雷针或防雷金属网应和建筑物顶部的其他金属物体连接成一个整体。

(8) 避雷针（网、带）及其接地装置应采取自下而上的施工程序。首先安装集中接地装置，后安装引下线，最后安装接闪器。

3. 独立避雷针安装

(1) 独立避雷针安装分钢筋混凝土环形杆独立避雷针和钢筋结构独立避雷针两种。

(2) 独立避雷针及其接地装置与道路或建筑物的出入口等的距离应大于 3m。当小于 3m 时，应采取均压措施或铺设卵石或沥青地面。

(3) 独立避雷针的接地装置与接地网的地中距离不应小于 3m。

4. 避雷针引下线安装

避雷针引下线可采用扁钢和圆钢敷设，也可利用建筑物内的金属体。单独敷设时，必须采用镀锌制品，且其规格必须不小于下列规定：扁钢截面积为 $48mm^2$，厚度为 4mm；圆钢直径为 12mm。为了便于测量引下线的接地电阻，引下线沿外墙明敷时，宜在离地面 1.5～1.8m 处加断接卡。暗敷时，断接卡可设在距地 300～400mm 的墙内的接地端子测试箱内。

5. 均压环安装

均压环是高层建筑为防侧击雷而设计的环绕建筑物周边的水平避雷带。即与外墙所有的引下线焊接相连，也与外墙上所有金属门、窗、玻璃幕墙相通，将所接闪到的雷电流通过均压环、引下线的作用，引入大地汇放。

（1）对第一类防雷建筑物从30m以内起每6m设一道均压环；对第二类和第三类防雷建筑物，分别是超过45m、60m结构圈梁中的钢筋应每3层（12m间距）连成闭合回路设置一条均压环，并同引下线连接。

（2）均压环可利用建筑物圈梁的两条水平主钢筋（大于或等于ϕ12mm），圈梁的主钢筋小于ϕ12mm的，可用其四根水平主钢筋。用作均压环的圈梁钢筋应用同规格的圆钢接地焊接。没有圈梁的可敷设40mm×4mm扁钢作为均压环。

（3）用作均压环的圈梁钢筋或扁钢应与避雷引下线（钢筋或扁钢）连接，与避雷引下线连接形成闭合回路。

（4）在建筑物30m以上的金属门窗、栏杆等应用ϕ10mm圆钢或25mm×4mm扁钢与均压环连接。

（四）接地系统安装方法及要求

接地系统包括接地极、户外接地母线、户内接地母线等。接地系统常用的材料有等边角钢、圆钢、扁钢、镀锌等边角钢、镀锌圆钢、镀锌扁钢、铜板、裸铜线、钢管等。

1. 接地极制作、安装

接地极制作、安装分为钢管接地极、角钢接地极、圆钢接地极、扁钢接地极、铜板接地极等。常用的为钢管接地极和角钢接地极。

（1）接地极垂直敷设。根据图纸中的位置开沟，一般沟深为0.8m，下口宽为0.4m，上口宽为0.5m。再将角钢或钢管有尖的一头立放在已挖好的沟底上，垂直打入土沟内2m深，在沟底上部余留50mm。将图纸规定的数量敷设完。再用扁钢将角钢接地极连接起来，即将接地极牢固地焊接在预留沟底上（50mm）的角钢接地极上（一般接地极长为2.5m，垂直接地极的间距不宜小于其长度的2倍，通常为5m），焊接处应涂沥青，最后回填土。

（2）接地极水平敷设。在土壤条件极差的山石地区采用接地极水平敷设。首先在山石地段开挖接地沟（采用爆破方法），一般沟长为15m，宽为0.8m，深为1.5m，沟内全部回填黄黏土并分别夯实。从底部分层夯实至0.5m标高时，将接地扁钢按图纸的要求水平排列3根，间距为160mm，长度为1.5m，再用40mm×4mm×700mm的扁钢，在垂直方向与上述3根水平排列的扁钢用焊接连接起来，每隔1.5m的间距焊接一根，要求接地装置全部采用镀锌扁钢，所有焊接点处均刷沥青。接地电阻应小于4Ω，超过时，应补增接地装置的长度。

（3）高土壤电阻率地区降低接地电阻的措施：可采取换土；对土壤进行降阻处理，常用的材料有炉渣、木炭、电石渣、石灰、食盐等；利用长效降阻剂；深埋接地体，岩石以下5m；污水引入；深井埋地20m。

2. 户外接地母线敷设

（1）户外接地母线大部分采用埋地敷设。

（2）接地线的连接采用搭接焊，其搭接长度是：扁钢为宽度的2倍（且至少3个棱边焊接）；圆钢为直径的6倍；圆钢与扁钢连接时，其长度为圆钢直径的6倍；扁钢与钢管或角钢焊接时，为了连接可靠，除应在其接触部位两侧进行焊接外，还应焊以由钢带弯成的弧形（或直角形）卡子，或直接用钢带弯成弧形（或直角形）与钢管（或角钢）焊接。

（3）回填土时，不应夹有石块、建筑材料或垃圾等；外取的土壤不得有较强的腐蚀性；在回填土时应分层夯实。

3. 户内接地母线敷设

（1）户内接地母线大多是明设，分支线与设备连接的部分大多数为埋设。

（2）明设接地线支持件间的距离，在水平直线部分宜为 0.5～1.5m；垂直部分宜为 1.5～3m；转弯部分宜为 0.3～0.5m。

（3）接地线沿建筑物墙壁水平敷设时，离地面距离宜为 250～300mm；接地线与建筑物墙壁间的间隙宜为 10～15mm。

（4）明敷接地线，在导体的全长度或区间段及每个连接部位附近的表面，应涂以 15～100mm 宽度相等的绿色和黄色相间的条文标识。当使用胶带时，应使用双色胶带。中性线宜涂淡蓝色标识。

五、电气调整试验

电气调整试验步骤：准备工作、单体试验、分系统调试和整体调试。

（一）电气调整的几个阶段

1. 准备工作

（1）技术理论准备与施工图准备。

（2）编写调试方案。

（3）检查设备及其元件的型号、规格应符合设计要求，其外观完整无缺损。

（4）设备及其元件的质量和安装质量应符合安装质量要求。

2. 单体调试

指电气设备及元件的本体试验和调校。如变压器、电机、开关装置、继电器、仪表、电缆、绝缘子等元件的本体绝缘、耐压和特性等试验和调校。

3. 分系统调试

指可以独立运行的一个小电气系统的调试。如一台变压器的分系统调试，包括该系统中的一次开关装置、变压器和二次开关装置等主回路调试以及它的控制保护回路的系统调试。

4. 整体调试

指成套电气设备的整套启动调试。如一套发电机组的电气整体调试，一个变压所的整体调试，一套轧钢电机的整体调试或一条送电线路的整体调试等。

（二）电气设备试验

电气设备试验按功能划分为两大类：一类为基本试验，另一类为特性试验。

1. 基本试验

（1）绝缘电阻的测试。通常用 100V、250V、500V、1 000V、2 500V 和 5 000V 等兆欧表之一进行绝缘电阻的测试，绝缘电阻值的大小能有效地反映绝缘的整体受潮、污秽以及严重过热老化等缺陷。

（2）泄漏电流的测试。测量设备的泄漏电流和绝缘电阻本质上没有多大区别，但是泄漏电流的测量有如下特点：

1）试验电压比兆欧表高得多，绝缘本身的缺陷容易暴露，能发现一些尚未贯通的集中性缺陷；

2）通过测量泄漏电流和外加电压的关系有助于分析绝缘的缺陷类型；

3）泄漏电流测量用的微安表要比兆欧表精度高。

（3）直流耐压试验。直流耐压试验电压较高，对发现绝缘某些局部缺陷具有特殊的作用，可与泄漏电流试验同时进行。直流耐压试验与交流耐压试验相比，具有试验设备轻便、对绝缘损伤小和易于发现设备的局部缺陷等优点。

（4）交流耐压试验。能有效地发现较危险的集中性缺陷。它是鉴定电气设备绝缘强度最直接的方法，是保证设备绝缘水平、避免发生绝缘事故的重要手段。

（5）介质损耗因数 tanδ 测试。介质损耗因数 tanδ 是反映绝缘性能的基本指标之一。它是反映绝缘损耗的特征参数，可以很灵敏地发现电气设备绝缘整体受潮、劣化变质以及小体积设备贯通和未贯通的局部缺陷。

（6）电容比的测量。因变压器等其绝缘为纤维材料的线圈绕组很容易吸收水分，使介质常数增大，随之引起其电容增大，故用测量电容比法来检验纤维绝缘的受潮状态。

（7）三倍频及工频感应耐压试验。对变压器、电抗器等设备的主绝缘进行感应高电压耐压试验，以考核绕组间、匝间绝缘耐压能力。又因三次谐波的三相叠加等于三相三次波的代数和，其感应电压为最高，对绝缘的破坏性也最大，故需做三倍频的感应耐压试验。

（8）冲击波试验。电气设备在运行中可能遇到雷电压及操作过程电压的冲击作用，故冲击波试验能检验电气设备承受雷电压和操作电压的绝缘性能和保护性能。

（9）局部放电试验。由于绝缘材料本身的缺陷，在工作电压下形成局部放电是造成绝缘老化并发展到击穿的主要原因，检测局部放电程度，可为决定和采取预防措施提供依据。

（10）接地电阻测试。用接地电阻测试仪测试接地装置的接地电阻值。按设计要求，针式接地极的接地电阻应小于 4Ω；板式接地极的接地电阻不应大于 1Ω。如接地装置的接地电阻达不到上述标准时，应加“降阻剂”或增加接地极的数量或更换接地极的位置后，再测试接地电阻，直到合乎标准为止。

2. 电气设备的专项调试

（1）交流电动机的试验项目（略）。

（2）电力变压器的试验项目（略）。

（3）断路器的专项调试（略）。

（4）避雷器的试验项目（略）。

六、电气设备安装工程计量

根据《安装工程计量标准》的规定进行工程量计算。

（一）主要内容及与其他安装专业工程的关系

1. 主要内容

包括变压器安装，配电装置安装，母线安装，控制、保护、直流装置安装，低压电器设备安装，光伏组件设备安装，电机检查接线，滑触线装置安装，电缆安装，防雷及接地装置，10kV以下架空配电线路，配管、配线，照明器具安装，起重运输设备电气装置，附属工程，电气调整试验。

2. 与其他安装专业工程的关系

（1）电气设备安装工程适用于10kV以下变配电设备及线路的安装工程、车间动力电气设备及电气照明、防雷及接地装置安装、配管配线、电气调试等。

（2）光伏支架预制桩，接地极、室外母线、降阻剂土石方工程，电杆、铁塔基础开挖土石方及钢筋混凝土基础与地基处理、桩、钢筋、铁件、排洪沟、护坡、挡土墙，应按《房屋建筑与装饰工程工程量计算标准》GB/T 50854—2024相关项目编码列项。

（3）电缆排管、管道包封应按《市政工程工程量计算标准》GB/T 50857—2024相关项目编码列项。

（4）过梁、墙、楼板的钢（塑料）套管和配管安装所需的凿槽、刨沟，应按《安装工程计量标准》附录N“其他及附属工程”相关项目编码列项。

（5）阴极保护接地，应按《安装工程计量标准》附录M“刷油、防腐蚀、绝热工程”相关项目编码列项。

（二）工程计量规则及相关说明

1. 变压器安装（编码：030401）

油浸式、干式变压器和消弧线圈安装，分型号、类型、容量、电压、油过滤要求等，按设计图示数量以“台”为计量单位。工作内容包括本体及附件安装，油过滤，干燥，接地，补刷（喷）油漆等。

变压器是指电力变压器，整流变压器、自耦变压器、有载调压变压器、电炉变压器、接地变压器等。类型是指三相、单相。

2. 配电装置安装（编码：030402）

（1）高压开关柜、低压开关柜、成套配电箱、预装式变电站，根据名称、型号、规格、电压等，按设计图示数量“台”计算。

（2）高压开关设备、熔断器、互感器、避雷器、电抗器，根据名称、型号、电压（电流）等，按设计图示数量“台（组）”计算。

说明：

（1）适用于高低压配电装置。安装方式是指配电装置落地安装、墙体嵌入式安装、挂墙式安装。

（2）配电智能设备根据设计图示数量以“台”计算，其类型包括：远方终端设备、子站设备、主站系统设备、电能表集中采集系统设备、抄表采集系统设备。

（3）预装式变电站等根据设计图示数量以“台”计算，结构形式包括美式箱变和欧式箱变。

（4）开闭所成套配电装置，按设计图示数量以“座”计算。

（5）高压开关设备包括：高压断路器、高压隔离开关、真空接触器、高压负荷开关，但其中所含高压断路器的储气罐、储气罐至断路器的管路应按《安装工程计量标准》附录H“工业管道工程”相关项目编码列项。高压开关柜项目特征中的母线配置方式是指单母线或是双母线。

（6）插座箱应按“成套配电箱”编码列项。高、低压电容器柜应按“高、低压开关柜”编码列项。

3. 母线安装（编码：030403）

(1) 软母线根据名称，材质，型号，规格，绝缘子类型、规格，电流（A），按设计图示尺寸以单相长度的总长度加预留长度“m”计算。

(2) 矩形母线、引下线和管型母线、引下线，根据名称，规格，材质，绝缘子类型、规格，穿通板材质、规格，母线桥材质、规格，伸缩节、过渡板材质、规格，按设计图示尺寸以单相长度的总长度加预留长度“m”计算。

(3) 槽形母线根据名称，规格，材质，连接设备名称、规格，按设计图示尺寸以单相长度的总长度加预留长度“m”计算。

(4) 封闭母线根据名称、型号、规格、材质、额定电流（A），按设计图示尺寸以中心线长度的总长度“m”计算。

(5) 低压封闭式插接母线槽根据名称、型号、规格、额定电流（A）、线制，按设计图示尺寸以中心线长度的总长度“m”计算。

(6) 始端箱、分线箱根据名称、材质、规格、额定电流（A），按设计图示数量以“台”计算。

(7) 重型母线根据名称，材质，规格，电压（kV），额定电流（A），绝缘子类型、规格，伸缩器及导板规格，加工面面积（mm^2），按设计图示尺寸以质量“t”计算。

(8) 母线绝缘热缩管根据名称、型号、规格、电压（kV），按设计图示尺寸以长度“m”计算。

(9) 母线穿墙套管根据名称、材质、型号、规格、电压（kV），按设计图示数量以“个”计算。

(10) 软母线安装预留长度按表 6.1.8 计算。

表 6.1.8 软母线安装预留长度 单位：m/根

项目	耐张	跳线	引下线、设备连接线
预留长度	2.5	0.8	0.6

(11) 硬母线配置安装预留长度按表 6.1.9 的规定计算。

表 6.1.9 硬母线配置安装预留长度 单位：m/根

序号	项　目	预留长度	说　明
1	矩形、槽形母线终端	0.3	从最后一个支持点算起
2	矩形、槽形母线与分支线连接	0.5	分支线预留
3	矩形母线与设备连接	0.5	从设备端子接口算起
4	多片重型母线与设备连接	1.0	从设备端子接口算起
5	槽形母线与设备连接	0.5	从设备端子接口算起

4. 控制、保护、直流装置安装（编码：030404）

(1) 控制屏，继电、信号屏，模拟屏，配电屏，弱电控制返回屏，自动调节励磁屏，励磁灭磁屏，直流馈电屏，事故照明切换屏，根据名称，型号，规格，接线端子材质、规格，端子板外部接线材质、规格，小母线材质、规格，屏边规格，按设计图示数量以“台”计算。

（2）高频开关电源根据名称、型号、额定电流（A），按设计图示数量以“座”计算。

（3）硅整流柜、可控硅柜根据名称、型号、规格、额定电流（A），按设计图示数量以“台”计算。

（4）控制台根据名称，型号，规格，接线端子材质、规格，端子外部接线材质、规格，小母线材质、规格，按设计图示数量以“台”计算。

（5）控制箱、同期小屏根据名称，型号，规格，接线端子材质、规格，端子板外部接线材质、规格，按设计图示数量以“台”计算。

（6）控制、保护、直流装置安装中盘、箱、柜的外部进出线预留长度按表 6.1.10 的规定计算。

表 6.1.10　盘、箱、柜的外部进出线预留长度　　单位：m/根

序号	项　目	预留长度	说　明
1	各种箱、柜、盘、板、盒	高＋宽	盘面尺寸
2	单独安装的铁壳开关、自动开关、刀开关、启动器、箱式电阻器、变阻器	0.5	从安装对象中心算起
3	继电器、控制开关、信号灯、按钮、熔断器等小电器	0.3	从安装对象中心算起
4	分支接头	0.2	分支线预留

5. 低压电器设备安装（编码：030405）

（1）低压电气开关根据名称，型号，规格，类别，接线端子材质、规格，额定电流（A），安装方式，按设计图示数量以“个”计算。

（2）低压熔断器，限位开关，控制器，接触器、磁力启动器，Y-△自耦减压启动器，电磁铁（电磁制动器），快速自动开关，油浸频敏变阻器，根据名称，型号，规格，类别，额定电流（A），接线端子材质、规格，按设计图示数量以“台”计算。

（3）电阻器根据名称，型号，规格，类别，额定电流（A），接线端子材质、规格，按设计图示数量以“箱”计算。

（4）分流器根据名称，型号，规格，额定电流（A），接线端子材质、规格，按设计图示数量以“个”计算。

（5）自动调压器根据名称、型号、规格、容量（kV·A）、安装方式，按设计图示数量以“台”计算。

（6）小电器根据名称，型号，容量（V·A），类别，接线端子材质、规格，按设计图示数量以“个”计算。

（7）端子箱、风扇、其他电器根据名称、型号、规格、安装部位或安装方式，按设计图示数量以“台”计算。

（8）充电桩根据名称、型号、规格、电压类型、电压等级、安装方式，按设计图示数量以“台”计算。

说明：

（1）低压电气开关包括：开关箱、控制开关、低压断路器、低压隔离开关、刀型开关、组合控制开关、剩余电流保护开关、变频控制器、集中调速开关及其他同类开关。

（2）小电器包括：按钮、小型安全变压器、测量表计、继电器、辅助电压互感器、水位电气信号装置、电笛、电铃、门铃、电磁锁、屏上辅助设备、浴霸及其他同类电器装置。

（3）其他电器包括《安装工程计量标准》中未列的电器项目，其项目名称应根据设计图纸说明的电器名称而确定，并说明项目特征、计量单位及工作内容。

（4）安装方式是指低压电器设备的落地安装、墙体嵌入式安装、挂墙式安装。

（5）盘、箱、柜的外部进出电线预留长度按表6.1.10的规定计算。

6. 光伏组件设备安装（编码：030406）

（1）蓄电池根据名称、型号、规格、容量（A·h）、充放电要求，按设计图示数量以“个”计算。

（2）EPS、UPS电源根据名称、型号、容量（kV·A）、充放电要求，按设计图示数量以“套”计算。

（3）太阳能电池根据名称、型号、规格、安装方式，按设计图示数量以“组”计算。

（4）太阳能控制器安装根据名称、型号、安装方式，按设计图示数量以“台”计算。

（5）光伏成品支架根据名称、型号、规格、安装方式，按设计图示数量以“t”计算。

（6）光伏组件根据名称，组件规格，容量，接线端子材质、规格，安装方式，按设计图示数量以“块”计算。

（7）光伏逆变器根据名称，型号，基础底座形式、材质，容量（kW），接线端子材质、规格，按设计图示数量以“台”计算。

（8）太阳能光导管根据名称，型号，电压等级，接线端子材质、规格，安装方式，按设计图示数量以“套”计算。

（9）光伏方阵联测根据名称、组件数量，按设计图示数量以“方阵组”计算。

说明：

（1）成套蓄电池柜和汇流箱均应按《安装工程计量标准》第D.2节中“成套配电箱”编码列项。

（2）光伏组件设备安装方式包括：落地安装、挂式安装。

（3）光伏支架预制桩应按《房屋建筑与装饰工程工程量计算标准》GB/T 50854—2024相关项目编码列项。

7. 电机检查接线（编码：030407）

（1）交流发电机、直流发电机根据名称，型号，额定功率（kW），电压（kV），接线端子材质、规格，按设计图示数量以“台”计算。

（2）微型电机、小型电动机、大中型电动机根据名称，类型，额定功率（kW），电压（kV），电源类型，防爆要求，接线端子材质、规格，按设计图示数量以“台”计算。

（3）变频机组根据名称，类型，额定功率（kW），接线端子材质、规格，按设计图示数量以“台”计算。

说明：

(1) 微型电机的类型包括不超过0.75kW的小功率驱动微型电机、控制微型电机、电源微型电机三类。

(2) 电动机按其质量划分为大型、中型、小型。小型电动机指3t以下质量的电动机，中型电动机指3～30t质量的电动机，大型电动机指30t以上质量的电动机。

(3) 电动机的电源类型包含交流、直流两类，交流电动机再划分为异步电动机、同步电动机两类。

8. 滑触线装置安装（编码：030408）

(1) 滑触线根据名称，型号，规格，材质，额定电流（A），紧固装置类型，伸缩接头材质、规格，按设计图示尺寸以单相长度的总长度数量加预留长度以“m”计算。

(2) 移动软电缆根据名称，材质，型号，规格，拉紧装置类型，拉紧装置材质、规格，接线端子材质、规格，按设计图示尺寸以单相长度的总长度数量加预留长度以“m”计算。

说明：

(1) 成品滑触线为安全节能型滑触线。其他型钢（角钢、扁钢、槽钢、工字钢、圆钢）滑触线均在现场制作安装。

(2) 滑触线安装预留长度见表6.1.11。

(3) 移动软电缆预敷设弛度、波纹弯度、预留长度见表6.1.12。

表6.1.11 滑触线安装预留长度 单位：m/根

序号	项目	预留长度	说明
1	圆钢、铜母线与设备连接	0.2	从设备接线端子接口算起
2	圆钢、铜滑触线终端	0.5	从最后一个固定点算起
3	角钢滑触线终端	1.0	从最后一个支持点算起
4	扁钢滑触线终端	1.3	从最后一个固定点算起
5	扁钢母线分支	0.5	分支线预留
6	扁钢母线与设备连接	0.5	从设备接线端子接口算起
7	轻轨滑触线终端	0.8	从最后一个支持点算起
8	安全节能及其他滑触线终端	0.5	从最后一个固定点算起

表6.1.12 电缆敷设预留长度

序号	项目	预留长度	说明
1	电缆敷设弛度、波形弯度、交叉	2.5%	按电缆全长计算
2	电缆进入建筑物	2.0m	规范规定最小值
3	电缆进入沟内或吊架时引上（下）预留	1.5m	规范规定最小值
4	变电所进线、出线	1.5m	规范规定最小值

续表 6.1.12

序号	项　　目	预留长度	说　　明
5	电力电缆终端头	1.5m	检修余量最小值
6	电缆中间接头盒	两端各留 2.0m	检修余量最小值
7	电缆进控制、保护屏及模拟盘、配电箱等	高＋宽	按盘面尺寸
8	高压开关柜及低压配电盘、柜	2.0m	盘下进出线
9	电缆至电动机	0.5m	从电动机接线盒算起
10	厂用变压器	3.0m	从地坪算起
11	电缆绕过梁柱等增加长度	按实计算	按被绕物的断面情况计算增加长度
12	电梯电缆与电缆架固定点	每处 0.5m	规范规定最小值

9. 电缆安装（编码：030409）

(1) 电力电缆、控制电缆根据名称、型号、规格、材质、电压（kV）、敷设方式，按设计图示尺寸以长度“m”计算（含预留长度及附加长度）。

(2) 电缆保护管、阻燃槽盒、铺砂、盖保护板（砖）、防火槽（带）根据名称、型号、规格、材质等，按设计图示尺寸以长度“m”计算。

(3) 电力电缆头、电缆中间头、控制电缆头根据名称，型号，规格，材质、类型，电压（kV），按设计图示数量“个”计算。

(4) 防火隔板、防火墙根据名称、材质、防火要求，按设计图示尺寸以面积“m^2”计算；防火堵料（包）按设计图示尺寸以质量“kg”计算。

(5) 电缆分支箱根据名称、型号、规格，基础形式、材质、规格，按设计图示数量以“台”计算。电缆分支箱应按《安装工程计量标准》第 D.5 节低压电器设备安装中的“端子箱”编码列项。

说明：

(1) 电缆的敷设方式是指直埋、电缆沟（隧）道内、排管内、室内、竖井通道等敷设。

(2) 电缆井、电缆排管、顶管，应按《市政工程工程量计算标准》GB/T 50857—2024 相关项目编码列项。

(3) 电缆保护管的敷设方式是指地上、地下；入室电缆套管的电缆保护管、电缆桥架、电缆线槽，应按《安装工程计量标准》第 D.12 节配管、配线中的“连接短管”编码列项。

(4) 电缆敷设预留长度及附加长度见表 6.1.12。

10. 防雷及接地装置（编码：0304010）

(1) 接地极按名称、材质、规格，按设计图示数量以“根（块、套）”计算。

(2) 接地母线、引下线、均压环、接闪带根据名称、规格、材质、安装形式或安装部位，按设计图示尺寸的总长度加预留长度以“m”计算。

(3) 防雷、断接卡、箱根据名称，型号，安装形式，箱体材质、尺寸，按设计图示数量“个”计算。

(4) 接闪杆根据名称，材质，规格，安装形式、高度，按设计图示数量以“根”计算。

(5) 等电位端子箱、测试板根据名称、规格、材质，按设计图示数量以“台”计算。

(6) 绝缘垫根据名称、规格、材质，按设计图示尺寸以展开面积“m^2”计算。

(7) 降阻剂根据名称、型号，按设计图示规格以质量“kg”计算。

(8) 智能防雷装置根据名称、规格、类别、防雷等级，按设计图示数量以“套”计算。

说明：

(1) 利用桩基础作接地极，应在项目特征内说明桩台下桩的基数、其桩主筋按柱引下线计算工程量；利用基础钢筋作接地极，应按均压环项目编码列项。

(2) 利用柱筋作引下线，应在项目特征内说明柱筋的焊接根数。

(3) 利用圈梁筋作均压环，应在项目特征内说明圈梁筋的焊接根数。

(4) 使用电缆、电线作接地线，应按《安装工程计量标准》附表 D.9 电缆安装和附表 D.12 配管、配线的相应项目编码列项。

(5) 接地母线、引下线、接闪带附加长度见表 6.1.13。

表 6.1.13 接地母线、引下线、接闪带附加长度 单位：m

项 目	附加长度	说 明
接地母线、引下线、接闪带附加长度	3.9%	按接地母线、引下线、接闪带全长计算

11. 10kV 及以下架空配电线路（编码：030411）

(1) 电杆组立、铁塔组立根据名称，材质，规格，类型，地形，土壤类别等要求，按设计图示数量以“基”计算。电杆、铁塔基础开挖土石方及钢筋混凝土基础与地基处理、桩、钢筋、铁件、排洪沟、护坡、挡土墙按《房屋建筑与装饰工程工程量计算标准》GB/T 50854—2024 的相应项目编码列项。

(2) 横担组装根据名称、材质、规格、类型、电压等级（kV）、绝缘子类别、金具品种规格，按设计图示数量以“组”计算。

(3) 导线根据名称，型号，材质，规格，地形，跨越类型、宽度，按设计图示尺寸以单线长度（含预长度）以“km”计算。跨越类型是指跨越河流、河谷、公路、铁路、民舍等障碍。

架空导线预留长度见表 6.1.14。

表 6.1.14 架空导线预留长度 单位：m/根

项 目		预留长度
高压	转角	2.5
	分支、终端	2.0
低压	分支、终端	0.5
	交叉跳线转角	1.5

续表 6.1.14

项　目	预留长度
与设备连线	0.5
进户线	2.5

（4）杆上设备根据名称，型号，规格，容量（kV·A），支撑架种类、规格，接线端子材质、规格，接地要求，附属设备，按设计图示数量以“台（组）”计算。

（5）电杆、铁塔基础开挖土石方及钢筋混凝土基础与地基处理、桩、钢筋、铁件、排洪沟、护坡、挡土墙按《房屋建筑与装饰工程工程量计算标准》GB/T 50854—2024 的相应项目编码列项。

12. 配管、配线（编码：030412）

（1）配管、线槽、桥架根据名称、材质、规格等，按设计图示尺寸长度以“m”计算。

（2）配线根据名称，配线形式，型号，规格，材质，配线线制，钢索材质、规格，导线连接方式，按设计图示尺寸单线长度以“m”计算（含预留长度）。

（3）接线箱、接线盒根据名称、材质、规格、安装形式，按设计图示数量以“个”计算。

配管配线部分工程量计算详见第四章第四节。

说明：

（1）连接短管适用于装配式建筑，其他建筑的连接短管应已包括在相关设备的工作内容内。

（2）配管的名称是指紧定管、镀锌钢管、防爆管、可挠金属套管、塑料管、金属软管、波纹管、KBG 扣压钢导管等，其配置形式指明配、暗配、吊顶内、钢结构支架、钢索配管、埋地敷设、水下敷设、箱罐容器内、砌筑沟内敷设等。

（3）配线的名称是指管内穿线、绝缘子配线、线槽配线、塑料护套配线、绝缘导线明敷、车间配线等，其配线形式指在木结构、砖混结构、混凝土结构、钢结构、沿顶棚、沿支架、沿钢索、沿屋架、沿梁、沿柱、沿墙、跨屋架、跨梁、跨柱、跨线码、跨街码等敷设。

（4）遇到下列情况时，配线保护管应增设管路接线盒和拉线盒：①管长度每超过 40m，无弯曲；②管长度每超过 30m，有 1 个弯曲；③管长度每超过 20m，有 2 个弯曲；④管长度每超过 10m，有 3 个弯曲。遇到下列情况时，垂直敷设的电线保护管应增设固定导线用的拉线盒：①管内导线截面为 $50mm^2$ 及以下，长度每超过 30m；②管内导线截面为 $70\sim95mm^2$，长度每超过 20m；③管内导线截面为 $120\sim240mm^2$，长度每超过 18m。计量配管时，设计无要求的按上述规则执行接线盒、拉线盒的计量。

（5）开关盒、插座盒，按《安装工程计量标准》附录的接线盒编码列项。

（6）配管安装所需的凿槽、刨沟，应按《安装工程计量标准》附录 N 其他及附属工程的相应项目编码列项。

（7）配线进入箱、柜、板的预留长度见表 6.1.15。

表 6.1.15　配线进入箱、柜、板的预留长度　　单位：m/根

序号	项　目	预留长度	说　明
1	各种开关箱、柜、板	高＋宽	盘面尺寸
2	由地面管子出口引至动力接线箱	1.0	从管口计算
3	电源与管内导线连接（管内穿线与软、硬母线接点）	1.5	从管口计算
4	出户线	1.5	从管口计算
5	电动机	0.5	从电动机接线盒算起

13. 照明器具安装（编码：030413）

(1) 普通灯具、工厂灯、高度标志（障碍）灯、荧光灯、医疗专用灯、小区路灯、嵌入式地灯，根据名称、型号、规格、安装方式等，按设计图示数量以“套”计算。

(2) 装饰灯、景观灯，根据名称、型号、规格、安装方式等计算：①以“套”计量，按设计图示数量计算；②以“m”计量，按设计图示尺寸以长度计算；③以“m^2”计量，按设计图示尺寸以面积计算。

(3) 照明开关、按钮、插座、光导管采光装置、采光井照明装置，根据名称、材质、规格、安装方式等，按设计图示数量以“套”计算。

(4) 霓虹灯控制变压器、控制器，根据名称、型号、安装方式等，按设计图示数量以“台”计算。

(5) 智能灯光控制系统、照明系统调试，按设计图示以“系统”计算。

说明：详见第四章第四节。

14. 起重运输设备电气装置（编码：030414）

起重设备电气装置根据名称、型号、规格、起重重量，按设计图示数量以“台”计算。

说明：各类起重机的控制设备、线路安装、滑触线安装，应按《安装工程计量标准》的相应项目编码列项。

15. 附属工程（编码：030415）

穿墙板根据名称、规格、材质，按设计图示数量以“套”计算；金属围网、金属网门按名称、规格，按设计图示尺寸以面积“m^2”计算。

16. 电气调整试验（编码：030416）

(1) 发电机、发电机主变压器组，根据名称、型号、电压（kV）、容量（MW），按设计图示数量以“台”计算。

(2) 励磁机（柜）根据名称、型号、容量（MW）、类型，按设计图示数量以“台”计算。

(3) 发电机同期系统根据名称、电压、容量（MW）、机组数量，按设计图示数量以“组”计算。

(4) 电力变压器系统根据名称、型号、容量（kV·A），按设计图示以“系统”计算。

（5）输配电装置系统根据名称、型号、电压（kV）、类型，按设计图示以“系统”计算。

（6）母线系统根据名称、电压（kV），按设计图示数量以“段”计算。

（7）保安电源系统根据名称、型号、类别、容量（kW、kV·A），按设计图示数量以“系统”计算。

（8）电动机负载调试根据名称、电压、功率（kW）、电流类型、控制方式、电动机类型、联锁台数，按设计图示数量以“台”计算。

（9）微机监控系统根据名称、容量（MW），按设计图示数量以“台、座”计算。

（10）特殊项目根据名称、电压（kV）、容量，按设计图示数量以“台、组”计算。

（11）智能防雷预警监控、智能灯光控制系统，根据名称、型号，按设计图示数量以“系统”计算。

（12）“五防”系统根据名称、容量（MW），按设计图示数量以“座”计算。

（13）其他项目调试根据名称、型号，按设计图示数量以“系统”计算。

说明：

（1）功率大于10kW的电动机及发电机的启动调试所用的蒸汽、电力和其他动力能源消耗，以及变压器空载试运转调试所用的电力消耗及设备所需烘干处理，应予以说明。

（2）整套启动系统包括：燃煤发电厂，变电站、变配电室，输电线路、太阳能光伏电站等系统。

（3）特殊项目系统包括：发电机直流耐压试验、变压器绕组变形测试、无功补偿装置投入试验、SF_6气体试验、计费处理器调试、TA（TV）误差测试、电压互感器压降测试、计量二次回路阻抗测试、机组AVG系统调试、发电机组定子绕组端固定有振动频率测试、发电机定子绕组及引出线超声波测试、发电机转子通风孔检查试验。

（4）电动机负载调试是指电动机连带机械设备及装置一并进行调试，应根据电动机的控制方式及功率按台数计算。

（5）微机监控系统是指发电机、变电站、配电室的微机监控系统。

（6）“五防”系统是指：防止误分/合断路器系统、防止带负荷分/合隔离开关系统、防止带电挂（合）接地线（接地刀闸）系统、防止带接地线（接地刀闸）合断路器（隔离开关）系统、防止误入带电间隔系统。

（7）其他项目调试是指对接地故障环路阻抗、EPS、UPS电源、避雷器、电容器、电抗器、整流设备、消弧线圈、母线、灯具照度等进行的电气调试。

（8）电动机类型是指同步电动机、异步电动机。

（三）电气工程计量示例一

1. 背景

某住宅楼防雷工程平面布置如图6.1.2所示。避雷网在平屋顶四周沿檐沟外折板支架敷设，其余沿混凝土块敷设。折板上口距室外地坪19m，避雷引下线均沿外墙引下，并在距室外地坪0.45m处设置接地电阻测试断接卡，土壤为普通土。

2. 问题

按照上述背景条件，根据《建设工程工程量清单计价标准》GB/T 50500—2024和《通用安装工程工程量计算标准》GB/T 50856—2024的规定，编制该工程的分部分项工程量清单。

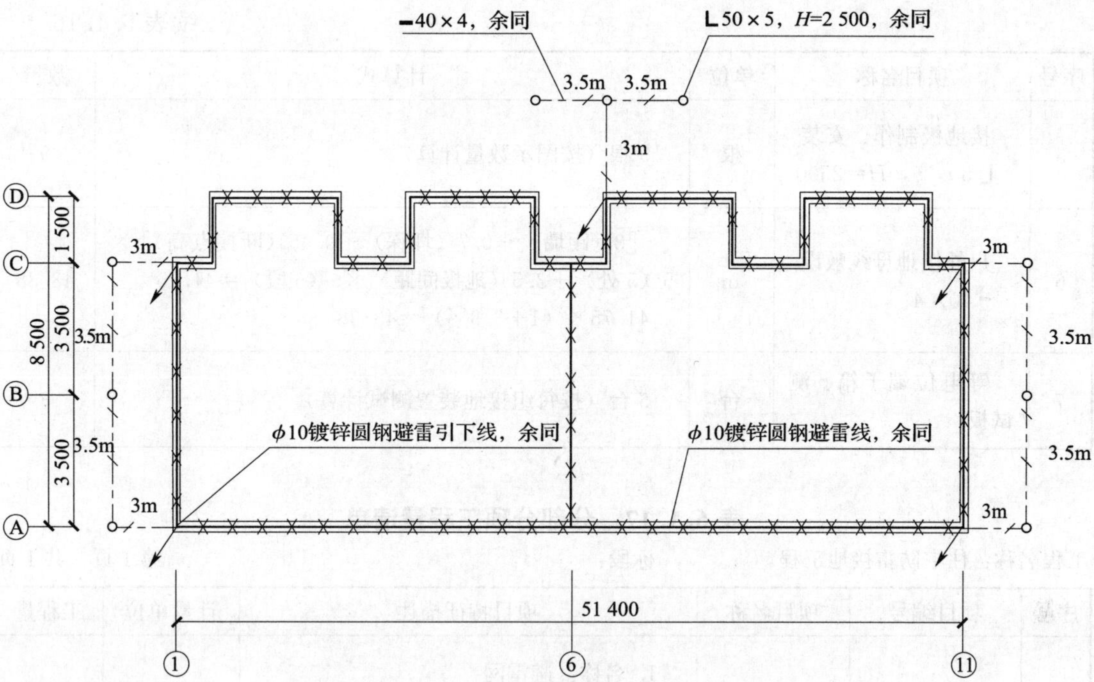

图 6.1.2　某住宅防雷接地平面布置图

3. 解答

项目编码：（见表 6.1.17）

项目名称：（见表 6.1.17）

项目特征：（见表 6.1.17）

计量单位：（见表 6.1.17）

工程数量：（依据《通用安装工程工程量计算标准》GB/T 50856—2024，按图计算，见表 6.1.16）

填制表格：见表 6.1.17。

表 6.1.16　某住宅防雷接地工程量计算表

序号	项目名称	单位	计算式	数量
1	避雷网沿折板支架安装 镀锌圆钢 ϕ10	m	51.4（A 轴全长）＋51.4（D 轴全长）＋1.5×8（D 轴凹凸部分）＋7（1 轴全长）＋7（11 轴全长）＝128.8 128.8×（1＋3.9%）＝133.82	133.82
2	避雷网沿混凝土块支架安装 镀锌圆钢 ϕ10	m	8.5－1.5（6 轴全长减去凹凸部分）＝7.0 7.0×（1＋3.9%）＝7.27	7.27
3	避雷引下线敷设 镀锌圆钢 ϕ10	m	19×5（楼总高×引下线根数）－0.45×5（断接卡距室外地坪高）＝92.75	92.75
4	断接卡制作、安装	套	5 套（每根引下线一套）	5

续表 6.1.16

序号	项目名称	单位	计算式	数量
5	接地极制作、安装 ∟50×5，H=2500	根	9 根（按图示数量计算）	9
6	户外接地母线敷设 ▬40×4	m	［3（距墙）+0.7（埋深）+0.45（断接点高）］×5（5 处）+3.5（地极间距）×6（6 段）=41.75 41.75×（1+3.9%）=43.38	43.38
7	等电位端子箱、测试板	台	5 台（按每组接地装置测试计算）	3

表 6.1.17　分部分项工程量清单

工程名称：住宅防雷接地工程　　标段：　　第 1 页　共 1 页

序号	项目编号	项目名称	项目特征描述	计量单位	工程量
1	030410005001	接闪带	1. 名称：避雷网 2. 材质：镀锌圆钢 3. 规格：ϕ10 4. 安装形式：沿折板、混凝土块支架安装	m	141.09
2	030410003001	引下线	1. 名称：避雷引下线 2. 材质：镀锌圆钢 3. 规格：ϕ10 4. 安装形式：沿外墙引下	m	92.75
3	030410012001	防雷断接卡、箱	1. 名称：防雷断接卡箱 2. 型号：FLX—200 3. 安装形式：附墙明装	个	5
4	030410001001	接地极	1. 名称：接地极 2. 材质：镀锌角钢 3. 规格：50mm×5mm　H=2 500	根	9
5	030410002001	接地母线	1. 名称：接地母线 2. 材质：镀锌扁钢 3. 规格：40mm×4mm 4. 安装部位：户外	m	43.38
6	030410007001	等电位端子箱、测试板	1. 名称：等电位端子箱 2. 材质：钢板喷塑 0.5mm 3. 规格：200mm×300mm×100mm	台	5

（四）电气工程计量示例二

1. 背景

两台消防泵电源为 VV－3×70＋1×35 电缆，电缆从消防泵控制柜上出线沿桥架敷设，再穿 SC100 镀锌钢管至消防泵电动机，如图 6.1.3 所示。消防泵控制柜柜高 2.2m，宽 1.8m。水泵房层高为 4.5m，电缆桥架为 XQJ－300×150，桥架安装底标高为 3.6m，桥架长为 14m；电缆支吊架具有专项设计为∟70×6 角钢成品，支吊架间距按规范要求 2m 一副，每副支吊架重 8kg；1[#] 泵保护管长 2.8m，2[#] 泵保护管长 4.0m。

2. 问题

根据《建设工程工程量清单计价标准》GB/T 50500—2013、《通用安装工程工程量计算标准》GB/T 50856—2013 的标准，编制该工程的分部分项工程量清单。

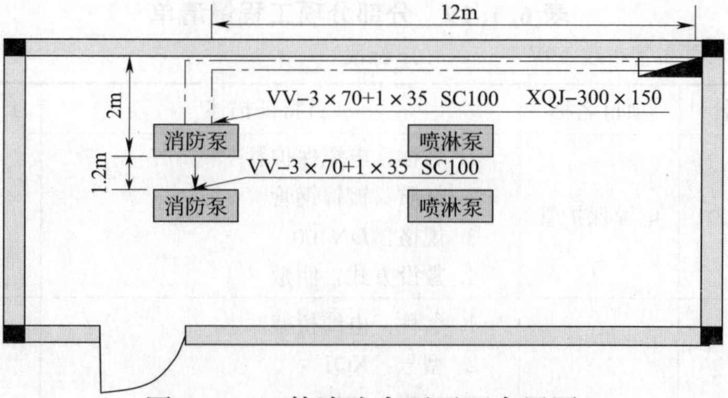

图 6.1.3　某消防水泵平面布置图

3. 解答

项目编码：（见表 6.1.19）

项目名称：（见表 6.1.19）

项目特征：（见表 6.1.19）

计量单位：（见表 6.1.19）

工程数量：（依据《通用安装工程工程量计算标准》GB/T 50856—2024，按图计算，见表 6.1.18）

填制表格：见表 6.1.19。

表 6.1.18　某消防水泵布管布线工程量计算表

序号	工程量项目计算程序	单位	数量
1	SC100 电缆保护管明敷： L＝2.8（1[#] 泵保护管）＋4.0（2[#] 泵保护管）＝6.80	m	6.80
2	电缆桥架 XQJ－300×150： L＝［3.6（桥架底标高）－2.2（柜高）］（垂直桥架长度）＋14（水平桥架长度）＝15.40	m	15.40
3	电缆支架∟70×6： T＝［14（水平桥架长度）÷2（支架间距）］×8＝56	kg	56

续表 6.1.18

序号	工程量项目计算程序	单位	数量
4	VV-3×70+1×35 电缆敷设： 1# 泵 L=2.8（1# 泵保护管）+15.4（桥架长度）+2.2（柜高）+1.8（柜宽）+0.5=22.7 2# 泵 L=4.0（2# 泵保护管）+15.4（桥架长度）+2.2（柜高）+1.8（柜宽）+0.5=23.9 电缆敷设弛度、波形弯度、交叉增加（22.7+23.9）×（1+2.5%）=46.77	m	47.77
5	铜芯干包式电缆头制作、安装 1kV 70mm² 2（2 根电缆）×2（每根 2 个电缆头）= 4	个	4

表 6.1.19　分部分项工程量清单

工程名称：某消防水泵布管布线工程　　　　标段：　　　　第 1 页　共 1 页

序号	项目编号	项目名称	项目特征描述	计量单位	工程量
1	030409006001	电缆保护管	1. 名称：电缆保护管 2. 材质：镀锌钢管 3. 规格：*DN*100 4. 敷设方式：明敷	m	6.80
2	030412003001	桥架	1. 名称：电缆桥架 2. 型号：XQJ 3. 规格：300mm×150mm 4. 材质：玻璃钢 5. 类型：槽式直通 6. 接地跨接方式：6mm² 铜编织线	m	15.40
3	030412003002	电缆支架	1. 名称：电缆支架 2. 型号：角钢 3. 规格：∟70×6 4. 材质：普通钢 5. 类型：角钢 6. 接地跨接方式：6mm² 铜编织线	kg	56
4	030409001001	电力电缆	1. 名称：聚氯乙烯绝缘电缆 2. 型号：VV 3. 规格：3×70+1×35 4. 材质：铜芯 5. 电压（kV）：1kV 6. 敷设方式：桥架敷设	m	47.77
5	030409003001	电力电缆头	1. 名称：铜芯干包式电缆头 2. 型号：紫铜 3. 规格：70mm² 4. 材质、类型：铜芯 5. 电压（kV）：1kV	个	4

第二节　自动控制系统

自动控制指在没有人直接参与的情况下，利用控制装置使被控对象中某一物理量或数个物理量准确地按照预定的要求规律变化。

一、自动控制系统组成

自动控制的原理是通过测量元件对被控对象的被控参数进行测量，与给定值进行比较，如有偏差，控制器就产生控制信息驱动执行机构工作，直到被控参数值满足预定要求为止。

（一）自动控制系统的组成

典型反馈控制系统的原理框图如图 6.2.1 所示。这类控制系统也叫闭环调节系统。

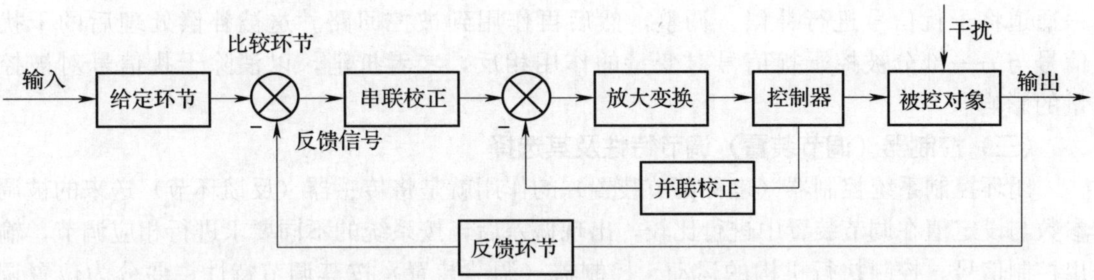

图 6.2.1　自动控制系统原理框图

（1）被控对象。是控制系统所控制和操纵的对象，接受控制量并输出被控量。

（2）控制器（调节装置）。将测量装置送来的被调参数与设定值在调节装置中进行比较，出现偏差后，按系统的不同要求，进行相应的调节，输出控制信号，去控制执行机构的运动。

（3）反馈环节。由传感器（测量装置）完成对湿度、压力、温度等非电物理量的检测，并将其转换成相应的电学量，而变换后的电量作为被调节参数，送到控制器（调节装置）。反馈环节一般也称为测量变送环节。

（4）执行机构。根据控制器输出控制信号的方向、大小，控制执行机构的动作，如电机的变速、阀门的开启等，从而改变调节参数的数值。

（二）自动控制系统的类型

常用的控制系统根据其组成结构不同分为：单回路系统、多回路系统、比值系统、复合系统等。

1. 单回路系统

单回路系统一般是指在一个被控对象上用一个控制器来控制一个被控参数，控制器只接受一个测量信号，其输出也只控制一个执行机构。系统如图 6.2.1 所示。这种系统被控量单一，结构简单明了，投资少，只要系统设计合理，选择合适的调节器和适当的调节规律，就能使系统满足控制要求。

2. 多回路系统

如果被控制的变量变化较为复杂，即动态特性较为复杂，滞性很大，往往采用单回路控制不能满足要求。通常对变量进行分析后，寻找另外控制其变化的辅助变量，作为辅助控制信号，回送到调节器，共同完成对变量的调整与控制，这就组成了多回路系统。

3. 比值系统

在某些控制系统中，有些控制变量无法测量，只能用另一种可以测量的中间变量，测量计算后，转换计算出这控制量。或在控制系统中，直接对控制变量进行调整，当控制达不到生产或工艺要求，需有一个能自动跟随的控制系统辅助调节，以达到对控制变量的进一步调节，这种控制系统称为比值系统。

4. 复合系统

上述几个控制系统中，是把干扰引起的变量变化与相应给定值比较后反馈调节控制。而在复合系统中，直接对干扰信号进行测控，一部分干扰信号送到被控回路，另一通道将干扰信号进行补偿、调整，然后再作用到被控回路。这被补偿处理后的干扰信号与另一部分被控干扰信号对变量的作用相反，二者抵消，以消除干扰信号对被控量的影响。

（三）控制器（调节装置）调节特性及其选择

闭环控制系统控制器（也称调节装置）的作用就是将传感器（反馈环节）送来的被调参数与设定值在调节装置中进行比较，出现偏差后，按系统的不同要求进行相应调节，输出控制信号，控制执行机构的运动。控制器（调节装置）按其调节特性主要分为位置调节、比例调节、积分调节、比例积分调节、比例微分调节、比例积分微分调节。

1. 位置调节

位置调节分双位调节和三位调节。

（1）双位调节。当调节器的输入信号发生变化后，调节器的输出信号只有两个值，即最大输出信号和最小输出信号。通常仅是“开”和“关”两个极限位置，而无中间状态。

双位调节机构简单，动作可靠，在空调系统中有广泛应用。例如，空调系统中的风机盘管温控器就是典型的双位调节，室内的温度传感器感受室内温度。冬天，当室内温度超过设定值时，调节器立即关闭电动二通阀，停止热水供应，使室温下降，相反，当室内温度低于设定值时，调节器立即打开电动二通阀，继续热水供应，使室温上升，达到室温的自动控制。

（2）三位调节。在定压供水系统中，经常采用三位调节。三位调节系统有三个位置，即全开、中间、全闭。位置调节的被调参数不能稳定在不变的值上，而是在一规定范围内波动。从调节的品质角度出发，希望波动范围越小越好，但波动范围太小，则波动的次数越多，所以位置调节在调节精度要求不高的地方比较合适，一般用于温度、液位的调节。

2. 比例调节（P）

比例调节的特性是当被调参数与给定值有偏差时，调节器能按被调参数与给定值的偏差大小与方向发出与偏差成正比例的控制信号，不同的偏差值对应调节机构的不同位置。

比例调节器的特点是调节速度快，稳定性高，不容易产生过调节现象，缺点是调节过程最终有残余偏差，而且被调参数不能回到给定值，特别是负载变化幅度较大时，残余偏差更大。比例调节通常用在调节精度要求不是太高，调节时允许有残余偏差场合，如在工艺过程中流量变化，工艺要求变化快的地方。像锅炉水位控制，高容量储罐中压力、流量的调节。

3. 积分调节（I）

积分调节是当被调参数与给定值发生偏差时，调节器对偏差进行积分并输出相应的控制信号，控制执行器动作，一直到被调参数与给定值之间偏差消失为止，因而在调节过程结束时，被调参数能回到给定值，其静态误差（残余偏差）为零。积分调节器单独使用的场合不多，只能用于具有自衡特性的被控对象，自衡能力愈大，调节效果愈好。缺点是调节时间长，对变化快的干扰，调节效果差。

4. 比例积分调节（PI）

比例积分调节的特点是当被调参数与给定值发生偏差时，调节器的输出信号不仅与输入偏差保持比例关系，同时还与偏差存在的时间长短（偏差的积分）有关，比例积分调节综合了比例调节和积分调节的优点。

比例积分调节器能消除残余偏差，使被调参数恢复到给定值就是由这一特性所决定的。当负荷变化较大，被调参数不允许与给定值有偏差时，采用比例积分调节是最适宜的。比例积分调节是最常用的调节规律之一。

5. 比例微分调节（PD）

比例微分调节的特点是当被调参数与给定值发生偏差时，调节器的输出信号不仅与输入偏差保持比例关系，同时还与偏差的变化速度有关。

引入微分作用，在惯性滞后较大的场合下将会大大改善调节品质。缺点是不能消除静差。微分作用过强，会使系统过渡过程的后期振荡加剧，从而拖长整个调节时间。在纯滞后阶段内，速度为零，微分不起作用，在存在高频干扰或周期性干扰的场合应避免使用微分调节。

6. 比例积分微分调节（PID）

比例积分微分调节的特点是当被调参数与给定值发生偏差时，调节器输出信号不仅与输入偏差信号大小有关，与偏差存在时间长短有关，还与偏差变化的速度（快、慢）有关。

比例积分微分调节综合了各种调节规律的优点，有更高的调节质量，不管调节对象的特性存在纯滞后还是容量滞后、负荷变化幅度比较大、干扰频繁等情况，均有比较好的调节效果。是适应性最好的单回路调节规律。PID 调节常用在惯性滞后大的场合，如温度测量等。

二、自动控制系统设备

（一）传感器及检测仪表

在自动控制系统中，往往需要对温度、压力、流量、液位等参数进行检测和控制，使之处于最佳工作状态。

将这些非电量参数变成电量参数的转换，是根据电学性质或原理与被测非电量之间的特定关系来实现的。这种将非电量参数转变成电量参数的装置叫作传感器。利用被测物体固有的特性，如压电效应、光电效应、热电效应、压磁效应等，可以形成不同种类的传感器。常用传感器的分类、原理和典型应用见表 6.2.1。

1. 温度传感器

（1）热电阻特性传感器。利用导体电阻随温度变化而变化的特性制成的传感器，称为热电阻性传感器。

表 6.2.1 常用传感器的分类、原理和典型应用

传感器分类		变换原理	传感器名称	典型应用
电气参数变换型	电阻式	触点位置	电位器	位移、压力
		几何尺寸	电阻应变片 半导体应变片	位移、力矩 力 应变
		温度系数	温度计/热敏电阻	温度、辐射热
		光敏效应	光敏电阻	光强
		湿度效应	电阻湿度计	湿度
	电容式	几何尺寸	电容式压力计 电容式拾音器	压力、位移 声强
		介质含量	液面计 含水量测量仪	液位 含水量
	电感式	几何尺寸	电感变换器	压力、位移
		压磁效应	压磁计	力、压力
		互感、变化	差动变换器	压力、位移
电量变换型	电势	温差热电势	热电偶 热电堆	温度 热辐射
		电磁感应	感应式变换器	气体浓度
		霍尔效应	霍尔片	磁通、电流
		光电效应	光电池	光强
	电荷	光电效应	光发射管	光强
		辐射电离	电离室	放射性
		压电效应	压电传感器	力、声强

在测量低于 150℃温度时，常用金属导体的电阻随温度变化的特性进行测温。用金属电阻作为感温材料，要求金属电阻温度系数大，电阻与温度呈线性关系，只要确定电阻的变化就能得知温度的高低。感温材料中首选铜、铂和镍。

铂金属精度高，稳定性好，性能可靠，但铂属于贵金属，价格高。铜金属制成热电阻，缺点是电阻率低，所以做成一样的热电阻，铜电阻要更细、更长，机械强度差，体积也大些。另外铜易氧化，只能在低温及没有浸蚀性的介质中工作。用镍制成的热电阻，正好能弥补铜电阻缺陷，价格又比铂低。所以在高精度、高稳定性的测量回路中通常用铂热电阻材料的传感器。要求一般、具有较稳定性能的测量回路可用镍电阻传感器。档次低，只有一般要求时，可选用铜电阻传感器。

在使用热电阻测温时，要充分注意热电阻与外部导线的连接，不管外接导线长短，必须使导线电阻符合规定值（由检测仪表决定，一般为 5Ω），如果不足，用锰铜电阻丝补齐。为了提高测量精度，常用三线热电阻电桥测量法。

利用半导体的体电阻随温度变化的属性制成温度传感器，是常采用的又一种方法。

半导体的体电阻对温度的感受灵敏度特别高，在一些精度要求不高的测量和控制电路中得到充分应用，铜电阻当温度每变化 1℃，阻值变化 0.4%～0.6%。而半导体体电阻温度每变化 1℃，则阻值变化可达 2%～6%，所以其灵敏度要比其他金属电阻高一个数量级，这样将它作为热敏电阻时，其测量和放大线路非常简单。目前半导体热敏电阻的使用温度为-50～300℃。

热电阻温度计由热电阻、连接导线及显示仪表组成。热电阻分为金属热电阻和半导体热敏电阻两类。对热电阻材料有如下要求：电阻温度系数大，电阻率大，化学、物理性能稳定，复现性好，电阻与温度的关系接近线性以及价廉等。比较适合做热电阻的材料有铂（Pt）、铜（Cu）和镍（Ni）等。

热电阻是中低温区最常用的一种温度检测器。其主要特点是测量精度高，性能稳定。其中铂热电阻的测量精确度最高，不仅广泛应用于工业测温，而且被制成标准的基准仪。

（2）热电势传感器。

1）以热电偶为材料的热电势传感器。两种不同材料的导体或半导体连接成闭合回路时，若两个不同材料接点处的温度不同，回路中就会产生热电动势。这电动势主要是由接触电势组成。当两种不同导体 A、B 接触时，由于两边自由电子密度不同，在交界面上产生电子的相互扩散，致使在 A、B 接触处产生电场，以阻碍电子的进一步扩散，达到最后平衡。平衡时接触电动势的大小取决于两种材料的种类和接触点的温度，这种装置称为热电偶。

将热电偶材料一端温度保持恒定（称为自由端或热端），而将另一端插在需要测温的地方，这样两端的热电势 E 就是被测温度（工作端或热端）的函数，测出这电势值就能确定被测温度。

对组成热电偶的材料，要求在测温范围内有稳定的化学与物理性质，热电势要大，与温度接近线性关系。常用热电偶见表 6.2.2。

表 6.2.2　常用热电偶

热电偶名称	成分	测量上限（长期工作/短期工作）	灵敏度/（μV/℃）	特点
铂铑$_{30}$-铂铑 LL-2	正极：铂 70%，铑 30% 负极：铂 94%，铑 6%	1 600/1 800	10	精度高，性能稳定，价贵，宜在氧化及中性中使用
铂铑$_{10}$-铂 LB-3	正极：铂 90%，铑 10% 负极：铂 100%	1 300/1 600	10	同上
镍铬-镍硅	正极：镍 89%，铬 10% 锰硅少量	1 000/1 300	40	线性好，性能稳定，价格便宜，宜在氧化及中性中使用

续表 6.2.2

热电偶名称	成分	测量上限（长期工作/短期工作）	灵敏度/（μV/℃）	特点
镍铬-考铜 EA-2	正极：镍铬-镍硅 负极：铜 56%，镍 44%	600/800	80	热电势最大，价格便宜，适用于还原性及中性
铜-康铜	正极：铜 负极：铜 60%，镍 40%	350/450	50	最便宜，易氧化，测−100～100℃

铂及其合金属于贵金属，其组成的热电偶价格最贵，优点是热电势非常稳定。铜、康铜价格最便宜，居中为镍铬-考铜，且它的灵敏度又最高。由于热电偶的热电势大小不仅与测量温度有关，还决定于自由端（冷端）温度，即电势的大小取决于测量端与自由端的温差。由于自由端距热源较近，因而其温度波动较大，给测量带来误差，为克服这缺点，通常需采用补偿导线和热电偶连接，补偿导线的作用就是将热电偶的自由端延长到距热源较远、温度比较稳定的地方。

热电偶温度计分普通型、铠装型和薄膜型等。普通型由热电极、绝缘管、保护套管和接线盒等组成。铠装型是由热电极、绝缘材料和金属套管三者组合经拉伸加工而成的坚实组合体。为了快速测量壁面温度，近年来研制了薄膜热电偶，即用真空蒸镀等方法使两种热电极材料蒸镀到绝缘基板上，二者牢固地结合在一起，形成薄膜状热接点。其镀膜可以薄到 0.01～0.1μm，尺寸小，反应时间非常短（几毫秒）。

热电偶温度计用于测量各种温度物体，测量范围极大，远远大于酒精、水银温度计；适用于炼钢炉、炼焦炉等高温地区，也可测量液态氢、液态氮等低温物体。

2）以半导体 PN 结为材料的热电势传感器。利用温度变化造成半导体 PN 结结电压变化的传感器，称为热电势传感器。常用的集成温度传感器，就是这种热电势传感器。该传感器使用方便，工作可靠，价格便宜。且具有高精度的放大电路。在−50～150℃，按 1μA/K 的恒定比值，输出一个与温度正比的电流，通过对电流的测量，即可测得所要的温度值。集成温度传感器，输出阻抗高，适用于远距离传输。

3）AD590 双端温度传感器。AD590 是用集成工艺制成的双端温度传感器，根据特性分档，AD590 的后缀以 I、J、K、L、M 表示。AD590L、AD590M 一般用于精密测温，其匹配性能好，一般在同档中选择两个性能接近的并不困难，应用时可根据需要和成本来选用产品的档次。AD590 特性见表 6.2.3。

表 6.2.3　AD590 特性　　单位：℃

特性项目	AD590I	AD590J	AD590K	AD590L	AD590M
标定误差	±10	±5	±2.5	±1.0	±0.5
非线性误差	±3	±1.5	±0.8	±0.4	±0.3
重复性	±0.1	±0.1	±0.1	±0.1	±0.1
长时间漂移	±0.1				

2. 压力传感器

压力传感器是将压力转换成电流或电压的器件，可用于测量压力和物体的位移。

（1）利用金属弹性制成的压力传感器。最常用的弹性测量元件有弹簧、弹簧管、波纹管和弹性膜片。这些测压元件是先将压力变化转换成位移的变化，再将位移的变化通过磁电或其他电学的方法，转成能方便检测、处理、显示的电学量。

1）电阻式压差传感器。电阻式压差传感器是将测压弹性元件的输出位移变换成电阻的滑动触点的位移，因而被测压力的变化就可转换成电位器阻值的变化，把这电位器与其他电阻接成桥路，当阻值发生变化时，电桥输出一不平衡电压，来测量压力。

2）电容式压差传感器。电容式压差传感器是最常见的一种压力传感器。它是用两块弹性强度性能好的金属平板，作为差动可变电容器的两个活动电极，被测压力分别置于两块金属平板两侧，在压力的作用下，能产生相应位移。当可动极板与另一电极的距离发生变化时，则相应的平板电容器的容量发生变化，最后由变送器将变化的电容转换成相应的电压或电流。

3）霍尔压力传感器。霍尔压力传感器是将弹性元件感受的压力变化引起的位移通过霍尔元件转换成电压信号。霍尔元件是一块半导体元件。

把霍尔元件固定在弹性元件上，当弹性元件受压变形后产生位移，带动霍尔元件运动，将霍尔元件放在具有均匀梯度的磁场内（不均匀磁场），当霍尔元件随压力变化而运动时，则作用于霍尔片上的磁场强度变化，霍尔电势也随之变化，霍尔电势的大小正比于位移的变化，这样也就完成了压力变化→机械位移→霍尔电势的变化。压力式传感器只能用在测量动态压力和快速脉动的压力上。

（2）压电传感器。压电传感器是利用某些材料的压电效应原理制成的，具有这种效应的材料如压电陶瓷、压电晶体称为压电材料。

压电效应是压电材料在一定方向受外力作用而产生形变时，内部将产生极化现象，同时在其表面上产生电荷，当去掉外力时，又重新返回不带电的状态，这种机械能转变成电能的现象，称为压电现象，而压电材料上电荷量的大小与外力的大小成正比。

压电材料通常是人工合成的，天然的压电晶体也有，但效率低，利用难度较大，用得较少，只有在高温或低温状态下，才用单晶石英晶体。

1）压电陶瓷传感器。压电陶瓷是人工烧结的一种常用的多晶压电材料。压电陶瓷烧结方便，容易成形，强度高，而且压电系数高，为天然单晶石英晶体的几百倍，而成本只有石英单晶的百分之一，因此压电陶瓷广泛被用作高效压力传感器的材料。

常用的压电陶瓷材料有钛酸钡 $BaTiO_3$、锆钛酸铅等。

2）有机压电材料传感器。有机的压电材料是新研究开发的新压电材料，如聚氯乙烯 PVC、聚二氟乙烯 FVF_2。具有柔软、不易破碎的特点。因此也广泛地应用在压力测量上。

3. 流量传感器

常用的流量传感器有节流式、速度式、容积式和电磁式。

（1）节流式流量传感器。在被测管道上安装一节流器件，如孔板、喷嘴、靶、转子等，使流体流过这些阻挡体时，根据流体对节流元件的推力和节流元件前后的压力差，来测定流量的大小。

1）压差式流量计。流体流经节流元件——孔板时，流速加快，压力下降，测出孔板前后压力差，把压力差转换成相应的电压或电流量的大小。压差式流量计精度较差，但结构简单，制造方便，是一种常用的流量测量仪器。

2）靶式流量计。把节流元件做成悬挂在管道中央的一个小靶，只要测出流体对靶的压力，便得到流量的大小。输出信号取自作用于靶上的压力。靶式流量计经常用于高黏度的流体，如重油、沥青等流量的测量，也适用于有浮黑物、沉淀物的流体流量测量。

3）转子流量计。把转子放在一个圆锥形的测量管道中，当被测流体自下而上流入时，在转子前后产生一压差，转子的平衡位置反映了流量的大小，把转子的位置转换成电信号，就可以测得流体的流量大小。

（2）速度式流量传感器。

1）涡流流量计是在导管中心轴上安装一个涡轮，流体推动涡轮转动，涡轮的转速正比于流体的流量。涡轮的叶片采用导磁材料制成，在非导磁材料做成的导管外面安放一组套有感应线圈的磁铁，涡轮旋转，每片叶片经过磁铁时改变磁通量，磁通量变化感应出电脉冲来测量流量。

为了提高测量精度，在涡轮前后均装有导流器和一段直管，入口直段的长度应为管径10倍，出口长度应为管径的5倍。涡轮流量计线性好，反应灵敏，但只能在清洁流体中使用。

2）光纤式涡轮传感器，该传感器涡轮叶片上贴一小块具有高反射率的薄片或一层反射膜，探头内的光源通过光纤把光线映射到涡轮叶片上，当反射片通过光纤入射口时，入射光线被反射到探测探头上，探头由光电器件组成，光线射到光电器件后变成电脉冲，计出这电脉冲数就能算出涡轮的转速和相应的流体的流量。

光纤涡轮传感器具有重现性和稳定性能好，不受环境、电磁、温度等因素的干扰的优点，显示迅速，测量范围大的优点，缺点是只能用来测量透明的气体和液体。

（3）容积式流量传感器。常用的是椭圆齿轮流量计，它靠一对加工精良的椭圆齿轮在一个转动周期里排出一定量的流体，只要累计计出齿轮转动的圈数，就可以得知一段时间内的流体总量。这种流量计是按照固定的排出量计算流体的流量。椭圆齿轮流量计可达到极高的测量精度，一般可达到0.2%～0.55%，所以经常作为精密测量用，该流量计也常用于高黏度的流体流量测量。

（4）电磁式流量传感器。常用在测量导电液体流量上，被测液体的电导率应大于或等于5μS/cm。它利用导电液体通过安装在测量管两侧的固定磁场，在两固定电极上感应出电动势，电动势大小与流量大小成正比。

电磁式流量传感器的优点是在管道中不设任何节流元件，因此可以测量各种黏度的导电液体，特别适合测量含有各种纤维和固体污物的腐体，此外对腐蚀性液体也适用。除了测量管中一对电极与流体接触，没有其他零件接触，工作可靠，精度高，线性好，测量范围大，反应速度又快。

4. 液位检测传感器

（1）电阻式液位传感器。电阻式液位传感器是利用液体的电阻来作为监控的对象，在液体介质中安装几个金属接点，利用介质的导电性接通检测控制回路，检测液体液位的高低。为了更精确地连续反映液位的高低，也可在容器内置浮筒，构成浮筒式液位计，浮筒经过一连杆与滑动电阻器中心滑动触点相连，随液位升降，滑动电阻器的阻值也相应发生变化。选择精度较高的、性能稳定的、线性较好的滑线变阻器，即可由变阻器的电阻值精确反映出液面的高度。也可将浮筒与一压力弹簧相联，平时浮筒重量大于浮力，无液体时，浮筒的重量靠弹簧拉力平衡，当有液体时，浮筒受到浮力，减轻了弹簧拉力，浮力的大小与弹簧形变的恢复成正比，通过位移—电压转换器，输出与浮力相对应的检测电压。

这种检测仪表结构简单，价格便宜，但只能用于无腐蚀液体中，否则液体的腐蚀会使弹簧的弹性系数发生变化，给测量带来误差。该仪表适用于 200cm 以内密度为 0.1～0.5g/cm^{3}液体界面的连续测量。

（2）电容式液位传感器。电容式液位计是用于液体液位连续精密的测量仪器。它是用金属棒和与之绝缘的金属外筒作为两个电极，圆筒电极的高度为 L，外电极底部有孔，被测液体能够进入内外电极之间的空间中，当液面低于液位计时，液位为零，此时液位计相当于一个以空气为介质的同心圆筒电容。

当液面上升到 H 高度时，则液位计的电容可能为二段电容的并联，上段电容介质为空气，高为 $L-H$，下段电容介质为液体，高度为 H，测得此刻的电容量，即可得到液面高度。这时测量的电容量与液面为线性关系。这种方法经常用于测量油类非导电性的液体液位。

如被测液体是水或导电液体，则可在内电极上套一绝缘层，如搪瓷、塑料套管，若容器是金属的则可用容器外壳作为一个电极。如容器直径太大，则可以如上述的用一个金属圆筒作为一个外电极，当没有液体时，液位计的电容内介质是空气和棒上的绝缘层，电容量很小。当液体液位上升到 H 时，由于液体导电性能，电容量大幅增加，此刻电容量的大小与液位的高度成正比。

若把内电极做成一个外表面绝缘的浮筒，套在外筒内（如容器是金属的，则容器当另一电极），外筒当另一电极，浮筒是一个活动的电极，当液体发生变化时，浮筒随之发生变化，相当于电容的极板面积的变化，这极板面积又与液位高低成正比，即此刻液位计的电容量就与液位的高低成正比，读出电容量就能得出液体高度。

使用电容量液位计时，应考虑液体的介电系数随温度、杂质成分变化而引起的误差。

5. 检测仪表

（1）温度检测仪表。

1）压力式温度计。压力式温度计通过测温物质的压力随温度变化来测量温度。它由密封测量系统和指示仪两部分组成。按其所充测温物质的相态，分为充气式、充液式和蒸汽式三种。按它的功能可分为指示式、记录式、报警式和温度调节式等类型，它们的结构基本相同。

压力式温度计适用于工业场合测量各种对铜无腐蚀作用的介质温度，若介质有腐蚀作用应选用防腐型。压力式温度计广泛应用于机械、轻纺、化工、制药、食品行业对生产过程中的温度测量和控制。防腐型压力式温度计采用全不锈钢材料，适用于中性腐蚀的液体和气体介质的温度测量。

2）双金属温度计。双金属温度计的感温元件是由膨胀系数不同的两种金属片牢固地结合在一起而制成。其中一端为固定端，当温度变化时，由于两种材料的膨胀系数不同，而使双金属片的曲率发生变化，自由端的位移，通过传动机构带动指针指示出相应的温度。工业双金属温度计按结构形式分为指示型或指示带电接点型。

此外，双金属温度计探杆长度可以根据客户需要来定制，该温度计从设计原理及结构上具有防水、防腐蚀、隔爆、耐震动、直观、易读数、无汞害、坚固耐用等特点，可取代其他形式的测量仪表，广泛应用于石油、化工、机械、船舶、发电、纺织、印染等工业和科研部门。

3）玻璃温度计。

①棒式玻璃温度计。由厚壁毛细管构成，温度标尺直接刻在毛细管的外表面上，为满足不同的测温方法，其外形有直形、90°角形、135°角形。

②内标式玻璃温度计。由薄壁毛细管制成，温度标尺另外刻在乳白色玻璃板上，置于毛细管后，外用玻璃外壳罩封，此种结构标尺刻度读数清晰。

③外标式玻璃温度计。将玻璃毛细管直接固定在外标尺（铅、铜、木、塑料）板上，这种温度计多用来测量室温。玻璃温度计还可以按其他特殊要求制成带金属保护管的，供在易碰撞的地方与不能裸露挂置的地方使用。

4）辐射温度计。辐射温度计的组成包括：

①光学系统。将被测物体的辐射能量聚集在检测元件上。

②检测元件。或称接受器，一般使用热电堆、热电阻等热敏元件。

③测量仪表。把接收器输出的电信号通过电子线路交换、放大，用指针或数字形式显示出被测物质的温度值。

④辅助装置。可根据使用要求增设冷却装置、烟尘防护装置等。

辐射温度计的测量不干扰被测温场，不影响温场分布，从而具有较高的测量准确度。辐射测温的另一个特点是在理论上无测量上限，所以它可以测到相当高的温度。此外，其探测器的响应时间短，易于快速与动态测量。在一些特定的条件下，例如核子辐射场，辐射测温仪可以进行准确而可靠的测量。

辐射测温法不能直接测得被测对象的实际温度。要得到实际温度需要进行材料发射率的修正，而发射率是一个影响因素相当复杂的参数，这就增加了对测量结果进行处理的难度。另外，由于是非接触，辐射温度计的测量受到中间介质的影响，特别是在工业现场条件下，周围环境比较恶劣，中间介质对测量结果的影响更大。

（2）压力检测仪表。

1）一般压力表。一般压力表适用于测量无爆炸危险、不结晶、不凝固及对钢及铜合金不起腐蚀作用的液体、蒸汽和气体等介质的压力。

压力表按其作用原理分为液柱式、活塞式、弹性式及电气式四大类。

①液柱式压力计。一般用水银或水作为工作液，用于测量低压、负压的压力表。被广泛用于实验室压力测量或现场锅炉烟、风通道各段压力及通风空调系统各段压力的测量。液柱式压力计结构简单，使用、维修方便，但信号不能远传。

②活塞式压力计。可将被测压力转换成活塞上所加平衡砝码的重力进行测量，例如压力校验台等。活塞式压力计测量精度很高，可达0.02%～0.05%，用来检测低一级的活塞式压力计或检验精密压力表是一种主要的压力标准计量仪器。

③弹性式压力计。是用弹性传感器（又称弹性元件）组成的压力测量仪表。这种仪表构造简单、牢固可靠、测压范围广、使用方便、造价低廉、有足够的精度，可与电测信号配套制成遥测遥控的自动记录仪表与控制仪表。

④电气式压力计。可将被测压力转换成电量进行测量，例如，电容式压力（压差）、变送器、霍尔压力变送器以及应变式压力变送器等。多用于压力信号的远传、发信或集中控制，和显示、调节、记录仪表联用，则可组成自动控制系统，广泛用于工业自动化和化工过程中。

2）远传压力表。它由一个弹簧管压力表和一个滑线电阻传送器构成。滑线电阻传送器固定在表壳内，而电刷则与弹簧管自由端传动机构联结，当弹簧管受压力后，一方面带动指示指针偏转，另一方面使电刷在电阻器上滑行，使被测压力值的位移转换成电阻值的变化，测出电阻值大小，显示仪表读出相应压力值。电阻远传压力表适用于测量对钢及钢合金不起腐蚀作用的液体、蒸汽和气体等介质的压力。

电阻远传压力表适用于测量对钢及铜合金不起腐蚀作用的液体、蒸汽和气体等介质的压力。因为在电阻远传压力表内部设置一滑线电阻式传送器，故可把被测值以电量传至远离测量的二次仪表上，以实现集中检测和远距离控制。此外，本压力表也能就地指示压力，以便于现场工作检查。

3）电接点压力表。电接点压力表由测量系统、指示系统、磁助电接点装置、外壳、调整装置和接线盒（插头座）等组成。电接点压力表的工作原理是基于测量系统中的弹簧管在被测介质的压力作用下，迫使弹簧管的末端产生相应的弹性变形—位移，借助拉杆经齿轮传动机构的传动并予放大，由固定齿轮上的指示装置（连同触头）将被测值在度盘上指示出来。

电接点压力表广泛应用于石油、化工、冶金、电力、机械等工业部门或机电设备配套中测量无爆炸危险的各种流体介质压力。仪表经与相应的电气器件（如继电器及变频器等）配套使用，即可对被测（控）压力系统实现自动控制和发信（报警）的目的。

4）隔膜/膜片式压力表。隔膜式压力表由膜片隔离器、连接管口和通用型压力仪表三部分组成，并根据被测介质的要求在其内腔内填充适当的工作液。当被测介质的压力作用在隔离膜片上，使之发生变形，压缩内部充填的工作液，使工作液中形成一个与之相当的压力，通过工作液的传导，使压力表中弹性元件的自由端产生相应的弹性变形—位移，再按与之相配的压力仪表工作原理显示出被测压力值。隔膜式压力表专门供石油、化工、食品等生产过程中测量具有腐蚀性、高黏度、易结晶、含有固体状颗粒、温度较高的液体介质的压力。

（3）流量仪表。常用的流量仪表有电磁流量计、均速管流量计、涡轮流量计、椭圆齿轮流量计和玻璃管转子流量计。几种常见的流量计特征表如表 6.2.4 所示。

表 6.2.4　各类流量计特征

名称	测量范围	精度	适用场合	相对价格	特点
玻璃管转子流量计	16～1 000 000L/h（气） 1.0～40 000L/h（液）	2.5	空气、氮气、水及与水相似的其他安全流体小流量测量	较便宜	1. 结构简单、维修方便； 2. 精度低； 3. 不适用于有毒性介质及不透明介质； 4. 属面积式流量计
涡轮流量计	$0.045 \sim 2\,800m^3/h$	2	适用于黏度较小的洁净流在宽测量范围的高精度测量	较贵	1. 精度较高，适于计量； 2. 耐温耐压范围较广； 3. 变送器体积小，维护容易； 4. 轴承易磨损，连续使用周期短

续表 6.2.4

名称	测量范围	精度	适用场合	相对价格	特点
电磁流量计	2～5 000m³/h	1	适用于电导率＞10^{-4}S/cm 的导电液体的流量测量	贵	1. 只能测导电液体； 2. 测量精度不受介质黏度、密度、温度、导电率变化的影响； 3. 几乎没有压损，属流量式流量计； 4. 不适合测量电磁性物质
椭圆齿轮流量计	0.05～120m³/h	0.2～0.5	适用于高黏度介质流量的测量	较贵	1. 精度较高； 2. 计量稳定； 3. 不适用于含有固体颗粒的液体； 4. 属容积式流量计
节流装置（差压式）流量计	60～2 500mmH_2O	1	非强腐蚀的单向流体流量测量，允许一定的压力损失	较便宜	1. 使用广泛； 2. 结构简单； 3. 对标准节流装置不必个别标定即可使用； 4. 属差压计（流量计）
均速管流量计	—	—	大口径大流量的各种液体流量测量	较便宜	1. 结构简单； 2. 安装、拆卸、维修方便； 3. 压损小、能耗少； 4. 属差压计（流量计）； 5. 输出差压较低

1）电磁流量计。一种测量导电性流体流量的仪表。它是一种无阻流元件，阻力损失极小，流场影响小，精确度高，直管段要求低，而且可以测量含有固体颗粒或纤维的液体，腐蚀性及非腐蚀性液体，这些都是电磁流量计比其他流量仪表所优越的。

电磁流量计广泛应用于污水，氟化工，生产用水，自来水行业以及医药，钢铁等诸多方面。由于原理决定了它只能测导电液体。

2）涡轮流量计。涡轮流量计是一种速度式流量计，主要是由涡轮流量变送器和指示计算仪组成，涡轮流量变送器把流量信号转换成电信号，由指示计算仪显示被测介质的体积流量和流体总量，并输出 0～10mA 或 4～20mA 直流信号，与调节仪表配套控制流量。涡轮流量计的传感器可分为普通型和高精度耐磨型两种；放大器可分为普通型和隔爆型两种。

涡轮流量计具有精度高，重复性好，结构简单，运动部件少，耐高压，测量范围宽，体积小，重量轻，压力损失小，维修方便等优点，用于封闭管道中测量低黏度气体的体积流量。在石油、化工、冶金、城市燃气管网等行业中具有广泛的使用价值。

3）椭圆齿轮流量计。椭圆齿轮流量计又称排量流量计，是容积式流量计的一种，在流量仪表中是精度较高的一类。它利用机械测量元件把流体连续不断地分割成单个已知的体积部分，根据计量室逐次、重复地充满和排放该体积部分流体的次数来测量流量体积总量，也可将流量信号转换成标准的电信号传送至二次仪表。用于精密的连续或间断的测量管道中液体的流量或瞬时流量，它特别适合于重油、聚乙烯醇、树脂等黏度较高介质的流量测量。

(4) 物位检测仪表。在工业生产过程中，把罐、塔、槽等容器中存放的液体表面位置称为液位；把料斗、堆场仓库等储存的固体块、颗粒、粉粒等的堆积高度和表面位置称为料位；两种互不相溶的物质的界面位置叫作界位。液位、料位以及界位总称物位。对物位进行测量的仪表被称为物位检测仪表。

物位测量仪表的种类很多，如果按液位、料位、界面可分为：

1) 测量液位的仪表。玻璃管（板）式、称重式、浮力式（浮筒、浮球、浮标）、静压式（压力式、差压式）、电容式、电阻式、超声波式、放射性式、激光式及微波式等。

2) 测量界面的仪表。浮力式、差压式、电极式和超声波式等。

3) 测量料位的仪表。重锤探测式、音叉式、超声波式、激光式、放射性式等。

物位检测仪表分类如表 6.2.5 所示。

表 6.2.5 物位检测仪表分类

类别		适用对象	测量方式	使用特征	安装方式	原理
直读式	玻璃管式	液位	连续	直观	侧面、弯通管	利用连通器液柱静压平衡原理，液位高度由标尺读出
	玻璃板式	液位	连续	直观	侧面	
差压式	压力式	液位、料位	连续	用于大量程开口容器	侧面、底置	液体静压力与液位高度成正比
	吹气式	液位	连续	适用黏状液体	顶置	吹气管鼓出气泡后，吹气内压力基本等于液柱静压
	差压式	液位、界位	连续	法兰式可用于黏性液体	侧面	容器液位与相通的差压计正负压室压力差相等
浮力式	浮子式	液位、界位	定点、连续	受外界影响小	侧面	基于液体的浮力使浮子随液位变化而上升或下降，实现液位测量
	翻板式	液位	连续	指示醒目	侧面、弯通管	由连通管组件、浮子和翻板指示装置组成，装有永久磁铁
	沉筒式	液位、界位	连续	受外界影响小	内、外浮筒	测量用浮筒深入介质中，当液位变化时，沉筒位移变化，实现液位测量
	随动式	液位、界位	连续	测量范围大、精确度高	顶置、侧面	随液位上升的敏感元件可产生的感应电势输出至显示控翻表

续表 6.2.5

<table>
<tr><th colspan="2">类别</th><th>适用对象</th><th>测量方式</th><th>使用特征</th><th>安装方式</th><th>原理</th></tr>
<tr><td rowspan="3">机械接触式</td><td>重锤式</td><td>液位、界位</td><td>连续、断续</td><td>受外晃影响小</td><td>顶置</td><td rowspan="3">这类仪表是通过探头与物料面接触时的机械力来实现物位测量、报警或控制</td></tr>
<tr><td>旋翼式</td><td>料位</td><td>定点</td><td>受外界影响小</td><td>顶置</td></tr>
<tr><td>音叉式</td><td>液位、料位</td><td>定点</td><td>测量比重小，非黏性物料</td><td>侧面、顶置</td></tr>
<tr><td rowspan="3">电测式</td><td>电阻式</td><td>液位、料位</td><td>定点、连续</td><td>适用导电介质的液位</td><td>侧面、顶置</td><td rowspan="3">利用测量元件把物位变化转换成电量进行测量的仪表</td></tr>
<tr><td>电感式</td><td>液位</td><td>连续</td><td>介质介电常数变化影响不大</td><td>顶置</td></tr>
<tr><td>电容式</td><td>液位、料位</td><td>定点、连续</td><td>应用范围广</td><td>侧面、顶置</td></tr>
<tr><td rowspan="4">其他</td><td>超声波式</td><td>液位、料位</td><td>定点、连续</td><td>不接触介质</td><td>顶置、侧面、底置</td><td>由电子装置产生的超声波，当液位变化时，接收探头接受的声波含量信号发生变化，使放大器的振荡改变，发出控制信号</td></tr>
<tr><td>辐射式</td><td>液位、料位</td><td>定点</td><td>不接触介质</td><td>顶置、侧面</td><td>利用核辐射穿透物质，以及在物质中按一定的规律减弱的现象，确定物位</td></tr>
<tr><td>光学式</td><td>液位、料位</td><td>定点</td><td>不接触介质</td><td>侧面</td><td>由发射部分产生光源，当被测料位变化时，由接受部分的光敏元件转换为控制信号输出</td></tr>
<tr><td>热学式</td><td>液位、料位</td><td>定点</td><td>—</td><td>—</td><td>微波或红外线在不同介质常数的介质中传播时，根据被吸收的能量不同而确定液位变化</td></tr>
</table>

（二）执行器

传感器把温度、湿度、压力等物理量，转换成电量后，送到控制器中，控制器根据控制要求，把输入的电量与设定值相比较，将其偏差经相应的调节后输出一开/关或连续的控制信号，去控制（调节）相应的执行器，实现对被控量的控制。

从组成结构来看，执行器一般由执行机构和调节机构两部分组成。执行机构是执行器的推动部分，按照调节（控制）器输出信号的大小和类型，执行机构产生推力和位移；调节机构是执行器的调节部分，调节机构通过执行元件直接改变生产过程的参数，使生产过程满足预定的要求。

1. 执行机构

执行机构根据调节（控制）器发出的调节指令，驱动调节机构动作。按照执行机构的运动方式，分为角行程执行机构和直行程执行机构。按照执行机构所用的辅助能源，分为气动、电动和液动三种类型。气动执行机构结构简单，电动执行机构能源取用方便，液动执行机构驱动力大。

无论采用哪种执行机构，都要能接受所选用调节（控制）器的输出信号的控制。在选用调节（控制）器与执行机构时，要特别注意信号之间的匹配。现在大多数调节（控制）器的输出信号和电动执行机构的输入信号能提供多种选择，这为我们的设备选型带来了便利。

电动执行机构在楼宇控制系统中广泛使用。电动执行机构接受断续的控制信号，对调节机构实现二位控制（开/关）控制。电动执行机构接受标准直流信号（DC 0～10V，4～20mA），经电或机械，驱动调节机构，转换成与输入信号相对应的轴向（或转角）位移，操纵相关的阀门、风门、挡板，完成自动调节的任务。通用电动执行器有风阀执行器和水阀执行器。

2. 调节机构

调节机构接受执行机构输出的轴向或转角位移，改变几何位置，达到被控量的自动控制。调节机构包括电磁阀、电动调节阀、风阀等部件。

（1）电磁阀。电磁阀是利用磁铁作为动力元件，以电磁铁的吸放对阀门做通断两种状态的控制。能和双位调节器组成简单的统计系统。电磁阀按其结构可分直动式和先导式两种。

1）直动式电磁阀的工作原理。线圈通电后产生磁场，活动铁芯被磁力吸起，阀塞上提，阀门打开。当线圈断电后，在复位弹簧和活动铁芯自重作用下，阀塞复位，阀门关闭。

2）先导式电磁阀的工作原理。先导式电磁阀由导阀和主阀组成，它的动作特点是通过导阀的先导作用，使主阀发生开闭动作。当电磁线圈通电后，线圈产生电磁力吸引活动铁芯上升，导阀打开。而在主阀塞上腔和主阀塞下方产生压力差，打开主阀。当线圈断电后，铁芯因电磁力消失而复位，导阀关闭，主阀上腔的压力因平衡孔内介质的注入而上升，直到等于主阀下方压力，主阀塞在本身重力与弹簧力的作用下下落，主阀塞复位，阀门关闭。

先导式电磁阀只要能吸引尺寸和重量都很小的导阀阀芯，就能推动主阀塞打开阀门，所以不论电磁阀通径大小，其电磁部分，包括线圈都可作为一个通用尺寸，使先导电磁阀具有重量轻，外形小和便于系列化的优点。

（2）电动调节阀。电动调节阀按其结构分二通阀和三通阀两种。电动调节阀以交流电源为动力，接受标准直流信号，将其转变为相应的开度（0～100%）。以实现对流量、压力、温度、液位的调节。电动调节阀由电动机、减速器、终端开关和阀体组成。电动机通电旋转时，通过减速器的丝杆和导板的作用，将电动机的旋转变为阀杆的直线运动，使阀芯上下移动。随着电动机转向不同，使阀芯朝着开启和关闭的方向移动。当阀芯达到极限位置时，通过内部的限位开关，自动切断电机电源。并发出声音或灯光信号。

（3）风门（阀）。风门由若干叶片组成，当叶片转动时改变风道的等效截面面积，即改变了风门的阻力系数，其流过的风量相应地改变，从而达到了调节风流量的目的。在空调通风系统中控制风的流量应用风门多。

叶片的形状决定风门的流量特性。同调节阀一样，风门也有多种流量特性供应用选择。风门的驱动器可以是电动的，也可以是气动的。在建筑物中一般采用电动式风门。

（4）其他执行器。除了调节阀和风阀，在楼宇控制中还用到一些特殊的执行器。像新出现的电流阀就是其中之一。电流阀接受调节（控制）器输出的标准控制信号，输出和控制信号成比例的恒压电流或者电流脉冲，通过控制电加热器的输出功率来调节温度参数。

三、常用的计算机控制系统

用计算机来代替控制器，就构成了计算机控制系统。由于计算机处理的是数字信号，对于控制系统中开关信号的处理非常简单，而对于控制系统中模拟信号的处理必须经过模/数和数/模转换，因此在计算机控制器中要有将模拟信号转换为数字信号的模数（A/D，Analog to Digital）转换器，以及将数字信号转换为模拟信号的（D/A，Digital to Analog）转换器。也要有相应的模拟输入和模拟输出接口和不经过模/数或数/模转换的数字输入和数字输出接口。

（一）集散控制系统

现在的智能建筑中，有大量的机电设备，如空调设备、给排水设备、电气设备等，而且分布很散，对这些设备的控制繁杂，工程量很大。采用专用计算机对机电设备集中控制的方式已经很难实现。尤其是专用计算机集中控制的高度风险远远满足不了系统可靠性的要求。随着计算机技术与通信技术的发展出现了一种先进的控制方法—集散型控制系统。集散型计算机控制系统又名分布式计算机控制系统（DCS），简称集散控制系统。它的特点是以分布在被控设备现场的计算机控制器完成对被控设备的监视、测量与控制。中央计算机完成集中管理、显示、报警、打印等功能。先进的计算机网络把所有现场的计算机控制器与中央计算机联系在一个系统内，完成对系统集中管理与分散控制的功能。

1. 集散控制系统组成

集散控制系统由集中管理部分、分散控制部分和通信部分组成。集中管理部分主要由中央管理计算机与相关控制软件组成。分散控制部分主要由现场直接数字控制器（DDC）及相关控制软件组成，用于对现场设备的运行状态、参数进行监测和控制。分散控制部分的输入端连接传感器等探测设备，分散控制部分的输出端与执行器连接在一起，完成对被控量的调节。通信部分连接集散控制系统的中央管理计算机与现场直接数字控制器，完成数据、控制信号及其他信息的传递。

集散型控制系统软件实现了对系统的优化控制与管理。

2. 现场控制器

集散型计算机控制系统是通过通信网络系统将现场控制器与中央管理计算机连接起来，共同完成各种采集、控制、显示、操作和管理功能。现场控制器采用了计算机技术，通常又称直接数字控制器，简称DDC。

在集散控制系统中，各种现场检测仪表（如各种传感器、变送器等）送来的测量信号均由现场控制器进行实时的数据采集、处理、上下限报警等。所有测量值和报警值经通信网络传送到中央计算机数据库，供实时显示、优化计算、报警打印等。

现场控制器将现场的测量信号与设定值进行比较，产生偏差由现场控制器完成各种闭环反馈控制，推动执行器完成对被控量的控制。

现场控制器按其处理数据的类型划分，可分为数字控制器和通用控制器。数字控制器仅能处理开/关信号，而不能输入与输出模拟信号。通用控制器既能接收数字量的开关信号，也能接收模拟量的输入信号，同样也能输出数字量的开关信号和模拟量的控制信号。

现场控制器通常设置在靠近控制设备的地方。为适应各种不同环境，应具有防尘、防潮、防电磁干扰、抗冲击、振动及耐高低温等恶劣环境的能力。

3. 中央管理计算机

集散型控制系统的中央管理计算机提供了集中监视、管理、系统生成以及诊断等功能。中央管理计算机系统由大屏幕监视器（CRT）、控制计算机以及相关软件组成。一个集散系统中可以配置多个中央管理计算机工作站。

4. 系统控制软件

系统控制软件是指完成操作、监控、管理、控制、计算和自诊断等功能的计算机程序。整个系统在软件指挥下协调工作。软件可分为系统管理软件和现场控制器管理软件。

(二) 现场总线控制系统

以现场总线技术为基础的现场总线控制系统（FCS）是以网络为基础的开放型控制系统。现场总线是控制现场与智能化现场设备之间的数字式、双向传输、多节点、多分支结构的数字通信网络，也被称为开放式、数字化多点通信的底层控制网络。集散式控制系统（DCS）是把控制网络连接到现场直接数字控制器（DDC），而现场总线控制系统（FCS）则把通信线一直连接到现场设备，把单个分散的测量控制设备变成网络节点，以现场总线为纽带，组成一个集散型的控制系统。现场总线控制系统适应了控制系统向分散化、网络化、标准化发展的趋势，是继DCS之后的新一代控制系统。

新型的现场总线控制系统（FCS）用公开的、标准化的、通信网络代替了集散型的控制系统的专用网络，实现了不同厂商现场设备之间的兼容性与互换性。

1. 现场总线控制系统的特点

(1) 系统的开放性。现场总线为开放式的互联网络，既能与同类网络互联，也能与不同类型网络互联。开放系统是指它可以与世界上任何地方遵守相同标准的其他设备或系统连接，通信协议的公开，使遵守同一通信协议的不同厂家的设备之间可以实现互换。用户可按自己的需要，用不同供应商的产品组成自己需要的系统，通过现场总线构筑各种自动化的控制系统。

(2) 互操作性。互操作性是指不同生产厂家性能类似的设备不仅可以相互通信，并能互相组态，相互替换构成相应的控制系统。

(3) 分散的系统结构。现场总线系统把集散性的控制系统中的现场控制功能分散到现场仪表，取消了DCS中的DDC，它把传感测量、补偿、运算、执行、控制等功能分散到现场设备中完成，体现了现场设备功能的独立性。

它构成一种新的分散控制的系统结构，简化了系统，提高了可靠性。

现场总线系统的接线十分简单，一对双绞线可以挂接多个设备，当需要增加现场控制设备时，可就近连接在原有的双绞线上，既节省了投资，也减少了安装的工作量。

用户可以选择不同厂商所提供的设备来集成系统，避免因选择了某一品牌的产品而限定了以后使用设备的选择范围，也不会出现系统集成中协议，接口不兼容等问题。

(4) 现场总线控制系统的优点。智能现场直接数字控制器（DDC）直接进行数据通信，总线取代传感器与DDC间的单独布线，现场仪表的功能与精度大为提高，多功能仪表大量出现，设备的选择范围大大扩展。

2. 几种常见的现场总线

比较有影响的几种现场总线形式有：

（1）Lonworks总线。Lonworks总线是一种具有强大功能的现场总线技术。它采用了ISO/IOS模型的全部七层通信协议，采用了面向对象的设计方法，它把单个分散的测量控制设备变成网络节点，通过网络实现集散控制。通过网络变量把网络通信设计简化为参数设置，其通信速率从300kb/s至1.5Mb/s不等，直接通信距离可达2 700m（78kb/s，双绞线）；支持双绞线、同轴电缆、光纤、射频、红外线和电力线等多种通信介质，并开发了相应的安全防爆产品，被誉为通用控制网络。

（2）CAN总线。CAN总线是控制局域网络（Control Area Network）的简称，用于汽车内部测量与执行机构之间的数据通信。广泛应用于离散控制领域。CAN协议也是建立在国际标准化组织的开放系统互联模型基础上。其模型结构只有三层，即只取ISO底层的物理层、数据链路层和顶层的应用层，其信号传输介质为双绞线，以1Mbps传输，其最远直接传输距离可达40m，以5kbps传输，其最远直接传输距离可达10km，最多可挂接设备数达110个。

（3）FF总线。基金会现场总线FF（Foundation Fieldbus）是在过程自动化领域得到广泛支持和具有良好前景的技术。它以ISO/OSI开放系统互联模型为基础，取其物理层、数据链路层、应用层为FF通信模型的相应层次，并在应用层上增加用户层。

（4）PROFIBUS总线。PROFIBUS系列由PROFIBUS－DP、PROFIBUS－FMS、PROFIBUS－PA组成。DP型适合于加工自动化领域的应用。FMS意为现场信息规范，PROFIBUS－FMS适用于纺织、楼宇自动化、可编程控制器、低压开关等。PA型则是用于过程自动化的总线类型，它采用OSI模型的物理层和数据链路层，FMS还采用了应用层。其传输介质可以是双绞线或光缆；最多可以挂接127个站点；可实现总线供电与安全防爆。

（5）HART总线。HART是Highway Addressable Remote Transducer的缩写，被称为可寻址远程传感器高速通道的开放通信协议，其特点是在现有的模拟信号传输线上实现数字信号通信，属于模拟系统向数字系统转变过程中的过渡产品，因而在当前的过渡时期具有较强的市场竞争能力，并得到了较快的发展。

四、自动控制系统的安装

（一）温度传感器的安装

1. 室内/外温度传感器

（1）室内温度传感器不应安装在阳光直射的地方，应远离室内冷/热源，如暖气片、空调机出风口。远离窗、门直接通风的位置。如无法避开则与之距离不应小于2m。

（2）室内温度传感器安装要求美观，多个传感器安装距地高度应一致，高度差不应大于1mm，同一区域内高度差不应大于5mm。

（3）室外温度传感器安装应有遮阳罩，避免阳光直射，应有防风雨防护罩，远离风口、过道。避免过高的风速对室外温度检测的影响。

2. 水管温度传感器

（1）不宜在焊缝及其边缘上开孔和焊接安装。

（2）开孔与焊接应在工艺管道安装时同时进行。应在工艺管道防腐和试压前进行。

（3）感温段宜大于管道口径的二分之一，应安装在管道的顶部。

（4）安装不宜选择在阀门等阻力件附近和水流流束死角和振动较大的位置。

3. 风管温度传感器

（1）应安装在风速平稳，能反映风温的位置。

（2）安装应在风管保温层完成后进行，安装在风管直管段或避开风管死角的位置。

（3）应安装在便于调试、维修的地方。

（4）温度传感器至DDC之间应尽量减少因接线电阻引起的误差，对于1kΩ铂温度传感器的接线总电阻应小于1Ω。对于NTC非线性热敏电阻传感器的接线总电阻应小于3Ω。

（二）湿度传感器安装

1. 室内/外湿度传感器

（1）不应安装在阳光直射的地方，应远离室内冷/热源，如暖气片、空调机出风口。远离窗、门直接通风的位置。如无法避开则与之距离不应小于2m。

（2）安装要求美观，多个传感器安装距地高度应一致，高度差不应大于1mm，同一区域内高度差不应大于5mm。

（3）室外安装应有遮阳罩，避免阳光直射，应有防风雨防护罩，远离风口、过道。避免过高的风速对室外湿度检测的影响。

2. 风管湿度传感器

（1）应安装在风速平稳，能反映风温的位置。

（2）风管保温层完成后安装传感器，安装在风管直管段或应避开风管死角的位置。

（3）应安装在便于调试、维修的地方。

（三）压力传感器安装

（1）压力传感器应安装在便于调试、维修的位置。

（2）风管型压力传感器宜安装在远离风口、过道的地方。

（3）风管型压力传感器应安装在风管的直管段，避开风管内通风死角和弯头。风管型压力传感器的安装应在风管保温层完成之后。

（4）水管压力传感器不宜在焊缝及其边缘上开孔和焊接安装。水管压力传感器的开孔与焊接应在工艺管道安装时同时进行。必须在工艺管道的防腐和试压前进行。

（5）水管压力传感器宜选在管道直管部分，不宜选在管道弯头、阀门等阻力部件的附近，水流流束死角和振动较大的位置。

（6）水管压力传感器应加接缓冲弯管和截止阀。

（四）流量测量仪表安装

1. 电磁流量计

（1）电磁流量计应安装在无电磁场干扰的场所。

（2）电磁流量计应安装在直管段。

（3）流量计的前端应有长度为10D（D为管径）的直管，流量计的后端应有长度为5D的直管段。

（4）传感器前后的管道中安装有阀门和弯头等影响流量平稳的设备，则直管段的长度还需相应增加。

（5）系统如有流量调节阀，电磁流量计应安装在流量调节阀的前端。

2. 涡轮式流量计

（1）涡轮式流量计应水平安装，流体的流动方向必须与流量计所示的流向标志一致。

（2）涡轮式流量计应安装在直管段，流量计的前端应有长度为 $10D$ 的直管，流量计的后端应有长度为 $5D$ 的直管段。

（3）如传感器前后的管道中安装有阀门和弯头等影响流量平稳的设备，则直管段的长度还需相应增加。

（4）涡轮式流量变送器应安装在便于维修并避免管道振动的场所。

（五）电量变送器安装

（1）被测回路加装电流、电压互感器，互感器输出电流、电压范围应符合电流、电压变送器的电流、电压输入范围。

（2）变送器接线时，应严防电压输入端短路和电流输入端开路。

（3）变送器的输出应与现场直接数字控制器输入通道的特性相匹配。

（六）电动调节阀安装

阀门驱动器按输出方式可分直行程、角行程和多转式三种类型，分别同直线移动的调节阀、旋转的蝶阀、多转式调节阀配合工作。

电动调节阀和工艺管道同时安装，在管道防腐和试压前进行。

（1）应垂直安装于水平管道上，尤其对大口径电动阀不能有倾斜。

（2）阀体上的水流方向应与实际水流方向一致。一般安装在回水管上。

（3）阀旁应装有旁通阀和旁通管路，阀位指示装置安装在便于观察的位置，手动操作机构应安装在便于操作的位置。

（4）电动调节阀的行程、阀前/后压力必须满足设计和产品说明书的要求。

（七）仪表回路模拟实验

自控仪表的调试工作是安装过程的重要组成部分，分为单体调试和系统调试。

1. 单体调试

单体调试目的是检查仪表是否符合各性能指标，是否运行正常，是一次调试。

2. 系统调试

系统调试是在仪表安装完毕后对回路系统进行的调试，又称为二次调试。目的是检查自控仪表回路，包括管路、线路在内各环节是否可靠；仪表进行必要调整和整定。

3. 集散系统的调试

集散系统调试分三个步骤进行：系统调试前的常规检查、系统调试、回路联调。系统调试指的是集散系统调试，而回路联调指的是集散系统和现场在线仪表连接调试。

（1）系统调试前的常规检查。

1）环境检查：空调系统、照明系统、温度、湿度和照明应达到集散系统使用环境条件。

2）系统接线检查：集散系统硬件设备柜和硬件设备之间查线、现场仪表至控制室查线。

3）系统接地电阻检查：检查安全接地、系统工作接地、安全保护接地。

4）绝缘电阻检查：信号线路 2MΩ，补偿导线 0.5MΩ，电源带电部分与外壳 5MΩ。

5）安全线路中绝缘强度检查、供电单元检查、系统预热检查等。

（2）系统调试。一般分为两步进行：单机调试和系统调试。

1）单机调试。按使用说明书对单台设备进行调试。如对打印机、CRT 显示器、过程控制单元（或装置）、复印机等进行调试。

2）系统调试。

①用诊断程序（磁带/磁盘）对系统进行诊断检查。

②对系统各种设备地址设定，输入/输出装置控制单元（或装置）的调整等。

③检查通信系统，对系统功能进行试验。调出状态显示立面，确认全部组件正常。

（3）回路联调。

1）系统误差检查。按组态图或回路图上的规定，在系统信号发生端（即变送器、检测元件或控制输出的操作端）施加或给出模拟信号，检查系统误差，最大误差值不应超过系统各单元仪表允许基本误差平方和的平方根值。系统调试不应少于 3 点，通常在零点、中间值、满量程三点进行。

2）系统控制回路调试。用 CRT 操作键盘检查输入处理控制作用，手动、自动切换和输出信号处理，检查执行器从始到终的全行程动作。包括动作方向、零点、满量程、线性、死区和全行程时间以及正/反作用等。调节系统还完成输出保持特性和比例、积分、微分动作以及按过程控制程序进行的各种性能调试。

3）报警、连锁、程控网路试验。对故障报警系统逐点模拟试验。在系统信号发生端加报警模拟信号，检查 CRT 显示系统功能、音响效果、打印结果等。

五、自动化控制仪表安装工程计量

根据《安装工程计量标准》的规定进行工程量计算。

（一）主要内容与说明

1. 主要内容

包括过程检测仪表，显示及调节控制仪表，执行仪表，集中检测、监控装置，过程分析和物性检测仪表，仪表回路模拟试验，工厂对讲系统，工业计算机安装与调试，仪表管路敷设，仪表盘、箱、柜及附件安装，仪表附件安装。

2. 相关说明

（1）自动化控制仪表安装工程适用于自动化控制系统的过程检测仪表、显示及调节控制仪表、执行仪表、机械量仪表、过程分析和物性检测仪表，和该系统的仪表回路模拟试验、安全监测及报警装置、工业计算机安装与调试、仪表管路敷设、仪表附件安装，以及仪表盘、箱、柜及其附件安装。

（2）自动化控制仪表安装工程中的控制电缆敷设、电气配管配线、桥架安装、接地系统安装，以及供电系统安装，应按《安装工程计量标准》附录 D“电气设备安装工程”相关项目编码列项。

（3）工厂对讲系统只适用于工业用途的建设项目，民用对讲系统应按《安装工程计量标准》附录 E“建筑智能化工程”相关项目编码列项。

（4）在线仪表及其流量计、调节阀、电磁阀、节流装置、取源部件等部件，以及管路敷设的焊口热处理及无损探伤，应按《安装工程计量标准》附录H“工业管道工程”相关项目编码列项。

（5）工业通信设备的安装与调试，应按《安装工程计量标准》附录L“通信设备及线路工程”相关项目编码列项。

（6）过程检测仪表（编码：030601）中的有关问题说明：

1）温度仪表规格需描述接触式温度计的尾长。

2）物位检测仪表规格需描述仪表长度或测量范围。

3）对于配套节流装置的仪表工作内容应包含节流装置吹扫后的二次清理和二次安装。

4）对于核辐射仪表工作内容应包含核辐射仪表安全保护。

（7）显示及调节控制仪表（编码：030602）中，基地式调节仪表的安装位置指支架上或盘上等。

（8）开关阀、电磁阀、伺服放大器，应按执行仪表（编码：030603）中的调节阀编码列项。

（9）过程分析和物性检测仪表（编码：030605）中，物性检测仪表安装部位指设备上安装或管道上安装等。

（10）工业计算机安装与调试（编码：030608）中的有关问题说明：

1）在线回路试验包括模拟量、数字量、脉冲量、无线测控点。

2）专用线缆的预留长度及附加长度见《安装工程计量标准》附录D“电气设备安装工程”。

3）敷设方式是指桥架（梯架）敷设、管道敷设或线槽敷设等线缆的敷设的形式。

（11）仪表管路敷设（编码：030609）中，仪表导压管敷设工程量计算不扣除阀门、管件所占长度，电伴热电缆工程量计算不扣除伴热元件所占长度。

（12）仪表附件安装（编码：030611）中，仪表附件是指压缩空气净化分配器等具有相对独立性的附件。

（二）工程计量规则

1. 过程检测仪表

温度仪表、压力仪表、变送单元仪表、流量仪表、物位检测仪表，按设计图示数量计算，其中温度仪表以“支”计算，其他以“台”计算。项目特征：名称，型号，规格，类型，配套管材质、规格等。工作内容：本体安装，挠性管安装，仪表校准，配合单体试运转等。

2. 显示及调节控制仪表

显示仪表、调节仪表、转换仪表、可编程仪表、基地式调节仪表、辅助单元仪表、盘装仪表，按设计图示数量以“台”计算。项目特征：名称，型号，规格，功能，配套管线材质、规格等。工作内容：本体安装、盘柜配线、挠性管安装、表盘开孔、配合单体试运转等。

3. 执行仪表

执行机构、调节阀、自力式调节阀，按设计图示数量以“台”计算。项目特征：名称，型号，功能，规格，挠性管材质、规格等。工作内容：本体安装、挠性管安装、附件、配合单体试运转等。

4. 集中检测、监控装置

称重及皮带跑偏检测装置，信号报警装置柜、箱，按设计图示数量以“台”计算；测厚测宽及金属检测装置、旋转机械检测仪表、安全监测装置、远动装置、顺序控制装置、信号报警装置、数据采集及巡回检测报警装置、气象环保检测仪表，按设计图示数量以“套”计算。项目特征：名称、型号、规格、功能等。工作内容：本体安装，挠性管安装，整机系统试验，配合单体试运转等。

5. 过程分析和物性检测仪表

过程分析仪表，物性检测仪表，特殊处理装置，按设计图示数量以“套”计算。项目特征：名称，型号，规格，功能，挠性管材质、规格，预处理装置等。工作内容：本体安装等。

6. 仪表回路模拟试验

检测回路模拟试验、调节回路模拟试验、报警连锁回路模拟试验、工业计算机系统回路模拟试验，按设计图示数量以“套（点）”计算。项目特征：根据名称、型号、规格、点数量等，工作内容：调试。

7. 工厂对讲系统

扩音对讲话站、扩音对讲话机、扩音设备，按设计图示数量以“台”计算；自动指令呼叫系统、载波电话、扩音对讲系统调试，按设计图示数量以“套”计算。项目特征：名称、型号、规格等，工作内容：本体安装、系统调试等。

8. 工业计算机安装与调试

（1）工业计算机柜、台设备，工业计算机外部设备，按设计图示数量以“台”计算。项目特征：名称、型号、规格、功能等。工作内容：本体安装、接线、接地。

（2）工业计算机系统硬件，过程控制管理计算机，生产、经营管理计算机，现场总线，在线回路试验，网络系统及设备联调，SCADA 系统调试，DCS 系统调试，PLC 系统调试，ESD/SIS 系统调试，RTU 系统调试，按设计图示数量以“套”计算。项目特征：名称、型号、规格、点数（回路）等。工作内容：本体安装等。

（3）组件（卡件）、线缆头、与其他系统数据传递调试，按设计图示数量以“个”计算。项目特征：名称、型号、规格、芯数等。工作内容：制作、安装。

（4）专用线缆，按设计图示尺寸以长度“m”计算。项目特征：名称，型号，规格，芯数，敷设方式，辅助元件型号、规格，测试段数。工作内容：线缆敷设、线缆辅助元件安装及测试。

9. 仪表管路敷设

钢管、不锈钢管、有色金属管、非金属管、管缆、电伴热电缆，按设计图示长度（数量）“m”计算。项目特征：名称、规格、连接方式、材质、伴热要求、压力等级等。工作内容：管路敷设、管路脱脂，通气、气密性试验等。

10. 仪表盘、箱、柜及附件安装（编码：030610）

盘、箱、柜，按设计图示数量以“台”计算，盘柜附件、元件，按设计图示数量以“个”计算。项目特征：名称、型号、规格、接线方式。工作内容：本体安装，盘柜配线，端子板校、接线等。

11. 仪表附件安装（编码：030611）

仪表阀门、仪表附件，按设计图示数量以“个”计算。仪表附件是指压缩空气净化分配器等具有相对独立性的附件。项目特征：名称、型号、规格、材质等。工作内容：本体制作安装，脱脂等。

（三）自动化控制系统工程计量示例

1. 背景

某工业自动化系统项目，设计文件（略）。主要安装的仪器仪表有温度仪表、压力仪表和调节阀，其名称、规格、型号、材质、数量等见表 6.2.6。

2. 问题

根据《建设工程工程量清单计价标准》GB/T 50500—2024 和《通用安装工程工程量计算标准》GB/T 50856—2024 的规定，编制该工程的分部分项工程量清单。

3. 解答

项目编码：（见表 6.2.6）

项目名称：（见表 6.2.6）

项目特征：（见表 6.2.6）

计量单位：（见表 6.2.6）

工程数量：（根据《通用安装工程工程量计算标准》GB/T 50856—2024，按图计算）

编制表格：见表 6.2.6。

表 6.2.6 分部分项工程量清单

工程名称：某工业自动化系统　　　　第　页　共　页

序号	项目编码	项目名称	项目特征描述	计量单位	工程数量
1	030601001001	温度仪表	1. 名称：双支热电偶 2. 型号：WRP2－130 3. 规格：Φ25，300mm×150mm 4. 类型：（铂铑）热电偶 5. 套管材质、规格：刚玉 6. 挠性管材质、规格：防爆金属挠性管	支	10
2	030601002001	压力仪表	1. 名称：弹簧管压力表 2. 型号：Y－150 3. 规格：150mm 4. 类型：铜合金 5. 压力表弯材质、规格：不锈钢 6. 挠性管材质、规格：金属挠性管	块	87
3	030603002001	调节阀	1. 名称：气动薄膜调节阀 2. 型号：wy－22 3. 功能：闸阀 4. 规格：*DN*500 5. 挠性管材质、规格：防爆金属挠性管	套	43

第三节　通信设备及线路工程

通信网络不仅能实现话音通信，而且能实现话音、数据、图像的综合传输、交换、处理和利用。支持有线电话、有线电视、电信会议等话音和图像通信，支持自动监控、楼宇运营管理、共用、专用信息处理等系统中设备之间的数据通信，支持各种广域网连接，包括具有与公用电话网、公用数据网、移动通信网和各种计算机通信网的接口。通信网络由终端设备、传输链路和交换设备三要素构成。

一、网络通信工程和网络设备

网络通信工程是集语音、数据、图像、监控设备、综合布线于一体的系统工程，是通信、计算机网络以及智能大厦的基础。通信网络系统包括通信系统和计算机网络两大部分。通信系统主要由用户程控交换机和有线电视（CATV）组成。计算机网络系统即智能建筑中的计算机局域网及其互联网、接入网。

(一) 网络通信工程

(1) 智能建筑对信息传输的需求，可从以下几个方面进行分析：

1) 商用个人计算机（PC）、传真机、文字处理机、工作站的安装量和生产量。

2) 数据通信需求状况。

3) 多媒体通信的需求。

(2) 适用于智能建筑的信息传输网络，目前主要有三种技术：

1) 程控用户交换机 PABX（Private Automatic Branch eXchange）网。

2) 计算机局域网络 LAN（Local Area Network）。

3) PABX 与 LAN 的综合以及综合业务数字网 ISDN（Integrated Services Digital Network）。

(二) 网络分类及网络功能

1. 网络分类

智能建筑内的信息网络可以分为电话（信）网和计算机网，分类如图 6.3.1 所示。

(1) 电话（信）网。电信网是指由许多电信设备构成的一个总体，使网内位于不同地点的用户可以交换信息，由用户终端设备、交换设备和传输设备组成。

(2) 计算机网是信息传输网络系统的核心，是大量的信息传输、交换的主干通道。计算机网络是应用局域网（LAN）技术构建的，是一个宽带 IP 网络。

计算机网络系统可划分为三个部分：连接各局域网的骨干网、智能楼宇内部的局域网部分以及连接 Internet 网。

1) 智能楼宇与外界的连接主要借助于公用网络，如公用电话网络系统、数据专线 DDN、接入服务 xDSL、ATM、X.25 公用分组交换网等。若建筑物处于较偏远地区，或者由于与外界联络的特殊需要，也可以架设微波卫星通信网络。

2) 用于连接各局域网的骨干网是通过桥接器与路由器把不同的子网或 LAN 连接起来形成单个总线或环型拓扑结构，这种网通常采用光纤做骨干传输。骨干网是构建企业网的一个重要的结构元素，为不同局域网或子网间的信息交换提供了传输路径。

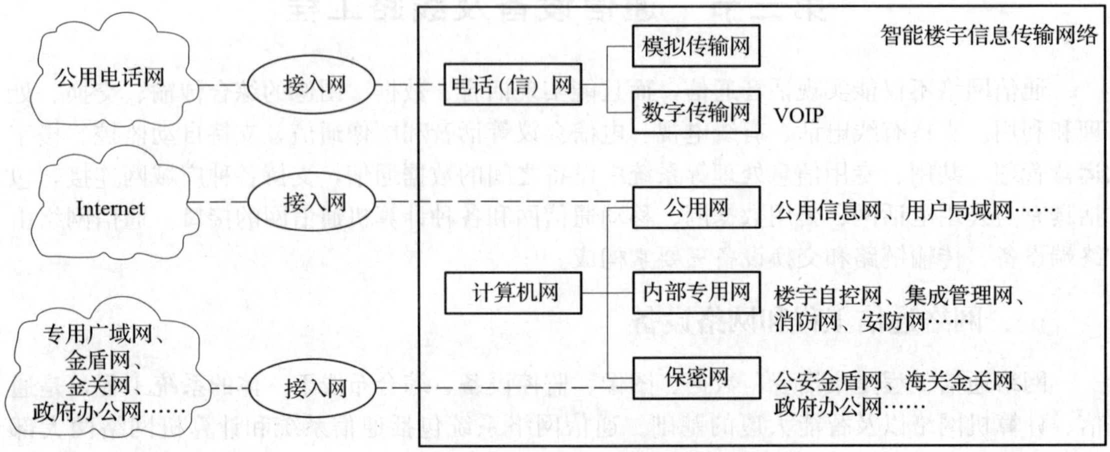

图 6.3.1　智能建筑信息网络的分类

3）局域网一般分布在一个或几个楼层内，对局域网的类型、容量大小、具体配置的选择要根据实际情况来决定，如流量的大小、工作站点数的设置、覆盖范围、可能对服务器访问的频度等。目前，大部分局域网采用的网络结构为总线型的以太网络、令牌环（Token Ring）为主，传输介质以双绞线、同轴电缆为主，也可采用光纤。

2. 网络功能

（1）与全球范围内的终端用户进行多种业务通信。支持多种媒体、多种信道、多种速率、多种业务的通信，如（可视）电话、传真、互联网、网真、视频会议、计算机专网等。

（2）完善的通信业务管理和服务功能。如可以应对通信设备增删、搬迁、更换和升级的综合布线系统，保障通信安全可靠的网管系统等。

（3）信道的冗余功能。在应对突发事件、自然灾害时通信更加可靠。

（4）新一代基于 IP 的多媒体高速通信网、光通信网是未来新的通信业务支撑平台。

（三）网络传输介质和网络设备

1. 网络传输介质及选型

常见的网络传输介质有双绞线、同轴电缆、光纤等。网络信息还利用无线电系统、微波无线系统和红外技术等传输。

（1）双绞线：双绞线由两条绝缘铜导线排成匀称的螺旋状组成，一对线作为一条通信线路。通常一定数量这样的导线对捆成一个电缆，外面包着硬保护性护套。电缆中可以有多对线，一般包含 4 个双绞线对，具体为橙 1/橙 2、蓝 4/蓝 5、绿 6/绿 3、棕 3/棕白 7。导线对的绞扭可以减少线对之间的电磁干扰，以提供相对稳定的导电特性，电缆的粗细为 4.5～17mm 不等。双绞线分为屏蔽双绞线和非屏蔽双绞线，与其他传输介质相比，双绞线的传输距离、带宽和数据率有限，当频率增高时，信号衰减增大。

双绞线可以用于传输模拟及数字信号。对于模拟信号，每隔 5～6km 需要放大器，对于数字信号，每隔 2～3km 需要转发器。

双绞线最常用于声音的模拟传输。双绞线的带宽可达 268kHz，具有 24 条音频通道的容量。可以在双绞线上发送数字信号。

双绞线也被广泛用于计算机局域网络的传输介质，在计算机网络使用 1－2、3－6 两组线对发送和接收数据。双绞线适合用于局域网络内点到点之间的设备连接，但很少用于作为广播方式传输的共用媒体。

（2）同轴电缆：像双绞线一样，同轴电缆也是由两个导体组成，但其结构不同。由一根空心的外圆柱导体和一根位于中心轴线的内导线组成，内导线和圆柱导体及外界之间用绝缘材料隔开。

同轴电缆可以传输模拟和数字信号。同轴电缆比双绞线有优越的频率特性，可用于较高的频率和数据传输率。与双绞线相比，同轴电缆对干扰和串音不敏感。长途传输模拟信号时，每隔几千米就需要设置一个放大器。如果使用的频率较高，则此距离还要缩短。

同轴电缆广泛地应用于长距离的电话或电报传输、有线电视（电缆电视）、局部网络和短距离系统连接的通信线路等。同轴电缆是长途电话系统中的一种重要传输介质，虽然面临光纤、微波和卫星等传播信道的竞争，但是同轴电缆仍然是普遍应用的介质。利用频分多路复用技术，一条同轴电缆可以同时传送一万多个话音信道。

（3）光纤：光纤是光导纤维的简写，多种玻璃和塑料可用于制造光纤。超纯纤维制造成本高，多成分玻璃纤维成本低，损耗稍高。塑料纤维比较便宜，可用作短距离的传输媒质。与其他传输介质比较，光纤的电磁绝缘性能好、信号衰减小、频带宽、传输速度快、传输距离大。光纤由光源、光纤线路和光探测器等三个基本部件组成，其简化框图如图 6.3.2 所示。

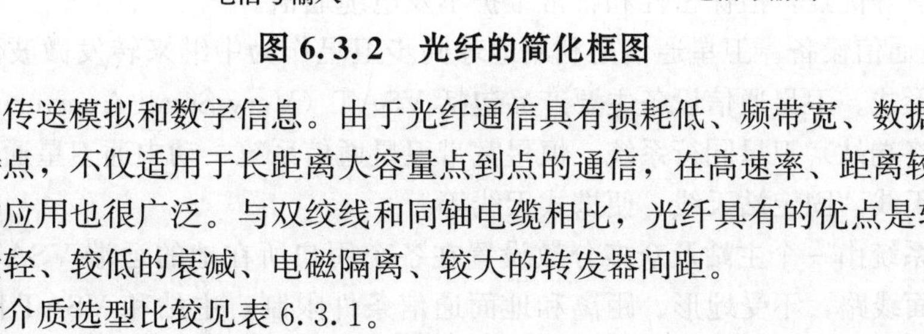

图 6.3.2　光纤的简化框图

光纤可以传送模拟和数字信息。由于光纤通信具有损耗低、频带宽、数据率高、抗电磁干扰强等特点，不仅适用于长距离大容量点到点的通信，在高速率、距离较远的广域网和局域网中的应用也很广泛。与双绞线和同轴电缆相比，光纤具有的优点是较大的带宽、尺寸小而重量轻、较低的衰减、电磁隔离、较大的转发器间距。

网络传输介质选型比较见表 6.3.1。

（4）无线传输介质：随着智能手机、便携式计算机等移动计算终端的普及，无线网络的重要性显而易见。基于蜂窝电话网技术的 3G/4G/5G 移动通信网、无线局域网（WiFi）、Zigbee、蓝牙（Bluetooth）以及红外线是当今主要的无线网络技术，另外，在物联网技术中广泛应用的 RFID 也使用了无线网络技术。所有的无线网络都是采用无线传输介质构建的。

无线通信的介质可分为无线电波、微波和红外线。

表 6.3.1 网络传输介质选型比较

名称	物理特性	连通性	地理范围	抗干扰性	价格
双绞线	由按规则螺旋结构排列的2根或4根绝缘线组成	可用点对点连接，也可用于多点连接	用作远程中继线最多15km；在10Mb/s局域网中为100m	低频时相当于同轴电缆，10～100kHz时低于同轴缆	低于其他传输介质
同轴电缆	由两根导体组成，内导体实芯，外导体是纺织物，屏蔽物外包裹	应用于点到点和多点配置	基带电缆最远限于数千米，宽带可到数十千米	抗干扰能力较强	介于双绞线和光纤的成本之间
光缆	直径细的柔软、能传导光波的介质，能传导光束的媒体	全用在点到点链路上	可在6～8km距离内不使用中继器实现高速率数据传输	不受电磁干扰或噪声的影响	较贵

1）微波信道。微波是指在1m～1mm（相应的频率为300MHz～00GHz）的电磁波，它具有类似光的传播特性。对于玻璃、塑料和瓷器，微波几乎是穿越而不被吸收。对于水和食物等就会吸收微波而使自身发热。而对金属类东西，则会反射微波。微波通信具有如下特点：

①微波信道频段的频带宽，传输数据率较高，可以容纳多个同时工作的无线电设备。

②在高频段，受工业、无线电（中、长、短波）和宇宙等干扰小，传输能力高。

③在10GHz以下的波段受风、雨、雪等恶劣气象条件的影响小，稳定度高。

④发射波束在视线范围内直线、定向传播，保密性比全向的无线电波高。

⑤与电缆通信相比，其通信质量相当，且具有初期投资少、建设速度快、便于翻山过水和机动灵活等优点，但保密性和日常维护不及电缆通信。

2）卫星通信设备。卫星通信是利用地球同步卫星作为中继来转发微波信号的一种特殊微波通信形式。卫星通信设备主要产品包括VSAT（Very Small Aperture Termina，甚小口径卫星终端站）卫星同行系统、恒星宽带卫星通信系统、动中通卫星通信天线、静中通卫星通信天线、固定站天线、便携式天线等。

VSAT系统由一个主站及众多分散设置在各个用户所在地的远端VSAT组成，可不借助任何地面线路，不受地形、距离和地面通信条件限制，主站和VSAT间可直接进行高达2Mbps的数据通信。特别适用于有较大信息量和所辖边远分支机构较多的部门使用。VSAT系统可提供电话、传真、计算机信息等多种通信业务。VSAT的特点：

①设备简单、体积小、重量轻、耗电省、造价低、安装维护和操作简便。

②组网灵活，接续方便，网络部件模块化易于扩展和调整。

③通信效率高，特别适用于传输数据。

④可以直接面对用户，适合于用户分散、业务量不大的专用或公用通信网。

卫星移动通信凭借其覆盖范围广、不受地理条件影响等优势，与地面通信系统形成互补，广泛应用于地面通信系统不易覆盖或建设成本过高的领域，如渔政、水利防汛、村村通、救灾、勘探科考及光缆备份。

3）红外通信。红外线是指波长为 0.75～1 000μm 之间的电磁波，是众多不可见光线中的一种。红外线通信链路只需一对发送/接收器组成，这对发送/接收器调制不相干的红外线。红外线通信的特点是：

①收发器处于视线范围内，或者经反射可达的视线范围内，且传播受天气的影响。

②红外线通信有很强的方向性和隐蔽性，不易被人发现和截获，插入数据，保密性强。

③几乎不会受到电气设备、无线电波、人为电磁干扰的影响，抗干扰性强。

安装这种系统不需要经过特许，只需很短时间就可以安装好。在几百米的范围内，数据传输速率可达数 Mbit/s。在不能架设有线线路，而使用无线电又怕暴露的情况下，使用红外线通信较好。在智能楼宇的会议系统中，常用红外线进行同声传译信号的传输。

（5）传输介质的选择。

传输介质的选择是由许多因素决定的，它受网络拓扑结构的约束。

1）双绞线是一种众所周知的价格便宜的传输介质。在智能楼宇中使用占主导地位，典型的用法是用 5 类或超 5 类双绞线作为语音和数据传输的介质，提供优质的电话网和 100Mbit/s 到桌面的以太网服务。对于绝大多数局域网，可以选择超 5 类双绞线电缆。

2）同轴电缆在智能楼宇中主要用于视频信号的传输，如有线电视系统、闭路监控系统等的应用。

3）选用光缆作为传输介质，相比用同轴电缆和双绞线有一系列优点：更宽的频带、体积小、重量轻、衰减小、电磁兼容性能好、误码率低等。随着光纤通信技术的发展和成本的降低，光缆在局域网也得到了广泛应用，光纤到户、光纤到桌面已广泛实施。

4）无线局域网类似移动电话网，可随时随地将便携式计算机、智能手机接入网络，发送和接收数据，无线局域网/无线城域网的发展前景十分乐观。

2. 中继器、光纤收发器

如果接入网络的网络终端设备距离较远，首选的设备是中继器（Repeater）。中继器是一种工作在物理层的互连设备，其作用就是一个放大器。它把接收的信号经过整形、放大后输出。中继器的输入和输出端通常连接相同的传输介质，也可以连接不同传输介质。使用中继器互连的网络必须属于同一个网络。同一个网络的含义是：属于同一个网段，采用同一种物理层传输协议，网络传输速率相同。中继器有细同轴电缆中继器、双绞线中继器、无线 LAN 中继器、光纤中继器四种类型。

光纤收发器是一种特殊形式的中继器。它带有两种传输介质的接口，一端是铜缆接口，通常是连接双绞线的 RJ45 连接器，另一端是光纤接口。光纤收发器具有光—电和电—光转换功能。当连网的距离超出铜缆传输的最大长度后，使用光纤收发器，采用光纤作为传输介质，可以将传输距离延长。通信光纤有单模和多模两类，光纤收发器也分单模光纤收发器和多模光纤收发器。单模光纤收发器支持的传输距离超过 20km，甚至可达 100km。多模光纤收发器支持的距离一般在 2～5km。

3. 集线器及选型

集线器（HUB）是对网络进行集中管理的重要工具，是各分支的汇集点。HUB是一个共享设备，其实质是一个中继器，而中继器的主要功能是对接收到的信号进行再生放大，以扩大网络的传输距离。使用HUB组网灵活，它处于网络的一个星型结点，对结点相连的工作站进行集中管理，不让出问题的工作站影响整个网络的正常运行。它的选型考虑：

（1）以带宽为选择标准：目前市面上用于局域网（一般是指小型局域网）的HUB可分为10Mb、100Mb和10/100Mb自适应三种。在规模较大的网络中，还使用1 000Mb和100/1 000Mb自适应两种。

（2）是否满足拓展需求：每一个单独的HUB根据端口数目的多少，一般分为8口、16口和24口几种。

（3）是否支持网管功能：根据对HUB管理方式的不同可分为亚集线器和智能集线器两种。智能集线器改进了普通HUB的缺点，增加了网络的交换功能，具有网络管理和自动检测网络端口速度的能力（类似于交换机）。而亚集线器只起到简单的信号放大和再生的作用，无法对网络性能进行优化。

（4）以外形尺寸为依据：集线器的选购一般是在综合布线结束，骨干设备定型之后。

（5）根据配置形式的不同：根据配置形式的不同，HUB可分为独立型HUB、模块化HUB以及可堆叠式HUB三大类。

（6）注意接口类型：选用HUB时，还要注意信号输入口的接口类型，与双绞线连接时需要具有RJ-45接口；如果与细缆相连，需要具有BNC接口；与粗缆相连需要有AUI接口；当局域网长距离连接时，还需要具有与光纤连接的光纤接口。

4. 交换机及选型

交换机是网络节点上话务承载装置、交换级、控制和信令设备以及其他功能单元的集合体。交换机能把用户线路、电信电路和（或）其他要互连的功能单元根据单个用户的请求连接起来。根据工作位置的不同，可以分为广域网交换机和局域网交换机。

交换机选型方面需要考虑的因素：

（1）端口数。交换机端口数的选择不仅要考虑到网络中需要连接的用户数，还要考虑到单端的成本和交换机所处的位置。一般来说，端口数越多，单端口成本越低，通常建议控制在48个端口之内。而且越是上层的交换机，端口数可以越少，越下层的交换机，端口数可以越多。

（2）端口类型。普通的以太网交换机都是采用双绞线RJ-45接口，最高可以支持1 000Mbps；高档的交换机采取光纤作为传输介质，需要相应类型光纤的网络接口。

（3）工作层次。根据交换机工作时所对应的OSI模型的层次可以分为二层交换机、三层交换机、四层交换机和七层交换机。目前主要应用的还是二层和三层两种。在大中型网络中，核心和骨干层交换机都要采用三层交换机。

（4）性能档次。交换机从低到高依次为：桌面级交换机、工作组级交换机、部门级交换机、企业级交换机，档次越高价格越高。

（5）网管功能。一般核心和骨干层、会聚层交换机最好支持网管功能，以便管理员维护，而边缘层交换机通常无须支持网管功能。

（6）堆栈功能。堆栈功能，就是把几个具有堆栈功能的交换机堆在一起连接，当作一个交换机使用，不仅可以提高交换机的端口数，更主要的是可以提高每个交换机端口的实际有效带宽。

5. 路由器及选型

路由器（Router）是连接因特网中各局域网、广域网的设备。它根据信道的情况自动选择和设定路由，以最佳路径，按前后顺序发送信号的设备，广泛用于各种骨干网内部连接、骨干网间互联和骨干网与互联网互联互通业务。路由器具有判断网络地址和选择 IP 路径的功能，能在多网络互联环境中建立灵活的连接，可用完全不同的数据分组和介质访问方法连接各种子网。路由器只接受源站或其他路由器的信息，属网络层的一种互联设备。

路由器分本地路由器和远程路由器，本地路由器用来连接网络传输介质，如光纤、同轴电缆、双绞线；远程路由器是用来连接远程传输介质，并要求相应的设备，如电话线要配调制解调器，无线要通过无线接收机、发射机。

选择路由器时应注意：

（1）安全性。路由器必须具有以下安全特性：

1）可靠性与线路安全。可靠性主要体现在接口故障和网络流量增大时，备份是路由器不可或缺的手段之一。当主接口出现故障时，备份接口自动投入工作，保证网络的正常运行。当网络流量增大时，备份接口又可承当负载分担的任务。

2）身份认证。路由器中的身份认证主要包括访问路由器时的身份认证、对端路由器的身份认证和路由信息的身份认证。

3）访问控制。对于路由器的访问控制，需要进行口令的分级保护。有基于 IP 地址的访问控制和基于用户的访问控制。

4）信息隐藏。通过地址转换隐藏网内地址，只以公共地址的方式访问外部网络。除了由内部网络首先发起的连接，网外用户不能通过地址转换直接访问网内资源。

5）数据加密。

6）攻击探测和防范。

（2）控制软件。路由器的控制软件安装、参数设置及调试越方便，用户使用就越容易掌握，就能更好地应用。

（3）扩展能力。扩展能力的大小主要看路由器支持的扩展槽数目或者扩展端口数目。

（4）网管系统。网络规模越大，网络的维护和管理就越难，网络管理越重要。

（5）带电插拔能力。在安装、调试、检修和维护或者扩展计算机网络的过程中，经常增减设备。路由器能否支持带电插拔，是路由器的一个重要的性能指标。

6. 服务器及选型

服务器是指局域网中运行管理软件以控制对网络或网络资源（磁盘驱动器、打印机等）进行访问的计算机，并能够为在网络上的计算机提供资源使其犹如工作站那样地进行操作。通常分为文件服务器、数据库服务器和应用程序服务器。

服务器侦听网络上的其他计算机（客户机）提交的服务请求，并提供相应的服务。它的高性能主要体现在高速度的运算能力、长时间的可靠运行、强大的外部数据吞吐能力等方面。服务器的构成与微机基本相似，有处理器、硬盘、内存、系统总线等，它们是针对具体的网络应用特别制定的，因而服务器与微机在处理能力、稳定性、可靠性、安全性、可扩展性、可管理性等方面存在差异很大。

服务器的选型主要应从以下两个方面考虑：

（1）服务器处理器架构的选型。服务器首先要确定其处理器芯片架构，目前主要分 3 个大的架构类型：Intel IA32/64 架构，AMD X86 架构和主要应用于 UNIX 系统中的 RISC（精减指令集）架构。

（2）服务器性能的选型。按性能标准划分，服务器通常分为：入门级服务器、工作组级服务器、部门级服务器和企业级服务器四个不同档次。服务器选购方面的注意事项：①适当的处理器架构；②适宜的可扩展能力；③适当的服务器架构；④新技术的支持；⑤合适的品牌。

7. 网络防火墙及选型

防火墙是位于计算机和它所连接的网络之间的软件或硬件。在内部网和外部网之间、专用网与公共网之间界面上构造的保护屏障。防火墙主要由服务访问规则、验证工具、包过滤和应用网关 4 个部分组成。

防火墙可以是一种硬件、固件或者软件，如专用防火墙设备是硬件形式的防火墙，包过滤路由器是嵌有防火墙固件的路由器，而代理服务器等软件就是软件形式的防火墙。

从结构上来分，防火墙有两种：即代理主机结构和路由器＋过滤器结构。从原理上来分，防火墙则可以分成 4 种类型：特殊设计的硬件防火墙、数据包过滤型、电路层网关和应用级网关。安全性能高的防火墙系统都是组合运用多种类型防火墙。

防火墙选型的基本原则如下：

1）总价格：防火墙产品作为网络系统的安全屏障，总价格不应该超过受保护网络系统可能遭受最大损失的成本。

2）系统需求：即用户需要什么样的网络监视、冗余度以及控制水平。确定了可接受的风险水平后，列出必须监测的传输、必须允许的传输流通行、应当拒绝传输的清单。

3）企业特殊要求：企业安全政策中的某些特殊需求并不是每种防火墙都能提供的，企业常见的需求为：加密控制标准、访问控制和特殊防御功能。

4）不同用户：对于电信级用户、企业级用户、个人单机级用户区别对待。

5）管理与培训：在计算防火墙的成本时，不能只简单地计算购置成本，还必须考虑其总拥有成本。人员的培训和日常维护费用通常会占据较大的比例。

6）可扩充性：随着网络的扩容和网络应用的增加，网络的风险成本也会急剧上升，因此便需要增加具有更高安全性的防火墙产品。

7）防火墙的安全性：防火墙的安全性能即防火墙是否能够有效地阻挡外部入侵。选择防火墙产品时，应尽量选择占市场份额较大又通过了国家权威认证机构认证测试的产品。

二、有线电视和卫星接收系统

有线电视和卫星电视接收系统是适应人们使用功能需求而普遍设置的基本系统。

(一) 有线电视系统

有线电视系统采用同轴电缆、光缆或其组合作为信号传输介质，传输图像信号、声音信号和控制信号。这些信号在封闭的线缆中传输，不会向空间辐射电磁波，因此称为闭路电视系统。有线电视系统的特点有：①实现广播电视的有效覆盖；②图像质量好，抗干扰能力强；③频道资源丰富，传送的节目多；④宽带入户，便于综合利用；⑤能够实现有偿服务。

1. 有线电视的组成

有线电视系统一般由信号源、前端设备、干线传输系统、用户分配系统和用户部分组成。而系统规模的大小决定了所用设备与器材的多少。图 6.3.3 为一个大型有线电视系统的线路图。

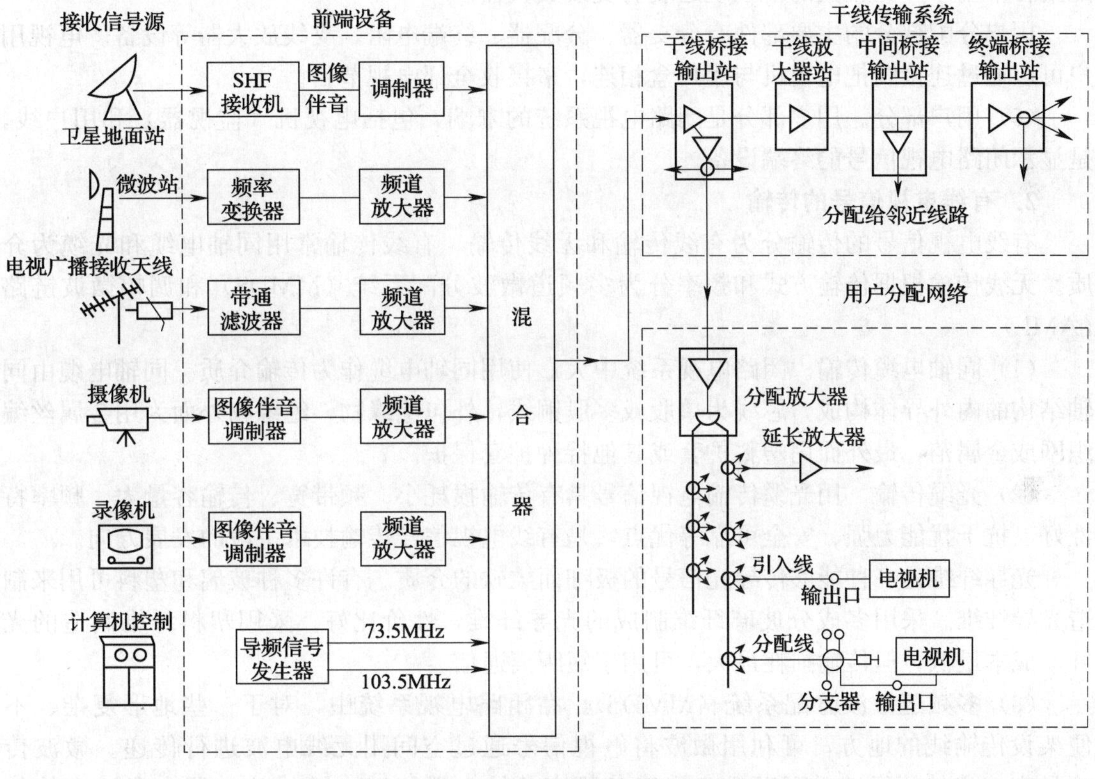

图 6.3.3 有线电视系统的线路图

(1) 信号源。有线电视的信号源可以是录像机、DVD、摄像机等，也可以是通过开路接收电视广播、微波传输、卫星电视等的空中电视信号。这些信号经过解调后进入前端部分。

(2) 前端设备。前端设备的作用是把经过处理的各路信号进行混合，把多路（套）电视信号转换成一路含有多套电视节目的宽带复合信号，然后经过分支、分配、放大等处理后变成高电平宽带复合信号，送往干线传输分配部分的电缆始端。

(3) 干线传输系统。其作用是把前端设备输出的宽带复合信号进行传输，并分配到用户终端。在传输过程中根据信号电平的衰减情况合理设置电缆补偿放大器，以弥补线路中无源器件对信号电平的衰减。干线传输分配部分除电缆以外还有干线放大器、均衡器、分支器、分配器等设备。

均衡器是一种可以分别调节各种频率成分电信号放大量的电子设备，通过对各种不同频率的电信号的调节来补偿扬声器和声场的缺陷，补偿和修饰各种声源及其他特殊作用。放大器：放大电视信号的设备，克服线路对信号的衰减，保证电视信号的质量。分配器是把一路信号等分为若干路信号的无源器件，常用的有二、三、四和六分配，用二分配和四分配可以组成其他各种分配器。分支器不是把信号分成相等的输出而是分出一部分到支路上去，分出的这一部分比较少，主要输出仍占信号的主要部分，分支器的分支输出数可以是1路2路以至更多。多路的分支器由一个定向耦合器和和分配器组成。

（4）用户分配系统。用户分配部分的作用是把干线传输系统提供的信号电平合理地分配给各个用户。比较大的子系统还装有支线放大器。

用户分配部分的主要部件有分支器、分配器、终端电阻、支线放大器等设备。电视用户可以通过连接线把电视机与用户盒相连，来接收全部电视节目。

（5）用户部分。用户部分是闭路电视系统的末端，包括电视机（监视器）和用户线，是显示闭路电视信号的终端设备。

2. 有线电视信号的传输

有线电视信号的传输分为有线传输和无线传输。有线传输常用同轴电缆和光缆为介质。无线传输根据传输方式和频率分为多频道微波分配系统（MMDS）和调幅微波链路（AML）。

（1）同轴电缆传输。闭路电视系统中大量使用同轴电缆作为传输介质。同轴电缆由同轴结构的内外导体构成，芯线为单股或多股铜线，外包绝缘物，绝缘物外面为用金属丝编织网或金属箔，最外面用塑料护套或其他特种护套保护。

（2）光缆传输。用光缆传输电视信号具有传输损耗小、频带宽、传输容量大、频率特性好、抗干扰能力强、安全可靠等优点，是有线电视信号传输技术手段的发展方向。

光导纤维是一种能够传导光信号的极细而柔软的介质。有许多种玻璃和塑料可用来制造光导纤维。采用多成分玻璃纤维制成的光导纤维，性价比好。采用塑料纤维制造的光纤，成本最低，但传输损耗最大，可用于短距离通信。

（3）多频道微波分配系统（MMDS）。在闭路电视系统中，对于一些地形复杂、不便架设传输线的地方，可利用微波将电视信号通过空间用无线电波进行传递。微波传输具有较高的可靠性，可以避免由于长距离传输电缆线路上干线放大器串联过多使信号质量下降，在某些场合，用微波无线传输信号的方式比用电缆或其他方式传输有更大的优越性。

MMDS是一种无线传输系统，用于远离城市的偏远地区，主要用于集体接收，可以作为有线电视的一种补充手段。

（4）调幅微波链路（AML）系统。AML是一种无线传输系统，由发射站和接收点两部分组成。发射站由信号源、混合器和AML微波发射机组成。信号源可以是开路电视信号、有线电视信号或卫星广播电视信号，信号源信号经混合后，上变频到Ku波段，经AML发射机发射。

AML系统由微波定向天线定向发射电视信号，最多可同时传送50套左右的电视节目，传输距离可达 15～50km。

接收点由天线、低噪声放大器（LNA）和微波接收机组成。在 AML 接收机前，通常要一个低噪声放大器，目的是提高系统的载噪比。微波接收机接收到信号后与 MMDS 系统一样，下变频为 V、U 频道或增补频道，送入集体接收的前端，再经过用户的分配分支网络送到用户终端，供用户收看。

3. 有线电视系统安装

（1）系统中所用部件应具备防止电磁波辐射和电磁波侵入的屏蔽性能。室外使用的部件还应有良好的防潮、防雨和防霉措施。在有盐雾、硫化物等污染区使用的部件，应具有抗腐蚀能力。

（2）部件安装应符合下列要求：

1）部件及其附件的安装应牢固、安全并便于测试、检修和更换。

2）应避免将部件安装在厨房、厕所、浴室、锅炉房等高温、潮湿或易受损伤的场所。

3）室内安装系统输出口用户面板时，其下沿距离地（楼）面高度应为 0.3m 或 1.5m。

（3）前端设备应组装在结构坚固、防尘、散热良好的标准箱、柜或立架中。部件和设备在立架中应便于组装、更换。立架中应留有不少于两个频道部件的空余位置。固定的立柜、立架背面与侧面离墙面净距不应小于 0.8m。

（4）前端机房和演播控制室宜设置控制台。控制台正面与墙的净距不应小于 1.2m；侧面与墙或其他设备的净距，在主要通道不应小于 1.5m，在次要通道不应小于 0.8m。

（5）演播控制室、前端机房内的电缆敷设宜采用地槽。对改建工程或不宜设置地槽的机房，也可采用电缆槽或电缆架，并置于机架上方。采用电缆架敷设时，应按分出线顺序排列线位，并绘出电缆排列端面图。

（6）电缆（光缆）线路路由设计，应使线路短直、安全、稳定、可靠，便于维修、检测，并应使线路避开易受损场所，减少与其他管线等障碍物的交叉跨越。

（7）室外线路敷设方式宜符合下列要求：

1）当用户位置和数量比较稳定，要求电缆线路安全隐蔽时，可采用直埋电缆敷设方式。

2）当有可供利用的管道时，可采用管道电缆敷设方式，但不得与电力电缆共管敷设。

3）对下列情况可采用架空电缆敷设方式：

①不宜采用直埋或管道电缆敷设方式；

②用户的位置和数量变动较大，并需要扩充和调整；

③有可供利用的架空通信、电力杆路。

4）当有建筑物可供利用时，前端输出干线、支线和入户线的沿线，宜采用墙壁电缆敷设方式。

（8）电缆在室内敷设，宜符合下列规定：

1）在新建或有内装修要求的已建建筑物内，可采用暗管敷设方式。对无内装修要求的已建建筑物可采用线卡明敷方式。

2）不得将电缆与电力线同线槽、同出线盒、同连接箱安装。

3）明敷的电缆与明敷的电力线的间距不应小于0.3m。

（9）分配放大器、分支、分配器可安装在楼内的墙壁和吊顶上。当需要安装在室外时，应采取防雨措施，距地面不应小于2m。

（二）卫星电视接收系统

卫星电视接收系统由接收天线、高频头和卫星接收机三大部分组成。卫星电视接收系统中的接收天线收集广播卫星转发的电磁波信号，再由馈源送到高频头，高频头将天线接收到的射频信号经低噪声放大、变频后，由同轴电缆送到接收机，经卫星接收机处理后将图像和伴音信号送到电视机。

1. 卫星电视接收系统的组成

卫星电视接收系统由接收天线、高频头和卫星接收机三大部分组成，接收天线与高频头，通常放置在室外，称为室外单元设备。卫星接收机与电视机相接，称为室内单元设备。室外单元设备与室内单元设备之间通过一根同轴电缆相连，将接收的信号由室外送给室内接收机。卫星电视信号进入有线电视系统的系统组成如图6.3.4所示。

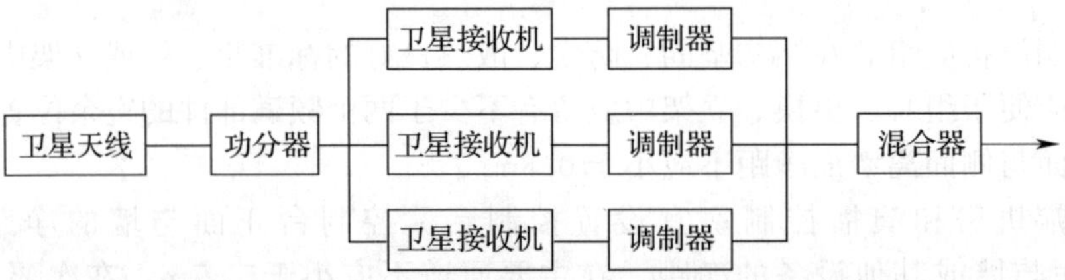

图6.3.4 卫星电视信号进入有线电视系统

接收机解调出来的图像和伴音信号，经调制到VHF或UHF频段，再经混合器将多路节目送入有线电视系统中。如要接收几颗广播卫星的多套电视节目，也就需要几副天线和多套接收设备。

2. 卫星接收天线

卫星接收天线的作用是将反射面内收集到的卫星电视信号聚焦到馈源口，形成适合波导传输的电磁波，送给高频头进行处理。卫星天线按其馈电方式不同分为两大类：抛物面天线（前馈式）和卡塞格伦（后馈式）天线。卫星天线主要性能要求：①天线增益；②频带特性要宽；③机械强度要高；④旋转性能好。

3. 高频头（LNB）、功分器和调制器

（1）高频头。高频头是灵敏度极高的高频放大变频电路。高频头的作用是将卫星天线收到的微弱信号进行放大，并且变频到950～1 450MHz频段后放大输出。

（2）功分器。功分器的作用是把经过线性放大器放大后的第一中频信号（950～1 450MHz）均等地分成若干路，以供多台卫星接收机接收多套电视节目，实现一个卫星天线能够同时接收几个电视节目或供多个用户使用。

功分器按分配的路数有二路、三路、四路等，故又称二功分器、三功分器、四功分器。它与分配器不同，功分器的工作频率远高于分配器。

（3）调制器。是邻频调制器简称，也常称作射频调制器或电视调制器，是有线电视前端机房的主要设备之一。功能是把信号源（可以是数字电视机顶盒、卫星数字电视接收机、DVD机、计算机、摄像机、电视解调器等AV信号源）所提供的视频信号（VIDEO）

和音频信号（AUDIO）调制成稳定的高频射频振荡信号，视频为调幅调制方式，音频为调频调制方式。

（4）混合器。是将两套以上的不同频率的射频信号混合在一起形成一路宽带的射频信号多频道节目输出的器件。电视信号混合器广泛应用于有线电视系统，卫星电视系统，小区闭路电视、监控系统，宾馆、酒店数字电视改造系统、学校教育视听系统等，能很好地满足大、中型有线电视系统的配置要求。

4. 数字压缩卫星电视接收机

数字压缩卫星电视接收机的工作原理如图 6.3.5 所示。

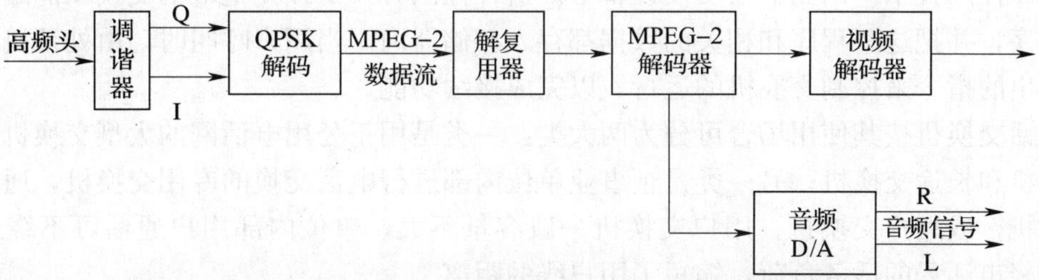

图 6.3.5　数字压缩卫星电视接收机原理图

卫星电视信号经天线接收后送至高频头，经放大、变频输出标准的 950～2 150MHz 信号，输入至数字压缩卫星接收机的输入端。调谐器完成信号再放大、选台，并经变频后送模拟 QPSK 同步解调，输出 I、Q 信号。QPSK 解调器完成模拟 I、信号 A/D 模拟/数字转换，换成数字式 I、Q 信号，再经数字式 QPSK 解调和 FEC 滤波，还原出 MPEG 数据流信号。

解复用器完成 MPEG－2 数据流解包，分解出音频、视频、同步控制及其他数字信号。MPEG－2 解码器完成音、视频数字信号的解压缩、解码、还原出完整的图像及伴音数字信号。

视频数字解码器将数字图像信号编码，编制出模拟电视机能接收的视频信号。音频 D/A 电路将音频数字信号经数字/模拟变换器（D/A）输出左、右（L、R）两路模拟伴音信号。

模拟或数字卫星电视接收机解出的图像信号和伴音信号用调制器调制到 VHF、UHF 或增补频段的某一指定频道上，送入有线电视系统中，用户就可观看卫星电视节目了。

三、音频和视频通信系统

（一）电话通信系统

1. 电话通信系统的组成

电话通信系统由用户终端设备、电话传输系统和电话交换设备三大部分组成。

（1）用户终端设备：用来完成信号的发送和接收，设备主要有电话机、传真机及计算机终端等。

（2）电话传输系统：按传输媒介分为有线传输（电缆、光纤等）和无线传输（短波、微波中继、卫星通信等）。有线传输按传输信息工作方式又分为模拟传输和数字传输两种。模拟传输是将信息转换成与之相应大小的电流模拟量进行传输，普通电话是采用模拟语音信息传输。数字传输则是将信息按数字编码方式转换成数字信号进行传输，数字传输具有抗干扰能力强、保密性高及电路集成化等优点，程控电话交换是采用数字传输信息。

在有线传输的电话通信系统中，传输线路有用户线和中继线之分。用户线是指用户与交换机之间的线路。两台交换机之间的线路称为中继线。

（3）电话交换设备：现在广泛采用程控交换机作为电话交换设备。程控是把计算机的存储程序控制技术应用到电话交换设备中。这种控制方式是预先把电话交换功能编制成相应的程序，并把这些程序和相关的数据都存入存储器内。当用户呼叫时，由处理机根据程序所发出的指令来控制交换机的运行，以完成接续功能。

电话交换机按其使用场合可分为两大类：一类是用于公用电话网的大型交换机，如市话交换机和长途交换机；另一类是企事业单位内部进行电话交换的专用交换机，通常又称为小总机，或用户交换机。用户交换机一般容量不大，单位内部用户通话可不绕经市话局，减轻市话局的话务负荷，缩短了用户线的距离。

用户交换机有通用型的和专用型之分，通用型用户交换机适用于以话音业务为主的单位；专用型交换机适用于各种不同特点的单位，如宾馆型交换机，有长途电话即时计费、留言、客房状态、请勿打扰、叫醒服务及综合话音等功能。医院型程控数字用户交换机除具有旅馆型用户交换机的软件功能外，还应具有呼叫寄存、呼叫转移、病房紧急呼叫、热线电话、无绳电话、综合语音和数据系统等信息接口的功能。此外，还有办公室自动化型、银行型及专网型等用户交换机。

2. 电话通信系统安装

电话通信系统安装一般包括数字程控用户交换机、配线架、交接箱、分线箱（盒）及传输线等设备器材安装。目前，用户交换机与市电信局连接的中继线一般均用光缆，建筑内的传输线用性能优良的双绞线电缆。

（1）程控用户交换机的安装。

1）程控用户交换机中继线数量应根据当地市内电话局的有关规定和市话中继话务量等因素确定，中继线数量宜按交换设备用户容量的10%考虑。

2）程控用户交换机进入市内电话局的中继线数设计宜符合下列规定：

①交换设备的容量在50门以内，中继线数在五对以下时，采用双向中继方式。

②交换设备的容量在50门及以上，中继线数大于五对时，采用单向中继或部分双向、部分单向混合的中继方式。

③交换设备的容量在500门以上，中继线数大于三十七对时，采用单向中继的方式。

（2）通信线缆安装。

1）建筑物内通信配线原则。

①建筑物内通信配线设计宜采用直接配线方式，当建筑物占地体型和单层面积较大时可采用交接配线方式。

②建筑物内通信配线电缆应采用非填充型铜芯铝塑护套市内通信电缆（HYA），或采

用综合布线大对数铜芯对绞电缆。

③建筑物内光缆的规格、程式、型号应符合设计要求。

④建筑物内竖向（垂直）电缆配线管允许穿多根电缆，横向（水平）电缆配线管应一根电缆配线管穿放一条电缆。

⑤通信电缆不宜与用户线合穿一根电缆配线管，配线管内不得合穿其他非通信线缆。

2）建筑物内通信配线电缆。

①建筑物内交接箱（架）容量、上升配线电缆、分线箱（组线箱）容量应能满足终期信息通信的需要。

②通信配线电缆应根据楼层分线箱（组线箱）安放方式和电缆上升方式，宜敷设多条普通 HYA 型 0.5mm 线径的铜芯市话电缆，或敷设多条综合布线大对数铜芯电缆。

③建筑物内分线箱（组线箱）内接线模块（或接线条）宜采用普通卡接式或旋转卡接式接线模块。当采用综合布线时，分线箱（组线箱）内接线模块宜采用卡接式或 RJ-45 快接式接线模块。

④建筑物内普通市话电缆芯线接续应采用扣式接线子，不得使用扭绞接续。电缆的外护套分接处接头封合宜冷包为主，也可采用热可缩套管。

3）建筑物内用户线。

①建筑物内普通用户线宜采用铜芯 0.5mm 或 0.6mm 线径的对绞用户线，也可采用铜芯 0.5mm 线径的平行用户线。

②建筑物为居民住宅楼时，每户普通用户线不宜少于 2 对；建筑物为办公业务楼或综合楼时，每 5～20m^2办公工作区不宜少于 1 对普通用户线，或按用户要求设置。

③由电话分线箱、过路箱至电话出线口间的电话线路保护管，最小标称管径不小于 15mm，最大标称管径不大于 25mm。一根保护管最多布放 6 对电话线，当布放电话线多于 6 对时应增加管路数量。

④有特殊屏蔽要求的电缆或电话线，应穿钢管敷设，并将钢管接地。

⑤暗装墙内的电话分线箱、过路箱，其安装高度宜为底边距地面 0.5～1.0m。

⑥电话出线盒的安装高度，底边距地面宜为 0.3m。

（二）扩声和音响系统

扩声和音响系统其基本功能就是对声音进行处理、放大和重放。对声音重放的不同要求和不同的场合决定了不同的系统组成。

1. 扩声和音响系统的类型

（1）按声源的性质来分类，分语言系统和音乐系统。语言系统要求语言重放时的清晰度为第一要求，需要足够的声压。此类型多用于公共广播系统，如车站、码头、机场等广播系统，再如工厂、学校、会场的扩声系统。

（2）按工作环境来分类，分室内系统和室外系统。室内系统扩声质量由于受房间的建筑声学影响，由反射声的混响干扰，而且对音质要求很高。室内的语言系统和音乐系统又有不同的要求。

室外的扩声系统扩声区域大，条件复杂、噪声较大，故要求音响设备有足够的功率。对音质的要求相对较低。

（3）按工作原理来分类，可分为单声道、双声道和多声道声音处理。

（4）按能量分配方式来分类，可分集中输出系统、分区输出系统、混合输出系统等。

（5）按能量输出方式来分类，可分为定压式输出和定阻抗输出。

2. 扩声和音响系统的组成

系统由信号源设备、信号处理和放大设备、扬声器系统组成。

（1）信号源设备。信号源通常为需要加工处理的声音信号，它通过电声设备转换成系统能处理的电信号，如通过传声器（话筒）把声音信号转换成电信号，通过激光唱机和录音卡座把碟片和录音带上的音乐转换成电信号，通过 FM/AM 调谐器接收广播电台发送的无线广播信号。

（2）信号处理和放大设备。这部分设备的基本任务是对信号进行放大—电压放大和功率放大，其次是对信号的选择、加工。用均衡器对信号进行频率分析，根据需要对某些频段的信号进行提升或衰减。调音台和前置放大器作用和地位相似，它对信号进行选择、混合、补偿、分配等。其功能和性能指标比前置放大器要更高。功率放大器则将前置放大器或调音台送来的信号进行功率放大，通过传输线至扬声器放声。

（3）扬声器系统。扬声器是广播音响系统的终端，是声音的还原设备。扬声器的种类很多，使用时要根据播放信号的性质、环境要求、具体用途来选取。如公共广播系统使用的声柱，吸顶喇叭，歌舞厅音响系统使用的各种音箱等。

（三）视频会议系统

视频会议系统是一种互动式的多媒体通信。它利用图像处理技术、计算机技术及通信技术，进行点与点之间或多点之间双向视频、音频、数据等信息的实时通信。

视频会议系统是由视频会议终端 VCT（Video Conference Terminal）、数字传输网络、多点控制单元 MCU（Multipoint Control Unit）等部分所构成。

会议电视终端设备 VCT 由视频/音频输入接口、视频/音频输出接口、视频编解码器、音频编解码器、附加信息终端设备以及系统控制复用设备、网络接口和信令等部分所组成。终端设备主要完成会议电视的发送和接收任务，如图 6.3.6 所示。

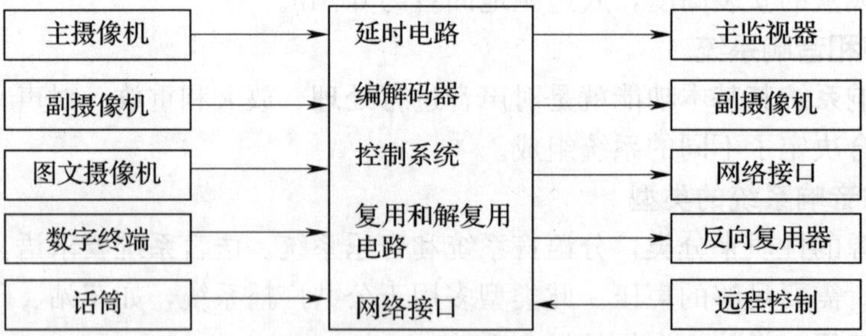

图 6.3.6 视频会议终端设备示意图

一般情况下，VCT 具有：

（1）3～5 个视频输入接口，接入的视频输入设备，包括摄像机、副摄像机、图文摄像机、计算机、电子白板、录像机等。

（2）2～4 个音频输入接口，接入音频输入设备，包括话筒、CD、卡座等。

（3）3～5 个视频输出接口，接入视频输出设备，包括监视器、大屏幕投影仪等。

(4) 1～2个音频输出接口，接入音频输出设备（包括耳机、扬声器等）。

四、通信线路工程

通信线路工程包括通信线路的设计、施工、维护等。

(一) 通信线路路由的确定

(1) 选择线路路由应在线路规划的基础上充分研究分路敷设的可能（包括在道路两侧敷设的可能)，以满足基站接入的需要和线路网络的灵活性。

(2) 通信线路路由应远离电蚀和化学腐蚀地带。

(3) 选择地下、地上障碍物较少的街道。

(4) 避免在已有规划而尚未定型，或虽已成型但土壤未沉实的道路上，以及流砂、翻浆地带修建线路。

(二) 通信线路位置的确定

(1) 宜敷设在人行道下。如不允许，可建在慢车道下，不宜建在快车道下。

(2) 高等级公路的通信线路敷设位置选择依次是：隔离带下、路肩和防护网以内。

(3) 为便于电缆引上，线路位置宜与杆路同侧。

(4) 通信线路中心线应平行于道路中心线或建筑红线。

(5) 通信线路位置不宜敷设在埋深较大的其他管线附近。

(6) 通信线路应尽量避免与燃气线路、高压电力电缆在道路同侧敷设，不可避免时通信线路、通道与和其他地下管线及建筑物间的最小净距（指线路外壁之间的距离）应符合相应的规定。

(7) 通信线路与铁道及有轨电车道的交越角不宜小于60°。交越时，与道岔及回归线的距离不应小于3m。与有轨电车道或电气铁道交越处如采用钢管时，应有安全措施，其长度至少应伸出轨道边线2m。

(8) 人孔内不得有其他管线穿越。

(三) 线路器材检验与安装

(1) 核对单盘光、电缆的规格、程式和制造长度应符合订货合同或设计要求。光缆、电缆的外观检查。

(2) 填充型光、电缆应检查填充物是否饱满，填充物的物理特性应符合国家标准的规定；充气型光、电缆应检查气闭特性，气闭性能应符合有关规定。

(3) 检查光纤色谱、电缆芯线色谱是否正确；确定光缆的端别，并做好标记。

(4) 检查光缆出厂产品合格证和测试记录，审查光缆的几何、光学和传输特性、机械物理性能，应符合合同或设计要求。

(5) 对光缆进行光纤长度、衰减测试，电气性能测试，气压维护。

(6) 光缆金属护层对地绝缘电阻的测试（厂验）。

(四) 线路施工

1. 路由复测

路由复测应以批准的施工图设计为依据。路由复测的主要内容：

(1) 复核路由的具体走向、敷设方式、环境条件以及接头点的具体位置。

(2) 复测路由地面距离，核对施工图纸，统计各施工项目的工程量。

2. 光电缆配盘

（1）配盘：根据路由复测资料计算出光缆敷设总长度以及光纤全程传输质量要求，选配单盘光缆。不同敷设方式及不同的环境温度，应根据设计规定选用相适应的光缆。

（2）光缆接头点：埋光缆接头应安排在地势平坦和地质稳固地点，应避开水塘、河流、沟渠及道路等。管道光缆接头应避开交通要道口。架空光缆接头应落在杆上或杆旁1m左右。

3. 光电缆敷设

（1）光电缆敷设的一般规定。

1）光缆的弯曲半径应不小于光缆外径的15倍，施工过程中应不小于20倍。

2）布放光缆的牵引力应不超过光缆允许张力的80%。瞬间最大牵引力不得超过光缆允许张力的100%，主要牵引力应加在光缆的加强芯上，牵引端头与牵引索之间应加入转环。光缆布放完毕，应检查光纤是否良好，光缆端头应做密封防潮处理。

（2）管道光电缆敷设。准备材料、工具和设备→检查和安装人孔硬件→选择管道的管孔→通管道→穿放子管→确定牵引方案→牵引机具的装设→牵引光缆→挂光缆标牌及保护→人孔及端站光缆的安装→完成。

1）机械牵引敷设光缆。

①在施工环境较好的情况下，一般采用机械牵引方法敷设光缆。

②一次机械牵引敷设光缆的长度一般不超过1 000m，条件许可时中间应增加辅助牵引。

③受牵引的每个人孔、手孔处应安排人员值守，光缆入孔处、出孔处、转弯处等容易损伤光缆的受力点应采用防护措施。

2）人工敷设光缆。

①管道内缆线复杂，一般采用人工牵引方法敷设光缆。

②在每个人孔内安排2～3人进行人工牵引，中间人孔不得发生光缆扭曲现象。

3）气吹敷设光缆。硅芯管管道采用气吹法敷设光缆。气吹法敷设光缆一次性气吹光缆长度应依据硅芯管管道的质量确定，一般单盘光缆应由中间分别往两端进行气吹敷设。

（3）直埋光电缆敷设。准备材料、工具和设备→检查挖掘工具→挖沟→确定光缆的段长和配盘→填平沟底→布缆→小回填→设防护装置、铺放标志带、回填→埋设标石→完成。

1）光缆沟开挖。

①光缆沟开挖之前应首先处理光缆沟穿越障碍物，障碍处理可采用预埋管、顶管等方法，埋设管、顶管的深度应和光缆沟深度一致设计要求另有规定的，应按设计规定。

②光缆沟的深度、沟底宽度应符合规定，沟底应平整无碎石；石质、半石质沟底应铺10cm细土或砂土。

③经路由复测定线后，组织人员进行光缆沟的开挖，光缆沟开挖应从局端或直埋光缆的起点开始，并应以能敷设一盘光缆的长度单位同时进行，以利于光缆的敷设。

2）光缆敷设。直埋光缆敷设一般用人工抬放敷设和机械牵引敷设两种方法进行。机械牵引敷设光缆时，沿线应安装滑轮，防止光缆拖地。人工抬放敷设光缆时，光缆不得发生扭曲和小弯。光缆敷设后应按规定和要求对光缆金属护层进行对地绝缘测试，并及时处理绝缘障碍。

3）光缆沟回填。光缆敷设后应及时回填。光缆沟应先回填30cm厚的碎土或细砂，严防石块、砖头、冻土等损伤光缆；松填的回填土应高出地面 10～20cm；夯填的回填土应分层夯填。

（4）架空及墙壁光电缆敷设。

1）立电杆：通信杆一般采用 9m 以下的预应力水泥杆或木杆。杆距在 35～50m 之间。

2）安装拉线：杆路拉线有终端拉线、角杆拉线、撑杆拉线、高桩拉线、双方拉线、四方拉线。杆路拉线由拉线地锚、地锚铁柄、拉线、拉线衬环、双槽夹板等组成。

3）敷设吊线：吊线一般采用 7/2.2～7/3.0 的镀锌钢绞线，电缆挂钩一般由镀锌铁件或塑料件制作。吊线应采用机械方式进行紧固，吊线垂度、高度应符合规范要求。

4）架挂光缆：架空光缆的布放应通过滑轮牵引，牵引可采用机械牵引或人工牵引。吊挂式架空光缆应选用合适的挂钩，挂钩的间距为 50cm。光缆应当依据规范和设计要求在角杆等处有适当的预留，光缆接头应安排在电杆上或电杆附近。

（五）光电缆接续及测试

1. 光缆接续

（1）开剥光缆，将光缆固定到接续盒内。注意不要伤到束管，开剥长度 1m 左右，将油膏擦拭干净，将光缆穿入接续盒，固定钢丝时一定要压紧。以免造成光缆打滚折断纤芯。

（2）分纤将光纤穿过热缩管。将不同束管、不同颜色的光纤分开，穿过热缩管。剥去涂覆层的光纤很脆弱，使用热缩管，可以保护光纤熔接头。

（3）打开熔接机电源，采用预置的程式进行熔接，在使用中和使用后及时去除熔接机中的灰尘和光纤碎末。熔接前要根据系统使用的光纤和工作波长来选择合适的熔接程序。如没有特殊情况，一般都选用自动熔接程序。

（4）制作光纤端面。用专用的剥线钳剥去涂覆层，再用沾酒精的清洁棉在裸纤上擦拭几次，用力要适度，然后用精密光纤切割刀切割光纤，对 0.25mm（外涂层）光纤，切割长度为 8～16mm，对 0.9mm（外涂层）光纤，切割长度只能是 16mm。

（5）放置光纤。将光纤放在熔接机的 V 形槽中，小心压上光纤压板和光纤夹具，根据光纤切割长度设置光纤在压板中的位置，关上防风罩，即可自动完成熔接。

（6）移出光纤用加热炉加热热缩管。打开防风罩，把光纤从熔接机上取出，再将热缩管放在裸纤中心，放到加热炉中加热。

（7）盘纤固定。将接续好的光纤盘到光纤收容盘上，在盘纤时，盘圈的半径越大，弧度越大，整个线路的损耗越小。

（8）密封和挂起。野外接续盒要密封好，防止进水。熔接盒进水后出现部分光纤衰减增加。套上不锈钢挂钩并挂在吊线上。

2. 光缆测试

使用光功率计或光时域反射图示仪（OTDR）对光纤进行定量测量，测出光纤和接头的衰减，甚至可测出光纤的断点位置。

3. 电缆接续

扮正电缆→剖缆→编排线序→芯线接续前的测试→接续（包括模块直接、模块的芯线复接、扣式接线子的直接、扣式接线子的复接、扣式接线子的不中断复接）→接头封合。

4. 电缆测试

（1）用户线路测试分为电缆线对（间）、对地绝缘电阻、分线设备环路电阻。

（2）中继电缆线路测试分为近端串音衰减、对地的绝缘电阻、环路电阻。

五、通信设备及线路工程计量

根据《安装工程计量标准》的规定进行工程量计算。

（一）主要内容与说明

1. 主要内容

包括有线通信设备、无线通信设备、通信线路。

2. 相关说明

（1）通信设备及线路工程与《安装工程计量标准》附录E建筑智能化工程的界限以总平第一口弱电井为界，该弱电井内的归入建筑智能化工程范围。

（2）建筑与建筑群的综合布线系统、局域网设备，应按《安装工程计量标准》附录E“建筑智能化工程”相关项目编码列项。

（3）建筑群子系统内敷设架空、管道、直埋、墙壁光（电）缆工程，应按《安装工程计量标准》第L.3节通信线路相关项目编码列项。

（4）通信设备及线路工程中的铁塔、开关电源设备、蓄电池、太阳能电池、交直流配电屏、电源母线、接地棒（板）、地漆布、橡胶垫、塑料管道、钢管管道、通信电杆、电杆加固及保护、撑杆、拉线、消弧线、避雷针、接地装置，应按《安装工程计量标准》附录D“电气设备安装工程”相关项目编码列项。

（5）通信设备及线路工程中的发电机、发电机组，应按《安装工程计量标准》附录A“机械设备工程”相关项目编码列项。

（6）除锈、刷漆等工程，应按《安装工程计量标准》附录M“刷油、防腐蚀、绝热工程”相关项目编码列项。

（7）敷设光（电）缆工程量计算时，应考虑敷设的长度和设计中规定的各种预留长度。

1）光缆敷设安装的重叠、增长和预留长度可结合工程实际情况按表6.3.2确定。

2）电缆在人孔中的预留长度应按 $L=L_1+L_2+L_3+L_4+L_5-L_6$ 计算，式中取值应符合表6.3.3的规定。

表6.3.2 光缆增长和预留长度参考值

项目	敷设方式			
	直埋	管道	架空	水底
接头每侧预留长度	10m	10m	10m	—
人（手）孔内自然弯曲增长	—	1m	—	—
光缆沟或管道内弯曲增长	7‰	10‰	—	按实际计算
架空光缆弯曲增长	—	—	7‰	—
地下局站内每侧预留	10m，可按实际需要调整			
地面局站内每侧预留	20m，可按实际需要调整			
因水利、道路、桥梁等建设规划导致的预留	按实际需要调整			

表 6.3.3 电缆在人孔中的预留长度

分类	类别	留长/mm	备注
L_1	电缆在人孔中的弯曲长度	按实际计算	管道口到第一电缆铁架的长度
L_2	第一个电缆铁架至电缆接头的中心长度	350	即铁架间的距离的一半
L_3	电缆接续所需的长度	250	自电缆接头的中心开始起算
L_4	电缆接续中所消耗的长度	150	接续电缆芯线时损耗
L_5	电缆接续前施工中所消耗的长度	150	包括对号、牵引电缆时的损耗等
L_6	人孔中心至人孔壁的距离	按实际计算	—

（8）有线通信设备（编码：031101）中，安装方式是指落地安装、壁挂安装、嵌墙安装、架顶安装等设备安装的形式。

（9）无线通信设备（编码：031102）中，安装方式是指落地安装、壁挂安装、机柜/箱嵌入安装等设备安装的形式；部位是指设备安装在铁塔等支撑物上的位置。

（10）通信线路（编码：031103）中，地区是指线路敷设的地形，通常有：平原、丘陵、山地等。

（二）工程计量规则及相关说明

1. 有线通信设备

（1）机架（柜）、机箱，总配线架，保安排、试线排，数字分配架、光分分配架，保安配线箱，列架、机台、事故照明，机房信号灯盘，交换设备，用户集线器（SLC）设备，告警设备，交换设备电路板，测量台、业务台，交换设备硬件调测，交换设备软件调试，智能网设备，信令网设备，传输设备等按设计图示数量计算。机架（柜）、机箱的计量单位为“个”；项目特征：名称、型号、规格、安装方式；工作内容：本体安装、抗震机座安装。总配线架的计量单位为“架”；项目特征：类型、型号、规格、容量；工作内容：本体安装、端子板安装、告警信号装置安装。保安排、试线排的计量单位为“块”；项目特征：名称、型号、规格；工作内容：安装。

（2）网络管理系统、数字公务系统运行试验、系统通道调测、保护倒换测试等，按设计图示系统配置计算。项目特征：测试（运行）类别、测试内容。工作内容：运行试验或调测。

2. 无线通信设备

（1）全向天线、定向天线，室内天线，卫星全球定位系统（GPS）天线，微波抛物面天线等，按设计图示数量以“副”计算。项目特征：型号、规格、支撑物类型、部位或位置。工作内容：本体安装、调测。

（2）天、馈线附属设备，基站设备，直放站设备，数字微波设备，监控设备、高功放设备、视频传输设备等，按设计图示数量分别以“个、架、台、套等”计算。项目特征：名称、型号、规格、位置等。工作内容：安装、加电检查等。

（3）宏基站天、馈线系统调测，室内分布式天、馈线系统调测，泄漏式电缆调测等，按设计图示数量以“条”计算。项目特征：测试类别、测试内容。工作内容：调测。

3. 通信线路

（1）水泥管道，小口径塑料管道，通信光（电）缆通道，架空吊线，光缆，电缆等，按设计图示尺寸以中心线长度“m”计算。项目特征：型号、规格、敷设部位、敷设方式。工作内容：敷设、试通等。

（2）交接箱、配线箱、终端盒、过线盒，光分路器等，按设计图示数量计算。项目特征：名称、种类、规格、容量等。工作内容：安装、插接、测试等。

（3）进线室承托铁架、托架、固定光缆盘，按设计图示数量计算。项目特征：型号、规格。工作内容：安装。

（4）用户光缆测试，光缆中继段测试、光纤链路测试，电缆全程测试，按设计图示数量计算。项目特征：名称、规格、测试类别、测试内容。工作内容：测试。

未列项目及工程量计算规则等内容，见《安装工程计量规范》GB/T 50856—2024。

（三）通信工程计量示例

1. 背景

某室外5G基站，主要通信设备为：有源天线单元（AAU5831）3套，室外机柜（BTS5900A，900×600×450）1个，基带处理单元（BBU5900）1套，OM5光纤120m。

2. 问题

试按《建设工程工程量清单计价标准》GB/T 50500—2024和《通用安装工程工程量计算标准》GB/T 50856—2024的规定，编制该工程的分部分项工程量清单。

3. 解答

项目编码：（见表6.3.4）

项目名称：（见表6.3.4）

项目特征：（见表6.3.4）

计量单位：（见表6.3.4）

工程数量：（依据《通用安装工程工程量计算标准》GB/T 50856—2024计算）

填制表格：见表6.3.4。

表6.3.4 分部分项工程量清单

序号	项目编码	项目名称	项目特征描述	单位	数量
1	031102011001	基站设备	1. 名称：有源天线单元 2. 型号：AAU 3. 规格：5831 4. 安装方式：室外人工 5. 部位：铁塔上安装 6. 高度：30m	套	3
2	031102011002	基站设备	1. 名称：基带处理单元 2. 型号：BBU 3. 规格：5900 4. 安装方式：人工 5. 部位：机箱内 6. 高度：1.5m	套	1

续表 6.3.4

序号	项目编码	项目名称	项目特征描述	单位	数量
3	031101001001	机柜	1. 名称：室外 5G 机柜 2. 型号：BTS5900A 3. 规格：900mm×600mm×450mm 4. 安装方式：落地安装	个	1
4	031103008001	光缆	1. 型号：多模光纤 2. 规格：OM5 3. 敷设部位：天线至机柜内 4. 敷设方式：明敷	m	120

第四节　建筑智能化工程

一、智能建筑系统构成

智能建筑是以建筑物为平台，兼备信息设施系统、信息化应用系统、建筑设备管理系统、公共安全系统等，集结构、系统、服务、管理及其优化组合于一体，向人们提供安全、高效、便捷、节能、环保、健康的建筑环境。

1. 智能建筑系统构成

智能建筑系统由上层的智能建筑系统集成中心（SIC）和下层的 3 个智能化子系统构成。智能化子系统包括建筑自动化系统（BAS）、通信自动化系统（CAS）和办公自动化系统（OAS）。BAS、CAS 和 OAS 三个子系统通过综合布线系统（PDS）连接成一个完整的智能化系统，由 SIC 统一监管，其组成与功能如图 6.4.1 所示。

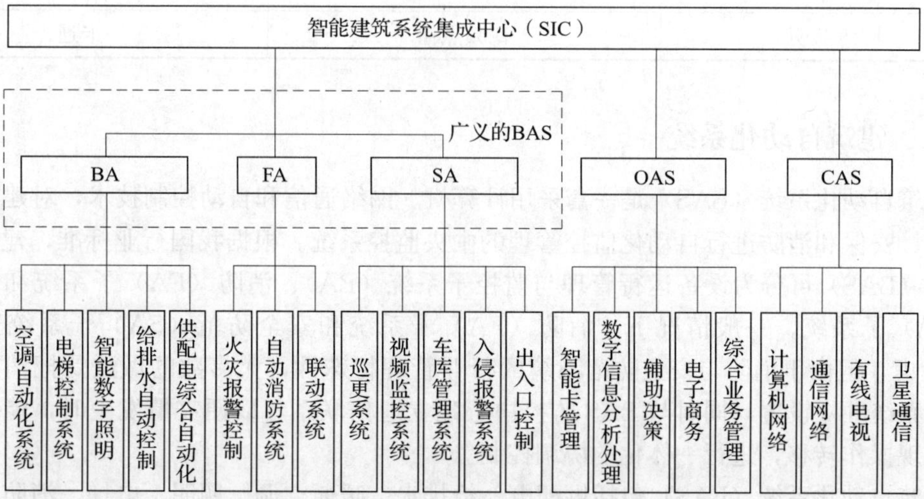

图 6.4.1　智能建筑系统组成和功能示意图

系统集成中心（SIC）应具有各个智能化系统信息汇集和各类信息综合管理的功能，汇集建筑物内外各类信息，接口界面标准化、规范化，以实现各子系统之间的信息交换及通信；对建筑物各个子系统进行综合管理；对建筑物内的信息进行实时处理，并且具有很强的信息处理及信息通信能力。

系统集成中心（SIC）应具有各智能化系统信息汇集和各类信息综合管理的功能，汇集建筑物内外各类信息，接口界面标准化、规范化，以实现各子系统之间的信息交换及通信；对建筑物各子系统进行综合管理；对建筑物内的信息进行实时处理，并且具有很强的信息处理及信息通信能力。

综合布线系统（PDS）是建筑物或建筑群内部之间的传输网络。它能使建筑物或建筑群内部的电话、电视、计算机、办公自动化设备、通信网络设备、各种测控设备以及信息家电等设备之间彼此相连，并能接入外部公共通信网络。在综合布线系统中，可以传输多种信号，包括语音、数据、视频、监控等信号。

2. 智能建筑服务功能

从用户服务功能角度看，智能建筑可提供三大方面的服务功能，即安全功能、舒适功能和便利高效功能，如表 6.4.1 所示。

表 6.4.1 智能建筑的三大服务功能

安全性方面	舒适性方面	便捷性方面
火灾自动报警	空调监控	综合布线
自动喷淋灭火	供热监控	用户程控交换机
防盗报警	给排水监控	VSAT 卫星通信
闭路电视监控	供配电监控	办公自动化
保安巡更	卫星电缆电视	Internet
电梯运行控制	背景音乐	宽带接入
出入控制	装饰照明	物业管理
应急照明	视频点播	一卡通

二、建筑自动化系统

建筑自动化系统（BAS）是一套采用计算机、网络通信和自动控制技术，对建筑物中的设备、安保和消防进行自动化监控管理的中央监控系统。根据我国行业标准，建筑自动化系统（BAS）可分为设备运行管理与监控子系统（BA）、消防（FA）子系统和安全防范（SA）子系统。一般情况下，消防（FA）子系统和安全防范（SA）子系统宜纳入 BAS 考虑，但由于消防与安全防范系统的行业管理特殊性，大多数的做法是把消防与安全防范系统独立设置，同时与 BAS 监控中心建立通信联系，以便灾情发生时，能够按照约定实现操作转移，进行一体化的协调控制。

建筑自动化系统（BAS）包括供配电、给排水、暖通空调、照明、电梯、消防、安全防范、车库管理等监控子系统，现分述如下：

1. 供配电监控系统

供配电监控系统的主要功能是保证建筑物安全可靠的供电，主要是对各级开关设备的状态、主要回路的电流、电压、变压器的温度以及发电机运行状态进行监测。在保障安全可靠供电的基础上，系统还可包括用电计量、各户用电费用分析计算、用电高峰期对次要回路的限制供电控制等功能。

2. 照明监控系统

照明监控系统主要是对门厅、走廊、庭院和停车场等处照明的按顺序启停控制、对照明回路的分组控制、用电过大时自动切断，以及对厅堂、办公室等地的无人熄灯控制等。这些控制可以通过计算机设定启停时间表、值班人员远动等方式来进行，也可以采用门锁、红外线等方式探测是否无人从而自动熄灭的控制方式。

3. 给排水监控系统

给排水的监控目标是保证建筑物的给水/排水系统的正常运行，基本功能是对各给水泵、排水泵、污水泵及饮用水泵的运行状态及故障情况进行监测，对各种水箱及污水池的水位、给水系统压力、流量进行监测以及根据这些水位及压力状态启/停相应的水泵。

4. 暖通空调监控系统

通过对大楼环境温湿度的监测，对冷冻机组、空调机组及水泵等设备状态的监控，实现对空调系统所需冷热源的温度、流量等的自动调节。暖通空调监控系统功能为：设备最佳启/停控制，空调及制冷机的节能优化控制，设备运行周期控制，电力负荷控制，蓄冷系统优化控制等。

5. 电梯监控系统

电梯一般都带有完备的控制装置，但需要将这些控制装置与楼宇自动化系统相连并实现它们之间的数据通信，使管理中心能够随时掌握各个电梯的工作状况，有多部电梯时进行群控优化，并在火灾、非法入侵等特殊场合对电梯的运行进行直接的管理控制。电梯监控系统宜具有功能：电梯（自动扶梯）运行状态监视，故障检测与报警，电梯群控制管理，电梯的时间程序控制，与消防信号及保安信号的连锁控制。

6. 保安监控系统

保安监控系统又称 SAS，它一般有以下内容：

（1）出入口控制系统：将门禁开关、电子锁或读卡机等装置安装于进入建筑物或主要管理区的出入口，从而对这些通道进行出入对象控制或时间控制。

（2）防盗报警系统：将由红外或微波技术构成的运动信号探测器安装于一些无人值守的部位，当发现所监视区出现移动物体时，即发出信号通知控制中心。

（3）闭路电视监视系统：将摄像机装于需要监视控制的区域，通过电缆将图像传至控制中心，使中心可以随时监视各监控区域的现场状态，计算机技术还可进一步对这些图像进行分析，从而辨别出运行物体、火焰、烟及其他异常状态，并报警及自动录像。

（4）保安人员巡逻管理系统：指定保安人员的巡逻路线，在路径上设巡视开关或读卡机，从而计算机可确认保安人员是否按顺序在指定路线下巡逻，以保证保安人员的安全。

7. 消防系统

消防系统又称 FAS（Fire Automation System），是一个相对独立的系统，由火灾报警、水喷淋、送风与排烟、消防通信与紧急广播等子系统组成，传递火灾报警系统的各种状态和报警信息。FAS 主要由火灾自动报警系统和消防联动控制两部分构成。

8. BAS 的集中管理协调

在智能建筑中，各种系统许多情况下需要相互协调。这些协调控制需要在 BAS 控制中心通过计算机和值班人员的相互配合来实现。

三、安全防范自动化系统

安全防范系统包括防盗报警、电视监控、出入口控制、访客对讲、电子巡更等。

（一）防盗报警系统

防盗报警系统就是用探测器对建筑内外重要地点和区域进行布防。

1. 系统的组成

（1）探测器。探测器是用来探测入侵者移动或其他动作的电子和机械部件。探测器通常由传感器和信号处理器组成。有的探测器只有传感器而没有信号处理器。

传感器是一种物理量的转化装置，在入侵探测器中，传感器通常把压力、振动、声响、光强等物理量，转换成易于处理的电量（电压、电流、电阻等）。

信号处理器的作用是把传感器转化成的电量进行放大、滤波、整形处理，使它成为一种合适的信号，能在系统的传输信道中顺利地传送，通常把这种信号称为探测电信号。

（2）信道。信道是探测电信号传送的通道。通常分有线信道和无线信道。有线信道是指探测电信号通过双绞线、电话线、电缆或光缆向控制器或控制中心传输。无线信道则是对探测电信号先调制到专用的无线电频道由发送天线发出，控制器或控制中心的无线接收机将空中的无线电波接收下来后，解调还原出控制报警信号。

（3）控制器。报警控制器由信号处理器和报警装置组成。报警信号处理器是对信号中传来的探测电信号进行处理，判断出电信号中“有”或“无”情况，并输出相应的判断信号。若探测电信号中含有入侵者入侵信号时，则信号处理器发出报警信号，报警装置发出声或光报警。反之，若探测电信号中无入侵者的入侵信号，则信号处理器送出“无情况”的信号，则报警器不发出声光报警信号。智能型的控制器还能判断系统出现的故障，及时报告故障性质，位置等。

（4）控制中心（报警中心）。为了实现区域性的防范，可以把几个需要防范的小区，联网到一个报警中心，各个区域报警电信号通过信道传到控制中心，同样控制中心的指令也能回送到各区域。

2. 常用入侵探测器

入侵探测器按防范的范围可分为点型、直线型、面型和空间型。对入侵探测器要求为：应有防拆和防破坏保护；应有抗小动物干扰的能力；应有抗外界干扰的能力。

（1）点型入侵探测器。点型入侵探测器是指警戒范围仅是一个点的报警器。如门、窗、柜台、保险柜等这些警戒的范围仅是某一特定部位。

1）开关入侵探测器。该探测器由开关传感器与相关的电路组成，干簧继电器是门、窗等用得最多的控制元件。干簧继电器由和磁铁组成，将干簧管安装在固定不动的门框或窗框上，磁铁则可安装在活动的门扇和窗扇上。当门窗关闭时，磁铁和干簧管放置距离最近，触点闭合，不报警；门窗被打开时，磁铁和干簧管分离，使磁场减弱，干簧管触点断开，向外电路输出报警信号。

2）振动入侵探测器。当入侵者进入设防区域时，该探测器会引起地面、门窗等振动而发出报警信号。

①压电式振动入侵探测器。把压电传感器贴在物体上，当受到振动时，传感器相应的两电极上感应出电荷，形成一微弱的电位差，将此信号放大处理后，推动报警器。

②电动式振动入侵探测器。电动传感器是利用电磁感应的原理，将振动转换成线圈两端的感应电动势输出。电动传感器具有较高的灵敏度，输出电动势较高，不需要高增益放大器，而且电动传感器输出阻抗低，噪声干扰小。

（2）直线型入侵探测器。常见的直线型入侵探测器有红外入侵探测器和激光入侵探测器。探测器的发射机发射出一串红外光或激光，经反射或直接射到接收器上，如中间任意处被遮断，报警器即发出报警信号。

1）主动红外入侵探测器。主动红外探测器的发射机发出一束经调制的红外光束，被红外接收机接收，形成一条红外光束组成的警戒线。当被探测目标侵入该警戒线时，红外光束被部分或全部遮挡，接收机接收信号发生变化，经放大，处理后，发出报警信号。

主动红外探测器体积小、重量轻、便于隐蔽，采用双光路的主动红外探测器可大幅提高其抗噪访误报的能力。而且主动红外探测器寿命长、价格低、易调整，因此被广泛使用在安全技术防范工程中。

2）激光入侵探测器。激光与一般光源相比较，特点有：方向性好，亮度高；激光的单色性和相干性好；激光具有高亮度、高方向性。所以激光探测器十分适合于远距离的线控报警装置。由于能量集中，可以在光路上加反射镜反射激光，围成光墙。从而用一套激光探测器可以封锁一个场地的四周，或封锁几个主要通道路口。

激光探测器采用半导体激光器的波长在红外线波段，处于不可见范围，便于隐蔽。激光探测器采用脉冲调制，抗干扰能力较强，其稳定性能好，一般不会有因机器本身产生的误报警，如果采用双光路系统，可靠性更会大幅提高。

（3）面型入侵探测器。面型入侵探测器警戒范围为一个面，当警戒面上出现危害时，即能发生报警信号。电磁感应探测器更多地被用作面报警探测器。如电场畸变探测器，当被探测的目标（人或车辆）侵入所防范的区域时，引起传感器线路周围电磁场分布的变化，把能响应这畸变并进入报警状态的装置称为电场畸变探测器。这种探测器常用的有平行线电场畸变探测器，带孔同轴电缆电场畸变探测器。

（4）空间型入侵探测器。空间型入侵探测器是指警戒范围是一个空间的报警器。当这个警戒空间任意处的警戒状态被破坏，即发生报警信号。

1）声入侵探测器。声入侵探测器是常用的空间防范探测器。通常将探测说话、走路等声响的装置称声控探测器。将探测物体被破坏（如打碎玻璃、凿墙、锯钢筋）时，发生固有声响的装置称为声发射探测器。

①声控探测器。声控探测器是用声传感器把声响信号变换成电信号，经前置音频放大，送到报警控制器，经功放、处理后发出报警信号。也可将报警控制器输出的报警信号经放大推动喇叭和录音机，以便监听和录音。

②声发射探测器。声发射探测器的声电传感器将声响信号变换成电信号，经带通放大

器，使要监控的某一频带的声音信号获得更大的增益，然后经过处理，控制发出报警信号。

常用的声发射探测器有玻璃破碎声发射探测器和凿墙和锯钢筋发射探测器。

2）次声探测器。次声是频率低于 20Hz 的声音，声电传感器把接收到的低频次声变换成低频电信号，低通滤波器滤去高频、中频音频信号，仅放大低频信号（次声电信号），经处理后发出报警信号。次声探测器通常只用来作为室内的空间防范。

3）其他探测器。

①超声波探测器。利用多普勒效应，当目标在防范区域空间移动时，反射的超声波引起探测器报警。

②微波入侵探测器。微波是一种频率很高的无线电波，其波长很短，在 1～1 000mm。很容易被物体所反射，利用这一原理，根据入射波和反射波的频率漂移，可探测出入侵物体的运动。

③视频运动探测器。用摄像机作为探测器，监视所防范的空间，当有目标进入防范区域时，被监视的景物亮度发生变化，亮度的变化被转换成变化的电信号，经放大、处理后控制报警信号。

④被动红外探测器。当被探测的目标入侵引起该区域红外辐射的变化，能够探测出这种红外辐射变化并进入报警状态的电子装置称为被动红外探测器。该探测器的抗噪能力较强，噪声信号不会引起误报，红外探测器一般用在背景不动或防范区域内无活动物体的场合。

3. 入侵报警控制器

（1）入侵报警控制器的功能。

1）应能接收来自入侵探测器的报警信号，发出声光报警并能指示入侵发生的部位。

2）应有防破坏功能，当连接入侵探测器和控制器的传输线发生断路、短路或并接其他负载时应能发出声、光报警信号。

3）能对控制的系统进行自检，检查系统各个部分的工作状态是否处于正常工作状态。

4）有较宽的电源适应范围。主电源的容量应保证在最大负载下连续工作 24h 以上。

5）应有备用电源。备用电源应能满足系统要求，并连续工作 24h。

6）应有较高的稳定性，在正常大气条件下连续工作 7 天，不出现误报、漏报。

7）应在额定电压和额定负载电流下进行警戒、报警、复位，循环 6 000 次，而不允许出现电或机械故障，也不应有器件的损坏和触点粘连。

8）机壳应有门锁或锁控装置（两路以下例外）。

9）应能接受各种性能的报警输入，如：

①瞬时入侵：为入侵探测器提供瞬时入侵报警。

②紧急报警：接入按钮可提供 24h 紧急呼救，不受电源开关影响，能保证昼夜工作。

③防拆报警：提供 24h 防拆保护，不受电源开关影响，能保证昼夜工作。

④延时报警：实现 0～40s 可调进入延迟和 100s 固定外出延迟。

凡四路以上的防盗报警器必须有①、②、③三种报警输入。

(2) 入侵报警控制器的类型。

1) 小型报警控制器。对于一般的小用户防护的部位很少时，可采用小型报警控制器。

2) 区域入侵报警控制器。区域入侵报警控制器利用计算机技术，实现了输入信号的总线制。所有的探测器根据安置的地点，实现统一编码，探测器的地址码、信号以及供电由总线完成。每路输入总线上可挂接128个探测器。当任何部位发出报警信号后，能直接送到控制中心的CPU，在报警显示板上，电发光二极管显示报警部位；同时驱动声光报警电路，及时把报警信号送到外设通信接口，按原先存储的报警电话，向更高一级的报警中心或有关主管单位报警。

3) 集中入侵控制器。在大型和特大型的报警系统中，由集中入侵控制器把多个区域控制器联系在一起。集中入侵控制器能接收和发给各个区域控制器控制信息，能直接切换出任何一个区域控制器送来的声音和图像复核信号，用录像记录下来。由于集中入侵控制器能和多个区域控制器联网，因此具有更大的存储容量和更先进的联网功能。

4. 系统信号的传输

系统信号的传输就是把探测器中的探测电信号送到控制器去进行处理、判别，确认"有""无"入侵行为。探测电信号的传输通常有两种方法：有线传输和无线传输。

(1) 有线传输。在小型防范区域内，探测器的电信号直接用双绞线送到入侵报警控制器。双绞线经常用来传送低频模拟信号和频率不高的开关信号。

当传输声音和图像复核信号时常用音频屏蔽线和同轴电缆。在用同轴电缆传输图像和音频信号时通常有两种方式。一种是一根电缆传送一路信号，这种方式电路简单、价格便宜，一般用于短距离的信号传输。在远距离传输中，一般选用一根电缆传送多路信号（如用400MHz可送24路信号）。视频图像也可通过光缆进行传输，其特点是传输距离远、传输图像质量好、抗干扰、保密、体积小、重量轻、抗腐蚀、容易敷设，但造价较高。

(2) 无线传输。探测器输出的探测电信号经过调制，用一定频率的无线电波向空间发送，由报警中心的控制器所接收。而控制中心将接收信号分析处理后，发出报警信号和判断出报警部位。

（二）电视监控系统

电视监视系统是在重要的场所安装摄像机，保安人员在控制中心便可以监视现场情况。监视系统接到示警信号后，能自动进行实时录像，供事后重放分析。

1. 闭路监控的组成和特点

闭路监控电视系统一般由摄像、传输、控制、图像处理与显示等四个部分组成。

(1) 摄像部分。摄像部分的作用是把被摄体的光、声信号变成电信号进行传送。摄像部分的核心是摄像机，它是光电信号转换的主体设备。

(2) 传输部分。传输部分的作用将摄像机（现场）和中心机房进行信息交互，传输控制信号，以控制现场的云台和摄像机工作。控制信号的传输方式有两种：基带传输和频带传输。

未经调制的视频信号为数字基带信号。近距离直接送传输数字基带信号即数字信号的基带传输，基带传输不需要调制，解调，设备花费少，传输距离一般不超过2km。频带传输，是用基带脉冲对载波波形的某些参量进行控制，使这些参量随基带脉冲变化，这就是调制。经过调制的信号称为已调信号。已调信号通过线路传输到接收端，然后经过解调恢复为原始基带脉冲。频带传输克服了许多长途电话线路不能直接传输基带信号的缺点，能实现多路复用的目的，提高了通信线路的利用率。通过借助频带传输，可以将链路容量分解成两个或更多的信道，每个信道携带不同的信号，这就是宽带传输。

传输分配部分构成主要如下：

1）馈线：传输馈线有同轴电缆（以及多芯电缆）、平衡式电缆、光缆。

2）视频电缆补偿器：在长距离传输中，对长距离传输造成的视频信号损耗进行补偿放大，以保证信号的长距离传输而不影响图像质量。

3）视频放大器：远距离传输时对视频信号进行放大，以补偿传输过程中的信号衰减。具有双向传输功能的系统，必须采用双向放大器。

（3）控制部分。控制部分的作用是在中心机房通过有关设备对系统的现场设备（摄像机、云台等）进行远距离遥控。控制部分的主要设备有：

1）集中控制器：一般装在中心机房、调度室或某些监视点上。使用控制器再配合一些辅助设备，可以对摄像机工作状态，如电源的通断、光圈、变焦等进行遥控。对云台控制，输出交流电压至云台，驱动云台内电机转动，完成云台水平旋转、垂直俯仰旋转。

2）微机控制器：微机控制器与相应的解码器、云台控制器、视频切换器等设备配套使用，可以较方便地组成一级或二级控制，并留有功能扩展接口。

（4）图像处理与显示部分。图像处理指对图像信号进行切换、记录、重放、加工和复制等。显示部分则是用监视器进行图像重放，有时还用投影电视来显示其图像信号。图像处理和显示部分的主要设备有：

1）视频切换器。它能对多路视频信号进行自动或手动切换，输出相应的视频信号，使一个监视器能监视多台摄像机信号。在输出的视频信号上添加字符、时间等。

2）监视器和录像机。监视器的作用是把送来的摄像机信号重现成图像。在系统中，一般需配备录像机，尤其在大型的保安系统中，录像系统还应具备如下功能：

①在进行监视的同时，可以根据需要定时记录监视目标的图像或数据，以便存档。

②在控制指令下能自动启动录像机，将事故情况准确无误地录制下来，以备分析处理。

2. 闭路监控系统的现场设备

（1）摄像机。它将被摄物体的光图像转变为电信号——视频信号，为系统提供信号源。

（2）云台和防护罩。

1）云台。云台分手动云台和电动云台两种。

手动云台又称为支架或半固定支架，一般由螺栓固定在支撑物上，摄像机方向的调节可松开方向调节螺栓进行。水平方向可调 30°～150°，垂直方向可调±45°。

电动云台内装两个电动机。一个负责水平方向的转动，另一个负责垂直方向的转动。有的云台只能左右旋转称水平云台，既能左右又能上下旋转的云台称全方位云台。

云台按使用环境区分，有室内型云台、室外型云台、防爆云台、耐高温云台和水下云台等。室内用云台承重小，没有防雨装置。室外用云台承重大，有防雨装置。有些高档的室外云台除有防雨装置外，还有防冻加温装置。

2）防护罩。防护罩的种类很多，按使用的环境不同，区分如下：

摄像机防护罩按其功能和使用环境可分为室内型防护罩和室外型防护罩。

室内型防护罩的主要功能是保护摄像机，能防尘、通风，有防盗、防破坏功能，有时也考虑隐蔽作用。

室外防护罩主要功能有防尘、防晒、防雨、防冻、防结露、防雪。室外防护罩一般配有温度继电器，在温度高时自动打开风扇冷却，低时自动加热。下雨时可以控制雨刷器刷雨。

（3）解码器。完成对摄像机镜头，全方位云台的总线控制。有的还能对摄像机电源的通/断进行控制，摄像机变焦镜头通常有光圈、聚焦、变焦三个电机，可以正反向旋转。变焦镜头的电机大部分是直流电机，直流电机加反相电压后就会倒转，三个电机如果用一个公共接地端，共有四根控制线。

3. 控制中心控制设备与监视设备

（1）视频信号分配器。视频信号分配，即将一路视频信号（或附加音频）分成多路信号，供给多台监视器及或其他终端设备使用。

（2）视频切换器。视频切换器相当于选择开关的作用。视频切换器可以使一个监视器监视多台摄像机信号。有时还可用来图像混合、分割画面、特技图案、叠加字幕等处理等。

（3）视频矩阵主机。视频矩阵主机对系统内各设备进行控制。视频矩阵主机功能主要有：视频分配放大、视频切换、时间地址符号发生、专用电源等。有的采用多媒体计算机作为主体控制设备。

主要作用有：任意显示多个摄像机摄取的图像信号；单个摄像机摄取的图像可同时送到多台监视器上显示；可通过主机发出的控制数据代码控制云台、摄像机镜头等现场设备。有的视频矩阵主机可以接收报警探测器发出的报警信号，并通过报警输出接口去控制相关设备可同时处理多路控制指令，供多个使用者同时使用系统。

（4）多画面处理器。在多台摄像机的电视监控系统中，为了节省监视器和图像记录设备往往采用多画面处理设备，使多路图像同时显示在一台监视器上，并用一台图像记录设备进行记录。

（5）硬盘录像机。硬盘录像机把模拟的图像转化成数字信号，也称数字录像机。可以连续录像几十天以上。硬盘录像机图像质量高，数字化图像抗干扰性能强，适合于远传。

（6）监视器。监视器是闭路监控系统的终端显示设备，它用来重现被摄体的图像。

4. 闭路监控系统信号的传输

闭路监控系统中信号传输的方式由信号传输距离，控制信号的数量等确定。当传输距离较近时采用信号直接传输（基带传输），当传输距离较远时采用射频、微波或光纤传输等，现越来越多地采用计算机局域网实现闭路监控信号的远程传输。

（1）基带传输。控制信号直接传输常用多芯控制电缆对云台、摄像机进行多线制控制，也有通过双绞线采用编码方式进行控制。

（2）射频传输。是将摄像机输出的图像信号经调制器调制到射频段来进行传输。射频是一种高频交流变化电磁波，高频传输线缆（射频线）信息源经过二次调制，用线缆传输到对端，对端用反调制将信息源还原后再应用，不管频率多低，也是射频传输方式，如果没有调制反调制过程，只是将信息源用线缆传送到对端直接使用，不管频率有多高，都是一般的有线传输方式。射频传输常用在同时传输多路图像信号而布线相对容易的场所。

（3）微波传输。是将摄像机输出的图像信号和对摄像机、云台的控制信号调制微波段，以无线发射的方式进行传输。微波传输常用在布线困难的场所。

（4）光纤传输。是将摄像机输出的图像信号和对摄像机、云台的控制信号转换成光信号通过光纤进行传输，光纤传输的高质量、大容量、强抗干扰性、安全性是其他传输方式不可比拟的。

（5）互联网传输。采用计算机局域网传输的方式是将图像信号与控制信号作为一个数据包，在局域网内的任何一台普通 PC 机通过分控软件就能调看任何一台摄像机输出的图像并对其进行控制。

（三）出入口控制系统

出入口门禁控制系统，通常在大楼的入口处、档案室门、电梯等处安装出入控制装置，比如磁卡/IC 卡识别器或者密码键盘等。智能卡门禁系统如图 6.4.2 所示。

图 6.4.2 智能卡门禁系统示意图

1. 出入口控制系统组成

（1）安装开关。在需要监视和控制的出入口处，安装门磁开关、电控锁，也可以利用时间程序控制门的开/关。

（2）安装控制器。控制器可通过密码、指纹、卡数据信号、密码等方式控制电控锁的开/关。卡数据信号可通过读卡器读取。密码方式由于不易记忆，所以在智能小区中用得较少。指纹、掌纹方式对系统性能要求较高，设备造价较高，也很少在小区中使用。智能卡不易被复制和伪造，具有高度安全性。同时智能卡读卡机具有多种智能报警功能，所以智能卡控制的门禁系统广泛用在智能小区中。

门禁系统一般由管理中心设备（控制软件、主控模块、协议转换器、主控模块等）和前端设备（含门禁读卡模块、进/出门读卡器、电控锁、门磁及出门按钮）两大部分组成。

2. 系统功能

（1）基于计算机的编程。操作员依据权限进行各种操作，如开门/关门，查看被控区域门态，授权卡或删除卡等。

（2）卡片使用模式。系统可采用各种感应卡，每张卡具有唯一性，不可复制，保密性极高。根据出入等级对卡片的使用时间、地点进行设定，对非法进入行为系统会报警。

（3）实时监控功能。门的开/关状态、刷卡行为，都可实时反映于控制室的计算机中记录。支持地图管理功能，可任意编制各楼层平面图，并可在地图上实时监控各门的状态。

（4）记录存储功能。所有读卡资料均有计算机记录。脱机时门禁控制器能保持数据；掉电时数据能保持。

（5）时间程序管制。经设定，在不同时间区段自动执行相应的控制指令。

（6）顺序处理功能。某种警报信号发生或指定状态改变时，自动执行一连串之顺序控制指令。

（7）双向管制。系统支持双向管制，特殊门户需双向读卡，只读一次，读卡操作失效。

（8）首次进入自动开启。在设定的时间内，第一个持卡者进门后，自动保持开锁状态，直到设定时刻止。

（9）高度自检功能。故障可反馈主机，在控制器数据与主机数据不一致时，系统会提示是否进行修整。

（10）多级操作权限密码设定。针对操作人员分配多种级别的操作权限，输入不同的密码可进入不同的控制界面。

（11）远程监控。通过 MODEM 在电话线上可实现远程报告、远程报警、远程设置和远程查询等功能。

（12）用户密码功能和多卡开门功能。可通过采用带密码的读卡器实现读卡加密码开门的双重保安功能，或者使用超级密码方式进门。可设置多卡刷卡后才可开门的方式，保证对高安全性场所的控制。

（13）反胁迫功能。系统提供反胁迫功能：当用户被歹徒劫持时，可刷卡后输入约定胁迫码进门，中心将能及时接收此胁迫信息并采取相应的措施，以维护用户及工作区域的安全。

（14）反潜回功能。系统提供反潜回功能：在进/出均需读卡的系统中，不允许连续二次或二次以上的进或出的读卡行为，否则报警。

（15）联动控制。

1）与防盗系统联动：如当门被强制打开或开门超时，可触发报警系统。

2）与消防系统的联动：在发生火灾的情况下，火警信号将被传输到门禁主机的输入端，控制主机输出开锁指令，打开防火区安全门通道。

3）与CCTV联动：如当门被强制打开或开门超时，自动起动相关电视监控系统，记录报警现场图像。

3. 系统网络结构

门禁控制系统是一种典型的集散型控制系统。系统网络由两部分组成：监视、控制的现场网络和信息管理、交换的上层网络。

监视、控制的现场网络是一种低速、实时数据传输网络，采用传统的RS－485控制网络实现分散的控制设备、数据采集设备之间的通信连接。

信息管理、交换的上层网络由各相关的智能卡门禁工作站和服务器组成，完成各系统数据的高速交换和存储。

分布在门禁现场的门禁读卡器是一种现场数字控制器，完成对智能卡数据的识别，门禁读卡模块，完成对现场通道的控制。门禁读卡器、门禁读卡模块可以脱离系统独立工作。门禁系统具有自检功能，发生故障时管理中心以声光信号提示并指示故障位置。

4. 系统硬件

（1）主控模块。是系统中央处理单元，连接各功能模块和控制装置，具有集中监视、管理、系统生成以及诊断等功能。

（2）网络隔离器。功能为当某一子网出现故障时不会影响其他网络工作。当网络线缆连接有断损时，系统提供报警信号，提示有线缆断损，应及时检修。并具有网络抗雷击的功能。

（3）门禁读卡模块。门禁读卡模块是安装在现场的一个直接数字控制器。有的门禁读卡模块与现场读卡器安装在一起组成门禁机。

其数字输入接口连接现场读卡器，数字输出接口连接现场被控设备，如电控锁，消防、电视监控等设备。每个门禁读卡模块可连接多台感应读卡器，控制多个门的开/关。一台感应读卡器占一个数字输入接口。如门禁管理系统只要求进门读卡时，一个门配置一个数字输入接口，如门禁管理系统要求进/出门读卡时，则一个门配置两个数字输入接口，同时配置2个继电器输出接口连接电控锁。

（4）门禁读卡器。门禁读卡器可以是一个读卡器或一个数字键盘，通过刷卡或输入密码控制开门。如果系统设置进/出门读卡，则在室内和室外都需要安装读卡器。

（5）门磁开关。门磁开关在系统中用来检测门的开/关状态。门磁开关与门禁读卡模块相连，其状态通过485总线传到中央控制器。

（6）专用电源。专用电源具有短路保护功能，配有备用电池，平时通过交流电源对电池进行浮充电。停电的情况下，备用电池自动投入，保证系统正常工作。

5. 身份辨识技术

在安全防范系统中，如出入口的控制系统、巡更系统、停车场的管理系统经常存在身份确认的问题，智能卡技术正越来越广泛地被应用于这些系统的管理中。

在安全防范系统中身份确认方式常用以下三类：

人体生理特性识别——用人体特有的生物特性如人脸、掌静脉、指纹、掌纹、视网膜进行识别。

代码——用代码来识别，如身份证号码、学生证号码，开锁密码等。

卡片——用磁卡、射频卡、IC卡、光卡中数据代码来识别。

各种识别方法的优缺点见表6.4.2。

表 6.4.2　各种识别方法的优缺点

<table>
<tr><th colspan="2">分类</th><th>原理</th><th>优点</th><th>缺点</th><th>备注</th></tr>
<tr><td colspan="2">代码</td><td>输入预先登记的密码进行确认</td><td>不用携带物品、廉价</td><td>不能识别个人身份、会泄密或遗忘</td><td>要定期更改密码</td></tr>
<tr><td rowspan="3">卡片</td><td>磁卡</td><td>对磁卡上的磁条存储的个人数据进行读取与识别</td><td>廉价、有效</td><td>伪造更改容易、会忘带卡或丢失</td><td>为防止丢失和伪造，可与密码法并用</td></tr>
<tr><td>IC 卡</td><td>对存储在 IC 卡中的个人数据进行读取与识别</td><td>伪造难、存储量大、用途广泛</td><td>会忘带卡或丢失，无法判断持卡人与 IC 卡一致性</td><td>—</td></tr>
<tr><td>非接触式 IC 卡</td><td>对存储在 IC 卡中的个人数据进行非接触式的读取与识别</td><td>伪造难、操作方便、耐用</td><td>会忘带卡或丢失，无法判断持卡人与 IC 卡一致性</td><td>—</td></tr>
<tr><td rowspan="5">生物特征识别</td><td>指纹</td><td>输入指纹与预先存储的指纹进行比较与识别</td><td>无携带问题、安全性极高、装置易小型化</td><td>对无指纹者不能识别</td><td>—</td></tr>
<tr><td>掌纹</td><td>输入掌纹与预先存储的掌纹进行比较与识别</td><td>无携带问题、安全性很高</td><td>精确性比指纹法略低</td><td>效果好</td></tr>
<tr><td>视网膜</td><td>用摄像输入视网膜与预先存储的视网膜进行比较与识别</td><td>无携带问题、安全性极高</td><td>对因弱视或睡眠不足而视网膜充血以及视网膜病变者无法对比</td><td>—</td></tr>
<tr><td>人脸</td><td>用摄像输入人脸，与预先存储的照片进行比较与识别，识别特征点 100～286 个</td><td>无携带问题、安全性极高</td><td>3D 打印脸模或双胞胎可以骗过识别系统</td><td>—</td></tr>
<tr><td>掌静脉</td><td>通过静脉识别仪取得个人掌静脉分布图，从掌静脉分布图依据专用比对算法提取特征值，将静脉的数字图像存储在计算机系统中。静脉比对时，实时采集静脉图，提取特征值，同存储在主机中静脉特征值比对，采用复杂的匹配算法对静脉特征进行匹配，从而对个人进行身份鉴定，确认身份</td><td>内部生理特征，不会磨损或盗取；活体识别，血液流动才能认证；识别特征点高达百万个</td><td>数据传输有压力，对室外严寒下使用时受影响</td><td>日常工作环境对识别没有影响</td></tr>
</table>

6. 智能卡应用系统

早期的确认、识别系统采用磁卡，标签卡。此类卡存储容量小，存储区域少，功能单一，防伪能力差。现在采用的 IC 卡（带计费功能）存储容量大，存储区域多达 8～16 个，每个区域相互独立，可自带密码，多重双向的认证保证了系统的安全性。

智能卡的英文名称是“Integrated Circuit Card”，其含义是集成电路卡，简称为 IC

卡。它把集成电路芯片封装入塑料基片中，外形与普通磁卡做成的信用卡相似，卡定尺寸为 54mm×85.6mm，厚度为 0.76～0.8mm。

IC 卡芯片可以写入数据与存储数据。根据芯片功能的差别，可以将其分为三类：

（1）存储型：卡内集成电路为电可擦的可编程只读存储器。

（2）逻辑加密型：卡内集成电路具有加密逻辑和 EEPROM。

（3）CPU 型：卡内集成电路包括 CPU、EPROM、随机存储器（RAM）以及固化在只读存储器（ROM）中的卡内操作系统 COS（Chip Operating System）。

在安全防范系统中，IC 卡被广泛地应用在出入口控制、停车场管理等系统中，在安全防范范围外 IC 卡也得到充分的应用。表 6.4.3 列出了不同类型识别卡的性能，供选择比较用。

表 6.4.3　不同类型识别卡的性能表

序号	项目	MIFARE-1 卡（计费智能卡）	标签卡	ID 卡（早期标签卡）	磁卡（符号卡）
1	卡片名称及属性	带运算程式 CPU 属智能卡	不带 CPU 不能称智能卡，仅可称 IC 标签卡	卡中仅带一组密码，不能称 IC 卡，更不是智能卡	最早期的带识别卡片，卡中的符号是公开的
2	读写功能	可读可写	可读可写	只读不写	只读不写
3	存储区域	16 区，各区独立，各自密码	不分区 仅一组密码	无区域 仅一组密码	无区域 仅一组密码
4	存储容量	8Kbit	1Kbit	几十个字节	几十个字节
5	读写可靠性	使用 CPU 数据运算保证，一旦确认，数据健全可靠	单向指令读写，卡片晃动太快，会出现数据录入残缺不全，或反向充值	单向读取，可靠，但易受干扰	取决于磁带、磁头质量
6	防伪能力	以 CPU 连点识别，防伪能力极强	以固定密码防伪，极易破解	无防伪能力	无防伪能力
7	卡片防伪模式	卡片和读写器的 CPU 相互以随机变换的密码组合经双向多重的认证运算确认	单向固定密码认证	卡片不认证	无认证
8	认证方式	多重双向	单向	后台 PC 机单向认证	后台认证
9	防冲撞能力（多卡同在读写区）	读写器可令各卡片有序读写工作	此时会产生冲撞，损坏读写器和卡片的数据	不能工作	不允许

续表 6.4.3

序号	项目	MIFARE-1卡（计费智能卡）	标签卡	ID卡（早期标签卡）	磁卡（符号卡）
10	数据运算判断能力	数据残缺不予录入，以CPU运算判断	无CPU数据残缺或异常仍能录入	卡片无判断能力	无运算判断能力
11	区域独立性	卡内在相同的CPU之下有16个各自带密的区域，各区域可以各自以不同的方式，后台软件及硬件进行独立交易，相当于拥有16张卡片	只能进行同一软件数据库内的交易，而各自无防伪能力	卡中不存使用记录及数据	无区域
12	一卡多用功能	可以进行16种各自授权，各自结算交易，而享有各自同等防伪能力及可靠性	只能进行同一软件数据库内的交易，而各自无防伪能力	卡中仅存一组符号，无区域可言	不能一卡多用
13	抗干扰能力	卡中带有CPU，能很好地排除干扰，正常工作	单向认证、读写，无抗干扰能力	读写距离稍大，即抗干扰能力较差	不能抗磁、电、水、潮、弯折、磁粉脱落的影响
14	技术的先进性	在Legic卡（标签卡）的基础上发展完善而成，得各国认可而风靡全球	MIFARE-1的前期过渡产品，目前只有极少数公司生产应用	最早期的标签卡，已界定不宜用于款项交易	淘汰产品，国外一些国家已明令禁止用在新项目

（四）访客对讲系统

楼宇对讲系统由对讲管理主机、大门口主机、门口主机、用户分机、电控门锁等相关设备组成。访客对讲系统分为单户型、单元型和联网型等。

（1）单户型。一般用在单独用户，如单体别墅。系统具有可视对讲或非可视对讲功能、遥控开锁功能。有的系统住户还能通过住户电视观看来访者图像，通过电话遥控开锁。

（2）单元型。单元型可视或非可视对讲系统主机分直按式和拨号式两种。直按式的门口机上直接按房间号即可接通住户，直按式容量较小，适用于多层住宅。数字拨号式的主机上有0～9数字键和相关的功能键。来访者通过数字、功能键实现与住户的联系。拨号式容量很大，能接几百个住户终端。这两种系统均采用总线布线方式，安装、调试简单。

（3）联网型。联网型的楼宇对讲系统是将大门口主机、门口主机、用户分机以及小区的管理主机组网，实现集中管理。联网型的楼宇对讲系统见图 6.4.3。

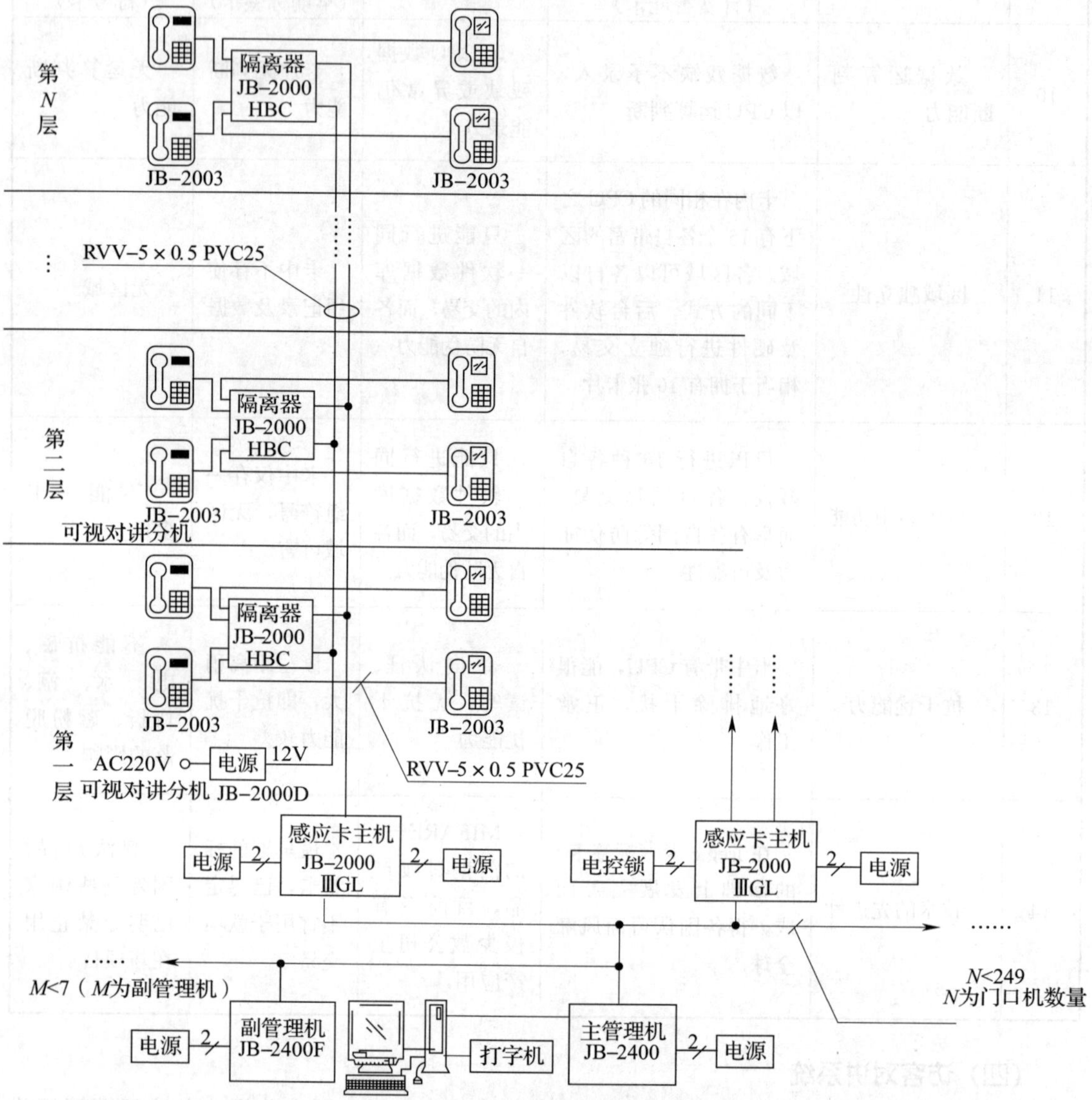

图 6.4.3　联网型的楼宇对讲系统示意图

（五）电子巡更系统

电子巡更系统是在规定的巡查路线上设置巡更开关或读卡器，要求保安人员在规定时间里在规定的路线进行巡逻。

智能小区电子巡更系统应有功能为：实现巡更路线和时间的设定、修改；在小区重要部位及巡更路线上安装巡更点；中心可查阅、打印各巡更人员的到位时间及工作情况；巡更违规记录提示。

电子巡更系统一般分为离线巡更和有线巡更系统两种。有线巡更系统特点式可以给巡更人员一种实时的保护。表 6.4.4 是有线巡更与离线巡更对比表。

表 6.4.4　有线巡更与离线巡更对比表

项目	有线巡更	离线巡更
中心控制站与巡更点通信方式	专线连接	无物理连接
对各巡更点信息读写	实时	非实时
更改巡更点设置	直接	间接
对巡更人员监督	实时	单圈巡逻后检查
对巡更人员保护	有	无
巡更点位置更换、调整	困难	容易
维护	复杂	容易
投资成本	较高	低

1. 离线电子巡更系统

离线电子巡更系统由信息纽、巡更棒、通信座和计算机及管理软件组成。离线电子巡更系统无须布线，方便快捷。巡更棒体积小，便于携带。巡更棒、信息纽全不锈钢结构，耐酸、耐雨。系统投资少、安全可靠、寿命长。是智能小区首选。

2. 有线巡更系统

有线巡更系统是将读卡器或其他数据识读器安装在需要巡检的地方，再用总线连接到控制中心的计算机主机上。保安人员用数据卡或信息钮在读卡器或其他数据识读器识读，相关信息实时传到控制中心的计算机，管理人员可随时查询巡更记录。

现在经常把电子巡更系统和门禁管理系统结合在一起。利用现有门禁系统的读卡器实现巡更信号的实时输入，门禁系统的门禁读卡模块实时地将巡更信号传到门禁控制中心的计算机，通过巡更系统软件就可解读巡更数据。既能实现巡更功能又节省造价。

四、火灾报警系统

火灾报警系统按照验收要求包括：

(1) 火灾自动报警系统装置，如各种火灾探测器、手动报警按钮、区域报警控制器和案中报警控制器等。

(2) 灭火系统控制装置，包括室内消火栓、自动喷水、卤代烷、二氧化碳、干粉、泡沫等固定灭火系统的控制装置。

(3) 电动防火门、防火卷帘控制装置。

(4) 通风空调、防烟排烟及电动防火阀等消防控制装置。

(5) 火灾事故广播、消防通信、消防电源、消防电梯和消防控制室的控制装置。

(6) 火灾事故照明及疏散指示控制装置等。

火灾报警系统装置及安装参见本书第四章第三节。

五、办公自动化系统

办公自动化（Office Automation，OA），主要目的是把部门的知识有形化、实用化、制度化、系统化。充分利用组织的知识资源，通过协作和交流，简化员工工作，提高员工的办公效率和质量。

（一）办公自动化系统的概念

办公自动化是应用计算机技术、通信技术、系统科学、行为科学等先进科学技术，使办公业务借助各种办公设备，由这些设备与办公人员构成服务于某种目标的人机信息系统。

狭义的办公自动化指文字编辑和处理、文档管理和检索等办公事务处理。广义办公自动化是建立在管理信息系统基础上，包括有决策支持系统功能。OA 的特征是：

（1）计算机技术、通信技术、系统科学、行为科学是办公自动化四大支柱。以行为科学为主导，系统科学为理论基础，综合运用计算机技术及通信技术完成各项办公业务。

（2）办公自动化系统是人—机信息系统。人和办公设备互相协调完成某一任务。信息是被加工处理的对象，是办公自动化的基础。办公设备是加工信息的手段或工具。办公人员是办公信息加工处理过程的设计者、操作者和信息成果的享用者。

（3）办公自动化的目标是降低办公人员劳动强度，提高办公质量和办公效率，提高决策的科学性和准确性。

（4）办公自动化包括语音、数据、图像和文字等信息的一体化处理。办公自动化系统的功能是信息采集、存储、加工、传递和辅助决策。语音、数据、图像和文字是办公信息的四种形式。

（二）办公自动化的支撑技术

（1）计算机技术：办公自动化系统数据的采集、存储和处理都依赖于计算机技术。

（2）通信技术：通信系统是办公自动化系统的神经系统。它完成信息的传递任务。

（3）系统科学：系统科学为办公自动化系统提供各种与决策有关的理论方法，完成定量结构分析、预测未来、政策评价等。

（4）行为科学：行为科学重点研究社会环境中个人和群体行为产生的原因及规律，以解释、说明、预测、引导、控制人的行为。在办公自动化系统设计中借鉴行为科学组织结构、组织设计、组织变革和发展中的理论与方法。以保证办公自动化系统的有效性。

（三）办公自动化系统及其功能

办公自动化系统由收发文管理、外出人员管理、会议管理、领导活动安排、论坛管理、个人用户工作台等多个功能子系统组成。

（1）收发文管理：收发文管理主要负责公文的拟定、收发、审批、归档、查询检索和打印等工作流的全过程处理。

（2）外出人员管理：外出人员管理主要是通过电子公告板方式对外出人员进行登记管理。

（3）会议管理：可实现网络远程实时会议控制，图文、影音在线传输。

（4）领导活动安排：对领导的工作和活动进行统一的协调和安排。

（5）论坛管理：主要负责对发布公开信息的管理，如信息分类、更新等。

（6）个人用户工作台：用于对个人工作进行管理，如安排日程、活动，存放资料等。

（7）电子邮件：电子邮件系统可完成信息共享、工作批阅流程、文档传递等功能。

（8）远程办公：当远离办公室或出差时，可通过远程计算机，完成办公的功能。

（9）档案管理：对档案实现高速、实时的查询管理。

（10）综合信息：提供单位职工电话号码查询，增进沟通，提供法律、法规查询等。

（11）简报期刊：提供国内外主要报纸、杂志的查询和特定信息检索。

（四）办公自动化使用的设备

（1）计算机设备。计算机是办公自动化的关键设备。包括有各种形式的大、中、小型机和微型机、各类文字、图形/图像处理工作站及各类终端。

（2）文字处理设备。包括中英文电子打字机、文字处理机、复印机、制版机、胶印机，各类打印机和激光照排系统等。

（3）语音处理设备。包括各种电话如录音电话、可视电话、智能电话、移动电话等，语音识别及合成设备，语音输入/输出设备等。

（4）图形图像处理设备。包括有光学字符/中文阅读器、传真机、录像机、绘图机、光笔、数字化仪、鼠标器、摄像机等。

（5）数据传输及通信设备。包括调制解调器、长距离数据收发器、通信控制器、公用电话交换网、局域网、专用自动交换机、综合业务数字网（ISDN）和公用分组交换网等。

（6）信息存储设备。包括大容量的磁盘机、磁带机、光盘及缩微文档处理设备等。

（7）其他机电办公工具。如电子黑板、点钞机、收款机等。

（五）办公自动化的层次结构

办公自动化系统按处理信息的功能划分为三个层次：事务型办公系统；信息管理型办公系统；决策支持型办公系统即综合型办公系统。

（1）事务型办公系统中，最为普遍的应用有文字处理、电子排版、电子表格处理、文件收发登录、电子文档管理、办公日程管理、人事管理、财务统计等。这些常用的办公事务处理的应用可做成应用软件包，包内的不同应用程序之间可以互相调用或共享数据，以提高办公事务处理的效率。

（2）信息管理型办公系统是第二个层次。信息管理型的办公系统，是把事务型（或业务型）办公系统和综合信息（数据库）紧密结合的一体化办公信息处理系统。该层次要求必须有供本单位各部门共享的综合数据库。这个数据库建立在事务级办公系统基础之上，构成信息管理型的办公系统。

（3）决策支持型办公系统是第三个层次。它建立在信息管理级办公系统的基础上。它使用由综合数据库系统所提供的信息，针对需要做出决策的问题，构造或选用决策数学模型，由计算机执行决策程序，做出相应的决策。

事务型和管理型办公系统是以数据库为基础的。决策型办公系统除需要数据库外，还要有其领域的专家系统。该系统可以模拟人类专家的决策过程来解决复杂的问题。

（六）办公自动化系统的特点

（1）集成化：软硬件及网络产品的集成，人与系统的集成，单一办公系统同社会公众信息系统的集成。

（2）智能化：面向日常事务处理，辅助人们完成智能性劳动。

（3）多媒体化：包括对数字、文字、图像、声音和动画的综合处理。

（4）电子数据交换（EDI）：通过数据通信网，在计算机间进行交换和自动化处理。

六、综合布线系统

综合布线系统将所有电话、数据、图文、图像及多媒体设备的布线综合在一套标准化的布线系统中，使语音、数据、图像等信息在建筑物内或建筑群之间传输，实现了多种信息系统的兼容和共用的性能。

（一）综合布线系统的特点及相关标准

综合布线系统是一种由缆线及相关接续设备组成的信息传输系统，它以一套配线系统综合通信网络、信息网络及控制网络，使信号实现互连互通。

1. 综合布线系统的特点

综合布线系统使建筑物或建筑群内的线路布置标准化、简单化，能形成具有通用性和稳定性的信息传输媒介系统，允许灵活配置信息网络拓扑结构，并可支撑语音、数据、图像、多媒体信息的传输。综合布线系统为建筑物和建筑群中的信息传输提供一个安全、可靠、高速、灵活、经济的通信平台。

2. 综合布线系统的相关标准

综合布线标准是布线制造商和布线工程行业共同遵循的技术法规，规定了从网络布线产品制造到布线系统设计、安装施工、测试等一系列技术规范。布线标准不仅为元器件和整个布线系统确定性能要求，同时为线缆、设备、测试仪器等生产商和布线系统实施单位提供了准则。

目前综合布线遵循的标准有：

（1）国内综合布线标准。现有国内综合布线系统标准大致分为两类，即通信行业标准（如大楼通信综合布线系统）和国家标准，如《综合布线系统工程设计规范》GB 50311—2016 和《综合布线系统工程验收规范》GB 50312—2016。

国家标准的内容主要倾向于布线系统的指标，规范了布线系统信道及永久链路的指标，并没有规定系统中产品的指标。行业标准的内容主要倾向于布线系统中产品的指标，规范了线缆、连接硬件（配线架及模块）等布线系统产品的指标。

（2）国际布线标准。国际标准化组织（ISO）和国际电工委员会（IEC）颁布了《国际建筑布线标准》ISO/IEC 11081。

（3）美国综合布线标准：《商用建筑通讯布线标准》EIA/TIA－568A、《商用建筑通讯布线测试标准》EIA/TIA TSB－67 等。

综合布线系统的相关标准对以下几个方面制定了相应的规范：①定义了认可的介质；②定义了布线系统的拓扑结构；③规定了各子系统的布线距离；④定义了布线系统与用户设备的接口；⑤定义了线缆和连接硬件性能；⑥规定了安装实践所需注意事项；⑦定义了链路性能及测试标准。

（二）综合布线系统的结构

综合布线系统又称为结构化布线系统。它采用模块化结构，将整个系统分为既相互独立，又有机结合的六个模块，通常称为六个子系统。这六个子系统分别是工作区子系统、水平（布线）子系统、管理子系统、垂直（干线）子系统、设备子系统和建筑群子系统。各子系统可连接成如图 6.4.4 所示的综合布线系统原理图。

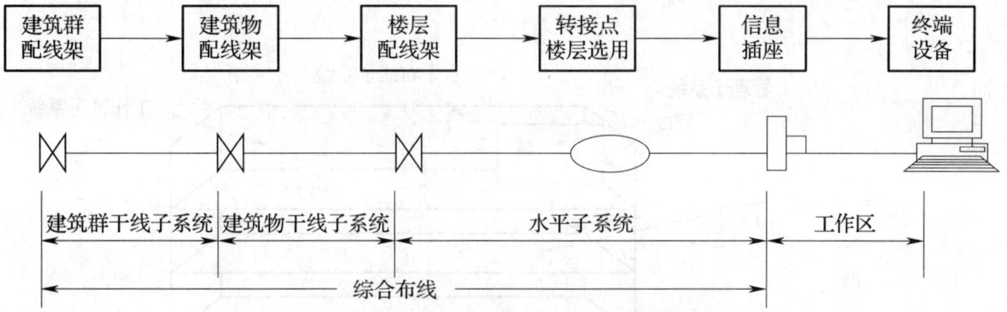

图 6.4.4　综合布线系统原理图

(1) 工作区子系统：工作区子系统位于建筑物内个人办公区内。由工作区内终端设备连接到信息插座之间的设备组成，包括信息插座、连接软线、适配器等。

(2) 水平（布线）子系统：水平子系统布置在同一楼层上，一端接在信息插座上，另一端接在层配线间的跳线架上，它的功能是将干线子系统线路延伸到用户工作区。

(3) 管理子系统：管理子系统是干线子系统和水平子系统的桥梁，同时又为同层组网提供条件。

(4) 垂直（干线）子系统：垂直干线子系统是由主设备间至各楼层管理间的组成，其信息传输媒介采用大对数的铜缆或光缆，两端分别接在设备间和管理间的跳线架上，为建筑物提供干线传输路由。

(5) 设备间子系统：设备间子系统是由设备间的电缆、连接跳线架及相关支持硬件、防雷电保护装置等构成，是整个配线系统的中心单元。比较理想的设置是把计算机房、程控交换机房等设备间设计在同一楼层中，这样既便于管理，又节省投资。

(6) 建筑群子系统：将多个建筑物的数据通信信号连接成一体的布线系统叫建筑群子系统，其信息传输媒介采用架空或地下电缆方式敷设的铜缆或光缆。

根据通信线路和接续设备的整体性，建筑群配线架（CD）属于建筑群主干布线子系统，建筑物配线架（BD）属于建筑物主干布线子系统，楼层配线架（FD）属于水平布线子系统。信息插座（TO）与终端设备（TE）之间的连线或信息插座通过适配器与终端设备之间的连线属于工作区子系统。转接点（CP）根据需要选择。

综合布线系统总体结构和子系统之间位置关系如图 6.4.5 所示。

（三）综合布线系统的部件

综合布线系统的部件通常由传输媒介、连接件和信息插座组成。综合布线系统的产品如图 6.4.6 所示。

1. 传输媒介

综合布线系统常用的传输媒介有双绞线和光缆。

根据不同的场合、不同的需求可以选用不同的传输媒介。表 6.4.5 给出综合布线各个子系统中推荐使用的传输媒介，供参考用。

在综合布线系统中常用的传输媒介，按传输特性分类如图 6.4.7 所示。

(1) 双绞线（双绞电缆）。双绞线由按规则螺旋结构排列的两根、四根或八根绝缘导线组成。一个线对可以作为一条通信线路，各线对螺旋排列的目的是使各线对发出的电磁波相互抵消，从而使相互之间的电磁干扰最小。双绞线（双绞电缆）的分类：

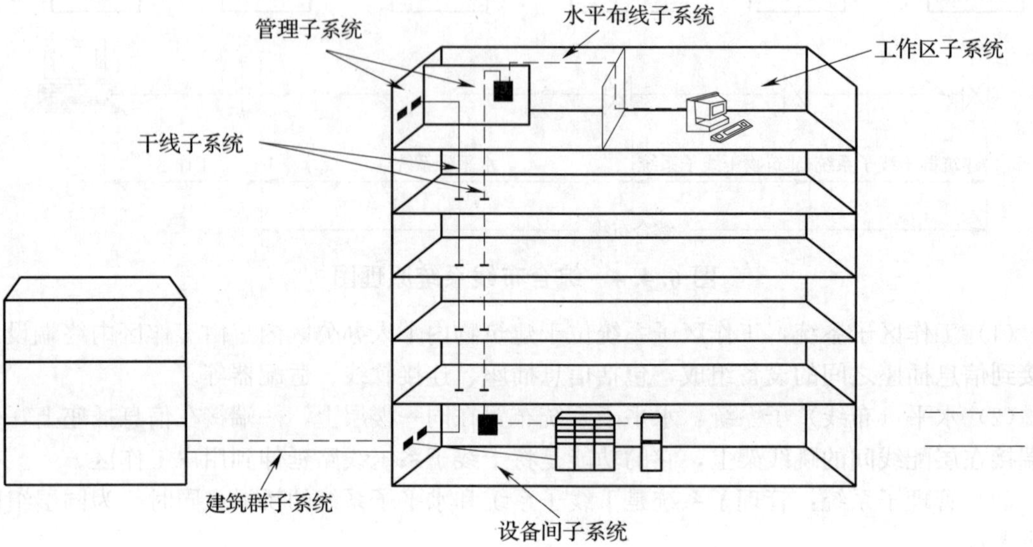

图 6.4.5　综合布线系统结构示意图

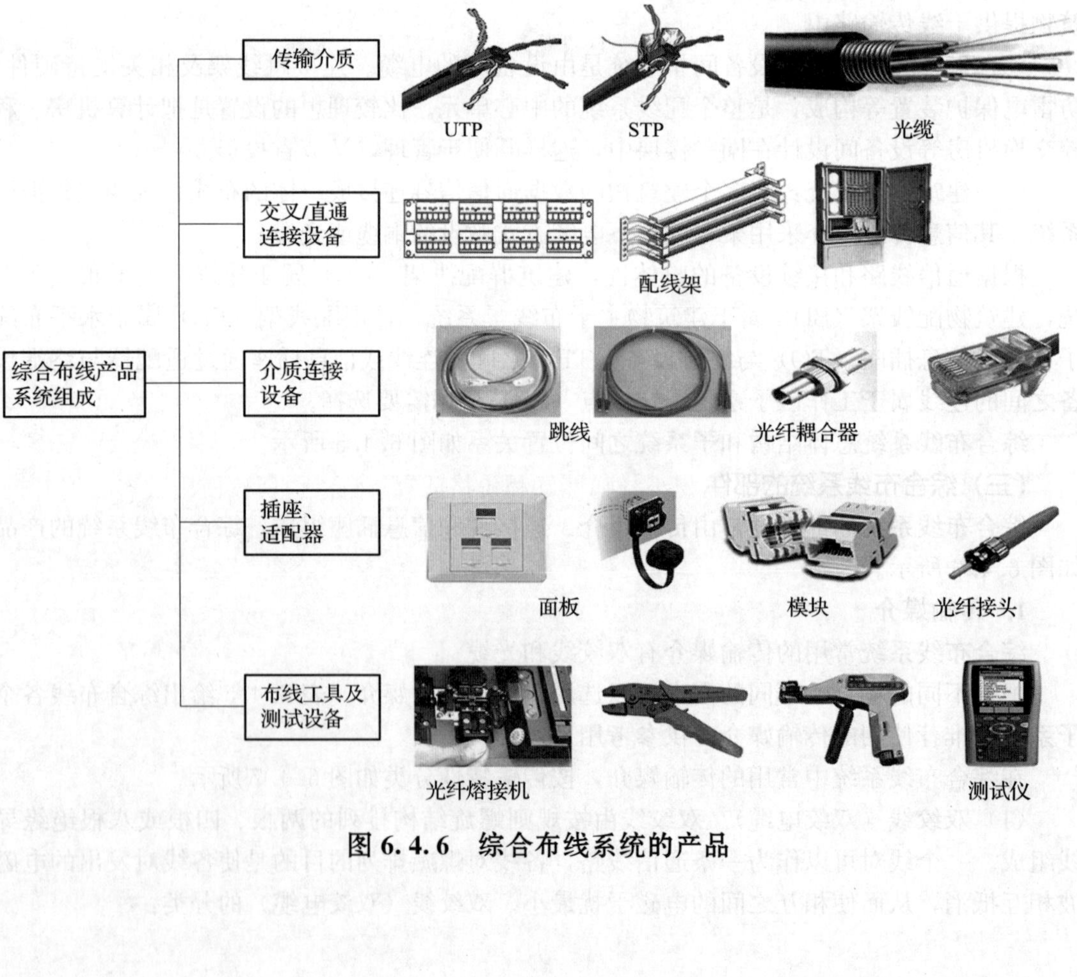

图 6.4.6　综合布线系统的产品

表 6.4.5　综合布线各个子系统中推荐使用的传输媒介

子系统	传输媒介	说明
水平布线	电缆	音频和数据
	光缆	数据
建筑物干线布线	电缆	音频和中低速数据
	光缆	中高速数据
建筑群干线布线	电缆	不需要宽带特性时（如用户交换机线路），可用对称电缆
	光缆	多数情况采用光缆

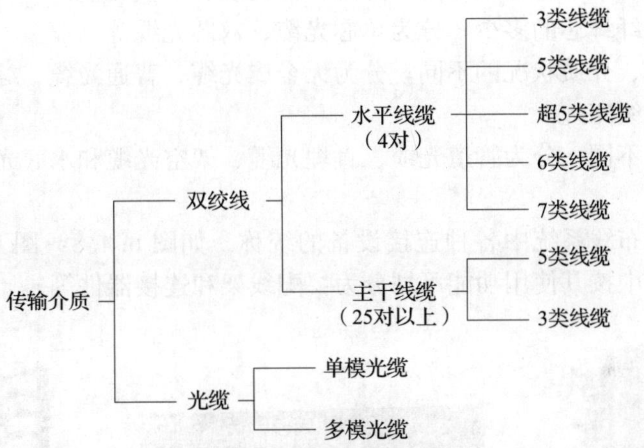

图 6.4.7　传输媒介分类

1）按双绞线包缠是否有金属屏蔽层可分为屏蔽双绞线（简称 STP）和非屏蔽双绞线（简称 UTP）两种。金属屏蔽双绞线，又分为屏蔽双绞电缆（STP）、网孔屏蔽双绞线（ScTP）等结构形式。

非屏蔽线缆具有重量轻、体积小、弹性好和价格适宜等特点，所以使用较多。但其抗外界电磁干扰的性能较差，安装时因受牵拉和弯曲，易破坏其均衡绞距。

屏蔽线缆的优点是有很强的抵抗外界电磁干扰、射频干扰的能力；同时也能够防止内部传输信号向外界的能量辐射，具有很好的系统安全性。但它们重量重、体积大、价格贵和不易施工等问题。在施工安装中要求完全屏蔽和正确接地，才能保证其特性效果。

2）按电气性能双绞线可以分为：1 类、2 类、3 类、4 类、5 类、超 5 类、6 类、超 6 类、7 类共 9 种双绞线类型（根据《商用建筑通讯布线标准》EIA/TIA－568A 制定的标准）。

其中，1 类、2 类、3 类、4 类双绞线传输速率较低，除了传统的语音系统仍然使用 3 类双绞线以外，其他已基本退出市场，网络布线目前采用较多的是超 5 类或 6 类非屏蔽双绞线，超 6 类线和 7 类线也将逐渐进入应用阶段。超 5 类具有衰减小，串扰少，性能得到很大提高。超5类线主要用于千兆位以太网（1 000Mbps）。6类线可提供2倍于超五类的带宽。6类布线的传输性能远远高于超五类标准，最适用于传输速率高于1Gbps的应用。

3）大对数电缆：在一般的干线敷设中，由于用缆量较大，经常使用大对数电缆。大对数电缆由很多一对一对的电缆组成一小捆，再由很多小捆组成一大捆，更大对数的电缆则再由更多大捆组成一根大电缆。

（2）光缆。光导纤维电缆是一种传输光束的细而柔韧的媒质，是数据传输中最有效的一种传输介质。

光缆的优点：光缆相对于对绞电缆，主要优点表现在噪声抑制好、信号衰减小和带宽高等方面。光缆的缺点：光缆的缺点主要是费用高、安装与维护难，以及脆弱性。

光缆的分类。

按照传输性能、距离和用途的不同，分为用户光缆、市话光缆、长途光缆和海底光缆。

按照光缆内使用光纤的种类不同，分为单模光缆和多模光缆。

按照光缆内光纤纤芯的多少，分为单芯光缆、双芯光缆等。

按照传输导体、介质状况的不同，分为无金属光缆、普通光缆、综合光缆（主要用于铁路专用网络通信线路）。

按照铺设方式不同，分为管道光缆、直埋光缆、架空光缆和水底光缆。

2. 连接件

连接件是综合布线系统中各种连接设备的统称。如图6.4.8～图6.4.10所示，连接件在综合布线系统中按其使用功能可划分为：配线架和连接器件等。

图6.4.8 连接模块

图6.4.9 配线架

图6.4.10 光纤配线架

（1）配线架。配线架是综合布线中重要的组件，是实现配线系统交叉连接的枢纽，配线架通常安装在机柜或墙上，一般与理线架同时使用。通过安装附件，配线架可以满足UTP、STP、双绞线、光纤、音视频线的布线需要，综合布线系统的通用性和灵活性很大程度上是依靠配线架完成和实现的。

在综合布线工程中常用的配线架有双绞线配线架和光纤配线架。

1）双绞线配线架的作用是在管理子系统中将双绞线进行交叉连接，用在主配线间和各分配线间。双绞线配线架分模块化配线架、110型配线架和智能配线架，如图6.4.9所示。

2）光纤配线架适用于光缆与光通信设备的配线连接，通过配线箱内的适配器，用光跳线引出光信号，实现光配线功能。也适用于光缆和配线尾纤的保护性。光纤配线设备的作用是在光缆完成端接后，可以直接将光纤连接器连接至设备接口，或者通过安装有光纤适配器的光纤配线设备，完成与设备的连接，如图 6.4.10 所示。

（2）连接器件。连接器件指用于连接电缆线对和光纤的一个器件或一组器件，综合布线连接器件多种多样，不同的综合布线系统、布线方式所使用的连接器件也不一致。按照综合布线所使用的传输介质来分，主要有双绞线连接器和光纤连接器。

1）双绞线连接器：双绞线连接器有 RJ－11 和 RJ－45（俗称水晶头）两种，RJ－11 连接器采用 2 线位用于（电话）、4 线位或 6 线位常用于语音通信和低速率数据传输。RJ－45 连接器是一种只能沿固定方向插入并自动防止脱落的塑料接头，俗称“水晶头”，是计算机网络标准 8 位模块化接口。每条双绞线两头通过安装 RJ－45 连接器（俗称水晶头）与网卡、集线器、交换机的接口上进行网络通信。

2）光纤连接器：光纤连接器是光纤与光纤之间进行可拆卸（活动）连接的器件，主要有连接器、光纤耦合器、光纤连接器面板、托架、光缆等。光纤连接器把光纤的两个端面精密对接起来，使发射光纤输出的光能量能最大限度地耦合到接收光纤中，并使由于其介入光链路而对系统造成的影响减到最小，这是对光纤连接器的基本要求。在一定程度上，光纤连接器也影响了光传输系统的可靠性和各项性能。

3. 信息插座

信息插座用来插接各种终端设备，如个人计算机、终端机、电话机、网络型摄像机、网络型传感器、网络集中器（集线器、交换机、路由器）等。

信息插座通常由两部分组成：插座面板和插座模块。考虑到不同的安装要求，插座面板有嵌入式安装（预埋式）和表面安装（明装）两种形式。每种形式的面板又有单孔、双孔、多孔之分。

信息插座模块根据传输介质的不同，分为双绞线插座、光纤插座和多媒体插座。

（1）电缆信息插座：电缆信息插座由信息模块、面板与底盒组成。有墙面型，地面型和桌面型。

（2）光纤信息插座：按照接口不同也分成 ST、SC、LC、MT－RJ 等几种类型。按连接的光纤类型可分成单模和多模。凡能安装“RJ45”信息插座的地方，均可安装光纤信息插座型插座。

（3）多媒体信息插座。可安装 RJ45 型插座或 SC、ST 和 MIC 型耦合器。

（四）综合布线各子系统介绍

如前所述，综合布线系统采用模块化结构。尽管把它划分为 6 个子系统，但并非所有的工程都必须包括 6 个子系统。可以根据具体的建筑结构和用户需要，对各子系统作取舍，灵活设计布线系统。但是一套综合布线系统再简单，一些子系统还是必不可少，比如工作区子系统、水平子系统和管理/设备子系统。

综合布线系统的总体结构是一个分层的星-树拓扑结构，如图 6.4.11 所示。这种拓扑结构就是电话通信网和计算机网络的拓扑结构。

1. 工作区子系统

综合布线工作区由终端设备（或终端设备通过适配器）及其连接到水平子系统信息插座的接插软线（或软线）等组成。工作区的终端设备可以是电话、微机，也可以是检测仪表、测量传感器、控制器或执行器等。

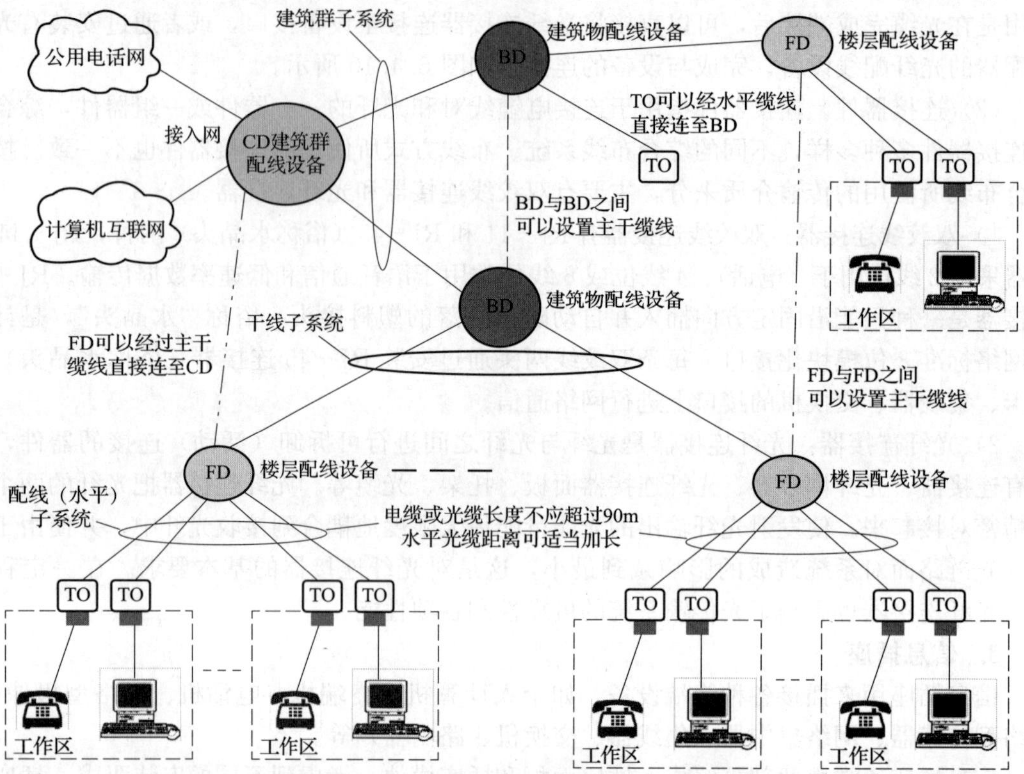

图 6.4.11 综合布线系统的拓扑结构图

工作区终端设备决定了工作区的信息插座和接插软线的性能，如终端设备是电话或楼宇控制系统中的传感器、控制器或执行器，因传输速度很低，则可选用支持低速率的信息插座和线缆，如终端设备是计算机或图形处理设备则需选用支持高速率的信息插座和线缆，如果终端设备是光接收机，则要选用光纤插座与光缆。

信息插座数量的设定通常与建筑物的功能有关，为了使综合布线工程设计系列化、具体化，可将综合布线分为基本型、增强型和综合型三个设计等级。在设计时，可以结合用户需求，选择适当的设计等级。

（1）基本型。适用于综合布线中配置标准较低的场合，使用铜芯对绞电缆。

基本型综合布线配置如下：

1）每个工作区有一个信息插座（每 $10m^2$ 设 1 个信息插座）。

2）每个工作区的配线电缆为 1 条 4 对双绞电缆。

3）采用夹接式交接硬件。

4）每个工作区的干线电缆至少有 2 对双绞线。

（2）增强型。适用于综合布线中中等配置标准的场合，使用铜芯对绞电缆。

增强型综合布线配置如下：

1）每个工作区有两个或两个以上信息插座（每 $10m^2$ 设 2 个信息插座）。

2）每个工作区的配线电缆为 2 条 4 对双绞电缆。

3）采用夹接式或插接交接硬件。

4）每个工作区的干线电缆至少有 3 对双绞线。

（3）综合型。适用于综合布线中配置标准较高的场合，使用光缆和铜芯对绞电缆或混合电缆。综合型综合布线配置应在基本型和增强型综合布线的基础上增设光缆及相关连接硬件。信息插座数量的设定应该是根据建筑物近期和远期通信业务、计算机网络等需要，根据建筑物不同的功能分区，统一规划，而不能简单地选用上述基本型、增强型或综合型标准。

综合布线系统终端设备可以通过接插软线（或软线）与信息插座相连，如果终端设备的信号接口与标准的信息插座（RJ45 插座）的尺寸或接线不符，则可以通过适配器与综合布线系统的标准的信息插座相连。

适配器是一种使不同尺寸或不同类型的插头与信息插座相匹配，提供引线的重新排列，把电缆连接到应用系统的设备接口的器件。平衡/非平衡适配器是一种将电气信号由平衡转换为非平衡或由非平衡转换为平衡的器件。在综合布线中，通常指双绞电缆和同轴电缆之间的阻抗匹配。适配器目前还没有统一的国际标准，但各供应商的产品，相互兼容。可以根据应用系统的终端设备，选择适当的适配器。

2. 水平布线子系统

水平布线子系统是综合布线结构的一部分，它由楼层配线间至信息插座的电缆或光缆和工作区用的信息插座等组成，典型的水平子系统连接如图 6.4.12 所示。

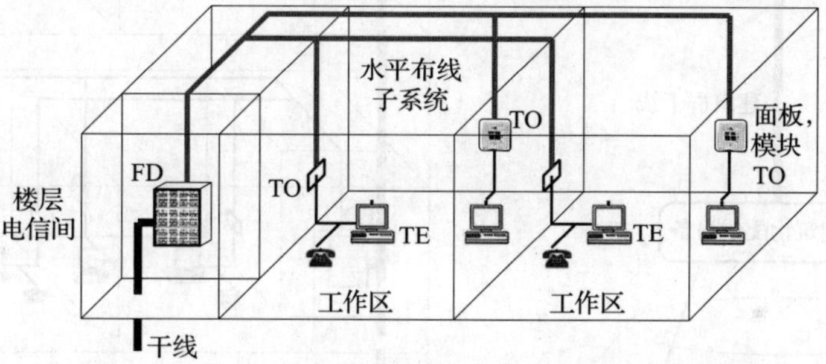

图 6.4.12　水平子系统与工作区子系统示意图

水平布线子系统的网络拓扑结构都为星型结构，它以楼层配线架为主节点，各个信息插座为分节点，二者之间采取独立的线路相互连接，形成以 FD 为中心向外辐射的星形线路网。这种网络拓扑结构的线路长度较短，有利于保证传输质量、降低工程造价和维护管理。

（1）水平布线子系统的线缆（光缆）配置主要是根据信息插座数量与性能。选用水平布线子系统的线缆（光缆）时，应根据该楼层目前用户信息点的需要和扩展预留决定。为了适应语音及监控设备的发展，语音及监控部分，建议设计水平线缆时选用较高类型的电缆，应便于维护和扩充。

（2）水平子系统的线缆长度限制。水平电缆最大长度为 90m，这是楼层配线架到信息插座之间的电缆长度。另有 10m 分配给工作区电缆、设备电缆、光缆和楼层配线架上的接插软线或跳线。其中，接插软线或跳线的长度不应超过 5m，且在整个建筑物内应与各子系统中线缆相一致。

（3）水平布线子系统的路由和布线方法。水平布线要根据建筑物的结构特点，从路由（线）最短、造价最低、施工方便和扩充简便等几个方面考虑。

水平系统布线并非一定是水平的布线，如配线间通常设在楼梯间的底层，从配线间的配线架到每户的用户终端（信息插座）的路由通常一部分为垂直布线，另一部分为水平布线；在一些单层跨距较小的楼座，配线间的配线架到最远的信息插座距离较短，通常将几层的信息插座合用一个配线架，那么这些布线的一部分也将是垂直的，这些都属于水平布线。只要满足配线间的配线架到最远的信息插座距离小于100m即可。

水平系统布线方法通常有三种：

1）先经吊顶内的电缆桥架再沿钢管（PVC管）到信息插座。

2）直接经钢管（PVC管）到信息插座。

3）用地面线槽沿钢管（PVC管）到信息插座；或用地面线槽直接接信息插座。

3. 垂直干线子系统

垂直干线子系统由设备间到楼层配线间配线架间的连接线缆（光缆）组成，如图6.4.13所示。

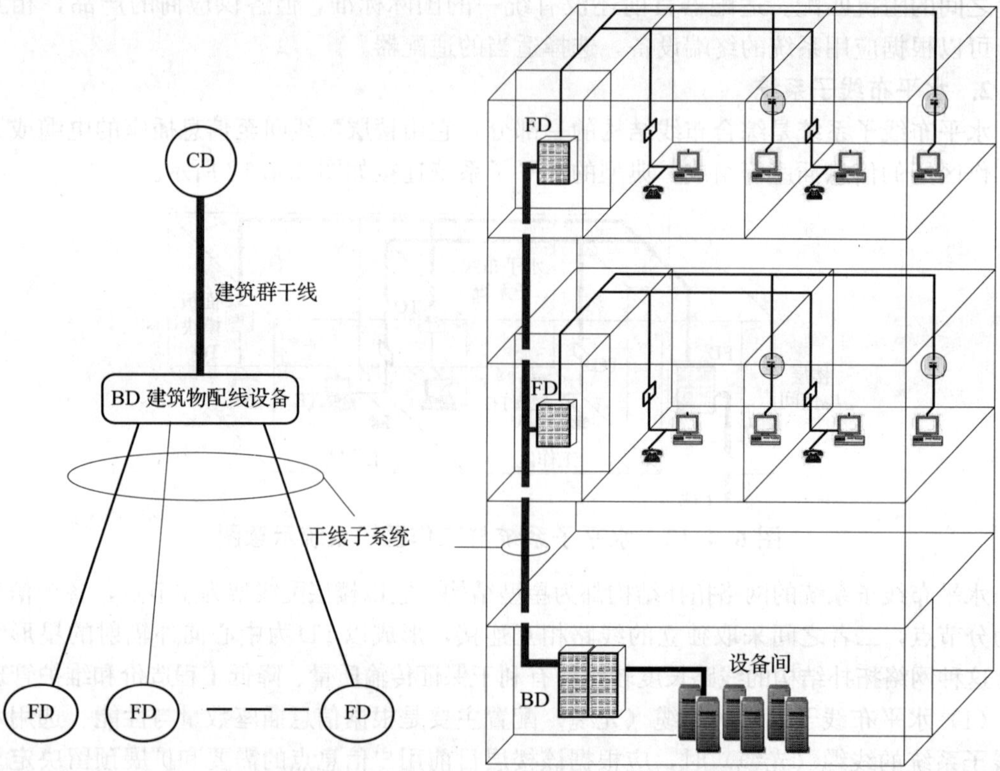

图6.4.13 垂直主干线子系统示意图

垂直干线子系统的布线特点：

（1）垂直干线子系统的布线应根据建筑物的结构特点布设，并非一定是垂直的布线，从计算中心（控制中心）到住宅配线间的路由通常为水平方向。工厂内部的局域网布线，从计算机房到厂房配线间配线架的布线为水平方向，但属于垂直干线子系统。建筑配线间通常设在楼梯间的底层。

（2）垂直干线子系统中信息的交接最多只能两次，通过建筑物配线架完成建筑群与楼层配线架，设备间内信息设备与楼层配线架之间的交接。

（3）垂直干线子系统布线走向应选择干线线缆最短、最安全和最经济的路由。通常通过建筑物内的弱电井的电缆桥架连接各楼层的配线架。

根据不同的建筑类型和不同的建筑功能。在垂直干线子系统中通常采用以下四种类型的线缆：①100Ω 双绞电缆；②150Ω 双绞电缆；③8.3/125μm 单模光缆；④625/125μm 光缆。

在干线子系统中，采用双绞电缆时，根据环境可选用非屏蔽双绞电缆或屏蔽双绞电缆。

把通信设备连接到建筑群配线架或建筑物配线架的设备电缆、设备光缆长度不宜超过 30m。

如果使用的设备电缆、设备光缆超过 30m 时，干线电缆、干线光缆的长度值相应减少。

双绞电缆和光纤类型的选择依据于布线系统的性能。垂直干线子系统的电缆通常选用 25 对、50 对、100 或 300 对的大对数电缆。光纤通常用 4 芯、6 芯多模光纤。在校园网、智能小区中如干线距离太长，也可以选用 4 芯、6 芯单模光纤。

(4) 垂直干线子系统的布线路由。垂直干线子系统布线通常采用在弱电井中经电缆桥架到楼层配线架的方法。设备间应尽可能靠近弱电井。局域网的干线子系统布线，室外部分干线电缆（光缆）常直接穿钢管或水泥管敷设，室内部分干线电缆（光缆）常经电缆桥架到配线架敷设。

4. 建筑群干线子系统

建筑群干线子系统由建筑群配线架（CD）与之间的电缆（光缆）组成。其缆线尽可能采用地下敷设。若采用架空方式（包括墙壁电缆引入方式）时，应采取隐蔽引入，其引入位置宜选择在房屋建筑的后面等不显眼的地方。地下敷设方式分为经地下电缆管道、电缆沟敷设和线缆直埋方式几种，尽量选用前两种方法。

建筑群主干布线常选用大对数电缆或光缆，其数量与性能依据于楼宇内部的系统需求。

5. 管理子系统（管理间）

管理子系统连接水平和垂直两个子系统，采用交连和互连等方式，管理垂直干线子系统和水平子系统的线缆。

管理子系统通常设置在各楼层的弱电间内，一般每个楼层设置一个管理间（子系统）。对于面积较大或信息点数量较多的楼层，可以设置多个管理间。而对于信息点数量较少而又比较集中的楼层（水平链路不超过 90m），也可以 2 层或 3 层共用一个管理间。

(1) 管理间的核心部件是配线架，配线架分为光缆配线架（箱）和电缆配线架两种。

光缆配线架（箱）类型有：LGX 光纤配线架，组合式可滑动配线架，光纤接续箱等。

电缆配线架类型有：模块化系列配线架和 110 系列配线架。模块化配线架结构比较简单，110 系列分夹接式（A 型）和插接式（P 型）两种。110A 系统可以应用于所有场合，特别适应信息插座比较多的建筑物。

(2) 为了方便管理，将管理间相关设备与线缆的接口用不同的色场来表示，则不同的色场分别标明该场是干线电缆、水平电缆或设备端接点。管理间为连通各个子系统提供连接手段，它相当于电话系统中的每层配线箱或电话分线盒部分，正是通过管理间，实现了用一套布线系统对各种不同应用系统的统一支持。

6. 设备间子系统

设备间是放置综合布线的进出线配线架及语音、数据、图像、楼宇控制等设备的地方。设备间的主要设备为数字程控交换机、计算机主机、计算机网络设备以及布线系统设备。

设备间的理想位置应尽量靠近公共通信线路引入接口，以便与室内外公共通信设备，网络接口及装置连接。通信线路的引入端和楼宇设备及网络接口的间距，一般不超过 15m。

设备间应尽可能设置在建筑物或建筑群的中部，尽量靠近弱电井，以便于布线，缩短最远端用户的距离。应尽量远离强电磁场，如有可能弱电井应与强电井分设；如不能分设，弱电桥架应与强电桥架分开安装在井的两边，做好电磁屏蔽。

设备间应有良好的接地装置，接地应用铜绞线直接引向大楼接地极。铜绞线的截面大小视设备机房与楼宇接地极的距离而定，一般取 16～25mm^2。设备间设备、配线架也应可靠接地。

设备间内应有可靠的交流电源，必要时可设置备用电源和不间断电源。尤其设备间内装设计算机主机时，应根据其需要配置不间断电源。

设备间除设一般照明外，还应有应急照明。其照度应达到工作照明度要求。设备间的一般照明，按照规定水平工作面距地面高度 0.8m 处、垂直工作面距地面高度 1.4m 处被照面的最低照度标准应为 150 lx。

七、建筑工程信息化

将建筑工程信息数字化、参数化、模块化并整合至建筑信息模型（Building Information Modeling，BIM）中，即为建筑工程信息化。

（一）BIM 技术介绍

BIM 的理论基础主要源于制造行业集 CAD、CAM（Computer Aided Manufacturing）于一体的计算机集成制造系统 CIMS（Computer Integrated Manufacturing System）理念和基于产品数据管理 PDM（Product Data Management）与 STEP（Standard for the Exchangeof Product Model Data）标准的产品信息模型。BIM 技术可以通过三个方面理解：

（1）计算机三维建筑信息模型。将二维的 CAD 图纸转化为三维的建筑信息模型，使建筑、结构、水暖电等不同专业的图纸信息集中到一个三维的建筑信息模型中，便于建筑信息整体的查阅。

（2）建筑信息模型的应用。实现参数化的模型应用，利用三维建筑信息模型实现设计优化、管线综合、虚拟建造、工程量计算等应用，不断挖掘模型的价值，解决实际工程新的技术难题。

（3）建筑信息模型平台管理。以三维信息模型为基础，搭建数字化项目管理平台，将设计管理、进度管理、成本管理、质量和安全管理等方面协同到项目管理平台上，实现以模型为基础的平台化、无纸化办公，精细化管理，从而提高工程管理效率。

（二）BIM 技术的主要特征

（1）可视化。可视化即“所见即所得”。建筑具有单一性和复杂性，用传统的 CAD 二维出图，各构件的信息在图纸上都是采用线条绘制表达，其真正的构造形式往往需要工程人员具有立体思维，对建筑施工技术发展具有阻碍作用。BIM 提供的可视化思路让人们将以往的线条式的构件形成一种三维的立体实物图形展示；BIM 技术的可视化是一种能够同构件之间形成互动性和反馈性的可视，在三维建筑信息模型中，由于整个过程都是可视化的，所以可视化的结果不仅可以展示效果及报表的生成，还可以在可视化的状态下针对项目设计、建造、运营等过程进行沟通、讨论和决策。

（2）有效协调。在建筑工程施工中，常存在专业内及各专业间的冲突问题，如管道与结构冲突，预留的洞口没留或尺寸不对等情况，BIM可在建筑物建造前期对各专业进行碰撞检查，生成协调数据并提供给需求方。可以解决如电梯井布置与其他设计布置及净空要求的协调、防火分区与其他设计布置的协调、地下排水布置与其他设计布置的协调等。

（3）模拟特征。BIM除了模拟设计出建筑物模型外，还可以模拟不能在真实世界中进行操作的情景。例如：①节能模拟、紧急疏散模拟、日照模拟、热能传导模拟等；②在招投标和施工阶段进行4D模拟（三维模型加项目进度），根据施工的组织设计模拟实际施工，从而确定合理的施工方案来指导施工；③进行5D模拟（基于4D模型加成本控制）；④后期运营阶段模拟日常紧急情况的处理方式，如逃生模拟及消防人员疏散模拟等。

（4）优化性。建筑设计、施工、运营的过程是一个不断优化的过程，优化受信息、复杂程度和时间的制约，需要准确的信息以做出优化决策。BIM提供了包括几何信息、物理信息、规则信息等建筑物的实际信息，BIM及与其配套的各种优化工具提供了对复杂项目进行优化的可能。基于BIM的优化包括：

1）项目方案优化。把工程设计和投资回报分析有机结合，实时计算设计变化对投资回报的影响，为利益相关者决策提供支持。

2）特殊项目的设计优化。裙楼、幕墙、屋顶、大空间等的异型设计通常是施工难度比较大和施工问题比较多的地方，对这些内容的设计施工方案进行优化，可以带来显著的工期和造价改进。

（5）可出图性。BIM技术不仅能绘制常规的建筑设计图纸及构件加工图纸，还能通过对建筑物进行可视化展示、协调、模拟、优化，出具各专业图纸及深化图纸，使工程表达更加详细。

（三）BIM技术在建筑工程中的应用

1. BIM技术在项目决策阶段的应用

决策者可以利用BIM技术导入环境和气候参数，设置相关施工因素以及项目所在地的地形、地势等数据信息，对现场的影响因素进行比较准确地数据分析，为工程项目管理工作提供依据。将数据信息与现场实际情况结合，做出正确的决策。

在项目决策阶段BIM应用可分为：可视化、环境分析（包括景观分析、日照分析、风环境分析、噪声分析）、温度分析、声学计算等。

2. BIM技术在设计时期的应用

BIM技术利用可视化的特点在设计阶段可以给出三维的设计成果，增加了项目建设信息的共享互通。BIM技术不局限于建筑设计，还能运用到工程结构设计、水电工程设计、模板脚手架设计和装饰装修工程设计等。利用工程项目信息参数，能设计出建筑三维模型再进行碰撞检测后优化设计模型，减少设计误差，保证建筑设计的合理性和安全性，降低工程造价。

在设计阶段BIM应用可分为：能耗模拟、系统协调、规范验证、设计成果一致性检验（即碰撞检查）、结构有限元分析等。

3. BIM技术在施工阶段的应用

建筑工程项目一般建设期长，不确定因素多，可控程度低。利用BIM技术可以计算出建筑工程量并制订施工进度计划，利用BIM场布软件对施工现场进行布置。可以通过BIM 5D技术进行建筑工程虚拟施工，合理地分配所有资源和监控施工现场，有效地缩短施工工期，控制施工成本。

在施工阶段BIM应用可分为：视频模拟、成本预算、进度控制、质量管理、安全管理及预制件可加工性。

4. BIM技术在项目运营阶段的应用

运营阶段的主要任务就是建筑的管理和维护，BIM技术可将项目建设期间有关的各种信息资料进行集成，为项目运营提供数据支持，对建筑物进行全面、实时监测，根据实际情况及时更新设备维护信息和建筑物使用信息。

在项目运营阶段BIM应用可分为：设施维护管理、物业租赁管理、设备应急管理和运营评估等。

(四) BIM技术的实现手段

BIM技术的实现手段是一系列软件。BIM软件一般分成以下两大类型：类型一为BIM核心建模软件，包括建筑与结构设计软件（如Autodesk Revit系列、Tekla Corp等）、机电与其他各系统的设计软件（如Autodesk Revit系列、MagiCAD等）；类型二为基于BIM的分析软件，包括结构分析软件（如PKPM、SAP2000等）、施工进度管理软件（如Navisworks等）、制作加工图Shop Drawing的深化设计软件（如Xsteel等）、概预算软件、设备管理软件、可视化软件等。

1. BIM设计类软件

BIM设计类软件在市场上主要有：Autodesk Revit、MagiCAD以及Tekla－Xsteel软件。

(1) Autodest Revit。Autodesk公司的Revit系列占据了最大的市场份额且是行业领跑者。Revit系列软件是专为建筑信息模型（BIM）构建的，可帮助建筑设计师设计、建造和维护质量更好、能效更高的建筑。

(2) MagiCAD。MagiCAD是基于AutoCAD平台的设备行业BIM解决方案。MagiCAD Ventilation（风系统设计模块）应用于各种通风与空调系统的设计；MagiCAD Heating&Piping（水系统设计模块）应用于各种采暖、制冷、给排水、消防喷洒系统的设计；MagiCAD Electrical（电气设计模块）应用于各种强、弱电系统设计；MagiCAD Room（智能建模）生成含有设计参数的建筑模型，包含热负荷计算功能，为耗能分析软件提供平台。

(3) Tekla－Xsteel。Xsteel是Tekla公司最早开发的基于BIM技术的施工软件，于20世纪90年代面世并迅速成长为世界范围内被广泛应用的钢结构深化设计软件。

2. BIM施工类软件

BIM参数模型具有多维属性，对于施工阶段，4D模型的施工建造模拟与5D模型的造价功能使建设项目各参与方能更清晰地预见、控制和管理施工进度与工程造价。常见的应用软件为Autodesk Navisworks、广联达、斯维尔、鲁班等。

Autodesk Navisworks Manage 软件是 Autodesk 公司开发用于施工模拟、工程项目整体分析以及信息交流的智能软件。其具体的功能包括模拟与优化施工进度、识别与协调冲突和碰撞、使项目参与方有效沟通与协作以及在施工前发现潜在问题。且 Navisworks Manage 软件与 Microsoft Project 具有互用性，在 Microsoft Project 软件环境下创建的施工进度计划可以被导入 Navisworks Manage 软件，再将每项计划工序与 3D 模型的每一个构件一一关联，即可轻松地制作施工模拟过程。

3. 与 BIM 核心软件具有互用性的软件

以下将对与 BIM 核心软件（设计类、施工类 BIM 软件）具有互用性的软件作简要概述。

（1）建模类软件。

1）2D 建模类软件。使用范围最广的 2D 建模类软件是 Autodesk 的 AutoCAD 和 Bentley 的 Microstation。

2）3D 建模类（3D Solid model）软件。目前常用的与 BIM 核心软件具有互用性的 3D 建模类软件有 Autodesk Revit、MagiCAD、PKPM 和 Tekla。

（2）可视化类软件。基于创建的 BIM 模型，与 BIM 具有互用性的可视化软件可以将其可视化的效果输出，常用的软件包括 3D Studio Max、Autodesk Navisworks Manage 等。

八、建筑智能化工程计量

根据《安装工程计量标准》的规定进行工程量计算。

（一）主要内容与说明

1. 主要内容

包括计算机应用、网络系统，综合布线系统，建筑设备自动化系统，有线电视、卫星接收系统，音频、视频系统，安全防范系统，智能家居系统。

2. 相关说明

（1）智能家居系统适用于具备智能家居设备的建设项目。

（2）《安装工程计量标准》附录 E“建筑智能化工程”与附录 L“通信设备及线路工程”的界限以总平第一口弱电井为界，该弱电井内的归入建筑智能化工程范围。

（3）本章说明的建筑智能化工程相关的电气设备、电气器件、蓄电池组、防雷接地系统、立杆工程、配管工程、线槽、桥架和接线盒等应按《安装工程计量标准》附录 D“电气设备安装工程”相关项目编码列项。

（4）本章说明的建筑智能化工程相关的排管、专业通信系统工程，应按《安装工程计量标准》附录 L“通信设备及线路工程”相关项目编码列项。

（5）缆线应有余量以适应成端、终接、检测和变更，线缆的附加及预留长度应按下列规则计入线缆工程量内，有特殊要求的应按设计要求计算预留长度：

1）对绞电缆（含双绞线）预留长度：在工作区为 30cm，插座底盒内为 3cm，电信间为 0.5m，设备间为 3m。

2）光缆布放路由盘留，预留长度为 3m，光缆在配线柜处预留长度为 3m，楼层配线箱处光纤预留长度为 1.0m，配线箱终接时预留长度为 0.5m，光缆纤芯在配线模块处不做终接时，应保留光缆施工预留长度。

（6）本章的设备安装是按成套购置考虑，其工作内容应包括构件、标准件、附件和设备内部连线。

(7) 台架、机柜和插箱等项目的除锈、刷油应按《安装工程计量标准》附录M“刷油、防腐蚀、绝热工程”相关项目编码列项。

(8) 计算机应用、网络系统（编码：030501）中的有关问题说明：

1) 本章不包括以下工作内容：

①台架、插箱、机柜、网络终端设备、输入设备、输出设备、专用外部设备及存储设备的安装、调试项目：

a. 设备本身的功能性故障排除。

b. 缺件、配件的制作。

c. 在特殊环境条件下的设备加固、防护和电缆屏蔽。

d. 应用软件的开发，病毒的清除，版本升级与外系统的校验或统调。

②计算机及网络系统互联及调试项目：

a. 系统中设备本身的功能性故障排除。

b. 与计算机系统以外的外系统联试、校验或统调。

③计算机软件安装、调试项目：

a. 排除由于软件本身缺陷造成的故障。

b. 排除软件不配套或不兼容造成的运转失灵，排除硬件系统的故障引起的失灵、操作系统发生故障中断、诊断程序运行失控等故障。

c. 在特殊环境条件下的软件安装、防护。

d. 与计算机系统以外的外系统联试、校验或统调。

2) 本章中的“指标”是指达到系统最终使用要求，应该满足的条件。

3) 计算机应用、网络系统的接地按《安装工程计量标准》第D.10节防雷及接地装置相关项目编码列项。

4) 安装方式是指落地安装、吸顶安装或台架（机柜、插箱）内安装等设备的安装形式。

5) 本章中的“类别”是指：建筑设备自动化系统、有线电视系统、卫星接收系统、音频系统、视频系统和安全防范系统等需安装设备归属于何类建筑智能化系统。

6) 本章中的“系统”是根据图纸和相关规范确定其范围的，应根据实际需求按实调整。

(9) 综合布线系统（编码：030502）中，安装方式是指地面安装、墙面安装或台架（机柜、插箱）内安装等设备的安装的形式；敷设方式是指桥架（梯架）敷设、管道敷设或线槽敷设等线缆的敷设的形式；光纤接续方式是指：活动连接、应急（冷熔）连接、永久（热熔）连接等。

(10) 建筑设备自动化系统（编码：030503）中的有关问题说明：

1) 安装方式是指落地安装、吸顶安装或台架（机柜、插箱）内安装等设备的安装形式。

2) 本章的内容适用于民用自动化系统的建设项目，工业自动化系统应按《安装工程计量标准》附录F自动化控制仪表安装工程的相应项目编码列项。

(11) 有线电视、卫星接收系统（编码：030504）中，安装方式是指地面安装、墙面安装、落地安装、吸顶安装或台架（机柜、插箱）内安装等设备的安装的形式；敷设方式是指桥架（梯架）敷设、管道敷设或线槽敷设等线缆的敷设的形式；同轴电缆接续方式是指压接式接续、夹持式接续、免焊式接续等。

（12）音频、视频系统（编码：030505）中，安装方式是指落地安装、吸顶安装或台架（机柜、插箱）内安装等设备的安装的形式。

（13）安全防范系统（编码：030506）中的有关问题说明：

1）安全防范系统通常包括6个子系统：入侵报警、出入口控制、视频监控、巡更系统、安全检查、停车场管理，具体可根据拟建工程实际包括内容编码列项。

2）安装方式是指埋地安装、墙面安装、落地安装、吸顶安装或台架（机柜、插箱）内安装等设备的安装的形式。

（14）智能家居系统（编码：030507）中，安装方式是指墙面安装、落地安装、吸顶安装或台架（机柜、插箱）内安装等设备的安装的形式。

（二）工程计量规则

1. 计算机应用、网络系统（编码：030501）

（1）输入设备，输出设备，控制设备，存储设备，插箱、机柜、台架，集线器，路由器，适配器，中继器，收发器，防火墙，交换机，网关，网桥，服务器，调制解调器，无线设备等，按设计图示数量以“台”计算。项目特征：名称、类别、规格、安装方式等。工作内容：本体安装、设备组装、接线、接地等。

（2）操作台按设计图示数量以“套”计算。项目特征：名称、类别、规格、安装方式。工作内容：本体安装、接地。

（3）互联电缆按设计图示数量以“条”计算。项目特征：名称、类别、规格。工作内容：连接、测试。

（4）计算机应用、网络系统联调及试运行，按设计图示系统以“系统”计算。项目特征：调试类别、调试内容、试运行类别、试运行内容。工作内容：系统联调、试运行。

（5）软件按设计图示数量以“套”计算。项目特征：名称、类别、规格、指标。工作内容：安装、本体调试、系统联调、功能参数设置。

2. 综合布线系统（编码：030502）

（1）光缆分纤箱、光缆交接箱、分线接线箱，电话插座，信息、网络插座，光缆终端盒，线管理器，光纤插座，配线架，跳线架，按设计图示数量以“台（个、架）”计算。项目特征：名称、类别、规格、安装方式等。工作内容：本体安装、连接、标记等。

（2）双绞线缆，大对数电缆、电话线，光缆，按设计图示尺寸以长度“m”计算。项目特征：名称、规格、类别、敷设方式。工作内容：敷设、卡接、绑扎、标记、测试、清理敷设通道。

（3）光纤合束器、光纤分束器，跳线、跳纤，尾纤，按设计图示数量以“条”计算。项目特征：名称、类别、规格、安装方式等。工作内容：连接、标记、测试等。

（4）双绞线缆测试，大对数电缆、电话线，光纤测试等，按设计图示数量以“链路”计算。项目特征：测试类别、测试内容。工作内容：测试。

（5）光纤接续，按设计图示数量以“芯”计算。项目特征：接续方式、规格。工作内容：接续、测试。

（6）综合布线系统调试及试运行，按设计图示系统以“系统”计算。项目特征：调试类别、调试内容、试运行类别、试运行内容。工作内容：系统调试、试运行。

3. 建筑设备自动化系统（编码：030503）

（1）通信网络控制设备、控制器、控制箱、第三方通信设备接口，按设计图示数量以“台”计算。项目特征：名称、类别、规格、指标、功能、安装方式等。工作内容：本体安装、连接、软件安装测试、功能参数设置等。

（2）传感器、电动调节阀执行机构、基表及控制设备、采集系统、微机电系统（MEMS）、能耗监测系统中心管理设备、电量变送器、其他传感器及变送器、物联网M2M设备，按设计图示数量以“个或支”计算。项目特征：名称、类别、规格等。工作内容：本体安装、连接等。

（3）分系统调试、楼控系统调试及试运行，按设计图示数量以“系统”计算。项目特征：调试类别、调试内容、测量类别、测量内容、指标等。工作内容：调试（联调）、测量等。

4. 有线电视、卫星接收系统（编码：030504）

（1）共用天线，卫星电视天线、馈线系统，按设计图示数量以“副”计算。项目特征：名称、规格、安装方式等。工作内容：安装、测试。

（2）前端机柜、电视插座，按设计图示数量以“个”计算。项目特征：名称、类别、规格、安装方式等。工作内容：本体安装、连接等。

（3）同轴电缆，按设计图示尺寸以长度“m”计算。项目特征：名称、类别、规格、敷设方式。工作内容：敷设、卡接、绑扎、标记、测试、清理敷设通道。

（4）卫星电视接收设备、光端设备、有线电视系统管理设备、播控台、数字电视设备，按设计图示数量以“台”计算。项目特征：名称、类别、规格、安装方式等。工作内容：本体安装、接线等。

5. 音频、视频系统（编码：030505）

（1）信号源设备、调音台、周边设备、功率放大器、扬声器、电源、会议专用设备、信号处理设备、录编设备等，按设计图示数量以“台”计算。项目特征：名称、类别、规格、安装方式等。工作内容：本体安装、接线等。

（2）显示设备，按设计图示数量以“台”或按设计图示尺寸以面积“m^2”计算。项目特征：名称、类别、规格、安装方式。工作内容：本体安装、接线。

6. 安全防范系统（编码：030506）

（1）入侵报警控制器、入侵报警中心显示设备、入侵报警信号传输设备、出入口目标识别设备、出入口控制设备、出入口执行机构设备、监控摄像设备、视频控制设备、（音频、视频及脉冲分配器）、视频补偿器、视频传输设备、录像设备，监视设备、巡更设备、安全检查设备、停车场管理设备等，按设计图示数量以“台或套”或按设计图示尺寸以长度“m”计算。项目特征：名称、类别、规格、（指标、功能）和安装方式等。工作内容：本体安装、接线等。

（2）射频识别系统设备，按设计图示数量以“个”计算。项目特征：名称、类别、规格、系统数据容量。工作内容：本体安装、接线、标签信息编辑。

（3）入侵探测器，按设计图示数量以“套”或按设计图示尺寸以长度“m”计算；监视设备按设计图示数量以“台”或按设计图示面积以“m^2”计算。项目特征：名称、类别、规格、安装方式。工作内容：本体安装、接线。

（4）安全防范系统调试及试运行，按设计图示系统以“系统”计算。项目特征：调试类别、调试内容、试运行类别、试运行内容、测量类别、测量内容和指标。工作内容：系统联调、试运行、测量。

7. 智能家居系统（编码：030507）

（1）智能照明系统设备、智能家居系统设备、智能情景系统设备、智能语音系统设备、智能暖通系统设备、智能家电系统设备，按设计图示数量以“套”计算。项目特征：名称、类别、规格、安装方式。工作内容：本体安装、接线、接地。

（2）智能家居分系统调试，智能家居系统调试、测量及试运行，按设计图示系统以“系统”计算。项目特征：调试类别、调试内容、试运行类别、试运行内容、测量类别、测量内容和指标。工作内容：系统联调、试运行、测量。

未列项目及工程量计算规则等内容，详见《安装工程计量规范》GB/T 50856—2024。

（三）建筑智能化工程计量示例

1. 背景

某政府机关办公楼，共10层，楼长70m，一至四层宽45m，五至十层宽30m，楼层高3m。已经设计和安装了综合布线系统所需要的线槽线管，综合布线系统传输的信号种类为数据和语音。每个信息点的功能要求在必要时能够进行语音、数据通信的互换使用。一至四层信息点平面图见图6.4.14，五至十层信息点平面图见图6.4.15，系统拓扑图见图6.4.16。

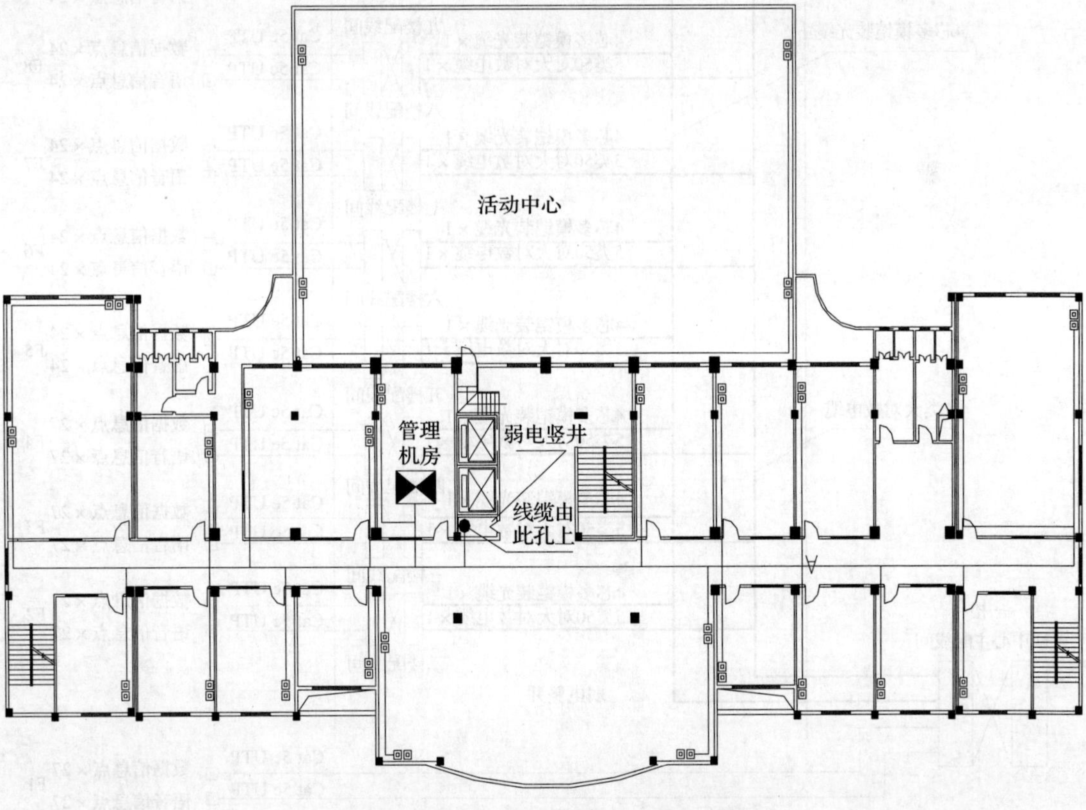

图 6.4.14　一至四层信息点平面图

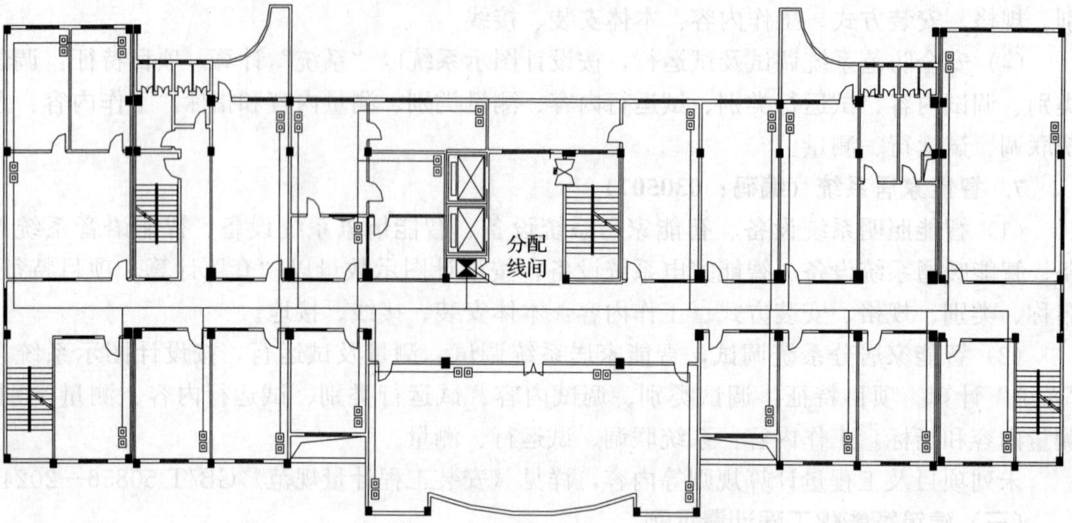

图 6. 4. 15　五至十层信息点平面图

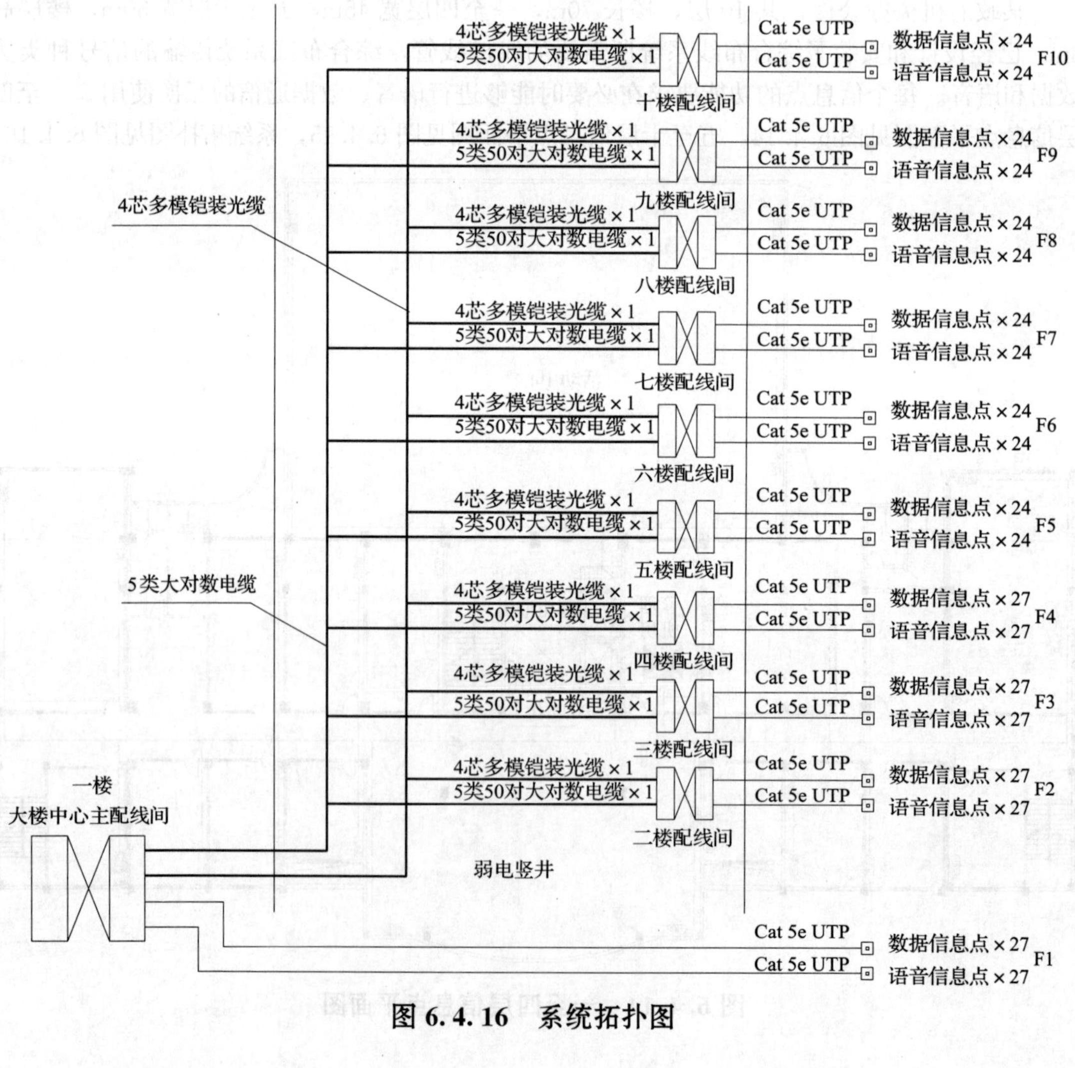

图 6. 4. 16　系统拓扑图

2. 问题

试根据《建设工程工程量清单计价标准》GB/T 50500—2024 和《通用安装工程工程量计算标准》GB/T 50856—2024 的规定，编制该工程的分部分项工程量清单。

3. 解答

项目编码：（见表 6.4.9）

项目名称：（见表 6.4.9）

项目特征：（见表 6.4.9）

计量单位：（见表 6.4.9）

工程数量：（依据《通用安装工程工程量计算标准》GB/T 50856—2024，按图计算）

水平线缆计算：$L_{平均}=\{[(L_{最长}+L_{最短})/2]\times 1.1\}+6$；$S_{总}=L_{平均}\times 504/305$m/箱。

垂直主干线缆的计算：垂直线缆长度（m）＝［距 MDF 层数×层高＋电缆井至 MDF 距离＋端接容限（光纤 10m，双绞线 6m）］×（每层需要根数）。结果见表 6.4.6。

分部分项工程量清单：见表 6.4.7。

表 6.4.6 工程量表

序号	名称	单位	数量	备注
1	超五类双绞线缆端接	个	504.00	
2	布放 4 芯室内光缆	m	360.00	
3	布放五类 50 对室内大对数电缆	m	288.00	
4	布放室内超五类非屏蔽双绞线	100m	183.00	
5	光纤熔接	点	72.00	
6	安装 100 对 110 型配线架（水平用）	个	12.00	
7	安装 100 对 110 型配线架（主干用）	个	9.00	
8	安装 24 口光缆式配线架	个	11.00	
9	安装 24 口模块式配线架	个	14.00	
10	安装 12U 壁挂式机柜（带 4 座排插）	个	9.00	
11	安装 42U 壁挂式机柜（带 5 座排插）	个	2.00	

表 6.4.7 分部分项工程量清单

工程名称：某网络综合布线工程　　　　第　页　共　页

序号	项目编码	项目名称	项目特征描述	计量单位	工程数量
1	030502010001	信息插座	1. 名称：超五类线缆信息插座 2. 类别：楼内综合布线系统 3. 规格：86mm×86mm 4. 安装方式：墙面安装	个	504
2	030502005001	光缆	1. 名称：4 芯多模铠装光缆 2. 类别：楼内综合布线系统 3. 规格：62.5/125μm 4. 敷设方式：线槽线管内	m	360.00

续表 6.4.7

序号	项目编码	项目名称	项目特征描述	计量单位	工程数量
3	030502004001	大对数电缆	1. 名称：五类 50 对大对数电缆 2. 类别：楼内综合布线系统 3. 规格：RVV 4. 敷设方式：线槽线管内	m	288.00
4	030502003	双绞线缆	1. 名称：超五类非屏蔽双绞线 2. 类别：楼内综合布线系统 3. 规格：VV 4. 敷设方式：线槽线管内	m	18 300.00
5	030502008001	配线架	1. 名称：100 对配线架 2. 类别：楼内综合布线系统 3. 规格：110 型 4. 安装方式：机柜内	架	21
6	030502008001	配线架	1. 名称：光缆式配线架 2. 类别：楼内综合布线系统 3. 规格：24 口 4. 安装方式：机柜内	架	11
7	030502008001	配线架	1. 名称：模块式配线架 2. 类别：楼内综合布线系统 3. 规格：24 口 4. 安装方式：机柜内	架	14
8	031101001001	机柜	1. 名称：壁挂式机柜 2. 型号：12U 3. 规格：600×450×637 4. 安装方式：墙面	个	9
9	031101001001	机柜	1. 名称：网络机柜 2. 型号：42U 3. 规格：2 000×600×600 4. 安装方式：落地	个	2

参考文献

[1] 全国造价工程师职业资格考试培训教材编审委员会. 建设工程技术与计量（安装工程）[M]. 北京：中国计划出版社，2023.

[2] 全国一级建造师执业资格考试用书编写委员会. 机电工程管理与实务 [M]. 北京：中国建筑工业出版社，2024.

[3] 张青，等. 安装工程新技术 [M]. 徐州：中国矿业大学出版社，2019.

[4] 中国消防协会. 消防安全技术实务 [M]. 北京：中国人事出版社，2018.

[5] 陈宏振，等. 供热工程 [M]. 徐州：中国矿业大学出版社，2018.

[6] 王克河，等. 建筑设备 [M]. 北京：机械工业出版社，2021.

[7] 同济大学，重庆大学，等. 燃气燃烧与应用 [M]. 4 版. 北京：中国建筑工业出版社，2011.

[8] 王新华. 通风与空气调节 [M]. 天津：天津科学技术出版社，2020.

[9] 姜晨光. 建筑设备工程 [M]. 北京：机械工业出版社，2019.

[10] 赵岐华. 通风与空气调节工程 [M]. 武汉：武汉理工大学出版社，2015.

[11] 张根宝. 工业自动化仪表与过程控制 [M]. 4 版. 西安：西北工业大学出版社，2008.

[12] 纪振平. 过程控制系统 [M]. 北京：北京理工大学出版社，2021.

[13] 汤延庆，等. 锅炉与锅炉房设备施工 [M]. 哈尔滨：哈尔滨工业大学出版社，2011.

[14] 史耀武. 焊接技术手册 [M]. 北京：化学工业出版社，2009.

[15] 李联友. 建筑设备施工技术 [M]. 武汉：华中科技大学出版社，2020.

[16] 王鹏，等. 建筑设备 [M]. 北京：北京理工大学出版社，2019.

[17] 关文吉. 供暖通风空调设计手册 [M]. 北京：中国建材工业出版社，2016.

[18] 胡笳，等. 通风与空调设备施工技术手册 [M]. 北京：中国建筑工业出版社，2012.

[19] 郭爱云. 简明建筑设备安装施工手册 [M]. 北京：中国电力出版社，2017.

[20] 卢军. 供暖通风与空气调节 [M]. 4 版. 重庆：重庆大学出版社，2021.

[21] 刘谋黎，等. 智能楼宇技术与施工 [M]. 成都：西南交通大学出版社，2019.

[22] 许锦标，等. 楼宇智能化技术 [M]. 4 版. 北京：机械工业出版社，2017.

[23] 刘学军. 电气照明技术及应用 [M]. 北京：机械工业出版社，2018.

[24] 马占敖. 建筑电气工程造价原理及实践 [M]. 北京：机械工业出版社，2010.

[25] 庄敏. 安装工程计量与计价 [M]. 成都：电子科技大学出版社，2018.

[26] 肖辉. 电气照明技术 [M]. 北京：机械工业出版社，2015.

[27] 孙景芝. 建筑电气控制系统安装 [M]. 北京：机械工业出版社，2013.
[28] 王星. 电梯电气控制技术 [M]. 北京：北京理工大学出版社，2020.
[29] 中国计划出版社. 电气装置安装工程施工及验收规范合编（2014 年版）[M]. 北京：中国计划出版社，2014.
[30] 中华人民共和国住房和城乡建设部. 建设工程工程量清单计价标准：GB/T 50500—2024 [S]. 北京：中国计划出版社，2024.
[31] 中华人民共和国住房和城乡建设部. 通用安装工程工程量计算标准：GB/T 50856—2024 [S]. 北京：中国计划出版社，2024.
[32] 中华人民共和国住房和城乡建设部. 房屋建筑与装饰工程工程量计算标准：GB/T 50854—2024 [S]. 北京：中国计划出版社，2024.
[33] 中华人民共和国住房和城乡建设部. 电气装置安装工程高压电器施工及验收规范：GB 50147—2010 [S]. 北京：中国计划出版社，2010.
[34] 中华人民共和国住房和城乡建设部. 工业金属管道工程施工规范：GB 50235—2010 [S]. 北京：中国计划出版社，2010.
[35] 中华人民共和国住房和城乡建设部. 建筑给水排水及采暖工程施工质量验收规范：GB 50242—2002 [S]. 北京：中国计划出版社，2002.
[36] 中华人民共和国住房和城乡建设部. 自动喷水灭火系统施工及验收规范：GB 50261—2017 [S]. 北京：中国计划出版社，2017.
[37] 中华人民共和国住房和城乡建设部. 地源热泵系统工程技术规范：GB 50366—2005 [S]. 北京：中国计划出版社，2005.
[38] 中华人民共和国住房和城乡建设部. 通风与空调工程施工质量验收规范：GB 50243—2016 [S]. 北京：中国计划出版社，2016.
[39] 中国工程建设标准化协会. 虹吸式屋面雨水排水系统技术规程：CECS 183：2005 [S]. 北京：中国计划出版社，2005.
[40] 中华人民共和国住房和城乡建设部. 锅炉安装工程施工及验收规范：GB 50273—2022 [S]. 北京：中国计划出版社，2022.
[41] 中华人民共和国住房和城乡建设部. 钢制球形储罐：GB 12337—2014 [S]. 北京：中国标准出版社，2014.
[42] 国家能源局. 承压设备无损检测：NB/T 47013—2015 [S]. 北京：中国标准出版社，2015.
[43] 成丽媛. 建筑工程 BIM 技术应用教程 [M]. 北京：北京大学出版社，2020.
[44] 中华人民共和国住房和城乡建设部. 工业金属管 [S]. 北京：中国计划出版社，2010.
[45] 中华人民共和国住房和城乡建设部. 建设工程分类标准：GB/T 50841—2013 [S]. 北京：中国建筑工业出版社，2013.
[46] 中华人民共和国住房和城乡建设部. 机械设备安装工程施工及验收通用规范：GB 50231—2009 [S]. 北京：中国计划出版社，2009.
[47] 中华人民共和国住房和城乡建设部. 建筑电气与智能化通用规范：GB 55024—2022 [S]. 北京：中国建筑工业出版社，2022.

[48] 中华人民共和国住房和城乡建设部. 建筑防火通用规范：GB 55037—2022 [S]. 北京：中国计划出版社，2022.
[49] 国家市场监督管理总局. 不锈钢 牌号及化学成分：GB/T 20878—2024 [S]. 北京：中国标准出版社，2024.
[50] 中华人民共和国住房和城乡建设部. 建筑照明设计标准：GB/T 50034—2024 [S]. 北京：中国建筑工业出版社，2024.
[51] 国家市场监督管理总局. 光源安全要求：GB 43471—2023 [S]. 北京：中国标准出版社，2023.
[52] 中华人民共和国住房和城乡建设部. 建筑环境通用规范：GB 55016—2021 [S]. 北京：中国建筑工业出版社，2021.
[53] 国家市场监督管理总局. 电梯主参数及轿厢、井道、机房的型式与尺寸 第1部分：Ⅰ、Ⅱ、Ⅲ、Ⅵ类电梯：GB/T 7025.1—2023 [S]. 北京：中国标准出版社，2023.
[54] 国家市场监督管理总局. 压力管道规范：GB/T 20801.1—2020 [S]. 北京：中国标准出版社，2020.
[55] 中华人民共和国住房和城乡建设部. 城镇燃气设计规范：GB 50028—2006（2020年版）[S]. 北京：中国建筑工业出版社，2020.
[56] 中华人民共和国住房和城乡建设部. 建筑设计防火规范：GB 50016—2014（2018年版）[S]. 北京：中国计划出版社，2018.
[57] 《电工工作速查手册》编委会. 电工工作速查手册 [M]. 北京：化学工业出版社，2020.
[58] 于海鹰，等. 建筑物信息设施系统 [M]. 北京：中国建筑工业出版社，2020.
[59] 王再英，等. 楼宇自动化系统原理与应用 [M]. 北京：电子工业出版社，2022.

